O GENE

SIDDHARTHA MUKHERJEE

O gene
Uma história íntima

Tradução
Laura Teixeira Motta

6ª reimpressão

COMPANHIA DAS LETRAS

Copyright © 2016 by Siddhartha Mukherjee
Todos os direitos reservados

Grafia atualizada segundo o Acordo Ortográfico da Língua Portuguesa de 1990, que entrou em vigor no Brasil em 2009.

Título original
The Gene: An Intimate History

Capa
Jaya Miceli

Imagem de capa
Gabriel Orozco, *Light Signs #3* (*Korea*), 1995, caixa de luz, plástico e vinil, 99 × 99 × 19 cm, coleção Walker Art Center, Minneapolis, T.B. Walker Acquisition Fund, 1996

Preparação
Cacilda Guerra

Índice remissivo
Luciano Marchiori

Revisão
Huendel Viana
Jane Pessoa
Ana Maria Barbosa

Dados Internacionais de Catalogação na Publicação (CIP)
(Câmara Brasileira do Livro, SP, Brasil)

Mukherjee, Siddhartha
  O gene : uma história íntima / Siddhartha Mukherjee ; tradução Laura Teixeira Motta. — 1ª ed. — São Paulo : Companhia das Letras, 2016.

  Título original : The Gene : An Intimate History.
  ISBN 978-85-359-2807-5

  1. Biologia 2. Ética médica 3. Genes 4. Genética – História 5. Hereditariedade 6. Mukherjee, Siddhartha – Família – Saúde I. Título.

16-06983   CDD-576.5

Índice para catálogo sistemático:
1. Genética : Biologia   576.5

Todos os direitos desta edição reservados à
EDITORA SCHWARCZ S.A.
Rua Bandeira Paulista, 702, cj. 32
04532-002 — São Paulo — SP
Telefone: (11) 3707-3500
www.companhiadasletras.com.br
www.blogdacompanhia.com.br
facebook.com/companhiadasletras
instagram.com/companhiadasletras
twitter.com/cialetras

*A Priyabala Mukherjee (1906-85), que conhecia os perigos;
a Carrie Buck (1906-83), que passou por eles.*

A determinação exata das leis da hereditariedade talvez traga mais mudanças no modo como o homem vê o mundo e em seu poder sobre a natureza do que qualquer outro avanço que se possa prever no conhecimento do mundo natural.

William Bateson[1]

No fim das contas, os seres humanos não passam de portadores — vias — para os genes. Eles avançam montados em nós até nos exaurir, como seus cavalos de corrida, de geração a geração. Os genes não pensam no que constitui o bem e o mal. Não se importam se estamos felizes ou infelizes. Para eles, somos apenas meios para um fim. A única coisa em que pensam é no que é mais eficiente para eles.

Haruki Murakami, *1Q84*[2]

Sumário

PRÓLOGO — FAMÍLIAS 11

PARTE 1 — A "CIÊNCIA PERDIDA DA HEREDITARIEDADE"
    1. O Jardim Murado 31
    2. "O mistério dos mistérios" 44
    3. A "lacuna bem grande" 58
    4. "Flores que ele amava" 65
    5. "Um certo Mendel" 75
    6. Eugenia 84
    7. "Três gerações de imbecis é o suficiente" 100

PARTE 2 — "NA SOMA DAS PARTES SÓ EXISTEM AS PARTES"
    8. *Abhed* 115
    9. Verdades e conciliações 128
    10. Transformação 140
    11. *Lebensunwertes Leben* 148
    12. "Essa molécula estúpida" 164
    13. "Objetos biológicos importantes vêm em pares" 171
    14. "Esse maldito Pimpinela fujão" 195

15. Regulação, replicação, recombinação.................................... 207
16. Dos genes à gênese... 222

PARTE 3 — "OS SONHOS DOS GENETICISTAS"
17. "Crossing over" 245
18. A nova música... 259
19. Einsteins na praia 270
20. "Clonar ou morrer".. 282

PARTE 4 — "O ESTUDO APROPRIADO À HUMANIDADE É O HOMEM"
21. Os tormentos de meu pai... 305
22. O nascimento de uma clínica... 310
23. Intervir, intervir, intervir... 324
24. Uma aldeia de dançarinos, um atlas de pintas................... 331
25. "Obter o genoma".. 348
26. Os geógrafos... 362
27. O Livro do Homem (em 23 volumes) 380

PARTE 5 — NO ESPELHO
28. "Então, a gente é igual" 389
29. A primeira derivada da identidade 415
30. A última milha 435
31. O inverno da fome... 459

PARTE 6 — PÓS-GENOMA
32. O futuro do futuro 489
33. Diagnóstico genético: "previventes" 511
34. Terapias gênicas: pós-humano 540

EPÍLOGO: *Bheda, Abheda*.. 563

AGRADECIMENTOS.. 575
GLOSSÁRIO... 577
CRONOLOGIA... 580
NOTAS.. 583
BIBLIOGRAFIA SELECIONADA.. 629
CRÉDITOS DAS IMAGENS.. 635
ÍNDICE REMISSIVO.. 637

Prólogo
Famílias

> *O sangue dos teus pais não se perde em ti.*
> Menelau, *Odisseia*[1]

> *They fuck you up, your mum and dad.*
> *They may not mean to, but they do.*
> *They fill you with the faults they had*
> *And add some extra, just for you.**
> Philip Larkin, "This Be The Verse"[2]

No inverno de 2012 viajei de Delhi a Calcutá para visitar meu primo Moni. Meu pai foi junto, como guia e companheiro, mas era uma presença carrancuda e pensativa, perdida em uma angústia íntima que só de maneira vaga eu podia captar. Meu pai é o mais novo de cinco irmãos, e Moni é seu primeiro sobrinho, o primogênito de seu irmão mais velho. Desde 2004, quando tinha quarenta anos, Moni está confinado em um hospital psiquiátrico ("um asilo de

---

* "Mamãe e papai ferram você./ Mesmo sem querer, é o que fazem./ Enchem você dos defeitos deles/ E acrescentam alguns extras, só para você." (N. T.)

loucos", como diz meu pai), diagnosticado com esquizofrenia. Vive à base de medicamentos fortíssimos, boiando em um mar de antipsicóticos e sedativos variados, e um cuidador o vigia, banha e alimenta todos os dias.

Meu pai nunca aceitou o diagnóstico de Moni. Ao longo dos anos, empreendeu uma obstinada e solitária campanha contra os psiquiatras que cuidam de seu sobrinho, na esperança de convencê-los de que seu diagnóstico foi um erro colossal ou de que a mente dilacerada de Moni, sabe-se lá como, se consertaria por mágica. Meu pai visitou duas vezes o hospital em Calcutá, uma delas sem avisar, torcendo para encontrar um Moni transformado, vivendo em segredo uma vida normal por trás dos portões gradeados.

Meu pai sabia, porém, tanto quanto eu, que naquelas visitas havia mais do que o amor de tio. Moni não é o único que tem doença mental no lado paterno da minha família. Dos quatro irmãos de meu pai, dois, não o pai de Moni, mas dois de seus tios, sofriam de variados descaminhos da mente. Acontece que a loucura tem estado entre os Murkherjee por no mínimo duas gerações, e pelo menos parte da relutância de meu pai em aceitar o diagnóstico de Moni provém de um assustador reconhecimento de que alguma semente da doença pode estar enterrada, como lixo tóxico, nele mesmo.

Em 1946, Rajesh, o terceiro irmão de meu pai, morreu prematuramente em Calcutá. Tinha 22 anos. Contam que ele pegou pneumonia depois de passar duas noites fazendo exercícios debaixo de chuva no inverno. Só que a pneumonia foi o clímax de outra doença. Rajesh fora o mais promissor dos irmãos: o mais ágil, o mais flexível, o mais carismático, o mais vigoroso, o mais amado e idolatrado por meu pai e sua família.

Meu avô morrera uma década antes, em 1936, assassinado numa disputa sobre minas de mica. Minha avó ficou sozinha para criar cinco meninos. Embora não fosse o mais velho, Rajesh ocupou sem grande esforço o lugar de seu pai. Tinha apenas doze anos, mas poderia ter 22: sua inteligência fulminante já estava sendo resfriada pela gravidade, a frágil presunção da adolescência já se forjava em uma autoconfiança de adulto.

No verão de 1946, meu pai se lembra, Rajesh começou a ter uns comportamentos estranhos, como se tivesse um fio descascado no cérebro. A mudança mais gritante em sua personalidade foi a volatilidade: boas notícias desencadeavam explosões de júbilo irreprimíveis, que muitas vezes só se extinguiam mediante surtos cada vez mais acrobáticos de exercícios físicos, enquanto más notícias mergulhavam-no em uma desolação inconsolável. As emoções, no contexto, eram normais; a intensidade extrema é que era anormal. No inverno daquele ano, a curva senoidal do psiquismo de Rajesh comprimira-se na frequência e ganhara amplitude. Os acessos de energia que descambavam para exaltação e espalhafato vinham mais amiúde e com maior ferocidade, e a avassaladora contracorrente de tristeza que se seguia tinha a mesma força. Ele se aventurou pelo ocultismo. Organizava sessões mediúnicas em casa ou ia com amigos meditar no crematório à noite. Não sei se ele se automedicava — nos anos 1940, os antros do bairro chinês em Calcutá possuíam amplos estoques de ópio birmanês e haxixe afegão para acalmar os nervos de um jovem —, mas meu pai se recorda de um irmão alterado: ora temeroso, ora imprudente, descendo e subindo precipícios de humor, irritável numa manhã e exultante na seguinte (essa palavra, "exultante", usada de maneira coloquial significa algo inocente: uma amplificação da alegria. Mas também delineia um limite, um alerta, uma fronteira da sobriedade. Para além da *exultação*, como veremos, não há uma "ultraexultação"; só existe loucura e mania).

Na semana anterior à pneumonia, Rajesh recebera a notícia de que tirara notas excelentes em seus exames na faculdade. Eufórico, desapareceu por duas noites, segundo ele para "exercitar-se" em um acampamento de praticantes de luta romana. Voltou queimando de febre e sofrendo alucinações.

Só anos mais tarde, quando eu cursava medicina, me dei conta de que Rajesh talvez estivesse nas garras da fase aguda da mania. Seu colapso mental era o resultado de um caso quase emblemático de psicose maníaco-depressiva, o transtorno bipolar.

Jagu, o quarto irmão de meu pai, veio morar conosco em Delhi em 1975, quando eu tinha cinco anos. Sua mente também estava desmoronando. Varapau de expressão quase selvagem nos olhos e cabeleira emaranhada, ele parecia um Jim Morrison bengali. Em contraste com Rajesh, cuja doença se manifestara depois dos vinte anos, Jagu sofria desde a infância. Socialmente inepto, retraído com todos exceto com minha avó, ele era incapaz de se manter num emprego e de viver sozinho. Em 1975 já haviam surgido problemas cognitivos mais profundos: ele tinha visões, fantasmas e vozes na cabeça que lhe diziam o que fazer. Fabricava teorias de conspiração às dezenas: seu comportamento estava sendo secretamente registrado por um camelô que vendia bananas em frente à nossa casa. Jagu falava sozinho com frequência e era obcecado por recitar itinerários de trens inventados. ("Shimla a Howray via correio de Kalka, depois baldeação em Howrah para o Shri Jagannath Express até Puri.") Ele ainda era capaz de extraordinários rompantes de carinho. Uma ocasião, quebrei sem querer um vaso veneziano de estimação. Ele me escondeu em suas roupas de cama e disse para minha mãe que possuía "montes de dinheiro" escondidos e que compraria "mil" vasos para substituir aquele. Esse episódio também era sintomático: até seu amor por mim envolvia estender o manto da psicose e fabulação.

Rajesh nunca foi formalmente diagnosticado, mas Jagu, sim. Em fins dos anos 1970, um médico examinou-o em Delhi e diagnosticou esquizofrenia. No entanto, não prescreveu remédios. Em vez disso, Jagu continuou a morar em nossa casa, meio escondido no quarto da minha avó (como em muitas famílias da Índia, minha avó morava conosco). E ela, mais uma vez acossada, agora com dupla ferocidade, assumiu o papel de defensora pública de Jagu. Por quase uma década, ela e meu pai mantiveram uma frágil trégua, com Jagu vivendo sob os cuidados dela, comendo no quarto dela e usando roupas que ela mesma fazia. À noite, quando Jagu ficava particularmente agitado, consumido por seus medos e fantasias, ela o deitava cama como uma criança e punha a mão na sua testa. Quando ela morreu, em 1985, ele desapareceu da nossa casa e não foi possível persuadi-lo a voltar. Viveu em Delhi com um grupo de uma seita religiosa até morrer, em 1998.

Meu pai e minha avó acreditavam que as doenças mentais de Jagu e Rajesh tinham sido precipitadas, ou talvez até causadas, pelo apocalipse da Partição, sublimando neles o trauma político em trauma psíquico. Eles sabiam que a Partição separara não apenas duas nações, mas também mentes. Em "Toba Tek Singh", de Saadat Hasan Manto, talvez o melhor conto conhecido sobre a Partição, o herói, um louco encontrado na fronteira entre Índia e Paquistão, também habita um limbo entre a sanidade e a insanidade mental. Minha avó achava que a comoção e o desenraizamento que nos levaram de Bengala Oriental para Calcutá tiraram a mente de Jagu e de Rajesh do eixo, embora de modos espetacularmente opostos.

Rajesh chegara a Calcutá em 1946, justo quando a própria cidade, de nervos à flor da pele, amor exaurido e paciência esgotada, perdia ela própria a sanidade. Um fluxo constante de homens e mulheres de Bengala Oriental — os que haviam sentido antes de seus vizinhos as primeiras convulsões políticas — já começara a abarrotar os prédios baixos e os cortiços nas imediações da estação de Sealdah. Minha avó fazia parte dessa multidão quase miserável. Alugara um apartamento de três cômodos na viela Hayat Khan, próxima da estação. Pagava 55 rupias por mês de aluguel, cerca de um dólar em valores atuais, mas uma fortuna colossal para a família dela. Os cômodos, empilhados um por cima do outro como irmãos briguentos, tinham vista para um lixão. Mas o apartamento, apesar de minúsculo, possuía janelas e um teto comum, do qual os rapazes podiam observar a nova cidade e a nova nação que estavam nascendo. Tumultos forjavam-se com facilidade nas esquinas; em agosto daquele ano, uma conflagração particularmente medonha entre hindus e muçulmanos (mais tarde conhecida como a Grande Matança de Calcutá) resultou no massacre de 5 mil pessoas e 100 mil habitantes expulsos de suas casas.

Rajesh tinha visto a maré alta daquelas turbas arruaceiras naquele verão. Hindus arrastaram muçulmanos para fora de lojas e escritórios em Lalbazar e os estriparam vivos nas ruas, muçulmanos retribuíram com ferocidade igual nos mercados de peixe vizinhos de Rajabazar e da rua Harrison. O colapso mental de Rajesh viera na esteira daqueles tumultos. A cidade agora estava estabilizada e curada, mas ele ficara com uma cicatriz permanente. Pouco depois dos massacres de agosto, ele foi acometido por uma saraivada de alucinações paranoides. Seu medo não parava de crescer. As idas noturnas à academia de ginástica tornaram-se mais frequentes. E então começaram as convulsões maníacas, as febres espectrais e o súbito cataclismo de sua doença terminal.

Se a doença de Rajesh era a loucura da chegada, a loucura de Jagu, para minha avó, era a da partida. No vilarejo ancestral, Dehergoti, vizinho de Barisal, a mente de Jagu estivera de algum modo acorrentada aos seus amigos e familiares. Quando corria livre pelos arrozais ou nadava nas lagoas, ele podia parecer tão despreocupado e brincalhão quanto os outros garotos: quase normal. Em Calcutá, como uma planta desenraizada de seu hábitat natural, Jagu murchou e se desintegrou. Abandonou seu curso universitário e estacionou em caráter permanente às janelas do apartamento, contemplando o mundo com um olhar vazio. Os pensamentos começaram a se embaralhar, a fala tornou-se incoerente. Enquanto a mente de Rajesh expandiu-se até seu frágil extremo, a de Jagu contraiu-se em silêncio no quarto. Rajesh perambulava pela cidade à noite, Jagu confinava-se voluntariamente em casa.

Essa estranha taxonomia da doença mental (Rajesh como o rato da cidade e Jagu como o rato do campo em seus colapsos psíquicos) foi conveniente enquanto durou, mas despedaçou-se, por fim, quando a mente de Moni também começou a falhar. Moni sem dúvida não era um "filho da Partição". Não fora desenraizado; passara a vida inteira em um lar seguro em Calcutá. No entanto, a trajetória de seu psiquismo começara, de maneira estranha, a recapitular a de Jagu. Visões e vozes surgiram na adolescência. A necessidade de isolamento, a grandiosidade das fabulações, a desorientação, a confusão, tudo isso lembrava em tons sinistros a derrocada do tio. Quando adolescente, ele veio nos visitar em Delhi. Combinamos ir ao cinema, mas ele se trancou no banheiro no andar de cima e se recusou a sair durante quase uma hora, até que minha avó o desentocou. Quando ela foi buscá-lo lá dentro, ele estava todo encolhido num canto, se escondendo.

Em 2004, Moni foi espancado por um bando de capangas, supostamente por urinar em um jardim público (ele me disse que uma voz interior lhe ordenara: "Mije aqui, mije aqui"). Algumas semanas mais tarde, ele cometeu um "crime" tão comicamente flagrante que só podia ser um atestado de perda de sanidade mental: foi pego flertando com a irmã de um dos capangas (de novo, explicou que as vozes lhe ordenaram que agisse assim). Seu pai tentou intervir, sem êxito, e dessa vez Moni levou uma surra tão violenta que foi parar no hospital, com o lábio cortado e um ferimento na cabeça.

As pancadas tinham intenções catárticas: interrogados pela polícia mais tarde, seus algozes alegaram que a intenção fora apenas "expulsar os demônios" de Moni. Em vez disso, os comandantes patológicos na cabeça de Moni tornaram-se mais ousados e mais insistentes. No inverno daquele ano, depois de mais um colapso com alucinações e vozes interiores sibilantes, ele foi internado.

O confinamento, segundo Moni me contou, foi voluntário, em parte: mais do que a reabilitação mental, ele buscava um refúgio físico. Prescreveram-lhe um sortimento de medicações antipsicóticas, e ele melhorou pouco a pouco, porém, pelo visto, nunca o suficiente para receber alta. Alguns meses depois, quando Moni continuava internado, seu pai morreu. A mãe já falecera alguns anos antes, e ele tinha agora apenas uma irmã, que morava bem longe. Por isso, Moni decidiu permanecer internado, em parte por não ter para onde ir. Os psiquiatras reprovam o emprego da expressão arcaica "asilo de loucos", mas para Moni essa descrição tornara-se pavorosamente acurada: aquele era o único lugar que lhe proporcionava o abrigo e a segurança que lhe faltavam na vida. Ele era um pássaro engaiolado por vontade própria.

Quando meu pai e eu fomos visitá-lo em 2012, fazia quase duas décadas que eu não via Moni. Mesmo assim, pensava que o reconheceria. Mas a pessoa que encontrei na sala de visitas tinha tão pouca semelhança com o primo de quem eu me lembrava que, se o cuidador não confirmasse o nome, eu poderia muito bem estar diante de um estranho. Ele aparentava ser muito mais velho do que era. Tinha 48 anos, mas dava a impressão de ter uma década a mais. Os remédios para a esquizofrenia haviam alterado seu corpo, e ele andava com a insegurança e o desequilíbrio de uma criança pequena. Sua fala, outrora efusiva e rápida, era hesitante, espasmódica; as palavras brotavam com uma força súbita, surpreendente, como se ele cuspisse sementes estranhas que alguém lhe tivesse posto na boca. Moni pouco se lembrava de meu pai e de mim. Quando mencionei o nome de minha irmã, ele perguntou se eu era casado com ela. Nossa conversa decorreu como se eu fosse um repórter de jornal que tivesse aparecido de repente para entrevistá-lo.

A mais gritante característica de sua doença, entretanto, não era a tempestade na mente, mas a calmaria nos olhos. A palavra "moni" significa "pedra preciosa" em bengali, mas no uso comum também se refere a algo de beleza inefável: as brilhantes alfinetadas de luz em cada olho. E era justo isso que faltava no olhar de Moni. Os pontos gêmeos de luz em seus olhos haviam esmaecido até quase sumir, como se alguém tivesse entrado em seus olhos e pintado as luzinhas de cinza com um minúsculo pincel.

Por toda a minha infância e minha vida adulta, Moni, Jagu e Rajesh tiveram um papel descomunal na imaginação da minha família. Durante um flerte de seis meses com a *angst* adolescente, parei de falar com meus pais, deixei de fazer a lição de casa e joguei no lixo meus livros velhos. Meu pai, aturdido de preocupação, arrastou-me, deprimido, para uma consulta com o médico que diagnosticara Jagu. *Estaria seu filho, agora, enlouquecendo?* Quando a memória de minha avó começou a falhar, no princípio da casa dos oitenta, ela passou a me chamar, por engano, de Rajeshwar — Rajesh. De início ela se corrigia, corada de constrangimento, mas quando se desfizeram seus últimos laços com a realidade ela parecia cometer o erro quase de propósito, como se houvesse descoberto o prazer ilícito daquela fantasia. No meu quarto ou quinto encontro com Sarah, hoje minha mulher, contei-lhe sobre a mente fragmentada de meu primo e dois tios. Era justo, para uma futura companheira, que eu lhe desse uma carta de advertência.

Àquela altura, hereditariedade, doença, normalidade, família e identidade tinham se tornado temas recorrentes nas conversas lá em casa. Como a maioria dos bengalis, meus pais haviam elevado a repressão e a negação ao nível de uma forma superior de arte, mas mesmo assim eram inevitáveis as indagações a respeito dessa história específica. Moni, Rajesh, Jagu: três vidas consumidas por variantes de doença mental. Difícil não imaginar que um componente hereditário espreitava sob a história dessa família. Teria Moni herdado um gene, ou um conjunto de genes, que o tornara suscetível — os mesmos genes que haviam afetado nossos tios? Teriam outros sido afetados com variantes diferentes de doença mental? Meu pai tivera no mínimo duas fugas psicóticas na vida, ambas precipitadas pelo consumo de *bhang* (pasta de brotos de maconha derretida em *ghee* e batida para fazer uma bebida espumante servida em festivais religiosos). Estariam elas relacionadas à mesma cicatriz da história?

Em 2009, pesquisadores suecos publicaram um enorme estudo internacional que abrangia milhares de famílias e dezenas de milhares de homens e mulheres. O estudo analisou famílias com histórias intergeracionais de doença mental e encontrou marcantes evidências de que o transtorno bipolar e a esquizofrenia tinham em comum uma forte ligação genética. Algumas das famílias descritas no estudo apresentavam uma história entrecruzada de doenças mentais dolorosamente semelhante à da minha família: um irmão afetado com esquizofrenia, outro com transtorno bipolar e um sobrinho ou sobrinha também esquizofrênico. Em 2012, vários outros estudos corroboraram aquelas primeiras descobertas;[3] assim, fortaleceram as ligações entre aquelas variantes de doença mental e histórias familiares, e aprofundaram as questões sobre sua etiologia, epidemiologia, gatilhos e instigadores.

Li dois desses estudos numa manhã de inverno no metrô de Nova York, alguns meses depois de voltar de Calcutá. Do outro lado do corredor, um homem com gorro de pele cinza obrigava seu filho a pôr um gorro de pele cinza. Na rua 59, uma mãe empurrava um carrinho de bebê com gêmeos que berravam em tons que, para os meus ouvidos, pareciam idênticos.

O estudo trouxe um estranho consolo íntimo, porque respondia a algumas das questões que tanto atormentaram meu pai e minha avó. Mas também desencadeou uma série de novas perguntas: se a doença de Moni era genética, por que seu pai e sua irmã haviam sido poupados? Que "gatilhos" haviam feito aflorar aquelas predisposições? Quanto das doenças de Jagu ou Moni teve origem na "natureza" (isto é, em genes que predispunham à doença mental) e quanto na "criação" (gatilhos ambientais como revolução, discórdia e trauma)? Seria meu pai portador da suscetibilidade? Seria eu? E se eu pudesse conhecer a natureza exata desse defeito genético? Eu me submeteria ao exame, ou submeteria minhas duas filhas? Eu as informaria sobre os resultados? E se descobrisse que apenas uma delas era portadora dessa marca?

Enquanto a história de doença mental em minha família atravessava minha consciência como uma linha vermelha, também o meu trabalho científico como biólogo oncologista convergia para a normalidade e anormalidade gênica. O câncer talvez seja a suprema perversão da genética: um genoma que, de forma patológica, se torna obcecado por se reproduzir. O genoma como uma máquina autorreplicadora coopta a fisiologia, o metabolismo, o comportamento e a identidade de uma célula, e o resultado é uma doença que muda de forma e, apesar de avanços significativos, desafia nossa capacidade de tratá-la ou curá-la.

Percebi, porém, que estudar o câncer também significa estudar seu obverso. Qual é o código da normalidade antes de ela ser corrompida pela coda do câncer? O que o genoma normal *faz*? Como ele mantém a constância que nos torna discernivelmente similares e as variações que nos tornam discernivelmente diferentes? Aliás, como são definidas ou escritas no genoma as contrapartidas constância-variação ou normalidade-anormalidade?

E se aprendêssemos a mudar de modo intencional o nosso código genético? Se tais tecnologias estivessem disponíveis, quem as controlaria e quem garantiria sua segurança? Quem seriam os senhores e quem seriam as vítimas dessa tecnologia? De que forma a aquisição e o controle desse conhecimento — e sua inevitável invasão da nossa vida pública e privada — alterariam o modo como imaginamos nossas sociedades, nossos filhos e nós mesmos?

Este livro é a história do nascimento, crescimento, influência e futuro de uma das mais poderosas e perigosas ideias na história da ciência: o "gene", a unidade fundamental da hereditariedade e a unidade básica de toda a informação biológica.

Uso este último adjetivo, "perigosas", com pleno conhecimento. Três ideias profundamente desestabilizadoras ricochetearam por todo o século XX e se dividiram em três partes desiguais: o átomo, o byte e o gene.[4] Cada uma teve um prenúncio em um século anterior, mas brilhou em proeminência no século XX. Cada uma começou a vida como um conceito científico muito abstrato, mas acabou por invadir numerosos discursos humanos e, com isso, transformou a cultura, a sociedade, a política e a linguagem. No entanto, incomparavelmente, o paralelo mais crucial entre essas ideias é conceitual: cada uma representa a unidade irredutível — o tijolo construtor, a unidade organizacional básica — de um todo maior: o átomo, da matéria; o byte (ou "bit"), da informação digitalizada; o gene, da hereditariedade e informação biológica.*

Por que essa propriedade de ser a menor unidade divisível de uma forma maior confere tanto poder e força a essas ideias específicas? A resposta

---

* Quando digo "byte", refiro-me a uma ideia bastante complexa: não só ao conhecido byte da arquitetura dos computadores, mas também à noção mais geral e misteriosa de que *toda* informação complexa no mundo natural pode ser descrita ou codificada como uma soma de partes distintas contendo não mais do que um estado "ligado" e um estado "desligado", *on* e *off*. Uma descrição mais completa dessa ideia e de seu impacto sobre as ciências naturais e a filosofia encontra-se em *Information: A History, a Theory, a Flood*, de James Gleick. Essa teoria foi proposta, evocativamente, pelo físico John Wheeler nos anos 1990: "Cada partícula, cada campo de força, até mesmo o continuum espaço-tempo, deriva sua função, seu significado, sua própria existência inteiramente [...] de respostas a questões do tipo sim ou não, escolhas binárias, bits [...]; em suma, todas as coisas físicas têm base na teoria da informação". O byte ou bit é uma invenção humana, mas a teoria da informação digitalizada que a fundamenta é uma bela lei natural.

simples é que matéria, informação e biologia são, em essência, organizadas de forma hierárquica, e entender essa menor parte é crucial para entender o todo. Quando o poeta Wallace Stevens escreve: "Na soma das partes só existem as partes",[5] ele se refere ao profundo mistério estrutural que existe na linguagem: só podemos decifrar o significado de uma sentença decifrando cada palavra individualmente; no entanto, uma sentença contém mais significado do que qualquer uma das palavras individualmente. O mesmo vale para os genes. Um organismo é muito mais do que seus genes, é óbvio, mas para entender um organismo precisamos entender seus genes. Quando o biólogo holandês Hugo de Vries chegou ao conceito de gene nos anos 1890, logo intuiu que essa ideia reorganizaria nossa compreensão do mundo natural.

> Todo o mundo orgânico é resultado de inúmeras combinações e permutações distintas de relativamente poucos fatores. [...] Assim como a física e a química investigam as moléculas e átomos, as ciências biológicas têm de entender essas unidades [genes] para explicar [...] os fenômenos do mundo vivo.[6]

O átomo, o byte e o gene trazem noções científicas e tecnológicas fundamentalmente novas sobre seus respectivos sistemas. Não podemos explicar o comportamento da matéria — por que o ouro brilha, por que o hidrogênio entra em combustão com o oxigênio — sem invocar a natureza atômica da matéria. Não podemos entender as complexidades da computação — a natureza dos algoritmos, a armazenagem ou corrupção de dados — sem compreender a anatomia estrutural da informação digitalizada. "A alquimia não pôde se tornar química antes que se descobrissem suas unidades fundamentais", escreveu um cientista do século XIX.[7] De maneira análoga, como procuro mostrar neste livro, é impossível entender a biologia de organismos e células ou a evolução — ou ainda a patologia, o comportamento, temperamento, doença, raça, identidade ou destino* dos seres humanos — sem primeiro lidar com o conceito de gene.

Há uma segunda questão em jogo aqui. Entender a ciência atômica foi um precursor necessário para manipular a matéria (e, por meio da manipula-

---

* O termo "destino" é usado aqui e em outras partes do livro com o sentido de "resultado" ou "modo como algo termina", e não tem relação com a ideia de predestinação ou fatalidade. (N. T.)

ção da matéria, inventar a bomba atômica). Nossa compreensão dos genes nos permite manipular organismos com destreza e poder sem precedentes. Acontece que a natureza real do código genético é de uma simplicidade extraordinária: existe apenas uma molécula que transmite as informações hereditárias e apenas um código. "O fato de os aspectos fundamentais da hereditariedade terem se revelado tão extraordinariamente simples sustenta nossa esperança de que, afinal de contas, a natureza pode ser acessível em sua totalidade", escreveu o influente geneticista Thomas Morgan.[8] "Descobrimos mais uma vez que sua tão propalada inescrutabilidade é uma ilusão."

Nossa compreensão dos genes atingiu tamanho refinamento e profundidade que não estamos mais estudando e alterando genes em tubos de ensaio, mas em seu contexto nativo em células humanas. Genes residem em cromossomos — longas estruturas filamentosas embutidas em células que contêm dezenas de milhares de genes ligados em cadeias.* Os seres humanos possuem, no total, 46 desses cromossomos — 23 do pai e 23 da mãe. O conjunto inteiro de instruções genéticas contidas em um organismo é denominado genoma (imagine o genoma como a enciclopédia de todos os genes, com notas de rodapé, comentários, instruções e referências). O genoma humano contém entre 21 mil e 23 mil genes que fornecem as instruções controladoras da construção, do reparo e da manutenção dos seres humanos. Nas duas últimas décadas, as tecnologias genéticas avançaram tão depressa que podemos decifrar como vários desses genes operam no tempo e no espaço para possibilitar essas funções complexas. E podemos, em certos casos, alterar de maneira deliberada alguns desses genes para mudar suas funções, o que resulta em estados humanos alterados, fisiologias alteradas e seres mudados.

Essa transição da explicação para a manipulação é justamente o que faz o campo da genética repercutir muito além da esfera da ciência. Uma coisa é tentar entender como os genes influenciam a identidade, a sexualidade ou o temperamento humano. Outra, bem diferente, é imaginar a alteração da identidade, sexualidade ou comportamento com uma alteração de genes. A primeira postura pode absorver professores nos departamentos de psicologia e seus vizinhos nos departamento de neurociência. A segunda, modulada por promessa e por perigo, deve ser alvo do interesse de todos nós.

---

* Em certas bactérias, os cromossomos podem ser circulares.

* * *

Enquanto escrevo este texto, organismos dotados de genoma estão aprendendo a mudar as características hereditárias de organismos dotados de genoma. Eis o que quero dizer: só nos últimos quatro anos, entre 2012 e 2016, inventamos tecnologias que nos permitem mudar genomas humanos de maneira deliberada e em caráter permanente (embora a segurança e a fidelidade dessas tecnologias de "engenharia genômica" ainda careçam de uma avaliação minuciosa). Ao mesmo tempo, a capacidade de predizer forma, função, futuro e destino a partir de um genoma individual avançou de maneira notável (ainda que desconheçamos as verdadeiras capacidades preditivas dessas tecnologias). Agora podemos "ler" genomas humanos e podemos "escrever" genomas humanos de um modo que apenas três ou quatro anos atrás era inconcebível.

Não é preciso ser doutor em biologia molecular, filosofia ou história para ver que a convergência desses dois eventos é como um mergulho de cabeça num abismo. Assim que pudermos compreender a natureza do destino codificado por genomas individuais (mesmo se só formos capazes de predizer isso com base em probabilidades em vez de certezas), e assim que pudermos adquirir a tecnologia para mudar de maneira intencional essas probabilidades (ainda que essas tecnologias sejam ineficientes e desajeitadas), nosso futuro estará fundamentalmente mudado. George Orwell escreveu que, quando um crítico usa a palavra "humano", em geral a torna sem sentido. Duvido que eu esteja exagerando na seguinte afirmação: nossa capacidade de entender e manipular genomas humanos altera nossa concepção do que significa ser "humano".

O átomo fornece um princípio organizador para a física moderna — e nos atiça com a perspectiva de controlar matéria e energia. O gene fornece um princípio organizador para a biologia moderna — e nos atiça com a perspectiva de controlar nosso corpo, destino e futuro. Inerente à história dos genes está "a busca pela juventude eterna, o mito faustiano da reversão abrupta da sorte e o flerte do nosso século com a perfectibilidade do homem".[9] Tão inerente quanto é o desejo de decifrar nosso manual de instruções. É *isso* que está no centro desta história.

Este livro está organizado por cronologia e tema. O arco geral é histórico. Começamos pela plantação de ervilhas de Mendel num obscuro mosteiro da Morávia em 1864, onde o "gene" é descoberto e logo esquecido (a palavra "gene" só aparece décadas depois). A história se cruza com a teoria da evolução de Darwin. O gene fascina reformadores ingleses e americanos, que anseiam por manipular a genética humana para acelerar a evolução e a emancipação do homem. A ideia ganha vulto até seu macabro apogeu na Alemanha nazista dos anos 1940, onde a eugenia humana é usada para justificar experimentos grotescos que culminam em confinamento, esterilização, eutanásia e assassinato em massa.

Uma série de descobertas na esteira da Segunda Guerra Mundial desencadeia uma revolução na biologia. O DNA é identificado como a fonte das informações genéticas. A "ação" de um gene é descrita em termos mecanicistas: *os genes codificam mensagens químicas para a construção de proteínas que basicamente possibilitam forma e função.* James Watson, Francis Crick, Maurice Wilkins e Rosalind Franklin desvendam a estrutura tridimensional do DNA e nos apresentam a icônica imagem da dupla hélice. O código genético de três letras é decifrado.

Duas tecnologias transformam a genética nos anos 1970: o sequenciamento e a clonagem de genes — a "leitura" e a "escrita" de genes (a expressão "clonagem de genes" abrange a gama de técnicas usadas para extrair genes de organismos, manipulá-los em tubos de ensaio, criar genes híbridos e produzir milhões de cópias desses híbridos em células vivas). Nos anos 1980, especialistas em genética humana começam a usar essas técnicas para mapear e identificar genes associados a doenças, como a doença de Huntington e a fibrose cística. A identificação desses genes associados a doenças pressagia uma nova era de manejo genético na qual é viável fazer a triagem e o possível aborto de fetos portadores de mutações (os pais que submetem o filho ainda no útero a exames para detectar síndrome de Down, fibrose cística ou doença de Tay-Sachs ou as mães que se submetem aos testes *BRCA-1* ou *BRCA-2* já entraram nessa era. O manejo e otimização genética não é história do nosso futuro distante; já está engastado no presente.

Várias mutações genéticas são identificadas em cânceres humanos e permitem uma compreensão genética mais profunda dessa doença. Esses esforços ganharam ímpeto com o Projeto Genoma Humano, uma iniciativa internacional para mapear e sequenciar na íntegra o nosso genoma. O primeiro esboço da sequência do genoma humano é publicado em 2001. Por sua vez, o projeto genoma inspira tentativas de compreender a variação, a identidade, o temperamento e o comportamento "normal" do ser humano em termos gênicos.

Enquanto isso, o gene invade discursos sobre raça, discriminação racial e "inteligência racial" e traz respostas surpreendentes a algumas das questões mais potentes que circulam pelas áreas política e cultural. Ele reorganiza nossa compreensão da sexualidade, identidade de gênero, preferência e escolha sexual, atingindo o centro de algumas das mais urgentes questões ligadas à nossa esfera pessoal.*

Há histórias em cada uma dessas histórias, mas este livro é também uma história muito pessoal: uma história íntima. Hereditariedade, destino e futuro não são conceitos abstratos para mim. Rajesh e Ragu morreram. Moni está internado em um hospital psiquiátrico de Calcutá. Mas a vida, a morte e o destino deles tiveram sobre o meu pensamento como cientista, acadêmico, historiador, médico, filho e pai um impacto mais forte do que eu poderia ter imaginado. Em minha vida adulta, é raro se passar um dia em que eu não pense a respeito de hereditariedade e família.

Tenho, sobretudo, uma dívida para com minha avó. Ela nunca superou — não podia superar — o pesar por sua herança, mas acolheu e defendeu os mais frágeis de seus filhos contra a vontade dos fortes. Ela resistiu aos golpes da história com resiliência, porém resistiu aos golpes da hereditariedade com algo mais do que resiliência: uma graça que nós, seus descendentes, só podemos ter esperança de imitar. A ela dedico este livro.

---

* Alguns temas, como os organismos geneticamente modificados (OGM), o futuro das patentes de genes, o uso de genes em descobertas ou biossíntese de fármacos e a criação de novos organismos genéticos merecem livros próprios e estão fora do escopo desta obra.

PARTE 1

A "CIÊNCIA PERDIDA DA HEREDITARIEDADE"
*A descoberta e a redescoberta dos genes
(1865-1935)*

Essa ciência perdida da hereditariedade, essa inexplorada mina de conhecimento na fronteira da biologia com a antropologia, que para todos os efeitos práticos é tão inexplorada hoje quanto nos tempos de Platão, é, em simples verdade, dez vezes mais importante para a humanidade do que toda a química e a física, toda a ciência técnica e industrial que já foi ou virá a ser descoberta.

H. G. Wells, *Mankind in the Making*[1]

JACK: *Sim, mas você mesmo disse que um forte resfriado não era hereditariedade.*
ALGERNON: *Não era, eu sei, mas ouso dizer que agora é. A ciência está sempre fazendo melhoramentos espantosos nas coisas.*

Oscar Wilde, *A importância de ser prudente*[2]

1. O Jardim Murado

> *Os estudiosos da hereditariedade, em especial, entendem tudo de seu assunto, exceto seu assunto. Nasceram e foram criados nesse urzeiro, suponho, e de fato o exploraram sem chegar ao fim. Vale dizer: estudaram tudo, menos a questão de o que é que estão estudando.*
> G. K. Chesterton, *Eugenics and Other Evils*[1]

> *Fala à terra, ela te dará lições.*
> Jó 12,8

Na sua origem, o mosteiro tinha sido um convento. Os monges da Ordem de Santo Agostinho outrora viviam em circunstâncias mais generosas, como gostavam de reclamar, nos amplos aposentos de uma grande abadia de pedra no alto de um morro, no centro da cidade medieval de Brno (Brno em tcheco, Brünn em alemão). A cidade crescera à volta deles por mais de quatro séculos, descera em cascata as encostas até se espalhar pela paisagem plana de fazendas e pradarias lá embaixo. Mas os frades perderam as boas graças do imperador José II em 1783. Aquela propriedade no coração da cidade era valiosa demais para servir-lhes de teto, decretara sem rodeios o imperador. E os monges foram transferidos para uma estrutura em ruínas na base do morro na Velha Brno, culminando a ignomínia daquela realocação o fato de terem sido designados para ocupar aposentos antes destinados a mulheres. Os corredores tinham o vago odor animal de argamassa úmida, e o terreno tinha sido invadido por um matagal de capim, sarça e ervas daninhas. O único privilégio daquele prédio do século XIV, gelado como um açougue e mal mobiliado como uma prisão, era um jardim retangular com árvores frondosas, degraus de pedra e um corredor comprido onde os monges podiam isolar-se para caminhar e pensar.

Os frades aproveitaram o melhor possível as novas acomodações. Restauraram uma biblioteca no segundo piso. Ligaram-na a uma sala de estudo com mesas de pinho para leitura, algumas lâmpadas e uma coleção crescente de quase 10 mil livros, entre os quais as obras mais recentes sobre história natural, geologia e astronomia (por sorte, os agostinianos não viam conflito entre religião e a maior parte da ciência; na verdade, enalteciam a ciência como mais um testemunho dos feitos da divina ordem no mundo).[2] Escavaram uma adega no subsolo e um modesto refeitório abobadado acima dela. Celas de um dormitório, com mobília de madeira muito rudimentar, acolhiam os habitantes no segundo andar.

Em outubro de 1843, um jovem filho de camponeses da Silésia entrou para a abadia.[3] Era baixo, de semblante sério, míope e propenso a engordar. Não mostrava muito interesse pela vida espiritual, mas era curioso em termos intelectuais, hábil com as mãos e um jardineiro nato. O mosteiro proporcionava-lhe um lar e um lugar onde ler e aprender. Foi ordenado em 6 de agosto de 1847. Seu nome de batismo era Johann, mas os frades o mudaram para Gregor Johann Mendel.

Para aquele jovem padre aprendiz, a vida no mosteiro logo entrou em uma rotina previsível. Em 1845, como parte de sua educação monástica, Mendel assistiu a aulas de teologia, história e ciências naturais na Faculdade de Teologia de Brno. Os tumultos de 1848 — as sangrentas revoluções populistas que assolaram a França, a Dinamarca, a Alemanha e a Áustria e subverteram a ordem social, política e religiosa — passaram por ele quase sem afetá-lo, como trovões distantes.[4] Nada nos anos de juventude de Mendel indicava sequer um débil lampejo do revolucionário cientista que surgiria mais tarde. Ele era disciplinado, laborioso e respeitoso, um homem de hábitos em meio a homens de hábito. Seu único desafio à autoridade, ao que parece, era vez ou outra recusar-se a usar o barrete de estudante nas aulas. Repreendido pelos superiores, ele polidamente obedecia.

No verão de 1848, Mendel começou a atuar como pároco em Brno. Todos os relatos o descrevem como terrivelmente inapto para a função. "Tomado por uma invencível timidez", segundo o abade, Mendel era uma negação em tcheco (a língua da maioria dos paroquianos), insípido como sacerdote e neurótico demais para suportar o fardo emocional de trabalhar em meio aos pobres.[5] Ainda naquele ano, ele arquitetou um plano perfeito para se livrar do cargo: candidatou-se a um emprego de professor de matemática, ciências naturais e grego elementar no liceu de Znaim.[6] Graças a um empurrãozinho do abade, Mendel foi selecionado. Mas havia um senão. A escola, sabendo que Mendel não tinha sido preparado para lecionar, pediu-lhe que prestasse um exame formal em ciências naturais para professores de ensino médio.

Em fins da primavera de 1850, Mendel, ansioso, fez o exame escrito em Brno.[7] Não passou e, em especial, teve um desempenho deplorável em geologia ("árido, obscuro e nebuloso", criticou um dos que corrigiram sua prova). Em 20 de julho, em meio a uma extenuante onda de calor na Áustria, Mendel viajou de Brno a Viena para prestar o exame oral.[8] Em 16 de agosto, apresentou-se aos examinadores para a prova de ciências naturais.[9] Dessa vez o desempenho foi ainda pior — em biologia. Quando lhe pediram que descrevesse e classificasse os mamíferos, ele esboçou um sistema taxonômico incompleto e absurdo, omitiu categorias, inventou outras, agrupou cangurus com castores, porcos com elefantes. "O candidato parece desconhecer por completo a terminologia técnica, nomeia os animais em alemão coloquial e evita a nomenclatura sistemática", escreveu um dos examinadores. De novo, Mendel não conseguiu passar.

Em agosto, ele voltou a Brno com os resultados de seus exames. O veredicto dos examinadores fora claro: para ser autorizado a lecionar, Mendel precisava de educação adicional em ciências naturais, uma instrução mais avançada do que poderia ser obtida na biblioteca do mosteiro ou no jardim murado. Mendel candidatou-se a uma vaga na Universidade de Viena em busca de formação em ciências naturais. A abadia ajudou com cartas e pedidos; ele foi aceito.

No inverno de 1851, embarcou no trem para matricular-se em seu curso na universidade. Começaram ali os problemas de Mendel com a biologia — e os problemas da biologia com Mendel.

O trem noturno de Brno a Viena atravessa uma paisagem espetacularmente desoladora no inverno: fazendas e vinhedos sepultados em geada, canais solidificados em vênulas azul-gelo, uma ou outra casa rural envolta na escuridão confinante da Europa Central. O rio Thaya cruza aquelas terras, semicongelado, moroso; as ilhas do Danúbio avultam. São apenas 150 quilômetros de distância, uma viagem de cerca de quatro horas na época de Mendel. Mas na manhã da chegada parecia que ele acordara em um novo cosmo.

Em Viena, a ciência era crepitante, elétrica — viva. Na universidade, a apenas alguns quilômetros de sua pensão em um beco da Invalidenstrasse, Mendel começou a desfrutar do batismo intelectual que com tanto ardor buscara em Brno. O professor de física era Christian Doppler, o formidável cientista austríaco que se tornaria mentor, mestre e ídolo de Mendel. Em 1842, o macilento e ríspido Doppler, então com 39 anos, recorrera ao raciocínio matemático para explicar que a altura de um som (ou a cor de uma luz) não é fixa, pois depende da localização e da velocidade do observador; o som de uma força que se aproxima com velocidade do ouvinte comprime-se e é percebido em um tom mais agudo, enquanto o som que se afasta em velocidade é ouvido com uma queda na sua altura e parece mais grave.[10] Os céticos zombaram dele. Como a mesma luz, emitida pela mesma lâmpada, podia ser percebida em cores diferentes por observadores distintos? Mas, em 1845, Doppler embarcou um grupo de tocadores de clarim em um trem e pediu-lhes que tocassem uma única nota de maneira contínua enquanto o trem avançava.[11] Os ouvintes na plataforma constataram, pasmos, que ouviam uma nota mais aguda proveniente do trem conforme ele se aproximava e uma nota mais grave quando ele se afastava.

O som e a luz, explicou Doppler, obedecem a leis naturais e universais, apesar de elas contrariarem a intuição de observadores e ouvintes comuns. Aliás, analisando bem, todos os fenômenos caóticos e complexos do mundo são resultado de leis naturais altamente organizadas. Vez ou outra, nossas intuições e percepções nos permitem entender essas leis naturais. É mais comum, porém, que seja necessário um experimento acentuadamente artificial

— como pôr músicos em um trem em movimento — para entender e demonstrar essas leis.

As demonstrações e experimentos de Doppler cativaram Mendel na mesma medida em que o frustraram. Como disciplina, a biologia, sua área de interesse principal, parecia ser um jardim selvagem e crescido demais, carente de princípios de organização sistemática. Em termos superficiais, parecia haver uma profusão de ordem, ou melhor, uma profusão de Ordens. A disciplina dominante na biologia era a taxonomia, uma elaborada tentativa de classificar e subclassificar todos os seres vivos em categorias distintas: Reinos, Filos, Classes, Ordens, Famílias, Gêneros e Espécies. Mas essas categorias, em sua origem concebidas pelo botânico sueco Carlos Lineu em meados do século XVIII, eram puramente descritivas, não mecanicistas.[12] O sistema determinava um modo de categorizar os seres vivos no planeta, mas não atribuía nenhuma lógica a essa organização. Um biólogo poderia perguntar: por que categorizar os seres vivos *dessa maneira*? O que mantinha sua constância ou fidelidade: o que impedia os elefantes de se transformarem em porcos, ou os cangurus de adquirirem a forma de castores? Qual era o mecanismo da hereditariedade? Por que, ou como, o semelhante gerava o semelhante?

A questão da "semelhança" vinha preocupando cientistas e filósofos fazia séculos. O douto grego Pitágoras, um misto de cientista e místico que viveu em Crotona por volta de 530 a.C., propôs uma das primeiras e mais amplamente aceitas teorias para explicar a similaridade entre pais e filhos. O cerne da teoria de Pitágoras era que as informações hereditárias ("semelhança") se encontravam sobretudo no sêmen masculino. O sêmen coletava essas instruções percorrendo o corpo do homem e absorvendo vapores místicos de cada uma das partes individualmente (os olhos contribuíam com a cor, a pele com a textura, os ossos com o comprimento e assim por diante). Ao longo da vida, o sêmen de um homem tornava-se uma biblioteca móvel de cada parte do corpo: um destilado condensado do ser.

Essas informações do ser — seminais, no mais literal dos sentidos — eram transmitidas a um corpo feminino durante a relação sexual. No interior do útero, o sêmen amadurecia e se transformava em feto graças aos nutrientes fornecidos pela mãe. Na reprodução (como em qualquer forma de produção) havia uma separação clara entre os trabalhos do homem e os da mulher, argumentou Pitágoras. O pai fornecia as informações essenciais para gerar um feto. O útero da mãe fornecia a nutrição para que aqueles dados se transformassem em uma criança. Essa teoria viria a ser conhecida como espermismo, pois salientava o papel central do esperma na determinação de todas as características de um feto.

Em 458 a.C., algumas décadas depois da morte de Pitágoras, o dramaturgo Ésquilo serviu-se dessa lógica singular para apresentar uma das mais extraordinárias defesas legais do matricídio já encontradas na história. O tema central de sua tragédia *Eumênides* é o julgamento de Orestes, príncipe de Argos, pelo assassinato de sua mãe, Clitemnestra. Na maioria das culturas, o matricídio era visto como o supremo ato de perversão moral. Em *Eumênides*, Apolo, escolhido para representar Orestes no julgamento daquele assassinato, cria um argumento original e surpreendente: a mãe de Orestes não passava de uma estranha para o filho. Uma mulher grávida é apenas uma incubadora humana supervalorizada, explica Apolo, uma bolsa intravenosa que goteja nutrientes para a criança através do cordão umbilical. O verdadeiro gerador de todos os seres humanos é o pai, cujo esperma transmite a "semelhança". "Quem na verdade gera a criança não é o útero materno que a carrega", diz Apolo aos complacentes jurados.[13] "Ela apenas nutre a semente recém-semeada.[14] O homem é o genitor. Ela, para ele — uma estranha para um estranho —, apenas guarda o germe da vida."

A evidente assimetria dessa teoria da hereditariedade, na qual o homem fornece toda a "natureza" e a mulher oferece a "criação" inicial no útero, não pareceu incomodar os seguidores de Pitágoras. Na verdade, talvez lhes agradasse bastante. Os pitagóricos eram obcecados pela mística geometria dos triângulos. Pitágoras aprendera o teorema do triângulo — o comprimento do terceiro lado de um triângulo retângulo podia ser deduzido em termos matemáticos com base no comprimento dos outros dois lados — com geômetras indianos ou babilônios.[15] No entanto, o teorema ficou associado ao nome dele (dali por diante chamado de teorema de Pitágoras), e seus discípulos o citavam como prova de que tais padrões matemáticos secretos — "harmonias" — espreitavam por toda parte na natureza. No afã de ver o mundo através de lentes triangulares, os pitagóricos argumentavam que na hereditariedade atuava uma harmonia também triangular. A mãe e o pai eram dois lados independentes, e a criança era o terceiro — a hipotenusa biológica das duas linhas de seus pais. E, assim como se podia derivar em termos aritméticos o terceiro lado de um triângulo com base nos outros dois lados por meio de uma fórmula matemática rigorosa, também era possível derivar uma criança com base nas contribuições de cada genitor: a natureza do pai e a criação da mãe.

Um século depois da morte de Pitágoras, Platão, escrevendo em 380 a.C., foi cativado por essa metáfora.[16] Em uma das mais fascinantes passagens de *A república*, em parte inspirada em Pitágoras, Platão argumentou que se os filhos eram derivadas aritméticas dos pais, então, pelo menos em princípio, era possível intervir na fórmula e derivar crianças perfeitas de combinações perfeitas de pais que se reproduzissem em momentos perfeitamente calibrados.[17] Existia um "teorema" da hereditariedade; ele só estava à espera de ser descoberto. Qualquer sociedade que desvendasse o teorema e impusesse suas combinações prescritivas poderia garantir a produção das crianças mais aptas, desencadeando uma espécie de eugenia numerológica: "Pois quando vossos guardiões desconhecem a lei dos nascimentos e unem noiva e noivo fora do tempo, os filhos não serão virtuosos nem afortunados", concluiu Platão.[18] Se decifrassem a "lei dos nascimentos", os guardiões de sua república, sua elite dirigente, assegurariam que apenas as tais uniões "afortunadas" harmoniosas viessem a ocorrer no futuro. Uma utopia política se desenvolveria em decorrência de uma utopia genética.

Foi necessário o surgimento de uma mente precisa e analítica como a de Aristóteles para desmontar de forma sistemática a teoria da hereditariedade de Pitágoras. Aristóteles não era um defensor particularmente ardoroso das mulheres, porém defendia o uso de evidências como base da construção de uma teoria. Ele dissecou os méritos e os problemas do "espermismo" usando dados experimentais do mundo biológico. O resultado, um denso tratado intitulado *Geração dos animais*, serviria como texto básico para a genética humana, do mesmo modo que *A república* foi um texto básico para a filosofia política.[19]

Aristóteles rejeitou a noção de que a hereditariedade era transmitida apenas pelo sêmen ou esperma masculino. Notou, de maneira astuta, que as crianças podem herdar características da mãe ou da avó (tanto quanto do pai ou do avô), e que essas características podem até pular gerações, desaparecendo em uma e reaparecendo na seguinte. "E de [pais] deformados vêm a surgir [descendentes] deformados",[20] escreveu,

> assim como podem aleijados provir de aleijados e cegos de cegos, e em geral a semelhança com frequência é com as características que são contra a natureza, e eles têm sinais inatos como protuberâncias e cicatrizes. Algumas dessas características, aliás, foram transmitidas ao longo de três [gerações]: por exemplo, alguém dotado de uma marca no braço teve um filho que nasceu sem ela, mas o neto tinha preto naquele mesmo lugar, porém menos nítido. [...] Na Sicília, uma mulher cometeu adultério com um homem da Etiópia; sua filha não se tornou uma etíope, mas sua neta, sim.[21]

Um neto podia nascer com o nariz ou a cor da pele da avó, sem que essa característica fosse vista no pai ou na mãe: um fenômeno na realidade impossível de explicar com base no esquema pitagórico de hereditariedade puramente patrilinear.

Aristóteles contestou a noção pitagórica da "biblioteca itinerante" de Pitágoras, ou seja, a ideia de que o sêmen coleta informações hereditárias percorrendo o corpo e obtendo "instruções" secretas de cada parte individualmente. "Homens geram antes de possuírem certas características, como barba ou cabelos brancos", escreveu Aristóteles de maneira perceptiva, porém transmitem essas características aos filhos.[22] Vez ou outra, a característica transmitida pela hereditariedade nem sequer era corpórea: um modo de andar, por exemplo, ou de fitar ao longe, ou até mesmo uma disposição de espírito. Aristóteles argumentou que essas características — que, para começo de conversa, não eram materiais — não podiam se materializar no sêmen. Por fim, talvez de um modo mais óbvio, ele atacou o esquema de Pitágoras com o mais patente dos argumentos: daquela maneira era impossível explicar a anatomia feminina. Como poderia o esperma de um pai "absorver" as instruções para produzir as "partes geradoras" da filha, indagou Aristóteles, se nenhuma daquelas partes era encontrada no corpo do pai? A teoria de Pitágoras podia explicar todos os aspectos da gênese, exceto o mais crucial: a genitália.

Aristóteles propôs uma teoria alternativa, de um radicalismo notável para sua época: talvez o sexo feminino, como o masculino, contribuísse com material para o feto: com uma forma de sêmen feminino.[23] E talvez o feto fosse formado graças a contribuições *mútuas* de partes masculinas e femininas. Tentando encontrar analogias, Aristóteles chamou a contribuição masculina de "princípio do movimento". Nesse caso, "movimento" não se refere literalmente a deslocamento, e sim a instruções ou informações — *código,* para usarmos uma formulação moderna. O material trocado durante a relação sexual seria apenas um representante de uma troca mais obscura e misteriosa. A matéria, na verdade, não era importante; o que passava do homem para a mulher não era matéria, mas *mensagem*. Como a planta arquitetônica para um prédio, ou o trabalho de um marceneiro para um pedaço de madeira, o sêmen masculino continha instruções para produzir uma criança. "[Assim como] nenhuma parte material vai do carpinteiro para a madeira, mas o aspecto e a forma são por ele comunicados ao material por meio dos movimentos que ele executa. [...] De modo semelhante, a Natureza usa o sêmen como ferramenta", escreveu Aristóteles.[24]

O sêmen feminino, em contraste, contribuiria com matéria-prima para o feto — a madeira do carpinteiro ou o cimento do prédio: o material e o estofo da vida. Aristóteles argumentou que o material fornecido pelo sexo feminino era o sangue menstrual. O sêmen masculino esculpiria o sangue menstrual em forma de uma criança (essa ideia pode parecer bizarra hoje, mas também aqui a lógica meticulosa de Aristóteles se aplicava. Como o desaparecimento do sangue menstrual coincidia com a concepção, ele supôs que o feto tinha de ser feito daquele sangue).

Aristóteles errou quando dividiu as contribuições masculina e feminina em "material" e "mensagem", mas, em termos abstratos, ele captou uma das verdades essenciais da natureza da hereditariedade. A transmissão da hereditariedade, como Aristóteles percebeu, era, em essência, uma transmissão de informações. Essas informações eram então usadas para construir um organismo a partir do zero: a mensagem *tornava-se* material. E quando um organismo amadurecia, gerava de novo o sêmen masculino ou feminino — transformando, assim, o material em mensagem de novo. Com efeito, em vez do triângulo de Pitágoras, o que havia era um círculo, ou ciclo: forma gerava informação, e então informação gerava forma. Séculos mais tarde, o biólogo Max Delbrück gracejaria dizendo que Aristóteles devia ser agraciado com um prêmio Nobel póstumo pela descoberta do DNA.[25]

Mas se a hereditariedade era transmitida como informação, então de que modo essa informação era codificada? A palavra "código" vem do latim *codex*, o cerne de madeira de uma árvore onde os escribas entalhavam seus textos. Qual era, pois, o códex da hereditariedade? O que era transcrito, e como? De que modo o material era embalado e transportado de um corpo a outro? Quem criptografava o código e quem o traduzia, para criar um novo ser humano?

A solução mais inventiva para essas questões foi a mais simples: dispensar o código por completo. O esperma, dizia essa teoria, *já* continha um ser humano em miniatura: um minúsculo feto, totalmente formado, encolhido e enrolado em um minúsculo invólucro, à espera de ser inflado de maneira progressiva até virar um bebê. Variações dessa teoria apareceram em mitos e no folclore medievais. Nos anos 1520, o alquimista suíço Paracelso usou a teoria do humano minúsculo no esperma para aventar que o esperma humano, aquecido com esterco de cavalo e enterrado na lama durante as quarenta semanas da concepção normal, por fim se transformaria em um ser humano, porém com algumas características monstruosas. A concepção de uma criança normal era a simples transferência desse mini-humano, o homúnculo, do esperma do pai ao útero da mãe. No útero, o mini-humano expandia-se até alcançar o tamanho de um feto. Não havia código; havia apenas miniaturização.[26]

O encanto singular dessa teoria — chamada de *pré-formação* — estava em seu caráter infinitamente recursivo. Como o homúnculo tinha de amadurecer e produzir seus próprios filhos, era preciso que possuísse dentro de si mini-homúnculos pré-formados: minúsculos seres humanos dentro de seres humanos, como uma série infinita de bonecas russas, uma grande cadeia de seres que se estendia do presente ao primeiro homem, Adão, e se projetava no futuro. Para os cristãos medievais, a existência dessa cadeia de seres humanos propiciava uma compreensão extraordinariamente poderosa e inédita do pecado original. Uma vez que todos os seres humanos do futuro estavam dentro de todos os seres humanos, cada um de nós, em termos físicos, tinha de ter estado presente no interior do corpo de Adão — "flutuando [...] nos lombos do nosso Primeiro Pai", como descreveu um teólogo —, durante aquele crucial momento pecaminoso.[27] Portanto, a pecaminosidade teria sido embutida em nós milhares de anos antes de nascermos. Todos carregávamos essa mácula —

não porque nosso ancestral remoto fora tentado naquele jardim distante, mas porque cada um de nós, alojado no corpo de Adão, havia na verdade provado do fruto.

O segundo atrativo da pré-formação residia em dispensar o problema da decodificação. Mesmo que os biólogos do passado conseguissem compreender a codificação — a conversão de um corpo humano em algum tipo de código (por osmose, à Pitágoras), o ato inverso, decifrar esse código *até chegar* a um ser humano, era uma ideia atordoante. Como algo tão complexo quanto uma forma humana poderia surgir da união do espermatozoide com o óvulo? O homúnculo dispensava esse problema conceitual. Se a criança já vinha pré-formada, sua formação era um simples um ato de expansão, uma versão biológica da boneca inflável. Não era necessário nenhuma chave de código ou criptogramas para decifrá-la. A gênese de um ser humano era só uma questão de adicionar água.

Essa teoria era tão sedutora, de uma vividez tão engenhosa, que nem a invenção do microscópio foi capaz de desferir o esperado golpe fatal no homúnculo. Em 1694, o físico e microscopista holandês Nicolaas Hartsoeker conjurou uma imagem de um desses minisseres, a cabeça grande curvada em posição fetal e enrolada no formato da cabeça de um espermatozoide.[28] Em 1699, outro microscopista holandês declarou ter encontrado uma grande quantidade de criaturas homunculoides flutuando em esperma humano. Como acontece com qualquer fantasia antropomórfica — encontrar rostos humanos na Lua, por exemplo —, a teoria acabou magnificada pelas lentes da imaginação: imagens de homúnculos proliferaram no século XVII, com a cauda do esperma imaginada como um fio de cabelo humano ou sua cabeça celular visualizada como um minúsculo crânio. Em fins do século XVII, a pré-formação era considerada a explicação mais lógica e consistente para a hereditariedade de seres humanos e animais. Homens provinham de homenzinhos, assim como árvores grandes provinham de brotos. "Na natureza não existe degeneração, apenas propagação", escreveu o cientista holandês Jan Swammerdam em 1669.[29]

Mas nem todo mundo se convenceu daquele acondicionamento infinito de mini-humanos dentro de seres humanos. O principal problema com a pré-formação era a ideia de que precisava acontecer alguma coisa durante a embriogênese para levar à formação de partes totalmente *novas* do embrião. Os seres humanos não vinham pré-encolhidos e pré-fabricados, só à espera de expandir-se. Tinham de ser gerados a partir do zero, com base em instruções específicas encerradas no espermatozoide e no óvulo. Membros, dorso, cérebro, olhos, face, até o temperamento ou as propensões que eram herdados, tinham de ser criados desde o início, cada vez que um embrião desabrochava em um feto humano. A gênese acontecia... bem, pela gênese.

Por meio de que impulso, ou instrução, o embrião e o organismo final eram gerados a partir do espermatozoide e do óvulo? Em 1768, o embriologista berlinense Caspar Wolff tentou engendrar uma resposta inventando um princípio norteador que ele chamou de *vis essentialis corporis*, o qual guiaria de forma progressiva a maturação de um óvulo fertilizado até chegar à forma humana.[30] Como Aristóteles, Wolff imaginou que o embrião continha algum tipo de informação criptografada, um *código*, que não era uma mera versão em miniatura de um ser humano, e sim instruções para produzir um ser humano a partir do zero. Entretanto, com exceção de inventar um nome alatinado para um princípio vago, Wolff não foi capaz de fornecer mais detalhes. Explicou, evasivo, que as instruções fundiam-se no óvulo fertilizado. A *vis essentialis* então viria junto, como uma mão invisível, moldando essa massa em um corpo humano.

Enquanto biólogos, filósofos, eruditos cristãos e embriologistas digladiavam-se em debates sobre a pré-formação e a "mão invisível" no decorrer de boa parte do século XVIII, um observador descomprometido poderia ser perdoado por não se impressionar muito com tudo aquilo. Afinal de contas, era tudo notícia velha. "As ideias opostas de hoje existiam séculos atrás", reclamou um biólogo do século XIX, e com razão.[31] De fato, a pré-formação era, em grande medida, uma reapresentação da teoria de Pitágoras — a ideia de que o esperma continha todas as informações para produzir um novo ser humano. Por sua vez, a "mão invisível" não passava de uma variante enfeitada da ideia de Aristóteles — a suposição de que a hereditariedade transmitia-se na forma de mensagens para criar materiais (era a "mão" que transmitia as instruções para moldar um embrião).

Com o tempo, ambas as teorias seriam espetacularmente corroboradas e espetacularmente demolidas. Tanto Aristóteles como Pitágoras acertaram em parte e erraram em parte. No entanto, no começo do século XIX, parecia que todo o campo da hereditariedade e embriogênese tinha chegado a um impasse conceitual. Os maiores pensadores da biologia, depois de tanto estudar o problema da hereditariedade, pouco haviam avançado além das misteriosas meditações de dois homens que tinham vivido em duas ilhas gregas 2 mil anos antes.

2. "O mistério dos mistérios"

> *They mean to tell us all was rolling blind*
> *Till accidentally it hit on mind*
> *In an albino monkey in a jungle,*
> *And even then it had to grope and bungle,*
> *Till Darwin came to earth upon a year* [...].*
> Robert Frost, "Accidentally on Purpose"[1]

No inverno de 1831, quando Mendel ainda era um garoto nos bancos escolares da Silésia, um jovem clérigo chamado Charles Darwin embarcou em um brigue da Marinha Real Britânica, o *Beagle*, no estreito de Plymouth, litoral sudoeste da Inglaterra.[2] Darwin tinha 22 anos e era filho e neto de médicos renomados. Herdara o rosto quadrado e bonito do pai, a tez de porcelana da mãe e as densas sobrancelhas pendentes características de muitas gerações da família Darwin. Ele havia tentado, sem êxito, estudar medicina em Edimbur-

---

* "Vêm nos dizer que era tudo uma confusão às cegas/ Até que por acaso apareceu a mente/ Num macaco albino numa selva,/ E mesmo então ele foi tenteando, fazendo besteira,/ Até o ano em que Darwin surgiu na Terra [...]." (N. T.)

go.³ Horrorizado com "os gritos de uma criança amarrada em meio ao sangue e à serragem da... sala de operação", fugira da medicina e fora estudar teologia no Christ's College, na Universidade de Cambridge.⁴ Mas os interesses de Darwin iam muito além da teologia. Encafuado num quarto em cima de uma tabacaria na rua Sidney, ele se ocupara de colecionar besouros, estudar botânica e geologia, aprender geometria e física e ter discussões acaloradas sobre Deus, a intervenção divina e a criação de animais.⁵ Acima da teologia e da filosofia, Darwin era atraído pela história natural, o estudo do mundo natural com base em princípios científicos sistemáticos. Fora aprendiz de outro clérigo, John Henslow, o botânico e geólogo que era o fundador e o curador do Jardim Botânico de Cambridge, o vasto museu de história natural a céu aberto onde Darwin começara a aprender a coletar, identificar e classificar espécimes de plantas e animais.⁶

Dois livros, em especial, incendiaram a imaginação de Darwin no seu tempo de estudante. O primeiro, *Natural Theology*, publicado em 1802 por William Paley, ex-vigário de Dalston, apresentava uma argumentação que muito impressionaria Darwin.⁷ Suponha que um homem está andando pela rua e encontra um relógio caído no chão, escreveu Paley. Ele pega o instrumento, abre-o e vê um elaborado sistema de engrenagens e rodas girando lá dentro, compondo um dispositivo mecânico capaz de marcar o tempo. Não seria lógico supor que um dispositivo desses só poderia ter sido feito por um relojoeiro? A mesma lógica tinha de se aplicar ao mundo natural, argumentou Paley. A elaborada construção de organismos e órgãos humanos — "o pivô no qual a cabeça gira, o ligamento no encaixe da articulação do quadril" — só podia indicar um fato: todos os organismos foram criados por um desenhista de suprema competência, um relojoeiro divino: Deus.

O outro livro, *A Preliminary Discourse on the Study of Natural Philosophy*, publicado em 1830 pelo astrônomo Sir John Herschel, trazia um ponto de vista radicalmente diferente.⁸ À primeira vista, o mundo natural parece ter uma complexidade incrível, Herschel admitia. Mas a ciência é capaz de explicar fenômenos aparentemente complexos com base em causas e efeitos: o movimento resulta de uma força aplicada a um objeto; o calor envolve a transferência de energia; o som é produzido pela vibração do ar. Herschel não tinha dúvida de que fenômenos químicos e, em última análise, biológicos também eram baseados em mecanismos de causa e efeito.

Herschel tinha interesse especial na criação de organismos biológicos, e sua mente metódica reduziu o problema a seus dois componentes básicos. O primeiro era o problema da criação da vida a partir do que não era vivo: a gênese *ex nihilo*. Nesse aspecto ele não se atreveu a contestar a doutrina da criação divina. "Ascender à origem das coisas e conjecturar sobre a criação não é tarefa do filósofo natural", escreveu.[9] Órgãos e organismos podiam se comportar segundo as leis da física e da química, mas a gênese da vida nunca poderia ser compreendida através dessas leis. Era como se Deus tivesse dado a Adão um belo laboratório no Éden, mas o proibisse de espiar por cima dos muros do jardim.

Já o segundo problema era mais acessível, pensava Herschel: uma vez criada a vida, que processo gerava a diversidade observada do mundo natural? Por exemplo, como surgia uma nova espécie de animal a partir de outra? Os antropólogos haviam estudado a linguagem e demonstrado que novas línguas surgiam de línguas mais antigas graças à transformação de palavras. Era possível encontrar a origem de palavras em sânscrito e em latim em mutações e variações de uma antiga língua indo-europeia, e o inglês e o flamengo emergiram de uma raiz comum. Geólogos supunham que a forma atual da Terra — suas rochas, abismos, montanhas — fora criada pela transmutação de elementos já existentes. "Relíquias carcomidas de eras passadas contêm [...] registros indeléveis que se prestam à interpretação inteligível", escreveu Herschel.[10] Era uma ideia inspiradora: um cientista podia entender o presente e o futuro examinando as "relíquias carcomidas" do passado. Herschel não chegou ao mecanismo correto da origem das espécies, mas fez a pergunta certa. Chamou-a de "o mistério dos mistérios".[11]

A história natural, assunto que absorveu Darwin em Cambridge, não estava em boa posição para resolver o "mistério dos mistérios" de Herschel. Para os tão inquisitivos gregos, o estudo dos seres vivos tinha uma íntima ligação com a questão da origem do mundo natural. Os cristãos medievais, por sua vez, logo se deram conta de que aquela linha de investigação só poderia levar a teorias indigestas. A "natureza" era criação de Deus; para permanecerem a salvo na coerência com a doutrina cristã, os historiadores naturais tinham de contar a história da natureza com base no Gênesis.

Uma visão descritiva da natureza, ou seja, a identificação, nomeação e classificação de plantas e animais, era perfeitamente aceitável. Aliás, descrever as maravilhas da natureza era, para todos os efeitos, celebrar a imensa diversidade de seres criados por um Deus onipotente. Já uma visão *mecanicista* da natureza ameaçava lançar dúvida sobre a própria base da doutrina da criação: perguntar por que e quando os animais tinham sido criados, por que mecanismo ou força, era contestar o mito da criação divina e, de maneira perigosa, beirar a heresia. Talvez não seja de surpreender que, em fins do século XVIII, a disciplina da história natural fosse dominada pelos chamados pastores naturalistas: vigários, pastores, abades, diáconos e monges que cultivavam jardins e colecionavam espécimes de plantas e animais a serviço dos prodígios da criação, mas em geral se esquivavam de questionar suas suposições fundamentais.[12] A Igreja era um refúgio seguro para esses cientistas, mas também lhes castrava a curiosidade de forma muito eficaz. Tão incisivas eram as injunções contra os tipos errados de investigação que os pastores naturalistas nem sequer *questionavam* os mitos da criação; era uma separação perfeita entre Igreja e estado mental. O resultado foi uma singular distorção da disciplina. Mesmo quando prosperava a taxonomia — a classificação de espécies vegetais e animais —, as indagações sobre a origem dos seres vivos foram relegadas às proibidas margens da disciplina. À história natural competia estudar a natureza sem estudar história.

Era essa visão estática da natureza que incomodava Darwin. Um historiador natural deveria ser capaz de descrever o estado do mundo natural em termos de causas e efeitos, Darwin pensava, do mesmo modo que um físico podia descrever o movimento de uma bola no ar. A essência do gênio revolucionário de Darwin era sua habilidade em pensar sobre a natureza não como um fato, mas como um processo, uma progressão — como história. Essa era a qualidade que ele tinha em comum com Mendel. Ambos clérigos, ambos jardineiros, ambos observadores obsessivos do mundo natural, Darwin e Mendel deram seus saltos cruciais fazendo variantes da mesma pergunta: Como a "natureza" surge? A pergunta de Mendel era microscópica: Como um organismo individual transmite informações a seus descendentes da geração seguinte? A de Darwin era macroscópica: Como organismos *transmutam* informações sobre suas características ao longo de mil gerações? Com o tempo, essas duas visões convergiriam e ensejariam a mais importante síntese da biologia moderna e a mais poderosa compreensão da hereditariedade humana.

* * *

Em agosto de 1831, dois meses depois de formar-se em Cambridge, Darwin recebeu uma carta de seu mentor, John Henslow.[13] Fora encomendado um "levantamento topográfico" exploratório da América do Sul, e a expedição requeria os serviços de um "gentleman cientista" que pudesse ajudar na coleta de espécimes. Embora fosse mais gentleman do que cientista (nunca havia publicado um artigo científico importante), Darwin julgou-se um candidato natural para a função. Viajaria no *Beagle*, não como um "naturalista consumado", mas como um cientista aprendiz "muitíssimo qualificado para coletar, observar e anotar qualquer coisa digna de nota em história natural".

O *Beagle* zarpou em 27 de dezembro de 1831 com 73 marinheiros a bordo, safou-se de um vendaval e rumou para o sul em direção a Tenerife.[14] No começo de janeiro, Darwin aproximava-se de Cabo Verde. O navio era menor do que ele pensara, e o vento, mais traiçoeiro. O mar sacudia-se espumejante sob o casco o tempo todo. Solitário, nauseado e desidratado, Darwin sobrevivia com uma dieta de uvas-passas secas e pão. Naquele mês ele começou a fazer anotações em seu diário. Suspenso numa rede acima dos mapas de levantamento engomados em sal, lia atentamente os poucos livros que levara na viagem: *Paraíso perdido*, de Milton (que parecia bem apropriado à sua condição), e *Princípios de geologia*, de Charles Lyell, publicado entre 1830 e 1833.[15]

A obra de Lyell produziu nele a mais forte impressão. Lyell argumentara (de maneira radical, para sua época) que formações geológicas complexas, como penedos e montanhas, tinham sido criadas no decorrer de longuíssimos períodos, não pela mão de Deus, mas por lentos processos naturais como erosão, sedimentação e deposição.[16] Em vez de um colossal dilúvio bíblico, afirmou Lyell, tinham acontecido milhões de dilúvios; Deus moldara a Terra não por meio de cataclismos únicos, mas de milhões de recortes em papel. Para Darwin, a ideia central de Lyell — o lento impulso de forças naturais moldando e remoldando a Terra, esculpindo a natureza — viria a ser um poderoso aguilhão intelectual. Em fevereiro de 1832, ainda "enjoado e desconfortável", Darwin adentrou o hemisfério sul. Os ventos e as correntes mudaram de direção, e um novo mundo veio ao seu encontro.

Darwin provou ser um excelente coletor e observador de espécimes, como haviam predito seus mentores. Enquanto o *Beagle* descia em escalas pela costa leste da América do Sul, passando por Montevidéu, Bahía Blanca e Port Desire, Darwin caçava nas baías, florestas pluviais e paredões de rocha e trazia para bordo uma profusão sortida de esqueletos, plantas, peles, rochas e conchas — "evidentes cargas de lixo", reclamou o capitão. Aquela terra forneceu-lhe não só uma carga de espécimes vivos, mas também fósseis muito antigos; organizados em longas fileiras no convés, davam a Darwin a impressão de que ele havia criado seu próprio museu de anatomia comparada. Em setembro de 1832, quando explorava os penhascos cinzentos e as baixadas de argila próximas de Punta Alta, ele descobriu um espantoso cemitério natural com ossos fossilizados de enormes animais extintos esparramados diante dele.[17] Darwin arrancou da rocha a mandíbula de um fóssil, como um dentista maluco, depois voltou na semana seguinte para extrair um imenso crânio do quartzo. O crânio pertencia a um megatério, uma versão colossal da preguiça.[18]

Naquele mês, Darwin encontrou mais ossos espalhados em meio a pedregulhos e rochas. Em novembro, ele pagou dezoito pence a um agricultor uruguaio por um pedaço do crânio enorme de outro animal extinto: o toxodonte, um animal do tamanho de um rinoceronte com gigantescos dentes de esquilo que outrora andava por aquelas planícies. "Tive muita sorte", escreveu. "Alguns dos mamíferos eram gigantescos, e muitos deles verdadeiramente novos." Darwin coletou fragmentos de um porquinho-da-índia do tamanho de um porco, a couraça de um tatu que mais parecia um tanque, mais ossos elefantinos de preguiças elefantinas, encaixotou-os e despachou tudo para a Inglaterra.

O *Beagle* circundou a afiada mandíbula da Terra do Fogo e escalou a costa oeste da América do Sul. Em 1835, o navio partiu de Lima, na costa do Peru, rumo a um solitário grupo de ilhas vulcânicas carbonizadas, pulverizadas no oeste do Equador: as Galápagos.[19] O arquipélago mostrava "negros, desalentadores montes [...] de lava rachada, formando uma praia digna de um pandemônio", escreveu o capitão. Era um tipo infernal de Jardim do Éden: isolado, intocado, ressequido e rochoso — crocotós de lava congelada percorridos por "horrorosas iguanas", tartarugas e aves. O navio perambulou de ilha em ilha — eram cerca de dezoito —, e Darwin aventurou-se a desembarcar; deslocou-se, laborioso, sobre aquela pedra-pomes coletando aves, plantas e lagartos. A tripulação sustentava-se com uma dieta invariável de carne de tartaruga, e cada ilha fornecia uma variedade que parecia única daqueles quelônios. Em cinco semanas, Darwin coletou carcaças de tentilhões, pássaros mimídeos chamados de *mockingbirds*, melros, bicudos, corruíras, albatrozes, iguanas e uma série de plantas marinhas e terrestres. O capitão franzia o cenho, desaprovador.

Em 20 de outubro, Darwin voltou para alto-mar e rumou para o Taiti.[20] Em sua cabine a bordo do *Beagle*, começou a analisar de maneira sistemática os corpos das aves que coletara. Os *mockingbirds*, em especial, o surpreenderam. Havia duas de três variedades, mas cada subtipo era marcantemente distinto, e cada um era endêmico de uma ilha específica. De improviso, Darwin rabiscou uma das mais importantes frases científicas que escreveria na vida: "Cada variedade é constante em sua própria ilha". Seria esse padrão válido para os outros animais, por exemplo, as tartarugas? Será que cada ilha possuía seu tipo exclusivo de tartaruga? Darwin tentou, então, verificar se o mesmo padrão se aplicava aos quelônios. Tarde demais. Ele e a tripulação tinham almoçado as evidências.

Quando Darwin voltou para a Inglaterra depois de cinco anos no mar, já era uma pequena celebridade entre os historiadores naturais. Seu alentado espólio sul-americano estava sendo desembalado, preservado, catalogado e organizado: com ele seria possível montar museus inteiros. O taxidermista e pintor de aves John Gould se encarregara da classificação dos pássaros. Lyell em pessoa exibiu os espécimes de Darwin durante seu discurso presidencial à Geological Society. Richard Owen, o paleontólogo que vigiava o trabalho dos historiadores naturais com olhos de um falcão patrício, desceu de seu ninho no Royal College of Surgeons para conferir e catalogar os esqueletos fósseis de Darwin.

Contudo, enquanto Owen, Gould e Lyell nomeavam e classificavam os tesouros sul-americanos, Darwin refletia sobre outros problemas. Como taxonomista ele não era um *splitter*, e sim um *lumper*,* e seu interesse maior era voltado para a anatomia mais profunda. Para ele, taxonomia e nomenclatura eram apenas meios para um fim. Sua genialidade instintiva estava em descobrir *padrões* — sistemas de organização — dedutíveis a partir dos espécimes;

---

* O *splitter* classifica os organismos em muitos grupos, com base em características mais ou menos secundárias, enquanto o *lumper* classifica os organismos em grandes grupos, com base nas principais características. (N. T.)

não Reinos e Ordens, mas reinos da ordem subjacente a todo o mundo biológico. A mesma questão que frustraria Mendel em seu exame para lecionar em Viena — por que raios os seres vivos são organizados *dessa maneira*? — passou a absorver Darwin em 1836.

Dois fatos destacaram-se naquele ano. Primeiro, Owen e Lyell analisaram com vagar os fósseis e encontraram um padrão básico nos espécimes. Eram, em geral, esqueletos de colossais versões extintas de animais que ainda existiam nas mesmas áreas em que os fósseis tinham sido encontrados. Tatus gigantes já haviam andado por aquele mesmo vale onde tatus pequenos agora corriam pelo mato. Preguiças monumentais alimentaram-se onde agora residiam preguiças menores. Os imensos ossos femorais que Darwin extraíra do solo pertenciam a uma enorme lhama com porte de elefante; sua versão atual, menor, era exclusiva da América do Sul.

O segundo fato inusitado deve-se a Gould. No segundo trimestre de 1837, ele disse a Darwin que a grande variedade de corruíras, *warblers* [passarinhos canoros], melros e "bicudos" que Darwin lhe mandara não era uma grande variedade coisa nenhuma. Darwin se enganara em sua classificação; eram todos tentilhões, nada menos do que treze espécies. Seus bicos, garras e plumagem eram tão distintos que só um grande perito teria sido capaz de discernir a unidade escondida. O *warbler* de garganta fina parecido com uma cambaxirra e os melros de pescoço grosso e bico em pinça eram primos anatômicos: variantes da mesma espécie. O *warbler* alimentava-se de frutas e insetos (por isso tinha um bico aflautado). O tentilhão com bico em formato de chave inglesa alimentava-se de sementes que ele tinha de quebrar (por isso o bico que precisava funcionar como um quebra-nozes). E os *mockingbirds* que eram endêmicos de cada ilha também pertenciam a três espécies distintas. Tentilhões, tentilhões por toda parte. Era como se cada local houvesse produzido sua própria variante: uma ave identificada por código de barra para cada ilha.

Como Darwin poderia conciliar aqueles dois fatos? Um esboço de ideia já coalescia em sua mente. Era uma noção tão simples, mas tão profundamente radical, que nenhum biólogo ousara investigar a fundo: *E se todos os tentilhões tivessem origem em um tentilhão ancestral comum?* E se os pequenos tatus atuais descendessem de um tatu ancestral gigante? Lyell explicara que a paisagem da Terra era consequência de forças naturais que haviam se acumulado ao longo de milhões de anos. Em 1796, o físico francês Pierre-Simon Laplace sugerira que até mesmo o sistema solar atual surgira do gradual resfriamento e condensação de matéria ao longo de milhões de anos (quando Napoleão perguntou a Laplace por que Deus primava pela ausência em sua teoria, Laplace replicara com épico atrevimento: "Não tenho necessidade *dessa* hipótese, meu senhor"). E se as formas atuais dos animais também fossem consequência de forças naturais acumuladas em milênios?

Em julho de 1837, no calor abafado de seu escritório da rua Marlborough, Darwin começou a fazer anotações em um novo caderno (o chamado caderno B), rabiscando com rapidez suas ideias sobre como os animais podiam mudar com o passar do tempo. Eram anotações enigmáticas, espontâneas, em bruto. Numa página, ele desenhou um diagrama que voltaria para assombrar seus pensamentos: em vez de todas as espécies irradiarem do eixo central da criação divina, talvez elas surgissem como ramos de uma "árvore", ou como riachos de um rio, com um tronco ancestral que se dividia e subdividia em ramos cada vez menores em direção a dezenas de descendentes modernos.[21] Como as línguas, como as paisagens, como o cosmos que se resfriava devagar, talvez os animais e plantas *descendessem* de formas anteriores graças a um processo de mudança gradual e contínua.

Era um diagrama explicitamente profano, Darwin sabia. O conceito cristão de especiação era firme ao pôr Deus no epicentro; todos os animais criados por Ele espalhavam-se a partir de um centro no momento da criação. No desenho de Darwin, não havia centro. Os treze tentilhões não eram criados por algum capricho divino, mas por "descendência natural", subindo e descendo em cascata a partir de um tentilhão ancestral original. A lhama moderna surgira de modo análogo, descendente de um animal ancestral gigantesco. Ele se lembrou depois de acrescentar a frase "Eu penso" no alto da página, como que para indicar seu último ponto de partida da estrada principal do pensamento biológico e teológico.[22]

Mas então, com Deus posto de lado, qual seria a força propulsora da origem das espécies? Que impulso moveria os descendentes de, digamos, treze variantes de tentilhões pelos arrojados riachos da especiação? Em meados de 1838, quando se atirava à redação de um novo diário — o caderno C marrom —, Darwin já tinha novas ideias sobre a natureza dessa força propulsora.[23]

A primeira parte da resposta estivera bem debaixo do seu nariz desde a infância na zona rural de Shrewsbury e Hereford; Darwin viajara apenas 130 mil quilômetros ao redor do globo para redescobri-la. O fenômeno chamava-se variação: às vezes, animais produziam descendentes com características diferentes do tipo parental. Fazia milênios que os agricultores vinham usando esse fenômeno, cruzando e entrecruzando animais para produzir variantes naturais e selecionando as variantes ao longo de muitas gerações. Na Inglaterra, criadores haviam refinado o desenvolvimento de novas raças e variantes, transformando-o em uma ciência refinada. Os touros de chifre curto de Hereford tinham pouca semelhança com os de chifre longo de Craven. Um naturalista curioso que viajasse das Galápagos à Inglaterra, o percurso inverso de Darwin, poderia espantar-se ao descobrir que cada região possuía sua espécie de vaca. Porém, como Darwin, ou qualquer criador de touros, poderia explicar, as raças não haviam surgido por acidente. Tinham sido criadas de forma deliberada por seres humanos: pela reprodução seletiva de variantes da mesma vaca ancestral.

A hábil combinação de variação e seleção artificial, Darwin sabia, podia produzir resultados extraordinários. Era possível obter pombos parecidos com galos e pavões, cachorros de pelo curto, de pelo longo, malhados, pintalgados, de pernas arqueadas, pelados, de cauda curta, ferozes, mansos, obedientes, cautelosos, briguentos. Mas a força que moldara a seleção de vacas, cães e pombos era a mão humana. Darwin indagou então: que força havia guiado a criação das variedades tão díspares de tentilhões naquelas remotas ilhas vulcânicas, ou produzido tatus pequenos a partir dos gigantescos precursores nas planícies sul-americanas?

Darwin sabia que agora estava deslizando pela perigosa borda do mundo conhecido, rumo à heresia. Ele poderia facilmente atribuir a Deus aquela mão invisível. Mas a resposta que lhe veio em outubro de 1838 no livro de outro clérigo, o reverendo Thomas Malthus, não tinha nenhuma relação com o divino.[24]

Thomas Malthus fora o cura da capela de Okewood, em Surrey, durante o dia, e um discreto economista à noite. Sua verdadeira paixão era o estudo das populações e do crescimento. Em 1798, publicou sob pseudônimo um texto incendiário, *Ensaio sobre o princípio da população*, no qual afirmava que a população humana vivia em luta constante com seu limitado estoque de recursos.[25] Conforme a população se expandia, seu estoque de recursos minguava e a competição entre os indivíduos se acirrava, argumentou Malthus. A inerente tendência de expansão em uma população era fortemente contrabalançada pela limitação de recursos: o hábito natural compensado pela carência natural. E então poderosas forças apocalípticas — "estações insalubres, epidemias, pestilência e pragas [avançariam] em medonha formação e ceifariam seus milhares e dezenas de milhares" — nivelavam "a população com o alimento no mundo".[26] Os que sobreviviam a essa "seleção natural" reiniciavam o sinistro ciclo: Sísifo passava de uma fome coletiva a outra.

No ensaio de Malthus, Darwin enxergou de imediato uma solução para seu dilema. A luta pela sobrevivência era a mão que moldava. A *morte* era a selecionadora da natureza, a lúgubre artífice. "De imediato ocorreu-me",[27] escreveu ele, "que, nessas circunstâncias [de seleção natural], as variações favoráveis tenderiam a ser preservadas, e as desfavoráveis a ser destruídas. O resultado seria a formação de novas espécies."*

Agora Darwin tinha em esboço o arcabouço de sua teoria. Quando animais se reproduzem, geram variantes que diferem dos pais.** Os indivíduos de uma espécie estão sempre competindo entre si por recursos escassos. Quando esses recursos formam um gargalo crítico — por exemplo, durante uma fome coletiva —, uma variante mais bem adaptada ao ambiente é "naturalmente selecionada". Os mais bem adaptados — "mais aptos" — sobrevivem (a expressão "sobrevivência dos mais aptos" foi tomada de empréstimo ao economista malthusiano Herbert Spencer).[28] Esses sobreviventes então se reproduzem e geram outros indivíduos de seu tipo, e assim impulsionam a mudança evolucionária no âmbito de uma espécie.

---

* Darwin omitiu aqui uma etapa crucial. A variação e a seleção natural permitem explicações convincentes para o mecanismo pelo qual a evolução poderia ocorrer *no âmbito* de uma espécie, porém não explicam a formação das espécies em si. Para que surja uma nova espécie, é necessário que os organismos não sejam mais capazes de uma reprodução viável entre eles. Isso ocorre em geral quando animais ficam isolados uns dos outros por uma barreira física ou por algum outro tipo de isolamento permanente, o que acaba por levar à incompatibilidade reprodutiva. Retomaremos essa ideia adiante.
** Darwin não sabia muito bem como essas variantes eram geradas, outro fato ao qual retornaremos à frente.

Darwin quase pôde *ver* o processo em andamento nas baías salgadas de Punta Alta ou nas ilhas Galápagos, como se um filme com duração de eras passasse em avanço rápido, cada milênio comprimido em um minuto. Bandos de tentilhões alimentaram-se de frutas até o crescimento explosivo de sua população. Uma estação nefasta abateu-se sobre a ilha — uma monção que apodreceu os alimentos ou um verão que os crestou — e o estoque de frutos despencou. Em alguma parte do numeroso bando, nasceu uma variante com um bico grotesco capaz de quebrar sementes. Enquanto a fome devastava o mundo dos tentilhões, aquela variante de bico alentado sobrevivia alimentando-se de sementes duras. Ela se reproduziu, e começou a aparecer uma nova espécie de tentilhão. A anomalia tornou-se norma. Quando novos limites malthusianos se impuseram — doenças, fome, parasitas —, novas estirpes ganharam um reduto, e a população mudou novamente. Anomalias tornaram-se normas, normas tornaram-se extintas. De monstro a monstro, a evolução avançou.

No inverno de 1839, Darwin já reunira os contornos essenciais de sua teoria. Nos anos seguintes, ele mexeu e remexeu de maneira obsessiva em suas ideias, arranjando e rearranjando "fatos feios" como seus espécimes fósseis, porém não se atreveu a publicar a teoria. Em 1844, destilou partes cruciais de sua tese em um ensaio de 255 páginas e o enviou a amigos, para ser lido em particular.[29] No entanto, não se deu ao trabalho de mandar imprimir o texto. Em vez disso, concentrou-se em estudar cracas, escrever artigos sobre geologia, dissecar animais marinhos e cuidar da família. Annie, a filha mais velha, sua favorita, contraiu uma infecção e morreu, deixando Darwin prostrado de tristeza. Uma brutal guerra interna eclodiu na península da Crimeia. Homens foram arrastados para a frente de batalha, e a Europa mergulhou na depressão. Era como se Malthus e a luta pela sobrevivência ganhassem vida no mundo real.

No verão de 1855, mais de uma década e meia depois de Darwin ter lido o ensaio de Malthus e cristalizado suas ideias sobre a especiação, um jovem naturalista, Alfred Russel Wallace, publicou nos *Annals and Magazine of Natural History* um artigo que, de maneira perigosa, margeava a teoria ainda não publicada de Darwin.[30] Wallace e Darwin provinham de ambientes sociais e ideológicos bem diferentes. Em contraste com Darwin, um clérigo proprietário de terras, biólogo fidalgo e em breve o mais enaltecido historiador natural da Inglaterra, Wallace nascera em uma família de classe média em Monmouthshire.[31] Ele também havia lido o ensaio de Malthus sobre a população, não na poltrona de seu escritório, mas nos duros bancos da biblioteca pública de Leicester (o livro de Malthus encontrou um público numeroso nos círculos intelectuais da Grã-Bretanha).[32] Como Darwin, Wallace também embarcara em uma viagem marítima — ao Brasil, para coletar espécimes e fósseis —, e voltara transformado.[33]

Em 1854, depois de perder o pouco dinheiro que possuía e todos os espécimes que coletara em um desastre no mar, Wallace, ainda mais pobre, foi da bacia Amazônica para outro grupo de ilhas vulcânicas esparsas, o arquipélago Malaio, na orla sudoeste da Ásia.[34] Ali, como Darwin, ele observou assombrosas diferenças entre espécies de parentesco próximo que haviam sido separadas por canais de água. No inverno de 1857, Wallace já começara a formular uma teoria geral sobre o mecanismo que impelia a variação naquelas ilhas. Naquela primavera, acamado com uma febre alucinante, ele deparou com o pedaço que faltava de sua teoria. Lembrou-se do ensaio de Malthus. "A resposta era claramente [...] [que] as [variantes] mais aptas vivem. [...] Desse modo, cada parte da organização de um animal podia ser modificada exatamente como se requeria."[35] Até a linguagem dos seus pensamentos — variação, mutação, sobrevivência e seleção — tinha uma semelhança impressionante com a de Darwin. Separados por oceanos e continentes, fustigados por ventos intelectuais muito diferentes, os dois homens haviam navegado para o mesmo porto.

Em junho de 1858, Wallace enviou a Darwin um esboço provisório de seu ensaio que descrevia a teoria geral da evolução por seleção natural.[36] Atordoado com as semelhanças entre a teoria de Wallace e a sua, Darwin, em pânico, remeteu às pressas seu próprio manuscrito a seu velho amigo Lyell. Astucioso, Lyell o aconselhou a fazer uma apresentação simultânea dos dois textos no encontro da Linnean Society naquele verão, para que tanto Darwin como Wallace pudessem receber os créditos por suas descobertas. Em 1º de julho de 1858, em Londres, os textos de Darwin e Wallace foram lidos em sequência e discutidos em público.[37] A plateia não se mostrou muito entusiasmada com nenhum dos dois estudos. Em maio seguinte, o presidente da sociedade observou de passagem que o ano anterior não trouxera nenhuma descoberta digna de nota.[38]

* * *

Darwin então se apressou em concluir a obra monumental que a princípio tencionara publicar com todas as suas descobertas. Em 1859, entrou meio hesitante em contato com o editor John Murray: "Espero ardentemente que meu livro possa ser bem-sucedido o suficiente para que não se arrependa de tê-lo publicado".[39] Em 24 de novembro de 1859, numa manhã invernal de quinta-feira, o livro *A origem das espécies por meio da seleção natural*, de Charles Darwin, apareceu nas livrarias da Inglaterra por quinze xelins o exemplar. Haviam sido impressos 1250 exemplares. Darwin comentou, surpreso: "Todos os exemplares foram vendidos [no] primeiro dia".[40]

Uma torrente de comentários extasiados jorrou quase de imediato. Até os leitores anteriores de *A origem* tinham noção das tremendas implicações da obra. "As conclusões anunciadas pelo sr. Darwin são tais que, se comprovadas, causariam uma total revolução nas doutrinas fundamentais da história natural", escreveu um resenhista.[41] "Aventamos aqui que sua obra [é] uma das mais importantes a serem trazidas ao público desde um passado muito distante."[42]

Darwin também fornecera munição a seus críticos. Talvez por astúcia ele fora deliberadamente cauteloso com respeito às implicações de sua teoria para a evolução humana: a única linha relacionada à descendência humana em sua obra — "será lançada uma luz sobre a origem do homem e sua história" — pode muito bem ter sido a afirmação científica mais comedida da história.[43] Mas Richard Owen, o taxonomista de fósseis, o inimigo cordial de Darwin, discerniu logo as implicações filosóficas da teoria darwiniana. Se a descendência das espécies ocorria como Darwin supunha, raciocinou, então a implicação para a evolução humana era óbvia. "O homem pode ser um macaco transmudado" — uma ideia tão repulsiva que Owen não conseguia sequer contemplar. Darwin propusera a mais ousada teoria inédita em biologia, escreveu Owen, sem prova experimental adequada para corroborá-la; em vez de frutos, ele fornecera "cascas intelectuais".[44] Queixou-se (citando o próprio Darwin): "É preciso que a imaginação preencha lacunas bem grandes".[45]

3. A "lacuna bem grande"[1]

> *Pois eu me pergunto se o sr. Darwin já se deu ao trabalho de pensar no tempo que seria necessário para esgotar qualquer estoque original de... gêmulas [...]. Parece-me que, se refletisse mesmo que de passagem, com certeza nunca teria sonhado com "pangênese".*
>
> Alexander Wilford Hall, 1880[2]

Um atestado da audácia científica de Darwin é o fato de ele não se incomodar demais com a perspectiva de o homem descender de ancestrais parecidos com macacos. Também atesta sua integridade científica que o que *de fato* o perturbava, com uma urgência muito mais veemente, era a integridade da lógica interna de sua teoria. Uma "lacuna" particularmente grande tinha de ser preenchida: a hereditariedade.

Uma teoria da hereditariedade, percebeu Darwin, não era secundária a uma teoria da evolução. Tinha uma importância fundamental. Para que aparecesse uma variante de tentilhão de bico grande em uma ilha das Galápagos por seleção natural, era preciso que dois fatos à primeira vista contraditórios fossem ao mesmo tempo verdadeiros. Primeiro, um tentilhão "normal" de bico curto devia ser capaz, vez ou outra, de produzir uma variante de bico grande — um monstro ou anomalia (Darwin chamava-os de *sports* [mutações], uma palavra evocativa, que aludia ao infinito capricho do mundo natural. O motor crucial da evolução, Darwin compreendeu, não era um senso de propósito da natureza, mas seu senso de humor). Em segundo lugar, uma vez nascido, o tentilhão de bico grosso tinha de ser capaz de *transmitir* essa característica à prole e, com isso, fixar a variação nas gerações futuras. Se um desses fatores falhasse — se a reprodução falhasse em produzir variantes ou se a hereditariedade falhasse em transmitir as variações —, a natureza atolaria numa vala, e as engrenagens da evolução emperrariam. Para que a teoria de Darwin funcionasse, a hereditariedade tinha de possuir constância *e* inconstância, estabilidade *e* mutação.

Darwin se perguntava sem cessar se não haveria um mecanismo de hereditariedade capaz de contrabalançar essas propriedades. Na sua época, o mecanismo de hereditariedade mais aceito era uma teoria proposta pelo biólogo francês setecentista Jean-Baptiste Lamarck. Na concepção lamarckiana, as características hereditárias eram transmitidas dos pais aos filhos do mesmo modo que uma mensagem ou história podia ser transmitida, ou seja, pela instrução.[3] Lamarck supunha que os animais se adaptavam a seus ambientes fortalecendo ou enfraquecendo certas características, "com uma força proporcional à duração do tempo em que ela foi usada desse modo".[4] Um tentilhão forçado a alimentar-se de sementes duras adaptava-se "fortalecendo" seu bico. Com o tempo, seu bico endureceria e adquiriria o formato de pinça. Essa característica adaptada seria então transmitida à prole do tentilhão por instrução, e seus bicos endureceriam também, tendo sido *pré*-adaptados pelos pais às sementes mais duras. Por uma lógica semelhante, antílopes que se alimentavam em árvores altas precisavam esticar o pescoço para alcançar a folhagem mais distante do chão. Através do "uso e desuso", nas palavras de Lamarck, o pescoço desses animais esticaria e ganharia comprimento, e esses antílopes produziriam descendentes de pescoço longo, originando as girafas (repare nas semelhanças entre a teoria de Lamarck — o corpo dando "instruções" ao esperma — e a concepção pitagórica da hereditariedade humana, na qual o esperma coletava mensagens de todos os órgãos).

O atrativo imediato da ideia de Lamarck consistia em oferecer uma história de progresso: todos os animais estavam se adaptando de forma progressiva a seus ambientes, e assim, devagar e sempre, percorriam uma escada evolucionária rumo à perfeição. Evolução e adaptação mesclavam-se em um mecanismo contínuo: adaptação *era* evolução. O esquema não era apenas intuitivo, mas também convenientemente divino — ou, pelo menos, próximo disso para permitir o trabalho do biólogo. Embora de início criados por Deus, os animais ainda tinham a chance de aperfeiçoar suas formas no mundo natural mutável. A Divina Cadeia dos Seres continuava válida. Aliás, ainda mais válida: no fim da longa cadeia da adaptação evolutiva estava o mamífero mais bem ajustado, o mais ereto, o mais aperfeiçoado de todos: o homem.

Darwin, é óbvio, se afastara das ideias evolucionárias de Lamarck. Girafas não tinham origem em antílopes necessitados de colar cervical por terem esticado o pescoço. Elas haviam surgido — em termos bem vagos — porque um antílope ancestral produzira uma variante de pescoço comprido que fora progressivamente selecionada por uma força natural, por exemplo, um período de fome coletiva. No entanto, Darwin voltava sempre ao mecanismo da hereditariedade: o que, afinal, tinha feito surgir o primeiro antílope de pescoço comprido?

Darwin tentou imaginar uma teoria da hereditariedade que fosse compatível com a evolução. Mas nisso a sua deficiência intelectual crucial prevaleceu: ele não era um experimentalista muito talentoso. Mendel, como veremos, era um jardineiro instintivo; fazia cruzamentos de plantas, contava sementes, isolava características. Darwin era um entusiasta dos jardins; classificava plantas, organizava espécimes, fazia a taxonomia. O talento de Mendel estava na experimentação: manipular organismos, promover a fertilização cruzada de subespécies, testar hipóteses. O talento de Darwin era em história natural: reconstruir a história observando a natureza. Mendel, o monge, era um isolador; Darwin, o pastor, um sintetizador.

Acontece que observar a natureza era muito diferente de fazer experimentos com a natureza. À primeira vista, nada no mundo natural sugere a existência de um gene; na verdade, é preciso fazer contorcionismos experimentais bem bizarros para chegar à ideia de partículas distintas de hereditariedade. Darwin, incapaz de chegar a uma teoria da hereditariedade pela via experimental, viu-se forçado a conjurar uma a partir de bases puramente teóricas.

Ele labutou para formular o conceito por aproximadamente dois anos, quase sofrendo um colapso mental, antes de pensar que encontrara uma teoria adequada.[5] Imaginou que as células de todos os organismos produzem minúsculas partículas contendo informações hereditárias — *gêmulas*, como as chamava.[6] As gêmulas circulariam no corpo do genitor. Quando um animal ou planta atingisse a idade reprodutiva, as informações nas gêmulas seriam transmitidas a células germinativas (espermatozoide e óvulo). Desse modo, as informações sobre o "estado" de um corpo seriam transmitidas dos pais aos descendentes durante a concepção. Como no modelo pitagórico, no modelo de Darwin cada organismo era portador de informações para construir órgãos e estruturas miniaturizados — só que, segundo essa suposição, as informações eram descentralizadas. Um organismo era construído por votação parlamentar. Gêmulas secretadas pela mão transmitiam as instruções para a produção de uma nova mão; gêmulas dispersadas pela orelha transmitiam o código para construir uma nova orelha.

Como essas instruções das gêmulas de um pai e de uma mãe se aplicariam a um feto em desenvolvimento? Aqui Darwin reverteu a uma velha ideia: as instruções do macho e da fêmea simplesmente se encontravam no embrião e se fundiam como tintas ou cores. Essa noção de fusão na hereditariedade já era bem conhecida da maioria dos biólogos: era uma reapresentação da teoria de Aristóteles sobre a mistura de características do macho e da fêmea.[7] Darwin, ao que parecia, chegara a mais uma fascinante síntese entre polos opostos da biologia. Fundira o homúnculo pitagórico (gêmulas) com a noção aristotélica de mensagem e mistura (fusão) em uma nova teoria da hereditariedade.

Darwin chamou sua teoria de pangênese — "gênese de tudo" (pois todos os órgãos contribuiriam com gêmulas).[8] Em 1867, quase uma década depois da publicação de *A origem*, ele começou a concluir um novo manuscrito, *The Variation of Animals and Plants under Domestication* [Variação de animais e plantas domesticados], no qual explicaria em detalhes sua teoria da hereditariedade.[9] "É uma hipótese temerária e incipiente", confessou Darwin, "mas trouxe um alívio considerável para minha mente."[10] Ele escreveu a seu amigo Asa Grey: "A pangênese será chamada de um sonho louco, mas, no íntimo, penso que ela contém uma grande verdade".[11]

O "alívio considerável" de Darwin não pôde ter vida longa; logo ele foi acordado de seu "sonho louco". Naquele verão, enquanto *Variação* estava sendo compilado em forma de livro, uma resenha de seu livro anterior, *A origem*, foi publicada na *North British Review*. Embutido no texto da resenha estava o mais eloquente argumento contra a pangênese que Darwin encontraria na vida.

O autor da resenha era um surpreendente crítico do trabalho de Darwin: um engenheiro matemático e inventor de Edimburgo chamado Fleeming Jenkin, que quase nunca escrevia sobre biologia. Brilhante e ríspido, Jenkin tinha interesses diversos em linguística, eletrônica, mecânica, aritmética, física, química e economia. Homem de vastas leituras — Dickens, Dumas, Austen, Eliot, Newton, Malthus, Lamarck —, ele encontrara por acaso o livro de Darwin, lera-o com atenção, deduzira depressa as implicações e de imediato descobrira uma falha fatal na argumentação.

A principal ressalva de Jenkin à teoria de Darwin era a seguinte: se as características hereditárias estavam sempre se "fundindo" umas com as outras em cada geração, o que impediria que uma variação se diluísse totalmente de imediato pelo cruzamento dos indivíduos? "A [variante] será submergida pelos números", escreveu Jenkin, "e depois de umas poucas gerações sua singularidade será obliterada."[12] Como exemplo, Jenkin imaginou uma história fortemente colorida pelo racismo despreocupado de sua época: "Suponha que um homem branco naufrague e vá parar numa ilha habitada por negros. [...] É provável que o nosso herói náufrago se tornasse rei; mataria numerosos negros na luta pela existência; teria numerosas mulheres e filhos".

Ora, se os genes se mesclavam uns aos outros, o "homem branco" de Jenkin estava fundamentalmente perdido, ao menos em um sentido genético. Era presumível que seus filhos — com mulheres negras — herdariam metade da essência genética dele. Seus netos, $\frac{1}{4}$; os bisnetos, $\frac{1}{8}$; os tetranetos, $\frac{1}{16}$ e assim por diante, e dessa maneira sua essência genética se diluiria, em poucas gerações, até o esquecimento completo. Mesmo se os "genes brancos" *fossem* superiores — "os mais aptos", para usar a terminologia de Darwin —, nada os protegeria do inevitável declínio causado pela mistura. No fim, o solitário rei branco desapareceria da história genética da ilha, apesar de ter tido mais filhos do que qualquer outro homem de sua geração e de seus genes terem sido os mais adequados para a sobrevivência.

Os detalhes dessa história de Jenkin eram execráveis — talvez de forma deliberada —, mas o argumento conceitual era claro. Se a hereditariedade não tinha nenhum modo de *manter* a variância, de "fixar" a característica alterada, então todas as alterações em características acabariam por desaparecer numa insignificância incolor em decorrência da mescla. Anomalias permaneceriam como anomalias, a menos que fossem capazes de garantir a transmissão de suas características à geração seguinte. Próspero poderia, sem receio, dar-se ao luxo de criar um Calibã numa ilha isolada e deixá-lo à vontade. A hereditariedade mesclada funcionaria como sua prisão genética natural: mesmo se ele se reproduzisse — precisamente *quando* ele se reproduzisse —, suas características hereditárias desapareceriam de imediato em um mar de normalidade. A mescla era sinônimo de diluição infinita, e nenhuma informação evolucionária poderia ser mantida na presença dessa diluição. Quando um pintor começa a pintar, molhando o pincel às vezes para diluir o pigmento, a água de início pode ganhar um tom azulado ou amarelado. Porém, à medida que ele vai diluindo cada vez mais tinta na água, é inevitável que ela se torne turva ou cinzenta. Mesmo que ele acrescente mais tinta, a água conservará o seu intolerável tom cinzento. Se o mesmo princípio se aplicasse a animais e à hereditariedade, então que força poderia conservar qualquer característica distintiva de um organismo variante? Por que, poderia Jenkin perguntar, todos os tentilhões de Darwin não estavam se tornando cinzentos?*

Darwin ficou abalado com o argumento de Jenkin. "Fleeming Jenkin [sic] trouxe-me um grande problema", escreveu, "mas foi mais útil para mim do que qualquer ensaio ou resenha." Não havia como negar a inescapável lógica de Jenkin: para salvar a teoria da evolução de Darwin, ele precisava de uma teoria da hereditariedade congruente.[13]

Mas que características da hereditariedade poderiam resolver o problema de Darwin? Para que a evolução darwiniana funcionasse, o mecanismo

---

* O isolamento geográfico poderia ter resolvido parte do problema dos "tentilhões cinzentos", restringindo o intercruzamento entre variantes específicas. Mas isso ainda não poderia explicar por que todos os tentilhões em uma ilha isolada não voltariam gradualmente a apresentar características idênticas.

da hereditariedade precisava possuir uma capacidade intrínseca de conservar informação sem que ela se diluísse ou se dispersasse. A mescla não serviria. Era necessário que houvesse átomos de informação — partículas discretas, insolúveis, indeléveis — que fossem transmitidos de genitor a descendente.

Existiria alguma prova de uma constância desse tipo na hereditariedade? Se Darwin tivesse procurado bem nos livros de sua vasta biblioteca, poderia ter encontrado uma referência a um texto desconhecido escrito por um obscuro botânico de Brno. Com o modesto título "Experimentos com hibridação de plantas" e publicado em um periódico de pequena circulação em 1866, o artigo era escrito em um alemão nada fluente e abarrotado do tipo de tabela matemática que Darwin tanto desprezava.[14] Apesar disso, Darwin chegou muitíssimo perto de ler a obra: no começo dos anos 1870, quando estudava um livro sobre plantas híbridas, ele fez longas anotações manuscritas nas páginas 50, 51, 53 e 54, mas, o que é um mistério, pulou a página 52, onde havia uma discussão pormenorizada a respeito do artigo de Brno sobre ervilhas.[15]

Se Darwin tivesse lido aquele texto, em especial quando estava escrevendo *Variações* e formulando a pangênese, a obra poderia ter lhe fornecido o lampejo crítico definitivo para entender sua própria teoria da evolução. Ficaria fascinado com as implicações, comovido com a delicadeza daquele esforço e assombrado com seu estranho poder explicativo. O intelecto incisivo de Darwin teria captado com rapidez as implicações daquela obra para a compreensão da evolução. E talvez lhe agradasse a ideia de o artigo ter sido escrito por outro clérigo que, em outra jornada épica da teologia à biologia, também resvalara pelas fronteiras de um mapa: um monge agostiniano chamado Gregor Johann Mendel.

4. "Flores que ele amava"[1]

> *Queremos apenas revelar a [natureza] da matéria e sua força. A metafísica não é do nosso interesse.*
> Manifesto da Sociedade de Ciência Natural de Brno, onde o artigo de Mendel foi lido pela primeira vez, em 1865[2]

> *Todo o mundo orgânico é resultado de inúmeras combinações e permutações distintas de relativamente poucos fatores. [...] Esses fatores são as unidades que a ciência da hereditariedade tem de investigar. Assim como a física e a química remontam a moléculas e átomos, as ciências biológicas precisam entender essas unidades para explicar [...] os fenômenos do mundo vivo.*
> Hugo de Vries[3]

Quando Darwin começava a escrever sua obra sobre a evolução, na primavera de 1856, Gregor Mendel decidiu retornar a Viena para fazer de novo o exame para professor no qual fora reprovado em 1850.[4] Dessa vez sentia-se mais confiante. Passara dois anos estudando física, química, geologia, botânica e zoologia na Universidade de Viena. Em 1853, voltara para o mosteiro e começara a trabalhar como professor substituto na Escola Moderna de Brno. Os monges que dirigiam a escola eram muito exigentes com respeito a exames e qualificações, e estava na hora de tentar de novo o exame que lhe daria um certificado. Mendel inscreveu-se.

Infelizmente, essa segunda tentativa também foi um fiasco. Mendel estava doente, ao que tudo indicava devido à ansiedade. Chegou a Viena com dor de cabeça e um tremendo mau humor, e brigou com o examinador de botânica no primeiro dos três dias do exame. Não se sabe a razão da discussão, mas é provável que dissesse respeito à formação das espécies, variação e hereditariedade. Mendel não terminou o exame. Voltou para Brno conformado com seu destino como professor substituto. Nunca mais tentou obter um certificado.

Mais tarde naquele verão, ainda aborrecido com seu fracasso no exame, Mendel plantou ervilhas. Não era sua primeira plantação. Fazia uns três anos que ele vinha cultivando ervilhas na estufa envidraçada. Coletara 34 variedades em fazendas vizinhas e promovera sua reprodução de modo a selecionar as variedades que produziam descendentes idênticos ou "puros" — ou seja, cada pé de ervilha gerava descendentes com exatamente a mesma cor das flores ou exatamente a mesma textura das sementes. Essas plantas "permaneceram constantes sem exceção", escreveu.[5] O semelhante sempre gerava o semelhante. Ele havia coletado o material básico para seu experimento.

As plantas que produziam descendentes idênticos, notou Mendel, possuíam características distintas que eram hereditárias e variantes. Cruzadas entre si, plantas de caule alto geravam apenas plantas de caule alto; plantas baixas geravam só plantas baixas. Algumas variedades produziam apenas sementes lisas, enquanto outras produziam apenas sementes angulosas e rugosas. As vagens antes de amadurecer tinham cor verde ou amarelo vivo. As vagens maduras eram infladas ou comprimidas. Ele enumerou as sete características das plantas puras:

1. textura da semente (lisa ou rugosa);
2. cor das sementes (amarela ou verde);

3. cor da flor (branca ou violeta);
4. posição da flor (no topo da planta ou nos ramos);
5. cor da vagem (verde ou amarela);
6. formato da vagem (lisa ou enrugada);
7. altura da planta (alta ou baixa).

Mendel observou que cada característica existia no mínimo em duas variantes. Eram como duas grafias alternativas de uma palavra, ou duas cores de um casaco (Mendel experimentou com apenas duas variantes da mesma característica, embora na natureza possa haver várias — por exemplo, plantas de flores brancas, roxas, cor de malva e amarelas). Mais tarde, os biólogos chamariam essas variantes de *alelos*, do grego *allos* — referindo-se, de forma imprecisa, a dois subtipos distintos do mesmo tipo geral. Roxo e branco eram dois alelos da mesma característica: a cor da flor. Longo e curto eram dois alelos de outra característica: a altura.

As plantas puras eram apenas um ponto de partida para seu experimento. Para revelar a natureza da hereditariedade, Mendel sabia que precisava cruzar híbridos; apenas um "bastardo" (termo usado comumente pelos botânicos alemães para designar híbridos experimentais) poderia revelar a natureza da pureza. Ao contrário do que se pensou mais tarde,[6] ele sabia muito bem das abrangentes implicações de seu estudo, e escreveu que sua questão era crucial para "a história da evolução das formas orgânicas".[7] Espantosamente, em dois anos Mendel havia produzido um conjunto de reagentes que lhe permitiria interrogar algumas das mais importantes características da hereditariedade. Simplificando, a questão de Mendel era: se ele cruzasse uma planta alta com uma baixa, o resultado seria uma planta de tamanho intermediário? Os dois alelos — o da alta estatura e o da baixa estatura — se mesclariam?

Produzir híbridos era um trabalho maçante. Normalmente, as ervilhas se autofecundam. A antera e o estame amadurecem no interior da carena da flor, cujo formato lembra um broche fechado, e o pólen cai direto da antera da flor em seu próprio estigma. A fertilização *cruzada* era muito diferente. Para obter híbridos, Mendel primeiro precisava "castrar" cada flor removendo suas anteras e então transferir o pó alaranjado do pólen de uma flor a outra. Ele trabalhava sozinho, debruçado sobre as flores com um pincel e um fórceps para cortar e pulverizar. Deixava seu chapéu pendurado em uma harpa, para que cada visita ao jardim fosse marcada pelo som de uma nota cristalina. Essa era sua única música.

É difícil saber até onde os outros monges da abadia sabiam sobre os experimentos de Mendel ou o quanto se importavam com eles. No começo dos anos 1850, Mendel tentara uma variação mais audaciosa de seu experimento: começara com camundongos brancos e cinza. Cruzara os camundongos em seu quarto, a maioria das vezes às claras, na tentativa de produzir híbridos. Mas o abade, que embora em geral tolerasse os caprichos de Mendel, interviera: um monge incentivando camundongos a acasalar-se para entender a hereditariedade era uma coisa meio indecente demais, até mesmo para os agostinianos. Mendel então trocara os animais pelas plantas e transferira os experimentos para a estufa lá fora. O abade aquiescera. Com camundongos ele não admitia, mas não se importava de dar uma chance às ervilhas.

No final do verão de 1857, as primeiras ervilhas híbridas tinham florescido em uma profusão de roxos e brancos no jardim do abade.[8] Mendel anotou as cores das flores e, quando as vagens se penduraram nas trepadeiras, ele abriu as cascas para examinar as sementes. Planejou então novos cruzamentos híbridos — alto com baixo, amarelo com verde, rugoso com liso. Em mais um lampejo de inspiração, ele cruzou híbridos uns com os outros, produzindo híbridos de híbridos. E assim prosseguiram os experimentos, durante oito anos. A essa altura, sua plantação expandira-se da estufa para um terreno ao lado da abadia — um retângulo de terra preta de seis metros por trinta que margeava o refeitório e que ele podia ver do seu quarto. Quando o vento abria as venezianas, era como se todo o quarto se transformasse em um gigantesco microscópio. O caderno de anotações de Mendel encheu-se de tabelas e notas rápidas, com dados de milhares de cruzamentos. Seus polegares estavam perdendo a sensibilidade de tanto descascar vagens.

"Que pequenino é o pensamento necessário para preencher a vida inteira de uma pessoa", escreveu o filósofo Ludwig Wittgenstein.[9] De fato, à primeira vista, a vida de Mendel parecia preenchida com os menores pensamentos. Semear, polinizar, florescer, colher, descascar, contar, repetir. O processo era de uma monotonia excruciante, mas Mendel sabia que pequenos pensamentos muitas vezes floresciam em princípios maiores. Se a poderosa revolução científica que agitara a Europa no século XVIII tinha um legado, era este: as leis que se manifestavam na natureza eram uniformes e onipresentes. A força que guiou a maçã do galho da árvore à cabeça de Newton era a mesma que guiava os planetas em suas órbitas celestes. Se a hereditariedade também tivesse uma lei universal, então era provável que essa lei influenciasse tanto a gênese das ervilhas quanto a dos seres humanos. O jardim de Mendel podia ser pequeno, mas ele não confundia aquelas dimensões com o tamanho de sua ambição científica.

"Os experimentos progridem devagar", escreveu Mendel. "De início foi preciso alguma paciência, porém logo constatei que as coisas andavam melhor quando eu fazia vários experimentos ao mesmo tempo." Fazendo múltiplos cruzamentos em paralelo, a obtenção de dados acelerou-se. Aos poucos ele começou a discernir padrões nos dados: constâncias não preditas, proporções conservadas, ritmos numéricos. Enfim ele ganhara acesso à lógica interna da hereditariedade.

O primeiro padrão era fácil de perceber. Na primeira geração de híbridos, as características hereditárias individuais — altura grande ou pequena, ou sementes verdes ou amarelas — não se misturaram. Uma planta alta cruzada com uma baixa inevitavelmente produziu *apenas* plantas altas. Ervilhas de semente lisa cruzadas com ervilhas de semente rugosa produziram *apenas* ervilhas lisas. Todas as sete características obedeceram a esse padrão. "A característica híbrida" não era intermediária; "assemelhava-se a uma das formas parentais", escreveu Mendel. Ele chamou de *dominantes* as características que prevaleceram, e de *recessivas* as características que haviam desaparecido.[10]

Se Mendel tivesse parado nesse ponto seus experimentos, já teria dado uma importante contribuição à teoria da hereditariedade. A existência de alelos dominantes e recessivos para uma característica contradizia teorias oitocentistas da mescla da hereditariedade: os híbridos que ele obtivera não possuíam características intermediárias. Apenas um alelo se manifestara no híbrido, forçando a outra característica variante a desaparecer.

Mas a característica recessiva desaparecera mesmo? Teria sido consumida ou eliminada pelo alelo dominante? Mendel aprofundou sua análise com um segundo experimento. Cruzou híbridos de plantas altas e baixas com híbridos de plantas altas e baixas para obter uma terceira geração de descendentes. Para começar, como a grande altura era dominante, todas as plantas genitoras nesse experimento eram altas; a característica recessiva desaparecera. Porém, quando cruzadas entre si, Mendel constatou, elas produziram um resultado inesperado. Em alguns daqueles cruzamentos da terceira geração, a característica da pequena altura *reapareceu*, perfeitamente intacta, depois de haver sumido por uma geração.[11] O mesmo padrão foi encontrado em todas as outras sete características. Flores brancas desapareciam na segunda geração, os híbridos, e reapareciam em alguns indivíduos da terceira. Um organismo "híbrido", Mendel percebeu, era, na verdade, um *composto* — com um alelo dominante, visível, e um alelo recessivo, latente (Mendel usava o termo "formas" para designar essas variantes; a palavra "alelo" só seria cunhada por geneticistas nos anos 1900).

Estudando as relações matemáticas — as razões — entre os vários tipos de descendentes obtidos em cada cruzamento, Mendel pôde começar a construir um modelo para explicar a herança de características.* Nesse modelo, cada característica era determinada por uma partícula independente e indivisível de informação. As partículas existiam em duas variantes, ou dois alelos: baixa versus alta (para altura da planta) ou branca versus violeta (para cor da flor) e assim por diante. Cada planta herdava uma cópia de cada genitor — um alelo do pai, por meio das células espermáticas, e um da mãe, por meio do óvulo. Quando um híbrido era criado, ambas as características existiam intactas, mas só uma delas afirmava sua existência.

Entre 1857 e 1864, Mendel descascou quilos e quilos de ervilha e, de maneira compulsiva, tabulou os resultados para cada cruzamento híbrido ("sementes amarelas, cotilédones verdes, flores brancas"). Os resultados permaneceram

---

* Vários estatísticos analisaram os dados originais de Mendel e o acusaram de falsificar dados. As razões e os números de Mendel não eram apenas acurados; eram perfeitos demais. Era como se ele não tivesse encontrado nenhum erro estatístico ou natural em seus experimentos — uma situação impossível. Refletindo hoje, é improvável que Mendel tenha falsificado seus estudos. Mais provavelmente, ele construiu uma hipótese a partir de seus primeiros experimentos, depois usou os experimentos posteriores para validar sua hipótese: parou de contar e tabular as ervilhas assim que elas corresponderam aos valores e razões esperadas. Esse método, embora não convencional, não era incomum em sua época, porém também reflete a ingenuidade científica de Mendel.

notavelmente consistentes. Seu pequeno pedaço de terra no jardim do mosteiro produziu um assoberbante volume de dados a analisar: 28 mil plantas, 40 mil flores e quase 400 mil sementes. "É preciso muita coragem para enfrentar um trabalho com essas dimensões colossais", Mendel escreveria mais tarde.[12] Mas "coragem" é a palavra errada nesse caso. Além de coragem, algo mais se evidencia nesse esforço: uma qualidade que só podemos descrever como *zelo*.

Zelo, no sentido de afeição, não é uma palavra que se costume usar quando nos referimos a ciência ou a cientistas. No caso de Mendel, lembra mais a dedicação na atividade de agricultor ou jardineiro, ou também o empenho das gavinhas da ervilha em estender-se na direção da luz do sol ou de prender-se no caramanchão. Mendel foi, sobretudo, um jardineiro. Sua genialidade não contou com o impulso de um profundo conhecimento das convenções da biologia (por sorte ele foi reprovado naquele exame — por duas vezes). Em vez disso, foi seu conhecimento instintivo do jardim, aliado a um incisivo poder de observação — a laboriosa polinização cruzada de mudas, a meticulosa tabulação das cores dos cotilédones —, que logo o levaram às descobertas que não poderiam ser explicadas pela noção tradicional de hereditariedade.

Os experimentos de Mendel implicavam que a hereditariedade só poderia ser explicada pela transmissão de *unidades distintas de informação dos genitores aos descendentes*. As células espermáticas traziam apenas uma cópia dessa informação (um alelo); o óvulo trazia a outra cópia (o segundo alelo); assim, um organismo herdava um alelo de cada genitor. Quando esse organismo gerava células espermáticas ou óvulos, os alelos se dividiam de novo — um era transmitido às células espermáticas, o outro ao óvulo, e voltavam a entrar em combinação na geração seguinte. Um alelo podia "dominar" o outro quando ambos estavam presentes. Quando o alelo dominante estava presente, o alelo recessivo parecia desaparecer, mas quando uma planta recebia dois alelos recessivos, o recessivo reiterava sua característica. Em todo o processo, as informações transmitidas por um alelo individual permaneciam indivisíveis. As partículas propriamente ditas permaneciam intactas.

O exemplo de Doppler voltou à mente de Mendel: havia música por trás do ruído, leis por trás da aparente ausência de leis, e só um experimento profundamente artificial — criar híbridos a partir de variedades puras portadoras de características simples — poderia revelar aqueles padrões básicos. Por trás da épica variância dos organismos naturais — alto, baixo, rugoso, liso, verde, amarelo, marrom — havia corpúsculos de informação hereditária que eram transmitidos de uma geração à geração seguinte. Cada característica era *unitária* — distinta, separada e indelével. Mendel não deu nome a essa unidade de hereditariedade, mas havia descoberto as características mais essenciais de um gene.

Em 8 de fevereiro de 1865, sete anos depois que Darwin e Wallace leram seus papers para a Linnean Society em Londres, Mendel apresentou seu artigo, em duas partes, para uma plateia muito menos ilustre: ele falou a um grupo de agricultores, botânicos e biólogos da Sociedade de Ciência Natural, em Brno (a segunda parte do texto foi lida um mês depois, em 8 de março).[13] Existem poucos registros desse momento histórico. A sala era pequena e havia cerca de quarenta ouvintes. O artigo, com dezenas de tabelas e símbolos enigmáticos que denotavam características e variantes, era de difícil compreensão até para estatísticos. Para biólogos, devia parecer um palavrório indecifrável. Os botânicos em geral estudavam morfologia, não numerologia. A contagem de variantes em sementes e flores ao longo de dezenas de milhares de espécimes híbridos deve ter atordoado os contemporâneos de Mendel; a noção de místicas "harmonias" numéricas que espreitavam na natureza saíra de moda com Pitágoras. Logo depois de Mendel concluir, um professor de botânica levantou-se para discutir a *A origem das espécies*, de Darwin, e a teoria da evolução. Nenhum dos presentes percebeu alguma ligação entre os dois temas apresentados. Mesmo se Mendel tinha noção de uma possível ligação entre suas "unidades de hereditariedade" e a evolução — suas notas anteriores decerto indicavam que ele havia procurado por tal conexão —, ele não fez nenhum comentário explícito sobre o assunto.

O artigo de Mendel foi publicado na ata da Sociedade de Ciência Natural.[14] Homem de poucas palavras, Mendel era ainda mais conciso quando escrevia. Havia destilado quase uma década de trabalho em 44 páginas espetacularmente áridas. Cópias foram enviadas à Royal Society e à Linnean Society na Inglaterra, ao Smithsonian Institute em Washington e a outras dezenas de instituições. Mendel pediu para si quarenta reimpressões e as remeteu, com profusas anotações, a muitos cientistas. É provável que tenha enviado uma a Darwin, mas não há registros de que o pai da teoria da evolução a tenha lido.[15]

Seguiu-se, nas palavras de um geneticista, "um dos mais estranhos silêncios da história da biologia".[16] O artigo foi citado apenas quatro vezes entre 1866 e 1900 — praticamente desapareceu da literatura científica. Entre 1890 e 1900, bem quando questões e preocupações sobre a hereditariedade humana e sua manipulação tornavam-se cruciais para os formuladores de políticas nos Estados Unidos e na Europa, o nome de Mendel e sua obra estavam perdidos para o mundo. O estudo que fundou a biologia moderna estava sepultado nas páginas de um periódico obscuro de uma sociedade científica obscura, lido sobretudo por cultivadores de plantas em uma decadente cidade da Europa Central.

Na véspera de Ano-Novo de 1866, Mendel escreveu ao fisiologista vegetal Carl von Nägeli em Munique e anexou uma descrição de seus experimentos. Nägeli respondeu dois meses depois — já indicando distância nessa demora — com um bilhete cortês, mas frio. Botânico de alguma reputação, Nägeli não tinha Mendel e seu trabalho em alta conta. Tinha uma desconfiança instintiva de cientistas amadores e rabiscou um intrigante comentário depreciativo ao lado da primeira carta: "Apenas empírico [...] não pode ser provado como racional"[17] — como se leis deduzidas a partir de experimentos fossem piores do que leis criadas a partir do nada pela "razão" humana.

Mendel insistiu, mandou mais cartas. Nägeli era o colega cientista cujo respeito Mendel mais desejava, e seus bilhetes para ele assumiram um tom quase ardente, desesperado. "Eu sabia que os resultados que obtive não eram facilmente compatíveis com nossa ciência contemporânea",[18] escreveu Mendel, e também que "um experimento isolado podia ser duplamente perigoso".[19] Nägeli permaneceu cauteloso, com rejeições o mais das vezes lacônicas. A possibilidade de Mendel ter deduzido uma lei fundamental da natureza — uma lei perigosa — tabulando híbridos de ervilha parecia a Nägeli absurda e forçada. Se Mendel acreditava no sacerdócio, devia ater-se a ele; o fisiologista acreditava no sacerdócio da ciência.

Nägeli estava estudando outra planta, a pilosela de flores amarelas — e incentivou Mendel a tentar reproduzir suas descobertas também com ela. A escolha era catastroficamente errada. Mendel escolhera as ervilhas depois de muita reflexão: elas tinham reprodução sexuada, produziam características variantes claramente identificáveis e prestavam-se a uma cuidadosa polinização cruzada. As piloselas eram capazes de reprodução assexuada (isto é, sem pólen e óvulos), uma propriedade que Mendel e Nägeli desconheciam. Para elas era quase impossível fazer a polinização cruzada, e elas quase nunca geravam híbridos. Como era previsível, os resultados foram confusos. Mendel tentou entender os híbridos da pilosela (que não eram híbridos coisa nenhuma), porém não conseguiu decifrar nenhum dos padrões que ele havia observado nas ervilhas. Entre 1867 e 1871 ele se esforçou ainda mais, cultivando milhares de piloselas em outro trecho de jardim, emasculando as flores com o mesmo fórceps e pulverizando pólen com o mesmo pincel. Suas cartas a Nägeli tornavam-se cada vez mais desesperançosas. Nägeli respondia de tempos em tempos, mas as cartas eram infrequentes e em tom paternalista. Ele não podia perder tempo com as divagações cada vez mais lunáticas de um monge autodidata de Brno.

Em novembro de 1873, Mendel escreveu sua última carta a Nägeli.[20] Informou, contrito, que não pudera concluir os experimentos. Tinha sido promovido a abade do mosteiro de Brno, e agora suas responsabilidades administrativas impossibilitavam-no de continuar a estudar plantas. "É para mim um grande desgosto ter de negligenciar minhas plantas [...] de maneira tão completa", escreveu.[21] A ciência foi deixada de lado. As taxas acumulavam-se no mosteiro. Novos prelados tinham de ser nomeados. Conta após conta, carta após carta, sua imaginação científica foi lentamente asfixiada pela labuta administrativa.

Mendel escreveu um único artigo monumental sobre híbridos de ervilha. Sua saúde deteriorou-se nos anos 1880, e ele restringiu seu trabalho de maneira gradativa, exceto no seu amado jardim. Em 6 de janeiro de 1884, Mendel morreu de insuficiência renal em Brno, com os pés inchados de líquido.[22] O jornal da cidade publicou um obituário, mas não fez menção a seus estudos experimentais. Talvez mais apropriado fosse um breve comentário de um dos monges mais novos do mosteiro: "Delicado, generoso e bom... Amava flores".[23]

5. "Um certo Mendel"

A origem das espécies é um fenômeno natural.
Jean-Baptiste Lamarck[1]

A origem das espécies é objeto de indagação.
Charles Darwin[2]

A origem das espécies é objeto de investigação experimental.
Hugo de Vries[3]

No verão de 1878, um botânico holandês de trinta anos chamado Hugo de Vries viajou à Inglaterra para ver Darwin.[4] Era mais uma peregrinação do que uma visita científica. Darwin passava férias na propriedade de sua irmã em Dorking, mas De Vries descobriu seu paradeiro e foi até lá encontrá-lo. Magro, veemente e nervoso, com penetrantes olhos de Rasputin e uma barba que rivalizava com a de Darwin, De Vries já parecia uma versão mais jovem de seu ídolo. Também tinha a persistência de Darwin. O encontro deve ter sido exaustivo, pois durou apenas duas horas, mas Darwin pediu licença para fazer uma pausa. De Vries, porém, deixou a Inglaterra transformado. Com apenas uma breve conversa, Darwin introduzira uma calha na mente de seu visitante e a desviara para sempre. De volta a Amsterdam, De Vries encerrou de forma abrupta seu trabalho anterior sobre o moimento das gavinhas em plantas e se atirou à tarefa de desvendar o mistério da hereditariedade.

Em fins do século xix, o problema da hereditariedade adquirira uma aura glamorosa e quase mística, como um Último Teorema de Fermat para biólogos. Fermat, um matemático excêntrico, tinha atiçado os colegas rabiscando que havia encontrado uma "prova notável" de seu teorema, mas não a escrevera porque a "margem [do papel] era pequena demais".[5] Darwin, por sua vez, anunciara de maneira vaga que descobrira a solução da hereditariedade, porém nunca a publicou. "Em outro trabalho, discutirei, se o tempo e a saúde me permitirem, a variabilidade dos seres orgânicos em estado natural", escrevera em 1868.[6]

Darwin compreendia o que estava em jogo naquela afirmação. Uma teoria da hereditariedade era crucial para a evolução: ele sabia que, sem um modo de gerar variação e fixá-la nas gerações futuras, não haveria um mecanismo para que a evolução trouxesse novas características a um organismo. No entanto, uma década se passara, e Darwin não publicara o livro prometido sobre a gênese da "variabilidade em seres orgânicos". Darwin morreu em 1882, apenas quatro anos depois de seu encontro com De Vries.[7] Agora uma geração de jovens biólogos vasculhava as obras de Darwin em busca de pistas da teoria que faltava.

De Vries também examinou nos mínimos detalhes os livros de Darwin e agarrou-se à teoria da pangênese, a ideia de que "partículas de informação" do corpo eram, de algum modo, coletadas e agrupadas no espermatozoide e no óvulo. Mas a noção de que mensagens emanavam das células e se organizavam no espermatozoide feito um manual para construir um organismo parecia particularmente forçada; era como se o espermatozoide tentasse escrever um Livro do Homem coletando telegramas.

Organizou-se uma prova experimental contra a pangênese e as gêmulas. Em 1883, com uma determinação implacável, o embriologista alemão August Weismann realizara um experimento que atacava de maneira direta a teoria da hereditariedade de Darwin.[8] Weismann amputara cirurgicamente a cauda de cinco gerações de camundongos, depois cruzara aqueles animais para verificar se os descendentes nasceriam sem cauda. Mas os camundongos, com uma consistência tão obstinada quanto a dele, haviam nascido com seu apêndice intacto, geração após geração. Se as gêmulas existissem, um camundongo com a cauda amputada deveria produzir um camundongo sem cauda. No total, Weismann removera sucessivamente a cauda de 901 animais. E continuaram surgindo camundongos com caudas normais: nem sequer um pouquinho mais curtas do que as dos camundongos originais. Era impossível remover a "mácula hereditária" (ou, pelo menos, a "cauda hereditária"). Apesar de sanguinolento, o experimento anunciou que Darwin e Lamarck não podiam estar certos.

Weismann propusera uma alternativa radical: talvez as informações hereditárias estivessem contidas *exclusivamente* no espermatozoide e no óvulo, inexistindo um mecanismo direto para que uma característica adquirida fosse transmitida aos espermatozoides ou aos óvulos. Por mais que o ancestral da girafa esticasse o pescoço, isso não poderia levar essa informação para seu material genético. Weismann chamou esse material hereditário de *germeplasma* e supôs que ele era o único método pelo qual um organismo poderia gerar outro organismo.[9] Toda a evolução poderia ser imaginada como a transferência vertical de germeplasma de uma geração à seguinte: um ovo era o único modo de uma galinha transferir informações a outra galinha.

Mas De Vries se perguntava: Qual era a natureza material do germeplasma? Seria como a tinta, capaz de ser misturada e diluída? Ou as informações no germeplasma seriam distintas e transmitidas em pacotes, como uma mensagem integral e indivisível? De Vries ainda não encontrara o artigo de Mendel. Porém, como o monge de Brno, ele começou a percorrer as áreas rurais ao redor de Amsterdam para coletar estranhas variantes de plantas: não só ervilhas, mas também um vasto herbário composto por plantas com caules retorcidos e folhas bifurcadas, com flores pintalgadas, anteras pilosas e sementes em formato de bastão: uma coleção de monstros. Quando ele cruzou essas variantes com suas congêneres normais, constatou, como Mendel, que as características da variante não se perdiam pela mescla; eram mantidas em uma forma distinta e independente ao passarem de uma geração à seguinte. Cada planta parecia possuir uma coleção de características — cor da flor, forma da folha, textura da semente — e cada uma dessas características parecia ser codificada por uma unidade de informação independente, distinta, que passava de uma geração à seguinte.

No entanto, ainda faltava a De Vries o lampejo intuitivo crucial de Mendel, aquele clarão de raciocínio matemático que iluminara os experimentos deste com híbridos de ervilha em 1865. Examinando suas próprias plantas híbridas, De Vries podia discernir por alto que características de variantes — por exemplo, o tamanho do caule — eram codificadas por partículas indivisíveis de informação. Mas quantas partículas eram necessárias para codificar uma característica da variante? Uma? Cem? Mil?

Nos anos 1880, ainda desconhecendo o trabalho de Mendel, De Vries avançou passo a passo na direção de uma descrição mais quantitativa de seus experimentos com plantas. Em um artigo influente escrito em 1897 com o título "Monstruosidades hereditárias", De Vries analisou seus dados e inferiu que cada característica era governada por uma única partícula de informação.[10] Cada híbrido herdava duas dessas partículas, uma das células espermáticas, outra do óvulo. E essas partículas eram transmitidas, intactas, à geração seguinte por meio das células espermáticas e do óvulo. Nada se mesclava, em momento algum. Nenhuma informação se perdia. De Vries chamou essas partículas de "pangenes".[11] O nome atestava as origens: embora houvesse demolido de maneira sistemática a teoria da pangênese de Darwin, De Vries prestou um último tributo a seu mentor.

Quando De Vries ainda estava mergulhado em seu estudo das plantas híbridas em meados de 1900, um amigo enviou-lhe uma cópia de um artigo antigo garimpado em sua biblioteca. "Sei que está estudando híbridos", escreveu o amigo, "então talvez lhe interesse esta reimpressão de 1865 escrita por um certo Mendel."[12]

Não é difícil imaginar De Vries, em seu escritório em Amsterdam numa cinzenta manhã de março, abrindo a reimpressão e passando os olhos pelo primeiro parágrafo. Ao ler o artigo, ele deve ter sentido aquele inescapável arrepio de déjà-vu pela espinha: o "certo Mendel" adquirira a precedência na descoberta fazia pelo menos três décadas. No artigo de Mendel, De Vries descobriu uma solução para sua questão, uma corroboração perfeita para seus experimentos — e uma refutação de sua originalidade. Pelo visto, também ele estava sendo forçado a reviver a velha saga de Darwin e Wallace: a descoberta científica que ele esperava anunciar como sua já tinha sido feita por outro.

Afobado, De Vries tratou logo de mandar para o prelo o seu artigo sobre plantas híbridas em março de 1900, omitindo de propósito qualquer menção ao trabalho de Mendel. Talvez o mundo tivesse esquecido "um certo Mendel" e seu trabalho com ervilhas híbridas em Brno. "A modéstia é uma virtude, mas vai-se mais longe sem ela", ele escreveria mais tarde.[13]

De Vries não estava sozinho na redescoberta da noção mendeliana de instruções hereditárias independentes e indivisíveis. No mesmo ano em que ele publicou seu monumental estudo sobre variantes de plantas, Carl Correns, um botânico de Tübingen, publicou um estudo sobre híbridos de ervilha e milho que recapitulava com precisão os resultados de Mendel.[14] Por ironia, Correns tinha sido aluno de Nägeli em Munique. Mas Nägeli, que considerava Mendel um amador excêntrico, não se preocupara em contar a Correns sobre a volumosa correspondência a respeito de híbridos de ervilha que ele havia recebido de "um certo Mendel".

Em seus jardins experimentais em Munique e Tübingen, a cerca de seiscentos quilômetros da abadia, Correns se empenhou em cruzar plantas altas com plantas baixas e obteve cruzamentos de híbridos com híbridos, tudo isso sem saber que estava apenas repetindo metodicamente o trabalho já feito por Mendel. Quando Correns concluiu seus experimentos e estava prestes a preparar seu artigo para publicação, voltou à biblioteca em busca de referências a seus predecessores científicos. E deparou com o artigo de Mendel entranhado no periódico de Brno.

E em Viena, cidade onde Mendel fora reprovado no exame de botânica em 1856, outro jovem botânico, Erich von Tschermak-Seysenegg, também redescobriu as leis de Mendel. Von Tschermak fazia a pós-graduação em Halle e em Ghent quando, trabalhando com híbridos de ervilha, também observara características hereditárias passarem de modo independente e discreto, como partículas, através de gerações de híbridos. O mais jovem dos três cientistas, ele fora informado sobre os outros dois estudos paralelos que corroboravam por completo seus resultados e tornara a pesquisar nas publicações científicas até descobrir Mendel. Também ele sentira o arrepio de déjà-vu na espinha ao ler as ressalvas iniciais no artigo de Mendel. "Eu também ainda acreditava ter descoberto algo novo", escreveria mais tarde, sem esconder a inveja e o desalento.[15]

Ser redescoberto uma vez é prova da presciência de um cientista. Ser redescoberto três vezes é um insulto. O fato de três artigos em apenas três meses do ano 1900 convergirem de maneira independente para a obra de Mendel era uma demonstração da inveterada miopia dos biólogos, que não tinham feito caso daquele trabalho durante quase quarenta anos. Até De Vries, que omitira de maneira tão flagrante a menção a Mendel em seu primeiro estudo, foi forçado a reconhecer a contribuição mendeliana. Na primavera de 1900, logo depois que De Vries publicou seu artigo, Carl Correns o acusou de apropriar-se de modo deliberado do trabalho de Mendel, cometendo um ato equivalente ao plagiarismo científico ("por uma estranha coincidência", escreveu Correns com afetação, De Vries até incorporara "o vocabulário de Mendel" em seu artigo).[16] Por fim, De Vries cedeu. Em uma versão subsequente de sua análise sobre plantas híbridas, ele mencionou Mendel com destaque e reconheceu que ele próprio havia meramente "estendido" o trabalho anterior do monge de Brno.

Entretanto, De Vries também foi além de Mendel em seus experimentos. Ele pode ter sido precedido na descoberta das unidades da hereditariedade, mas, ao investigar mais a fundo a hereditariedade e a evolução, ocorreu-lhe uma ideia que também deve ter deixado Mendel perplexo: *Como surgiam as primeiras variantes?* Que força produziu ervilhas altas e baixas, ou flores roxas e flores brancas?

A resposta, mais uma vez, foi encontrada no jardim. Perambulando pelos campos em uma de suas expedições de coleta, De Vries encontrou um trecho enorme de flores silvestres invasivas — uma espécie batizada (por ironia, como ele logo descobriria) em homenagem a Lamarck: *Oenothera lamarckiana*.[17] De Vries coletou e plantou 50 mil sementes retiradas daquele trecho. Nos anos seguintes, observou a vigorosa multiplicação da *Oenothera* e constatou que haviam surgido espontaneamente oitocentas novas variantes: plantas com folhas gigantescas, com caules pilosos ou com flores de formatos inusitados. A natureza produzira voluntariamente anomalias raras — o exato mecanismo que Darwin havia suposto como o primeiro passo da evolução. Darwin chamara essas variantes de *sports*, em uma alusão aos caprichos do mundo natural. De Vries escolheu um termo mais sisudo. Chamou-as de *mutantes*[18] — um termo originado da palavra latina que designa mudança.*

---

* Os "mutantes" de De Vries podem ter sido, na verdade, resultado de retrocruzamento, em vez de variantes surgidas espontaneamente.

De Vries logo percebeu a importância de sua observação: aqueles mutantes tinham de ser as peças que faltavam no quebra-cabeça de Darwin. De fato, combinando a gênese espontânea de mutantes — as *Oenothera* de folhas gigantes, por exemplo — com a seleção natural, a máquina inexorável de Darwin era automaticamente posta em movimento. Mutações criavam variantes na natureza: antílopes de pescoço comprido, tentilhões de bico curto e plantas de folhas gigantes surgiam de forma espontânea nas imensas tribos de espécimes normais (ao contrário do que pensava Lamarck, esses mutantes não eram gerados propositalmente, e sim de maneira aleatória, por acaso). As qualidades dessas variantes eram hereditárias, transmitidas como instruções distintas a espermatozoides e óvulos. Na luta dos animais pela sobrevivência, as variantes mais bem adaptadas — as mutações mais aptas — eram selecionadas em série. Seus descendentes herdavam essas mutações e, assim, geravam novas espécies, impelindo dessa maneira a evolução. A seleção natural não atuava sobre organismos, mas sobre suas unidades de hereditariedade. Uma galinha, percebeu De Vries, era apenas o veículo para um ovo produzir um ovo melhor.

Foram necessárias duas décadas excruciantemente longas para Hugo de Vries converter-se às ideias de Mendel sobre a hereditariedade. Para William Bateson, o biólogo inglês,[19] a conversão levou apenas uma hora: o tempo de uma viagem em um trem veloz de Cambridge a Londres em maio de 1900.* Naquela noite, Bateson viajou para fazer uma palestra sobre a hereditariedade na Royal Horticultural Society. Enquanto o trem atravessava os pântanos na penumbra do entardecer, Bateson leu uma cópia do artigo de De Vries e no mesmo instante transmudou-se com a ideia de Mendel sobre as unidades de hereditariedade distintas. Essa seria a jornada que decidiria o destino de Bateson. Quando ele chegou à sede da sociedade em Vincent Square, sua mente turbilhonava. "Estamos diante de um novo princípio de suprema importância", anunciou à plateia.[20] "Ainda não é possível prever a que conclusões adicionais ele poderá nos levar." Em agosto daquele ano, Bateson escreveu a

---

* A história da "conversão" de Bateson à teoria de Mendel durante uma viagem de trem foi questionada por alguns historiadores. O relato aparece com frequência em sua biografia, mas pode ter recebido floreios por parte de alguns dos seus alunos, para criar um tom dramático.

seu amigo Francis Galton: "Escrevo para pedir que leia o artigo de Mendl [sic], [que] me parece ser uma das mais notáveis investigações já feitas sobre a hereditariedade, e é extraordinário que tenha sido esquecido".[21]

Bateson incumbiu-se da missão especial de assegurar que Mendel, antes esquecido, nunca mais fosse ignorado. Primeiro, tratou de confirmar de forma independente o trabalho do monge sobre plantas híbridas em Cambridge.[22] Ele conheceu De Vries em Londres e ficou impressionado com seu rigor experimental e vitalidade científica (mas não com seus hábitos continentais. De Vries se recusava a lavar-se antes do jantar, queixou-se Bateson: "A roupa de cama dele é imunda. Ouso dizer que ele troca de camisa uma vez por semana").[23] Duplamente convencido pelos dados experimentais de Mendel e por suas próprias evidências, Bateson começou a fazer proselitismo. Apelidado de "o buldogue de Mendel"[24] — um animal com quem ele se assemelhava em expressão facial e temperamento —, Bateson viajou para Alemanha, França, Itália e Estados Unidos e fez palestras sobre hereditariedade que salientavam a descoberta de Mendel. Bateson sabia que estava testemunhando o nascimento de uma profunda revolução na biologia — ou melhor, ajudando no parto. Decifrar as leis da hereditariedade, escreveu, transformaria "o modo como o homem vê o mundo e seu poder sobre a natureza" mais do que "qualquer outro avanço que se possa prever no conhecimento do mundo natural".[25]

Em Cambridge, um grupo de jovens estudantes formou-se ao redor de Bateson para se dedicar à nova ciência da hereditariedade. Ele sabia que precisava de um nome para a disciplina que estava surgindo sob sua liderança. "Pangenética" parecia uma escolha óbvia: estendia o uso de "pangênese", o termo com o qual De Vries denotava as unidades de hereditariedade. Mas "pangenética" era um termo sobrecarregado com toda a bagagem da errônea teoria de Darwin sobre instruções hereditárias. "Nenhuma palavra de uso corrente transmite com precisão esse significado [porém] essa palavra é muitíssimo necessária", escreveu.[26]

Em 1905, ainda procurando por uma alternativa, Bateson cunhou uma palavra: "genética", o estudo da hereditariedade e variação.[27] A palavra deriva, em última análise do grego *génos*, que significa "gerar".

Bateson percebia a fundo o possível impacto social e político da ciência recém-nascida. "O que acontecerá quando [...] o esclarecimento realmente se der e os fatos da hereditariedade forem [...] de conhecimento geral?", escreveu, com impressionante presciência, em 1905.[28]

> Uma coisa é certa: a humanidade começará a intervir, talvez não na Inglaterra, mas em algum país mais disposto a romper com o passado e ávido pela "eficiência nacional". [...] A ignorância das consequências mais remotas da intervenção nunca postergou por muito tempo tais experimentos.

Mais do que qualquer cientista antes dele, Bateson também captou a ideia de que a natureza descontínua da informação genética trazia vastas implicações para o futuro da genética humana. *Se de fato os genes fossem partículas independentes de informação, seria possível selecionar, purificar e manipular essas partículas independentemente umas das outras.* Genes para atributos "desejáveis" poderiam ser selecionados ou aumentados, enquanto genes indesejáveis poderiam ser eliminados do reservatório gênico. Em princípio, um cientista deveria ser capaz de mudar a "composição dos indivíduos" e das nações e deixar uma marca permanente na identidade humana.

"Quando o poder é descoberto, o homem sempre recorre a ele", escreveu Bateson, em tom lúgubre.

> A ciência da hereditariedade logo dará poder em uma escala estupenda; e, em algum país, em algum momento, talvez não muito distante, esse poder será aplicado para controlar a composição de uma nação. Se, em última análise, a instituição desse controle virá a ser um bem ou um mal para essa nação ou para a humanidade como um todo é uma questão distinta.

Assim ele anteviu o século do gene.

6. Eugenia

> *Melhorar o meio ambiente e a educação pode favorecer a geração já nascida. Melhorar o sangue poderá favorecer todas as gerações futuras.*
> Herbert Walter, *Genetics*[1]

> *Os eugenistas são, em sua maioria, eufemistas. Quero dizer meramente que se sobressaltam com palavras curtas enquanto se tranquilizam com palavras longas. E são totalmente incapazes de traduzir umas para as outras. [...] Diga a eles: "O [...] cidadão deve [...] garantir que o ônus da longevidade nas gerações precedentes não se torne desproporcional e intolerável, em especial para as mulheres"; diga isso a eles e se balançarão de leve para a frente e para trás. [...] Diga a eles "Assassine sua mãe", e eles se aprumarão na cadeira de supetão.*
> G. K. Chesterton, *Eugenics and Other Evils*[2]

Em 1883, um ano depois da morte de Charles Darwin, seu primo Francis Galton publicou um livro provocativo, *Inquiries into Human Faculty and Its Development* [Investigações sobre a faculdade humana e seu desenvolvimento], no qual apresentou um plano estratégico para melhorar a raça humana.[3] A ideia de Galton era simples: imitar o mecanismo da seleção natural. Se a natureza era capaz de produzir efeitos tão notáveis nas populações animais por meio da sobrevivência e seleção, Galton imaginou uma aceleração do processo de refinar os seres humanos por meio da intervenção humana. Ele supôs que a reprodução seletiva dos seres humanos mais fortes, mais inteligentes, "mais aptos" — uma seleção *artificial* — poderia realizar em apenas algumas décadas o que a natureza vinha tentando desde tempos imemoriais.

Galton precisava de uma palavra para essa estratégia. "Estamos muito necessitados de uma palavra breve para expressar a ciência de melhorar a estirpe", escreveu, "para dar às raças ou linhagens de sangue mais adequadas uma chance melhor de prevalecer depressa sobre as menos adequadas."[4] Para Galton, a palavra "eugenia" era conveniente e oportuna — "pelo menos uma palavra mais elegante [...] do que 'viricultura', que outrora me aventurei a usar".[5] Ela combinava o prefixo grego "eu" ("bom") com "gênese": "De boa estirpe, hereditariamente dotado de qualidades nobres". Galton, que nunca se esquivava do reconhecimento de sua genialidade, ficou satisfeitíssimo com essa cunhagem: "Acreditando, como acredito, que a eugenia humana se tornará reconhecida dentro em breve como um estudo da maior importância prática, parece-me que não se deve perder tempo para [...] compilar histórias pessoais e familiares".[6]

Galton nasceu no inverno de 1822, o mesmo ano em que nasceu Gregor Mendel e treze anos depois de seu primo Charles Darwin. Ensanduichado entre aqueles dois gigantes da biologia moderna, era inevitável que fosse perseguido por uma pungente sensação de inadequação científica. Para Galton, a inadequação talvez tenha sido mortificante em particular porque ele também fora talhado para ser um gigante. O pai era um banqueiro rico em Birmingham; a mãe era a filha de Erasmus Darwin, o poeta e médico polímata que também era avô de Charles Darwin. Criança prodígio, Galton aprendeu a ler aos dois anos; aos cinco era fluente em grego e latim, e aos oito resolvia equações quadráticas.[7] Como Darwin, ele colecionava besouros, porém carecia da mente diligente e taxonômica do primo e logo abandonou sua coleção em favor de afazeres mais ambiciosos. Tentou estudar medicina, mas depois a trocou pela matemática em Cambridge.[8] Em 1843, tentou prestar um *honors exam*, exame de um curso especial para alunos exepcionalmente dotados, mas sofreu um colapso nervoso e voltou para casa para se recuperar.

No verão de 1844, enquanto Charles Darwin escrevia seu primeiro ensaio sobre a evolução, Galton deixou a Inglaterra e viajou para Egito e Sudão, na primeira das muitas viagens que faria à África. Porém, se para Darwin os encontros com os "nativos" sul-americanos nos anos 1830 haviam fortalecido sua crença na linhagem comum dos seres humanos, para Galton só serviram para enxergar diferenças: "Vi raças selvagens o suficiente para dar-me material para pensar durante toda a vida".[9]

Em 1859, Galton leu *A origem das espécies*. Ou melhor, "devorou" o livro, que o afetou como um choque elétrico, ao mesmo tempo paralisando e galvanizando. Ele ferveu de inveja, orgulho e admiração. Tinha sido "iniciado em uma província do conhecimento inteiramente nova", escreveu, esfuziante, a Darwin.[10]

A "província do conhecimento" que Galton se sentia inclinado a explorar em especial era a hereditariedade. Como Fleeming Jenkin, Galton logo percebeu que seu primo acertara no princípio, mas não no mecanismo: a natureza da hereditariedade era crucial para a compreensão da teoria de Darwin. A hereditariedade era o yin para o yang da evolução. As duas teorias tinham de ter uma ligação congênita, uma escorando e completando a outra. Se o "primo Darwin" resolvera metade do quebra-cabeça, o "primo Galton" estava destinado a solucionar a outra.

Em meados dos anos 1860, Galton começou a estudar a hereditariedade. A teoria da "gêmula" de Darwin — segundo a qual as instruções hereditárias eram deixadas à deriva por todas as células e depois flutuavam no sangue, como um milhão de mensagens em garrafas — sugeria que transfusões de sangue poderiam transmitir gêmulas e, com isso, alterar a hereditariedade. Galton tentou transfundir sangue entre coelhos para transmitir as gêmulas.[11] Tentou até trabalhar com plantas — ervilhas, ainda por cima — para entender a base das instruções hereditárias. Mas como experimentalista ele era um horror; não possuía o toque instintivo de Mendel. Os coelhos morriam por choque, as trepadeiras murchavam em seu jardim. Frustrado, Galton passou a estudar seres humanos. Os organismos-modelo haviam fracassado em revelar o mecanismo da hereditariedade. A chave do segredo devia estar em medir a variação e a hereditariedade em seres humanos, concluiu. Essa decisão traz a marca registrada de sua abrangente ambição: uma abordagem de cima para baixo, começando pelas características mais complexas e variáveis concebíveis: inteligência, temperamento, habilidade física, altura. Era uma decisão que o lançaria em uma batalha geral com toda a ciência da genética.

Galton não foi o primeiro a tentar construir um modelo da hereditariedade humana medindo variações em pessoas. Nos anos 1830 e 1840, o cientista belga Adolphe Quetelet, um astrônomo que enveredou pela biologia, começara a medir de modo sistemático características humanas e analisá-las com métodos estatísticos. A abordagem de Quetelet era rigorosa e abrangente. "O homem nasce, cresce e morre de acordo com certas leis que nunca foram estudadas", escreveu.[12] Quetelet tabulou a largura do tórax e a altura de 5738 soldados para demonstrar que o tamanho do tórax e a altura distribuíam-se ao longo de curvas normais contínuas.[13] De fato, para onde quer que olhasse, Quetelet encontrava um padrão recorrente: características e até comportamentos humanos distribuíam-se segundo curvas normais.

Galton inspirou-se nas mensurações de Quetelet e se aventurou mais a fundo na medição da variação humana. Características complexas, por exemplo, inteligência, habilidade intelectual ou beleza, seriam variantes da mesma maneira? Galton sabia que não existia nenhum recurso comum para medir qualquer uma dessas características. Mas quando não havia, ele inventava ("Sempre que possível, [deve-se] contar", escreveu).[14] Como um substituto da inteligência, ele obtete as notas de exame para o grau *honors* em matemática em Cambridge — por ironia, o mesmo exame em que ele fora reprovado — e demonstrou que, na melhor aproximação, cada habilidade no exame obedecia à sua curva de distribuição normal. Ele viajou pela Inglaterra e Escócia tabulando a "beleza" — classificando em segredo as mulheres que encontrava em "atraentes", "indiferentes" ou "repelentes" com o uso de alfinetes em um cartão escondidos em seu bolso. Parecia que nenhum atributo humano podia escapar ao crivo, avaliação, contagem e tabulação de Galton: "Acuidade Visual e Auditiva; Percepção de Cores; Golpe de Vista; Capacidade Respiratória; Tempo de Reação; Força e Tração do Aperto de Mão; Força do Soco; Envergadura dos Braços; Altura [...] Peso".[15]

Galton passou então da medida ao mecanismo. Seriam herdadas essas variações em seres humanos? E de que maneira? Mais uma vez, ele evitou organismos simples e pulou direto para os seres humanos. Sua própria linhagem ilustre — Erasmus como avô, Darwin como primo — não seria prova de que a genialidade é hereditária? Para reunir mais evidências, Galton começou a reconstituir as linhagens de homens eminentes.[16] Descobriu, por exemplo, que, de 605 homens notáveis que viveram entre 1453 e 1853, havia 102 relações de parentesco: um em cada seis homens de renome eram manifestamente aparentados. Galton estimou que se um homem renomado tivesse um filho, a probabilidade de que este seria eminente era de uma em doze. Em contraste, apenas um em cada 3 mil homens selecionados "aleatoriamente" podia chegar à distinção. A eminência era herdada, afirmou Galton. Aristocratas produziam aristocratas, não porque a nobreza era hereditária, mas porque a inteligência era.

Galtou levou em conta a óbvia possibilidade de homens eminentes terem filhos eminentes porque o rebento "será posto em uma posição mais favorável ao avanço". Cunhou a memorável expressão "nature versus nurture" [natureza versus criação] para discriminar entre as influências da hereditariedade e as do ambiente. Contudo, tão intensas eram suas preocupações com classe e status que ele não suportava a ideia de que sua própria "inteligência" podia ser mero subproduto de privilégio e oportunidade. A genialidade tinha de estar codificada em genes. Ele havia erguido uma barricada para defender de quaisquer refutações científicas a mais frágil de suas convicções: a ideia de que influências puramente hereditárias podiam ser explicadas por aqueles padrões de predicados.

Galton publicou boa parte de seus dados em um livro ambicioso, desconexo e muitas vezes incoerente: *Hereditary Genius*.[17] A obra foi recebida com frieza. Darwin leu o estudo, mas não ficou muito convencido e arruinou o primo com um elogio pouco entusiasmado: "Em certo sentido, transformaste um oponente em um convertido, pois sempre defendi que, com exceção dos tolos, os homens não diferem muito em intelecto, apenas em empenho e trabalho árduo".[18] Galton engoliu o orgulho e não tentou fazer mais nenhum estudo genealógico.

Galton deve ter percebido os limites inerentes de seu projeto sobre as linhagens, pois logo o abandonou em favor de uma abordagem empírica mais convincente. Em meados dos anos 1880, ele começou a enviar "questionários de pesquisa" a homens e mulheres, pedindo-lhes que examinassem seus registros familiares, tabulassem os dados e lhe remetessem os resultados de minuciosas medidas de altura, peso, cor dos olhos, inteligência e habilidades artísticas de seus pais, avós e filhos (para isso, a fortuna da família de Galton — sua herança mais tangível — foi de grande utilidade; ele ofereceu uma gratificação substancial a todos que lhe devolvessem o questionário preenchido de forma satisfatória). Munido de números reais, ele agora podia descobrir a misteriosa "lei da hereditariedade" que vinha caçando de maneira tão ardorosa havia décadas.

Boa parte do que ele encontrou era mais ou menos intuitivo, com um senão. Pais altos tendiam a ter filhos altos, constatou, mas *em média*. Os filhos de homens e mulheres altos sem dúvida tinham altura maior que a altura média da população, mas também eles variavam segundo uma curva normal, sendo alguns mais altos e outros mais baixos que seus pais.* Se uma regra geral da hereditariedade espreitava sob os dados, era a de que as características humanas distribuíam-se em curvas contínuas, e variações contínuas reproduziam variações contínuas.

Mas haveria uma lei — um padrão básico — que governasse a gênese de variantes? Em fins dos anos 1880, Galton sintetizou com ousadia todas as suas observações na mais madura de suas hipóteses sobre a hereditariedade. Ele supôs que cada característica de um ser humano — altura, peso, inteligência, beleza — era uma função composta gerada por um padrão conservado de herança ancestral. Os pais de uma criança forneciam, em média, metade do conteúdo daquela característica; os avós, $\frac{1}{4}$; os bisavós, $\frac{1}{8}$, e assim por diante, até o ancestral mais distante. A soma de todas as contribuições poderia ser descrita pela série $\frac{1}{2} + \frac{1}{4} + \frac{1}{8} + \ldots$, e a soma de tudo isso convenientemente seria 1. Galton chamou essa proposição de Lei da Hereditariedade Ancestral.[19] Era uma espécie de homúnculo matemático — uma ideia inspirada em Pitágoras e Platão —, porém ataviada com frações e denominadores que lhe davam um aspecto de lei moderna.

Galton sabia que a principal conquista da lei seria sua capacidade de predizer com exatidão um verdadeiro padrão de hereditariedade. Em 1897, ele en-

---

* De fato, a altura *média* dos filhos de pais excepcionalmente altos tendia a ser um pouco menor que a altura do pai — e mais próxima da média da população —, como se uma força invisível sempre puxasse características extremas em direção ao centro. Essa descoberta, chamada de regressão à média, teria um poderoso efeito sobre a ciência da mensuração e o conceito de variância. Seria a mais importante contribuição de Galton à estatística.

controu seu caso de teste ideal. Galton aproveitou outra obsessão inglesa com linhagens, dessa vez caninas, quando descobriu um inestimável manuscrito intitulado *Basset Hound Club Rules*.[20] Era um compêndio publicado em 1869 por Sir Everett Millais que documentava a cor da pelagem de várias gerações de cães da raça basset hound. Para seu grande alívio, Galton constatou que sua lei podia predizer com acurácia as cores de cada geração. Ele enfim havia desvendado o código da hereditariedade.

Essa solução, embora satisfatória, foi efêmera. Entre 1901 e 1905, Galton digladiou-se com seu mais formidável adversário: William Bateson, o geneticista de Cambridge que era o mais ardoroso defensor da teoria de Mendel. Obstinado e imperioso, com um bigode de pontas viradas que parecia dobrar seu sorriso em uma eterna carranca, Bateson não se deixou impressionar por equações. Disse que os dados dos basset hounds eram aberrantes ou inexatos. Não era raro que leis bonitas fossem liquidadas por fatos feios — e apesar de a série infinita de Galton parecer linda, experimentos que ele próprio, Bateson, fizera apontavam com força para um fato: as instruções hereditárias eram transmitidas por unidades individuais de informação, e não por mensagens divididas em metade e em ¼ vindas de ancestrais fantasmas. Mendel, apesar de sua linhagem científica singular, e De Vries, apesar de sua questionável higiene pessoal, estavam certos. Uma criança *era* um composto de ancestrais, porém supremamente simples: metade da mãe, metade do pai. Cada genitor contribuía com um conjunto de instruções que eram decodificadas para produzir uma criança.

Galton defendeu sua teoria do ataque de Bateson. Dois biólogos renomados,[21] Walter Weldon e Arthur Darbishire, além do eminente matemático Karl Pearson, aderiram aos esforços para defender a "lei ancestral", e o debate logo descambou para uma guerra declarada. Weldon, que fora professor de Bateson em Cambridge, transformou-se em seu mais vigoroso oponente. Tachou os experimentos de Bateson de "totalmente inadequados" e se recusou a acreditar nos estudos de De Vries. Enquanto isso, Pearson fundou uma revista científica, *Biometrika* (nome inspirado na noção de mensuração biológica de Galton), e a transformou em porta-voz da teoria de Galton.

Em 1902, Darbishire realizou uma nova série de experimentos com camundongos na esperança de refutar de uma vez por todas a hipótese de Mendel. Cruzou camundongos aos milhares, torcendo para provar que Galton estava certo. No entanto, quando analisou sua primeira geração de híbridos e os cruzamentos entre híbridos, o padrão se tornou claro: os dados só podiam ser explicados pela hereditariedade mendeliana, com características indivisíveis sendo transmitidas de forma vertical entre gerações.[22] De início Darbishire resistiu, mas chegou a um ponto em que não pôde mais negar os dados, e acabou por render-se.

Na primavera de 1905,[23] Weldon levou consigo cópias de dados de Bateson e Darbishire nas férias em Roma; fervendo de raiva, sentou-se "como um mero secretário" e tentou reelaborar os dados de modo a encaixá-los na teoria galtoniana.[24] Voltou para a Inglaterra naquele verão esperando ocasionar uma reviravolta nos estudos com sua análise, mas contraiu pneumonia e morreu de repente, em casa. Tinha apenas 46 anos. Bateson escreveu um comovente obituário a seu velho amigo e professor. "A Weldon devo o principal despertar da minha vida", lembrou, "mas essa é uma obrigação pessoal, privada, da minha alma."[25]

O "despertar" de Bateson não tinha nada de privado. Entre 1900 e 1910, conforme se acumulavam as evidências em favor das "unidades de hereditariedade" de Mendel, os biólogos confrontavam-se com o impacto da nova teoria. As implicações eram profundas. Aristóteles reinterpretara a hereditariedade como o fluxo de informações, um rio de códigos que fluía do óvulo para o embrião. Séculos mais tarde, Mendel encontrara a estrutura essencial daquelas informações, o alfabeto do código. Aristóteles descrevera uma corrente de informações que percorria as gerações, e Mendel, por sua vez, encontrara o meio circulante daquelas informações.

No entanto, Bateson percebeu que talvez um princípio ainda maior estivesse em jogo. O fluxo de informações biológicas não se restringia à hereditariedade. Ele corria por toda a biologia. A transmissão de características hereditárias era apenas um exemplo de fluxo de informações. Se olhássemos com atenção através das nossas lentes conceituais, era fácil imaginar informações movendo-se de modo difuso por todo o mundo vivo. O desenvolvimento de um embrião; o esforço de uma planta para aproximar-se da luz; a dança ritual das abelhas — cada atividade biológica requeria a decodificação de instruções codificadas. Teria Mendel encontrado por acaso também a estrutura essencial daquelas instruções? Será que unidades de informação guiariam aqueles processos? "Cada um de nós que hoje examina seu próprio terreno de trabalho vê pistas de Mendel em todo ele", afirmou Bateson.[26] "Apenas chegamos à orla desse novo território que se estende à nossa frente.[27] [...] O estudo experimental da hereditariedade [...] não fica atrás de nenhum ramo da ciência na magnitude dos resultados que oferece."[28]

O "novo território" pedia uma nova língua: era preciso batizar as "unidades de hereditariedade" de Mendel. A palavra "átomo", usada na acepção moderna, estreara no vocabulário científico num artigo de John Dalton de 1808. No verão de 1909, quase um século exato depois, o botânico Wilhelm Johannsen cunhou uma palavra distinta para denotar uma unidade de hereditariedade. De início ele cogitou em usar o termo empregado por Vries, "pangene", com sua homenagem a Darwin. Mas, para dizer a verdade, Darwin errara a noção, e "pangene" sempre estaria maculada pela memória daquele equívoco. Johannsen abreviou a palavra para "gene".[29] (Bateson queria que fosse "gen", para evitar erros de pronúncia, mas era tarde demais. A cunhagem de Johannsen, tanto quanto o hábito continental de estropiar o inglês, tinha vindo para ficar.)

Assim como Dalton com o átomo, nem Bateson nem Johannsen tinham noção do que *era* um gene. Não podiam imaginar sua forma material, sua estrutura física ou química, sua localização no corpo ou na célula e nem sequer seu mecanismo de ação. A palavra foi criada para denotar uma função; era uma abstração. O gene era definido pelo que o gene *fazia*: ele era o portador de informações hereditárias. "A linguagem não é apenas nossa criada",[30] escreveu Johannsen,

> [mas] pode ser também nossa patroa. É desejável criar nova terminologia em todos os casos em que concepções novas e revistas estejam em processo. Por isso, propus a palavra "gene". "Gene" nada mais é do que uma palavrinha muito aplicável. Ela pode ser útil como uma expressão dos "fatores unitários" [...] demonstrados por pesquisadores mendelianos atuais.

E ressaltou: "A palavra 'gene' é totalmente isenta de hipóteses. Ela expressa apenas o evidente fato de que [...] muitas características do organismo são especificadas [...] de modos únicos, separados e, portanto, independentes".

Entretanto, em ciência uma palavra é uma hipótese. Na linguagem natural, uma palavra é usada para comunicar uma ideia. Mas na linguagem científica, uma palavra denota mais do que uma ideia: um mecanismo, uma consequência, uma predição. Um nome científico pode ensejar mil questões — e a ideia do "gene" fez exatamente isso. Qual era a natureza química e física do gene? Como o conjunto de instruções genéticas, o *genótipo*, se traduzia nas manifestações físicas de um organismo, o seu *fenótipo*? Como os genes eram transmitidos? Onde eles se situavam? Como eram regulados? Se os genes eram partículas discretas que especificavam uma característica, como essa propriedade podia ser conciliada com a ocorrência de características humanas, digamos, altura ou cor da pele, em curvas contínuas? Como o gene permitia a gênese?

"A ciência da genética é tão nova que é impossível dizer [...] quais podem ser suas fronteiras", escreveu um botânico em 1914.[31] "No estudo, assim como no ramo da exploração, o tempo eletrizante chega quando uma nova região é destrancada pela descoberta de uma nova chave."

Enclausurado em seu sobrado em Rutland Gate, Francis Galton, o que é curioso, não se eletrizou com aqueles "tempos eletrizantes". Quando os biólogos se apressaram a adotar as leis de Mendel e se engalfinharam com suas consequências, Galton adotou uma afável indiferença para com eles. Não lhe interessava se as unidades hereditárias eram divisíveis ou indivisíveis; o que ele queria saber era se a hereditariedade era *acionável ou não*. Ou seja, se a era possível manipular a hereditariedade em benefício do ser humano.

"Por toda parte [Galton via] a tecnologia da Revolução Industrial confirmar o domínio da natureza pelo homem", escreveu o historiador Daniel Kevles.[32] Galton fora incapaz de descobrir genes, mas não deixaria passar a criação de tecnologias genéticas. Ele já havia cunhado um termo para designar seu esforço — *eugenia*, o melhoramento da raça humana por meio da seleção artificial de características genéticas e da reprodução dirigida dos portadores humanos. A eugenia era, para Galton, uma mera forma aplicada de genética, assim como a agricultura era uma forma aplicada de botânica. "O que a natureza faz às cegas, devagar e de maneira impiedosa, o homem pode fazer com previdência, rapidez e bondade. Estando em seu poder, torna-se seu dever trabalhar nessa direção", escreveu. A princípio ele havia proposto esse conceito em

Hereditary Genius já em 1869 — trinta anos antes de Mendel ser redescoberto —, porém deixara a ideia inexplorada e se concentrara no mecanismo da hereditariedade. Mas como sua hipótese sobre a "herança ancestral" fora desmantelada peça por peça por Bateson e De Vries, Galton dera uma guinada, passando do impulso descritivo ao prescritivo. Ele podia ter errado quanto à base biológica da hereditariedade humana, mas pelo menos entendia o que *fazer* com ela. "Essa não é uma questão para o microscópio", escreveu um dos seus pupilos — uma irônica farpa contra Bateson, Morgan e De Vries. "Ela envolve o estudo de [...] forças que trazem grandeza ao grupo social."[33]

Na primavera de 1904, Galton apresentou seu argumento sobre a eugenia em uma conferência pública na London School of Economics.[34] Era uma típica noite da elegante e culta Bloomsbury. Em penteados de gala e esplendorosa, a perfumada elite da cidade acomodou-se fagueira no auditório para ouvir Galton: George Bernard Shaw e H. G. Wells; Alice Drysdale-Vickery, a reformadora social; Lady Welby, a filósofa da linguagem; o sociólogo Benjamin Kidd; o psiquiatra Henry Maudsley. Pearson, Weldon e Bateson chegaram atrasados e sentaram-se à parte, ainda ardendo com desconfiança recíproca.

Os comentários de Galton duraram dez minutos. A eugenia precisava ser "introduzida na consciência nacional, como uma nova religião", recomendou.[35] Seus princípios fundamentais eram tomados de empréstimo a Darwin, mas enxertavam a lógica da seleção natural nas sociedades humanas.

> Todas as criaturas concordariam que é melhor serem sadias ao invés de doentes, vigorosas ao invés de fracas, bem adaptadas ao invés de mal adaptadas para seu papel na vida; em suma, que é melhor serem bons e não maus espécimes de seu tipo, seja ele qual for. O mesmo se dá com os homens.[36]

O propósito da eugenia era acelerar a seleção dos bem adaptados de preferência aos mal adaptados, e dos sadios de preferência aos doentes. Para isso, Galton propôs a reprodução seletiva dos fortes. Argumentou que o casamento poderia facilmente ser subvertido tendo em vista essa finalidade, mas só se fosse possível aplicar suficiente pressão social: "Se os casamentos inadequados do ponto de vista da eugenia fossem socialmente proibidos [...] pouquíssimos se realizariam".[37] Na imaginação de Galton, a sociedade poderia manter um registro das melhores características nas melhores famílias — gerando um análogo do livro de registro de pedigrees de cavalos de corrida. Homens e mulheres seriam selecionados a partir desse "livro de ouro", como ele o chamou, e se acasalariam para produzir os melhores descendentes, do mesmo modo que basset hounds e cavalos.

As observações de Galton foram breves, mas a plateia já começara a se agitar. O psiquiatra Henry Maudsley desferiu o primeiro ataque, questionando as suposições de Galton sobre a hereditariedade.[38] Maudsley estudara a doença mental em famílias e concluíra que os padrões de hereditariedade eram muitíssimo mais complexos do que Galton supunha. Pais normais geravam filhos esquizofrênicos. Famílias comuns geravam filhos extraordinários. O filho de um luveiro comum das Midlands, "nascido de pais não distintos de seus vizinhos", crescera e se tornara o mais proeminente escritor da língua inglesa. "Ele tinha cinco irmãos",[39] salientou Maudsley, e, no entanto, enquanto um dos meninos, William, "ascendeu à extraordinária eminência que ele alcançou, nenhum de seus irmãos distinguiu-se dessa maneira". A lista de gênios "deficientes" prosseguiu: Newton fora uma criança doentia e frágil; João Calvino tivera asma grave; Darwin havia sofrido com acessos incapacitantes de diarreia e depressão quase catatônica. Herbert Spencer — o filósofo que cunhara a frase *sobrevivência dos mais aptos* — passara grande parte da vida acamado com várias doenças, em luta com sua própria aptidão para a sobrevivência.

Mas se Maudsley propôs cautela, outros recomendaram pressa. O escritor H. G. Wells não desconhecia a eugenia. Em seu livro *A máquina do tempo*, publicado em 1895, ele imaginara uma futura raça de seres humanos que, por terem selecionado a inocência e a virtude como características desejáveis, acasalaram-se endogamicamente até o ponto da docilidade impotente: degeneraram para uma raça débil, pueril, destituída de curiosidade ou ardor. Wells concordava com os impulsos de Galton para manipular a hereditariedade como um meio de criar uma "sociedade mais apta". No entanto, ressalvou, a reprodução seletiva por intermédio do casamento poderia, de modo paradoxal, produzir gerações mais fracas e mais apáticas. A única solução era cogitar na alternativa macabra: a eliminação seletiva dos fracos. "É na esterilização dos fracassos, e não na seleção dos sucessos para a reprodução, que reside a possibilidade de melhoramento da raça humana."[40]

Bateson falou por último, trazendo ao evento o tom mais sombrio e, do ponto de vista científico, mais sensato. Galton propunha usar características físicas e mentais — *fenótipo* humano — para selecionar os melhores espécimes para reprodução. Contudo, as verdadeiras informações, afirmou Bateson, não estavam contidas nas características, e sim na combinação de genes que as determinavam, ou seja, no *genótipo*. As características físicas e mentais que tanto fascinavam Galton — altura, peso, beleza, inteligência — eram meras sombras exteriores de características genéticas subjacentes. O verdadeiro poder da eugenia estava na manipulação de genes, não na seleção de características. Galton podia ter menosprezado o "microscópio" dos geneticistas experimentais, mas esse instrumento era muito mais poderoso do que ele presumia, pois podia penetrar na casca exterior da hereditariedade e adentrar o mecanismo em si. Em breve se veria que a hereditariedade seguia "uma lei precisa de notável simplicidade", alertou Bateson. Se o eugenista aprendesse essas leis e então descobrisse como manipulá-las — à Platão —, ele adquiriria um poder sem precedentes; manipulando genes, poderia manipular o futuro.

A palestra de Galton pode não ter gerado a aprovação efusiva que ele esperava — ele resmungou mais tarde que seus ouvintes estavam vivendo "quarenta anos atrás" —, mas é óbvio que ele tocou em um nervo exposto. Assim como muitos na elite vitoriana, Galton e seus amigos gelavam de medo da degeneração racial (o contato de Galton com as "raças selvagens", sintomático do contato da Grã-Bretanha com os nativos coloniais nos séculos XVII e XVIII, também o convencera de que a pureza racial dos brancos tinha de ser mantida e protegida contra as forças da miscigenação.) O Second Reform Act de 1867 dera o direito de voto aos homens da classe trabalhadora na Grã-Bretanha. Em 1906, até os mais bem guardados bastiões políticos haviam sido tomados de assalto: 29 cadeiras do Parlamento tinham caído em poder do Partido Trabalhista, provocando espasmos de intranquilidade em toda a alta sociedade inglesa. O empoderamento político da classe trabalhadora, acreditava Galton, acarretaria seu empoderamento genético: eles produziriam filhos às pencas, dominariam o reservatório gênico e arrastariam a nação para uma profunda mediocridade. O *homme moyen* degeneraria. O "homem médio" se tornaria ainda mais ordinário.

"Um tipo vistoso de mulher mansa pode continuar a te dar uns filhos burros até o mundo virar de pernas pro ar", escrevera George Eliot em *The Mill on the Floss* [O moinho à beira do Floss], em 1860.[41] Para Galton, a contínua reprodução de mulheres e homens simplórios representava uma grave ameaça genética à nação. Thomas Hobbes afligira-se com um estado de natureza "pobre, sórdido, brutal e breve"; Galton aflige-se com um futuro Estado dominado por inferiores genéticos: britânicos pobres, sórdidos — e baixos. As massas feiosas, ele receava, eram também as massas *fecundas*; se deixadas à vontade, não haveria como evitar que produzissem uma raça inferior, prolífica, encardida (ele chamou esse processo de *cacogenia*, "de genes ruins").

Wells apenas expressara o que muitos do círculo íntimo de Galton sentiam lá no fundo, mas não ousavam anunciar: a eugenia só daria bons resultados se a reprodução seletiva dos fortes (a chamada eugenia positiva) fosse potencializada com a esterilização seletiva dos fracos, a eugenia negativa. Em 1911, Havelock Ellis, colega de Galton, deturpou a imagem de Mendel, o jardineiro solitário, a serviço de seu entusiasmo pela esterilização:

> O grande jardim da vida não é diferente dos nossos jardins públicos. Reprimimos os atos daqueles que, para gratificar os próprios filhos ou seus desejos pervertidos, querem arrancar arbustos ou pisar em flores, mas ao fazê-lo obtemos a liberdade e a alegria para todos. [...] Procuramos cultivar o senso de ordem, incentivar a compreensão e a previdência, extrair pela raiz as ervas daninhas raciais. [...] Nesses assuntos, com efeito, o jardineiro em seu jardim é nosso símbolo e nosso guia.[42]

Nos últimos anos de sua vida, Galton lutou com a ideia da eugenia negativa. Nunca se sentiu de todo à vontade com ela. A "esterilização dos fracassos" — apartar e exterminar os indesejáveis do jardim humano — atormentava-o com seus numerosos obstáculos morais implícitos. Contudo, por fim o desejo de transformar a eugenia em uma "religião nacional" suplantou seus escrúpulos com a eugenia negativa. Em 1909, ele fundou uma revista especializada, *Eugenics Review*, que defendia não só a reprodução seletiva como também a esterilização seletiva. Em 1911, escreveu um estranho romance intitulado *Kantsaywhere*, sobre uma utopia futura na qual metade da população era marcada como "inapta" e sofria severas restrições na capacidade reprodutiva. Ele deixou um exemplar do romance com sua sobrinha. Ela achou a obra tão constrangedora que queimou alguns trechos.

Em 24 de julho de 1912, um ano depois da morte de Galton, teve início a primeira Conferência Internacional sobre Eugenia, no Cecil Hotel, em Londres.[43] A localização era simbólica. Com quase oitocentos quartos e uma grande fachada monolítica com vista para o Tâmisa, o Cecil era o maior e, talvez, o mais suntuoso hotel da Europa: um local em geral reservado para eventos diplomáticos ou nacionais. Luminares de doze países e disciplinas diversas afluíram para assistir à conferência: Winston Churchill; lorde Balfour; o prefeito de Londres; o presidente da Suprema Corte; Alexander Graham Bell; Charles Eliot, presidente da Universidade Harvard; August Weismann, o embriologista. O filho de Darwin, Leonard Darwin, presidiu o encontro; Karl Pearson colaborou de perto com ele na elaboração do programa. Os visitantes, depois de passarem pelo saguão de entrada abobadado e debruado em mármore onde se via em destaque um quadro emoldurado com a linhagem de Galton, eram brindados com palestras sobre manipulações genéticas para aumentar a altura média de crianças, sobre a hereditariedade da epilepsia, os padrões de acasalamento dos alcoólatras e o caráter genético da criminalidade.

Duas palestras salientaram-se por um fervor particularmente arrepiante. A primeira foi uma exposição entusiasmada e precisa pelos alemães, endossando a "higiene racial" — uma sinistra premonição do que estava por vir. Alfred Ploetz, médico, cientista e ardoroso proponente da teoria da higiene racial, fez uma impressionante preleção sobre uma iniciativa de limpeza racial na Alemanha. A segunda palestra, ainda mais abrangente e ambiciosa, foi apresentada pelo grupo americano. Se na Alemanha a eugenia estava se tornando uma indústria caseira, nos Estados Unidos já era uma atividade em escala nacional. O pai do movimento americano era Charles Davenport, o aristocrático zoólogo formado em Harvard que em 1910 havia fundado um centro de pesquisas e laboratório dedicados à eugenia, o Eugenics Record Office [Departamento de Registro de Eugenia]. O livro *Heredity in Relation to Eugenics* [Hereditariedade em relação à eugenia], publicado por Davenport em 1911, era a bíblia do movimento e também um livro didático sobre genética adotado nas faculdades de todo o país.[44]

Davenport não compareceu ao encontro de 1912, mas seu pupilo Bleecker Van Wagenen, o jovem presidente da American Breeder's Association [Associação dos Criadores Americanos], fez uma palestra empolgante. Em contraste com os europeus, ainda atolados em teorias e especulações, Van Wagenen mostrou o típico espírito prático ianque. Falou com paixão sobre os esforços operacionais para eliminar "linhagens defectivas" nos Estados Unidos. Já estavam em planejamento centros de confinamento — "colônias" — para os inaptos em termos genéticos. Já havia comitês formados para programar a esterilização de homens e mulheres inaptos: epilépticos, criminosos, surdos-mudos, débeis mentais, deficientes visuais, portadores de deformidades ósseas, nanismo, esquizofrenia, depressão maníaca ou insanidade.

"Quase 10% da população total [...] tem sangue inferior", afirmou Van Wagenen,[45] e "são pessoas totalmente inadequadas para se tornarem pais de cidadãos úteis. [...] Em oito estados da União existem leis que autorizam ou requerem a esterilização." Ele acrescentou que nos estados de

> Pensilvânia, Kansas, Idaho, Virgínia [...] um número considerável de indivíduos foi esterilizado. [...] Cirurgiões de consultórios privados e de instituições públicas realizaram muitos milhares de operações de esterilização. Via de regra, essas operações tiveram razões puramente patológicas, e revelou-se difícil obter registros autênticos dos efeitos mais remotos desses procedimentos.

"Empenhamo-nos em acompanhar aqueles que têm alta e recebemos relatórios de tempos em tempos", concluiu, animado, o superintendente do Hospital do Estado da Califórnia em 1912. "Não encontramos efeitos deletérios."[46]

7. "Três gerações de imbecis é o suficiente"

Se permitirmos que os fracos e os deformados vivam e propaguem sua estirpe, nos defrontaremos com a perspectiva de um crepúsculo genético. Mas se deixarmos que morram ou sofram quando podemos salvá-los ou ajudá-los, nos defrontaremos com a certeza de um crepúsculo moral.
Theodosius Grigorievich Dobzhansky, *Heredity and the Nature of Man*[1]

E de [pais] deformados provêm [filhos] deformados, assim como aleijados provêm de aleijados e cegos de cegos, e em geral eles com frequência apresentam as características que são contrárias à natureza e têm sinais inatos como caroços ou cicatrizes. Algumas dessas características foram transmitidas por três [gerações].
Aristóteles, *História dos animais*[2]

Na primavera de 1920, Emmett Adaline Buck, apelidada de Emma, foi levada para a Colônia de Epilépticos e Débeis Mentais da Virgínia, na cidade de Lynchburg.[3] Seu marido, Frank Buck, operário de uma fábrica de estanho, abandonara o lar ou morrera em um acidente.⁴ Emma estava sendo cuidada por uma filha adolescente, Carrie Buck.

Emma e Carrie viviam numa pobreza abjeta e dependiam de caridade, doações de alimentos e trabalhos esporádicos para se manter. Corria o boato de que Emma oferecia sexo em troca de dinheiro, contraíra sífilis e gastava seu pagamento com bebida nos fins de semana. Em março daquele ano ela foi detida nas ruas da cidade, autuada por vadiagem ou prostituição e levada perante um juiz municipal. Um exame mental superficial feito em 1º de abril de 1920 por dois médicos classificou-a como "débil mental". Ela foi mandada para a colônia de Lynchburg.⁵

A "debilidade mental" em 1924 era dividida em três tipos: idiota, *moron* e imbecil. Dos três, o idiota era o mais fácil de classificar:⁶ o Bureau of the Census americano definia o termo como "uma pessoa mentalmente deficiente com idade mental não superior a 35 meses"; imbecil e *moron*, porém, eram categorias mais porosas. No papel, esses termos referiam-se a formas menos severas de incapacidade cognitiva, mas na prática as palavras revolviam portas semânticas que se abriam com muita facilidade para admitir um grupo diversificado de homens e mulheres, alguns dos quais sem qualquer doença mental: prostitutas, órfãos, depressivos, vadios, pequenos criminosos, esquizofrênicos, disléxicos, feministas, adolescentes rebeldes — em suma, qualquer um cujo comportamento, desejos, escolhas ou aparência não se encaixassem na norma aceita.

Mulheres débeis mentais eram mandadas para a Colônia da Virgínia e postas em confinamento, para assegurar que não continuassem a se reproduzir e, com isso, a contaminar a população com mais *morons* ou idiotas. A palavra "colônia" já deixava transparecer o seu propósito: o local não se destinava a ser um hospital ou um asilo para doentes mentais. Em vez disso, desde o início, foi concebido para ser uma zona de contenção. Espalhada por oitenta hectares à sombra exposta ao vento das montanhas Blue Ridge, a quase dois quilômetros das margens lamacentas do rio James, a colônia tinha agência dos correios, usina de força, depósito de carvão e um ramal ferroviário para carga e descarga. Não havia transporte público para chegar à colônia ou sair dela. Era o Hotel Califórnia da doença mental: os pacientes que lá entravam raramente saíam.

Quando Emma Buck chegou, deram-lhe um banho, jogaram fora suas roupas e aplicaram-lhe uma ducha com mercúrio nos genitais para desinfecção. Um novo teste de inteligência feito por um psiquiatra confirmou o diagnóstico inicial como "*moron* de grau inferior". Ela foi internada na colônia. Passaria o resto da vida cercada por aqueles muros.

Antes de sua mãe ser levada para Lynchburg em 1920, Carrie Buck tivera uma infância pobre, mas ainda normal. Um boletim escolar de 1918, quando ela estava com doze anos, registrava "muito bom" em "comportamento e lições". Espichada, com jeito de menino, turbulenta, alta para sua idade, de cotovelos e joelhos proeminentes, franja castanha caindo-lhe pelo rosto e um sorriso franco, ela gostava de escrever bilhetes para meninos na escola e de pescar rãs e trutas nas lagoas da região. Mas quando Emma se foi, a vida de Carrie começou a se arruinar. Entregue a pais adotivos, foi violentada pelo sobrinho deles e logo descobriu que estava grávida.

Os pais adotivos se apressaram a intervir para minimizar o constrangimento. Levaram-na para o mesmo juiz municipal que havia mandado sua mãe, Emma, para Lynchburg. O plano era retratar Carrie também como imbecil: disseram que ela estava ficando cada vez mais parva e esquisita, dada a "alucinações e acessos de raiva", impulsiva, psicótica e sexualmente promíscua. Como era de esperar, o juiz, que era amigo dos pais adotivos de Carrie, confirmou o diagnóstico de "debilidade mental": tal mãe, tal filha. Em 23 de janeiro de 1924, menos de quatro anos depois de Emma ter sido levada perante a corte, Carrie também foi sentenciada à colônia.[7]

Em 28 de março de 1924, enquanto aguardava a transferência para Lynchburg, Carrie deu à luz uma filha, Vivian Elaine.[8] Por ordem do Estado, a filha também foi entregue a pais adotivos. Em 4 de junho de 1924, Carrie chegou à colônia da Virgínia. "Não há evidências de psicose; ela sabe ler e escrever e se mantém asseada", diz seu relatório. Seus conhecimentos práticos e habilidades foram avaliados como normais. Ainda assim, apesar de todos os dados em contrário, ela foi classificada como "*moron*, grau médio" e confinada.[9]

Em agosto de 1924, alguns meses depois de ter sido internada em Lynchburg, Carrie Buck foi chamada a apresentar-se à diretoria da colônia, a pedido do dr. Albert Priddy.[10]

Médico de cidade pequena natural de Keysville, na Virgínia, Albert Priddy era o superintendente da colônia desde 1910. Carrie e Emma Buck não sabiam, mas ele estava empenhado em uma furiosa campanha política. Seu projeto favorito eram as "esterilizações eugênicas" dos débeis mentais. Priddy tinha poderes extraordinários sobre sua colônia, como o Kurtz de *Coração das trevas*, e estava convencido de que aprisionar os "mentalmente deficientes" em colônias era uma solução temporária contra a propagação de sua "hereditariedade ruim". Quando libertados, os imbecis voltariam a se reproduzir, contaminando e sujando o reservatório gênico. A esterilização seria uma estratégia mais definitiva, uma solução final.

O que Priddy precisava era de uma ordem legal abrangente que o autorizasse a esterilizar uma mulher por motivos explicitamente eugênicos; um caso de teste como esse estabeleceria o procedimento-padrão para milhares. Quando ele mencionou o assunto, descobriu que, em grande medida, líderes políticos e jurídicos viam suas ideias com bons olhos. Em 29 de março de 1924, com a ajuda de Priddy, o Senado da Virgínia autorizou a esterilização eugênica em todo o território estadual, contanto que a pessoa a ser esterilizada fosse avaliada pela "diretoria das instituições de saúde mental".[11] Em 10 de setembro, de novo por instigação de Priddy, a diretoria da colônia da Virgínia reexaminou o caso de Carrie durante uma reunião de rotina. Fizeram a Carrie Buck uma única pergunta durante a investigação: "Gostaria de dizer alguma coisa sobre as operações a que será submetida?".[12] Ela respondeu com apenas duas frases: "Não, senhor. Minha gente é quem decide". A "gente" dela, fosse quem fosse, não se manifestou em sua defesa. A diretoria aprovou a solicitação de Priddy para que Buck fosse esterilizada.

Priddy receava que suas tentativas de promover as esterilizações eugênicas ainda assim fossem impugnadas pelas cortes estadual e federal. Por incitação dele, o caso de Buck foi levado à corte da Virgínia. Se as cortes endossassem o caso, imaginou Priddy, ele teria total autoridade para dar seguimento aos seus esforços eugênicos na colônia e até para estendê-los a outras colônias. O caso — *Buck v. Priddy* — foi ajuizado no Tribunal Regional do Condado de Amhersty em outubro de 1924.

Em 17 de novembro de 1925, Carrie Buck compareceu para julgamento no tribunal de Lynchburg. Descobriu que Priddy arranjara quase uma dúzia de testemunhas. A primeira, uma enfermeira domiciliar de Charlottesville, relatou que Emma e Carrie eram impulsivas, "mentalmente irresponsáveis e [...] débeis mentais". Quando lhe pediram para dar exemplos do comportamento problemático de Carrie, ela mencionou que Carrie fora surpreendida "escrevendo bilhetes para meninos". Em seguida, outras quatro mulheres deram seu testemunho sobre Emma e Carry. Mas a testemunha mais importante de Priddy ainda estava por vir. Sem que Carrie e Emma soubessem, Priddy enviara uma assistente social da Cruz Vermelha para examinar a filha de Carrie, Vivian, então com oito meses, que vivia com os pais adotivos. Se fosse possível mostrar que Vivian também era débil mental, raciocinou Priddy, o caso estaria decidido. Com três gerações — Emma, Carrie e Vivian — afetadas pela imbecilidade, seria difícil argumentar contra a hereditariedade de sua capacidade mental.

O testemunho não correu tão bem quanto Priddy planejara. A assistente social, saindo drasticamente do discurso ensaiado, começou por admitir que sua avaliação podia ser parcial.

"Talvez o fato de conhecer a mãe possa me afetar."

"Tem alguma opinião a respeito da criança?", perguntou o promotor.

A assistente social tornou a hesitar. "É difícil julgar as probabilidades de uma criança assim tão nova, mas ela não me parece um bebê muito normal."

"Não avaliaria a criança como um bebê normal?"

"Ela tem alguma coisa que não é muito normal, mas exatamente o quê, não sei dizer."

Por um momento, pareceu que o futuro das esterilizações eugênicas nos Estados Unidos dependia das vagas impressões de uma enfermeira a quem fora entregue um bebê irritado sem brinquedos.

O julgamento levou cinco horas, incluindo uma pausa para o almoço. A deliberação foi breve, e a decisão, objetiva. A corte ratificou a decisão de Priddy de esterilizar Carrie Buck. "O ato cumpre os requisitos do devido processo legal", mencionou a decisão. "Não se trata de uma lei penal. Não é possível afirmar, como se argumentou, que a lei divide uma classe natural de pessoas em duas."

Os advogados de Buck apelaram da decisão. O caso subiu à Suprema Corte da Virgínia, onde a solicitação de Priddy para esterilizar Buck foi de novo ratificada. No segundo trimestre de 1927, o caso chegou à Suprema Corte dos Estados Unidos. Priddy morrera, mas seu sucessor, John Bell, o novo superintendente da colônia, foi designado como recorrente.

* * *

Buck v. Bell foi debatido na Suprema Corte na primavera de 1927. Desde o início, estava claro que o que estava em jogo naquela ação não era Buck nem Bell. A época era de grande tensão emocional; o país inteiro espumava de angústia em torno de sua história e de sua herança. Os Anos Loucos desenrolaram-se na parte final de um histórico surto de imigração para os Estados Unidos. Entre 1890 e 1924, quase 10 milhões de imigrantes — trabalhadores judeus, italianos, irlandeses e poloneses — afluíram para Nova York, San Francisco e Chicago, abarrotaram as ruas e os cortiços e inundaram os mercados com línguas, rituais e comidas estrangeiras (em 1927, os novos imigrantes compunham mais de 40% das populações de Nova York e Chicago). E tanto quanto as preocupações de classe haviam impulsionado os esforços eugênicos na Inglaterra nos anos 1890, a "preocupação racial" impeliu os esforços eugênicos dos americanos nos anos 1920.* Galton pode ter desprezado as grandes massas encardidas, mas elas eram, sem sombra de dúvida, grandes massas encardidas *inglesas*. Nos Estados Unidos, em contraste, as grandes massas encardidas eram cada vez mais estrangeiras. E seus genes, assim como seus sotaques, eram identificavelmente de fora.

Vinha de longa data o temor entre eugenistas como Priddy de que a inundação dos Estados Unidos por imigrantes precipitasse um "suicídio racial". O povo certo estava sendo suplantado pelo povo errado, diziam, e os genes certos, corrompidos pelos genes errados. Se os genes eram em essência indivisíveis, como Mendel demonstrara, então uma praga genética, uma vez alastrada, nunca poderia ser erradicada ("Um mestiço de [qualquer raça] com um judeu é um judeu", escreveu Madison Grant).[13] O único modo de "extirpar o germeplasma defectivo", propôs um eugenista, era excisar o órgão que produzia o germeplasma, ou seja, providenciar a esterilização compul-

---

* Sem dúvida, o legado histórico da escravidão também foi um fator importante a motivar a eugenia entre os americanos. Havia muito tempo, eugenistas brancos nos Estados Unidos tinham um medo avassalador de que os escravos africanos, com seus genes inferiores, se casassem com brancos e assim contaminassem o reservatório gênico. No entanto, nos anos 1860 foram promulgadas leis proibindo casamentos inter-raciais, e isso acalmou a maior parte daqueles temores. Os *imigrantes* brancos, em contraste, não eram tão facilmente identificáveis ou separáveis, e isso amplificou as preocupações com a contaminação étnica e a miscigenação nos anos 1920.

sória de inadequações genéticas como Carrie Buck. Para proteger a nação da "ameaça da deterioração racial", era preciso recorrer à cirurgia social radical.[14] "Os corvos eugênicos estão grasnando por reforma [na Inglaterra]", escreveu Bateson com óbvia aversão em 1926.[15] Os corvos americanos grasnavam ainda mais alto.

Um contraponto ao mito do "suicídio racial" e "deterioração racial" era o mito equivalente e oposto da pureza racial e genética. Um dos romances mais populares do começo dos anos 1920, devorado por milhões de americanos, foi *Tarzan, o filho das selvas*, de Edgar Rice Burroughs. Era uma saga melodramática envolvendo um aristocrata inglês que ficou órfão na África quando era bebê e foi criado por gorilas, porém conservara não só a pele clara e o porte e o físico de seus pais biológicos, mas também sua retidão moral, seus valores anglo-saxões e até um instintivo uso apropriado de talheres. Tarzan — "de figura ereta e perfeita, musculoso como devem ter sido os melhores gladiadores romanos" — exemplificava a vitória definitiva da natureza sobre a criação. Se um homem branco criado por gorilas na selva podia conservar a integridade do homem branco de terno aflanelado, então sem dúvida a pureza racial podia ser mantida em qualquer circunstância.

Nesse contexto, a Suprema Corte dos Estados Unidos não levou muito tempo para chegar à decisão no caso *Buck v. Bell*. Em 2 de maio de 1927, algumas semanas antes de Carrie Buck completar 21 anos, foi anunciado o veredicto. Ao redigir a opinião majoritária de oito contra um, Oliver Wendell Holmes Jr. argumentou:

> É melhor para o mundo todo que, em vez de esperar para executar filhos de degenerados por crimes ou deixá-los morrer de fome vitimados por sua imbecilidade, a sociedade possa impedir os que são manifestamente inaptos de dar continuidade à sua estirpe. O princípio que fundamenta a vacinação compulsória é abrangente o bastante para abarcar o corte das trompas de Falópio.[16]

Holmes — filho de médico, humanista, estudioso da história, um homem que muitos celebravam por seu ceticismo em relação a dogmas sociais e em breve um dos mais veementes defensores da moderação judicial e política — estava, era evidente, cansado das Buck e seus bebês. "Três gerações de imbecis é o suficiente", escreveu.[17]

* * *

Carrie Buck foi esterilizada por ligadura tubária em 19 de outubro de 1927. Naquela manhã, por volta das nove horas, foi levada para a enfermaria da colônia estatal. Às dez horas, narcotizada com morfina e atropina, ela jazia em uma maca na sala de cirurgia. Uma enfermeira aplicou a anestesia, e Buck adormeceu. Dois médicos e duas enfermeiras estavam a postos, número incomum para um procedimento rotineiro como aquele, porém o caso era especial. John Bell, o superintendente, abriu o abdome de Buck com uma incisão na linha mediana. Removeu uma seção das duas tubas uterinas, amarrou suas extremidades e as fechou com sutura. As feridas foram cauterizadas com ácido carbólico e esterilizadas com álcool. Não houve complicações cirúrgicas.

A cadeia da hereditariedade fora rompida. "O primeiro caso de operação sob a lei da esterilização" decorrera exatamente como planejado, e a paciente recebeu alta com excelente saúde, escreveu Bell. Buck recuperou-se no quarto sem problemas.

Seis décadas e dois anos, não mais do que um piscar de olhos no tempo, separam os experimentos iniciais de Mendel com ervilhas e a esterilização de Carrie Buck por determinação de um tribunal. No entanto, nesse átimo de seis décadas, o gene transformara-se de um conceito abstrato em um experimento botânico e, por fim, num poderoso instrumento de controle social. Quando *Buck v. Bell* estava sendo julgado na Suprema Corte em 1927, a retórica da genética e eugenia penetrava nos discursos sociais, políticos e pessoais nos Estados Unidos. Em 1927, o estado de Indiana aprovou uma versão revista de uma lei prévia para que fossem esterilizados "criminosos confirmados, idiotas, imbecis e estupradores".[18] Outros estados adotaram em seguida medidas legais ainda mais draconianas para esterilizar e confinar homens e mulheres julgados geneticamente inferiores.

Enquanto programas de esterilização expandiam-se por todo o país, um movimento popular para personalizar a seleção genética também ganhava alento. Nos anos 1920, milhões de americanos lotavam feiras agrícolas onde, ao lado de demonstrações sobre escovas de dentes, máquinas de pipoca e passeios em carroça de feno, o público encontrava concursos para eleger o Melhor Bebê, nos quais crianças, muitas com um ou dois anos de idade, eram exibidas com orgulho em cima de mesas ou pedestais, como cães ou gado, enquanto médicos, psiquiatras, dentistas e enfermeiras de jaleco branco examinavam seus olhos e dentes, cutucavam sua pele e mediam sua altura, peso, tamanho do crânio e temperamento para selecionar as variantes mais sadias e aptas.[19] Por fim, os bebês mais "aptos" desfilavam pela feira. Suas imagens eram estampadas com destaque em cartazes, jornais e revistas, o que gerava um apoio passivo ao movimento da eugenia. Davenport, o zoólogo formado em Harvard famoso por fundar o Eugenics Record Office, formulou uma avaliação padronizada para julgar os bebês mais aptos. Ele instruiu os juízes a examinar os pais antes de julgar as crianças: "Devem marcar 50% da pontuação com base na hereditariedade antes de começarem a examinar um bebê".[20] "Uma criança premiada aos dois anos poderá ser um epiléptico aos dez." Muitas dessas feiras continham "quiosques de Mendel", nos quais os princípios da genética e as leis da hereditariedade eram demonstrados por marionetes.

Em 1927, um filme intitulado *Are You Fit to Marry?* [Você é apto para se casar?], cujo roteirista era Harry Haiselden, outro médico obcecado pela eugenia, foi exibido a plateias lotadas em todo o território americano.[21] No enredo, que era uma reprodução de um filme anterior intitulado *The Black Stork* [A cegonha negra], um médico, interpretado pelo próprio Haiselden, recusa-se a fazer operações que poderiam salvar a vida de bebês deficientes para ajudar a "limpar" o país de crianças defeituosas. O filme termina com uma mulher tendo um pesadelo no qual dá à luz um bebê com deficiência mental. Ao acordar, a mulher decide que ela e o noivo precisam se submeter a exames antes do casamento para assegurar sua compatibilidade genética (em fins dos anos 1920, o público americano era bombardeado com publicidade de exames de compatibilidade genética que incluíam avaliação de histórias familiares de retardo mental, epilepsia, surdez, doenças ósseas, nanismo e cegueira). De maneira ambiciosa, Haiselden pretendia divulgar seu filme como um "programa para namorados": no enredo havia amor, romance, suspense e humor — com um ou outro infanticídio de quebra.

Enquanto a frente do movimento eugenista americano avançava do aprisionamento para a esterilização e o assassinato sem disfarces, os eugenistas europeus assistiam a essa escalada com um misto de avidez e inveja. Em 1936, menos de uma década depois de *Buck v. Bell,* uma forma muitíssimo mais virulenta de "limpeza genética" engolfaria o continente como um contágio violento, moldando a linguagem dos genes e hereditariedade em sua forma mais potente e macabra.

PARTE 2

"NA SOMA DAS PARTES SÓ EXISTEM AS PARTES"[1]
*Decifrando o mecanismo da hereditariedade
(1930-70)*

It was when I said
"Words are not forms of a single word.
In the sum of the parts, there are only the parts.
The world must be measured by eye".*
　　　　　　　Wallace Stevens, "On the Road Home"[2]

---

* "Foi quando eu disse/ 'Palavras não são formas de uma única palavra./ Na soma das partes, só existem as partes./ O mundo deve ser medido com os olhos.'" (N. T.)

8. "*Abhed*"

> *Genio y hechura, hasta sepultura.**
> Ditado espanhol

> *I am the family face:*
> *Flesh perishes, I live on,*
> *Projecting trait and trace*
> *Through time to times anon,*
> *And leaping from place to place*
> *Over oblivion.***
> Thomas Hardy, "Heredity"[1]

    Na véspera da nossa visita a Moni, meu pai e eu fizemos uma caminhada por Calcutá. Começamos perto da estação de Sealdah, onde minha avó desembarcara do trem vindo de Barisal em 1946, com cinco meninos e quatro

---

* Gênio e compleição duram até o caixão. (N. T.)
** "Eu sou a face da família:/ A carne perece, eu sigo viva,/ Projetando caráter e traço/ De um tempo a outro,/ E pulando de lugar em lugar/ Por cima do esquecimento." (N. T.)

baús de aço. Do fim da estação, retraçamos o caminho deles: passamos pela rua Prafulla Chandra, pelo mercado molhado* com suas barracas de peixes e hortaliças a céu aberto à esquerda, e pelo lago de aguapés estagnado à direita; depois viramos de novo à esquerda e rumamos para a cidade.

A rua estreitou-se de maneira abrupta e a multidão engrossou. Dos dois lados da rua, os apartamentos maiores fragmentavam-se em casas de cômodos como que impelidos por algum furioso processo biológico: um quarto dividido em dois, dois que se tornavam quatro, e quatro que viravam oito. As ruas tornaram-se reticuladas, e o céu desapareceu. Clangores de preparo de comida, o odor mineral de fumaça de carvão. Defronte à farmácia, entramos na viela de Hayat Khan e seguimos até a casa onde meu pai e sua família tinham morado. O monte de lixo continuava lá, produzindo sua população multigeracional de cães ferais. A porta da frente da casa abria-se para um pequeno pátio. Na cozinha no andar de baixo, uma mulher estava prestes a decepar um coco com uma foice.

"Você é filha de Bibhuti?", perguntou meu pai de repente, em bengali. Bibhuti Mukhopadhyay fora o homem que alugara a casa para minha avó. Já não era vivo, mas meu pai se recordava de um casal de filhos dele.

A mulher olhou desconfiada para meu pai. Ele já tinha atravessado a soleira e subido na varanda elevada, a alguns metros da cozinha. "A família de Bibhuti ainda vive aqui?" Ele fazia as perguntas sem nenhuma apresentação formal. Notei que mudara o sotaque de maneira deliberada, do leve sibilo das consoantes e o dental *tch* dos bengaleses ocidentais para a forte sibiliação dos *esses* dos orientais. Eu sabia que, em Calcutá, cada sotaque é uma sonda cirúrgica. Os bengaleses enviam suas vogais e consoantes como drones pesquisadores, para testar a identidade dos ouvintes, para adivinhar suas simpatias, confirmar suas lealdades.

"Não, sou a nora do irmão dele", disse a mulher. "Moramos aqui desde que o filho de Bibhuti morreu."

É difícil descrever o que aconteceu em seguida, exceto dizendo que é um momento que só ocorre na história de refugiados. A mulher reconheceu meu pai — não o homem de carne e osso, que ela nunca vira antes, mas a *forma* do

---

* Mercado de alimentos frescos e animais vivos, assim chamado pelo costume de ter seu chão frequentemente lavado. (N. T.)

homem: um menino voltando para casa. Em Calcutá — em Berlim, Peshawar, Delhi, Dacca —, parece que homens como esse surgem todos os dias, vindo do nada pelas ruas e entrando sem bater em casas, passando sem cerimônia pelas portas de entrada de seu passado.

Ela se tornou visivelmente mais afável. "Vocês são a família que morava aqui? Não havia muitos irmãos?" Perguntava de forma tranquila, como se aquela fosse uma visita que já devia ter sido feita muito tempo atrás.

Seu filho, de uns doze anos, espiou da janela do andar de cima, com um livro escolar nas mãos. Eu conhecia aquela janela. Jagu estacionava ali por dias e dias, fitando o pátio.

"Está tudo bem", disse ela ao filho com um gesto das mãos. Ele fugiu para dentro. Ela se voltou para meu pai. "Pode subir, se quiser. Dê uma olhada, mas deixe os sapatos no vão da escada."

Tirei os tênis, e no mesmo instante senti que meus pés tinham intimidade com aquele chão, como se eu sempre tivesse vivido ali.

Meu pai deu uma volta pela casa comigo. Era menor do que eu esperava, como sempre são os lugares reconstruídos com base em memórias emprestadas, mas também mais apagada e mais empoeirada. Memórias aguçam o passado; é a realidade que decai. Subimos por um estreito esôfago de degraus até um pequeno par de dormitórios. Os quatro irmãos mais novos, Rajesh, Nakul, Jagu e meu pai, haviam compartilhado um dos quartos. O menino mais velho, Ratan — pai de Moni —, e minha avó dividiam o quarto adjacente, mas quando a mente de Jagu enlabirintou na loucura, ela transferiu Ratan para junto dos irmãos e trouxe Jagu para o quarto dela. Jagu nunca mais sairia de lá.

Subimos até a laje no telhado. O céu dilatou-se, afinal. A noite caía tão depressa que dava a impressão de que podíamos ver a curvatura da Terra se afastando do Sol. Meu pai olhou na direção das luzes da estação. Um trem apitou à distância como um pássaro desconsolado. Ele sabia que eu estava escrevendo sobre hereditariedade.

"Genes", ele disse de cenho franzido.

"Existe uma palavra em bengali?", perguntei.

Ele consultou seu léxico interior. Não havia uma palavra. Mas talvez ele pudesse encontrar uma substituta.

"*Abhed*", sugeriu. Eu nunca tinha ouvido meu pai usar esse termo. Significa "indivisível" ou "impenetrável", mas também é usado, de maneira imprecisa, para denotar "identidade". Que escolha maravilhosa, pensei; aquela palavra era uma verdadeira câmara de eco. Mendel ou Bateson talvez se deliciassem com suas muitas ressonâncias: indivisível; impenetrável; inseparável; identidade.

Perguntei a meu pai o que ele pensava sobre Moni, Rajesh e Jagu.

"*Abheder dosh*", disse ele.

Um defeito na identidade; uma doença genética; uma imperfeição que não pode ser separada do eu — a mesma frase servia a todos esses significados. Meu pai tinha feito as pazes com sua indivisibilidade.

Apesar de tudo o que se falava sobre genes e identidade em fins dos anos 1920, o gene em si parecia não possuir uma identidade própria. Se alguém perguntasse a um cientista do que era feito um gene, como ele cumpria sua função ou onde ele se situava na célula, haveria poucas respostas satisfatórias. Mesmo com a genética sendo usada para justificar mudanças radicais nas leis e na sociedade, o gene era uma entidade que teimava em permanecer abstrata, um fantasma a espreitar na máquina biológica.

A caixa-preta da genética foi aberta, quase por acaso, por um cientista de quem ninguém esperaria tal coisa, que trabalhava com um organismo de quem não se esperaria essa contribuição. Em 1907, quando William Bateson foi aos Estados Unidos fazer palestras sobre a descoberta de Mendel, passou por Nova York para se encontrar com o biólogo celular Thomas Hunt Morgan.[2] Bateson não ficou muito impressionado. "Morgan é um cabeça-dura", escreveu ele à esposa.[3] "Vive num turbilhão: é muito ativo e propenso a fazer barulho."

Barulhento, ativo, obsessivo, excêntrico, com uma mente de dervixe a girar de uma questão científica para outra, Thomas Morgan era professor de zoologia na Universidade Columbia. Seu principal interesse era a embriologia. No início, ele nem sequer se importou em indagar se existiam unidades de hereditariedade ou como e onde eram armazenadas. A principal questão, para ele, era o desenvolvimento: como um organismo surge de uma única célula?

No começo, Morgan resistiu à teoria da hereditariedade de Mendel. Dizia ser improvável que informações embriológicas complexas pudessem ser armazenadas em unidades separadas no interior da célula (daí o comentário de Bateson sobre ele ser "cabeça-dura"). Por fim, Morgan convenceu-se das evidências de Bateson; era difícil argumentar com o "buldogue de Mendel", que viera armado com tabelas de dados. No entanto, mesmo depois de acabar aceitando a existência dos genes, Morgan permanecia perplexo com sua forma material. Biólogos celulares olham; geneticistas contam; bioquímicos limpam, dissera certa vez o cientista Arthur Kornberg.[4] De fato, munidos de microscópios, os biólogos celulares estavam acostumados com um mundo celular no qual estruturas visíveis desempenhavam funções identificáveis no interior das células. Até então, porém, o gene fora "visível" apenas no sentido estatístico. Morgan queria descobrir a base física da hereditariedade. "Estamos interessados na hereditariedade não primordialmente como uma formulação *matemática*", escreveu, "mas como um problema ligado à célula, ao óvulo e ao espermatozoide."[5]

Mas onde os genes poderiam ser encontrados no interior das células? De maneira intuitiva, os biólogos já de longa data desconfiavam que o melhor local para visualizar um gene seria o embrião. Nos anos 1890, Theodor Boveri, um embriologista alemão que estudava ouriços-do-mar em Nápoles, sugerira que os genes residiam em *cromossomos*, estruturas filiformes que se tornavam azuladas em contato com anilina, e que viviam no núcleo das células, enroladas como molas (a palavra "cromossomo" foi cunhada por Wilhelm von Waldeyer-Hartz, colega de Boveri).

A hipótese de Boveri foi corroborada pelo trabalho de outros dois cientistas. Walter Sutton, que quando menino da zona rural nas pradarias do Kansas colecionava gafanhotos, tornou-se um cientista colecionador de gafanhotos em Nova York.[6] Em meados de 1902, ele estudava espermatozoides e óvulos de gafanhoto — células que possuem cromossomos particularmente gigantescos — e também postulava que os genes localizavam-se em cromossomos. E um aluno de Boveri, o biólogo Nettie Stevens, passara a interessar-se pela determinação do sexo. Em 1905, analisando células do bicho-da-farinha,[7] Stevens demonstrou que a "masculinidade" das larvas era determinada por um único fator — o cromossomo Y —, que só estava presente em embriões masculinos e nunca nos femininos (ao microscópio, o cromossomo Y se parece com qualquer outro cromossomo — uma garatuja de DNA que assume viva coloração azul na presença de corante —, exceto por ser mais curto e atarracado em comparação com o cromossomo X). Depois de indicar a localização dos genes determinantes do sexo em um único cromossomo, Stevens lançou a hipótese de que todos os genes estariam situados em cromossomos.

Thomas Morgan admirava o trabalho de Boveri, Sutton e Stevens, mas ainda ansiava por uma descrição mais tangível do gene. Boveri identificara o cromossomo como a residência física dos genes, porém ainda não estava clara a arquitetura mais profunda dos genes e cromossomos. Como os genes se organizavam em cromossomos? Seriam enfileirados em filamentos cromossômicos, como pérolas num fio? Será que cada gene possuía um único "endereço" no cromossomo? Será que um gene tinha um pedaço coincidente com outro gene? Um gene seria física ou quimicamente ligado a outro?

Morgan se pôs a investigar essas questões estudando outro organismo modelo: a mosca-das-frutas. Por volta de 1905, ele começou a criar esses insetos (mais tarde, alguns de seus colegas diriam que sua matéria-prima inicial proveio de um moscaréu que ele encontrou em volta de um monte de frutas maduras numa quitanda de Woods Hole, Massachusetts. Outros supõem que ele obteve suas primeiras moscas de um colega de Nova York). Um ano depois, ele estava criando larvas aos milhares, em garrafas de leite contendo frutas em decomposição, em um laboratório no terceiro andar da Universidade Columbia.* Pencas de bananas para lá de maduras pendiam de varas. O fedor de fruta fermentada era sufocante, e uma nuvem de moscas fugitivas subia das mesas como um véu zumbidor toda vez que Morgan se movia. Os estudantes chamavam seu laboratório de Sala das Moscas.[8] O local tinha mais ou menos o mesmo tamanho e forma do jardim de Mendel e, com o tempo, se tornaria um lugar tão icônico quanto aquele na história da genética.

Como Mendel, Morgan começou por identificar características hereditárias: variantes visíveis que ele podia acompanhar ao longo das gerações. No começo dos anos 1900, ele fora conhecer o jardim de Hugo de Vries em Amsterdam e se interessara em especial pelas plantas mutantes que viu ali.[9] Será que a mosca-das-frutas também tinha mutações? Ele avaliou milhares de moscas no microscópio e começou a catalogar dezenas de moscas mutantes. Uma rara

---

* Parte do trabalho foi feito também em Woods Hole, para onde Morgan transferia seu laboratório todo verão.

mosca de olhos brancos apareceu espontaneamente em meio a moscas de olhos vermelhos. Outras moscas mutantes tinham pelos bifurcados ou corpo negro, pernas curvas, asas arqueadas parecidas com as de morcego, abdome desarticulado, olhos deformados — um desfile de Halloween esbanjando esquisitices.

Um grupo de estudantes juntou-se a ele em Nova York, cada qual também com suas peculiaridades: um irascível e meticuloso natural do Meio-Oeste chamado Alfred Sturtevant; Calvin Bridges, um jovem brilhante e espalhafatoso, dado a fantasias sobre amor livre e promiscuidade; e o paranoico e obsessivo Hermann Muller, que se desdobrava todos os dias para ganhar a atenção de Morgan. O mestre favorecia abertamente Bridges; fora esse pupilo seu que, quando era um aluno da graduação incumbido de lavar garrafas, descobrira, entre centenas de moscas de olhos rubros, a mutante de olhos brancos que se tornaria a base para muitos dos experimentos cruciais de Morgan. O professor admirava Sturtevant por sua disciplina e ética de trabalho. Muller vinha por último em suas preferências: Morgan julgava-o matreiro, lacônico e desentrosado com os outros integrantes do laboratório. No futuro, os três estudantes se engalfinhariam em uma briga feroz e desencadeariam um ciclo de inveja e destrutividade que incendiaria a disciplina da genética. Por enquanto, porém, em uma frágil paz dominada pelo zum-zum das moscas-das-frutas, eles se absorviam em experimentos sobre genes e cromossomos. Cruzando moscas normais com mutantes — por exemplo, machos de olhos brancos com fêmeas de olhos vermelhos —, Morgan e seus alunos podiam seguir o rastro da hereditariedade de caracteres por várias gerações. De novo, os mutantes se mostrariam cruciais para esses experimentos: só os diferentes podiam lançar alguma luz sobre a natureza da hereditariedade normal.

Para compreendermos a importância da descoberta de Morgan, é preciso voltar a Mendel. Nos experimentos mendelianos, cada gene comportou-se como uma entidade independente: um agente livre. A cor da flor, por exemplo, não tinha ligação com a textura da semente ou a altura do caule. Cada característica foi herdada independentemente, e todas as combinações de características foram possíveis. Assim, o resultado de cada cruzamento era uma perfeita roleta genética: se uma planta alta de flores roxas fosse cruzada com uma planta curta de flores brancas, seria possível obter, por fim, todos os tipos de combinações: plantas altas com flores brancas, plantas curtas com flores roxas e assim por diante.

Já os genes das moscas-das-frutas de Morgan nem sempre se comportavam de forma independente. Entre 1910 e 1912, Morgan e seus alunos cruzaram milhares de mutantes de mosca-das-frutas entre si e obtiveram dezenas de milhares de moscas. Os resultados de cada cruzamento foram anotados em detalhes: olhos brancos, corpo preto, pelos, asas curtas. Quando Morgan examinou aqueles cruzamentos, tabulados em dezenas de cadernos, encontrou um padrão surpreendente: alguns genes agiam como se fossem "ligados" uns aos outros. Os genes responsáveis por criar olhos brancos (chamados *white eyed*), por exemplo, eram sempre ligados ao cromossomo X. Por mais que Morgan cruzasse suas moscas, só machos nasciam com olhos brancos. De maneira análoga, o gene para a cor preta apresentava-se ligado ao gene que especificava a forma da asa.

Para Morgan, essa ligação gênica[10] só podia significar uma coisa: os genes tinham de ser ligados *fisicamente* uns aos outros.[11] Nas moscas, o gene para a cor preta nunca (ou quase nunca) era herdado independentemente do gene para asas minúsculas, pois ambos estavam contidos no mesmo cromossomo. Se duas contas estiverem no mesmo cordão, estarão sempre ligadas uma à outra, por mais que alguém tente misturar e combinar cordões. Para dois genes no mesmo cromossomo aplicava-se sempre o mesmo princípio: não havia um modo simples de separar o gene para pelos bifurcados do gene para cor dos pelos. A indissociabilidade de características tinha uma base material: o cromossomo era um "cordão" no qual certos genes estavam enfiados de maneira permanente.[12]

Morgan havia descoberto uma importante modificação das leis de Mendel. Genes não viajavam separados: andavam em grupo. Os pacotes de informações eram, eles próprios, embalados, em cromossomos e, por fim, em células. Mas a descoberta teve uma consequência mais importante: em termos conceituais, Morgan ligara não apenas genes, mas também duas disciplinas, a biologia celular e a genética. O gene não era uma "unidade puramente teórica". Era uma *coisa* material que vivia em um local específico, e em uma forma específica, no interior de uma célula. "Agora que os localizamos [os genes] em cromossomos, estamos corretos em considerá-los unidades materiais, corpos químicos de uma ordem superior à das moléculas?", ponderou Morgan.

* * *

O estabelecimento da ligação entre genes impeliu uma segunda, uma terceira descoberta. Voltemos à ligação: os experimentos de Morgan haviam permitido concluir quais genes que eram fisicamente ligados uns aos outros no mesmo cromossomo eram herdados juntos. Se um gene que produz olhos azuis (vamos chamá-lo de *A*) é ligado a um gene que produz cabelos louros (*Lo*), os filhos de cabelos louros inevitavelmente tenderão a herdar olhos azuis (esse exemplo é hipotético, mas o princípio que o ilustra é verdadeiro).

Havia uma exceção à ligação: muito, muito de vez em quando, um gene podia *desligar-se* dos genes seus parceiros e trocar de lugar, passando do cromossomo paterno para o materno; isso produzia um raríssimo filho de olhos azuis e *cabelos castanhos* ou vice-versa, uma criança de olhos castanhos e cabelos louros. Morgan chamou esse fenômeno de "crossing over" [permuta]. Com o tempo, como veremos, a permuta de genes desencadearia uma revolução na biologia, estabelecendo o princípio de que as informações genéticas podiam ser misturadas, combinadas e trocadas, não só entre cromossomos irmãos, mas entre organismos e entre espécies.

A última descoberta impulsionada pelo trabalho de Morgan também foi resultado de um estudo metódico sobre a permuta. Alguns genes eram ligados de maneira tão forte que com eles nunca ocorria uma permuta. Esses genes eram fisicamente mais próximos uns dos outros no cromossomo, supuseram os alunos de Morgan. Outros genes, apesar de ligados, tinham maior tendência a se separarem. Estes tinham de estar posicionados no cromossomo a uma distância maior uns dos outros. Genes que não possuíam ligação nenhuma tinham de estar presentes em cromossomos totalmente diferentes. A intensidade da ligação gênica, em suma, era um indicador da proximidade física de genes em cromossomos: medindo-se a frequência com que duas características — ter cabelos louros e olhos azuis — estavam ligadas ou não, podia-se medir a distância entre seus respectivos genes no cromossomo.

Em uma noite de inverno de 1911, Sturtevant, então um estudante de graduação de vinte anos trabalhando no laboratório de Morgan, levou os dados experimentais disponíveis sobre as ligações gênicas de *Drosophila* (mosca-

-das-frutas), deixou de lado sua lição de casa de matemática e passou a noite construindo o primeiro mapa de genes de moscas. Se *A* era fortemente ligado a *B* e frouxamente ligado a *C*, raciocinou Sturtevant, então os três genes deviam estar posicionados no cromossomo nessa ordem e a distâncias proporcionais uns dos outros:

A . B.......... C.

Se um alelo que criava asas dotadas de um recorte (*N*) tendia a ser co--herdado com um alelo que produzia pelos curtos (*SB*), então os dois genes, *N* e *SB*, deviam estar no mesmo cromossomo, enquanto o gene para cor dos olhos, sem ligação com aqueles, tinha de estar em outro cromossomo. No fim da noite, Sturtevant tinha esboçado o primeiro mapa genético linear de meia dúzia de genes em um cromossomo de *Drosophila*.

O rudimentar mapa genético de Sturtevant prefigurou os vastos e elaborados esforços para mapear genes ao longo do genoma humano nos anos 1990. Usando a ligação gênica para estabelecer as posições relativas de genes em cromossomos, Sturtevant também assentaria os alicerces para a futura clonagem de genes associados a doenças familiares complexas, como o câncer de mama, a esquizofrenia e o mal de Alzheimer. Em cerca de doze horas, em um alojamento para estudantes de graduação em Nova York, ele estabelecera as bases do projeto Genoma Humano.

Entre 1905 e 1925, a Sala das Moscas na Universidade Columbia foi o epicentro da genética, uma câmara catalítica para a nova ciência. Ideias ricocheteavam de ideias, como átomos a dividir átomos. A reação em cadeia de descobertas — ligação gênica, permuta, linearidade de mapas genéticos, distância entre genes — irrompeu com tanta fúria que parecia, em certos momentos, que não se estava assistindo ao nascimento, mas à explosão da genética. Nas décadas seguintes, os ocupantes daquela sala receberiam uma salva de prêmios Nobel: Morgan, seus alunos, alunos de seus alunos e até os alunos destes últimos seriam laureados por suas descobertas.

No entanto, para além das ligações e mapas de genes, até Morgan teve dificuldade em imaginar ou descrever genes em uma forma material: que substância química poderia conter informações em "filamentos" e "mapas"? Um atestado da habilidade dos cientistas em aceitar abstrações como verdades é o fato de que, cinquenta anos depois da publicação do artigo de Mendel — de 1865 a 1915 —, os biólogos conheceram os genes tão somente pelas propriedades que eles produziam: genes especificavam características; genes podiam sofrer mutação e, com isso, especificar características alternativas; genes tendiam a ser química ou fisicamente ligados uns aos outros. Como que através de um véu, os geneticistas começavam a visualizar padrões e temas: filamentos, cordões, mapas, cruzamentos, linhas interrompidas e inteiras, cromossomos que continham informações sob forma codificada e comprimida. Nenhum deles, porém, tinha visto um gene em ação, ninguém conhecia sua essência material. A busca central do estudo da hereditariedade parecia um objeto percebido apenas por meio de suas sombras, torturantemente invisível à ciência.

Se os ouriços-do-mar, os bichos-da-farinha e as moscas-das-frutas pareciam muito distantes do mundo dos seres humanos — se a relevância concreta das descobertas de Morgan ou Mendel alguma vez tinha sido posta em dúvida —, os acontecimentos da violenta primavera de 1917 provaram o contrário. Em março daquele ano, quando Morgan escrevia seu artigo sobre ligação gênica na Sala das Moscas em Nova York, uma série de brutais levantes populares ricocheteou pela Rússia até por fim decapitar a monarquia tzarista e culminar na criação do governo bolchevique.

À primeira vista, a Revolução Russa não tinha relação com genes. A Grande Guerra açoitara uma população famélica e exausta até gerar um frenesi de descontentamento assassino. O tzar era considerado fraco e ineficaz. O Exército estava revoltoso; os operários, irritados; a inflação corria desenfreada. Em março de 1917, o tzar Nicolau II fora forçado a abdicar do trono. Mas os genes — e as ligações gênicas — sem dúvida foram forças potentes nessa história. A tzarina da Rússia, Alexandra, era neta da rainha Vitória, da Inglaterra, e trazia as marcas dessa herança: não só o nariz esculpido como um obelisco ou a frágil luminosidade de esmalte em sua pele, mas também um gene que causava a hemofilia B, uma doença hemorrágica letal que ziguezagueava por entre os descendentes de Vitória.

A hemofilia é causada por uma única mutação que prejudica a produção de uma proteína indispensável para a coagulação do sangue. Na ausência dessa proteína, o sangue não coagula e até um ferimento muito pequeno pode ganhar vulto e se transformar em uma crise hemorrágica letal. O nome dessa doença — do grego *hemo* ("sangue") e *filia* ("gostar ou amar") — é, na verdade, um comentário irônico sobre sua tragédia: os hemofílicos gostam de sangrar com muita facilidade.

A hemofilia, assim como os olhos brancos em moscas-das-frutas, é uma doença genética ligada ao sexo. Fêmeas podem ser portadoras e transmitir o gene, mas a doença, de modo geral, se manifesta tipicamente em machos. No caso da rainha Vitória, é provável que a mutação no gene da hemofilia, que afeta a coagulação do sangue, tenha surgido espontaneamente quando ela nasceu. Seu oitavo filho, Leopold, herdara o gene e morrera de hemorragia cerebral aos trinta anos. O gene também foi transmitido de Vitória para sua segunda filha Alice, e de Alice para a filha Alexandra, a tzarina da Rússia.[13]

No verão de 1904, Alexandra, que ainda ignorava ser portadora do gene, deu à luz Alexei, o tzaréviche da Rússia. Pouco se sabe a respeito de seu histórico médico na infância, mas decerto quem cuidava dele deve ter notado que havia algo errado: hematomas apareciam com muita facilidade na pele do jovem príncipe, ou com frequência era impossível conter seus sangramentos nasais. Embora a natureza exata de sua doença fosse mantida em segredo, Alexei continuava a ser um menino pálido e doentio. Sangrava com regularidade e espontaneamente. Um tombo enquanto brincasse ou um arranhãozinho na pele — até mesmo uns sacolejos ao cavalgar — podiam precipitar um desastre.

Com o passar dos anos, as hemorragias de Alexei foram se tornando mais ameaçadoras, e Alexandra começou a se apoiar em um monge russo lendariamente carola e melífluo, Grigori Rasputin, que prometeu curar o futuro tzar.[14] Rasputin garantia que mantinha Alexei vivo graças a várias ervas, cataplasmas e orações estrategicamente oferecidas, mas a maioria dos russos o considerava um embusteiro oportunista (corria o boato de que tinha um caso amoroso com a tzarina). Sua contínua presença junto à família real e sua influência crescente sobre Alexandra eram consideradas indícios de uma monarquia decadente que estava enlouquecendo.

As forças econômicas, políticas e sociais que se desataram pelas ruas de Petrogrado e precipitaram a Revolução Russa eram muitíssimo mais complexas do que a hemofilia de Alexei ou as maquinações de Rasputin. A história não pode degenerar para uma biografia médica, mas também não pode deixar de incluí-la. A Revolução Russa pode não ter ocorrido por causa de genes, porém a hereditariedade teve nela um papel muito importante. Para os críticos da monarquia, a dissonância entre a tão humana herança genética do príncipe e sua tão exaltada herança política deve ter sido particularmente evidente. A metafórica potência da doença de Alexei também era inegável: sintomática de um império que adoecera, dependente de bandagens e orações, sangrando no cerne. Os franceses se cansaram de uma rainha cúpida devoradora de brioches. Os russos estavam fartos de um príncipe enfermiço a engolir ervas esquisitas para combater uma doença misteriosa.

Rasputin foi envenenado, baleado, cortado, surrado e afogado por seus rivais em 30 de dezembro de 1916.[15] Até pelos carniceiros padrões dos assassinatos russos, a violência dessa execução atestou o ódio visceral que ele inspirava em seus inimigos. No começo do verão de 1918, a família real foi transferida para Ecaterimburgo e mantida em prisão domiciliar. Na noite de 17 de julho de 1918, um mês antes do 14º aniversário de Alexei, um pelotão de fuzilamento, instigado pelos bolcheviques, invadiu a casa do tzar e assassinou a família inteira.[16] Alexei levou dois tiros na cabeça. Supõe-se que os corpos das crianças tenham sido espalhados e queimados nas proximidades, mas o corpo de Alexei não foi encontrado.

Em 2007, um arqueólogo exumou dois esqueletos parcialmente incinerados em uma fogueira em um local próximo à casa onde Alexei fora assassinado.[17] Um dos esqueletos pertencia a um menino de treze anos. Testes genéticos confirmaram que o corpo era de Alexei. Se a sequência genética completa do esqueleto tivesse sido analisada, os investigadores poderiam ter encontrado o gene culpado pela hemofilia B — a mutação que atravessara um continente e quatro gerações e se insinuara em um movimento político que definiu o século xx.

9. Verdades e conciliações

All changed, changed utterly:
A terrible beauty is born.*
William Butler Yeats, *Easter, 1916*[1]

O gene nasceu "fora" da biologia. O que quero dizer com isso é: considerando as principais questões que alvoroçaram as ciências biológicas em fins do século XIX, a hereditariedade não ocupou um lugar particularmente privilegiado nessa lista. Os cientistas que estudavam organismos vivos preocupavam-se muito mais com outros assuntos: embriologia, biologia celular, origem das espécies, evolução. Como as células funcionam? Como um organismo surge de um embrião? Como se originam as espécies? O que gera a diversidade no mundo natural?

No entanto, todas as tentativas de responder a essas questões haviam encalhado exatamente na mesma junção. O elo perdido, em todos os casos, era a *informação*. Cada célula, cada organismo precisa de informações para executar

---

* "Tudo mudado, completamente mudado:/ Nasce uma beleza terrível." (N. T.)

suas funções fisiológicas. Mas de onde vêm essas informações? Um embrião precisa de uma mensagem para tornar-se um organismo adulto. Mas o que transporta essa mensagem? Ou, a propósito, como um membro de uma espécie "sabe" que é membro dessa espécie e não de outra?

A engenhosa propriedade do gene consistia em oferecer, de uma tacada, uma possível solução para todos esses problemas. Informações para a célula desempenhar uma função metabólica? Provinham dos genes na célula, é claro. A mensagem criptografada em um embrião? De novo, tudo codificado em genes. Quando um organismo se reproduz, transmite as instruções para construir embriões, fazer as células funcionarem, capacitar o metabolismo, executar a dança ritual de acasalamento, proferir o discurso de casamento e produzir futuros organismos da mesma espécie — tudo em um gesto global, unificado. A hereditariedade não pode ser uma questão periférica na biologia; tem de estar entre as principais. Quando pensamos em hereditariedade em um sentido coloquial, pensamos na herança de características únicas ou particulares ao longo de gerações: um tipo especial de nariz de um genitor ou a suscetibilidade a uma doença rara encontrada em uma família. Mas o verdadeiro enigma que a hereditariedade resolve é muito mais global: antes de mais nada, qual é a natureza da instrução que permite a um organismo construir um nariz — *qualquer* nariz?

A demora para reconhecer o gene como a resposta para o problema central da biologia teve uma estranha consequência: foi preciso conciliar a genética com outros campos importantes da biologia a posteriori. Se o gene era a principal moeda da informação biológica, características essenciais dos seres vivos — e não só a hereditariedade — tinham de ser explicáveis com base em genes. Primeiro, os genes tinham de explicar o fenômeno da variação: como unidades distintas de hereditariedade podiam justificar que os olhos humanos, por exemplo, não possuíam seis formas distintas e sim, aparentemente, 6 bilhões de variantes contínuas? Segundo, os genes tinham de explicar a evolução: como a herança dessas unidades justificaria o fato de organismos terem adquirido formas e características muitíssimo diferentes ao longo do tempo? Terceiro, os genes tinham de explicar o desenvolvimento: como unidades individuais de instrução prescreviam o código para criar um organismo maduro a partir de um embrião?

Poderíamos descrever essas três conciliações como tentativas de explicar o passado, o presente e o futuro da natureza da perspectiva do gene. A evolução descreve o passado da natureza: *Como surgiram seres vivos?* A variação descreve o presente: *Por que eles são assim agora?* E a embriogênese tenta captar o futuro: *Como uma única célula cria um ser vivo que por fim irá adquirir sua forma específica?*

Em duas décadas transformadoras entre 1920 e 1940, as duas primeiras dessas questões, ou seja, a variação e a evolução, seriam resolvidas por alianças excepcionais entre geneticistas, anatomistas, biólogos celulares, estatísticos e matemáticos. A solução da terceira questão, o desenvolvimento embriológico, exigiria um esforço muito mais conjunto. Por ironia, embora a embriologia tivesse impulsionado a disciplina da genética moderna, a conciliação entre genes e gênese seria um problema científico muito mais absorvente.

Em 1909, um jovem matemático chamado Ronald Fisher ingressou no Caius College, na Universidade de Cambridge.[2] Ele nascera com uma doença hereditária que causava a perda progressiva da visão, e no começo da adolescência já era quase cego. Aprendera matemática quase sem a ajuda de papel e caneta, por isso adquirira a habilidade de visualizar os problemas antes de escrever equações em papel. Durante o ensino médio, Fisher se destacara em matemática, porém sua deficiência visual tornou-se um obstáculo em Cambridge. Humilhado por seus professores, que se decepcionaram com suas capacidades para ler e escrever matemática, ele resolveu estudar medicina, mas não passou nos exames (como Darwin, Mendel e Galton; o fracasso em alcançar as marcas convencionais de sucesso parece ser um tema recorrente nessa história). Em 1914, quando a guerra eclodia na Europa, ele começou a trabalhar como analista estatístico na City londrina.

De dia, Fisher examinava informações estatísticas para companhias de seguro. À noite, com o mundo quase todo apagado para sua visão, ele se dedicava a aspectos teóricos da biologia. O problema científico que absorvia Fisher também envolvia conciliar a "mente" com o "olho" da biologia. Em 1910, as maiores mentes da biologia já haviam aceitado que partículas distintas de informação contidas em cromossomos eram as transmissoras das informações hereditárias. No entanto, tudo o que era *visível* no mundo biológico sugeria uma continuidade quase perfeita: biométricos do século XIX como Quetelet e Galton haviam demonstrado que características humanas, por exemplo, altura, peso e até inteligência, distribuíam-se segundo curvas normais suaves, contínuas. Até o desenvolvimento de um organismo — a cadeia de informações mais obviamente herdada — parecia progredir por meio de estágios suaves e contínuos, e não em arrancadas separadas. Uma lagarta não se transforma em borboleta aos arrancos. Se marcarmos em um gráfico o tamanho dos bicos de tentilhões, os pontos formam uma curva contínua. Como "partículas de informação" — pixels de hereditariedade — originavam a suavidade observada no mundo vivo?

Fisher percebeu que talvez fosse possível preencher essa lacuna recorrendo a um meticuloso modelo matemático de características hereditárias. Ele sabia que Mendel descobrira a natureza descontínua dos genes porque *escolhera* começar por características acentuadamente distintas e cruzamentos de plantas puras. Mas e se as características no mundo real, por exemplo, altura ou cor da pele, fossem resultados não de um único gene com apenas dois estados — "alto" e "baixo", "ligado" e "desligado" —, e sim de vários genes? E se fossem cinco os genes que governavam a altura, digamos, ou sete que controlavam a forma do nariz?

A matemática para construir um modelo de uma característica controlada por cinco ou sete genes não era assim tão complexa, como Fisher descobriu. Com apenas três genes em questão, haveria seis alelos ou variantes gênicas no total: três da mãe e três do pai. A matemática combinatória simples gerava 27 combinações únicas dessas seis variantes gênicas. E se cada *combinação* gerasse um efeito único sobre a altura, concluiu Fisher, o resultado seria uma curva mais suave.

Se ele começasse com cinco genes, as permutações seriam em número ainda maior, e as variações na altura produzidas por essas permutações pareceriam quase contínuas. Se adicionasse os efeitos do ambiente — o impacto da nutrição sobre a altura, ou da exposição ao sol sobre a cor da pele —, podia imaginar ainda mais combinações e efeitos únicos, o que por fim geraria curvas perfeitamente suaves. Pense em sete pedaços de papel transparente coloridos com as sete cores básicas do arco-íris. Justapondo pedaços de papel e pondo uma cor por cima de outra, podemos produzir quase todos os tons. As "informações" nas folhas de papel permanecem distintas. As cores não se misturam umas com as outras, mas o resultado de sua sobreposição cria um espectro de cores que parece quase contínuo.

Em 1918, Fisher publicou sua análise em um artigo intitulado "The Correlation between Relatives on the Supposition of Mendelian Inheritance" [A correlação entre parentes na suposição da herança mendeliana].[3] O título era prolixo, mas a mensagem era sucinta: se misturarmos os efeitos de três a cinco variantes gênicas de qualquer característica, podemos gerar uma continuidade quase perfeita de fenótipos. "A quantidade exata de variabilidade humana" podia ser explicada por extensões bem óbvias da genética mendeliana, escreveu Fisher. O efeito individual de um gene, afirmou, era como um ponto em uma pintura pontilhista. Se nos aproximarmos o suficiente, conseguiremos enxergar os pontos como individuais, distintos. Mas o que observamos e experienciamos de longe no mundo natural é uma agregação dos pontos: pixels que se fundem e formam uma imagem sem descontinuidades.

A segunda conciliação — entre a genética e a evolução — requeria mais do que modelos matemáticos; dependia de dados experimentais. Darwin deduzira que a evolução atuava por meio da seleção natural, mas para que a seleção natural funcionasse, tinha de existir algo natural a ser selecionado. Uma população de organismos na natureza tem de possuir variação suficiente para que os vencedores e os perdedores possam ser destacados. Um bando de tentilhões numa ilha, por exemplo, precisa possuir diversidade intrínseca no tamanho dos bicos para que uma temporada de seca possa ser capaz de selecionar as aves com os bicos mais fortes ou mais longos. Se tirarmos a diversidade — forçarmos todos os tentilhões a ter bicos idênticos —, a seleção sairá de mãos vazias. Todas as aves se extinguirão de uma vez. A evolução cessará.

Mas qual é o motor que gera a variação na natureza? Hugo de Vries supusera que as *mutações* eram as responsáveis pela variação: mudanças em genes criavam mudanças em formas que podiam ser selecionadas por forças naturais.[4] No entanto, De Vries fizera essa conjectura antes da definição molecular de gene. Haveria uma prova experimental de que mutações identificáveis em genes reais eram responsáveis por variação? As mutações eram súbitas e espontâneas ou abundantes variações genéticas naturais já estariam presentes em populações na natureza? E o que acontecia com os genes em razão da seleção natural?

Nos anos 1930, Theodosius Dobzhansky, um biólogo ucraniano que emigrara para os Estados Unidos, decidiu descrever a magnitude da variação genética em populações selvagens.[5] Dobzhansky fora pupilo de Thomas Morgan na Sala das Moscas da Universidade Columbia. No entanto, para descrever os genes na natureza, ele sabia que teria de ir ele mesmo para o ambiente natural. Armado de redes, gaiolas de moscas e frutas em decomposição, começou a coletar moscas selvagens, primeiro nas imediações do laboratório do Instituto de Tecnologia da Califórnia (Caltech), depois no monte San Jacinto e na Sierra Nevada, na Califórnia, e por fim em florestas e montanhas de todo o território americano. Seus colegas, confinados à bancada do laboratório, achavam que ele estava louco. Bem que podia ir para as Galápagos.

A decisão de procurar a variação em moscas selvagens revelou-se crucial. Em uma espécie selvagem de mosca chamada *Drosophila pseudoobscura*, por exemplo, Dobzhansky encontrou diversas variantes gênicas que influenciavam características complexas, por exemplo, tempo de vida, estrutura do olho, morfologia dos pelos e tamanho das asas. Os mais notáveis exemplos de variação envolviam moscas coletadas em uma mesma região que eram dotadas de duas configurações radicalmente diferentes dos mesmos genes. Dobzhansky chamou de "raças" essas variantes genéticas. Usando a tecnologia de Morgan para mapear genes segundo sua localização no cromossomo, Dobzhansky fez um mapa de três genes, A, B e C. Em algumas moscas, os três genes situavam-se ao longo do quinto cromossomo em uma configuração: A-B-C. Em outras moscas, Dobzhansky constatou que a configuração era totalmente invertida: C-B-A. A distinção entre as duas "raças" de moscas graças a uma única inversão cromossômica era o mais eloquente exemplo de variação genética que qualquer geneticista já encontrara em uma população natural.

Mas não foi só isso: em setembro de 1943, Dobzhansky decidiu tentar demonstrar a variação, a seleção e a evolução em um único experimento — recriar as Galápagos em uma caixa de papelão.[6] Ele inoculou duas caixas de papelão seladas e arejadas com uma mistura de duas estirpes de moscas — ABC e CBA — em proporções iguais. Uma caixa foi exposta a temperatura fria. A outra, inoculada com a mesma proporção das estirpes, foi deixada em temperatura ambiente. Ele deu alimento, limpeza e água às moscas naquele espaço fechado geração após geração. As populações cresceram e diminuíram. Novas larvas nasceram, amadureceram e se transformaram em moscas e por fim morreram naquela caixa. Linhagens e famílias — reinos de moscas — se estabeleceram e se extinguiram. Quando Dobzhansky coletou as moscas nas duas caixas depois de quatro meses, constatou que as populações haviam sofrido mudanças drásticas. Na "caixa fria", a estirpe ABC quase duplicara, enquanto a CBA diminuíra. Na caixa mantida em temperatura ambiente, as duas estirpes apresentavam agora a razão oposta.

Ele havia captado todos os ingredientes cruciais da evolução. Começara com uma população que tinha uma variação natural nas configurações gênicas e adicionara uma força de seleção natural, a temperatura. Os organismos "mais aptos" — os mais bem adaptados a temperaturas baixas ou altas — sobreviveram. À medida que novas moscas nasceram, foram selecionadas e se reproduziram, as frequências gênicas foram mudando, e o resultado foram populações com novas composições gênicas.

Para explicar em termos formais a interseção de genética, seleção natural e evolução, Dobzhansky recorreu a duas palavras importantes: "genótipo" e "fenótipo". Um genótipo é a composição gênica de um organismo. Pode referir-se a um gene, uma configuração de genes ou até a um genoma completo. Um fenótipo, em contraste, relaciona-se aos atributos e características físicas ou biológicas de um organismo — a cor dos olhos, a forma das asas ou a resistência a temperaturas altas ou baixas.

Dobzhansky agora podia reafirmar a verdade essencial da descoberta de Mendel — *um gene determina uma característica física* —, generalizando essa ideia para mais de um gene e mais de uma característica:

um genótipo *determina* um fenótipo

No entanto, eram necessárias duas modificações importantes nessa regra para completar o esquema. Primeiro, observou Dobzhansky, genótipos não eram os únicos determinantes de fenótipos. É óbvio que o ambiente ou o meio em que um organismo se encontra contribui para seus atributos físicos. A forma do nariz de um boxeador não é apenas consequência de sua herança genética; é determinada pela natureza da profissão que ele escolheu e pelo número de agressões físicas à cartilagem do nariz. Se Dobzhansky houvesse cortado com esmero as asas de todas as moscas de uma das caixas, teria afetado seus fenótipos — o formato das asas —, mas não teria tocado em seus genes. Em outras palavras:

$$\text{genótipo} + ambiente = \text{fenótipo}$$

Em segundo lugar, alguns genes são ativados por gatilhos externos ou por um fator aleatório. Em moscas, por exemplo, um gene que determina o tamanho de uma asa vestigial depende da temperatura: não é possível predizer a forma da asa com base apenas nos genes da mosca ou no ambiente; é preciso combinar as duas informações. Para tais genes, nem o genótipo nem o ambiente é o único preditor de resultado; o que permite fazer a predição é a *interseção* de genes, ambiente e acaso.

Em seres humanos, um gene mutante *BRCA1* aumenta o risco de câncer de mama, porém nem todas as mulheres portadoras da mutação *BRCA1* serão acometidas pelo câncer. O termo "penetrância" parcial ou incompleta é usado para referir-se a esses genes que dependem de um gatilho ou de um acaso — ou seja, mesmo que esse gene seja herdado, sua capacidade de *penetrar* em um atributo real não é absoluta. Ou um gene pode ter "expressividade" variável — isto é, mesmo que o gene seja herdado, o grau em que ele se *manifesta* em um atributo varia de um indivíduo para outro. Uma mulher portadora da mutação *BRCA1* pode ser acometida por uma variante agressiva, metastática de câncer de mama aos trinta anos. Outra portadora da mesma mutação pode manifestar uma variante indolente, e em outra ainda o câncer de mama pode nunca se desenvolver.

Ainda não sabemos o que causa a diferença de resultados entre essas três mulheres, mas é alguma combinação de idade, exposições, outros genes e má sorte. Não podemos usar apenas o genótipo — mutação do *BRCA1* — para predizer com certeza um resultado final.

Assim, a modificação final pode ser representada por:

$$\text{genótipo} + \text{ambiente} + gatilhos + acaso = \text{fenótipo}$$

Essa fórmula, sucinta mas magistral, captou a essência das interações entre hereditariedade, acaso, ambiente, variação e evolução na determinação da forma e do destino de um organismo. No mundo natural existem variações em genótipos nas populações selvagens. Essas variações encontram diferentes ambientes, gatilhos e fatores aleatórios, e isso determina os atributos de um organismo (uma mosca com maior ou menor resistência à temperatura). Quando é aplicada uma forte pressão de seleção — uma elevação na temperatura ou uma drástica restrição de nutrientes —, organismos com o fenótipo "mais apto" são selecionados. A sobrevivência seletiva de uma mosca dá a ela a possibilidade de gerar mais larvas, estas herdam parte do genótipo da mosca genitora, e isso, por sua vez, resulta em uma mosca mais adaptada àquela pressão seletiva. De maneira notável, o processo de seleção atua sobre um atributo *físico ou biológico*, e como resultado os genes responsáveis são selecionados passivamente. Um nariz deformado pode ser consequência de um dia ruim no ringue, isto é, pode não ter relação nenhuma com genes, mas se uma competição para acasalamento for julgada apenas com base na simetria do nariz, o portador do tipo errado de nariz será eliminado. Mesmo que esse portador possua vários outros genes que sejam benéficos no longo prazo — um gene para a tenacidade ou para a alta tolerância a dores excruciantes —, o conjunto inteiro desses genes estará condenado à extinção durante a competição de acasalamento, tudo por causa do maldito nariz.

Em resumo, o fenótipo arrasta atrás de si os genótipos, como uma carroça que puxa um cavalo. O eterno enigma da seleção natural é buscar uma coisa (aptidão) e por acidente encontrar outra (genes que produzem aptidão). Os genes que produzem a aptidão atingem de maneira gradual uma proporção dominante em populações graças à seleção de fenótipos e, assim, permitem que organismos se tornem cada vez mais adaptados a seus ambientes. Não se trata de perfeição, mas apenas do incansável e sedento empenho de um organismo para estar à altura do seu ambiente. *Esse* é o motor que impele a evolução.

O lance final de Dobzhansky foi solucionar o "mistério dos mistérios" que absorvera Darwin: a origem das espécies. O experimento das "Galápagos na caixa de papelão" demonstrara que uma população de organismos que se cruzam entre si — moscas, por exemplo — evolui no decorrer do tempo.* Mas

---

* Os primeiros experimentos sobre incompatibilidade reprodutiva e formação de espécies foram realizados antes dos experimentos de seleção, mas Dobzhansky e seus alunos continuaram a trabalhar em ambas as questões nas décadas de 1940 e 1950.

Dobzhansky sabia que, se populações selvagens com variações no genótipo continuassem a cruzar entre si, nunca haveria a formação de uma nova espécie; afinal de contas, uma espécie é, em essência, definida por sua incapacidade de se reproduzir cruzando com outra.

Para que aparecesse uma nova espécie, portanto, era preciso que surgisse um novo fator que impossibilitasse o intercruzamento. Dobzhansky conjecturou que esse fator talvez fosse o isolamento geográfico. Imagine uma população com organismos dotados de variantes gênicas capazes de intercruzamento. Essa população de repente é dividida em duas por algum tipo de abismo geográfico. Um bando de aves de uma ilha é arrastado para uma ilha distante por uma tempestade e não pode voltar à sua ilha de origem. Agora essas duas populações evoluem de forma independente, como supôs Darwin, até que, nos dois lugares, sejam selecionadas variantes gênicas específicas que em termos biológicos se tornem incompatíveis. Mesmo que as novas aves pudessem retornar à sua ilha original — em navios, por exemplo —, elas não podem intercruzar-se com seus primos remotos: a prole produzida por essas duas aves possui incompatibilidades genéticas — mensagens truncadas — que não lhe permitem sobreviver ou ser fértil. O isolamento geográfico leva ao isolamento genético e, por fim, ao isolamento reprodutivo.

Esse mecanismo da especiação não era apenas conjectura; Dobzhansky pôde demonstrá-lo através de experimentos.[7] Ele misturou na mesma caixa duas moscas de partes distantes do mundo. As moscas se acasalaram, geraram prole, mas as larvas cresceram e se transformaram em adultos inférteis. Por meio de análise de ligação, os geneticistas puderam inclusive identificar uma configuração real de genes que evoluíram de modo a tornar os descendentes inférteis. Esse era o elo perdido da lógica de Darwin: a incompatibilidade reprodutiva, derivada, em última análise, da incompatibilidade genética, impelia a origem de novas espécies.

Em fins dos anos 1930, Dobzhansky começou a perceber que suas noções sobre genes, variação e seleção natural tinham ramificações muito além da biologia. A sangrenta revolução de 1917 que assolara a Rússia tentou apagar todas as distinções individuais para priorizar um bem coletivo. Em contraste, uma monstruosa forma de racismo que emergia na Europa exagerava e demonizava distinções individuais. Em ambos os casos, Dobzhansky notou, a questão fundamental em jogo era biológica. O que define um indivíduo? Como a variação contribui para a individualidade? O que é "bom" para uma espécie?

Nos anos 1940, Dobzhansky investigaria diretamente essas questões. Por fim, ele se tornaria um dos mais estridentes críticos da eugenia nazista, da coletivização soviética e do racismo europeu. Seus estudos sobre populações selvagens, variação e seleção natural, porém, já haviam ensejado vislumbres cruciais para esclarecer essas questões.

Primeiro, era evidente que a variação genética era a regra, e não a exceção na natureza. Os eugenistas americanos e europeus insistiam na seleção artificial para promover o "bem" da humanidade, mas na natureza não havia um "bem" único. Diferentes populações possuíam genótipos acentuadamente divergentes, e esses tipos genéticos diversos coexistiam e até se sobrepunham em populações selvagens. A natureza não tinha tanta sede de homogeneizar a variação genética como os eugenistas presumiam. Na verdade, Dobzhansky percebeu que a variação natural era um reservatório vital para um organismo — uma vantagem que mais do que compensava suas desvantagens. Sem essa variação — sem uma profunda diversidade genética —, um organismo poderia, por fim, perder sua capacidade de evoluir.

Segundo, uma mutação é só uma variação com outro nome. Em populações selvagens de moscas, notou Dobzhansky, nenhum genótipo era inerentemente superior: dependia do ambiente e de interações gene-ambiente se a estirpe ABC ou a estirpe CBA sobrevivia. O que era "mutante" para uma era "variante gênica" para outra. Uma noite de inverno podia escolher uma mosca. Um dia de verão podia escolher outra bem diferente. Nenhuma variante era superior em termos morais ou biológicos; cada qual era apenas mais ou menos adaptada a um ambiente específico.

Por fim, a relação entre os atributos físicos ou mentais de um organismo e a hereditariedade era muito mais complexa do que se previra. Eugenistas como Galton haviam tentado selecionar *fenótipos* complexos — inteligência, altura, beleza, retidão moral — como atalhos biológicos para enriquecer genes que determinassem a inteligência, a altura, a beleza e a moralidade. Acontece que um fenótipo não era determinado por um só gene, em uma correspondência biunívoca. Selecionar fenótipos seria um mecanismo falho para garantir a seleção genética. Se genes, ambientes, gatilhos e acaso eram responsáveis pelas características definitivas de um organismo, os eugenistas acabariam por ver frustradas suas tentativas de enriquecer a inteligência ou a beleza ao longo de gerações se não desenredassem os efeitos relativos de cada uma dessas contribuições.

Cada uma das descobertas de Dobzhansky era um eloquente apelo contra o uso errôneo da genética e da eugenia humana. Genes, fenótipos, seleção e evolução estavam ligados uns aos outros por fios de leis mais ou menos básicas; entretanto, era fácil imaginar que essas leis pudessem ser mal interpretadas e distorcidas. "Busque a simplicidade, mas desconfie dela", aconselhou o matemático e filósofo Alfred North Whitehead a seus alunos. Dobzhansky buscara a simplicidade, mas também dera um estridente alerta moral contra a simplificação excessiva da lógica da genética. Entranhadas em livros didáticos e artigos científicos, essas noções seriam ignoradas por poderosas forças políticas que em breve perpetrariam as mais perversas formas de manipulação da genética humana.

10. Transformação

Se você prefere a "vida acadêmica" como um retiro da realidade, não escolha a biologia. Essa área é para um homem ou mulher que deseja ir ainda mais para perto da vida.

Hermann Muller[1]

Negamos que [...] os geneticistas verão genes no microscópio. [...] A base hereditária não está em alguma substância autorreprodutora especial.

Trofim Lysenko[2]

A conciliação da genética com a evolução foi denominada Síntese Moderna ou, de maneira imponente, Grande Síntese.[3] Contudo, enquanto os geneticistas celebravam a síntese da genética, evolução e seleção natural, a natureza material do gene continuava a ser um enigma. Os genes tinham sido descritos como "partículas de hereditariedade", mas essa definição não continha informação sobre o que seria a tal "partícula" em um sentido químico ou físico. Morgan visualizara os genes como "contas em um cordão", mas nem mesmo ele tinha ideia do que sua descrição significava em uma forma material. De que eram feitas as "contas"? E qual era a natureza do "cordão"?

Em parte, não fora possível identificar a composição material do gene porque os biólogos nunca haviam detectado genes em sua forma química. Por todo o mundo biológico, os genes costumam viajar no sentido *vertical*, isto é, de pais para filhos, ou de células-mães para células-filhas. A transmissão vertical de mutações permitira a Mendel e Morgan estudar a ação de um gene analisando os padrões de hereditariedade (por exemplo, a passagem da característica dos olhos brancos das moscas genitoras para a prole). Mas o problema de estudar a transformação vertical é que o gene nunca deixa o organismo ou célula viva. Quando uma célula se divide, seu material genético divide-se dentro dela e é alocado para suas filhas. Durante todo o processo, os genes permanecem visíveis em termos biológicos, mas impenetráveis em termos químicos, fechados na caixa-preta da célula.

Raramente, porém, o material genético pode passar de um organismo a outro — não entre genitor e filho, mas entre dois estranhos não aparentados. Essa troca horizontal de genes chama-se *transformação*. A própria palavra já causa espanto: os seres humanos estão acostumados a transmitir informação genética apenas através da reprodução; durante a transformação, por sua vez, um organismo parece metamorfosear-se em outro, como a ninfa Dafne, que ganhou ramos de louro (ou melhor, o movimento de genes *transforma* os atributos de um organismo nos atributos de outro; na versão genética da fantasia, genes que fazem crescer ramos têm de entrar de algum modo no genoma de Dafne e criar a capacidade de fazer brotar casca, madeira, xilema e floema em pele humana).

Quase nunca acontece transformação em mamíferos. Mas as bactérias, que vivem na periferia do mundo biológico, podem trocar genes horizontalmente (para se ter uma ideia do quanto esse evento é estranho, imagine dois amigos, um de olhos azuis e o outro de olhos castanhos, que saem à noite para um passeio e voltam com a cor dos olhos alterada, por terem trocado genes só para passar o tempo). O momento da troca genética é particularmente estranho e fascinante. Flagrado em trânsito entre dois organismos, um gene existe por um instante como pura substância química. Um químico empenhado em entender o gene não terá um momento mais oportuno do que esse para captar a natureza química do gene.

* * *

A transformação foi descoberta por um bacteriologista inglês, Frederick Griffith.[4] No começo dos anos 1920, quando trabalhava no Ministério da Saúde britânico, Griffith começou a estudar uma bactéria chamada *Streptococcus pneumoniae* ou pneumococo. A gripe espanhola de 1918 flagelara o continente, matara quase 20 milhões de homens e mulheres no mundo e se inserira entre os mais mortíferos desastres naturais da história. Muitas vítimas dessa gripe contraíram uma pneumonia secundária causada por pneumococo. A doença era tão fatal que os médicos a chamavam de "capitão dos homens da morte". A pneumonia pneumocócica depois de uma infecção de influenza — a epidemia dentro da epidemia — era tão preocupante que o ministério arregimentara equipes de cientistas para estudar a bactéria e desenvolver uma vacina contra ela.

Griffith conduziu seu estudo concentrando-se em um micróbio: por que o pneumococo era tão fatal aos animais? Ele analisou trabalhos realizados por outros cientistas na Alemanha e descobriu que havia duas cepas dessas bactérias. Uma cepa "lisa" possuía um revestimento açucarado na superfície da célula e conseguia escapar do sistema imunológico com uma habilidade de salamandra. A cepa "rugosa", desprovida do revestimento açucarado, era mais suscetível ao ataque imunológico. Um camundongo no qual se injetasse uma cepa lisa logo morria de pneumonia. Em contraste, camundongos inoculados com a cepa rugosa desenvolviam uma reação imunológica e sobreviviam.

Griffith fez um experimento que, de maneira não premeditada, deu início à revolução da biologia molecular.[5] Primeiro, matou as bactérias lisas e virulentas com calor, depois injetou-as nos camundongos. Como esperado, os vestígios das bactérias não tiveram nenhum efeito sobre os camundongos: elas estavam mortas, incapazes de causar infecção. Mas quando ele misturou o material morto da cepa virulenta com bactérias vivas da cepa não virulenta, os camundongos logo morreram. Griffith fez a autópsia dos camundongos e constatou que as bactérias rugosas tinham mudado: haviam *adquirido* o revestimento liso — o fator que determinava a virulência — meramente pelo contato com os resíduos das bactérias mortas. As bactérias inofensivas haviam, de algum modo, se transformado na forma virulenta.

Como era possível que detritos de bactérias mortas pelo calor — uma mera sopa morna de substâncias químicas de micróbios — transmitissem uma característica genética a uma bactéria viva por mero contato? Griffith estava em dúvida. De início, conjecturou que talvez as bactérias vivas tivessem ingerido as bactérias mortas e, com isso, mudado seu revestimento, como num ritual voduístico no qual comer o coração de um homem corajoso transmite coragem ou vitalidade a quem o ingeriu. Acontece que, uma vez transformadas, as bactérias mantinham seus revestimentos por várias gerações — muito depois de esgotada a fonte de alimento.

A explicação mais simples, então, era que informação genética havia passado entre as duas cepas sob uma forma química. Durante a "transformação", o gene que governava a virulência — produzindo o revestimento liso em vez do rugoso — escapara de algum modo das bactérias para a sopa química, depois saíra dessa sopa e penetrara nas bactérias vivas e se tornara incorporado ao genoma delas. Em outras palavras, genes podiam ser transmitidos entre dois organismos sem nenhuma forma de reprodução. Eram unidades autônomas — unidades *materiais* — que transmitiam informação. As mensagens não eram sussurradas entre as células por intermédio de etéreos pangenes ou gêmulas. As mensagens hereditárias eram transmitidas através de uma molécula; essa molécula podia existir sob uma forma química fora de uma célula e era capaz de transmitir informações de célula para célula, de organismo para organismo e de pais para filhos.

Se Griffith tivesse publicado esse resultado assombroso, toda a biologia pegaria fogo. Nos anos 1920, os cientistas estavam apenas começando a entender sistemas vivos em termos químicos. A biologia estava se tornando química. A célula era um béquer de substâncias químicas, afirmavam os bioquímicos, uma bolsa de compostos ligados por uma membrana que reagiam para produzir um fenômeno chamado "vida". A identificação por Griffith de uma substância química que era capaz de transmitir instruções hereditárias entre organismos — a "molécula do gene" — teria desencadeado mil conjecturas e reestruturado a teoria química da vida.

Mas não se podia esperar que Griffith, um cientista despretensioso, de uma timidez extrema — "esse homem miúdo que [...] mal falava acima de um sussurro"[6] —, alardeasse a relevância ou o atrativo mais abrangente de seus resultados. "Os ingleses fazem tudo segundo princípios", observou George Bernard Shaw em certa ocasião, e o princípio que guiava Griffith era a absoluta modéstia. Ele morava sozinho, em um apartamento comum perto de seu laboratório em Londres e em um despojado chalé modernista que ele mesmo construíra em Brighton. Genes podiam ter passado de um organismo a outro, mas Griffith não podia ser forçado a viajar de seu laboratório até suas conferências. Para conseguir que ele fizesse palestras científicas, seus amigos o jogavam dentro de um táxi e pagavam a tarifa apenas de ida até o destino.

Em janeiro de 1928, depois de hesitar por meses ("Deus não tem pressa, por que eu deveria ter?"), Griffith publicou seus dados no *Journal of Hygiene*, uma revista científica cuja obscuridade teria impressionado até Mendel.[7] Escrevendo em um tom abjetamente escusatório, Griffith parecia até lamentar por estar abalando os alicerces da genética. Seu estudo discutia a transformação como uma curiosidade da biologia microbiana, mas não mencionava de modo explícito a descoberta de uma possível base química da hereditariedade. A mais importante conclusão do mais importante artigo em biologia da década estava encoberta, como uma tosse polida, por uma montanha de texto denso.

Embora o experimento de Frederick Griffith tenha sido a demonstração mais decisiva de que o gene era uma substância química, outros cientistas já andavam rondando essa ideia. Em 1920, Hermann Muller, ex-aluno de Thomas Morgan, mudou-se de Nova York para o Texas para continuar a estudar a genética das moscas.[8] Como Morgan, Muller esperava usar mutantes para entender a hereditariedade. Mas mutantes que surgem naturalmente — a matéria-prima dos estudiosos da genética — eram raríssimos. As moscas de olhos brancos ou de corpo preto que Morgan e seus alunos haviam descoberto em Nova York tinham sido encontradas graças a trinta anos de laboriosa procura em meio a colossais populações de insetos. Cansado de caçar mutantes, Muller se perguntou se não seria possível acelerar a produção deles — quem sabe expondo as moscas ao calor, à luz, a surtos de energia mais elevada.

Em teoria, isso parecia simples; na prática, era complicado. Na primeira vez em que Muller tentou expor moscas a raios X, matou todas. Frustrado, ele diminuiu a dose: descobriu que tinha esterilizado o lote inteiro. Em vez de mutantes, ele obtivera bandos enormes de moscas mortas, e depois de moscas inférteis. No inverno de 1926, deu-lhe na veneta expor um grupo de moscas a uma dose de radiação ainda menor. Cruzou os machos submetidos aos raios X com fêmeas e observou as larvas que surgiram nas garrafas de leite.

Até uma rápida olhada já confirmava um resultado impressionante: as moscas recém-nascidas haviam acumulado mutações — dezenas delas, talvez centenas.[9] Era noite alta, e a única pessoa que recebeu a notícia foi um solitário botânico que trabalhava no andar de baixo. Toda vez que Muller encontrava uma nova mutante, gritava da janela: "Achei outra!". Morgan e seus alunos tinham levado três décadas para coletar cerca de cinquenta moscas mutantes em Nova York. Como disse o botânico, com uma pontinha de despeito, Muller descobrira quase metade desse número numa noite.

Muller foi catapultado para a fama internacional por sua descoberta. O efeito da radiação sobre a taxa de mutação em moscas tinha duas implicações imediatas. Primeira: os genes tinham de ser feitos de matéria. Afinal de contas, radiação não passa de mera energia. Frederick Griffith fizera genes passarem de um organismo a outro. Muller alterara genes usando energia. Um gene, fosse o que fosse, era capaz de movimento, transmissão e mudança induzidos por energia — propriedades em geral associadas a matéria química.

Porém, mais do que a natureza material do gene, o que espantou os cientistas foi a incrível *maleabilidade* do genoma — o fato de raios X poderem transformar genes naquelas massinhas de modelar. Mesmo Darwin, um dos mais fortes proponentes originais da mutabilidade fundamental da natureza, teria ficado surpreso com aquela taxa de mutação. No esquema de Darwin, a taxa de mudança de um organismo em geral era fixa, enquanto a taxa de seleção natural podia ser amplificada para acelerar a evolução ou tolhida para desacelerá-la.[10] Os experimentos de Muller demonstraram que a hereditariedade podia ser manipulada com muita facilidade: a própria taxa de mutação era bastante mutável. "Não existe status quo permanente na natureza", escreveria Muller mais tarde.[11] "Tudo é um processo de ajustamento e reajustamento, ou então o fracasso final." Muller imaginou que, se alterasse as taxas de mutação e selecionasse as variantes em conjunção, talvez pudesse impelir o ciclo evolucionário para uma marcha hiperacelerada ou até criar novas espécies e subespécies em seu laboratório — ele seria o senhor de suas moscas.

Muller também percebeu que seu experimento tinha amplas implicações para a eugenia humana. Se era possível alterar genes de moscas com doses tão modestas de radiação, estaria a alteração de genes humanos muito atrás disso?

Se alterações genéticas podiam ser "induzidas de maneira artificial", escreveu, a hereditariedade não podia mais ser considerada o privilégio de "um deus inatingível a nos pregar peças".

Como muitos cientistas e cientistas sociais de sua época, Muller ficara fascinado pela eugenia nos anos 1920. Quando era ainda um estudante de graduação, fundara a Sociedade Biológica na Universidade Columbia para estudar e apoiar a "eugenia positiva". Em fins daquela década, porém, depois de testemunhar a ameaçadora ascensão da eugenia nos Estados Unidos, ele começou a reconsiderar seu entusiasmo. O Eugenics Record Office, com sua ênfase na purificação racial e sua gana de eliminar imigrantes, "desviantes" e "deficientes", parecia-lhe absolutamente sinistro.[12] Seus profetas — Davenport, Priddy e Bell — eram uns pseudocientistas asquerosos.

Muller refletiu sobre o futuro da eugenia e a possibilidade de alterar genomas humanos e se perguntou se Galton e seus colaboradores não teriam cometido um erro conceitual fundamental. Como Galton e Pearson, apoiava o desejo de usar a genética para aliviar o sofrimento. Porém, ao contrário de Galton, Muller começou a se dar conta de que a eugenia positiva só seria atingível em uma sociedade que *já* houvesse alcançado uma igualdade radical. A eugenia não podia ser o prelúdio da igualdade. Em vez disso, a igualdade tinha de ser a condição prévia para a eugenia. Sem igualdade, era inevitável que a eugenia falharia devido à falsa premissa de que males sociais como vadiagem, pauperismo, comportamento desviante, alcoolismo e debilidade mental eram males *genéticos* — quando, na verdade, apenas refletiam a desigualdade. Mulheres como Carrie Buck não eram imbecis genéticas; eram pobres, analfabetas, doentes e impotentes, vítimas de seu destino social, e não de loteria genética. Os galtonianos supunham que a eugenia acabaria por gerar a igualdade radical, transformando os fracos em poderosos. Muller inverteu esse raciocínio. Sem igualdade, argumentou, a eugenia degeneraria para mais um mecanismo de controle dos fracos pelos fortes.

Enquanto o trabalho científico de Hermann Muller se encaminhava para o auge no Texas, sua vida pessoal desmoronava. Seu casamento sofreu tropeços e acabou ruindo. Sua rivalidade com Bridges e Sturtevant, ex-parceiros de laboratório na Universidade Columbia, chegara a um ponto extremo, e suas relações com Morgan, antes nada calorosas, descambaram para uma fria hostilidade.

Muller também era perseguido por suas inclinações políticas. Em Nova York, aderira a vários grupos socialistas, publicava jornais, recrutava estudantes e amparava o escritor e ativista social Theodore Dreiser.[13] No Texas, a estrela ascendente da genética começou a publicar um jornal socialista clandestino, *The Spark* [A Fagulha, inspirado no *Iskra*, de Lênin], que reivindicava direitos civis para afro-americanos, o direito de voto para as mulheres, a educação dos imigrantes e o seguro coletivo para os trabalhadores — plataformas não muito radicais para os padrões contemporâneos, mas suficientes para inflamar seus colegas e irritar a administração. O FBI começou a investigar suas atividades.[14] Jornais referiam-se a ele como subversivo, comuna, maluco vermelho, simpatizante dos soviéticos, fanático.

Isolado, amargurado, cada vez mais paranoico e deprimido, Muller desapareceu de seu laboratório certa manhã e não foi encontrado em sala de aula. Um grupo de busca formado por estudantes da pós-graduação encontrou-o horas depois, vagueando pelos bosques da periferia de Austin. Ele caminhava atarantado, as roupas amarrotadas pela garoa, o rosto salpicado de lama, a pele arranhada. Tinha engolido uma porção de barbitúricos na tentativa de se suicidar, mas apenas dormira profundamente debaixo de uma árvore. Na manhã seguinte, envergonhado, voltou a dar aulas.

A tentativa de suicídio fracassou, mas era sintomática de seu mal-estar. Muller estava farto dos Estados Unidos — sua ciência imunda, sua política corrupta, sua sociedade egoísta. Queria escapar para um lugar onde pudesse combinar com mais facilidade ciência e socialismo. Só era possível imaginar intervenções genéticas radicais em sociedades radicalmente igualitárias. Em Berlim, ele sabia, uma ambiciosa democracia liberal com tendências socialistas estava se despindo da casca do passado e guiando o nascimento de uma nova república nos anos 1930. Era a "cidade mais nova" do mundo, escrevera Mark Twain, um lugar onde cientistas, escritores, filósofos e intelectuais se reuniam em cafés e salões para forjar uma sociedade livre e futurista. Se o pleno potencial da moderna ciência da genética estava para deslanchar, Muller pensou, seria em Berlim.

No inverno de 1932, Muller fez as malas, despachou várias centenas de estirpes de moscas, 10 mil tubos de ensaio, mil garrafas de vidro, um microscópio, duas bicicletas e um Ford 32 e partiu rumo ao Instituto Kaiser Wilhelm, em Berlim. Nem desconfiava que sua cidade adotiva de fato veria deslanchar a nova ciência da genética, só que na forma mais medonha da história.

11. *Lebensunwertes Leben* (Vidas que não merecem a vida)

Quem não é são e merecedor de corpo e mente não pode perpetuar esse infortúnio nos corpos de seus filhos. O Estado völkische [*do povo*] *tem de realizar aqui a mais gigantesca tarefa de criação. Um dia, porém, ela se revelará um feito mais grandioso do que as mais vitoriosas guerras de nossa atual era burguesa.*

Ordem de Hitler para a Aktion T4

Ele queria ser Deus [...] *criar uma nova raça.*
Prisioneiro de Auschwitz, sobre os objetivos de Josef Mengele[1]

Uma pessoa hereditariamente doente custa em média 50 mil marcos alemães até os sessenta anos de idade.
Alerta a estudantes de ensino médio em um livro didático de biologia na Alemanha da era nazista[2]

O nazismo, disse o biólogo Fritz Lenz,[3] nada mais é do que "biologia aplicada".*

Na primavera de 1933, quando Hermann Muller começou seu trabalho no Instituto Kaiser Wilhelm, ele viu a "biologia aplicada" dos nazistas entrar em ação. Em janeiro daquele ano, Adolf Hitler, o Führer do Partido Nacional-Socialista dos Trabalhadores Alemães, foi nomeado chanceler da Alemanha. Em março, o Parlamento alemão aprovou a Lei de Plenos Poderes, que concedia a Hitler o poder inédito de promulgar leis sem participação parlamentar. Jubilosos soldados paramilitares nazistas marcharam pelas ruas de Berlim com tochas acesas, comemorando a vitória.

"Biologia aplicada", para os nazistas, era genética aplicada. Tinha por fim possibilitar a *Rassenhygiene* — "higiene racial". Os nazistas não foram os primeiros a empregar o termo: o físico e biólogo alemão Alfred Ploetz cunhara essa expressão já em 1895 (lembremos seu sinistro e arrebatado discurso de 1912 na Conferência Internacional sobre Eugenia em Londres).[4] "Higiene racial", segundo Ploetz, era a limpeza genética da raça, assim como higiene pessoal era a limpeza física do indivíduo. E do mesmo modo que no dia a dia a higiene pessoal se livrava de detritos e excrementos do corpo, a higiene racial eliminava detritos genéticos, resultando na criação de uma raça mais sadia e mais pura.** Em 1914, o geneticista Heinrich Poll, colega de Ploetz, escreveu:

> Assim como o organismo sacrifica de forma implacável suas células degeneradas, assim como o cirurgião remove de forma implacável um órgão doente, ambos com o intuito de salvar o todo, do mesmo modo entidades orgânicas superiores, como o grupo familiar ou o Estado, não devem, por excesso de preocupação, abster-se de intervir na liberdade pessoal, a fim de impedir que portadores de características hereditárias doentes continuem a disseminar genes danosos ao longo das gerações.[5]

Ploetz e Poll consideravam eugenistas britânicos e americanos como Galton, Priddy e Davenport os pioneiros de sua nova "ciência". Salientavam que a Colônia de Epilépticos e Débeis Mentais da Virgínia era um experimento

---

* Citação atribuída também a Rudolf Hess, delegado de Hitler.
** Ploetz se juntaria aos nazistas nos anos 1930.

ideal de limpeza genética. No começo dos anos 1920, quando mulheres como Carrie Buck estavam sendo identificadas e levadas para campos de eugenia na América, os eugenistas alemães expandiam seus esforços e criavam um programa patrocinado pelo Estado para confinar, esterilizar ou erradicar homens e mulheres "geneticamente defeituosos". Foram instituídas várias cátedras de "biologia racial" e higiene racial em universidades alemãs, e a ciência racial era uma disciplina usual nos currículos das faculdades de medicina. O eixo acadêmico da "ciência racial" era o Instituto Kaiser Wilhelm de Antropologia, Hereditariedade Humana e Eugenia — a um pulo do novo laboratório berlinense de Muller.[6]

Hitler, preso por liderar o Putsch da Cervejaria, a fracassada tentativa de golpe para tomar o poder em Munique, leu sobre a ciência racial de Ploetz durante seu tempo de detenção nos anos 1920 e ficou fascinado.[7] Como Ploetz, ele acreditava que genes deficientes estavam pouco a pouco envenenando a nação e obstruindo o renascimento de um Estado forte e sadio. Quando os nazistas tomaram o poder nos anos 1930, Hitler viu uma oportunidade de pôr em ação essas ideias. Não perdeu tempo: em 1933, menos de cinco meses depois da aprovação da Lei de Plenos Poderes, os nazistas promulgaram a Lei para Prevenção de Descendentes Geneticamente Doentes, conhecida como Lei da Esterilização.[8] As linhas gerais da lei eram explicitamente baseadas no programa de eugenia americano, porém amplificadas tendo em vista o aumento da eficácia. "Qualquer portador de doença hereditária pode ser esterilizado por uma operação cirúrgica", determinava a lei. Uma lista inicial de "doenças hereditárias" incluía deficiência mental, esquizofrenia, epilepsia, depressão, cegueira, surdez e deformidades graves. Para esterilizar um homem ou mulher, devia ser apresentado um requerimento à Corte de Eugenia. "Assim que a Corte decidir sobre a esterilização", prosseguia a lei, "a operação deve ser executada, ainda que contra a vontade da pessoa a ser esterilizada. [...] Caso outras medidas sejam insuficientes, autoriza-se o uso direto da força."

Para alavancar o apoio popular à lei, as injunções legais foram escoradas em propaganda insidiosa — uma fórmula que os nazistas iriam burilar até uma monstruosa perfeição. Filmes como *Das Erbe* (A herança, 1935)[9] e *Erbkrank* (Doença hereditária, 1936),[10] criados pelo Departamento de Política Racial, eram exibidos por todo o país a plateias lotadas, para ilustrar os males dos "deficientes" e "inaptos". Em *Erbkrank*, uma mulher mentalmente doente mexe de maneira repetitiva as mãos e os cabelos durante uma crise nervosa; uma criança deformada jaz exaurida no leito; uma mulher de membros encurtados anda de quatro como uma besta de carga. Em contraposição às cenas pavorosas de *Erbkrank* e *Das Erbe* vinham odes cinematográficas ao corpo ariano perfeito: em *Olympia*, de Leni Riefenstahl, um filme destinado a celebrar atletas alemães, rapazes musculosos e luzidios faziam uma demonstração de ginástica calistênica como vitrines da perfeição genética.[11] As plateias pasmavam de repulsa pelos "deficientes" e de inveja e ambição diante da visão dos atletas super-humanos.

Enquanto a máquina de propaganda estatal trabalhava a todo vapor com o objetivo de gerar o consentimento para as esterilizações eugênicas, os nazistas asseguravam que os motores legais também rodassem para ampliar as fronteiras da limpeza racial. Em novembro de 1933, uma nova lei autorizou o Estado a esterilizar à força os "criminosos perigosos" (entre eles dissidentes políticos, escritores e jornalistas).[12] Em outubro de 1935, as Leis de Nuremberg para Proteção da Saúde Hereditária do Povo Alemão procuraram conter a mistura genética proibindo que judeus se casassem com indivíduos de sangue alemão e que tivessem relações sexuais com qualquer pessoa de ascendência ariana.[13] Talvez não haja uma ilustração mais bizarra da fusão de limpeza com limpeza racial do que uma lei que proibia judeus de contratar "criadas alemãs" para suas casas.

Os vastos programas de esterilização e contenção impuseram a criação de uma também vasta máquina administrativa. Em 1934, quase 5 mil adultos eram esterilizados por mês, e duzentas Cortes de Saúde Hereditária (ou Cortes Genéticas) precisavam trabalhar em tempo integral para julgar recursos contra esterilização.[14] Do outro lado do Atlântico, eugenistas americanos aplaudiam o esforço, e muitos lamentavam não conseguir promover medidas tão efetivas. Lothrop Stoddard, outro protegido de Charles Davenport, fez uma visita a uma daquelas cortes em fins dos anos 1930 e escreveu, admirado, sobre sua eficácia cirúrgica. Durante sua visita, foram a julgamento uma mulher maníaco-depressiva, uma garota surda-muda, uma menina retardada e um "homem de feições simiescas" que se casara com uma judia e, ao que tudo indicava, era também homossexual — um trio completo de crimes. As anotações de

Stoddard não deixam claro como foi estabelecida a natureza hereditária desses sintomas. Ainda assim, todos os julgados foram aprovados com rapidez para a esterilização.

O escorregão que levou da esterilização ao assassinato puro e simples veio praticamente sem ser anunciado e sem ser notado. Já em 1935, Hitler havia cogitado em escalar aqueles esforços de limpeza genética da esterilização para a eutanásia — que modo mais rápido haveria para purificar o reservatório gênico do que *exterminar* os deficientes? Mas ele se preocupava com a reação do público. Em fins dos anos 1930, contudo, a serenidade glacial da resposta do povo alemão ao programa de esterilização impulsionou a ousadia dos nazistas. A oportunidade apresentou-se em 1939. Em meados daquele ano, Richard e Lina Kretschmar apresentaram a Hitler uma petição para a eutanásia de seu filho, Gerhard.[15] O menino, de onze meses, nascera cego e com membros deformados. Os pais, nazistas fervorosos, esperavam servir ao país eliminando o filho da herança genética nacional.

Hitler percebeu ali a sua chance: aprovou a morte de Gerhard Kretschmar e logo tratou de expandir o programa para outras crianças. Com a colaboração de seu médico pessoal, Karl Brandt,[16] instituiu o Registro Científico de Doenças Hereditárias e Congênitas Graves para administrar um programa nacional de eutanásia muito mais abrangente, destinado a erradicar os "deficientes genéticos". Para justificar os extermínios, os nazistas já haviam começado a designar as vítimas pelo eufemístico termo *"lebensunwertes Leben"* — vidas que não merecem a vida. Essa frase sinistra indica uma escalada da lógica da eugenia: não bastava esterilizar os deficientes genéticos para limpar o futuro Estado; era necessário exterminá-los para limpar o Estado atual. Essa seria a solução genética final.

A matança começou pelas crianças "deficientes" menores de três anos, mas em setembro de 1939 expandira-se de modo regular até os adolescentes. Os próximos a entrar na lista foram os delinquentes juvenis. As crianças judias eram desproporcionalmente visadas: examinadas à força por médicos do Estado, rotuladas como "geneticamente doentes" e exterminadas, em geral sob pretextos irrisórios. Em outubro de 1939, o programa estava sendo expandido para incluir adultos. Um casarão com decoração suntuosa no número 4 da

Tiergartenstrasse, em Berlim, foi oficialmente designado como sede do programa de eutanásia.[17] O programa acabaria sendo conhecido como Aktion T4, em alusão a esse endereço.

Centros de extermínio foram estabelecidos por todo o país. Entre os que se destacavam pela intensa atividade estavam Hadamar, um hospital com feitio de castelo em um morro, e o Instituto de Bem-Estar do Estado de Brandemburgo, um prédio de tijolos que lembrava um forte, com renques de janelas nas laterais. Nos porões desses prédios, as salas foram transformadas em câmaras herméticas, onde as vítimas eram mortas por asfixia com monóxido de carbono. A aura de ciência e pesquisa médica era mantida de forma meticulosa e, muitas vezes, dramatizada para produzir um efeito ainda maior sobre a imaginação do público. As vítimas da eutanásia eram levadas para os centros de extermínio em ônibus com janelas indevassáveis, o mais das vezes acompanhados por oficiais da ss de jaleco branco. Em salas adjacentes às câmaras de gás havia camas de concreto provisórias, rodeadas por canaletas profundas para coletar líquidos, nas quais os médicos podiam dissecar os corpos depois da eutanásia a fim de preservar seus tecidos e cérebros para futuros estudos genéticos. Pelo visto, as "vidas que não merecem a vida" tinham um valor extraordinário para o avanço da ciência.

Para assegurar às famílias de que seus pais ou filhos tinham sido submetidos a tratamento e triagem apropriados, muitos pacientes eram primeiro levados para alojamentos improvisados e depois, às escondidas, despachados para Hadamar ou Brandemburgo e exterminados. Após a eutanásia, milhares de atestados de óbito fraudulentos eram emitidos, mencionando diversas causas de morte, algumas delas de um absurdo gritante. A mãe de Mary Rau, que sofria de depressão psicótica, foi exterminada em 1939. Sua família foi informada de que ela havia morrido em consequência de "verrugas nos lábios". Em 1941, a Aktion T4 exterminou quase um quarto de milhão de homens, mulheres e crianças. A Lei da Esterilização possibilitou cerca de 400 mil esterilizações compulsórias entre 1933 e 1943.[18]

Hannah Arendt, a influente crítica cultural que documentou os perversos excessos do nazismo, escreveria mais tarde sobre a "banalidade do mal" que permeou a cultura germânica durante a era nazista.[19] No entanto, tão generalizada quanto, ao que parece, foi a credulidade no mal. Era uma extraordinária distorção de crença achar que a condição de judeu ou cigano existia em cromossomos, que era transmitida por via hereditária e, portanto, passível de limpeza genética. No entanto, a suspensão do ceticismo foi o credo definidor dessa cultura. Uma equipe inteira de "cientistas" — geneticistas, pesquisadores médicos, psicólogos, antropólogos e linguistas — regurgitava alegremente estudos acadêmicos para reforçar a lógica científica do programa de eugenia. Em um desconexo tratado intitulado *A biologia racial dos judeus*, Otmar von Verschuer, professor do Instituto Kaiser Wilhelm, afirmou, por exemplo, que neurose e histeria eram características genéticas intrínsecas dos judeus.[20] Ele observou que a taxa de suicídios entre os judeus havia aumentado sete vezes entre 1849 e 1907 e concluiu, de maneira assombrosa, que a causa disso não era a perseguição sistemática aos judeus na Europa, mas sua neurótica reação exagerada a isso: "Apenas pessoas com tendências psicopáticas e neuróticas reagiriam desse modo a tal mudança em suas condições externas". Em 1936, a Universidade de Munique, uma instituição que recebia ricas dotações de Hitler, concedeu o título de doutor a um jovem pesquisador médico por sua tese sobre a "morfologia racial" da mandíbula humana — uma tentativa de provar que a anatomia da mandíbula era determinada pela raça e herdada geneticamente. Esse recém-ungido "geneticista humano", Josef Mengele, logo emergiria como o mais epicamente perverso dos pesquisadores nazistas, e seus experimentos com prisioneiros lhe trariam a alcunha de Anjo da Morte.

No fim, o programa nazista de expurgar os "geneticamente doentes" foi apenas o prelúdio de uma devastação muito maior. Medonho como foi, o extermínio de surdos, cegos, mudos, aleijados, inválidos e débeis mentais seria eclipsado em números pelos épicos horrores vindouros: o extermínio de 6 milhões de judeus em campos de concentração e câmaras de gás durante o Holocausto, de 200 mil ciganos, vários milhões de cidadãos soviéticos e poloneses e de um número desconhecido de homossexuais, intelectuais, escritores, artistas e dissidentes políticos. Mas é impossível separar esse aprendizado de selvageria da sua encarnação madura; foi nesse jardim de infância do barbarismo eugênico que os nazistas aprenderam o abecê de seu ofício. A palavra "genocídio" tem a mesma raiz de "gene", e por uma boa razão: os nazistas usaram o vocabulário dos genes e geneticistas para iniciar, justificar e sustentar seu plano. A linguagem da discriminação genética foi explorada com facilidade como a linguagem do extermínio racial. A desumanização dos doentes mentais e deficientes físicos ("Eles não são capazes de pensar e agir como nós") foi um aquecimento para a desumanização dos judeus ("Eles não pensam nem agem como nós"). Nunca antes na história, e nunca de maneira tão insidiosa, os genes haviam sido associados com tanta facilidade à identidade, a identidade à deficiência e a deficiência ao extermínio. Martin Neimöller, teólogo alemão, resumiu a escorregadia marcha do mal em sua conhecidíssima citação:

Primeiro vieram buscar os socialistas, e eu não disse nada,
Porque não era socialista.
Depois vieram buscar os sindicalistas, e eu não disse nada,
Porque não era sindicalista.
Depois vieram buscar os judeus, e eu não disse nada,
Porque não era judeu.
E então vieram me buscar, e não havia ninguém para falar por mim.[21]

Enquanto os nazistas aprendiam a deturpar a linguagem da hereditariedade para fundamentar um programa de esterilização e extermínio patrocinado pelo Estado nos anos 1930, outro Estado europeu poderoso também contorcia a lógica da hereditariedade e dos genes para justificar seus planos políticos, porém no sentido oposto. Os nazistas haviam adotado a genética como uma ferramenta de limpeza racial. Na União Soviética dessa época, cientistas e intelectuais de esquerda afirmavam que nada era inerente na hereditariedade. Na natureza, tudo e *todos* eram mudáveis. Os genes não passavam de uma miragem, inventada pela burguesia para ressaltar a imutabilidade das diferenças individuais; na verdade, nada era indelével nas características, identidades, escolhas ou destinos das pessoas. Se o Estado precisava de limpeza, ela não seria obtida por meio de seleção genética, e sim pela reeducação de todos os indivíduos e a obliteração das individualidades. Os cérebros, e não os genes, tinham de ser limpos.

Como no caso nazista, a doutrina soviética também foi escorada e reforçada por um simulacro de ciência. Em 1928, um austero pesquisador agrícola de feições pétreas chamado Trofim Lysenko[22] — "Ele dá a sensação de dor de dente", escreveu um jornalista[23] — afirmou ter descoberto um modo de "despedaçar" e reorientar as influências hereditárias em animais e plantas. Em experimentos feitos em remotas fazendas siberianas, Lysenko teria exposto linhagens de trigo a fortes agressões por frio e seca e, com isso, levado aquelas linhagens a adquirir uma resistência hereditária à adversidade (mais tarde se descobriria que essas afirmações suas eram fraudulentas ou baseadas em experimentos da pior qualidade científica). Ele explicou que, ao tratar as linhagens de trigo com essa "terapia de choque", conseguiu fazer as plantas florescer com mais vigor na primavera e produzir maiores quantidades de trigo por todo o verão.

A "terapia de choque", é óbvio, não condizia com a genética. Expor o trigo ao frio ou à seca não poderia produzir mudanças permanentes e hereditárias em genes, do mesmo modo que a amputação em série da cauda de camundongos não podia criar uma linhagem de camundongos sem cauda ou que o estiramento do pescoço dos antílopes não podia produzir uma girafa. Para instilar tal mudança em suas plantas, Lysenko teria que ensejar a mutação de genes para a resistência ao frio (à Morgan ou Muller), usar a seleção natural ou artificial para isolar linhagens mutantes (à Darwin) e intercruzar linhagens mutantes entre si para fixar a mutação (à Mendel e De Vries). No entanto, Lysenko convenceu a si mesmo e aos seus chefes soviéticos de que conseguira "retreinar" as plantas graças apenas à exposição e ao condicionamento e, com isso, alterar suas características inerentes. Ele menosprezou por completo a noção de genes. Afirmou que os genes tinham sido "inventados pelos geneticistas" para apoiar uma ciência "burguesa podre e moribunda".[24] "A base da hereditariedade não reside em alguma substância especial que se autorreproduz." Com isso, ele requentava a ideia de Lamarck de que a adaptação se transformava diretamente em mudança hereditária, décadas depois de os geneticistas terem apontado os erros conceituais do lamarckismo.

A teoria de Lysenko foi esposada de imediato pela máquina política soviética. Prometia um novo método para promover um enorme aumento na produção agrícola em uma terra à beira da fome: "reeducando" as plantações de trigo e arroz, seria possível obter safras em quaisquer condições, inclusive nos invernos mais severos e nos verões mais secos. Talvez igualmente importante seja o fato de que Stálin e seus compatriotas acharam satisfatória, do ponto de vista ideológico, essa perspectiva de "despedaçar" e "retreinar" genes por meio de terapia de choque. Enquanto Lysenko retreinava plantas para livrá-las da dependência de solo e clima, os trabalhadores do Partido Soviético também reeducavam dissidentes políticos para livrá-los da arraigada dependência da falsa consciência e de bens materiais. Os nazistas acreditavam na absoluta imutabilidade genética ("Um judeu é um judeu") e recorriam à eugenia para mudar a estrutura de sua população. Os soviéticos acreditavam na absoluta capacidade de reprogramação genética ("Qualquer um é todo mundo") e queriam erradicar todas as distinções para alcançar um bem coletivo radical.

Em 1940, Lysenko depôs seus críticos, assumiu a diretoria do Instituto de Genética da União Soviética e estabeleceu seu feudo totalitário na biologia soviética.[25] Qualquer forma de dissidência científica às suas teorias — em especial qualquer crença na genética mendeliana ou na evolução darwiniana — foi proibida por lei. Cientistas eram mandados para gulags para serem "retreinados" nas ideias de Lysenko (como no exemplo do trigo, a exposição dos professores dissidentes à "terapia de choque" poderia convencê-los a mudar de ideia). Em agosto de 1940, Nicolai Vavilov, renomado geneticista mendeliano, foi capturado e mandado para a famigerada prisão de Saratov por divulgar suas ideias "burguesas" sobre biologia. (Vavilov se atrevera a afirmar que os genes não eram tão facilmente maleáveis.) Enquanto ele e outros cientistas definhavam na prisão, os partidários de Lysenko empreendiam uma vigorosa campanha para desacreditar a genética como ciência. Em janeiro de 1943, exausto e subnutrido, Vavilov foi transferido para um hospital de prisão. "Agora não passo de esterco", disse a seus captores.[26] Morreu algumas semanas depois.[27]

O nazismo e o lysenkoismo baseavam-se em conceitos de hereditariedade que se opunham de forma gritante, mas os paralelos entre os dois movimentos são impressionantes. Embora a doutrina nazista não tenha rivais em virulência, tanto o nazismo como o lysenkoismo mostravam uma linha comum: em ambos os casos usou-se uma teoria da hereditariedade para construir uma noção de identidade humana que, por sua vez, foi deturpada para servir a um plano político. As duas teorias da hereditariedade podem ter sido espetacularmente opostas — os nazistas eram tão obcecados pela imutabilidade da hereditariedade quanto os soviéticos pela sua total maleabilidade —, mas a linguagem dos genes e da herança genética era fundamental para o Estado e o progresso; é tão difícil imaginar o nazismo sem a crença na indelebilidade da hereditariedade quanto conceber um Estado soviético sem a crença de que era possível apagar essa herança. Como seria de esperar, nos dois casos distorceu-se a ciência de modo deliberado para apoiar mecanismos de "limpeza" patrocinados pelo Estado. Apropriando-se da linguagem dos genes e hereditariedade, sistemas inteiros de poder e Estado foram justificados e reforçados. Em meados do século XX, o gene — ou a negação de sua existência — já havia emergido como uma poderosa ferramenta política e cultural. Tornara-se uma das ideias mais perigosas da história.

Ciência fajuta escora regimes totalitários. E regimes totalitários produzem ciência fajuta. Os geneticistas nazistas deram alguma contribuição de verdade à ciência da genética?

Em meio ao volumoso rebotalho, duas contribuições destacam-se. A primeira foi metodológica: os cientistas nazistas promoveram o "estudo de gêmeos" — que no entanto, como era previsível, logo assumiu uma forma medonha. Os estudos de gêmeos originaram-se com o trabalho de Francis Galton nos anos 1890. Depois de cunhar a expressão "natureza versus criação", Galton se perguntou como um cientista poderia discernir a influência de uma em comparação com a da outra.[28] Como determinar se uma característica específica — por exemplo, altura ou inteligência — era produto da natureza ou da criação? Como desenredar a hereditariedade do ambiente?

Galton propôs aproveitar um experimento natural. Como os gêmeos possuem material genético idêntico, ele raciocinou, quaisquer similaridades substanciais entre eles poderiam ser atribuídas a genes, ao passo que as diferenças seriam consequências do ambiente. Estudando gêmeos, comparando e contrastando semelhanças e diferenças, o geneticista poderia determinar as contribuições exatas da natureza e da criação para características importantes.

Galton estava na pista certa, exceto por uma falha crucial: não distinguira entre gêmeos idênticos, que de fato são geneticamente idênticos, e gêmeos fraternos, que são apenas irmãos genéticos (os gêmeos idênticos derivam da divisão de um único óvulo fertilizado, o que resulta em gêmeos com genomas idênticos, ao passo que os gêmeos fraternos provêm da fertilização simultânea de dois óvulos, o que resulta em gêmeos com genomas não idênticos). Portanto, os primeiros estudos de gêmeos foram prejudicados por essa confusão e tiveram resultados inconclusivos. Em 1924, Hermann Werner Siemens,[29] alemão eugenista e simpatizante nazista, propôs um estudo de gêmeos que aperfeiçoou a iniciativa de Galton com a separação meticulosa entre gêmeos idênticos e gêmeos fraternos.*

Especializado em dermatologia, Siemens foi aluno de Ploetz e um dos primeiros proponentes exaltados da higiene racial. Como Ploetz, ele percebeu que só seria possível justificar a limpeza genética se antes os geneticistas conseguissem estabelecer a hereditariedade: só se poderia justificar a esterilização de um cego se fosse possível estabelecer que sua cegueira era hereditária. Em características como a hemofilia, essa conclusão era direta e dispensava o estudo de gêmeos para estabelecer a hereditariedade. Já em características mais complexas, como inteligência ou doença mental, determinar a hereditariedade era muito mais difícil. Para desenredar os efeitos da hereditariedade e do ambiente, Siemens sugeriu a comparação de gêmeos fraternos com gêmeos idênticos. A chave para a hereditariedade seria a *concordância*. O termo "concordância" refere-se à fração de gêmeos que possuem uma característica em comum. Se gêmeos têm a mesma cor dos olhos em 100% dos casos, a concordância é 1. Se a mesma cor é encontrada em 50% dos gêmeos, a concordância é 0,5. A concordância é uma medida conveniente para sabermos se os genes influenciam uma característica. Se gêmeos idênticos possuem alta concordância para a esquizofrenia, por exemplo, enquanto gêmeos fraternos — nascidos e criados em um ambiente idêntico — apresentam baixa concordância, as raízes dessa doença podem ser firmemente atribuídas à genética.

Esses primeiros estudos forneceram aos geneticistas nazistas o combustível para experimentos mais drásticos. O mais vigoroso proponente dessa via foi Josef Mengele, o antropólogo que virou médico e oficial da ss e, encourraçado num jaleco branco, assombrou os campos de concentração de Auschwitz e Birkenau. Dotado de um interesse mórbido por genética e pesquisa médica, Mengele ascendeu ao posto de médico-chefe de Auschwitz, onde se pôs a fazer uma série de experimentos monstruosos com gêmeos. Entre 1943 e 1945,[30] mais de mil gêmeos foram vítimas dos seus experimentos.** Incitado de

---

* Curtis Merriman, um psicólogo americano, e Walter Jablonski, um oftalmologista alemão, também realizaram estudos semelhantes de gêmeos nos anos 1920.
** O número exato é difícil de definir. Ver Gerald L. Posner e John Ware, *Mengele: The Complete Story*, para a magnitude dos experimentos de Mengele com gêmeos.

Berlim por seu mentor, Otmar von Verschuer, Mengele buscava gêmeos para seus estudos vasculhando as filas de prisioneiros que chegavam aos campos de concentração e gritando uma frase que ficaria gravada na memória dos detentos: *Zwillinge heraus* ("Gêmeos, fora") ou *Zwillinge heraustreten* ("Gêmeos, um passo à frente").

Arrancados dos campos, os gêmeos eram marcados com tatuagens especiais, alojados em blocos separados e vitimados de modo sistemático por Mengele e seus assistentes (por ironia, como eram sujeitos de experimentos, os gêmeos tinham maior probabilidade de sobreviver nos campos de concentração do que as crianças sem irmãos gêmeos, que eram exterminadas sem maiores preocupações). Mengele media obsessivamente as partes do corpo dos gêmeos para comparar as influências genéticas sobre o crescimento. "Nenhuma parte do corpo ficava sem medição", contou um gêmeo. "Estávamos sempre sentados juntos, sempre nus."[31] Houve gêmeos mortos com gás que tiveram o corpo dissecado para a comparação do tamanho dos órgãos internos. Outros ainda foram mortos com injeção de clorofórmio no coração. Alguns foram submetidos a transfusão de sangue incompatível, amputação de membro ou operações sem anestesia. Gêmeos foram infectados com tifo para determinar variações genéticas nas respostas a infecções bacterianas. Em um exemplo particularmente pavoroso, dois gêmeos — um deles era corcunda — foram, por via cirúrgica, costurados um ao outro para determinar se ter uma espinha em comum corrigiria a deficiência. O local da cirurgia gangrenou, e eles morreram pouco depois.

Apesar do verniz fajuto de ciência, o trabalho de Mengele era da pior qualidade científica. Depois de ter submetido centenas de vítimas a experimentos, ele não produziu coisa alguma além de um caderno rabiscado com anotações malfeitas, sem resultados dignos de nota. Um pesquisador examinou as desconexas anotações no museu de Auschwitz e concluiu: "Nenhum cientista levaria isso a sério". De fato, independentemente de quaisquer avanços anteriores nos estudos de gêmeos que a Alemanha possa ter logrado, os experimentos de Mengele apodreceram as pesquisas com gêmeos de forma tão eficaz, fermentando toda essa área em tamanho ódio, que seriam necessárias décadas para que o mundo tornasse a levá-la a sério.

A segunda contribuição dos nazistas à genética não teve a intenção de ser uma contribuição. Em meados dos anos 1930, quando Hitler ascendeu ao poder na Alemanha, uma multidão de cientistas percebeu a ameaça crescente da agenda política nazista e deixou o país. A Alemanha havia dominado a ciência no começo do século xx: fora o cadinho da física atômica, mecânica quântica, química nuclear, fisiologia e bioquímica. Dos cem prêmios Nobel de Física, Química e Medicina entregues entre 1901 e 1932, 33 foram para cientistas alemães (os britânicos receberam dezoito, os americanos, apenas seis). Quando Hermann Muller chegou a Berlim em 1932, a cidade abrigava as mais ilustres mentes científicas do mundo. Einstein escrevia equações nos quadros-negros do Instituto de Física Kaiser Wilhelm. O químico Otto Hahn dividia átomos para estudar as partículas subatômicas. O bioquímico Hans Krebs abria células para identificar seus componentes químicos.

Mas a ascensão do nazismo provocou calafrios imediatos em toda a elite científica alemã. Em abril de 1933, os professores judeus foram destituídos de uma hora para outra de suas cátedras nas universidades financiadas pelo Estado.[32] Sentindo o perigo iminente, cientistas judeus partiram aos milhares para outros países. Einstein viajou para uma conferência em 1933 e sabiamente se recusou a voltar. Krebs fugiu naquele mesmo ano, assim como o bioquímico Ernest Chain e o fisiologista Wilhelm Feldberg. O físico Max Perutz foi para a Universidade de Cambridge em 1937. Para não judeus como Erwin Schrödinger e o químico nuclear Max Delbrück, a situação era moralmente insustentável. Muitos, enojados, demitiram-se e emigraram. Hermann Muller, decepcionado com mais uma falsa utopia, trocou Berlim pela União Soviética, em nova cruzada para unir ciência e socialismo. (Para que não haja equívocos quanto à resposta dos cientistas à ascensão nazista, cabe notar que muitos cientistas alemães mantiveram um silêncio mortal diante do nazismo. "Hitler pode ter arruinado as perspectivas de longo prazo para a ciência alemã", escreveu George Orwell em 1945,[33] mas não faltaram "homens [alemães] talentosos para fazer os necessários estudos sobre coisas como óleo sintético, aviões a jato, projéteis-foguete e bombas atômicas".)

A perda da Alemanha foi o ganho da genética. O êxodo permitiu que cientistas alemães viajassem não só para outros países, mas também para outras disciplinas. Quando se viram em uma nova nação, eles também encontraram oportunidades de voltar sua atenção para novos problemas. Físicos atômicos interessaram-se em especial pela biologia, que era a fronteira inexplorada da investigação científica. Depois de terem reduzido a matéria às suas unidades fundamentais, eles se empenharam em reduzir a vida a unidades materiais semelhantes. O éthos da física atômica — o incansável impulso de descobrir partículas irredutíveis, mecanismos universais e explicações sistemáticas — logo permearia a biologia e impeliria a disciplina para novos métodos e novas questões. As reverberações desse éthos seriam sentidas nas décadas futuras: quando físicos e químicos se voltaram para a biologia, buscaram compreender os seres vivos em termos químicos e físicos, através das moléculas, forças, estrutura, ações e reações. Com o tempo, esses emigrantes redesenhariam os mapas de seu novo continente.

Os genes atraíram grande parte da atenção. De que eram feitos? Como funcionavam? O trabalho de Morgan indicara sua localização em cromossomos, onde supostamente eles se enfileiravam como contas em um fio. Os experimentos de Griffith e Muller haviam indicado a existência de um elemento material, uma substância química que era capaz de passar de um organismo a outro e de ser alterada com facilidade por raios X.

Enquanto os biólogos empalideciam diante da tarefa de descrever a "molécula do gene" em termos puramente teóricos, que físico poderia resistir a uma aventura por esse território estranho e arriscado? Em 1943, falando de Dublin, o luminar da teoria quântica Erwin Schrödinger tentou, de maneira audaciosa, descrever a natureza molecular do gene com base puramente em princípios teóricos (uma conferência publicada depois no livro *O que é vida?*).[34] Schrödinger supôs que o gene tinha de ser feito de um tipo singular de substância química; tinha de ser uma molécula de contradições. Era preciso que possuísse regularidade química — do contrário, processos rotineiros como cópia e transmissão não funcionariam —, mas também devia ser capaz de uma extraordinária *irregularidade* — senão a imensa diversidade da hereditariedade não poderia ser explicada. A molécula tinha de ser capaz de conter grandes quantidades de informação, mas ser compacta o suficiente para estar contida em uma célula.

Schrödinger imaginou uma substância química com múltiplas ligações químicas distribuídas ao longo da "fibra cromossômica". Talvez a sequência de ligações contivesse as instruções codificadas — uma "variedade de conteúdos comprimidos em [algum] código em miniatura". Talvez a *ordem* das contas no fio guardasse o código secreto da vida.

Similaridade e diferença; ordem e diversidade; mensagem e matéria. Schrödinger estava tentando conjurar uma substância química que capturasse as qualidades divergentes e contraditórias da hereditariedade: uma molécula que satisfizesse a Aristóteles. Era quase como se ele visualizasse o DNA.

12. "Essa molécula estúpida"

> *Nunca subestime o poder da... estupidez.*
> Robert Heinlein[1]

Oswald Avery tinha 55 anos em 1933 quando ouviu falar do experimento de transformação de Frederick Griffith. Ele parecia ser mais velho. Frágil, miúdo, de óculos, careca, com voz de passarinho e membros que pareciam gravetos no inverno, Avery era professor da Universidade Rockefeller, em Nova York, e ali passara a vida estudando bactérias, em especial o pneumococo. Ele tinha certeza de que Griffith cometera algum erro terrível em seu experimento. Como detritos químicos podiam levar informações genéticas de uma célula a outra?

Assim como os músicos, os matemáticos e os atletas de elite, os cientistas atingem o auge cedo e declinam rápido. Não é a criatividade que se esvai, é a energia: a ciência é um esporte de resistência. Para produzir aquele único experimento esclarecedor, mil experimentos não esclarecedores têm de ser jogados no lixo; é uma batalha entre a natureza e a determinação. Avery firmara-se como microbiólogo competente, mas nunca se imaginara em uma aventura por esse novo mundo de genes e cromossomos. "Fess"[2] ("Fessor", como, de maneira afetuosa, seus alunos o chamavam) era um bom cientista, mas não tinha jeito de quem viria a ser revolucionário. O experimento de Griffith podia ter jogado a genética dentro de um táxi com tarifa paga só para o trajeto de ida rumo a um futuro estranho, mas Avery relutava em participar dessa corrida.

Se Fess era um geneticista relutante, o DNA era uma "molécula gênica" relutante. O experimento de Griffith suscitara muitas especulações sobre a identidade molecular do gene. No começo dos anos 1940, bioquímicos abriram células para revelar seus componentes químicos e identificaram várias moléculas em sistemas vivos. No entanto, a molécula que continha o código da hereditariedade continuava desconhecida.

Sabia-se que a cromatina — a estrutura biológica onde residem os genes — era feita de dois tipos de substância química: proteínas e ácidos nucleicos. Ninguém conhecia ou entendia a estrutura química da cromatina,[3] mas, desses dois componentes "intimamente misturados", as proteínas eram muito mais familiares aos biólogos, muitíssimo mais versáteis e tinham uma probabilidade bem maior de ser as portadoras dos genes. Sabia-se que proteínas executavam a maior parte das funções na célula. Para viver, as células dependiam de reações químicas: durante a respiração, por exemplo, o açúcar combina-se quimicamente ao oxigênio para produzir dióxido de carbono e energia. Nenhuma dessas reações ocorre de maneira espontânea (do contrário, nosso corpo estaria o tempo todo chamejando com odor de açúcar flambado). Proteínas induzem e controlam essas reações químicas fundamentais na célula — acelerando algumas, desacelerando outras, estabelecendo o ritmo das reações o suficiente para que haja compatibilidade com a vida. A vida pode ser química, mas é uma circunstância especial da química. Organismos existem não graças a reações que são possíveis, mas a reações que estão *nos limites do possível*. Se a reatividade fosse excessiva, entraríamos em combustão espontânea. Se fosse moderada demais, resfriaríamos até a morte. Proteínas possibilitam essas reações nos limites do possível e nos permitem viver na fronteira da entropia química — patinando de modo perigoso, mas sem jamais cair.

Proteínas também formam os componentes estruturais da célula: fios de cabelo, unhas, cartilagem ou as matrizes que capturam e amarram as células. Torcidas em outras formas, elas também formam receptores, hormônios e moléculas sinalizadoras, permitindo que as células se comuniquem umas com as outras. Quase toda função celular — metabolismo, respiração, divisão celular, autodefesa, eliminação de resíduos, secreção, sinalização, crescimento e até morte celular — requer proteínas. Elas são as bestas de carga do mundo bioquímico.

Os ácidos nucleicos, em contraste, eram os azarões do mundo bioquímico. Em 1869 — quatro anos depois de Mendel ter lido seu artigo para a Sociedade de Ciência Natural em Brno —, um bioquímico suíço, Friedrich Miescher, descobrira essa nova classe de moléculas em células.[4] Como a maioria de seus colegas bioquímicos, Miescher também estava tentando classificar os componentes moleculares das células abrindo-as e separando as substâncias químicas que eram liberadas. Dentre os vários componentes, ele ficou intrigado em especial com uma das substâncias. Ele a precipitara em filamentos densos e espiralados saídos de células de glóbulos brancos que coletara em pus humano de curativos cirúrgicos. E havia encontrado espirais brancas de substância química semelhantes em esperma de salmão. Chamou a molécula de *nucleína* porque ela se concentrava no núcleo da célula. Como se tratava de uma substância ácida, o nome foi depois modificado para ácidos nucleicos, mas a função da nucleína na célula permanecera um mistério.

No começo dos anos 1920, os bioquímicos haviam adquirido uma compreensão mais profunda da estrutura dos ácidos nucleicos. Essa substância existia em duas formas, DNA e RNA, moléculas primas. Ambas consistiam em longas cadeias feitas de quatro componentes, chamados de bases, distribuídos ao longo de uma cadeia ou espinha dorsal. As quatro bases projetavam-se dessa espinha dorsal como folhas que sobressaem em uma trepadeira. No DNA, as quatro "folhas" (ou bases) eram adenina, guanina, citosina e timina — abreviadas por A, G, C e T. No RNA, em vez da timina encontrava-se a uracila — portanto, A, C, G e U.* Além desses detalhes rudimentares, nada se sabia acerca da estrutura ou função do DNA e do RNA.

Para o bioquímico Phoebus Levene, um dos colegas de Avery na Universidade Rockefeller, a composição química comicamente singela do DNA —

* A "espinha dorsal" do DNA e do RNA é feita de uma cadeia de açúcares e fosfatos. No RNA, o açúcar é a ribose — daí o nome ácido ribonucleico (RNA). No DNA, o açúcar é uma substância um pouco diferente, a desoxirribose — daí o nome ácido desoxirribonucleico (DNA).

quatro bases enfileiradas ao longo de uma cadeia — sugeria uma estrutura bastante "despojada".[5] O DNA devia ser um polígono comprido e monótono, imaginou Levene. Ele supôs que as quatro bases repetiam-se em uma ordem definida: AGCT-AGCT-AGCT-AGCT e assim por diante, *ad nauseam*. Repetitiva, rítmica, regular, austera, aquela substância era uma esteira transportadora, o náilon do mundo bioquímico. Levene chamou-a de "molécula estúpida".[6]

Até um exame rápido da estrutura proposta por Levene para o DNA já o desqualificava como portador de informações genéticas. Moléculas estúpidas não eram capazes de transmitir mensagens inteligentes. O DNA, de uma monotonia extrema, parecia ser o oposto da substância imaginada por Schrödinger — não apenas uma molécula estúpida, mas coisa pior: maçante. Em contraste, as proteínas — diversificadas, conversadeiras, versáteis, capazes de assumir formas camaleônicas e desempenhar funções camaleônicas — eram infinitamente mais atrativas como portadoras de genes. Se, como Morgan sugerira, a cromatina era um colar de contas, as proteínas tinham de ser o componente ativo — as contas —, enquanto o DNA provavelmente era o fio. O ácido nucleico em um cromossomo, disse um bioquímico, era meramente a "substância sustentadora, determinante da estrutura"[7] — um andaime pomposo para os genes. As proteínas continham a verdadeira matéria da hereditariedade. O DNA era só o enchimento.

Em meados de 1940, Avery confirmou o principal resultado do experimento de Griffith. Ele separou os detritos brutos de bactérias da cepa lisa virulenta, misturou-os com bactérias vivas da cepa rugosa não virulenta e injetou a mistura em camundongos. Apareceram fielmente bactérias de invólucro liso virulentas e mataram os camundongos. O "princípio transformador" funcionara. Como Griffith, Avery observou que as bactérias de invólucro liso, uma vez transformadas, retinham sua virulência geração após geração. Em resumo: informações genéticas tinham de ter sido transmitidas entre dois organismos sob uma forma puramente química, permitindo aquela transição da variante de invólucro rugoso para a de invólucro liso.

Mas que substância química? Avery mexeu e remexeu nos experimentos como só um microbiólogo poderia fazer; cultivou as bactérias em vários meios de cultura, adicionou caldo de coração de boi, removeu açúcares contaminantes, cultivou colônias em lâminas. Dois assistentes, Colin MacLeod e Maclyn McCarty, vieram colaborar com os experimentos em seu laboratório. As primeiras minúcias técnicas foram cruciais; no começo de agosto, os três haviam obtido a reação de transformação em um frasco e destilado o "princípio transformador" em uma forma bastante concentrada. Em outubro de 1940, eles começaram a fazer uma triagem dos detritos bacterianos concentrados, separando com meticulosidade cada componente químico e testando cada fração para descobrir sua capacidade de transmitir informação genética.

Primeiro, removeram dos detritos todos os fragmentos de invólucro bacteriano remanescentes. A atividade transformadora permaneceu intacta. Dissolveram os lipídeos em álcool — não houve mudança na transformação. Removeram as proteínas dissolvendo o material em clorofórmio. O princípio transformador ficou intocado. Digeriram as proteínas com várias enzimas; a atividade permaneceu inalterada. Aqueceram o material a 65 graus — o suficiente para deformar a maioria das proteínas —, depois acrescentaram ácidos para coagular as proteínas, e a transmissão de genes continuou inalterada. Os experimentos foram meticulosos, exaustivos e decisivos. Fossem quais fossem seus constituintes químicos, o princípio transformador não era composto de açúcares, lipídeos ou proteínas.

O que seria, então? Podia ser congelado e derretido. Álcool precipitava. Precipitava-se da solução como uma "substância branca, fibrosa [...] que se enrola em volta de uma haste vítrea como linha no carretel". Se Avery tivesse posto o carretel fibroso na língua, poderia ter sentido um leve gosto ácido seguido por um ressaibo açucarado e uma nota metálica de sal — como o gosto do "mar primordial", segundo um escritor.[8] Uma enzima que digeria o RNA não tinha efeito. O único modo de erradicar a transformação era digerir o material com uma enzima que — vejam só — degradava o DNA.

O DNA? Seria ele o portador da informação genética? Poderia essa "molécula estúpida" ser a portadora das mais complexas informações da biologia? Avery, McLeod e McCarty iniciaram uma saraivada de experimentos, testando o princípio transformador com luz ultravioleta, análises químicas, eletroforese. Em todos os casos, a resposta foi clara: o material transformador era sem dúvida o DNA. "Quem poderia adivinhar?", escreveu Avery, hesitante, a seu irmão em 1943.[9] "Se estivermos certos — e claro que isso ainda não está provado —, então os ácidos nucleicos não são apenas importantes em termos estruturais, são substâncias funcionalmente ativas [...] que induzem *mudanças previsíveis e hereditárias* em células" (grifo de Avery).

Avery queria assegurar-se duplamente antes de publicar quaisquer resultados.[10] "É arriscado agir com afobação e ter que se retratar envergonhado mais tarde." Mas ele tinha plena compreensão das consequências de seu experimento divisor de águas: "O problema é crivado de implicações. [...] Isso é algo que há muito tempo tem sido o sonho dos geneticistas". Como diria mais tarde um estudioso, Avery tinha descoberto "a substância material do gene" — o "tecido de onde os genes são cortados".[11]

O artigo de Oswald Avery sobre o DNA foi publicado em 1944, justamente o ano em que os extermínios nazistas atingiram seu pavoroso crescendo na Alemanha.[12] Todo mês, trens vomitavam nos campos de concentração milhares de judeus deportados. Os números foram à estratosfera: só em 1944 quase 500 mil homens, mulheres e crianças foram transportados para Auschwitz. Instalaram-se campos-satélites, construíram-se novas câmaras de gás e crematórios. Sepulturas coletivas transbordavam de cadáveres. As estimativas são de que, naquele ano, foram mandadas para as câmaras de gás 450 mil pessoas.[13] Até 1945, tinham sido mortos 900 mil judeus, 74 mil poloneses, 21 mil ciganos e 15 mil prisioneiros políticos.

No começo de 1945, quando os soldados do Exército Vermelho soviético se aproximavam de Auschwitz e Birkenau pela paisagem congelada, os nazistas tentaram retirar quase 60 mil prisioneiros dos campos e seus satélites.[14] Exaustos, com frio e gravemente subnutridos, muitos morreram durante a desocupação. Na manhã de 27 de janeiro de 1945, os soldados soviéticos entraram nos campos e libertaram os 7 mil prisioneiros remanescentes — um minúsculo vestígio do número de mortos e enterrados no campo. Àquela altura, a linguagem da eugenia e genética já de longa data se tornara subsidiária da mais perversa linguagem do ódio racial. O pretexto da limpeza genética tinha sido, em grande medida, eclipsado por sua progressão para a limpeza étnica. Mesmo assim, a marca da genética nazista permaneceu, como uma cicatriz indelével. Entre os prisioneiros atordoados e esqueléticos que saíram do campo naquela manhã estavam uma família de anões e vários gêmeos — os poucos sobreviventes dos experimentos genéticos de Mengele.

* * *

Essa talvez tenha sido a contribuição final do nazismo para a genética: bater o derradeiro carimbo do opróbrio na eugenia. Os horrores da eugenia nazista inspiraram uma história admonitória e impulsionaram um reexame global das ambições que haviam motivado aqueles esforços. No mundo todo, programas de eugenia foram encerrados em clima de vergonha. O Eugenics Record Office, nos Estados Unidos, que perdera grande parte de suas verbas em 1939, encolheu de maneira drástica depois de 1945.[15] Muitos de seus mais ferrenhos defensores foram acometidos por uma conveniente amnésia coletiva sobre seu papel no encorajamento dos eugenistas alemães e renunciaram por completo ao movimento.

13. "Objetos biológicos importantes vêm em pares"

> *Não seria possível ser um cientista bem-sucedido sem perceber que, em contraste com a concepção popular apoiada pelos jornais e pelas mães de cientistas, muitos deles são não apenas tacanhos e enfadonhos, mas também estúpidos.*
>
> James Watson[1]

> *É a molécula que tem charme, não os cientistas.*
>
> Francis Crick[2]

> *A ciência [seria] arruinada se, como no esporte, pusesse a competição acima de tudo.*
>
> Benoît Mandelbrot[3]

O experimento de Oswald Avery produziu outra "transformação". O DNA, antes o primo pobre das moléculas biológicas, foi posto sob os holofotes. Embora de início alguns cientistas resistissem à ideia de que os genes eram feitos de DNA, era difícil negar as evidências de Avery (entretanto, apesar de três indicações, Avery ainda assim não foi laureado com o Nobel porque o influente químico sueco Einar Hammarsten não quis acreditar que o DNA podia ser portador de informações genéticas). Quando provas adicionais obtidas por outros laboratórios e experimentos acumularam-se nos anos 1950,* até os céticos mais turrões tiveram de se converter em crentes. As alianças mudaram: a aia da cromatina de repente virou a rainha.

Entre os primeiros convertidos à religião do DNA estava um jovem físico neozelandês, Maurice Wilkins.[4] Filho de médico do interior, Wilkins estudara física em Cambridge nos anos 1930. A denodada fronteira da Nova Zelândia, tão longínqua e no hemisfério oposto, já havia produzido uma força que revolucionara a física do século XX: Ernest Rutherford, outro jovem que fora para Cambridge com uma bolsa de estudos em 1895 e irrompera na física atômica como um feixe de nêutrons desembestado.[5] Em um relâmpago de frenéticos experimentos, Rutherford deduzira as propriedades da radioatividade, construíra um convincente modelo conceitual do átomo, despedaçara o átomo em suas partes subatômicas e abrira a nova fronteira da física subatômica. Em 1919, Rutherford se tornara o primeiro cientista a realizar a fantasia medieval da transmutação química: bombardeou nitrogênio com radioatividade e o converteu em oxigênio. Nem mesmo os elementos eram particularmente elementares, provou Rutherford. O átomo, unidade fundamental da matéria, na verdade era feito de unidades ainda mais fundamentais da matéria: elétrons, prótons e nêutrons.

Wilkins, na esteira de Rutherford, estudava física atômica e radiação. Mudara-se para Berkeley nos anos 1940 e colaborara por um breve período com cientistas na separação e purificação de isótopos para o Projeto Manhattan. Ao retornar à Inglaterra, porém, Wilkins seguiu a tendência de muitos físicos e pouco a pouco se afastou da física em direção à biologia. Ele havia lido *O que é vida?*, de Schrödinger, e de imediato ficara fascinado. O gene — a unidade fundamental da hereditariedade — também devia ser feito de subunidades, refletiu ele, e a estrutura do DNA deveria contribuir para a compreensão delas. Ali estava uma chance para um físico desvendar o mistério mais sedutor da biologia. Em 1946, Wilkins foi nomeado diretor da Unidade de Biofísica do King's College, em Londres.

---

* Experimentos realizados por Alfred Hershey e Martha Chase em 1952 e 1953 também confirmaram que o DNA era o portador das informações genéticas.

* * *

"Biofísica". Até essa palavra estranha, um misto de duas disciplinas, era sinal de novos tempos. A percepção oitocentista de que a célula viva não passava de uma bolsa de reações químicas interligadas havia inaugurado uma poderosa disciplina que fundia biologia e química: a bioquímica. "A vida [...] é um incidente químico", disse o químico Paul Ehrlich,[6] e os bioquímicos, como seria de esperar, começaram a abrir células e caracterizar em classes e funções as suas "substâncias químicas vivas" constituintes. Açúcares forneciam energia. Gorduras armazenavam-na. Proteínas estabeleciam reações químicas, acelerando e controlando o ritmo dos processos bioquímicos e, assim, atuavam como os painéis de controle do mundo biológico.

Mas *como* as proteínas possibilitavam as reações fisiológicas? A hemoglobina, que transporta o oxigênio no sangue, por exemplo, executa uma das mais simples porém mais vitais reações da fisiologia. Quando exposta a níveis elevados de oxigênio, a hemoglobina liga-se a ele. Assim que chega a um local com baixos níveis de oxigênio, ela libera o oxigênio ao qual estava ligada. Essa propriedade lhe permite transportar oxigênio a partir dos pulmões para o coração e para o cérebro. Mas que característica da hemoglobina permite que ela atue como esse ônibus molecular tão eficiente?

A resposta está na estrutura da molécula. A hemoglobina A, que é a versão mais intensivamente estudada da molécula, tem um feitio de trevo-de-quatro-folhas. Duas de suas "folhas" são formadas por uma proteína chamada alfa-globina; as outras duas são criadas por uma proteína aparentada, beta-globina.* Cada uma dessas folhas prende, em seu centro, uma substância química que contém ferro chamada *hematina*, capaz de ligar-se ao oxigênio — uma reação que tem uma distante semelhança com uma forma controlada de enferrujamento. Quando todas as moléculas de oxigênio ligam-se à hematina, as quatro folhas da hemoglobina apertam-se ao redor do oxigênio como uma braçadeira. Na hora de liberar o oxigênio, o mesmo mecanismo de braçadeira afrouxa-se. O desligamento de uma molécula de oxigênio relaxa de modo coor-

---

* A hemoglobina tem múltiplas variantes, inclusive algumas que são específicas do feto. Essa discussão aplica-se à variante mais comum e mais bem estudada, que existe em abundância no sangue.

denado todas as outras braçadeiras (como no jogo infantil de varetas quando se puxa a vareta crucial para deixar cair uma bolinha). Agora as quatro folhas do trevo torcem-se e se abrem, e a hemoglobina entrega sua carga de oxigênio. Essa ligação e liberação controlada de ferro e oxigênio — o cíclico enferrujar e desenferrujar do sangue — permite um transporte eficiente de oxigênio para os tecidos. Graças à hemoglobina, o sangue transporta sete vezes mais oxigênio do que aquele que poderia estar dissolvido apenas no sangue líquido. O plano corporal dos vertebrados depende dessa propriedade: se a capacidade da hemoglobina para entregar oxigênio em lugares distantes fosse perturbada, nosso corpo seria forçado a ser pequeno e frio. Poderíamos acordar e nos ver transformados em insetos.

Portanto, é a *forma* da hemoglobina que permite sua função. A estrutura física da molécula capacita sua natureza química, a natureza química capacita sua função fisiológica, e, por fim, sua fisiologia capacita sua atividade biológica. O complexo funcionamento dos seres vivos pode ser entendido com base nessas três camadas: a física capacitando a química, e a química capacitando a fisiologia. Um bioquímico poderia responder à questão "O que é vida?" de Schrödinger dizendo: "se não substâncias químicas?". E o que são substâncias químicas — poderia acrescentar um biofísico — "se não moléculas de matéria?".

Essa descrição da fisiologia — como se dá o primoroso casamento de forma com função em todos os níveis até chegar ao molecular — remonta a Aristóteles. Para esse filósofo, os organismos vivos nada mais são do que máquinas primorosamente montadas. A biologia medieval afastou-se dessa tradição conjurando "forças vitais" e fluidos místicos que, sabe-se lá como, seriam exclusivos da vida — um deus ex machina trazido no último minuto para explicar o misterioso funcionamento dos organismos vivos (e justificar a existência do *deus*). Mas os biofísicos estavam decididos a restaurar uma descrição rigidamente mecanicista na biologia. Argumentaram que a fisiologia viva devia ser explicável em termos da biofísica: forças, movimentos, ações, motores, mecanismos, alavancas, polias, braçadeiras. As leis que impeliam as maçãs de Newton para o chão também deviam aplicar-se ao crescimento da macieira. Invocar forças vitais especiais ou inventar fluidos místicos para explicar a vida era desnecessário. Biologia era física. *Machina en deus*.

O projeto favorito de Wilkins no King's College pretendia desvendar a estrutura tridimensional do DNA. Se de fato o DNA era o portador do gene, pensou ele, sua estrutura deveria esclarecer a natureza do gene. Assim como a aterradora economia da evolução esticara o pescoço da girafa e aperfeiçoara a braçadeira de quatro braços da hemoglobina, essa mesma economia devia ter gerado uma molécula de DNA cuja forma condizia de maneira primorosa com sua função. A molécula do gene tinha que se *parecer* de algum modo com uma molécula de gene.

Para decifrar a estrutura do DNA, Wilkins decidira aproveitar um conjunto de técnicas da biofísica inventadas na vizinha Cambridge: cristalografia e difração de raios X. Para entender as linhas gerais dessa técnica, imagine que você tenta deduzir a forma de um objeto tridimensional minúsculo, por exemplo, um cubo. Você não pode "ver" esse cubo, nem sentir suas arestas pelo tato, mas ele tem uma propriedade em comum com todos os objetos físicos: gera sombras. Imagine que você pode direcionar luz para o cubo de vários ângulos e registrar as sombras que se formam. Quando é posto direto em frente à luz, o cubo projeta uma sombra quadrada. Iluminado de maneira oblíqua, ele forma um losango. Torne a mover a fonte de luz, e a sombra será trapezoide. É um processo quase absurdamente laborioso — como esculpir uma face a partir de 1 milhão de silhuetas —, mas funciona: peça por peça, um conjunto de imagens bidimensionais pode ser transmutado para uma forma tridimensional.

A difração de raios X surge de princípios análogos — as "sombras" são, na verdade, radiação dispersa gerada por um cristal —, só que, para iluminar moléculas e gerar radiação dispersa no mundo molecular, precisamos da mais potente fonte de luz: raios X. Além disso, há um problema mais sutil: em geral as moléculas se recusam a parar quietas para tirar um retrato. Na forma líquida ou gasosa, as moléculas disparam feito loucas pelo espaço, a esmo, como partículas de poeira. Se você apontar uma luz para 1 milhão de cubos em movimento, só irá obter uma sombra nebulosa e móvel, uma versão molecular da estática na televisão. A única solução para esse problema é engenhosa: transforme uma molécula de uma solução em um *cristal*, e no mesmo instante seus átomos ficam presos numa posição. Agora as sombras passam a ser regulares; os retículos cristalinos geram ordem e silhuetas legíveis. Quando lança luz sobre um cristal, o físico pode decifrar sua estrutura no espaço tridimensional. No Caltech, dois físicos e químicos, Linus Pauling e Robert Corey, haviam usado essa técnica para revelar as estruturas de vários fragmentos de proteína, uma façanha que traria o prêmio Nobel a Pauling em 1954.

Era exatamente isso que Wilkins esperava fazer com o DNA. Irradiar raios X sobre DNA não requeria grandes inovações ou especialização. Ele encontrou uma máquina de difração de raios X no departamento de química e instalou-a, "em solitário esplendor", numa sala revestida de chumbo no subsolo da "ala da barragem" do King's College, pouco abaixo do nível do vizinho rio Tâmisa.[7] Tinha todo o material crucial para seu experimento. Agora seu principal desafio era fazer o DNA parar quieto.

Wilkins labutava metodicamente em seu experimento no começo dos anos 1950 quando foi interrompido por uma força importuna. No último trimestre de 1950, o chefe da Unidade de Biofísica, J. T. Randall, recrutou mais uma jovem cientista para trabalhar com cristalografia. Randall era um dândi aristocrático, um fidalgo miúdo e aficionado do críquete que, no entanto, dirigia sua unidade com autoridade napoleônica. A nova recruta, Rosalind Franklin, havia estudado cristais de carvão em Paris. Em janeiro de 1951, ela foi a Londres visitar Randall.

Wilkins saíra de férias com a noiva, uma decisão da qual se arrependeria. Não está claro se Randall havia previsto futuros desentendimentos quando sugeriu um projeto a Franklin. "Wilkins já descobriu que fibras [de DNA] rendem diagramas extraordinariamente bons", disse a ela. Que tal se Franklin estudasse os padrões de difração dessas fibras para deduzir uma estrutura? Randall ofereceu a ela o DNA.

Quando voltou das férias, Wilkins pensava que Franklin fosse trabalhar como sua assistente, uma subordinada. Afinal de contas, o DNA sempre fora o projeto *dele*. Só que Franklin não tinha a intenção de ser assistente de ninguém. Filha de um banqueiro proeminente, aquela cientista de olhos e cabelos negros, com um olhar que penetrava como raios X em seus ouvintes, era um espécime raro no laboratório: uma pesquisadora independente num mundo dominado por homens. Com "um pai dogmático e mandão", como Wilkins escreveria mais tarde, Franklin cresceu em uma família em que "seu pai e seus irmãos se ressentiam da inteligência superior de R. F.". Ela não tinha a mínima vontade de ser auxiliar de fosse quem fosse, muito menos de Maurice Wilkins, cujas maneiras brandas lhe desagradavam, cujos valores, para ela, eram "de classe média" e cujo projeto — decifrar o DNA — estava em rota de colisão direta com o dela. Foi "ódio à primeira vista", resumiria depois um amigo de Franklin.[8]

De início Wilkins e Franklin tratavam-se com cordialidade no trabalho e, de vez em quando, iam tomar um café juntos no Strand Palace Hotel, mas a relação não tardou a descambar para uma hostilidade glacial e indisfarçada.[9] A familiaridade intelectual aos poucos gerou um desprezo carrancudo. Depois de poucos meses, os dois mal se falavam. (Ela "late com frequência, não consegue me morder", escreveu Wilkins mais tarde.)[10] Certa manhã eles foram passear, cada um com um grupo de amigos, e por coincidência escolheram remar no rio Cam. Franklin impeliu o barco seguindo a correnteza na direção de Wilkins, e os barcos ficaram próximos o suficiente para colidir. "Agora ela está tentando me afogar", exclamou ele, fingindo que estava apavorado.[11] As risadas nervosas que se seguiram mostraram que a piada passara perto demais da verdade.

O que ela tentava afogar, na verdade, era o ruído. Os tinidos de canecos de cerveja nos pubs infestados de homens; a amizade descontraída de homens discutindo ciência em sua sala de estar masculina no King's College. Franklin achava a maioria de seus colegas "absolutamente repulsivos".[12] Estava farta não só do machismo como das *insinuações* de machismo, de gastar tanta energia para analisar desfeitas percebidas ou decifrar trocadilhos involuntários.[13] Preferiria usar seu tempo decifrando outros códigos: da natureza, dos cristais, de estruturas invisíveis. Randall, o que era insólito em sua época, não se esquivava de contratar mulheres; várias trabalhavam com Franklin no King's College. E pioneiras tinham vindo antes dela: a severa e impetuosa Marie Curie de palmas gretadas e vestido preto de carvão, que destilava rádio em um caldeirão de resíduos enegrecidos e que ganhou não um, mas dois prêmios Nobel;[14] e a matronal e etérea Dorothy Hodgkin[15] em Oxford, que mais tarde recebeu o Nobel por descobrir a estrutura cristalina da penicilina (uma "dona de casa afável", como um jornal a descreveu).[16] Mas Franklin não se encaixava em nenhum desses modelos: não era uma dona de casa afável nem vivia mexendo em caldeirões embrulhada num casacão de feltro: nem Madona, nem bruxa.

O ruído que mais a incomodava era a estática indistinta nas imagens de DNA. Wilkins obtivera DNA purificado de um laboratório suíço e o esticara em fibras delgadas e uniformes. Passando a fibra por um orifício em um pedaço de arame — um clipe de papel curvado funcionava muito bem —, ele esperava difratar raios X e obter imagens. Mas o material revelara-se difícil de fotografar: gerava pontos esparsos e vagos no filme. Franklin se perguntou: O que tornaria uma molécula purificada tão difícil de ser captada em uma imagem? A resposta não tardou a lhe ocorrer. Em estado puro, o DNA existia em duas formas. Na presença de água, a molécula assumia uma configuração; quando secava, passava para a outra. Conforme a câmara experimental perdia umidade, as moléculas de DNA relaxavam e se tensionavam — expirando, inspirando, expirando, como a própria vida. Essa alternância entre as duas formas era em parte responsável pelo ruído que Wilkins se esforçava para minimizar.

Franklin ajustou a umidade da câmara usando um mecanismo engenhoso que borbulhava hidrogênio em água salgada.[17] Quando ela elevou a umidade do DNA na câmara, as fibras pareceram relaxar em caráter permanente. Domara-as, enfim. Dentro de algumas semanas ela pôde tirar fotos de DNA com uma qualidade e clareza inéditas. O cristalógrafo J. D. Bernal mais tarde as elogiaria como "as mais belas fotografias de raios X já feitas de uma substância".[18]

Na primavera de 1951, Maurice Wilkins fez uma palestra científica na Estação Zoológica de Nápoles, no laboratório onde Boveri e Morgan haviam estudado ouriços. O tempo começava a se mostrar um pouco mais ameno, porém o mar ainda mandava às vezes uma rajada gelada pelos corredores da cidade. Na plateia aquela manhã — "fraldas da camisa esvoaçantes, joelhos no ar, meias caindo pelos tornozelos [...] de cabeça empinada como um galo"[19] — estava um biólogo do qual Wilkins nunca ouvira falar, um jovem nervoso e tagarela chamado James Watson. A exposição de Wilkins sobre a estrutura do DNA foi árida e acadêmica. Em um dos últimos slides, apresentado sem entusiasmo, havia uma das primeiras imagens do DNA obtidas por difração de raios X. A foto apareceu rápido na tela ao final de uma longa palestra, e Wilkins praticamente não se mostrou animado com aquela imagem imprecisa.[20] O padrão ainda era confuso — Wilkins continuava tolhido pela qualidade de sua amostra e pela secura de sua câmara —, mas de imediato fascinou Watson. A conclusão geral era inconfundível: em princípio, era possível cristalizar DNA em uma forma que se prestava à difração de raios X. "Antes da palestra de Maurice, eu me preocupava com a possibilidade de o gene ser fantasticamente irregular", escreveria Watson mais tarde.[21] Mas aquela imagem rapidamente o convenceu do contrário: "De repente, eu me empolguei com a química". Ele tentou conversar com Wilkins sobre aquela imagem, mas "Maurice era inglês e [não] falava com estranhos".[22] Então retirou-se sem chamar a atenção.

Watson não sabia "nada sobre a técnica de difração de raios X",[23] mas tinha uma intuição infalível sobre a importância de certos problemas biológicos. Especializado em ornitologia pela Universidade de Chicago, ele evitara com assiduidade "fazer cursos de química ou física que parecessem até medianamente difíceis". No entanto, algum instinto migratório o levou ao DNA. Ele também havia lido *O que é vida?*, de Schrödinger, e ficara fascinado. Vinha estudando a química dos ácidos nucleicos em Copenhague — "um fracasso total",[24] como descreveria depois —, mas a foto de Wilkins maravilhou-o. "O fato de eu não ser capaz de interpretá-la não me incomodou. Sem dúvida era melhor eu imaginar que me tornava famoso do que me transformar em um acadêmico reprimido que nunca se arriscou a ter uma ideia."[25]

Num ímpeto, Watson voltou para Copenhague e pediu transferência para o laboratório de Max Perutz em Cambridge (Perutz, biofísico austríaco, fugira da Alemanha nazista e se mudara para a Inglaterra durante o êxodo dos anos 1930). Perutz estudava estruturas moleculares, e isso era o mais próximo que Watson conseguia chegar da imagem de Wilkins, cujas sombras obsedantes e proféticas não lhe saíam da cabeça. Watson decidira que iria descobrir a estrutura do DNA — "a pedra de Roseta para desvendar o verdadeiro segredo da vida". Mais tarde ele comentaria: "Como geneticista, esse era o único problema que valia a pena resolver". Tinha 23 anos.

Watson mudou-se para Cambridge por amor a uma fotografia.[26] Assim que chegou, apaixonou-se de novo: por um homem chamado Francis Crick, outro estudante no laboratório de Perutz. Não era um amor erótico,[27] e sim um amor de loucura pelas mesmas coisas, de conversas eletrizantes e infindáveis,[28] de ambições que extrapolavam as realidades.* "A arrogância juvenil,

---

* Em 1951, muito antes de James Watson tornar-se um nome conhecido no mundo inteiro, a escritora Doris Lessing saiu para uma caminhada com o jovem Watson, que ela conheceu através do amigo de um amigo. Durante todo o passeio pelas charnecas e pântanos nos arredores

o julgamento implacável e a impaciência com o raciocínio displicente eram inatos em nós", escreveria Crick depois.

Crick tinha 35 anos, doze a mais do que Watson, e ainda não obtivera seu ph.D. (em parte porque trabalhara no Almirantado durante a guerra). Não era convencionalmente "acadêmico" e sem dúvida não era "reprimido". Ex-estudante de física, de personalidade expansiva e um vozeirão que muitas vezes punha os colegas de trabalho para correr à procura de um frasco de aspirina, ele também havia lido *O que é vida?*, de Schrödinger — "o livrinho que começara uma revolução" —, e ficara fascinado com a biologia.

Os ingleses detestam um monte de coisas, mas ninguém é mais desprezado do que o sujeito que se senta num trem de manhã e se põe a resolver as palavras cruzadas de quem está ao seu lado. A inteligência de Crick era tão abrangente e audaciosa quanto sua voz, e ele não pensava duas vezes antes de invadir os problemas dos outros e sugerir soluções. Para piorar, em geral ele tinha razão. Em fins dos anos 1940, ao passar da física para a pós-graduação em biologia, ele aprendera sozinho grande parte da teoria matemática da cristalografia — aquele turbilhão de equações ultracomplexas que permitia transmutar silhuetas em estruturas tridimensionais. Como a maioria dos seus colegas no laboratório de Perutz, Crick concentrou seus estudos iniciais nas estruturas de proteínas. Porém, em contraste com muitos outros, desde o princípio ele ficou intrigado com o DNA. Como Watson, e como Wilkins e Franklin, ele também sentiu uma atração instintiva pela estrutura de uma molécula capaz de conter informações hereditárias.

Watson e Crick tagarelavam tanto, como crianças soltas num quarto de brinquedos, que foram postos numa sala só para eles, uma câmara de tijolos amarelos com caibros de madeira, e lá deixados por conta própria com seus sonhos e seus "planos loucos". Eram fios complementares, entrelaçados pela irreverência, pelo senso de humor absurdo e pelo fulgurante brilhantismo. Desprezavam a autoridade, mas dela queriam o reconhecimento. Achavam o establishment científico ridículo e moroso, porém sabiam como insinuar-se nele. Imaginavam-se os mais rematados forasteiros e, no entanto, estavam

---

de Cambridge, só Lessing falou. Watson não disse uma palavra. No fim da caminhada, "exausta, querendo apenas escapar", Lessing finalmente ouviu o som da fala humana de seu companheiro: "Sabe, o problema é que só existe uma pessoa no mundo com quem eu sei conversar".

sempre mais confortáveis sentados nos pátios intramuros da Universidade de Cambridge. Consideravam-se os bobos de uma corte de patetas.

O único cientista que eles reverenciavam, porém com inveja, era Linus Pauling — o lendário químico do Caltech que recém-anunciara ter desvendado um importante enigma da estrutura das proteínas. Proteínas são feitas de cadeias de aminoácidos. As cadeias dobram-se no espaço tridimensional formando subestruturas, que por sua vez dobram-se em estruturas maiores (imagine uma corrente que primeiro se enrola como uma mola, e depois uma mola que se contorce e assume uma forma esférica ou globular). Trabalhando com cristais, Pauling descobrira que com frequência proteínas se dobravam em uma estrutura arquetípica: uma hélice única enrolada como uma mola. Ele revelara esse modelo em um encontro no Caltech com trejeitos dramáticos de um mágico que tira um coelho molecular de uma cartola: o modelo ficara escondido por uma cortina até o fim da palestra, até por fim — abracadabra! — ser mostrado sob aplausos à plateia embasbacada. Agora corria o rumor de que Pauling voltava sua atenção das proteínas para a estrutura do DNA. A 8 mil quilômetros de distância, Watson e Crick quase podiam sentir Pauling fungando em suas nucas.

O artigo seminal de Pauling sobre a hélice proteica foi publicado em abril de 1951.[29] Todo engrinaldado de equações, era uma leitura intimidante até para especialistas. Mas na opinião de Crick, íntimo como ninguém daquelas fórmulas matemáticas, Pauling havia ocultado seu método essencial por trás daquela álgebra mirabolante. Crick disse a Watson que, na verdade, o modelo de Pauling era "fruto do senso comum, e não resultado de raciocínio matemático complexo".[30] A verdadeira mágica estava na imaginação.

> Equações se insinuam vez ou outra no argumento dele, mas na maior parte palavras teriam bastado. [...] Ele não descobriu a alfa-hélice fitando imagens de raios X; o truque essencial foi perguntar quais átomos gostam de ficar perto uns dos outros. Em vez de lápis e papel, as principais ferramentas de trabalho foram um conjunto de modelos moleculares que na superfície lembravam brinquedos de pré-escola.

Aqui Watson e Crick deram seu salto científico mais intuitivo. E se a solução para a estrutura do DNA pudesse ser descoberta com os mesmos "truques" usados por Pauling? Imagens de raios X ajudariam, é claro, mas tentar determinar estruturas de moléculas biológicas usando métodos experimentais era absurdamente trabalhoso — "como tentar determinar a estrutura de um piano ouvindo o som que ele produz enquanto é jogado escada abaixo",[31] argumentou Crick. Mas e se a estrutura do DNA fosse tão simples — tão *elegante* — que pudesse ser deduzida pelo "senso comum", com a construção de um modelo? E se uma montagem com palitos e bolinhas resolvesse?

A oitenta quilômetros dali, no King's College londrino, Franklin não estava interessada em construir modelos com brinquedos de montar. Com seu enfoque preciso como o laser nos estudos experimentais, ela vinha tirando foto após foto do DNA, uma mais nítida do que a outra. As imagens forneceriam a resposta, ela pensava; não havia necessidade de conjecturas. Os dados experimentais gerariam os modelos, e não vice-versa.[32] Das duas formas de DNA, a forma "seca" cristalina e a forma "molhada", esta última parecia ter uma estrutura menos convoluta. Mas quando Wilkins propôs trabalharem juntos para descobrir a estrutura molhada, ela não quis saber. Colaboração parecia-lhe uma capitulação mal disfarçada. Randall logo se viu forçado a intervir para separá-los formalmente, como crianças briguentas. Wilkins continuaria com a forma molhada enquanto Franklin deveria concentrar-se na forma seca.

Essa separação prejudicou os dois. As preparações de DNA de Wilkins eram de má qualidade e não se prestavam a boas fotografias. Franklin possuía fotografias, mas tinha dificuldade para interpretá-las. ("Como ousa interpretar meus dados para mim?",[33] esbravejou ela com ele uma ocasião.) Embora trabalhassem a poucas dezenas de metros de distância um do outro, era como se habitassem continentes em guerra.

Em 21 de novembro de 1951, Franklin deu uma palestra no King's College. Watson fora convidado por Wilkins para assistir. A tarde cinzenta cobria-se com o sujo manto do *fog* londrino. A sala de conferências, velha, úmida e encafuada nas entranhas da faculdade, lembrava um árido escritório de guarda-livros de algum romance dickensiano. Cerca de quinze pessoas estavam na plateia, entre elas Watson, um "magricela desajeitado [...] de olhos saltados" que "não anotava nada".

Franklin falou "em um estilo rápido, nervoso, sem nada de afável nem de frívolo em suas palavras", escreveria Watson depois. "Por um momento me perguntei como ela seria sem aqueles óculos e com um penteado diferente." Seu modo de falar deixava transparecer uma severidade e uma pressa deliberadas; ela proferia sua palestra como quem lia o noticiário noturno soviético. Se alguém tivesse de fato prestado atenção no tema — e não no seu penteado —, poderia ter notado que ela estava margeando um monumental avanço conceitual, ainda que com uma cautela premeditada. "Grande hélice com várias cadeias",* escrevera ela em suas anotações, "fosfatos do lado de fora."[34] Ela havia começado a vislumbrar o esqueleto de uma estrutura primorosa. Mas mencionou por alto apenas algumas medidas, recusou-se a especificar os detalhes da estrutura e deu por encerrado aquele seu seminário acadêmico de um tédio fulminante.

Na manhã seguinte, todo animado, Watson foi comentar com Crick a palestra de Franklin. Os dois estavam num trem rumo a Oxford, onde se encontrariam com Dorothy Hodgkin, a grande dama da cristalografia. Rosalind Franklin pouco dissera na palestra além de mencionar algumas medidas preliminares. Mas quando Crick perguntou a Watson sobre os números exatos, o colega só deu respostas vagas. Ele nem sequer se dera ao trabalho de anotar os números no verso de um guardanapo. Assistira ao mais importante seminário de sua vida científica e não fizera anotações.

Ainda assim, a noção que Crick teve das ideias preliminares de Franklin foi suficiente para voltar correndo para Cambridge e dar início à construção de um modelo. Eles começaram na manhã seguinte, com um almoço no Eagle Pub rematado por uma torta de groselha. "Superficialmente, os dados dos raios X eram compatíveis com dois, três ou quatro filamentos", perceberam.[35] A questão era: Como reunir os fios e construir um modelo dessa molécula enigmática?

---

* Em seus estudos iniciais do DNA, Franklin não estava convencida de que os padrões de raios X sugeriam uma hélice, muito provavelmente porque estava trabalhando com a forma seca do DNA. De fato, a certa altura Franklin e seu aluno enviaram uma nota ousada anunciando a "morte da hélice". Conforme foram melhorando suas imagens de raios X, porém, ela passou a visualizar a hélice com os fosfatos do lado de fora, como indicam suas notas. Watson comentou certa vez com um jornalista que o problema de Franklin estava no modo frio como ela tratava seus dados: "Ela não vive o DNA".

Uma única fita de DNA consiste em uma espinha dorsal de açúcares e fosfatos e quatro bases — A, T, G e C — que são ligadas a essa espinha dorsal, como dentes que se projetam da fita de um zíper. Para desvendar a estrutura do DNA, Watson e Crick tinham de deduzir quantos zíperes havia em cada molécula de DNA, que parte ficava no centro e que parte ficava na periferia. Parecia um problema relativamente simples, mas era muito difícil construir um modelo simples. "Apesar de lidarmos com apenas uns quinze átomos, eles viviam caindo das pinças desajeitadas que montávamos para segurá-los."

Na hora do chá, ainda remexendo em um modelo desengonçado que haviam montado, Watson e Crick chegaram a uma resposta à primeira vista satisfatória: três cadeias enroladas umas nas outras, em formato helicoidal, com a espinha dorsal de açúcar e fosfato comprimida no centro. Uma tripla hélice. Fosfatos do lado de dentro. "Alguns dos contatos atômicos ainda estavam próximos demais para o nosso gosto", admitiram; quem sabe daria para arrumar isso mexendo mais um pouco no modelo. Não era uma estrutura lá muito elegante, mas talvez isso fosse pedir demais. O próximo passo, eles perceberam, era "cotejar com as medidas quantitativas da Rosy".[36] E então deu-lhes na veneta cometer um erro do qual se arrependeriam: chamaram Wilkins e Franklin para dar uma olhada.

Wilkins, Franklin e o aluno dela, Ray Gosling, vieram de trem do King's College na manhã seguinte para examinar o modelo de Watson e Crick.[37] Essa viagem a Cambridge estava carregada de expectativas. Franklin matutava, absorta.

Quando enfim o modelo foi mostrado, a decepção foi épica. Wilkins achou o modelo "decepcionante", mas se conteve e não disse nada. Franklin não foi tão diplomática. Uma olhada no modelo convenceu-a de que era uma bobagem. Era pior do que errado; era feioso — um troço horrível, cheio de protuberâncias, caindo aos pedaços: um arranha-céu depois de um terremoto. Gosling lembrou: "Rosalind desceu a lenha em seu melhor estilo pedagógico: 'Vocês estão errados, pelas seguintes razões' [...] e passou a enumerá-las e a demolir a proposta deles".[38] O efeito equivaleu a pespegar um belo pontapé no modelo.

Crick tentara estabilizar aquelas "cadeias instáveis, bamboleantes" pondo a espinha dorsal de fosfato no centro. Acontece que os fosfatos têm carga negativa. Se ficassem frente a frente no interior da cadeia, eles se repeliriam, forçando a molécula a se desintegrar em um nanossegundo. Para resolver o problema da repulsão, Crick inserira um íon de magnésio de carga positiva no centro da hélice — como um toque final de cola molecular para manter a coesão da estrutura. Mas as medições de Franklin sugeriam que o magnésio não podia estar no centro. Pior: a estrutura do modelo de Watson e Crick era tão densamente aglomerada que não poderia acomodar nenhum número significativo de moléculas de água. Na pressa de construir um modelo, eles haviam esquecido até a *primeira* descoberta de Franklin: a notável "umidade" do DNA.

A apresentação transformara-se em uma inquisição. Conforme Franklin desmontou o modelo, molécula por molécula, foi como se extraísse ossos do corpo dos autores. Crick foi murchando. "Ele já não tinha aquela pose de um mestre confiante dando aulas para desvalidas crianças coloniais", lembrou Watson.[39] Àquela altura, Franklin estava exasperada com aquele "falatório adolescente". Os rapazes e seus brinquedos revelaram-se uma monumental perda de tempo para ela. Embarcou de volta para casa no trem das 3h40.

Enquanto isso, em Pasadena, Linus Pauling também tentava desvendar a estrutura do DNA. Watson sabia que o "ataque de Pauling ao DNA" haveria de ser formidável. Ele chegaria arrasando, empregaria seus profundos conhecimentos de química, matemática e cristalografia e, sobretudo, seu domínio instintivo da construção de modelos. Watson e Crick temiam acordar de manhã, abrir as páginas de uma revista científica renomada e dar de cara com a solução da estrutura do DNA. O nome de Pauling — e não os deles — estaria estampado no artigo.

Nas primeiras semanas de janeiro de 1953, esse pesadelo pareceu realizar-se:[40] Pauling e Robert Corey escreveram um artigo propondo uma estrutura para o DNA e enviaram uma cópia preliminar a Cambridge. Era uma bomba atirada de modo despreocupado do outro lado do Atlântico. Por um momento, pareceu a Watson que "estava tudo perdido". Ele folheou o artigo com grande agitação até deparar com uma figura crucial. Mas assim que olhou para a estrutura proposta, Watson soube que "alguma coisa não estava certa". Por coincidência, Pauling e Corey também haviam sugerido a tripla hélice, com as bases A, C, G e T apontadas para fora. A espinha dorsal de fosfato ficava torcida na parte interna, como o poço no centro de uma escadaria em espiral, com as roscas voltadas para fora. Mas a proposta de Pauling não tinha o magnésio para "colar" os fosfatos. Em vez disso, ele supunha que a coesão da estrutura seria mantida por ligações muito mais fracas. Esse truque de prestidigitação não passou despercebido. Watson soube de imediato que aquela estrutura não funcionaria: em termos energéticos, ela era instável. Um colega de Pauling escreveria mais tarde: "Se aquela fosse a estrutura do DNA, ela explodiria". Pauling não produzira uma simples explosão: criara um Big Bang molecular.

A "bola fora", nas palavras de Watson, era "inacreditável demais para ser mantida em segredo por mais de alguns minutos". Ele correu ao laboratório vizinho de um amigo químico para mostrar a estrutura de Pauling. O químico concordou: "O gigante [Pauling] tinha esquecido a química elementar do ensino médio". Watson contou a Crick, e os dois seguiram para o Eagle, seu pub favorito, onde celebraram o fiasco de Pauling com doses de uísque misturadas ao prazer pela desgraça alheia.

Em fins de janeiro de 1953, James Watson foi visitar Wilkins em Londres. Fez uma escala na sala de trabalho de Franklin. Ela estava trabalhando na bancada, rodeada de dezenas de fotografias espalhadas e, na escrivaninha, um livro cheio de anotações e equações. Os dois tiveram uma conversa fria que versou sobre o artigo de Pauling. A certa altura, exasperada com Watson, Franklin se pôs a andar depressa pelo laboratório. Temendo que "toda inflamada de raiva ela pudesse acertar um tapa [nele]", Watson bateu em retirada pela porta da frente.

Wilkins, pelo menos, foi mais acolhedor. Enquanto os dois reclamavam do temperamento radioativo de Franklin, ele se abriu com Watson como nunca fizera. O que aconteceu a seguir é uma fita enrolada de sinais ambíguos, desconfiança, equívocos de comunicação e conjecturas. Wilkins disse a Watson que Rosalind Franklin havia tirado uma série de fotos da forma molhada integral do DNA durante o verão — eram imagens de uma nitidez tão assombrosa que o esqueleto essencial da estrutura praticamente saltava delas.

Na noite de 2 de maio de 1952, uma sexta-feira, ela e Gosling expuseram uma fibra de DNA aos raios X até amanhecer. Em termos técnicos a imagem era perfeita, embora a câmera estivesse um pouco voltada para fora do centro. "M. Boa. Foto Molhada", escrevera ela em seu caderno de notas vermelho.[41] Às seis e meia da noite seguinte — ela trabalhava sábado à noite, claro, enquanto o resto da equipe ia para o pub —, ela ligou de novo a câmera, com a ajuda de Gosling.

Na tarde de terça-feira, expôs a foto. Estava ainda mais nítida que a anterior. Era a imagem mais perfeita que ela já vira. Chamou-a de "Fotografia 51".

Wilkins foi até a sala vizinha, pegou a fotografia crucial numa gaveta e a mostrou a Watson. Franklin ainda estava na sala dela, fumegando de irritação. Não sabia que Wilkins acabara de revelar seu mais precioso dado a Watson.* ("Talvez eu devesse ter pedido a permissão de Rosalind, mas não o fiz", escreveria Wilkins depois, contrito.

> As coisas estavam muito difíceis. [...] Em uma situação normal, eu naturalmente teria pedido a permissão dela; por outro lado, se a situação fosse normal, toda essa questão da permissão não viria à tona. [...] Eu tinha aquela fotografia, e era evidente que nela havia uma hélice, era impossível não ver.)

Watson ficou petrificado.

> No instante em que vi a fotografia, meu queixo caiu e meu pulso acelerou. O padrão era inacreditavelmente mais simples do que os que haviam sido obtidos antes. [...] A cruz preta só podia surgir de uma estrutura helicoidal. [...] Depois de meros minutos de cálculos, foi possível determinar o número de cadeias da molécula.

No gelado vagão do trem que cruzava a charneca rumo a Cambridge naquela noite, Watson esboçou o que ele recordava da fotografia na margem de um jornal. Da primeira vez, voltara de Londres sem anotações. Não iria repetir o erro agora. Quando chegou a Cambridge e pulou o portão dos fundos da faculdade, já estava convencido de que o DNA tinha de ser composto de duas cadeias helicoidais entrelaçadas: "Objetos biológicos importantes vêm aos pares".[42]

Na manhã seguinte, Watson e Crick correram para o laboratório e, empolgados, começaram a construir seu modelo. Geneticistas contam. Bioquími-

---

* Mas era *dela* a fotografia? Wilkins afirmou mais tarde que a foto lhe fora dada por Gosling, o aluno de Franklin — portanto, era dele, e ele podia fazer com ela o que quisesse. Franklin estava deixando o King's College para assumir um novo emprego no Birkbeck College, e Wilkins achou que ela estava abandonando o projeto do DNA.

cos limpam. Watson e Crick brincavam. Trabalhavam com método, diligência e cuidado, mas deixavam margem para seu principal ponto forte: a descontração. Se era para ganharem aquela corrida, tinha de ser com seu humor extravagante e sua intuição. Chegariam gargalhando ao DNA. Primeiro tentaram salvar a essência de seu primeiro modelo situando a espinha dorsal de fosfato no meio e as bases nas laterais, projetadas para fora. O modelo oscilou de maneira precária, com moléculas muito espremidas umas contra as outras. Depois do café, Watson capitulou: talvez a espinha dorsal ficasse *do lado externo*, e as bases — A, T, G e C — estivessem voltadas para dentro, justapostas. Mas resolver um problema gerou outro maior. Com as bases voltadas para fora, não tinha sido difícil encaixá-las: elas haviam simplesmente rodeado a espinha dorsal central, como uma roseta espiralada. Mas com as bases voltadas para dentro foi preciso esprêmê-las umas contra as outras, pregueá-las. Os dentes do zíper precisaram ser intercalados. Para que A, T, G e C se situassem no interior da dupla hélice, elas tinham de ter alguma interação, alguma relação. Mas que relação uma base — digamos A — teria com outra base?

Um único químico havia proposto com insistência que as bases do DNA tinham de estar relacionadas umas com as outras. Em 1950, o bioquímico natural da Áustria Erwin Chargaff, que trabalhava na Universidade Columbia, em Nova York, descobrira um padrão singular. Toda vez que Chargaff examinava o DNA e analisava a composição das bases, constatava que A e T estavam presentes em proporções quase idênticas, e o mesmo se dava com G e C. De um modo misterioso, alguma coisa havia *pareado* A com T e G com C, como se fossem congenitamente ligadas. Watson e Crick conheciam essa regra, mas não sabiam como ela poderia se aplicar à estrutura final do DNA.

Um segundo problema surgiu na hora de encaixar as bases no interior da hélice: tornou-se crucial medir com precisão a espinha dorsal exterior. O problema era empacotar, tendo em vista as óbvias restrições das dimensões espaciais. Mais uma vez, sem que Franklin soubesse, seus dados vieram em socorro. No inverno de 1952, fora nomeada uma comissão visitante para avaliar os trabalhos em andamento no King's College. Wilkins e Franklin haviam preparado um relatório sobre suas pesquisas mais recentes com o DNA no qual incluíram muitas de suas medições preliminares. Max Perutz participara dessa comissão; obtivera uma cópia do relatório e a entregara a Watson e Crick. O relatório não estava marcado como "confidencial" de maneira explícita, mas também não estava claro em lugar nenhum que podia ser disponibilizado livremente a terceiros, ainda mais a concorrentes de Franklin.

As intenções de Perutz, assim como sua fingida ingenuidade a respeito da competição científica, permanecem um mistério (mais tarde, na defensiva, ele escreveria: "Eu era inexperiente e informal nos assuntos administrativos, e como o relatório não era 'confidencial', não vi nenhuma razão para deixar de entregá-lo".).[43] E o ato consumou-se: o relatório de Franklin foi parar nas mãos de Watson e Crick. Com a espinha dorsal de fosfato e açúcar situada na parte externa e conferidos os parâmetros gerais das medições, os construtores do modelo puderam dar início à mais exigente fase da construção. A princípio Watson tentou comprimir as duas hélices juntas, com A de uma fita correspondendo a A da outra: cada base pareada com sua igual. Mas a hélice inflava e afinava de maneira desgraciosa, como o boneco dos pneus Michelin em roupa de mergulho. Watson tentou massagear o modelo para que ele assumisse a forma desejada, mas não deu certo. Na manhã seguinte foi preciso abandoná-lo.

Na manhã de 28 de fevereiro de 1953, Watson, ainda brincando com pedaços de cartolina recortados nas formas das bases, começou a se perguntar se o interior da hélice não poderia conter bases que, posicionadas defronte uma da outra, fossem diferentes. E se A pareasse com T, e C com G? "De repente me dei conta de que um par adenina e timina (A→T) era idêntico, na forma, a um par guanina e citosina (G→C) [...] sem ser preciso atamancar nada para tornar os dois tipos de par de bases idênticos na forma."[44]

Ele percebeu que assim era possível empilhar os pares de bases uns sobre os outros, voltados para dentro no centro da hélice. E a importância das regras de Chargaff, em retrospectiva, tornou-se óbvia: A e T, e G e C tinham de estar presentes em quantidades idênticas porque sempre eram complementares: eram os dois dentes situados um diante do outro no zíper. Os mais importantes objetos biológicos tinham de vir aos pares. Watson não via a hora de Crick entrar na sala. "Quando Francis chegou, ele nem passou da porta e eu já bradava que a resposta para tudo estava em nossas mãos."[45]

Uma olhada nas bases contrapostas convenceu Crick. Faltava ainda descobrir os detalhes precisos do modelo — os pares A:T e G:C ainda precisavam ser situados na parte interna do esqueleto da hélice —, mas a natureza da descoberta estava clara. Era uma solução tão bela que não podia estar errada.

Watson recordou: "Crick voou para o Eagle e foi contando a todos os que estivessem lá para ouvir que nós tínhamos descoberto o segredo da vida".[46]

Como o triângulo de Pitágoras, como as pinturas rupestres de Lascaux, as pirâmides de Gizé, a imagem de um frágil planeta azul visto do espaço, também a dupla hélice do DNA é uma imagem icônica, gravada em caráter permanente na história e na memória da humanidade. Raramente reproduzo diagramas em meus textos — a visualização costuma ser mais rica em detalhes. Mas às vezes é bom violar a regra para mostrar exceções:

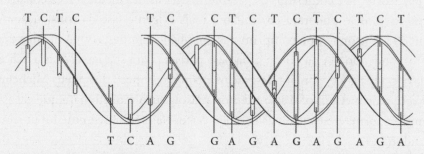

Esquema da estrutura em dupla hélice do DNA mostrando uma hélice isoladamente (à esquerda) e as duas hélices pareadas (à direita). Repare na complementaridade das bases: A pareia com T, e G com C. A sinuosa "espinha dorsal" do DNA é composta de uma cadeia de açúcares e fosfato.

A hélice contém duas fitas de DNA entrelaçadas. Ela é "destra": torcida para cima como se alguém a tivesse rosqueado com a mão direita. De ponta a ponta, a molécula mede 23 angstroms — um milésimo de milésimo de milímetro. Um milhão de hélices postas lado a lado caberiam nesta letra: o. O biólogo John Sulston escreveu:

> Nós a vemos como uma dupla hélice bem atarracada porque é raro nos mostrarem sua outra característica notável: ela é imensamente longa e fina. Em cada célula do nosso corpo, temos dois metros dela; se desenhássemos uma dessas células em maior escala com o DNA da grossura de uma linha de costura, a célula teria cerca de duzentos quilômetros de comprimento.[47]

Lembremos que cada fita de DNA é uma longa sequência de "bases" — A, T, G e C. As bases são ligadas entre si pela espinha dorsal de açúcar e fosfato.

Ela é torcida do lado de fora, formando uma espiral. As bases ficam do lado de dentro, como degraus de uma escada em caracol. A fita oposta contém as bases correspondentes: A contraposta a T, e G contraposta a C. Desse modo, ambas as fitas contêm as mesmas informações — só que em um sentido complementar: cada uma é um "reflexo", ou eco, da outra (a analogia mais apropriada é uma estrutura do tipo yin-yang). Forças moleculares entre os pares A:T e G:C prendem as duas fitas juntas, como em um zíper. Assim, podemos visualizar a dupla hélice de DNA como um código escrito com quatro letras: ATGCCCTACGGGCCCATCG... sempre entrelaçado a seu código complementar.

"Ver é esquecer o nome das coisas que vemos", escreveu o poeta Paul Valéry. Ver o DNA é esquecer seu nome ou sua fórmula química. Como nas ferramentas humanas mais simples — martelo, foice, fole, escada, tesoura —, a função da molécula pode ser em tudo compreendida por sua estrutura. "Ver" o DNA é compreender de imediato sua função como um repositório de informação. A mais importante molécula da biologia não precisa de nome para ser entendida.

Watson e Crick construíram seu modelo completo na primeira semana de março de 1953. Watson correu para a oficina metalúrgica no subsolo dos laboratórios Cavendish para fabricar com urgência as peças do modelo. Foram horas a martelar, soldar e polir, enquanto Crick andava impaciente de um lado para o outro no piso acima. Em posse das reluzentes peças metálicas, eles se puseram a construir o modelo, acrescentando uma de cada vez, como quem constrói um castelo de cartas. Cada peça tinha de se encaixar — e corresponder às medidas moleculares conhecidas. Cada vez que Crick franzia o cenho ao adicionar um componente, o estômago de Watson revirava. No fim, porém, tudo se encaixou, como um quebra-cabeça resolvido com perfeição. No dia seguinte eles voltaram com um fio de prumo e uma régua para medir cada distância entre cada componente. Cada medida — cada ângulo e largura, todos os espaços entre as moléculas — era quase perfeita.

Maurice Wilkins chegou na manhã seguinte para dar uma olhada no modelo.[48] Não precisou "de mais de um minuto [...] para gostar". "O modelo se destacava em uma mesa do laboratório", recordou.[49] "Tinha vida própria, era como olhar um bebê recém-nascido. [...] O modelo parecia falar por si, dizer: 'Não me importo com o que você pensa. Sei que sou correto?" Ele voltou a Londres e confirmou que seus dados cristalográficos mais recentes, assim como os de Franklin, corroboravam com clareza a dupla hélice. "Acho que vocês são dois moleques, mas podem muito bem ter acertado",[50] escreveu Wilkins de Londres em 18 de março de 1953. "Gosto da ideia."[51]

Franklin viu o modelo mais tarde, ainda naquela quinzena, e também se convenceu depressa. De início Watson receou que aquela "mente afiada e obstinada, presa na armadilha que ela mesma preparara", resistiria ao modelo. Mas Franklin não precisou de mais argumentos. Sua mente aguçada sabia identificar uma bela solução quando a via. "O posicionamento da espinha dorsal do lado externo [e] a singularidade dos pares A-T e G-C eram um fato que ela não via razão para contestar."[52] A estrutura, como descreveu Watson, "era bonita demais para não ser verdadeira".

Em 25 de abril de 1953, Watson e Crick publicaram seu artigo "Molecular Structure of Nucleic Acids: A Structure for Deoxyribose Nucleic Acid" na revista *Nature*.[53] Vinha acompanhado por outro artigo, escrito por Gosling e Franklin, que apresentava fortes evidências cristalográficas para a estrutura da dupla hélice. Um terceiro artigo, de Wilkins, corroborava ainda mais as evidências com dados experimentais de cristais de DNA.

Seguindo a ilustre tradição de contrabalançar as mais significativas descobertas da biologia com uma suprema modéstia — lembremos Mendel, Avery e Griffith —, Watson e Crick acrescentaram uma última linha em seu artigo: "Não nos escapou a possibilidade de que o pareamento específico que postulamos sugere de imediato um possível mecanismo de cópia para o material genético". A mais importante função do DNA — sua capacidade de transmitir cópias de informação de célula a célula e de organismo a organismo — estava entranhada naquela estrutura. Mensagem, movimento, informação, forma, Darwin, Mendel, Morgan: estava tudo escrito naquela precária montagem de moléculas.

Watson, Crick e Wilkins receberam o prêmio Nobel por sua descoberta em 1962. Franklin não foi incluída. Morrera em 1958, aos 37 anos, de câncer de ovário metastático difuso, uma doença basicamente associada a mutações em genes.

Em Londres, onde o rio Tâmisa se afasta coleante da City nas imediações de Belgravia, pode-se começar uma caminhada em Vincent Square, o parque de contornos trapezoides vizinho da Royal Horticultural Society. Foi ali, em 1900, que William Bateson trouxe ao mundo científico a notícia do artigo de Mendel e deu início à era da genética moderna. A partir do parque, uma caminhada ligeira a noroeste, passando pela orla sul do palácio de Buckingham, nos leva aos elegantes sobrados de Rutland Gate, onde, em 1900, Francis Galton conjurou a teoria da eugenia na esperança de manipular tecnologias genéticas para obter a perfeição humana.

Cerca de cinco quilômetros a leste, do outro lado do rio, está a antiga sede dos Laboratórios de Patologia do Ministério da Saúde, onde, no começo dos anos 1920, Frederick Griffith descobriu a reação de transformação — a transferência de material genético de um organismo a outro, o experimento que levou à identificação do DNA como a "molécula do gene". Atravessando o rio na direção norte, chega-se aos laboratórios do King's College, onde Rosalind Franklin e Maurice Wilkins começaram seu estudo de cristais de DNA no início dos anos 1950. Seguindo de novo na direção sul, a jornada nos leva ao Science Museum na Exhibition Road, para encontrarmos pessoalmente a "molécula do gene". O modelo original do DNA de Watson e Crick, com suas placas de metal martelado e varetas raquíticas espiraladas de maneira precária ao redor de um suporte de laboratório, está exposto em uma caixa de vidro. O modelo parece um saca-rolhas reticulado inventado por algum maluco ou uma escada em caracol impossivelmente frágil que poderia fazer a ligação do passado da humanidade com seu futuro. Rabiscos de Crick — A, C, T e G — ainda adornam as placas.

A revelação da estrutura do DNA por Watson, Crick, Wilkins e Franklin marcou o término de uma jornada dos genes, ao mesmo tempo que abriu novas direções de investigação e descoberta. "Assim que se soube que o DNA possuía uma estrutura acentuadamente regular", escreveu Watson em 1954, "tornou-se imperioso resolver o enigma de como era possível armazenar, nessa estrutura tão regular, a imensa quantidade de informações genéticas necessárias para especificar todas as características de um organismo vivo."[54] Novas questões vieram substituir as velhas. Que características da dupla hélice permitiam-lhe conter o código da vida? Como esse código era transcrito e traduzido para a forma e função de um organismo? Aliás, por que eram duas hélices e não uma, ou três, ou quatro? Por que as duas fitas eram complementares entre si — A correspondente a T e G correspondente a C — como um yin e yang molecular? Por que *essa* estrutura, dentre todas as outras, tinha sido escolhida para ser o repositório central de toda a informação biológica? "Não é o DNA que parece tão bonito", comentou Crick mais tarde. "Bonita é a *ideia* do que ele faz."

Imagens cristalizam ideias, e a imagem de uma molécula de dupla hélice que continha as instruções para construir, reparar e reproduzir o ser humano cristalizou o otimismo e o encantamento dos anos 1950. Codificados naquela molécula estavam os núcleos da perfectibilidade e da vulnerabilidade humana: assim que aprendêssemos a manipular essa substância, reescreveríamos nossa natureza. Doenças seriam curadas; destinos, mudados; futuros, reconfigurados.

O modelo de Watson e Crick para o DNA assinalou o fim de uma concepção do gene — como um misterioso transmissor de mensagens entre gerações — e o início de outra: como uma substância química, ou uma molécula, capaz de codificar, armazenar e transferir informações entre organismos. Se a palavra-chave da genética do começo do século XX foi "mensagem", a de fins do século foi "código". O fato de genes serem portadores de mensagens já estava bem claro fazia meio século. A questão era: Seriam os seres humanos capazes de decifrar seu código?

14. "Esse maldito Pimpinela fujão"

> *Na molécula da proteína, a Natureza arquitetou um instrumento que usa uma simplicidade básica para expressar grande sutileza e variedade; é impossível ver a biologia molecular da perspectiva apropriada enquanto essa singular combinação de virtudes não for claramente entendida.*
>
> Francis Crick[1]

A palavra "código", como já escrevi, vem de "codex" — o cerne da madeira onde os escribas escreviam os antigos manuscritos. É evocativa a ideia de que o material usado para escrever códigos originou a própria palavra: forma tornou-se função. Também com o DNA, perceberam Watson e Crick, a forma da molécula tinha de estar intrinsecamente ligada à função. O código genético tinha de estar escrito no material do DNA, de maneira tão íntima quanto os riscos eram entalhados na madeira.

Mas o que seria o código genético? Como quatro bases em uma fita molecular de DNA — A, C, G e T (ou A, C, G e U, no RNA) determinam a consistência do cabelo, a cor dos olhos, a qualidade do invólucro da bactéria (ou mesmo a propensão para doença mental ou para uma letal doença hemorrágica em uma família)? De que modo a abstrata "unidade de hereditariedade" de Mendel torna-se manifesta como uma característica física?

Em 1941, três anos antes do experimento fundamental de Avery, dois cientistas, George Beadle e Edward Tatum, que trabalhavam em uma galeria no subsolo da Universidade Stanford, descobriram o elo perdido entre os genes e as características físicas.[2] Beadle — ou "Beets", como seus colegas gostavam de chamá-lo — fora aluno de Thomas Morgan no Caltech.[3] As moscas de olhos vermelhos e os mutantes de olhos brancos intrigavam Beadle. "Um gene para a característica de ser vermelho", Beets entendia, é uma unidade de informação hereditária, e é transmitido de um genitor para os descendentes em uma forma indivisível de DNA: em genes, em cromossomos. A característica física de "ser vermelho", em contraste, era consequência de um pigmento químico no olho. Mas como uma partícula hereditária transmutava-se em um pigmento do olho? Qual a ligação entre um "gene para a característica de ser vermelho" e o "ser vermelho" propriamente dito — entre a informação e sua forma física ou anatômica?

As moscas-das-frutas haviam transformado a genética graças a raras mutantes. Justamente *porque* eram raras, as mutantes haviam funcionado como lâmpadas no escuro, permitindo que biólogos rastreassem a "ação" de um gene,[4] como disse Morgan, ao longo de gerações. Mas a "ação" de um gene — ainda um conceito vago, místico — intrigava Beadle. Em fins dos anos 1930, Beadle e Tatum deduziram que isolar o pigmento do olho de uma mosca-das-frutas poderia resolver o enigma da ação do gene. O trabalho, porém, empacou: a ligação entre genes e pigmentos era complexa demais para permitir uma hipótese explorável. Em 1937, na Universidade Stanford, Beadle e Tatum trocaram a mosca por um organismo ainda mais simples chamado *Neurospora crassa*, um fungo que havia sido descoberto como contaminante em uma padaria parisiense, para tentarem resolver a ligação entre gene e característica.

O fungo *Neurospora crassa* é um guerreiro feroz. Pode ser cultivado em placas de Petri besuntadas com um caldo rico em nutrientes, mas na verdade não precisa de muito para sobreviver. Beadle descobriu que, quando removia de modo sistemático quase todos os nutrientes do caldo, as cepas do fungo ainda assim conseguiam crescer, sustentando-se com um caldo mínimo que não continha nada além de um açúcar e uma vitamina chamada biotina. Evidentemente, as células do fungo conseguiam construir todas as moléculas necessárias para sobreviver a partir de substâncias químicas básicas: lipídeos de glicose, DNA e RNA de substâncias precursoras e carboidratos complexos de açúcares simples: o milagre do pão.

Essa capacidade, Beadle compreendeu, devia-se à presença de enzimas dentro da célula — proteínas que funcionavam como mestres de obra e podiam sintetizar macromoléculas biológicas complexas a partir de substâncias básicas precursoras. Portanto, para que um fungo *Neurospora crassa* crescesse em um meio de cultura mínimo, ele precisava que todas as suas funções metabólicas construtoras de moléculas estivessem intactas. Se uma mutação desativasse uma função, o fungo se tornaria incapaz de crescer, a menos que o ingrediente faltante fosse adicionado ao caldo. Beadle e Tatum podiam usar essa técnica para rastrear a função metabólica que faltava em cada mutante; por exemplo, se um mutante precisava da substância X para crescer em um meio de cultura mínimo, significava que faltava nele a enzima para sintetizar aquela substância X sem recursos externos. Essa técnica era bastante trabalhosa, mas paciência era uma virtude que Beadle possuía em abundância: certa ocasião ele passara uma tarde inteira ensinando um pós-graduando a marinar uma carne adicionando um tempero por vez, a intervalos cronometrados com precisão.

O experimento do "ingrediente faltante" impeliu Beadle e Tatum para uma nova compreensão dos genes. Eles notaram que em cada mutante faltava uma única função metabólica, correspondente à atividade de uma única enzima. E cruzamentos genéticos revelaram que cada mutante era deficiente em apenas um gene.

Ora, se uma mutação perturba a função de uma enzima, isso significa que o gene normal tem de especificar a informação que produz a enzima normal. Uma unidade de hereditariedade tem de *ser portadora do código* para construir uma função metabólica ou celular especificada por uma proteína. "Um gene pode ser visualizado como aquilo que dirige a configuração final de uma molécula de proteína", escreveu Beadle em 1945.[5] *Essa* era a "ação do gene" que uma geração de biólogos vinha tentando compreender: *um gene "atua" codificando informação para construir uma proteína, e a proteína concretiza a forma ou função do organismo*:

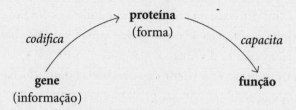

Beadle e Tatum receberam juntos o prêmio Nobel de 1958 por sua descoberta, mas o experimento deles levantou uma questão crucial que permaneceu sem resposta: como um gene "codificava" informação para construir uma proteína? Uma proteína é criada a partir de vinte substâncias simples chamadas *aminoácidos* — metionina, glicina, leucina etc. —, ligadas umas às outras em uma cadeia. Em contraste com uma cadeia de DNA, que existe primordialmente na forma de uma dupla hélice, uma cadeia proteica pode se contorcer no espaço de modo idiossincrásico, como um arame moldado em uma forma única. Essa capacidade de adquirir forma permite que as proteínas executem funções diversificadas em células. Elas podem existir como fibras longas e elásticas em músculos (miosina). Podem assumir uma forma globular e capacitar reações químicas — isto é, enzimas (DNA polimerase). Podem ligar substâncias coloridas e tornar-se pigmentos no olho ou em uma flor. Torcidas em forma de braçadeira, podem atuar como transportadoras de outras moléculas (hemoglobina). Podem especificar como uma célula nervosa se comunica com outra célula nervosa e, assim, se tornam árbitros da cognição e do desenvolvimento neural normal.

Mas como uma sequência de DNA — ATGCCCC... etc. — poderia transmitir instruções para construir uma proteína? Watson sempre suspeitara que primeiro o DNA era convertido em uma mensagem intermediária. Era essa "molécula mensageira", como ele a chamava, que transmitia as instruções para construir uma proteína com base em um código gênico. "Fazia mais de um ano que eu vinha dizendo a Francis [Crick] que a informação genética em cadeias de DNA tinha de ser primeiro copiada em moléculas complementares de RNA",[6] escreveu ele em 1953, e as moléculas de RNA deviam ser usadas como "mensagens" para construir proteínas.

Em 1954, o físico e depois biólogo russo George Gamow entrou para o que Watson chamou de um "clube" de cientistas decididos a decifrar o mecanismo da síntese de proteínas. Ele escreveu nesse mesmo ano a Linus Pauling:

"Caro Pauling, venho brincando com moléculas orgânicas complexas (coisa que nunca tinha feito!) e obtendo alguns resultados curiosos, e gostaria da sua opinião sobre eles".[7]

Gamow batizou o grupo[8] de RNA Tie Club.* "O clube nunca se reuniu com todos os integrantes. Sempre teve uma existência bastante etérea", recordou Crick.[9] Não havia conferências formais nem regras, e nem mesmo princípios básicos de organização. O Tie Club aglutinava-se vagamente em torno de conversas informais. As reuniões aconteciam por acaso ou nem chegavam a acontecer. Cartas descrevendo ideias arrojadas não publicadas, muitas delas acompanhadas por números manuscritos, eram remetidas aos membros do clube: um precursor dos blogs. Watson pediu a um alfaiate de Los Angeles que bordasse gravatas de lã verde com uma fita dourada de RNA, e Gamow enviou uma gravata e um broche a cada um dos amigos que ele selecionara como membros do clube. Mandou gravar um timbre, em que acrescentou seu lema pessoal: "Faça ou morra, senão nem tente".[10]

Em meados dos anos 1950, dois geneticistas e bacteriologistas que trabalhavam em Paris, Jacques Monod e François Jacob, também fizeram experimentos que de maneira vaga sugeriram a necessidade de uma molécula intermediária — um mensageiro — para traduzir DNA em proteínas.[11] Os genes não especificavam diretamente as instruções para proteínas, supuseram os dois cientistas. Em vez disso, primeiro a informação genética do DNA era convertida em uma cópia temporária — um rascunho — e era essa cópia, e não o DNA original, que era traduzida para uma proteína.

Em abril de 1960, Francis Crick e Jacob reuniram-se no exíguo apartamento de Sydney Brenner em Cambridge para discutir a identidade daquele misterioso intermediário. Brenner, filho de um sapateiro sul-africano, estava na Inglaterra como bolsista para estudar biologia; como Watson e Crick, ele também ficara fascinado pela "religião dos genes" e pelo DNA de Watson. Mal haviam digerido o almoço e os três cientistas se deram conta de que aquela molécula intermediária tinha de se deslocar entre o núcleo da célula, onde os genes ficavam armazenados, e o citoplasma, onde eram sintetizadas as proteínas.

* Clube Engravatado do RNA, em tradução livre. (N. T.)

Mas qual seria a identidade química da "mensagem" construída a partir do gene? Seria uma proteína, um ácido nucleico ou algum outro tipo de molécula? Qual era a sua relação com a sequência contida no gene? Brenner e Crick ainda não tinham nenhuma evidência concreta, mas desconfiavam que o que estavam procurando era o RNA, o primo molecular do DNA. Em 1959, Crick escreveu um poema ao Tie Club, embora nunca o tenha enviado:[12]

> *What are the properties of Genetic RNA*
> *Is he in heaven, is he in hell?*
> *That damned, elusive Pimpernel.**

No segundo trimestre de 1960, Jacob veio do Caltech para, junto com Matthew Meselson, trabalharem na busca do "maldito Pimpinela fujão". Brenner chegou algumas semanas depois, no começo de junho.

Brenner e Jacob sabiam que proteínas eram sintetizadas no interior da célula por um componente celular especializado chamado *ribossomo*. O modo mais certeiro de purificar o intermediário mensageiro era interromper de forma abrupta a síntese de proteínas — recorrendo a um equivalente bioquímico de uma ducha gelada — e purificar as trêmulas moléculas associadas aos ribossomos para, assim, capturar o Pimpinela fujão.

O princípio parecia óbvio, mas o experimento em si revelou-se misteriosamente complicado. De início, relatou Brenner, tudo o que ele conseguia ver no experimento era o equivalente químico da densa "névoa californiana — seca, fria, silenciosa". Para chegar ao intricado arranjo bioquímico foram necessárias semanas — porém, cada vez que os ribossomos eram apanhados, eles se desintegravam. No interior das células, os ribossomos pareciam permanecer grudados uns aos outros na maior tranquilidade. Então por que fora das células eles se degeneravam, como a neblina que passa entre os dedos?

A resposta apareceu assim que as ideias desanuviaram. Brenner e Jacob estavam sentados na praia certa manhã quando Brenner, ruminando sobre suas aulas de química elementar, se deu conta de um fato muito simples: tinha

---

* "Quais são as propriedades do RNA Genético/ Estará ele no céu, estará no inferno?/ Esse maldito Pimpinela fujão." (N. T.)

de estar faltando nas soluções deles um fator químico essencial que mantinha os ribossomos intactos dentro das células. Mas que fator? Tinha de ser algo pequeno, comum e onipresente — um minúsculo toque de cola molecular. Ele saiu da praia na corrida, com os cabelos esvoaçantes e areia escorrendo dos bolsos, gritando: "É o magnésio. É o magnésio".[13]

Era o magnésio. A adição desse íon era crucial: suplementada a solução com magnésio, os ribossomos permaneceram juntos, e Brenner e Jacob enfim purificaram uma minúscula quantidade da molécula mensageira fora de células bacterianas. Era o RNA, como eles esperavam, mas um tipo especial de RNA.* O mensageiro era gerado toda vez que um gene era traduzido. Como o DNA, essas moléculas de RNA eram construídas com o encadeamento de quatro bases — A, G, C e U (lembremos que, na cópia de RNA do gene, o T existente do DNA é substituído por U).[14] De maneira notável, Brenner e Jacob descobriram mais tarde que o RNA mensageiro era um fac-símile da cadeia de DNA, uma cópia feita a partir do original. A cópia de RNA de um gene passava então do núcleo para o citossol, onde sua mensagem era decodificada para construir uma proteína. O RNA mensageiro não era um habitante nem do céu, nem do inferno — era um intermediário profissional. A geração de uma cópia de RNA de um gene foi chamada de *transcrição* — uma referência ao processo de reescrever uma palavra ou sentença em uma linguagem próxima do original. O código de um gene (ATGGGCC...) era transcrito em um código de RNA (AUGGGCC...).

O processo era análogo ao funcionamento de uma biblioteca de livros raros que é acessada graças a traduções. O original contendo as informações a serem copiadas — isto é, o gene — ficava armazenado permanentemente em um repositório ou cofre profundo. Quando uma célula gerava uma "solicitação de tradução", uma fotocópia do original era trazida do cofre do núcleo. Esse fac-símile de um gene (isto é, o RNA) era usado como uma fonte de trabalho na tradução para uma proteína. O processo permitia que múltiplas cópias de um gene estivessem em circulação ao mesmo tempo e que o número de cópias de RNA fosse aumentado ou diminuído conforme a demanda — fatos que logo se revelariam cruciais para a compreensão da atividade e da função dos genes.

---

* Uma equipe chefiada por James Watson e Walter Gilbert em Harvard também descobriu o "RNA intermediário" em 1960. Os artigos de Watson/Gilbert e Brenner/Jacob foram publicados lado a lado na *Nature*.

* * *

No entanto, a transcrição resolvia apenas metade do problema da síntese de proteína. A outra metade permanecia: como a "mensagem" do RNA era decodificada para produzir uma proteína? Para gerar uma cópia de RNA de um gene, a célula usava uma transposição bem simples: cada A, C, T e G em um gene era copiado como A, C, U e G no RNA mensageiro (ou seja, ACT CCT GGG→ACU CCU GGG). A única diferença no código entre o original do gene e a cópia de RNA era a substituição da timina pela uracila (T→U). *Mas, uma vez feita a transposição para o RNA, como a "mensagem" do gene era decodificada para criar uma proteína?*

Para Watson e Crick, logo ficou claro que nenhuma base, isolada, podia conter mensagem genética suficiente para construir qualquer parte de uma proteína. Existem vinte aminoácidos no total, e quatro letras não podiam especificar vinte estados alternativos sozinhas. O segredo tinha de estar na combinação das bases. "Parece provável", escreveram eles, "que a *sequência* exata das bases seja o código que contém a informação genética."[15]

Uma analogia com a linguagem natural ilustra esse raciocínio. As letras A, C e T, sozinhas, não transmitem muito significado, porém podem ser combinadas de modo a produzir mensagens substancialmente diferentes. Repetindo, é a *sequência* que contém a mensagem: as palavras em inglês "*act*", "*tac*" e "*cat*", por exemplo, são feitas com as mesmas letras, mas têm significados bem distintos. A chave para desvendar o verdadeiro código genético era mapear os elementos de uma sequência em uma cadeia de RNA para a sequência de uma cadeia de proteína. Era como decifrar a pedra de Roseta da genética: que combinação de letras (no RNA) especificava que combinação de letras (em uma proteína?)

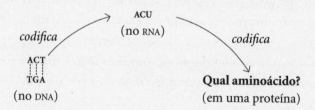

Com uma série de experimentos engenhosos, Crick e Brenner perceberam que o código genético tinha de ser escrito com "tripletos", isto é, três bases de DNA (por exemplo, ACT) tinham de especificar um aminoácido em uma proteína.*

Mas que tripleto especificava que aminoácido? Em 1961, diversos laboratórios do mundo já haviam entrado na corrida para decifrar o código genético. Nos Institutos Nacionais de Saúde (INS) em Bethesda, Marshall Nirenberg, Heinrich Matthaei e Philip Leder tentaram desvendá-lo com técnicas bioquímicas. Um químico nascido na Índia, Har Khorana, forneceu reagentes químicos cruciais que possibilitavam a decodificação. E um bioquímico espanhol em Nova York, Severo Uchoa, trabalhou paralelamente para mapear o código de tripletos em seus aminoácidos correspondentes.

Como ocorre com todo esforço para decifrar um código, o trabalho avançou de erro em erro. De início, pareceu que um tripleto coincidia em parte com outro, o que descartaria a perspectiva de um código simples. Em seguida, por algum tempo, pareceu que alguns tripletos não funcionavam. Mas em 1965 todos esses estudos — e especialmente o do Nirenberg — já haviam mapeado com êxito cada tripleto de DNA com seu aminoácido correspondente. ACT, por exemplo, especificava o aminoácido treonina. CAT, em contraste, especificava outro aminoácido, a histidina. CGT especificava arginina. Portanto, uma sequência específica de DNA — ACT-GAC-CAC-GTG — era usada para construir uma cadeia de RNA, e essa cadeia de RNA era traduzida em uma cadeia de aminoácidos, que por fim permitia a construção de uma proteína. Um tripleto (ATG) era o código para iniciar a construção de uma proteína, e três tripletos (TAA, TAG, TGA) representavam códigos para cessar a construção. O alfabeto básico do código genético estava completo.

O fluxo de informações podia ser visualizado com simplicidade:

---

* Essa hipótese do "código de tripletos" também era corroborada pela matemática elementar. Se fosse usado um código de duas letras — isto é, se duas bases em uma sequência (AC ou TC) codificassem um aminoácido em uma proteína —, só seria possível obter dezesseis combinações, obviamente insuficientes para especificar todos os vinte aminoácidos. Um código de três bases permitia 64 combinações: o suficiente para todos os aminoácidos, com doses de sobra para especificar outras funções codificadoras, por exemplo, "parar" ou "iniciar" uma cadeia proteica. Um código de quadrupletos permitiria 256 permutações, muito mais do que o necessário para codificar vinte aminoácidos. A natureza era degenerada, mas não *tanto*.

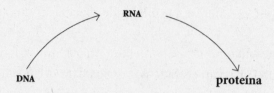

Ou, em um nível conceitual:

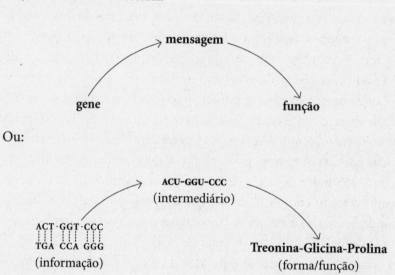

Francis Crick chamou esse fluxo de informação de "o dogma central" da informação biológica. A palavra "dogma" era uma escolha curiosa (Crick admitiu depois que não compreendeu as implicações linguísticas de "dogma", que indica uma crença fixa, imutável), mas o termo "central" era uma descrição acurada.* Crick referia-se à impressionante universalidade do fluxo de informações genéticas em toda a biologia. Das bactérias aos elefantes — passando pelas moscas de olhos vermelhos e pelos príncipes de sangue azul —, as informações biológicas fluíam através de sistemas vivos de um modo sistemático, arquetípico: o DNA fornecia as instruções para construir o RNA. O RNA fornecia as instruções para construir proteínas. Por fim, as proteínas ensejavam a estrutura e a função, dando vida aos genes.

* A versão de Crick do "dogma central" especula sobre uma possível transição *retroativa* do RNA para o DNA. A descoberta da transcriptase reversa em retrovírus (por Howard Temin e David Baltimore) provou que essa transição é possível.

* * *

Talvez nenhuma doença ilustre melhor do que a anemia falciforme a natureza desse fluxo de informações e seus penetrantes efeitos sobre a fisiologia humana. Já no século VI a.C. os doutores aiurvédicos na Índia reconheciam os sintomas gerais da anemia — a ausência de glóbulos vermelhos adequados no sangue — pela característica palidez dos lábios, pele e dedos. Chamadas de *pandu roga* em sânscrito, as anemias eram divididas em categorias. Sabia-se que algumas variantes da doença eram causadas por deficiências nutricionais. Outras, supunha-se, eram precipitadas por episódios de perda de sangue. Mas a anemia falciforme devia parecer a mais estranha. Era hereditária, costumava se manifestar de maneira intermitente e vinha acompanhada por súbitos acessos de dor dilacerante nos ossos, articulações e peito. A tribo ga, da África ocidental, chamava essas dores de *chwechweechwe* (surra no corpo). Os ewe a designavam por *nuiduidui* (torção do corpo) — palavras onomatopeicas cujos sons pareciam refletir a natureza implacável de uma dor que dava a sensação de ter a medula penetrada por saca-rolhas.

Em 1904, uma única imagem captada por microscópio revelou uma causa unificadora para todos esses sintomas pelo visto díspares.[16] Naquele ano, um jovem estudante de odontologia chamado Walter Noel procurou seu médico em Chicago com uma crise aguda de anemia, acompanhada pelas características dores no peito e nos ossos. Noel era do Caribe, descendente de africanos ocidentais, e nos anos anteriores sofrera várias crises parecidas. Depois de descartar a possibilidade de ataque cardíaco, o cardiologista, James Herrick, encaminhou despreocupadamente o caso para um médico-residente chamado Ernest Irons. Este, num impulso, resolveu examinar o sangue de Noel no microscópio.

Irons deparou com uma alteração desnorteante. Os glóbulos vermelhos normais têm formato de discos achatados — uma forma que lhes permite empilhar-se uns sobre os outros e, assim, passar com facilidade através de redes de artérias, capilares e veias, levando oxigênio ao fígado, ao coração e ao cérebro. No sangue de Noel, por sabe-se lá que mistério, as células haviam assumido a forma de crescentes murchos em feitio de foice — "células falciformes", como Irons as descreveu depois.

Mas o que fazia um glóbulo vermelho adquirir o feitio de foice? E por que a doença era hereditária? O culpado natural era uma anormalidade no gene que codifica a hemoglobina — a proteína que transporta oxigênio e existe em abundância nos glóbulos vermelhos. Em 1951, trabalhando com Harvey Itano no Caltech, Linus Pauling demonstrou que a variante da hemoglobina encontrada em células falciformes era diferente da hemoglobina de células normais.[17] Cinco anos depois, cientistas de Cambridge mostraram que a diferença entre a cadeia proteica da hemoglobina normal e a da hemoglobina "falciformizada" estava em um único aminoácido.*

Mas se a cadeia proteica era diferente por causa de exatamente *um aminoácido*, então seu gene tinha de ser diferente por causa de exatamente *um tripleto* ("um tripleto codifica um aminoácido"). De fato, como predito, quando o gene codificador da cadeia da hemoglobina B foi, mais tarde, identificado e sequenciado em pacientes com células falciformes, encontrou-se uma única alteração: um tripleto no DNA — GAG — era substituído por outro — GTG. Isso resultava na substituição de um aminoácido por outro: glutamato era trocado por valina. Essa troca alterava o modo como a cadeia da hemoglobina se dobrava: em vez de torcer-se e assumir a forma de sua estrutura regularmente articulada em feitio de braçadeira, a proteína da hemoglobina mutante acumulava-se em conglomerados filamentosos no interior dos glóbulos vermelhos. Esses conglomerados eram tão grandes, em particular na ausência de oxigênio, que puxavam a membrana do glóbulo vermelho até que o disco normal deformava-se e ganhava a forma de um crescente, uma "célula falciforme" dismorfa. Incapazes de passar com facilidade pelos capilares e veias, as células falciformes amontoavam-se em coágulos microscópicos por todo o corpo, interrompiam o fluxo sanguíneo e precipitavam a dor excruciante de uma crise da doença.

Era uma doença de efeito dominó: uma mudança na sequência de um gene causava a mudança na sequência de uma proteína; esta se deformava; isso encolhia a célula; isso entupia uma veia; isso interrompia o fluxo de sangue; isso devastava o corpo (que os genes construíram). Gene, proteína, função e destino estavam ligados em uma cadeia: uma alteração química em um par de bases no DNA bastava para "codificar" uma mudança radical no destino humano.

---

* A alteração do único aminoácido foi descoberta por Vernon Ingram, ex-aluno de Max Perutz.

15. Regulação, replicação, recombinação

Nécessité absolue trouver origine de cet emmerdement.*
Jacques Monod[1]

Assim como a formação de um cristal gigante pode ser desencadeada pelo arranjo formal de alguns átomos cruciais em seu cerne, também o nascimento de um grande corpo de conhecimento científico pode ter por núcleo a interligação de uns poucos conceitos. Antes de Newton, gerações de físicos haviam pensado a respeito de fenômenos como *força*, *aceleração*, *massa* e *velocidade*. Mas a genialidade de Newton consistiu em definir com rigor esses termos e associá-los uns aos outros por meio de uma série de equações e, com isso, inaugurar a ciência da mecânica.

Pela lógica análoga, a interligação de apenas alguns conceitos cruciais —

---

* "Necessidade absoluta de encontrar origem dessa aporrinhação." (N. T.)

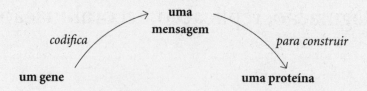

— relançou a ciência da genética. Com o tempo, assim como ocorreu com a mecânica newtoniana, o "dogma central" da genética seria imensamente refinado, modificado e reformulado. Mas seu efeito sobre a ciência nascente foi profundo: ele assentou os alicerces de um sistema de pensamento. Em 1909, Johannsen, ao cunhar a palavra "gene", declarou-a "isenta de hipóteses". No começo dos anos 1960, porém, o gene já era muito mais do que uma "hipótese". A genética havia encontrado um meio de descrever o fluxo de informações de organismo a organismo e — dentro de um organismo — da criptografia à forma. Um *mecanismo* da hereditariedade fora descoberto.

Mas como esse fluxo de informações biológicas produziu a complexidade observada nos seres vivos? Consideremos, por exemplo, a anemia falciforme. Walter Noel havia herdado duas cópias anormais do gene que codifica a hemoglobina B. Cada célula de seu corpo continha as duas cópias anormais (todas as células de um corpo herdam o mesmo genoma). Mas *apenas* os glóbulos vermelhos eram afetados pelos genes alterados, e não os neurônios, as células dos rins, do fígado, dos músculos de Noel. O que permitia essa "ação" seletiva da hemoglobina nos glóbulos vermelhos? Por que não havia hemoglobina nos olhos ou na pele de Noel, muito embora as células dos olhos, as células da pele, enfim, todas as células do corpo humano possuam cópias idênticas do mesmo gene? Como, nas palavras de Thomas Morgan, "as propriedades implícitas nos genes se tornam explícitas em células [diferentes]"?[2]

Em 1940, um experimento com o mais simples dos organismos — a *Escherichia coli*, uma bactéria microscópica em feitio de cápsula que reside no intestino — forneceu a primeira pista crucial para essa questão. A *E. coli* pode sobreviver alimentando-se de dois tipos bem distintos de açúcar, a glicose e a lactose. Quando é cultivada em apenas um desses tipos de açúcar, a bactéria começa a dividir-se com rapidez, dobrando sua população a cada vinte minutos mais ou menos. A curva de crescimento pode ser representada como uma linha exponencial — uma, duas, quatro, oito, dezesseis vezes — até que a cultura se torna turva e a fonte de açúcar se esgota.

Essa inexorável ogiva de crescimento fascinou o biólogo francês Jacques Monod.[3] Monod retornara a Paris em 1937 depois de um ano no Caltech estudando moscas com Thomas Morgan. A estada de Monod na Califórnia não fora muito produtiva: ele passara a maior parte do tempo tocando Bach com a orquestra local e aprendendo *dixieland* e jazz. Mas Paris, sitiada, estava deprimente demais. No verão de 1940, Bélgica e Polônia tinham caído em poder dos alemães. Em junho de 1940, a França, depois de sofrer perdas devastadoras em batalha, assinou um armistício que permitiu aos alemães ocupar grande parte do norte e oeste do país.

Paris foi declarada "cidade aberta" — poupada de bombas e ruína, mas em tudo acessível às tropas nazistas. As crianças foram retiradas, os museus, destituídos de suas pinturas, as lojas, fechadas. "Paris será sempre Paris", cantava Maurice Chevalier em 1939 como quem implorava, mas a Cidade das Luzes era esparsamente iluminada. As ruas andavam fantasmagóricas, os cafés, vazios. À noite, blecautes regulares a mergulhavam em uma escuridão desoladora.

No outono de 1940, com bandeiras vermelhas e pretas estampadas com a suástica içadas em todos os prédios do governo e soldados alemães anunciando o toque de recolher em alto-falantes na Champs-Élysées, Monod estudava a *E. coli* em um sótão superaquecido e mal iluminado da Sorbonne (ele aderiria em segredo à Resistência francesa naquele ano, embora muitos de seus colegas nunca viessem a saber de suas inclinações políticas). Naquele inverno, com seu laboratório quase congelado — ele precisava aguardar penitentemente até meio-dia, ouvindo propaganda nazista nas ruas enquanto parte do ácido acético descongelava —, Monod repetiu o experimento do crescimento das bactérias, porém com uma modificação estratégica. Dessa vez, ele usou como meio de cultura tanto a glicose como a lactose, dois açúcares diferentes.

Se açúcar era açúcar — se o metabolismo da lactose não era diferente do da glicose —, então se poderia esperar que bactérias alimentadas com a mistura de glicose e lactose apresentassem o mesmo arco regular de crescimento. No entanto, Monod deparou com uma singularidade em seus resultados — literalmente. De início, o crescimento das bactérias foi exponencial, mas depois elas fizeram uma pausa antes de voltar a crescer. Quando Monod investigou essa pausa, descobriu um fenômeno incomum. Em vez de consumir por igual os dois açúcares, as células de *E. coli* haviam consumido primeiro a glicose. Em seguida, pararam de crescer, como se repensassem sua dieta, mudaram para a lactose e retomaram o crescimento. Monod chamou esse processo de *diauxia* — "duplo crescimento".

Esse achatamento da curva de crescimento, mesmo pequeno, intrigou Monod. Aquilo o incomodava, era um grão de areia no olho de seu instinto científico. Bactérias alimentadas com açúcar deveriam crescer em arcos regulares. Por que a troca no consumo de açúcar causaria uma pausa no crescimento? Como uma bactéria poderia até mesmo "saber", ou sentir, que a fonte de açúcar fora trocada? E por que um açúcar foi consumido primeiro, e só depois dele o segundo, como um almoço de dois pratos?

Em fins dos anos 1940, Monod descobrira que a singularidade era resultado de um reajustamento metabólico. Quando as bactérias trocavam o consumo da glicose pelo da lactose, induziam enzimas específicas da digestão de lactose. Quando voltavam a consumir glicose, aquelas enzimas desapareciam e *enzimas da digestão da glicose* reapareciam. Induzir essas enzimas durante a troca — como trocar os talheres durante o jantar, retirar a faca de peixe, pegar o garfo de sobremesa — demorava alguns minutos, produzindo com isso a pausa observada no crescimento.

Para Monod, a diauxia sugeria que os genes podiam ser regulados por dados metabólicos. Se enzimas, ou seja, proteínas, estavam sendo induzidas a aparecer e desaparecer em uma célula, então *genes* deviam estar sendo ligados e desligados, como comutadores moleculares (porque as enzimas são codificadas por genes). No começo dos anos 1950, Monod, junto com François Jacob em Paris, passou a estudar de modo sistemático a regulação de genes da *E. coli* criando mutantes — o método que Morgan empregara com êxito espetacular para as moscas-das-frutas.*

---

* Monod e Jacob se conheciam de vista; ambos eram colaboradores próximos do geneticista e microbiólogo André Lwoff. Jacob trabalhava no outro extremo do sótão, fazendo experimentos com um vírus que infectava a *E. coli*. Embora as estratégias experimentais desses cientistas diferissem superficialmente, ambos estavam estudando a regulação gênica. Monod e Jacob haviam comparado suas anotações e constatado, surpresos, que estavam investigando dois aspectos do mesmo problema geral; assim, combinaram algumas partes de seus trabalhos nos anos 1950.

Como as moscas, as bactérias mutantes foram reveladoras. Monod e Jacob, trabalhando com Arthur Pardee, um geneticista microbiólogo dos Estados Unidos, descobriram três princípios fundamentais que governavam a regulação dos genes. Primeiro, quando um gene era ligado ou desligado, o DNA original sempre era mantido intacto em uma célula. *A verdadeira ação era no RNA*: quando um gene era ligado, ele era induzido a produzir mais mensagens de RNA e, assim, a produzir mais enzimas de digestão de açúcar. A identidade metabólica de uma célula — ou seja, se ela estava consumindo lactose ou glicose — podia ser verificada não só com base na sequência de seus genes, que era sempre constante, mas também na quantidade de RNA que o gene estava produzindo. Durante o metabolismo da lactose, havia abundância de RNA para enzimas de digestão da lactose. Durante o metabolismo da glicose, essas mensagens eram reprimidas, e os RNAS para enzimas de digestão da glicose tornavam-se abundantes.

Segundo, a *produção de mensagens de RNA era regulada de maneira coordenada*. Quando a fonte de açúcar mudava para a lactose, as bactérias ligavam todo um módulo de genes — vários genes metabolizadores de lactose — para digerir esse açúcar específico. Um dos genes desse módulo especificava uma "proteína transportadora" que permitia à lactose entrar na célula da bactéria. Outro gene codificava uma enzima que era necessária para dividir a lactose em partes. Outro ainda especificava uma enzima para fracionar aquelas partes químicas em subpartes. De maneira surpreendente, todos os genes dedicados a determinada via metabólica estavam fisicamente próximos uns dos outros no cromossomo da bactéria — como livros arquivados por tema em uma biblioteca — e eram induzidos ao mesmo tempo nas células. A alteração metabólica produzia uma profunda alteração genética em uma célula. Não era mera troca de talheres; todo o aparelho de jantar era alterado de uma vez. Um circuito funcional de genes era ligado e desligado, como se fosse operado por um comutador-mestre. Monod chamou esse módulo gênico de *óperon*.*

---

* Em 1957, Pardee, Monod e Jacob descobriram que o *óperon* da lactose era controlado por um único comutador-mestre: uma proteína que por fim foi chamada de repressora. A repressora funcionava como uma espécie de fecho molecular. Quando se adicionava lactose ao meio de crescimento, a proteína repressora detectava a lactose, alterava sua estrutura molecular e "destrancava" os genes associados à digestão e ao transporte de lactose (isto é, permitia que esses genes fossem ativados), e assim capacitava a célula a metabolizar a lactose. Quando estava

A gênese de proteínas, portanto, era perfeitamente sincronizada com os requisitos do meio: forneça o açúcar certo, e um conjunto de genes metabolizadores de açúcar é ligado. A aterradora economia da evolução mais uma vez havia produzido a solução mais elegante para a regulação gênica. Nenhum gene, nenhuma mensagem e nenhuma proteína trabalhavam em vão.

Como uma proteína detectora de lactose reconhecia e regulava apenas um gene associado à digestão de lactose e não os milhares de outros genes numa célula? A terceira característica fundamental da regulação gênica, Monod e Jacob descobriram, era que *cada gene possuía sequências de DNA específicas para a regulação, e elas atuavam como rótulos de reconhecimento*. Assim que uma proteína detectora de açúcar percebia açúcar no meio, ela reconhecia um daqueles rótulos e ligava ou desligava os genes respectivos. *Esse* era o sinal de um gene para produzir mais mensagens de RNA e, assim, gerar a enzima relevante para digerir o açúcar.

Em resumo, um gene possuía não apenas as informações para codificar uma proteína, mas também informações sobre quando e onde produzi-la. Todos esses dados estavam codificados no DNA, em geral ligados à parte inicial de cada gene (embora também possam existir genes com sequências regulatórias ligadas às suas partes posterior e média). A combinação de sequências reguladoras e sequência codificadora de proteínas definia um gene.

Podemos retornar ainda essa vez à nossa analogia com uma sentença em um livro. Quando Morgan descobriu a ligação gênica em 1910, não encontrou nenhuma lógica que parecesse explicar por que um gene era fisicamente ligado a outro em um cromossomo: os genes que codificavam a cor preta dos pelos e a cor branca dos olhos não pareciam possuir uma conexão funcional em comum, e no entanto se situavam em posições contíguas no mesmo cromossomo. No modelo de Jacob e Monod, em contraste, genes bacterianos

---

presente outro açúcar — por exemplo, a glicose —, o fecho permanecia intacto e não era permitida a ativação de nenhum gene para a digestão de lactose. Em 1966, Walter Gilbert e Benno Muller-Hill isolaram a proteína repressora de células bacterianas, e assim confirmaram de modo inquestionável a hipótese do *óperon* de Monod. Outro repressor, este de um vírus, foi isolado por Mark Ptashne e Nancy Hopkins em 1966.

eram ligados entre si por uma razão. Genes que operavam na mesma via metabólica eram fisicamente ligados uns aos outros: quem trabalhava junto morava junto no genoma. Sequências específicas de DNA eram ligadas a um gene que fornecia o contexto para sua atividade — seu "trabalho". Essas sequências, destinadas a ligar e desligar os genes, podiam ser imaginadas como os sinais de pontuação e comentários em uma sentença — aspas, vírgula, letra maiúscula. Elas forneciam o contexto, a ênfase e o significado, informavam ao leitor que partes deviam ser lidas juntas e quando fazer uma pausa para a sentença seguinte:

Esta é a estrutura do seu genoma. Ela contém, entre outras coisas, módulos regulados de maneira independente. Algumas palavras são reunidas em sentenças; outras são separadas por pontos e vírgulas, vírgulas e travessões.

Pardee, Jacob e Monod publicaram seu monumental estudo sobre o óperon da lactose em 1959, seis anos depois do artigo de Watson e Crick sobre a estrutura do DNA.[4] Chamado "o artigo de Pa-Ja-Mo" — ou, em termos mais coloquiais, o artigo de Pajama [pijama], uma alusão às primeiras letras dos nomes de seus autores —, o estudo foi um clássico instantâneo, com vastas implicações para a biologia. Os genes, argumentava o artigo de Pajama, não eram apenas gabaritos passivos. Muito embora cada célula contenha o mesmo conjunto de genes — um genoma idêntico —, a ativação ou repressão seletiva de determinados subconjuntos de genes permite que uma célula individual responda aos seus meios. O genoma era um gabarito *ativo*, capaz de mobilizar partes selecionadas de seu código em diferentes momentos e em diferentes circunstâncias.

Nesse processo, proteínas atuam como sensores reguladores ou comutadores mestres, ligando e desligando genes, ou mesmo combinações de genes, de modo coordenado. Como a partitura principal de uma sinfonia fascinantemente complexa, o genoma contém as instruções para o desenvolvimento e a manutenção de organismos.[5] Mas sem proteínas, a "partitura" genômica é inerte. As proteínas concretizam essas informações. Elas *regem* o genoma, e assim tocam sua música: ativar a viola no 14º minuto, bater os pratos durante o arpejo, tocar os tambores no crescendo. Ou, em termos conceituais:

O artigo de Pa-Ja-Mo resolveu uma questão central da genética: Como um organismo pode possuir um conjunto fixo de genes mas responder com tanta precisão a mudanças no ambiente? Além disso, sugeriu uma solução para a questão central da embriogênese: Como milhares de tipos de célula podem surgir de um embrião a partir de um mesmo conjunto de genes? A *regulação* dos genes — o liga e desliga seletivo de certos genes em certas células e em certos momentos — tem de interpor uma crucial camada de complexidade na natureza firme da informação biológica.

Era por meio da regulação gênica, explicou Monod, que as células podiam realizar suas funções únicas no tempo e espaço. "O genoma contém não apenas uma série de gabaritos [isto é, genes], mas um *programa* coordenado [...] e um modo de controlar sua execução", concluíram Monod e Jacob. Os glóbulos vermelhos e as células hepáticas de Walter Noel continham as mesmas informações genéticas — mas a regulação gênica assegurava que a proteína hemoglobina estivesse presente apenas nos glóbulos vermelhos, e não no fígado. A lagarta e a borboleta possuem exatamente o mesmo genoma, mas a regulação gênica permite a metamorfose de uma em outra.

A embriogênese podia agora ser imaginada como o desabrochar gradual da regulação gênica a partir de um embrião unicelular. *Esse* era o "movimento" que Aristóteles imaginara de maneira tão vívida séculos antes. Em uma famosa história, perguntam a um cosmólogo medieval o que sustenta a Terra.

"Tartarugas", responde ele.

"E o que sustenta as tartarugas?"

"Mais tartarugas."

"E essas tartarugas?"

"Você não entendeu", o cosmólogo se irrita. "São tartarugas, tartarugas do começo ao fim."

Para um geneticista, o desenvolvimento de um organismo poderia ser descrito como a indução (ou repressão) sequencial de genes e circuitos gênicos. Genes especificaram proteínas que acionaram genes que especificaram proteínas que acionaram genes e assim por diante, até a primeira célula embriônica. Eram genes do começo ao fim.*

A regulação gênica — o liga e desliga de genes por proteínas — descrevia o mecanismo pelo qual a complexidade combinatória podia ser gerada a partir de um original de informações genéticas numa célula. Mas não podia explicar como os genes em si eram copiados: como os genes se replicavam quando uma célula se dividia em duas células, ou quando um espermatozoide ou um óvulo era gerado?

Para Watson e Crick, o modelo da dupla hélice do DNA — com duas fitas complementares em estilo "yin-yang" contrapostas — logo sugeriu um mecanismo de replicação. Na última frase do artigo de 1953, eles observaram: "Não nos escapou a possibilidade de que o pareamento específico [do DNA] que postulamos sugere de imediato um possível mecanismo de cópia para o material genético".[6] Seu modelo de DNA não era apenas uma imagem bonitinha; aquela estrutura predizia as características mais importantes da função. Watson e Crick supuseram que cada fita de DNA era usada para gerar uma cópia de si mesma — o que gerava duas duplas hélices a partir da dupla hélice original.

---

* Em contraste com as tartarugas cosmológicas, essa noção não é absurda. Em princípio, o embrião unicelular *possui* todas as informações genéticas para especificar um organismo completo. A questão de como circuitos genéticos sequenciais podem "concretizar" o desenvolvimento de um organismo será analisada em um capítulo subsequente.

Durante a replicação, as fitas yin-yang de DNA se separavam. O yin era usado como gabarito para criar um yang, e o yang, um yin. O resultado eram dois pares yin-yang (em 1958, Matthew Meselson e Frank Stahl comprovaram esse mecanismo).

No entanto, uma dupla hélice de DNA não é capaz de produzir de modo autônomo uma cópia de si mesma; do contrário, ela poderia se replicar sem autocontrole. Provavelmente uma enzima era dedicada a copiar o DNA — uma proteína replicadora. Em 1957, o bioquímico Arthur Kornberg iniciou suas tentativas de isolar a enzima copiadora do DNA. Se tal enzima existisse, pensou Kornberg, o lugar mais fácil de encontrá-la seria em um organismo de rápida divisão: a *E. coli* durante sua furiosa fase de crescimento.

Em 1958, Kornberg havia destilado e redestilado o lodo bacteriano em uma preparação enzimática quase pura ("Um geneticista conta, um bioquímico limpa", ele me disse um dia). Chamou-a de DNA polimerase (o DNA é um polímero de A, C, G e T, e essa era a enzima produtora de polímero). Quando ele adicionou a enzima purificada a DNA, forneceu uma fonte de energia e um reservatório de novas bases de nucleotídeo — A, T, G e C —, testemunhou a formação de novas fitas de ácido nucleico em tubo de ensaio: DNA criou DNA à sua própria imagem.

"Cinco anos atrás", escreveu Kornberg em 1960, "a síntese de DNA também era considerada um processo 'vital'" — uma reação mística que não podia ser reproduzida em tubo de ensaio pela adição ou subtração de meras substâncias químicas.[7] "Mexer com o aparato genético [da própria vida] sem dúvida produziria apenas a desordem", rezava a teoria. Mas a síntese de DNA feita por Kornberg havia criado ordem a partir da desordem — um gene a partir de suas subunidades químicas. A inexpugnabilidade dos genes deixou de ser uma barreira.

Existe aqui uma recursividade que vale a pena salientar: como toda proteína, a DNA polimerase, a enzima que permite ao DNA se replicar, é, ela própria, produto de um gene.* Portanto, embutidos em cada genoma estão os códigos para as proteínas que permitirão que o genoma se reproduza. Essa ca-

---

* A replicação do DNA requer muito mais proteínas do que apenas a DNA polimerase para desenrolar a dupla hélice torcida e assegurar que as informações genéticas sejam copiadas de maneira acurada. E existem várias DNA polimerases, com funções ligeiramente diferentes, encontradas em células.

mada adicional de complexidade — o DNA codifica uma proteína que permite que o DNA se replique — é importante porque fornece um eixo crítico para a regulação. A replicação do DNA pode ser ligada e desligada por outros sinais e reguladores, por exemplo, a idade ou o estado nutricional da célula, permitindo, assim, que as células só produzam cópias de DNA quando estão prontas para se dividir. Esse esquema tem um problema colateral: quando os próprios reguladores apresentam anomalias, nada pode impedir uma célula de se replicar de maneira contínua. E isso, como logo veremos, é a suprema doença dos genes que funcionam mal: o câncer.

Genes produzem proteínas que *regulam* genes. Genes produzem proteínas que *replicam* genes. O terceiro *R* da fisiologia dos genes é uma palavra estranha ao vocabulário comum, mas essencial para a sobrevivência da nossa espécie: "recombinação" — a capacidade de gerar novas combinações de genes.

Para entender a recombinação, poderíamos, mais uma vez, começar com Mendel e Darwin. Um século de estudos em genética esclareceu como os organismos transmitem a "semelhança" uns aos outros. Unidades de informação hereditária, codificadas no DNA e embaladas em cromossomos, são transmitidas pelo espermatozoide e pelo óvulo a um embrião, e do embrião a todas as células vivas do corpo de um organismo. Essas unidades codificam mensagens para construir proteínas — e as mensagens e proteínas, por sua vez, possibilitam a forma e o funcionamento de um organismo vivo.

Essa descrição do mecanismo da hereditariedade resolveu a questão de Mendel — Como o semelhante gera o semelhante? —, porém não resolveu o enigma inverso apontado por Darwin: Como o semelhante gera o *dessemelhante*? Para que ocorra evolução é preciso que um organismo seja capaz de gerar variação genética, isto é, ele tem de produzir descendentes que sejam geneticamente diferentes de seus dois genitores. Se em geral os genes transmitem a semelhança, como poderiam transmitir "dessemelhança"?

Na natureza, um mecanismo de gerar variação é a mutação, ou seja, alterações na sequência de DNA (um A trocado por um T) que podem mudar a estrutura de uma proteína e, portanto, modificar sua função. Mutações ocorrem quando o DNA é danificado por substâncias químicas ou raios X, ou quando a enzima de replicação de DNA comete um erro espontâneo ao copiar genes. Existe ainda um segundo mecanismo que gera a diversidade genética: informações genéticas podem ser permutadas entre cromossomos. DNA do cromossomo materno pode trocar de posição com DNA do cromossomo paterno, trazendo, assim, a possibilidade de gerar um gene híbrido de genes maternos e paternos. A recombinação também é uma forma de "mutação", com a diferença de que nacos inteiros de material genético são permutados entre cromossomos.*

O trânsito de informação genética de um cromossomo a outro ocorre apenas em circunstâncias especialíssimas. A primeira delas é quando são gerados espermatozoides e óvulos para a reprodução. Pouco antes da espermatogênese e da oogênese, a célula transforma-se, por um breve período, em um playground de genes. Os cromossomos maternos e paternos pareados abraçam-se e alegremente trocam informações genéticas. A permuta de informações genéticas entre cromossomos pareados é crucial para a mistura e correspondência de informações hereditárias dos genitores. Morgan chamou esse fenômeno de "crossing over" [permuta]; seus alunos haviam usado o crossing over para mapear genes em moscas. O termo mais contemporâneo é "recombinação" — a capacidade de gerar combinações de combinações de genes.

A segunda circunstância é mais pressagiosa. Quando o DNA é danificado por um mutágeno, por exemplo, raios X, a informação genética é obviamente ameaçada. Na presença desse tipo de dano, o gene pode ser recopiado da cópia "gêmea" do cromossomo pareado: parte da cópia materna pode ser reescrita com base na cópia paterna, o que também resulta na criação de genes híbridos.

De novo, o pareamento de bases é usado para construir de volta o gene. O yin conserta o yang, a imagem restaura o original: com o DNA, assim como com Dorian Gray, o protótipo é revigorado de maneira constante por seu retrato. Proteínas tutelam e coordenam todo o processo: guiam a fita danificada até o gene intacto, copiam e corrigem a informação perdida e costuram de volta as rupturas — o que resulta, por fim, na transferência de informação da fita não danificada para a fita danificada.

---

* A geneticista Barbara McClintock descobriu elementos genéticos capazes de se mover de uma localização no genoma a outra, os chamados "*jumping genes*" (genes saltadores); ela receberia o prêmio Nobel em 1983.

Regulação. Replicação. Recombinação. É notável que os três erres da fisiologia dos genes dependem de forma decisiva da estrutura molecular do DNA — do pareamento de bases na dupla hélice descrita por Watson e Crick.

A regulação gênica funciona pela transcrição de DNA para RNA, o que depende do pareamento de bases. Quando uma fita de DNA é usada para construir a mensagem de RNA, é o pareamento de bases entre DNA e RNA que permite a um gene gerar sua cópia de RNA. Durante a replicação, o DNA é de novo copiado, e para isso sua imagem serve de guia. Cada fita é usada para gerar uma versão complementar de si mesma, e o resultado é uma dupla hélice que se divide em duas duplas hélices. E durante a recombinação do DNA, a estratégia de interpor base contra base é empregada mais uma vez para restaurar DNA danificado. A cópia danificada de um gene é reconstruída tendo como guia a fita complementar, ou seja, a cópia do gene original.*

A dupla hélice resolveu as três principais questões da fisiologia genética recorrendo a engenhosas variações do mesmo tema. Substâncias químicas copiadas de um original são usadas para gerar substâncias químicas copiadas delas mesmas: reflexos usados para reconstruir o original. Pares usados para manter a fidelidade e a estabilidade da informação. "Monet é só um olho", disse Cézanne a respeito de seu amigo, "mas, Deus do céu, que olho!" O DNA, de maneira análoga, é apenas uma substância, mas, Deus do céu, que substância!

Na biologia existe uma antiga distinção entre dois tipos de cientista: o anatomista e o fisiologista. O anatomista descreve a natureza dos materiais, estruturas e partes do corpo; ele descreve como as coisas *são*. O fisiologista, por sua vez, concentra-se nos mecanismos pelos quais essas estruturas e partes interagem para possibilitar as funções do organismo vivo; ele trata de como as coisas *funcionam*.

---

* O fato de que o genoma também codifica genes para *reparar* o genoma foi constatado por vários geneticistas, entre eles Evelyn Witkin e Steve Elledge. Witkin e Elledge, trabalhando independentemente, identificaram toda uma cascata de proteínas que detectavam danos no DNA e ativavam uma resposta celular para reparar ou temporizar o dano (se o dano fosse catastrófico, interromperia a divisão celular). Mutações nesses genes podem acarretar o acúmulo de danos no DNA — portanto, mais mutações — e levar, por fim, ao câncer. O quarto erre da fisiologia do gene, essencial para a sobrevivência e a mutabilidade dos organismos, poderia ser "reparação".

Essa distinção também marca uma transição importante na história do gene. Mendel talvez tenha sido o primeiro "anatomista" do gene: ao detectar o trânsito de informações entre gerações de ervilhas, ele descreveu a estrutura essencial do gene como um corpúsculo indivisível de informação. Morgan e Sturtevant ampliaram essa vertente anatomista nos anos 1920 demonstrando que os genes eram unidades materiais dispostas de maneira linear em cromossomos. Nos anos 1940 e 1950, Avery, Watson e Crick identificaram o DNA como a molécula dos genes e descreveram sua estrutura como uma dupla hélice; com isso, levaram a concepção anatômica do gene à sua culminância natural.

Entre fins dos anos 1950 e os anos 1970, porém, foi a *fisiologia* dos genes que dominou a investigação científica. O fato de que os genes podiam ser regulados — ou seja, "ligados" e "desligados" por determinadas deixas — aprofundou a compreensão de como os genes funcionam no tempo e no espaço para especificar as características únicas de células distintas. O fato de que os genes também podiam ser reproduzidos, recombinados entre cromossomos e reparados por proteínas específicas explicou como as células e organismos conseguem conservar, copiar e rearranjar informações genéticas de uma geração para a outra.

Para os biólogos estudiosos do ser humano, cada uma dessas descobertas trouxe enormes benefícios. À medida que a genética passou de uma concepção material para uma concepção mecanicista dos genes — do que os genes são para o que eles *fazem* —, tais biólogos começaram a perceber ligações que vinham procurando fazia tempo entre genes, fisiologia humana e patologia. Uma doença podia surgir não apenas de uma alteração no código genético para uma proteína (por exemplo, a hemoglobina no caso da anemia falciforme), mas também como consequência da regulação gênica — a incapacidade de "ligar" ou "desligar" o gene certo na célula apropriada no momento correto. A replicação gênica devia explicar como um organismo multicelular emerge de uma única célula, e erros na replicação poderiam elucidar como uma doença metabólica espontânea, ou uma devastadora doença mental, pode surgir em uma família até então não afetada. As similaridades entre genomas devem explicar as semelhanças entre pais e filhos, e as mutações e recombinações poderiam explicar suas diferenças. As famílias deviam ter em comum não apenas as redes social e cultural, mas também redes de genes ativos.

Assim como no século XIX a anatomia e a fisiologia do ser humano assentaram os alicerces da medicina do século XX, a anatomia e a fisiologia dos genes assentaram os alicerces de uma nova e poderosa ciência biológica. Nas décadas seguintes, essa ciência revolucionária estenderia seu domínio dos organismos simples aos complexos. Seu vocabulário conceitual — *regulação, recombinação, mutação dos genes, reparo de DNA* — traria material de revistas científicas básicas para os livros didáticos de medicina e depois permearia debates mais amplos na sociedade e na cultura (a palavra "raça", como veremos, não pode ser compreendida de modo eficaz sem primeiro entendermos a recombinação e a mutação). A nova ciência procuraria explicar como os genes constroem, mantêm, reparam e reproduzem o ser humano, e como variações na anatomia e na fisiologia dos genes podem contribuir para as variações observadas na identidade, destino, saúde e doença das pessoas.

16. Dos genes à gênese

No princípio era a simplicidade.
Richard Dawkins, *O gene egoísta*[1]

Am not I
A fly like thee?
Or art not thou
*A man like me?**
William Blake, "The Fly"[2]

A descrição molecular do gene esclareceu o mecanismo da transmissão da hereditariedade, mas aprofundou o enigma que absorvera Thomas Morgan nos anos 1920. Para Morgan, o principal mistério da biologia dos organismos não era o gene, e sim a gênese: como "unidades de hereditariedade" possibilitam a formação de animais e mantêm as funções dos órgãos e organismos? ("Desculpe-me bocejar assim, mas é que acabo de dar uma aula [de genética!]", disse ele a um aluno.)

* "Não sou eu/ Uma mosca como tu?/ Ou não és tu/ Um homem como eu?" (N. T.)

Um gene, observou Morgan, era uma solução extraordinária para um problema extraordinário. A reprodução sexuada requer a compressão de um organismo em uma única célula, mas em seguida requer que essa única célula se expanda formando um organismo. Morgan percebeu que o gene resolve um problema, a transmissão da hereditariedade, porém cria outro, o desenvolvimento dos organismos. Uma única célula tem de ser capaz de conter todo o conjunto de instruções para construir um organismo desde o princípio — aí entram os genes. Mas como os genes fazem um organismo inteiro crescer a partir de uma única célula?

Pode parecer intuitivo para um embriologista estudar a questão da gênese avançando dos primeiros eventos no embrião para o desenvolvimento de um plano corporal e então para um organismo totalmente desenvolvido. Porém, por razões necessárias, como veremos, a compreensão do desenvolvimento dos organismos aconteceu como um filme exibido de trás para a frente. O mecanismo pelo qual genes especificam características anatômicas macroscópicas — membros, órgãos e estruturas — foi o primeiro a ser decifrado. Depois foi a vez do mecanismo pelo qual um organismo determina onde essas estruturas se situarão: na parte frontal ou posterior, esquerda ou direita, superior ou inferior. Os primeiros eventos na especificação de um embrião — a especificação do eixo corporal, da porção frontal e da posterior, do lado esquerdo e do direito — estiveram entre os últimos a serem compreendidos.

A razão dessa ordem inversa poderia ser óbvia. Mutações em genes que especificavam estruturas macroscópicas, como membros e asas, foram as mais fáceis de detectar e as primeiras a ser caracterizadas. Mutações em genes que especificavam os elementos básicos do plano corporal eram mais difíceis de identificar, pois as mutações diminuíam de forma drástica a sobrevivência de organismos. E os mutantes nas primeiras etapas da embriogênese eram quase impossíveis de capturar vivos, pois os embriões, com cabeça e cauda amontoadas, morriam instantaneamente.

Nos anos 1950, Ed Lewis, um geneticista que estudava a mosca-das-frutas no Caltech, começou a descrever a formação dos embriões dessa espécie.

Como um historiador da arquitetura obcecado por uma única edificação, Lewis vinha estudando a construção da mosca-das-frutas havia quase duas décadas. Com formato de feijão e menor do que um grão de areia, o embrião desse inseto começa a vida num turbilhão de atividade. Cerca de dez horas após a fertilização do óvulo, o embrião divide-se em três amplos segmentos, cabeça, tórax e abdome, e cada segmento divide-se em subcompartimentos. Cada um desses segmentos embriônicos, Lewis sabia, origina um segmento congruente encontrado na mosca adulta. Um segmento embriônico torna-se a segunda seção do tórax, e nele surgem duas asas. Três dos segmentos ganham as seis pernas da mosca. Outro segmento adquire pelos ou antenas. Como nos seres humanos, o plano básico para o corpo adulto está contido no embrião. A maturação de uma mosca é a expansão em série desses segmentos, como a abertura de um acordeão vivo.

Mas como um embrião de mosca "sabe" fazer crescer uma perna no segundo segmento torácico ou uma antena na cabeça (e não vice-versa)? Lewis estudou mutantes nos quais a organização desses segmentos foi perturbada.[3] Descobriu que a característica singular dos mutantes era que, com frequência, o *plano* essencial das estruturas macroscópicas era mantido, e apenas o segmento aparecia em posição ou identidade trocada no corpo da mosca. Em uma mutante, por exemplo, apareceu um segmento torácico adicional, intacto e quase funcional, e esse inseto ficou com quatro asas (um par do segmento torácico normal e um par extra do segmento torácico adicional). Era como se um gene para *construir um tórax* houvesse sido comandado de modo incorreto no compartimento errado e, confiante, obedecesse ao comando. Em outra mutante, brotaram duas pernas na antena, na cabeça da mosca — como se o comando *construir uma perna* houvesse sido erroneamente seguido na cabeça.

A construção de órgãos e estruturas, Lewis concluiu, é codificada por genes "efetores", reguladores mestres que funcionam como unidades ou sub-rotinas autônomas. Durante a gênese normal de uma mosca (ou de qualquer outro organismo), esses genes efetores entram em ação em locais específicos e em momentos específicos e determinam as identidades de segmentos e órgãos. Esses genes reguladores mestres atuam ligando e desligando outros genes; podemos compará-los a circuitos de um microprocessador. Por isso, a mutação nesses genes resulta em segmentos e órgãos malformados, ectópicos. Como os atarantados criados da Rainha de Copas de *Alice no País das Maravilhas*, os genes se apressam a obedecer às instruções — *construir um tórax, fazer uma asa* —, mas em lugares ou momentos errados. Se um regulador-mestre grita *"LIGAR uma antena"*, a sub-rotina de construção de antena é ligada e uma antena é construída — mesmo se essa estrutura por acaso crescer no tórax ou abdome da mosca.

Mas quem comanda os comandantes? A descoberta feita por Ed Lewis dos genes reguladores mestres que controlavam o desenvolvimento de segmentos, órgãos e estruturas resolveu o problema do estágio final da embriogênese, porém apontou um enigma recursivo aparentemente infinito. Se o embrião é construído, segmento por segmento e órgão por órgão, por genes que comandam a identidade de cada segmento e órgão, então como um segmento sabe a sua identidade? Por exemplo, como um gene-mestre que codifica a produção de uma asa "sabe" construir uma asa no segundo segmento torácico, e não, digamos, no primeiro ou terceiro segmento? Se os módulos genéticos são tão autônomos, por que — virando o enigma de Morgan de cabeça para baixo — *não* crescem pernas na cabeça de moscas, ou seres humanos *não* nascem com o polegar no nariz?

Para responder a essas questões, precisamos fazer o relógio do desenvolvimento embriológico andar para trás. Em 1979, um ano depois de Lewis publicar seu artigo sobre os genes que governam o desenvolvimento de membros e asas, dois embriologistas, Christiane Nüsslein-Volhard e Eric Wieschaus, trabalhando em Heidelberg, começaram a criar mutantes de mosca-das-frutas para descobrir os primeiros passos que governam a formação do embrião.

Os mutantes obtidos por Nüsslein-Volhard e Wieschaus eram ainda mais esquisitos que os descritos por Lewis. Em alguns deles, segmentos inteiros do embrião inexistiam, ou o tórax ou compartimentos abdominais apresentavam um encurtamento drástico — análogos a um feto humano que nascesse sem segmento médio ou posterior. São os genes alterados nesses mutantes, raciocinaram Nüsslein-Volhard e Wieschaus, que determinam o plano arquitetônico básico do embrião. Eles são os fabricantes de mapas do mundo embriônico. Dividem o embrião em seus subsegmentos básicos. Depois ativam os genes comandantes de Lewis para iniciar a construção de órgãos e partes do corpo em alguns compartimentos (e só nesses): uma antena na cabeça, uma asa no quarto segmento do tórax e assim por diante. Nüsslein-Volhard e Wieschaus chamaram esses genes de *genes de segmentação*.

Mas até os genes de segmentação precisam ter os *seus* mestres: como o segundo segmento do tórax da mosca "sabe" ser um segmento torácico e não um segmento abdominal? Ou como uma cabeça sabe não ser uma cauda? Cada segmento de um embrião pode ser definido em um eixo que se estende da cabeça à cauda; a cabeça funciona como um sistema interno de GPS, e a posição em relação à cabeça e à cauda dá a cada segmento um "endereço" único no embrião. Mas como um embrião adquire sua assimetria original básica, isto é, "o que é da cabeça" versus "o que é da cauda"?

Em fins dos anos 1980, Nüsslein-Volhard e seus alunos começaram a caracterizar um último grupo de moscas mutantes nas quais a organização assimétrica do embrião tinha sido abolida. Essas mutantes — muitas delas sem cabeça ou sem cauda — tiveram seu desenvolvimento sustado muito antes da segmentação (e sem dúvida muito antes do crescimento de estruturas e órgãos). Em algumas, a cabeça embriônica era malformada. Em outras, não era possível distinguir a parte frontal e a parte posterior do embrião, o que resultava em estranhos embriões que se pareciam com uma imagem invertida no espelho (a mutante mais impressionante foi chamada de *bicaude* — literalmente, "de duas caudas"). Era claro que faltava nas mutantes algum fator — uma substância química — que determinava qual devia ser a parte frontal, e não a parte posterior da mosca ou vice-versa. Em 1986, em um espantoso experimento, alunos de Nüsslein-Volhard aprenderam a espetar um embrião de mosca normal com uma agulha minúscula; extraíram uma gotícula de líquido de sua cabeça e a transplantaram para uma mutante sem cabeça. De maneira surpreendente, a cirurgia celular deu certo: a gotícula de líquido de uma cabeça normal foi suficiente para forçar o crescimento de uma cabeça na posição da cauda do embrião.

Em uma rápida série de artigos pioneiros publicados entre 1986 e 1990, Nüsslein-Volhard e seus colegas identificaram decisivamente vários dos fatores que fornecem o sinal para "ser da cabeça" e "ser da cauda" no embrião. Sabemos agora que cerca de oito dessas substâncias químicas, a maioria delas proteínas, são produzidas pela mosca durante o desenvolvimento do óvulo e nele depositadas de modo assimétrico. Esses *fatores maternos* são produzidos e situados no óvulo pela fêmea genitora. A deposição assimétrica só é possível porque o *próprio óvulo* é situado assimetricamente no corpo da fêmea genitora, e isso possibilita que ela deposite alguns desses fatores maternos na extremidade do óvulo correspondente à cabeça, e outros na extremidade correspondente à cauda.

As proteínas criam um gradiente no interior do óvulo. Como açúcar que se difunde de um cubo numa xícara de café, elas estão presentes em alta concentração em uma extremidade do óvulo e em baixa concentração na outra extremidade. A difusão de uma substância química por uma matriz de proteína pode criar até mesmo padrões tridimensionais distintos — como uma colherada de mel que se espalha em filamentos por um prato de granola. Genes específicos são ativados na extremidade de alta concentração, e não na de baixa concentração, permitindo assim que o eixo cabeça-cauda seja definido ou que outros padrões se formem.

O processo é infinitamente recursivo: o supremo dilema do "Quem nasceu primeiro, o ovo ou a galinha?". Moscas com cabeça e cauda geram óvulos com cabeça e cauda, que produzem embriões com cabeça e cauda, que crescem e viram moscas com cabeça e cauda, ad infinitum. Ou, em um nível molecular: proteínas no embrião em fase inicial são depositadas de preferência em uma extremidade pela mãe. Elas ativam e silenciam genes, e com isso definem o eixo do embrião da cabeça à cauda. Esses genes, por sua vez, ativam genes "mapeadores" que produzem segmentos e dividem o corpo em seus domínios mais amplos. Os genes mapeadores ativam e silenciam genes que formam órgãos e estruturas.* Por fim, genes que codificam a formação de órgãos e a identidade de segmentos ativam e silenciam sub-rotinas gênicas que resultam na criação de órgãos, estruturas e partes.

É provável que o desenvolvimento do embrião humano também ocorra com base em três níveis de organização semelhantes. Como na mosca, genes

---

* Isso suscita uma questão: como os primeiros organismos assimétricos surgiram no mundo natural? Não sabemos, e talvez nunca saberemos. Em algum momento da história evolucionária, um organismo evoluiu até que as funções de uma parte de seu corpo se tornassem separadas das de outra parte. Talvez uma extremidade ficasse voltada para uma rocha enquanto a outra estivesse voltada para o oceano. Um mutante sortudo nasceu com a milagrosa capacidade de localizar uma proteína na extremidade da boca, e não na do pé. Distinguir entre boca e pé deu a esse mutante uma vantagem seletiva: cada parte assimétrica podia especializar-se ainda mais para sua tarefa específica, e o resultado foi um organismo mais adaptado ao seu meio. Nossas cabeças e caudas são as felizardas descendentes dessa inovação evolucionária.

do "efeito materno" organizam o embrião em fase inicial nos seus principais eixos — cabeça e cauda; parte frontal e parte posterior; esquerda e direita — usando gradientes químicos. Em seguida, uma série de genes análogos aos genes da segmentação na mosca inicia a divisão do embrião em suas principais partes estruturais — cérebro, medula espinhal, esqueleto, pele, intestino etc. Por fim, genes construtores de órgãos autorizam a construção de órgãos, partes e estruturas — membros, dedos, olhos, rins, fígado e pulmão.

"Será o pecado que faz da lagarta uma crisálida, e da crisálida uma borboleta, e da borboleta pó?", indagou o teólogo alemão Max Müller em 1885.[4] Um século depois, a biologia deu a resposta. Não era o pecado: era uma saraivada de genes.

No clássico livro infantil *Inch by Inch* [Polegada por polegada], de Leo Lionni, uma lagartinha é salva por um tordo porque promete "medir as coisas" usando como medidor o seu corpo de uma polegada.[5] A lagarta mede a cauda do tordo, o bico do tucano, o pescoço do flamingo e as pernas da garça, e é assim que o mundo ganha seu primeiro especialista em anatomia comparada.

Os geneticistas também aprenderam a utilidade de pequenos organismos para medir, comparar e entender coisas muito maiores. Mendel descascou cestos e mais cestos de ervilhas. Morgan mediu taxas de mutação em moscas. Os setecentos minutos cheios de suspense decorridos entre o nascimento de um embrião de mosca e a criação de seus primeiros segmentos — talvez o bloco de tempo mais intensivamente investigado na história da biologia — resolveram, em parte, um dos mais importantes problemas para os biólogos: Como genes podem ser orquestrados para criar um organismo primorosamente complexo a partir de uma única célula?

Foi preciso um organismo ainda menor — um verme com menos de uma polegada — para se chegar à solução da metade restante do enigma: como as células que surgem de um embrião "sabem" o que devem tornar-se? Embriologistas estudiosos de moscas haviam deduzido o esquema mais amplo do desenvolvimento de organismos como um desdobramento em série de três fases — determinação do eixo, formação de segmentos e construção de órgãos —, cada qual governada por uma cascata de genes. Mas para compreender o desenvolvimento embrionário em seu nível mais profundo, os geneticistas precisavam entender como genes podiam governar os destinos de células individuais.

Em meados dos anos 1960, em Cambridge, Sydney Brenner começou a procurar um organismo que pudesse ajudar a resolver o enigma da determinação do destino das células. Até a mosca, tão minúscula — "olhos compostos, pernas articuladas e padrões de comportamento elaborados" —, era grande demais para Brenner. Para compreender como genes instruem o destino das células, ele precisava de um organismo tão pequeno e tão simples que *cada célula* surgida de um embrião pudesse ser contada e acompanhada no tempo e no espaço (para comparação: o ser humano possui cerca de 37 trilhões de células. Um mapa do destino das células humanas estaria além da capacidade de processamento dos mais potentes computadores).

Brenner tornou-se um connoisseur de organismos minúsculos, um deus das coisas pequenas. Vasculhou livros didáticos de zoologia do século xix em busca de um animal que se encaixasse em seus requisitos. No fim, decidiu-se por um minúsculo verme que vive no solo, o *Caenorhabditis elegans* — *C. elegans*, para abreviar. Os zoólogos haviam notado que esse verme era *eutélico*: cada indivíduo, assim que chegava à idade adulta, passava a possuir um número fixo de células. Para Brenner, a constância desse número era como uma chave para um novo cosmos: se cada verme possuía exatamente o mesmo número de células, então os genes deviam ser capazes de conter instruções para especificar o destino de *cada célula* do corpo do verme: "Propomos identificar cada célula do verme e investigar linhagens", escreveu ele a Perutz.[6] "Também investigaremos a constância do desenvolvimento e estudaremos seu controle genético procurando mutantes."

A contagem de células começou para valer no início dos anos 1970. Primeiro, Brenner convenceu John White, um pesquisador de seu laboratório, a mapear a localização de cada célula do sistema nervoso do verme. Logo, porém, Brenner ampliou a esfera de ação para identificar a linhagem de cada célula do corpo do verme. John Sulston, um pesquisador que estava fazendo o pós-doutorado, foi recrutado para a tarefa de contar as células. Em 1974, juntou-se a Brenner e Sulston um jovem biólogo recém-formado em Harvard chamado Robert Horvitz.

Era um trabalho exaustivo, que induzia a alucinações — "como ficar observando uma tigela com centenas de uvas" por horas seguidas, lembrou Horvitz, e depois mapear cada uva conforme ela mudava de posição no tempo e no espaço.[7] Célula por célula, foi sendo montado um abrangente atlas do destino das células. Eram dois os tipos de vermes adultos: hermafroditas e machos. Os hermafroditas possuíam 959 células. Os machos, 1031. Em fins dos anos 1970, a linhagem de cada uma daquelas 959 células adultas tinha sido traçada até a célula que a originara. Esse também era um mapa, porém diferente de qualquer outro da história da ciência: um mapa do destino. Os experimentos com linhagem e identidade celular agora podiam começar.

Três características do mapa celular eram impressionantes. A primeira era a invariância. Cada uma das 959 células de cada verme surgia de um modo precisamente estereotípico. "Era possível olhar para o mapa e recapitular a construção de um organismo célula por célula", disse Horvitz. Era possível afirmar que

> em doze horas esta célula se dividirá uma vez, em 48 horas ela se tornará um neurônio, sessenta horas depois ela se deslocará para tal parte do sistema nervoso do verme e lá permanecerá pelo resto da vida. E tudo isso aconteceria desse modo, a célula faria precisamente isso. Ela se deslocaria exatamente para aquele lugar, *exatamente* naquele momento.

O que determinava a identidade de cada célula? Em fins dos anos 1970, Horvitz e Sulston haviam criado dezenas de vermes mutantes nos quais linhagens de células normais haviam sido perturbadas. Se moscas com pernas na cabeça tinham causado estranheza, aqueles vermes mutantes compunham uma coleção ainda mais bizarra. Em alguns mutantes, por exemplo, os genes que organizavam a vulva do verme, o órgão que forma a saída do útero, não funcionavam. Os ovos postos pelo verme sem vulva não podiam deixar o útero materno, e a mãe era literalmente engolida viva por sua prole não nascida, como algum monstro de mito teutônico. Os genes alterados nesses mutantes controlavam a identidade de uma célula de vulva individual. Outros genes controlavam o momento em que uma célula se dividia para formar duas células, seu deslocamento até determinada posição no animal ou a forma e o tamanho finais que uma célula assumiria.

"Não existe história, existe apenas biografia", escreveu Emerson.[8] Para o verme, sem dúvida, a história se resumia a uma biografia celular. Cada célula sabia o que "ser" porque genes lhe disseram o que "tornar-se" (e *onde* e *quando* tornar-se). A anatomia do verme era puramente uma precisão genética: não havia acaso, nem mistério, nem ambiguidade — não havia destino. Célula por célula, um animal era montado com base em instruções genéticas. A gênese era dada pelos genes.

Se a intricada orquestração do nascimento, posição, forma, tamanho e identidade de cada célula já era impressionante, a série final de vermes mutantes gerou uma revelação ainda mais extraordinária. No começo dos anos 1980, Horvitz e Sulston começaram a descobrir que até a *morte* das células era governada por genes. Cada verme hermafrodita adulto tem 959 células; porém, contando as células geradas durante o desenvolvimento do verme, nasciam no total 1090 células. A discrepância, ainda que pequena, não deixava de fascinar Horvitz: 131 células adicionais haviam desaparecido, de maneira inexplicável.[9] Tinham sido produzidas durante o desenvolvimento, mas depois sido mortas durante o amadurecimento do verme. Essas células eram as párias do desenvolvimento, as filhas perdidas da gênese. Quando Sulston e Horvitz usaram seus mapas de linhagens para monitorar a morte das 131 células perdidas, descobriram que eram mortas apenas células específicas, produzidas em momentos específicos. Era um expurgo seletivo: como tudo o mais no desenvolvimento do verme, nada era deixado ao acaso. A morte daquelas células, ou melhor, seu suicídio planejado, voluntário, também parecia ser geneticamente "programada".

Morte programada? Os geneticistas já estavam dando duro para entender a *vida* programada dos vermes. Então a morte também era controlada por genes? Em 1972, John Kerr, um patologista australiano, observara um padrão semelhante de morte celular em tecidos normais e no câncer. Antes das observações de Kerr, os biólogos consideravam a morte um processo em grande medida acidental causado por trauma, lesão ou infecção, um fenômeno chamado de *necrose* — literalmente, "enegrecimento". A necrose em geral era acompanhada pela decomposição de tecidos, levando à formação de pus ou gangrena. No entanto, Kerr observou que em certos tecidos as células moribundas pareciam ativar mudanças estruturais específicas pouco antes de morrer, como se ligassem uma "sub-rotina da morte". Essas células moribundas não ensejavam gangrena, feridas nem inflamação; adquiriam uma translucidez perolada, definhavam como lírios num vaso antes de morrer. Se a necrose era um enegrecimento, essa era uma morte por branqueamento. Sem muita reflexão, Kerr deduziu que as duas formas de morrer tinham entre si uma diferença fundamental. Essa "deleção controlada de células", escreveu, é um "fenômeno ativo, *inerentemente programado*", controlado por "genes da morte". Ele procurou um termo para designar o processo e decidiu-se por "apoptose", uma evocativa palavra grega que denota a queda de folhas de uma árvore, ou das pétalas de uma flor.[10]

Mas como eram esses "genes da morte"? Horvitz e Sulston produziram mais uma série de mutantes, só que agora não alterados na linhagem celular, porém em padrões de morte de células. Em um mutante, os conteúdos das células moribundas não puderam ser fragmentados de maneira adequada.[11] Em outro, células mortas não foram removidas do corpo do verme, e o resultado foram carcaças de células espalhadas pelas partes periféricas do verme, como uma cidade durante uma greve de lixeiros. Os genes alterados nesses mutantes, inferiu Horvitz, eram os executores, carniceiros, limpadores e cremadores do mundo celular — os participantes ativos da matança.

O grupo seguinte de mutantes tinha distorções ainda mais gritantes nos padrões de morte: as carcaças nem sequer eram formadas. Em um verme, todas as 131 células moribundas permaneceram vivas. Em outra, células específicas foram poupadas da morte. Os alunos de Horitz apelidaram os vermes mutantes de *undead* ["amortos"] ou *wombies* [combinação de "*worm*" (verme) com "zumbi"]. Os genes inativados nesses vermes eram os reguladores mestres da cascata de morte de células. Horvitz chamou-os de genes *ced* [de *C. elegans death*].

Notavelmente, vários genes que regulam a morte de células logo seriam apontados como elementos do câncer em seres humanos. Também células humanas possuem genes que orquestram sua morte por apoptose. Vários desses genes são muito antigos, e suas estruturas e funções assemelham-se às daqueles genes da morte encontrados em vermes e moscas. Em 1985, o biólogo oncologista Stanley Korsmeyer descobriu que um gene chamado *BCL2* sofre mutação recorrentemente em linfomas.* Descobriu-se que o *BCL2* era o con-

---

* A função de desafio da morte do *BCL2* também foi verificada por David Vaux e Suzanne Cory na Austrália.

gênere humano de um dos genes que regulavam a morte em vermes, o chamado *ced9*. Em vermes, o *ced9* impede a morte celular sequestrando as proteínas executoras relacionadas à morte da célula (daí as células "amortas" nos vermes mutantes). Em células humanas, a ativação do *BCL2* resulta em uma célula na qual a cascata da morte é bloqueada, criando uma célula que é patologicamente incapaz de morrer: câncer.

Mas o destino de cada célula do verme era ditado por genes e só por genes? Horvitz e Sulston descobriram algumas células no verme — pares raros — que eram capazes de escolher um destino ou outro ao acaso, como se jogassem cara ou coroa.[12] O destino dessas células não era determinado por seu destino genético, mas por sua proximidade com outras células. Dois biólogos que estudavam vermes no Colorado, David Hirsh e Judith Kimble, chamaram esse fenômeno de *ambiguidade natural*.

Entretanto, Kimble descobriu que até a ambiguidade natural era muito restrita.[13] Na verdade, a identidade de uma célula ambígua era regulada por sinais vindos de células vizinhas — acontece que as células vizinhas eram, elas próprias, geneticamente pré-programadas. O Deus dos Vermes, era evidente, deixara minúsculas brechas de acaso no design dos vermes, mas Ele ainda não jogava dados.

Um verme, portanto, era construído com dois tipos de dados: os "intrínsecos", provenientes de genes, e os "extrínsecos", provenientes de interações entre células. Brenner, para fazer um gracejo, chamou-os de "modelo britânico" e "modelo americano". O jeito britânico, escreveu ele,

> é cada célula cuidar do que é seu e não conversar muito com vizinhos; é a genealogia que importa, e, uma vez nascida em determinado lugar, uma célula permanecerá ali e se desenvolverá segundo regras rígidas.[14] O jeito americano é o oposto. A genealogia não importa. [...] O que importa são as interações com os vizinhos. A célula troca informações com suas colegas com frequência e muitas vezes tem de se mover para atingir seus objetivos e encontrar o seu lugar apropriado.

E se o acaso — destino — fosse introduzido à força na vida de um verme? Em 1978, Kimble mudou-se para Cambridge e começou a estudar os efeitos de perturbações drásticas no destino de células.[15] Ela usou um laser para queimar e matar células isoladas no corpo de um verme. Constatou que a ablação de uma célula podia mudar o destino de uma célula vizinha, porém sob severas restrições. Células que, do ponto de vista genético, já haviam sido predeterminadas quase não tinham margem para alteração em seu destino. Em contraste, células que eram "naturalmente ambíguas" eram mais flexíveis; mesmo assim, a capacidade de alterar seu destino era limitada. Deixas extrínsecas podiam alterar determinantes intrínsecos, mas até certo ponto. Dá para vestir o sujeito num terno de flanela cinza como aquele celebrizado por Gregory Peck no filme *O homem do terno cinzento* e metê-lo no trem a caminho do Brooklyn. Ele estaria transformado — mas ainda assim sairia dos túneis querendo seu chá das cinco. O acaso tinha um papel no microscópico mundo dos vermes, mas era severamente restrito pelos genes. O gene era a lente através da qual o acaso era filtrado e refratado.

A descoberta de cascatas de genes que governavam a vida e a morte de moscas e vermes foi uma revelação para os embriologistas, mas seu impacto sobre a genética também foi poderoso. Quando resolveram o enigma de Morgan — "Como genes especificam uma mosca?" —, os embriologistas também resolveram uma charada muito mais abrangente: Como unidades de hereditariedade podem gerar a desnorteante complexidade dos organismos?

A resposta é: organização e interação. Um único gene regulador-mestre pode codificar uma proteína com função bem limitada: um comutador liga-desliga para outros doze genes-alvo, digamos. Mas suponha que a atividade do comutador depende da *concentração* da proteína, e que a proteína pode ser disposta em gradiente por todo o corpo de um organismo, com uma concentração alta numa extremidade e uma concentração baixa na outra. Essa proteína poderia afetar todos os seus doze alvos em uma parte do organismo, oito em outro segmento e apenas três em outro. Cada combinação de genes-alvo (doze, oito e três) poderia, então, cruzar-se com outros gradientes de proteína e ativar e reprimir ainda mais genes. Acrescente as dimensões de tempo e espaço a essa receita — isto é, quando e onde um gene pode ser ativado ou reprimido — e você poderá começar a construir intricadas fantasias de formas. Misturando e combinando hierarquias, gradientes, comutadores e circuitos de genes e proteínas, um organismo pode criar a complexidade observada de sua anatomia e fisiologia.

Como descreveu um cientista,

> genes individuais não são lá muito espertos — este só se ocupa de uma molécula, aquele de alguma outra molécula [...]. Mas essa simplicidade não é barreira para construir uma enorme complexidade. Se é possível construir um formigueiro com apenas alguns tipos de formigas simplórias (operárias, guerreiras etc.), pense no que daria para fazer com 30 mil genes em cascata, empregados a gosto.[16]

O geneticista Antoine Danchin certa vez usou a parábola do barco de Delfos para descrever o processo pelo qual genes individuais podiam produzir a complexidade observada no mundo natural.[17] Na proverbial história, pede-se ao oráculo de Delfos que considere um barco no rio cujas tábuas começam a apodrecer. Conforme a madeira se deteriora, cada tábua é substituída, uma por uma; depois de uma década, não resta nenhuma tábua do barco original. No entanto, o proprietário tem certeza de que se trata do mesmo barco. Como pode ser o mesmo barco, diz a charada, se todos os elementos físicos do original foram substituídos?

A resposta é que o "barco" não é feito de tábuas, mas das *relações* entre as tábuas. Se você empilhar cem tábuas umas sobre outras, obterá uma parede; se pregá-las lado a lado, obterá um deque; apenas determinada configuração de tábuas, mantidas juntas em uma dada relação, faz um barco.

Os genes funcionam do mesmo modo. Genes individuais especificam funções individuais, mas a relação entre os genes permite a fisiologia. O genoma é inerte sem essas relações. Seres humanos e vermes possuem mais ou menos o mesmo número de genes — cerca de 20 mil —, mas o fato de que só um desses dois organismos é capaz de pintar o teto da capela Sistina sugere que o número de genes não é assim tão importante para a complexidade fisiológica do organismo. "Não é o que você tem", me disse uma vez um brasileiro que dá aulas de samba, "mas o que você *faz* com o que tem."

Talvez a metáfora mais útil para explicar a relação entre genes, formas e funções seja a que nos deu o biólogo evolucionista e escritor Richard Dawkins. Alguns genes, ele explica, se comportam como o blueprint.[18] O blueprint, prossegue Dawkins, é uma representação exata, na forma de uma planta arquitetônica ou um projeto mecânico, que traz uma correspondência biunívoca entre cada característica do projeto e a estrutura que ele codifica. Uma porta está representada precisamente na escala 1:20, ou um parafuso é situado exatamente a vinte centímetros do eixo. Os genes "blueprint", de modo análogo, codificam as instruções para "construir" uma estrutura (ou proteína). O gene que codifica o fator VIII produz uma única proteína, a qual serve para manter uma função: permitir a coagulação do sangue. Mutações no fator VIII são como erros em um blueprint. Seu efeito, como uma maçaneta ou algum acessório que foi esquecido, é de todo previsível. O gene para o fator VIII que sofreu mutação não é capaz de possibilitar a coagulação normal do sangue, e o distúrbio resultante, sangramento sem provocação, é consequência direta da função da proteína.

No entanto, a imensa maioria dos genes não se comporta como um blueprint. Eles não especificam a construção de uma única estrutura ou parte. Em vez disso, colaboram com cascatas de genes para possibilitar uma função fisiológica complexa. Esses genes, explica Dawkins, não são como blueprints, mas como receitas culinárias. Numa receita de bolo, por exemplo, não faz sentido pensar que o açúcar especifica o "topo" e a farinha especifica a "base"; não costuma haver uma correspondência biunívoca entre um componente individual de uma receita e uma estrutura. Uma receita dá instruções sobre o *processo*.

Um bolo é a consequência do processo no qual açúcar, manteiga e farinha se encontram uns com os outros na proporção, temperatura e tempo exatos. De maneira análoga, a fisiologia humana é a consequência do processo pelo qual certos genes cruzam suas ações com as de outros genes na sequência e no espaço certos. Um gene é uma linha em uma receita que especifica um organismo. O genoma humano é a receita que especifica um ser humano.

No início dos anos 1970, quando os biólogos começaram a decifrar o mecanismo pelo qual os genes são mobilizados para gerar as assombrosas complexidades dos organismos, eles também se viram às voltas com a inevitável questão da manipulação intencional de genes em seres vivos. Em abril de 1971, os Institutos Nacionais de Saúde dos Estados Unidos organizaram uma conferência para determinar se a introdução intencional de mudanças genéticas em organismos era concebível em um futuro próximo. Com o provocativo nome de Perspectivas de Mudança Genética Projetada, o encontro tinha por objetivo atualizar o público quanto à possibilidade de manipulações de genes em seres humanos e deliberar sobre as implicações sociais e políticas dessas tecnologias.

Não existia em 1971 nenhum método de manipular genes dessa maneira (mesmo de organismos simples), salientaram os conferencistas. Contudo, eles se declararam confiantes de que seu surgimento era mera questão de tempo. "Não se trata de ficção científica", afirmou um geneticista.

> Ficção científica é quando você [...] não pode fazer nada em termos experimentais [...] agora já é concebível que não em cem anos, não em 25 anos, mas talvez nos próximos cinco ou dez anos, certos erros congênitos [...] serão tratados ou curados pela administração de certo gene faltante — e temos muito trabalho pela frente para preparar a sociedade para esse tipo de mudança.

Se fossem inventadas tecnologias desse tipo, suas implicações seriam imensas: a receita da instrução humana poderia ser reescrita. Mutações genéticas são selecionadas ao longo de milênios, ao passo que mutações culturais podem ser introduzidas e selecionadas em apenas alguns anos, observou um cientista na conferência. A capacidade de introduzir "mudanças genéticas projetadas" em seres humanos poderia equiparar a velocidade da mudança genética à da mudança social. Algumas doenças humanas poderiam ser eliminadas, seria possível mudar para sempre as histórias de indivíduos e famílias; a tecnologia transformaria nossas noções de hereditariedade, identidade, doença e futuro. Como ressaltou Gordon Tomkins, da Universidade da Califórnia em San Francisco (UCSF): "Eis que, pela primeira vez, um grande número de pessoas começa a se perguntar: O que estamos fazendo?".

Uma lembrança: é 1978 ou 1979, e tenho uns oito ou nove anos. Meu pai voltou de uma viagem de negócios. Suas malas ainda estão no carro, um copo de água gelada transpira numa bandeja na mesa da sala de jantar. É uma daquelas tardes escaldantes em Delhi em que os ventiladores de teto parecem espalhar calor pela sala e dar a sensação de ainda mais quentura. Dois vizinhos nossos esperam por ele na sala de estar. Há tensão e preocupação no ar, mas não sei por quê.

Meu pai entra, e os homens conversam com ele por alguns minutos. Sinto que não é uma conversa agradável. As vozes se alteiam, as palavras ganham aspereza, e distingo os contornos da maioria das frases, apesar das paredes de concreto da sala adjacente, onde eu deveria estar fazendo minha lição de casa.

Jagu pediu dinheiro emprestado aos dois, não quantias vultosas, mas o suficiente para trazê-los à nossa casa e exigirem a restituição. Jagu disse a um dos homens que precisava do dinheiro para remédios (nunca lhe haviam prescrito medicamento nenhum), e ao outro, que precisava comprar uma passagem de trem para Calcutá para visitar seus outros irmãos (nenhuma viagem como essa fora planejada; Jagu não podia viajar sozinho). "Você devia aprender a controlá-lo", brada um dos homens em tom de acusação.

Meu pai ouve em silêncio, paciente, mas posso sentir o abrasador menisco da raiva subindo, molhando sua garganta com bile. Ele vai até o armário de aço onde guarda o dinheiro da casa e o traz para os homens, fazendo questão de não se dar ao trabalho de contar as notas. Pode muito bem passar sem umas rupias; que fiquem com o troco.

Assim que os homens partem, sei que vai haver uma briga feia em casa. Com a certeza instintiva de animal selvagem que corre para o alto do morro antes de um tsunami, nossa cozinheira saiu da cozinha e foi chamar minha avó. A tensão entre meu pai e Jagu vinha se acumulando, se adensando, fazia já algum tempo. O comportamento de Jagu em casa foi particularmente perturbador nas últimas semanas, e esse episódio parece ter empurrado meu pai para além de algum limite. Seu rosto está quente de vergonha. O frágil verniz de classe e normalidade que ele se esforçou tanto para selar está rachando, a vida secreta de sua família jorra pelas fissuras. Agora os vizinhos sabem sobre a loucura de Jagu, suas confabulações. Aos olhos deles, meu pai foi aviltado: ele é inferior, mesquinho, insensível, tolo, incapaz de controlar o irmão. Ou pior: conspurcado por uma doença mental que se transmite em sua família.

Ele entra no quarto de Jagu e o arranca da cama com um repelão. Jagu grita, desolado, como uma criança punida por uma transgressão que ela não entende. Meu pai está lívido, fervendo de raiva, perigoso. Empurra Jagu para o outro lado do quarto. É um ato de violência inconcebível para ele; nunca ergueu a mão em nossa casa. Minha irmã corre para o andar de cima e se esconde. Minha mãe, na cozinha, chora. Atrás das cortinas da sala de estar, assisto à cena que se desenrola em seu medonho crescendo como quem vê um filme em câmara lenta.

E então minha avó emerge do quarto dela, feroz, uma loba. Berra com meu pai, duas vezes mais violenta do que ele. Seus olhos são brasas, sua língua se bifurca em fogo. *Não se atreva a tocar nele.*

"*Saia*", diz ela a Jagu, que recua depressa para trás dela.

Nunca a vi mais temível. Seu bengali se enrola como um fuso para trás, para suas origens no vilarejo natal. Consigo distinguir algumas palavras, carregadas de sotaques e expressões idiomáticas, disparadas como mísseis aéreos: útero, *lavar, mancha*. Quando consigo montar a sentença, o veneno é marcante: *Se bater nele, lavarei meu útero com água para limpar a nódoa que você deixou. Lavarei meu útero*, diz ela.

Meu pai agora também espumeja em lágrimas. Sua cabeça pende, pesada. *Lave*, ele diz, sem fôlego, implorando. *Lave, limpe, lave.*

PARTE 3

"OS SONHOS DOS GENETICISTAS"
*Sequenciamento e clonagem de genes
(1970-2001)*

O progresso da ciência depende de novas técnicas, novas descobertas e novas ideias, talvez nessa ordem.

Sydney Brenner[1]

Se estivermos certos [...] é possível induzir mudanças previsíveis e hereditárias em células. Esse tem sido o sonho de geneticistas há muito tempo.

Oswald T. Avery[2]

17. "Crossing over"

> *What a piece of work is a man! How noble in reason, how infinite in faculties, in form and moving how express and admirable, in action how like an angel, in apprehension how like a god!**
>
> William Shakespeare, *Hamlet*, ato 2, cena 2

No inverno de 1968, Paul Berg voltou para Stanford depois de onze meses de licença sabática no Salk Institute em La Jolla, Califórnia. Tinha 41 anos. De constituição atlética, andava de um jeito peculiar, balançando os ombros à frente do corpo. Em seus hábitos transpareciam vestígios da infância no Brooklyn, por exemplo, o modo como às vezes erguia a mão e começava a frase com *Veja bem* quando provocado em uma discussão científica. Ele admirava artistas, em especial pintores e mais ainda os expressionistas abstratos: Pollock e Diebenkorn, Newman e Frankenthaler. Fascinava-se com o modo como eles transmutavam vocabulários antigos em novos, com sua capacidade de dar no-

---

* "Que obra de arte é o homem! Que nobreza de raciocínio, que faculdades infinitas, de forma e movimento tão expresso e admirável, tal qual um anjo na ação, na compreensão tal qual um deus!" (N. T.)

vos usos a elementos essenciais da caixa de ferramentas da abstração — luz, linhas, formas — para criar telas gigantescas pulsantes de vida extraordinária.

Bioquímico por formação, Berg estudara com Arthur Kornberg na Universidade Washington em St. Louis e com ele se mudara para Stanford, para montarem um novo departamento de bioquímica.[1] Berg passara boa parte de sua vida acadêmica estudando a síntese de proteínas, mas a temporada sabática em La Jolla lhe dera a chance de pensar em novos temas. No alto de uma mesa com vista para o Pacífico, com frequência emparedado por uma densa muralha de neblina matinal, o Salk Institute era como uma cela monástica a céu aberto. Trabalhando com o virologista Renato Dulbecco, Berg concentrara-se no estudo de vírus animais. Usara seu período de licença para refletir sobre genes, vírus e a transmissão de informações hereditárias.

Um vírus, em especial, intrigava Berg: o Vírus Símio 40, ou sv40 — "símio" porque infecta células de macacos e de seres humanos. Em um sentido conceitual, cada vírus é um transmissor de genes profissional. Os vírus têm estrutura simples: muitos não passam de um conjunto de genes dentro de uma cápsula — "uma má notícia embrulhada numa cápsula de proteína", como os descreveu o imunologista Peter Medawar.[2] Quando um vírus penetra em uma célula, perde sua cápsula e começa a usar a célula como uma fábrica para copiar seus genes e manufaturar novas cápsulas, e o resultado são milhões de novos vírus que brotam da célula. Portanto, os vírus destilaram seu ciclo de vida ao essencial. Vivem para infectar e se reproduzir; infectam e se reproduzem para viver.

Mesmo em um mundo de essenciais destilados, o sv40 é um vírus destilado à extrema essência. Seu genoma nada mais é do que um pedacinho de DNA, 600 mil vezes mais curto do que o genoma humano, com míseros sete genes em contraste com os 21 mil do genoma humano. Ao contrário de muitos vírus, descobriu Berg, o sv40 podia coexistir de maneira mais ou menos pacífica com certos tipos de células infectadas.[3] Em vez de produzir milhões de novos vírions depois da infecção — e com frequência matar a célula hospedeira como resultado, como fazem outros vírus —, o sv40 podia inserir seu DNA no cromossomo da célula hospedeira e em seguida entrar em uma calmaria reprodutiva até ser ativado por deixas específicas.

O caráter compacto do genoma do sv40 e a eficiência com que ele podia ser introduzido em células o tornavam um veículo ideal para introduzir genes em células humanas. Berg ficou possuído por essa ideia: se pudesse enganar o sv40 equipando-o com um gene "estranho" (ou pelo menos estranho para o vírus), o genoma viral contrabandearia esse gene para uma célula humana, alterando assim a informação hereditária da célula — uma proeza que abriria novas fronteiras na genética. Mas antes de poder pensar em modificar o genoma humano, Berg tinha de confrontar uma dificuldade técnica: precisava de um método para inserir um gene estranho em um genoma viral. Precisaria engendrar de modo artificial uma "quimera" genética, um híbrido dos genes do vírus com um gene estranho.

Em contraste com os genes humanos que se enfileiram ao longo de cromossomos como contas em fios com as pontas abertas, os genes sv40 ficam enfileirados em um círculo de DNA. O genoma assemelha-se a um colar de moléculas. Quando o vírus infecta a célula e insere seus genes em cromossomos, o colar se abre, torna-se linear e se liga ao meio do cromossomo. Para acrescentar um gene estranho no genoma do sv40, Berg precisaria abrir o fecho do colar à força, inserir o gene no círculo aberto e selar as pontas para fechar o colar de novo. O genoma viral faria todo o resto: levaria o gene para dentro de uma célula humana e o inseriria em um cromossomo humano.*

Berg não era o único biólogo que andava pensando em abrir e fechar DNA viral para inserir genes estranhos. Em 1969, Peter Lobban, estudante de pós-graduação que trabalhava em um laboratório no mesmo corredor do laboratório de Berg em Stanford, escrevera uma tese para seu terceiro exame de qualificação na qual propunha fazer um tipo semelhante de manipulação genética em um vírus diferente.[4] Lobban viera para Stanford do Instituto de Tecnologia de Massachusetts (MIT), onde fizera a graduação. Formara-se em engenharia; acima de tudo, ele *pensava* como um engenheiro. Em sua proposta, Lobban argumentou que os genes não eram diferentes de vigas mestras: podiam ser remodelados, alterados, moldados segundo especificações humanas e usados

---

* Se um gene for adicionado ao genoma do sv40, este não pode mais gerar um vírus, pois o DNA se torna grande demais para caber na cápsula viral. Apesar disso, o genoma expandido do sv40, com seu gene estranho, permanece capaz de se introduzir em uma célula animal levando junto sua carga útil gênica. Era essa propriedade de transporte gênico que Berg esperava usar.

para alguma finalidade. O segredo era encontrar a caixa de ferramentas certa para a tarefa certa. Trabalhando com seu orientador, Dale Kaiser, Lobban chegara a fazer experimentos preliminares usando enzimas-padrões da bioquímica para transportar genes de uma molécula de DNA para outra.

Berg e Lobban constataram independentemente que, na verdade, o segredo era esquecer que o sv40 era um vírus e tratar seu genoma como se estivessem lidando com uma substância química. Os genes podiam ser "inacessíveis" em 1971, mas o DNA era perfeitamente acessível. Afinal de contas, Avery fervera-o em solução como uma substância química pura, e ele ainda assim transmitira informações entre bactérias.[5] Kornberg adicionara-lhe enzimas e o fizera replicar-se em tubo de ensaio. Para inserir um gene no genoma do sv40, tudo o que Berg precisava era de uma série de reações. Ele precisava de uma enzima para abrir o círculo do genoma e de uma enzima para "colar" um pedaço de DNA estranho no colar do genoma do sv40. Talvez o vírus, ou melhor, as informações contidas no vírus, então voltasse à vida.

Mas onde um cientista iria encontrar enzimas capazes de cortar e colar o DNA? A resposta, como tantas vezes na história da genética, veio do mundo bacteriano. Desde os anos 1960, microbiólogos vinham purificando enzimas de bactérias que podiam ser usadas para manipular DNA em tubo de ensaio. Uma célula bacteriana — aliás, qualquer célula — necessita de sua própria "caixa de ferramentas" para manobrar seu DNA: cada vez que uma célula se divide, repara genes danificados ou permuta seus genes de um cromossomo para outro, ela requer enzimas para copiar genes ou preencher as lacunas deixadas por um dano.

"Colar" dois fragmentos de DNA faz parte dessa caixa de ferramentas de reações. Berg sabia que até os organismos mais primitivos possuem a capacidade de costurar genes uns aos outros. Lembremos que as fitas de DNA podem ser separadas por agentes danosos, por exemplo, raios X. Danos no DNA costumam ocorrer nas células e, para reparar as fitas separadas, a célula produz enzimas que colam um no outro os pedaços partidos. Uma dessas enzimas, chamada "ligase" (do latim *ligare*), costura quimicamente os dois pedaços partidos da espinha dorsal do DNA e, assim, restaura a integridade da dupla hélice. Vez ou outra, a enzima copiadora de DNA, a "polimerase", também pode ser recrutada para preencher a lacuna e reparar um gene partido.

As enzimas incumbidas de cortar provêm de uma fonte mais incomum. Praticamente todas as células possuem ligases e polimerases para reparar DNA partido, mas não há muitas razões para que a maioria das células possua uma enzima que corta o DNA à toa. No entanto, bactérias e vírus — organismos que vivem nas duras fronteiras da vida onde os recursos são muitíssimo limitados, o crescimento é furioso e a competição pela sobrevivência é intensa — possuem essas enzimas cortantes como facas para se defenderem uns dos outros. Esses organismos usam as enzimas cortadoras de DNA como canivetes para abrir o DNA dos invasores e, assim, tornar seus hospedeiros imunes a ataques. Essas proteínas são chamadas enzimas de "restrição" porque restringem as infecções por certos vírus. Como tesouras moleculares, elas reconhecem sentenças únicas do DNA e cortam a dupla hélice em locais bem específicos. Especificidade é a chave: no mundo molecular do DNA, um corte certeiro na jugular pode ser letal. Um micróbio pode paralisar um micróbio invasor cortando sua cadeia de informação.

Essas ferramentas enzimáticas emprestadas do mundo microbiano seriam a base do experimento de Berg. Ele sabia que os componentes cruciais para a engenharia gênica estavam congelados em cerca de cinco refrigeradores espalhados por cinco laboratórios. Era preciso apenas andar até os laboratórios, pegar as enzimas e encadear as reações. Cortar uma enzima, colar em outra — e quaisquer dois fragmentos de DNA podiam ser colados, o que permitia aos cientistas manipular genes com extraordinária destreza e habilidade.

Berg compreendia as implicações da tecnologia que estava sendo criada. Genes podiam ser combinados para gerar novas combinações, ou combinações de combinações; podiam ser alterados, mutados e transportados de um organismo a outro. Um gene de rã podia ser inserido em um genoma viral e, assim, introduzido em uma célula humana. Um gene humano podia ser posto em células bacterianas. Se a tecnologia fosse levada aos limites extremos, os genes se tornariam maleáveis ao infinito: seria possível criar novas mutações ou apagá-las; seria possível até conceber a modificação da hereditariedade — lavar suas marcas, mudá-la à vontade. Para produzir tais quimeras genéticas, recordou Berg, "nenhum dos procedimentos, manipulações e reagentes individuais usados para construir esse DNA recombinante era novidade; a novidade estava no modo específico como eles eram usados em combinação".[6] O avanço radical verdadeiro consistia em cortar e colar *ideias* — em rearranjar e combinar descobertas e técnicas que já existiam no reino da genética por quase uma década.

No começo de 1970, Berg e David Jackson, um pós-doutorando e pesquisador do laboratório de Berg, iniciaram suas tentativas de cortar e juntar dois pedaços de DNA.[7] Eram experimentos tediosos — "o pesadelo de um bioquímico", contou Berg. O DNA tinha de ser purificado, misturado às enzimas, depois purificado de novo em colunas geladas, e o processo devia ser repetido até que cada uma das reações individuais pudesse estar perfeita. O problema era que as enzimas cortadoras não haviam sido otimizadas, e o rendimento era minúsculo. Embora absorto em sua própria construção de genes híbridos, Lobban continuava a fornecer cruciais dicas tecnológicas a Jackson. Ele havia descoberto um método de acrescentar fragmentos às extremidades de DNA para fazer os dois pedaços engatarem como colchetes, aumentando assim muitíssimo a eficiência com que podiam ser formados genes híbridos.

Apesar dos tremendos obstáculos técnicos, Berg e Jackson conseguiram juntar todo o genoma do sv40 a um pedaço de DNA de um vírus bacteriano, o bacteriófago Lambda (ou fago λ), e a três genes da bactéria *E. coli*.

Foi uma verdadeira façanha. Embora λ e sv40 sejam ambos "vírus", diferem um do outro como, digamos, um cavalo de um cavalo-marinho (o sv40 infecta células de primatas, enquanto o fago λ infecta apenas bactérias). E o *E. coli* era uma criatura em tudo diferente: uma bactéria do intestino humano. O resultado foi uma quimera: genes de ramos distantes da árvore evolucionária costurados para formar um trecho contínuo de DNA.

Berg chamou os híbridos de "DNA recombinante". Foi uma sagaz escolha de termo, que evocava o fenômeno natural da "recombinação", a gênese de genes híbridos durante a reprodução sexuada. Na natureza, é frequente informações genéticas se misturarem e se combinarem entre cromossomos, gerando diversidade: DNA do cromossomo paterno troca de lugar com DNA do cromossomo materno, gerando genes híbridos "pai:mãe" — "crossing over", como Morgan denominara o fenômeno. Os híbridos genéticos de Berg, produzidos com as mesmas ferramentas que permitiam cortar, colar e reparar os genes em seu estado natural nos organismos, estenderam esse princípio além da reprodução. Berg também estava sintetizando genes híbridos, porém com material genético de organismos diferentes, misturados e combinados em tubo de ensaio. Recombinação sem reprodução: ele estava fazendo a travessia para um novo cosmos da biologia.

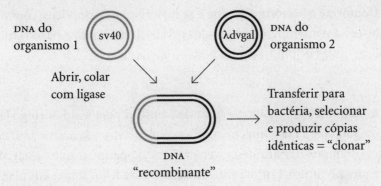

Figura adaptada do artigo de Paul Berg sobre DNA "recombinante". Combinando genes de quaisquer organismos, cientistas conseguiram engendrar genes à sua escolha, prenunciando a terapia gênica e a engenharia genômica do ser humano.

Naquele inverno, uma estudante de pós-graduação chamada Janet Mertz decidiu entrar para o laboratório de Berg. Persistente, de uma franqueza corajosa e "esperta como o diabo", segundo Berg, Mertz era uma raridade no mundo dos bioquímicos: a segunda mulher a participar do departamento de bioquímica em quase uma década. Como Lobban, também viera do MIT, onde se formara em engenharia e biologia. Ela ficou fascinada com os experimentos de Jackson e entusiasmou-se com a ideia de sintetizar quimeras feitas com genes de diferentes organismos.

Mas o que aconteceria se ela invertesse o objetivo experimental de Jackson? Ele havia inserido material genético de uma bactéria no genoma do sv40. E se ela fizesse híbridos gênicos com genes do sv40 inseridos no genoma da *E. coli*? Em vez de vírus transportando genes bacterianos, o que poderia acontecer se Mertz obtivesse bactérias transportando genes virais?

Essa inversão da lógica, ou melhor, inversão de organismos, trazia uma crucial vantagem técnica. Como muitas bactérias, a *E. coli* contém minúsculos cromossomos adicionais chamados minicromossomos ou plasmídeos. Da mesma forma que no genoma do sv40, os plasmídeos também existem como colares circulares de DNA, e vivem e se replicam no interior de bactérias. Quando células bacterianas se dividem e crescem, os plasmídeos também se replicam. Mertz deduziu que, se pudesse inserir genes do sv40 em um plasmídeo de *E. coli*, poderia usar as bactérias como uma "fábrica" de novos híbridos gênicos. Conforme a bactéria crescesse e se dividisse, os plasmídeos, com o gene estranho em seu interior, seriam criados pela bactéria. Por fim, haveria milhões de réplicas exatas de um trecho de DNA — "clones".

Em junho de 1971, Mertz viajou de Stanford para Cold Spring Harbor, em Nova York, para fazer um curso sobre células e vírus de animais.[8] Durante o curso, os alunos deviam descrever projetos de pesquisa que gostariam de empreender no futuro. Em sua apresentação, Mertz falou sobre seus planos de produzir quimeras genéticas com genes de sv40 e *E. coli*, e se possível propagar seus híbridos para células bacterianas.

Palestras de pós-graduandos não costumam animar a plateia. Mas quando Mertz chegou ao fim de seus slides, estava claro que aquela não era uma palestra qualquer de pós-graduando. Fez-se um silêncio assim que a apresentação terminou, e então alunos e instrutores inundaram-na com um tsunami de perguntas: ela havia refletido sobre os riscos de gerar aqueles híbridos? E se os híbridos genéticos que Berg e Mertz estavam prestes a gerar se espalhassem em meio a populações humanas? Eles haviam considerado os aspectos éticos de criar novos elementos genéticos?

Logo após a sessão, Robert Pollack, virologista e instrutor do curso, chamou Berg com urgência. Explicou que os perigos implícitos em "eliminar barreiras evolucionárias que existem desde os últimos ancestrais comuns de bactérias e pessoas" eram grandes demais para que aqueles experimentos prosseguissem de maneira despreocupada.

A questão era ainda mais espinhosa porque se sabia que o sv40 causava tumores em hamsters, e a *E. coli* vivia no intestino humano (evidências atuais sugerem que não é provável que o sv40 cause câncer em seres humanos, mas os riscos eram desconhecidos nos anos 1970). E se Berg e Mertz acabassem preparando a tempestade perfeita para uma catástrofe genética — uma bactéria do intestino humano contendo um gene causador de câncer em seres humanos? "Podemos parar a desintegração do átomo; podemos parar de ir à

Lua; podemos parar de usar aerossol. [...] Mas não podemos cancelar uma nova forma de vida",[9] escreveu o bioquímico Erwin Chargaff. "Os novos híbridos genéticos sobreviverão a nós, aos nossos filhos e aos filhos dos nossos filhos. [...] A hibridação de Prometeu com Heróstrato só poderá ter resultados perversos."

Berg passou semanas pensando nos problemas apontados por Pollack e Chargaff. "Minha primeira reação foi: isso é absurdo. Eu não via nenhum risco", disse.[10] Os experimentos estavam sendo feitos em um recinto fechado, com equipamento esterilizado; o sv40 nunca tinha sido implicado de maneira direta em câncer humano. Aliás, muitos virologistas haviam sido infectados com sv40 e nenhum deles tivera câncer. Frustrado com a constante histeria do público com essa questão, Dulbecco chegara a se oferecer para *beber* o sv40 a fim de provar que não havia ligação com câncer em seres humanos.[11]

Porém, com os pés na beira de um possível precipício, Berg não podia se dar ao luxo de uma ostentação de coragem. Ele escreveu a vários biólogos oncologistas e microbiólogos e pediu suas opiniões independentes sobre o risco. Dulbecco foi categórico quanto ao sv40, mas algum cientista podia estimar de modo realista um risco desconhecido? Por fim, Berg concluiu que o risco biológico era irrisório — mas não zero. "Na verdade, eu sabia que o risco era pequeno", disse.[12]

> Mas não pude me convencer de que não existia risco *nenhum*. [...] Devo ter me dado conta de que havia me enganado muitas, muitas vezes ao predizer resultados de experimentos, e se eu estivesse errado quanto ao resultado do risco, as consequências seriam algo com que eu não gostaria de ter de viver.

Enquanto não determinasse a natureza exata do risco e não tivesse um plano para evitá-lo, Berg impôs a si mesmo uma moratória. Por ora, os híbridos de DNA contendo pedaços do genoma do sv40 permaneceriam no tubo de ensaio. Não seriam introduzidos em organismos vivos.

Nesse meio-tempo, Mertz fizera outra descoberta crucial. O corta-e-cola inicial de DNA que Berg e Jackson imaginaram requeria seis tediosas etapas enzimáticas. Mertz descobriu um atalho útil. Usando uma enzima cortadora de DNA chamada *EcoR1*, que ela obteve de Herb Boyer, um microbiólogo de San Francisco, Mertz constatou que era possível cortar e colar os pedaços em apenas duas etapas, em vez de seis.* "Janet tornou o processo bem mais eficiente", recordou Berg.[13]

> Agora, com apenas algumas reações químicas, podíamos gerar novos pedaços de DNA. [...] Ela os cortou, misturou, adicionou uma enzima capaz de unir extremidades com extremidades e então mostrou que havia obtido um produto dotado de propriedades em comum com os dois materiais iniciais.

> Mertz havia criado "DNA recombinante" — porém, com a moratória autoimposta no laboratório de Berg, ela não podia transferir os híbridos gênicos para células bacterianas vivas.

Em novembro de 1972, enquanto Berg sopesava os riscos dos híbridos de vírus e bactéria, Herb Boyer, o cientista de San Francisco que havia fornecido a Mertz as enzimas cortadoras de DNA, viajou para o Havaí para um congresso de microbiologia. Nascido em uma cidade mineira da Pensilvânia em 1936, Boyer descobrira a biologia no ensino médio e crescera tendo como ídolos Watson e Crick (cujos nomes ele dera aos seus dois gatos siameses). Tentara ingressar na faculdade de medicina no começo dos anos 1960, mas fora rejeitado, incapaz de se recuperar da ignomínia de uma nota D em metafísica; trocou então a medicina pela microbiologia na faculdade.

Boyer chegara a San Francisco no verão de 1966 — de cabeleira afro, o indispensável colete de couro e bermudas jeans — como professor assistente da UCSF.[14] Boa parte de seu trabalho estava associada ao isolamento de novas enzimas cortadoras de DNA, como a que ele havia mandado para o laboratório de Berg. Mertz o informara sobre sua reação de corte de DNA e a consequente simplificação do processo de geração de híbridos de DNA.

---

* A descoberta de Mertz, feita em conjunto com Ron Davis, envolvia uma qualidade fortuita de enzimas como a *EcoR1*. Mertz descobriu que, se cortasse o plasmídeo bacteriano e o genoma do sv40 com a *EcoR1*, as extremidades ficariam naturalmente "adesivas", como pedaços complementares de velcro, o que tornaria fácil uni-las em genes híbridos.

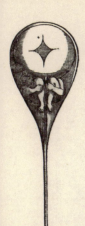
Este homúnculo enrolado no interior de um espermatozoide humano foi desenhado por Nicolaas Hartsoeker em 1694. Como muitos outros biólogos de sua época, Hartsoeker acreditava no "espermismo", teoria segundo a qual informações para criar um feto eram transmitidas pela minúscula forma humana residente no espermatozoide.

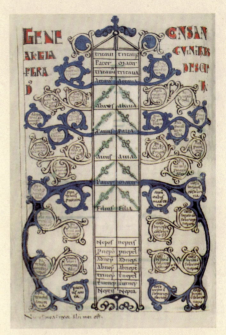
Na Europa medieval, era comum criar uma "árvore de linhagem" para indicar os ancestrais e os descendentes de uma família nobre. Essas árvores eram usadas para reivindicar títulos de nobreza e direitos de propriedade ou para promover arranjos matrimoniais entre famílias (em parte, com vistas a reduzir a probabilidade de casamentos consanguíneos entre primos). A palavra "gene" — no canto superior esquerdo — era usada na conotação de genealogia ou descendência. A acepção moderna de gene, uma unidade de informação hereditária, surgiu séculos depois, em fins de 1909.

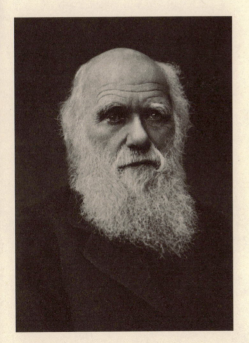
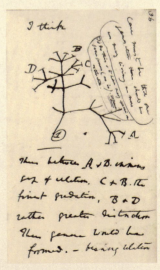
Charles Darwin (septuagenário nesta foto) e seu esboço da "árvore da vida", que mostra organismos irradiando-se de um organismo ancestral comum (note a frase carregada de dúvida, "*I think*" [eu acho], escrita acima do diagrama). A teoria darwiniana da evolução pela variação e seleção natural requeria uma teoria da hereditariedade via genes. Os leitores mais atentos da teoria de Darwin perceberam que a evolução só funcionaria se existissem partículas de hereditariedade indivisíveis mas mutáveis que transmitissem informações dos pais aos filhos. Mas Darwin, que não lera o artigo de Gregor Mendel, nunca encontrou uma formulação adequada dessa teoria.

Gregor Mendel examina uma flor, possivelmente de ervilha, em seu jardim no mosteiro de Brno (atualmente na República Tcheca). Os experimentos fundamentais de Mendel nos anos 1850 e 1860 identificaram partículas indivisíveis de informação como portadoras de informações hereditárias. Seu artigo de 1865 permaneceu quase desconhecido por quatro décadas e depois transformou a ciência da biologia.

Quando William Bateson "redescobriu" o trabalho de Mendel em 1900, converteu-se à hipótese dos genes. Bateson cunhou o termo "genética" em 1905 para designar o estudo da hereditariedade. Wilhelm Johannsen (à esq.) cunhou o termo "gene" para denotar uma unidade de hereditariedade. Ele visitou Bateson em Cambridge, Inglaterra; os dois tornaram-se colaboradores próximos e vigorosos defensores da teoria dos genes.

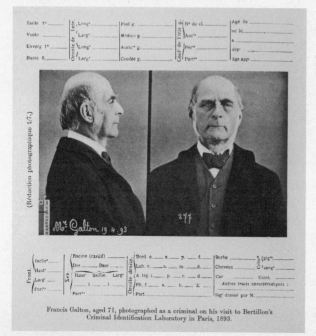

Francis Galton, aged 71, photographed as a criminal on his visit to Bertillon's Criminal Identification Laboratory in Paris, 1893.

O matemático, biólogo e estatístico Francis Galton retratou a si mesmo em uma de suas "fichas antropométricas", nas quais tabulava altura, peso, traços faciais e outras características de indivíduos. Galton resistiu à teoria mendeliana dos genes. Acreditava também que a reprodução seletiva de humanos com as "melhores" características promoveria a criação de uma raça humana aperfeiçoada. "Eugenia", um termo cunhado por ele para a ciência da emancipação humana pela manipulação da hereditariedade, logo se transformaria em uma forma macabra de controle social e político.

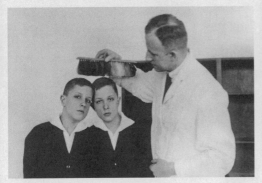 

A doutrina nazista da "higiene racial" desencadeou uma grande campanha bancada pelo Estado para limpar a raça humana por meio de esterilização, confinamento e assassinato. Estudos com gêmeos foram usados para provar o poder das influências hereditárias, e homens, mulheres e crianças foram exterminados com base na suposição de que eram portadores de genes defeituosos. Os nazistas estenderam suas iniciativas eugenistas ao extermínio de judeus, ciganos, dissidentes e homossexuais. Nestas fotos, cientistas nazistas medem a altura de gêmeos e demonstram diagramas de história familiar a recrutas nazistas.

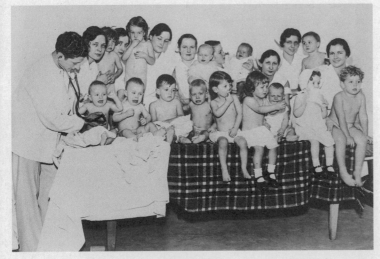

Concursos para eleger o melhor bebê surgiram nos Estados Unidos nos anos 1920. Médicos e enfermeiras examinavam as crianças (todas brancas) em busca das melhores características genéticas. Esses concursos despertavam um apoio passivo à eugenia entre o povo americano porque apontavam os bebês mais saudáveis como produtos de seleção genética.

Uma ilustração americana da "árvore eugênica" apregoa a "autogestão da evolução humana". Medicina, cirurgia, antropologia e genealogia são as "raízes" da árvore. A ciência da eugenia almejava usar esses princípios básicos para selecionar os seres humanos mais aptos, mais sadios e mais talentosos.

Nos anos 1920, Carrie Buck e sua mãe, Emma Buck, foram mandadas para a Colônia de Epilépticos e Débeis Mentais da Virgínia, onde era praxe esterilizar as mulheres classificadas como "imbecis". Esta fotografia, tirada a pretexto de retratar um momento descontraído entre mãe e filha, foi apresentada como prova da semelhança entre Carrie e Emma e, portanto, de sua "imbecilidade" hereditária.

Na Universidade Columbia, e depois no Instituto de Tecnologia da Califórnia (Caltech), nos anos 1920 e 1930, Thomas Morgan usou moscas-das-frutas para demonstrar que os genes eram fisicamente ligados uns aos outros e supor, com presciência, que uma única molécula em feitio de cadeia era a portadora das informações genéticas. A ligação entre genes por fim seria usada para gerar mapas genéticos de pessoas e formar a base do Projeto Genoma Humano. A foto mostra Morgan em sua Sala das Moscas no Caltech, rodeado pelas garrafas de leite nas quais ele criava suas larvas e moscas.

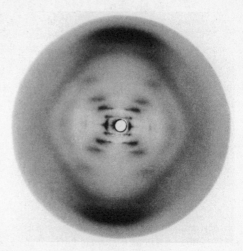

Rosalind Franklin olha ao microscópio no King's College em Londres, nos anos 1950. Ela usava a cristalografia de raios X para fotografar e estudar a estrutura do DNA. A "Fotografia 51" é a mais clara das imagens de um cristal de DNA obtidas por Franklin. A foto sugere uma estrutura em dupla hélice, embora não deixe clara a orientação exata das bases A, C, T e G.

James Watson e Francis Crick demonstram seu modelo do DNA como uma dupla hélice em Cambridge, em 1953. Watson e Crick desvendaram a estrutura do DNA quando perceberam que A em uma fita pareava com T na outra, enquanto G pareava com C.

Na Clínica Moore em Baltimore, nos anos 1950, Victor McKusick criou um grande catálogo de mutações humanas. Ele descobriu que um fenótipo — baixa estatura, ou "nanismo" — podia ser causado por mutações em vários genes distintos. Inversamente, diversos fenótipos podiam ser causados por mutações em um único gene.

A mãe e os tios de Nancy Wexler foram diagnosticados com a doença de Huntington, um distúrbio neurodegenerativo letal que provoca movimentos involuntários espasmódicos ou sinuosos. O diagnóstico inspirou sua busca pessoal pelo gene causador da enfermidade. Wexler encontrou um grupo de vários pacientes com doença de Huntington na Venezuela, todos provavelmente descendentes de uma fundadora que sofria desse mal. A doença de Huntington foi uma das primeiras enfermidades humanas a ser inquestionavelmente associada a um único gene graças a métodos modernos de mapeamento gênico.

Estudantes protestam durante uma conferência sobre genética nos anos 1970. As novas tecnologias de sequenciamento e clonagem de genes e DNA recombinante trouxeram o temor de que fossem usadas novas formas de eugenia para criar uma "raça perfeita". A ligação com a eugenia nazista não foi esquecida.

Herb Boyer (à esq.) e Robert Swanson fundaram a Genentech em 1976 para fabricar medicamentos baseados em genes. O desenho no quadro-negro mostra o esquema para produzir insulina usando a tecnologia do DNA recombinante. As primeiras dessas proteínas foram produzidas em enormes incubadoras bacterianas sob a supervisão atenta de Swanson.

Paul Berg fala a Maxine Singer no encontro de Asilomar em 1975, enquanto Sydney Brenner faz anotações. Após a descoberta de tecnologias para criar híbridos gênicos (DNA recombinante) e produzir milhões de cópias desses híbridos em células bacterianas (clonagem de genes), Berg e outros propuseram uma "moratória" para certo tipo de pesquisa com DNA recombinante, até que os riscos fossem adequadamente avaliados.

Frederick Sanger examina um gel de sequenciamento de DNA. Sua invenção de uma técnica para sequenciar DNA (isto é, ler a série exata de letras — A, C, T e G — na sequência de um gene) revolucionou nossa noção sobre os genes e abriu caminho para o Projeto Genoma Humano.

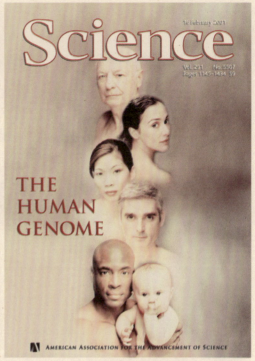

Jesse Gelsinger posa para uma foto na Filadélfia alguns meses antes de morrer, em 1999. Ele foi um dos primeiros pacientes submetidos a terapia gênica. Um vírus foi manipulado para entregar a forma correta de um gene mutado em seu fígado, mas Gelsinger teve uma resposta imune violenta ao vírus, que acarretou falência de órgãos e óbito. Sua "morte biotecnológica" impulsionaria iniciativas para assegurar a segurança dos testes de terapia gênica em todo o país.

Capa da revista *Science* de fevereiro de 2001 anuncia o esboço da sequência do genoma humano.

Craig Venter (à esq.), o presidente Bill Clinton e Francis Collins anunciam o esboço da sequência do genoma humano em 26 de junho de 2000, na Casa Branca.

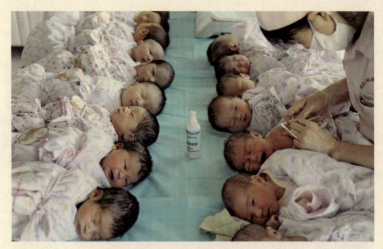

Mesmo sem técnicas refinadas para alterar o genoma humano, a capacidade de avaliar o genoma de uma criança in utero possibilitou grandes iniciativas disgênicas no mundo. Em partes da China e da Índia, a averiguação do sexo do feto pela amniocentese e o aborto seletivo de fetos femininos acarretou uma desproporção entre os sexos da ordem de 0,8 mulher para cada homem e causou alterações inéditas nas estruturas populacionais e familiares.

Máquinas de sequenciamento gênico mais rápidas e precisas (protegidas dentro de caixas cinzentas), ligadas a supercomputadores que analisam e registram informações genéticas, agora conseguem sequenciar genomas humanos individuais em meses. Variações dessa técnica podem ser usadas para sequenciar o genoma de um embrião multicelular ou de um feto, permitindo o diagnóstico genético pré-implantacional e o diagnóstico in utero de futuras doenças.

A bióloga e estudiosa do RNA Jennifer Doudna (à dir.), de Berkeley, está entre os cientistas que buscam um sistema para entregar mutações intencionais específicas em genes. Em princípio, o sistema pode ser usado para "editar" o genoma humano, embora ainda seja preciso aperfeiçoar a tecnologia e avaliar sua segurança e fidelidade. Se forem introduzidas mudanças gênicas intencionais em espermatozoides, óvulos ou células-tronco embrionárias humanas, a tecnologia pressagiará a gênese dos seres humanos com genes alterados.

A conferência no Havaí era sobre genética bacteriana. Boa parte da empolgação no evento girava em torno dos recém-descobertos plasmídeos em *E. coli* — os minicromossomos circulares que se replicavam dentro de bactérias e podiam ser transmitidos entre cepas bacterianas. Depois de uma longa manhã de apresentações, Boyer fugiu para a praia, onde descansou e passou a tarde em companhia de um copo de rum e água de coco.

Naquela noite, Boyer encontrou Stanley Cohen, um professor de Stanford. Boyer o conhecia por seus artigos científicos, mas não pessoalmente. De barba grisalha bem aparada, óculos que lhe davam um ar de coruja e um modo de falar cauteloso e deliberado, Cohen tinha "a persona física de um erudito talmúdico", como lembrou um cientista. E um conhecimento talmúdico de genética microbiana. Cohen trabalhava com plasmídeos. Também havia aprendido a reação de "transformação" de Frederick Griffith, a técnica necessária para introduzir DNA em células bacterianas.

O jantar havia terminado, mas Cohen e Boyer continuavam com fome. Junto com Stan Falkow, um colega microbiólogo, eles saíram a pé do hotel em direção a uma rua escura e sossegada em um trecho comercial próximo da praia de Waikiki.[15] Uma lanchonete em estilo nova-iorquino, com letreiros berrantes e luzes de neon, fez uma aparição providencial em meio às sombras dos vulcões, e lá eles encontraram uma mesa vazia. O garçom não entendia nada de comida judaica, mas o menu oferecia *corned beef* e fígado fatiado. Boyer, Cohen e Falkow pediram *pastrami* e conversaram sobre plasmídeos, quimeras gênicas e genética bacteriana.

Boyer e Cohen sabiam sobre o êxito de Berg e Metz em criar híbridos genéticos em laboratório.

A despreocupada discussão passou para o trabalho de Cohen. Ele isolara vários plasmídeos de *E. coli*, incluindo um que podia ser confiavelmente extraído da bactéria, purificado e transmitido com facilidade de uma cepa de *E. coli* para outra. Alguns daqueles plasmídeos continham genes que ensejavam resistência a antibiótico, por exemplo, tetraciclina ou penicilina.

Mas o que aconteceria se Cohen removesse um gene para a resistência a antibiótico de um plasmídeo e o transferisse para outro plasmídeo? *Uma bactéria que antes seria morta pelo antibiótico agora sobreviveria, prosperaria e cresceria de maneira seletiva, enquanto as bactérias contendo os plasmídeos não híbridos morreriam?*

A ideia fulgurou nas sombras como um cartaz em neon numa ilha às escuras. Nos experimentos iniciais de Berg e Jackson, não houvera um método simples para identificar as bactérias ou vírus que haviam adquirido o gene "estranho" (o plasmídeo híbrido tinha de ser extraído e purificado da sopa bioquímica usando apenas o seu tamanho: A + B era maior do que A ou B). Em contraste, os plasmídeos de Cohen, contendo genes para a resistência a antibióticos, proporcionavam um modo poderoso de identificar recombinantes genéticos. A *evolução* seria recrutada para ajudar em seu experimento. A seleção natural, mobilizada em uma placa de Petri, selecionaria naturalmente seus plasmídeos híbridos. A transferência da resistência a antibióticos de uma bactéria para outra confirmaria que havia sido criado o gene híbrido, ou DNA recombinante.

E quanto aos obstáculos técnicos de Berg e Jackson? Se as quimeras genéticas eram produzidas à frequência de uma em 1 milhão, então nenhum método de seleção, por mais hábil e poderoso, iria funcionar: não haveria híbridos a serem selecionados. Num impulso, Boyer começou a descrever as enzimas cortadoras de DNA e o processo mais rápido que Mertz descobrira para gerar genes híbridos com mais eficiência. Fez-se um silêncio enquanto Cohen e Boyer revolviam a ideia na mente. A convergência era inevitável. Boyer havia purificado enzimas para criar híbridos gênicos com uma eficiência muito maior; Cohen havia isolado plasmídeos que podiam ser selecionados e propagados com facilidade em bactérias. "A ideia era óbvia demais para passar despercebida", recordou Falkow.

Em voz baixa e clara, Cohen disse: "Isso significa...".

Boyer o interrompeu: "Isso mesmo... deve ser possível...".

"Às vezes, na ciência, como no resto da vida, não é necessário terminar uma frase ou um pensamento", escreveu Falkow depois. O experimento era bem claro, de uma simplicidade tão magnífica que podia ser realizado em uma tarde com reagentes-padrão:

> Misture moléculas de plasmídeos de DNA cortados de *EcoR1* e torne a juntá-las, e deve haver uma proporção de moléculas de plasmídeos recombinantes. Use a resistência a antibióticos para selecionar as bactérias que adquiriram o gene estranho e teremos selecionado o DNA híbrido. Cultive uma dessas células bacterianas

obtendo seus milhões de descendentes e teremos multiplicado por 1 milhão o DNA híbrido. Clonaríamos o DNA recombinante.

O experimento não era apenas inovador e eficiente; era também potencialmente mais seguro. Em contraste com o experimento de Berg e Mertz — que envolvia híbridos de vírus e bactéria —, as quimeras de Cohen e Boyer eram compostas inteiramente de genes bacterianos, que eles consideravam muito menos perigosos. Eles não encontraram nenhuma razão para barrar a criação daqueles plasmídeos. Afinal de contas, bactérias eram capazes de trocar material genético como quem troca fofocas, sem a menor cerimônia; o livre-comércio de genes era marca registrada do mundo microbiano.

Durante todo aquele inverno e começo da primavera de 1973, Boyer e Cohen trabalharam como loucos para obter seus híbridos genéticos. Plasmídeos e enzimas viajaram entre a UCSF e Stanford, indo e voltando pela Highway 101 num Fusca dirigido por um auxiliar de pesquisa do laboratório de Boyer. No fim daquele verão, Boyer e Cohen haviam conseguido criar seus híbridos genéticos: dois pedaços de material genético de duas bactérias costurados, formando uma só quimera. Boyer recordou depois o momento da descoberta com imensa clareza: "Eu me lembro de que olhei para os primeiros géis e meus olhos se encheram de lágrimas; era tão bonito". Identidades hereditárias emprestadas de dois organismos tinham sido misturadas para formar uma nova identidade; mais próximo da metafísica, impossível.

Em fevereiro de 1973, Boyer e Cohen estavam prontos para propagar em células vivas a primeira quimera genética artificialmente produzida. Abriram dois plasmídeos bacterianos cortando-os com enzimas de restrição e permutaram o material genético de um plasmídeo para o outro. O plasmídeo com o DNA híbrido foi fechado com ligase, e a quimera resultante foi introduzida em células bacterianas usando uma versão modificada da reação de transformação. As bactérias contendo os híbridos genéticos foram cultivadas em placas de Petri até formarem minúsculas colônias translúcidas, cintilantes como pérolas em ágar.

Uma noite, Cohen inoculou uma cuba contendo caldo bacteriano estéril com uma única colônia de células bacterianas de genes híbridos. As células cresceram da noite para o dia em um béquer chacoalhante. Cem, mil, 1 milhão de cópias da quimera genética foram replicadas, cada uma contendo uma mistura de material genético de organismos completamente diferentes. O nascimento de um novo mundo foi anunciado sem mais barulho que o *tic-tic-tic* mecânico de uma incubadora de bactérias a se balançar durante a noite.

18. A nova música

Cada geração precisa de uma nova música.
Francis Crick[1]

Hoje em dia as pessoas fazem música com tudo.
Richard Powers, *Orfeo*[2]

Enquanto Berg, Boyer e Cohen misturavam e casavam fragmentos de genes em tubos de ensaio em Stanford e na UCSF, um avanço também fundamental em genética estava surgindo em um laboratório de Cambridge, Inglaterra. Para entender a natureza dessa descoberta, precisamos voltar à linguagem formal dos genes. A genética, como qualquer linguagem, é construída com elementos estruturais básicos — alfabeto, vocabulário, sintaxe e gramática. O "alfabeto" dos genes tem apenas quatro letras: A, C, G e T. O "vocabulário" consiste no código de tripletos: três bases de DNA são lidas juntas para codificar um aminoácido em uma proteína: ACT codifica a treonina, CAT codifica a histidina, GGT codifica a glicina e assim por diante. Uma proteína é a "sentença" codificada por um gene, usando alfabetos ligados em uma cadeia (ACT-CAT-GGT codifica treonina-histidina-glicina). E a regulação de genes, como descobriram Monod e Jacob, cria um contexto para que essas palavras e sentenças gerem significado. As sequências regulatórias anexas a um gene — isto é, os sinais para ligar ou desligar um gene em certos momentos e em certas células — podem ser imaginadas como a gramática interna do genoma.

Mas o alfabeto, a gramática e a sintaxe da genética existem apenas nas células; os seres humanos não são falantes nativos. Para que um biólogo pudesse ler e escrever a linguagem dos genes, foi preciso inventar uma nova caixa de ferramentas. "Escrever" é misturar e combinar palavras em permutações únicas para gerar novos significados. Em Stanford, Berg, Cohen e Boyer estavam começando a escrever em genes usando a clonagem gênica — gerando palavras e sentenças de DNA que nunca haviam existido na natureza (um gene bacteriano combinado a um gene viral para formar um novo elemento genético). Já a "leitura" dos genes — decifrar a sequência precisa de bases em um trecho de DNA — ainda constituía um tremendo obstáculo técnico.

Por ironia, as próprias características que permitem que uma *célula* leia o DNA são aquelas que o tornam incompreensível aos seres humanos, em especial os químicos. O DNA, como Schrödinger havia predito, era uma substância que desafiava os químicos, uma molécula com gritantes contradições: monótona mas infinitamente variada, repetitiva ao extremo mas muitíssimo idiossincrática. Em geral os químicos deduzem a estrutura de uma molécula dividindo-a em partes cada vez menores, como pecinhas de quebra-cabeça, e depois montando a estrutura a partir de seus componentes. Mas o DNA, quando dividido em pedaços, degenera em uma passagem truncada de quatro bases — A, C, G e T. Não se pode ler um livro dissolvendo todas as suas palavras em alfabetos. Com o DNA, assim como com as palavras, a *sequência* transmite o significado. Dissolva o DNA em suas bases constituintes e ele se torna uma sopa primordial feita com um alfabeto de quatro letras.

Como um químico poderia determinar a sequência de um gene? Em Cambridge, Inglaterra, em um laboratório que parecia uma choça meio enterrada perto do pântano, o bioquímico Frederick Sanger empenhava-se no sequenciamento de genes desde os anos 1960. Sanger tinha um interesse obsessivo pelas estruturas químicas de moléculas biológicas complexas. No começo dos anos 1950, ele desvendara a sequência de uma proteína, a insulina, usando uma variante do método convencional de desintegração.[3] A insulina foi purificada pela primeira vez em 1921 por um cirurgião de Toronto, Frederick Banting, e seu aluno da faculdade de medicina Charles Best, a partir de dezenas de quilos de pâncreas canino moído.[4] Ela era o grande prêmio da purificação de proteínas: um hormônio que, ao ser injetado em crianças diabéticas, podia reverter com rapidez a devastadora e letal doença que sufoca seu portador com açúcar. Em fins dos anos 1920, a indústria farmacêutica Eli Lilly fabricava gramas de insulina a partir de enormes cubas de pâncreas liquefeitos de vacas e porcos.

Apesar de várias tentativas, porém, a insulina continuava a resistir teimosamente à caracterização molecular. Sanger abordou o problema com o rigor metodológico de um químico: a solução, como qualquer químico bem sabia, era sempre a dissolução. Toda proteína é feita de uma sequência de aminoácidos ligados em uma cadeia — metionina-histidina-arginina-lisina ou glicina-histidina-arginina-lisina e assim por diante. Sanger percebeu que, para identificar a sequência de uma proteína, ele teria de providenciar uma sequência de reações de degradação. Ele desgrudaria um aminoácido da extremidade da cadeia, dissolveria esse aminoácido em solventes e o caracterizaria quimicamente — metionina. E repetiria o processo, desgrudando o aminoácido seguinte: histidina. A degradação e identificação seriam repetidas muitas vezes — desgrudar... arginina... desgrudar... lisina... — até chegar ao fim da proteína. Era como *desmontar* um colar conta por conta: reverter o ciclo usado por uma célula para construir uma proteína. Peça por peça, a desintegração da insulina revelaria a estrutura de sua cadeia. Em 1958, Sanger recebeu o prêmio Nobel por essa descoberta fundamental.[5]

Entre 1955 e 1962, Sanger usou variações desse método de desintegração para desvendar a sequência de várias proteínas importantes; contudo, deixou intocado o problema do sequenciamento de DNA. Esses, escreveu ele, foram os seus "anos magros", nos quais viveu à sombra de sua fama.[6] Suas publicações foram poucas: artigos repletos de detalhes sobre sequenciamento de proteínas que outros caracterizaram como magistrais, mas que ele não considerou muito bem-sucedidos. Em meados de 1962, Sanger mudou-se para outro laboratório em Cambridge, no prédio do Conselho de Pesquisa Médica, e lá se viu em meio a novos vizinhos, entre eles Crick, Perutz e Sydney Brenner, todos eles imersos no culto do DNA.[7]

Essa transição de laboratórios marcou uma transição crucial para o enfoque de Sanger. Alguns cientistas, como Crick e Wilkins, haviam nascido no DNA. Outros, como Watson, Franklin e Brenner, tinham adquirido esse interesse. Fred Sanger teve o DNA empurrado goela abaixo.

Em meados dos anos 1960, Sanger mudou seu enfoque das proteínas para os ácidos nucleicos e começou a pensar seriamente no sequenciamento de DNA. Entretanto, os métodos que haviam funcionado tão bem para a insulina — desgrudar, dissolver, desgrudar, dissolver — não funcionaram com o DNA. A estrutura química das proteínas permite desgrudar aminoácidos da cadeia um após outro. Para o DNA, porém, não existiam ferramentas desse tipo. Sanger tentou reconfigurar sua técnica de degradação, mas os experimentos só produziram um caos químico. Cortado em pedaços e dissolvido, o DNA transformava-se de informação genética em um palavrório sem sentido.

A inspiração chegou de modo inesperado para Sanger no inverno de 1971, na forma de uma inversão. Ele havia passado décadas aprendendo a desintegrar moléculas para desvendar sua sequência. Mas o que aconteceria se ele invertesse sua estratégia e tentasse *construir* o DNA, em vez de desintegrá-lo? Para desvendar uma sequência gênica, é preciso pensar como um gene, raciocinou Sanger. Células vivem construindo genes: toda vez que uma célula se divide, faz uma cópia de cada gene. Se um bioquímico pudesse amarrar-se à enzima copiadora de genes (DNA polimerase) e cavalgar em seu lombo enquanto ela faz uma cópia de DNA, anotando tudo enquanto a enzima adiciona base após base — A, C, T, G, C, C, C e assim por diante —, a sequência de um gene seria conhecida. Era como bisbilhotar em uma máquina copiadora: seria possível reconstruir o original a partir da cópia. Mais uma vez, a imagem no espelho iluminaria o original: Dorian Gray seria recriado, pedaço a pedaço, a partir de seu reflexo.

Em 1971, Sanger começou a formular uma técnica de sequenciamento de genes usando a reação de cópia da DNA polimerase. (Em Harvard, Walter Gilbert e Allan Maxam também estavam inventando um sistema para sequenciar o DNA, porém usando reagentes diferentes. Seu método também funcionou, mas logo foi suplantado pelo de Sanger.) De início, o método de Sanger foi ineficiente e sujeito a falhas inexplicáveis. O problema, em parte, era que a reação de cópia acontecia rápido demais: a polimerase corria pela fita de DNA adicionando nucleotídeos a uma velocidade tão vertiginosa que Sanger não conseguia captar as etapas intermediárias. Em 1975, ele fez uma modificação engenhosa: introduziu na reação de cópia uma série de bases quimicamente alteradas — variantes minimamente diferentes de A, C, G e T — que ainda eram reconhecidas pelo DNA polimerase, mas tolhiam sua capacidade de copiar. Quando a polimerase empacava, Sanger podia usar a reação desacelerada para mapear um gene com base em seus emperramentos — um A aqui, um T ali, um G acolá etc. — para milhares de bases de DNA.

Em 24 de fevereiro de 1977, Sanger usou essa técnica para revelar a sequência completa de um vírus, o ΦX174, em um artigo da *Nature*.[8] Com apenas 5386 pares de bases no total, esse vírus era minúsculo: seu genoma inteiro era menor do que alguns dos menores genes humanos. No entanto, a publicação anunciou um avanço científico transformador. "A sequência identifica muitas das características responsáveis pela produção das proteínas dos nove genes conhecidos do organismo", escreveu ele.[9] Sanger aprendera a ler a linguagem dos genes.

As novas técnicas da genética, sequenciamento e clonagem de genes iluminaram de imediato características até então ignoradas de genes e genoma. A primeira e mais surpreendente descoberta relacionou-se a uma característica exclusiva dos genes de animais e de vírus de animais. Em 1977, dois cientistas, Richard Roberts e Phillip Sharp, trabalhando separados, descobriram que as proteínas animais, em sua maioria, não eram codificadas em longos trechos contínuos de DNA; elas se dividiam em módulos.[10] Nas bactérias, cada gene é um trecho contínuo, ininterrupto de DNA, começando pelo primeiro código tripleto (ATG) e prosseguindo de maneira contínua até o último sinal de "pare". Os genes bacterianos não contêm módulos separados e não são divididos internamente por espaçadores. Mas Roberts e Sharp descobriram que, em animais e em vírus de animais, um gene em geral era dividido em partes e interrompido por longos trechos de DNA *stuffer* [recheio].

Como analogia, pense na palavra "formatação". Em bactérias, o gene está inserido no genoma precisamente nesse formato — *formatação* —, sem quebras, recheios, interposições ou interrupções. No genoma humano, em contraste, a palavra é interrompida por trechos intermediários de DNA: *for ... ma ... ta ... ção*.

Os longos trechos de DNA marcados por reticências (...) não contêm nenhuma informação codificadora de proteína. Quando um gene interrompido como esse é usado para gerar uma mensagem — isto é, quando DNA é usado para construir RNA —, os fragmentos que constituem esse recheio são amputados da mensagem do RNA, e o RNA é de novo costurado com os pedaços intervenientes removidos: *for ... ma ... ta ... ção* é simplificado para *formatação*. Roberts e Sharp cunharam mais tarde um termo para esse processo: "splicing" [emenda] de gene ou de RNA (pois a mensagem de RNA do gene era "emendada" para remover os fragmentos que a recheavam).

De início, essa estrutura gênica dividida causou estranheza: por que um genoma animal desperdiçaria trechos tão longos de DNA dividindo genes em pedacinhos só para costurá-los de novo em uma mensagem contínua? Mas a lógica interna dos genes divididos logo se tornou evidente: dividindo genes em módulos, uma célula podia gerar assombrosas combinações de mensagens a partir de um único gene: a palavra "formatação" pode ser dividida e emendada para se obter "forma", "mata", "ação" etc., criando, assim, grandes números de mensagens variantes, chamadas isoformas, a partir de um único gene. De *g ... e ... n ... om ... a* podemos usar o splicing para gerar *geno, goma, om*. E os genes modulares também tinham uma vantagem evolucionária: os módulos individuais de diferentes genes podiam ser misturados e combinados para construir tipos bem diferentes de gene (*for ... no*). Wally Gilbert, geneticista de Harvard, criou uma nova palavra para esses módulos; chamou-os de éxons. Os fragmentos intervenientes foram denominados íntrons.

Os íntrons não são a exceção em genes humanos; são a regra. Muitos íntrons humanos são enormes, abrangem várias centenas de milhares de bases de DNA. E os próprios genes estão separados uns dos outros por longos trechos de DNA interveniente chamado DNA intergênico. Supõe-se que o DNA intergênico e os íntrons — os espaçadores *entre* genes e os recheios *dentro* dos genes — possuem sequências que permitem que os genes sejam regulados em um contexto. Voltando à nossa analogia, essas regiões poderiam ser descritas como longas reticências com um ou outro sinal de pontuação localizado em partes delas. O genoma humano poderia, assim, ser visualizado como:

Esta......é............a......(...)...es...tru...tura......do......seu......ge...no...ma;

As palavras representam genes. As longas reticências entre as palavras representam trechos de DNA intergênico. As reticências mais curtas dentro das palavras (*ge...no...ma*) são íntrons. Os parênteses e o ponto e vírgula — sinais de pontuação — são regiões do DNA que regulam genes.

As tecnologias gêmeas de sequenciamento de genes e clonagem de genes também salvaram a genética de um empacamento experimental. Em fins dos anos 1960, a genética viu-se num impasse. Toda ciência experimental depende, de maneira crucial, da capacidade de perturbar um sistema e medir os efeitos dessa perturbação. Mas o único modo de *alterar* genes era criando mutantes — um processo em essência aleatório — e o único modo de *ler* a alteração era por intermédio das mudanças na forma e na função. Era possível banhar moscas-das-frutas com raios X, como Muller fez, para produzir moscas sem asas ou sem olhos, mas não havia modo de manipular intencionalmente os genes que controlavam as asas ou os olhos, ou de entender com precisão como o gene do olho ou da asa havia mudado. "O gene era inacessível", descreveu um cientista.

A inacessibilidade do gene fora frustrante sobretudo para os messias da "nova biologia", entre eles James Watson. Em 1955, dois anos depois de ter descoberto a estrutura do DNA, Watson mudou-se para o Departamento de Biologia de Harvard e logo eriçou a crista de alguns dos professores mais venerados. Para ele, a biologia era uma disciplina que estava rachando ao meio. De um lado estava a velha guarda — historiadores naturais, taxonomistas, anatomistas e ecologistas que ainda se ocupavam da classificação de animais e das descrições sobretudo quantitativas da anatomia e fisiologia dos organismos. Em contraste, os "novos biólogos" estudavam moléculas e genes. A velha escola falava de diversidade e variação. A nova escola, de códigos universais, mecanismos comuns e "dogmas centrais".*

---

* Notavelmente, Darwin e Mendel haviam diminuído a distância entre a velha e a nova biologia. Darwin tinha começado como historiador natural, um colecionador de fósseis, mas depois alterara radicalmente a disciplina procurando o *mecanismo* por trás da história natural. Mendel também começara como botânico e naturalista e dera uma guinada na disciplina buscando o mecanismo que impelia a hereditariedade e a variação. Tanto Darwin como Mendel observaram o mundo natural em busca de causas mais profundas por trás de sua organização.

"Cada geração precisa de uma nova música", dissera Crick. Watson desprezava sem disfarces a velha música. A história natural, uma disciplina sobretudo "descritiva", como ele a caracterizara, seria substituída por uma vigorosa, robusta ciência experimental que ele havia ajudado a criar. Os dinossauros que estudavam dinossauros logo se tornariam extintos também. Watson chamava os velhos biólogos de "colecionadores de selos", zombando de sua ocupação de colecionar e classificar espécimes biológicos.*

Mas até Watson tinha de admitir que a incapacidade de realizar intervenções genéticas diretas, ou de ler a natureza exata das alterações gênicas, era uma frustração para a nova biologia. Se fosse possível sequenciar e manipular os genes, uma vasta paisagem experimental se abriria. Até lá, os biólogos teriam de se contentar com sondar o funcionamento dos genes com a única ferramenta disponível: a gênese de mutações aleatórias em organismos simples. Contra o insulto de Watson, um historiador natural poderia ter disparado um insulto equivalente em contrapartida. Se os velhos biólogos eram "colecionadores de selos", os novos biólogos moleculares eram "caçadores de mutantes".

Entre 1970 e 1980, os caçadores de mutantes transformaram-se em manipuladores e decodificadores de genes. Senão vejamos: em 1969, se fosse encontrado em seres humanos um gene associado a uma doença, os cientistas não tinham nenhum modo simples de entender a natureza da mutação, nenhum mecanismo para comparar o gene alterado com a forma normal e nenhum método óbvio para reconstruir a mutação gênica em um organismo diferente para estudar sua função. Em 1979, esse mesmo gene já podia ser transferido para uma bactéria, emendado em um vetor viral, inserido no genoma de uma célula de mamífero, clonado, sequenciado e comparado com a forma normal.

Em dezembro de 1980, em reconhecimento a esses avanços fundamentais nas tecnologias genéticas, o prêmio Nobel de Química foi entregue conjuntamente a Fred Sanger, Walter Gilbert e Paul Berg, os leitores e escritores de DNA. Agora o "arsenal de manipulações químicas [de genes]", como disse um jornalista de ciência,[11] estava abastecido por completo. "A engenharia genética", escreveu Peter Medawar,

---

* Watson pegou emprestada essa frase memorável de Ernest Rutherford, que, em um de seus característicos momentos de rispidez, declarara: "Toda ciência ou é física ou é coleção de selos".

implica mudança genética deliberada mediante a manipulação de DNA, o vetor das informações hereditárias. [...] Não é uma grande verdade da tecnologia que qualquer coisa que é possível em princípio será feita? [...] Pousar na Lua? Sim, sem dúvida. Eliminar a varíola? Com prazer. Compensar as deficiências no genoma humano? Hummm, sim, embora isso seja mais difícil e vá levar mais tempo. Ainda não chegamos lá, mas com certeza estamos na direção certa.[12]

As tecnologias para manipular, clonar e sequenciar genes podem ter sido inventadas de início para transferir genes entre bactérias, vírus e células de mamíferos (nos moldes de Berg, Boyer e Cohen), mas o impacto dessas tecnologias reverberou de maneira ampla por toda a biologia de organismos. Embora as expressões "clonagem de genes" e "clonagem de moléculas" tenham sido cunhadas para referir-se à produção de cópias idênticas de DNA (isto é, "clones") em bactérias ou vírus, logo passariam a denotar toda a gama de técnicas que permitiam aos biólogos extrair genes de organismos, manipular esses genes em tubo de ensaio, produzir híbridos gênicos e propagar os genes em organismos vivos (afinal, só era possível clonar genes usando uma combinação de todas essas técnicas). "Aprendendo a manipular genes experimentalmente", disse Berg,

> poderíamos aprender a manipular organismos experimentalmente. E misturando e combinando as ferramentas de manipulação e sequenciamento de genes, um cientista poderia interrogar não só a genética, mas todo o universo da biologia com um tipo de audácia experimental inimaginável no passado.[13]

Digamos que um imunologista estivesse tentando resolver um enigma fundamental da imunologia: o mecanismo pelo qual as células T reconhecem e matam células estranhas no corpo. Por décadas já se sabia que as células T sentem a presença de células invasoras e de células infectadas por vírus graças a um sensor encontrado na superfície da célula T.[14] Esse sensor, chamado *receptor de célula T*, é uma proteína só fabricada pelas células T. Ele reconhece proteínas na superfície de células estranhas e se liga a elas. A ligação, por sua vez, aciona um sinal para matar a célula invasora, agindo assim como um mecanismo de defesa do organismo.

Mas qual era a natureza do receptor de células T? Os bioquímicos tentaram resolver o problema com sua típica predileção pela redução: arranjaram cubas e mais cubas de células T, usaram sabões e detergentes para dissolver os componentes das células em uma espuma celular cinzenta, depois removeram por destilação as membranas e os lipídeos e purificaram e repurificaram o material em partes cada vez menores, à caça da proteína culpada. Mas a proteína receptora, dissolvida em alguma parte daquela sopa infernal, não se deixava encontrar.

A clonagem de genes poderia usar uma abordagem alternativa. Suponhamos, por um momento, que a característica distintiva da proteína receptora de células T seja ela ser sintetizada apenas em células T, e não em neurônios, ovários ou células hepáticas. O *gene* para a receptora tem de existir em toda célula humana — afinal de contas, neurônios, células hepáticas e células T humanas possuem genomas idênticos —, mas o RNA é produzido apenas em células T. Seria possível comparar o "catálogo de RNA" de duas células diferentes e, assim, clonar um gene funcionalmente relevante com base nesse catálogo? A abordagem do bioquímico é voltada para a concentração: encontre a proteína procurando onde é mais provável que ela esteja concentrada e destile-a para fora da mistura. A abordagem do geneticista, em contraste, é voltada para a *informação*: encontre o gene procurando por diferenças em "bancos de dados" criados por duas células com parentesco próximo e multiplique o gene na bactéria por meio de clonagem. O bioquímico destila formas; o geneticista que clona genes amplifica informações.

Em 1970, os virologistas David Baltimore e Howard Temin fizeram uma descoberta essencial que possibilitou essas comparações.[15] Trabalhando em separado, Baltimore e Temin descobriram uma enzima encontrada em retrovírus que era capaz de construir DNA a partir de um gabarito de RNA. Chamaram-na de transcriptase reversa — "reversa" porque ela invertia a direção normal do fluxo de informações: do RNA *de volta* ao DNA, ou da mensagem do gene de volta para o gene, violando, assim, uma versão do "dogma central" de Crick (que dizia que informações genéticas só passavam de genes para mensagens, mas nunca na direção inversa).

Por meio da transcriptase reversa, cada RNA em uma célula poderia ser usado como um gabarito para construir seu gene correspondente. Com isso, um biólogo poderia gerar um catálogo, ou "biblioteca", de todos os genes "ativos" em uma célula, análoga a uma biblioteca de livros agrupados por tema.* Haveria uma biblioteca de genes para células T e outra para glóbulos vermelhos, uma biblioteca para neurônios na retina, para células segregadoras de insulina no pâncreas e assim por diante. Comparando bibliotecas derivadas de duas células — uma célula T e uma célula do pâncreas, por exemplo —, um imunologista poderia pescar genes que eram ativos em uma célula, mas não na outra (por exemplo, insulina ou receptor de células T). Uma vez identificado, esse gene poderia ser multiplicado 1 milhão de vezes em bactérias. O gene poderia ser isolado e sequenciado, ter seu RNA e sequência de proteínas determinados, suas regiões regulatórias identificadas; poderia ser mutado e inserido em uma célula diferente para decifrar a estrutura e a função do gene. Em 1984, essa técnica foi empregada para clonar o receptor de células T, em um evento fundamental para a imunologia.[16]

A biologia foi "liberada pela clonagem [...] e entrou em ebulição com as surpresas",[17] lembrou mais tarde um geneticista. Genes misteriosos, importantes, fugidios, procurados por décadas — genes para proteínas da coagulação do sangue, para reguladores de crescimento, para anticorpos e hormônios, para transmissores entre nervos, genes para controlar a replicação de outros genes, genes implicados no câncer, diabetes, depressão e doenças cardíacas — logo seriam purificados e clonados graças ao uso de "bibliotecas de genes" derivadas de células que lhes serviram de fonte.

Cada campo da biologia foi transformado pela tecnologia de clonagem e sequenciamento de genes. Se a biologia experimental era a "nova música", o gene era o seu regente, sua orquestra, seu refrão assonante, seu instrumento principal, sua partitura.

---

* Essas bibliotecas foram concebidas e criadas por Tom Maniatis em colaboração com Argiris Efstratiadis e Fotis Kafatos. Maniatis não pudera trabalhar com clonagem de genes em Harvard devido ao receio pela segurança do DNA recombinante. Mudara-se para Cold Spring Harbor a convite de Watson para poder trabalhar em paz com a clonagem de genes.

19. Einsteins na praia

> *There is a tide in the affairs of men,*
> *Which, taken at the flood, leads on to fortune;*
> *Omitted, all the voyage of their life*
> *Is bound in shallows and in miseries.*
> *On such a full sea are we now afloat.**
> William Shakespeare, *Júlio César*, ato 3, cena 3

> *Defendo o direito inalienável de todos os cientistas adultos de fazerem papel de bobos em particular.*
>
> Sydney Brenner[1]

Em Erice, próximo à costa oeste da Sicília, uma fortaleza normanda do século XII ergue-se a seiscentos metros em uma dobra de rocha. Vista de longe, a edificação parece ter sido criada por algum arquejo natural da paisagem que

---

* "Há nos negócios dos homens uma maré,/ Que, aproveitada na cheia, conduz à fortuna;/ Omitida, toda a viagem da vida/ Atola em baixios e infelicidades./ Em um mar assim cheio flutuamos agora." (N. T.)

a fez vomitar seus flancos de pedra para fora do paredão de rocha. O castelo de Erice, ou castelo de Vênus, como alguns o chamam, foi construído no local de um antigo templo romano. A construção anterior foi desmantelada, pedra por pedra, as quais foram então aproveitadas para formar as muralhas, torreões e torres do castelo. O santuário do templo original desapareceu há muito tempo, mas dizem que era dedicado a Vênus. A deusa romana da fertilidade, do sexo e do desejo foi concebida artificialmente da espuma dos genitais de Caelus que se dispersou no mar.

Em meados de 1972, alguns meses depois de Paul Berg ter criado as primeiras quimeras de DNA em Stanford, ele foi a Erice fazer uma palestra científica em um congresso.[2] Chegou a Palermo ao anoitecer e seguiu de táxi por duas horas em direção ao litoral. A noite caiu depressa. Quando ele perguntou o caminho da cidade a um estranho, o homem fez um gesto vago na escuridão, apontando para um bruxuleante ponto decimal de luz que parecia suspenso a seiscentos metros no ar.

O congresso começou na manhã seguinte. A plateia era composta de cerca de oitenta jovens europeus, a maioria alunos e alunas de pós-graduação em biologia, além de alguns professores. Berg faz uma apresentação informal — "um bate-papo", segundo ele —, na qual falou de seus dados sobre quimeras gênicas, DNA recombinante e a produção de híbridos de vírus com bactéria.

Os estudantes se empolgaram. Berg foi crivado de perguntas, como previra, só que o rumo da conversa o surpreendeu. Na apresentação de Janet Mertz em Cold Spring Harbor em 1971, a maior preocupação havia sido com a segurança: como Berg ou Mertz podiam garantir que suas quimeras gênicas não acarretariam o caos biológico aos seres humanos? Na Sicília, em contraste, a conversa logo enveredou para a política, a cultura e a ética. E quanto ao "espectro da engenharia genética no homem, o controle do comportamento?", recordou Berg. "E se pudéssemos curar doenças genéticas?", indagaram os estudantes. "[Ou] programar a cor dos olhos das pessoas? A inteligência? A altura? [...] Quais seriam as implicações para o ser humano, para as sociedades humanas?"

Quem iria garantir que as tecnologias genéticas não seriam apropriadas e pervertidas por forças poderosas, como já acontecera antes no continente? Berg, é óbvio, reacendera uma fogueira antiga. Nos Estados Unidos, a perspectiva da manipulação genética evocara em especial o espectro de futuros perigos biológicos. Na Itália — a não mais que algumas centenas de quilômetros dos locais dos antigos campos de extermínio nazistas —, foram os perigos morais da genética, mais do que os riscos biológicos, que dominaram a conversa.

Naquela noite, um estudante alemão promoveu uma reunião informal com um grupo de colegas para continuar o debate. Eles subiram na muralha do castelo de Vênus e contemplaram a costa às escuras, com as luzes da cidade cintilando lá embaixo. Berg e os estudantes prosseguiram até altas horas numa segunda sessão, tomando cerveja e conversando a respeito de concepções naturais e artificiais — "o começo de uma nova era [...] [seus] possíveis riscos e perspectivas da engenharia genética".[3]

Em janeiro de 1973, alguns meses depois dessa viagem a Erice, Berg decidiu organizar um pequeno congresso na Califórnia para tratar das preocupações crescentes com as tecnologias de manipulação de genes. O evento teve como sede o Centro de Conferências de Pacific Grove em Asilomar, um vasto complexo de prédios fustigados pelo vento à beira do mar perto da baía Monterey, a cerca de 130 quilômetros de Stanford. Compareceram cientistas de todas as disciplinas: virologistas, geneticistas, bioquímicos, microbiólogos. "Asilomar I", como Berg chamaria depois esse evento,[4] gerou enorme interesse, mas poucas recomendações. Boa parte do encontro concentrou-se em questões de biossegurança. Discutiu-se de maneira acalorada o uso do sv40 e outros vírus humanos. "Na época ainda usávamos a boca para pegar substâncias químicas e vírus com a pipeta", Berg me contou. Marianne Dieckmann, assistente de Berg, lembrou que certa ocasião um estudante deixou respingar sem querer um salpico de líquido na ponta de um cigarro (a propósito: não era raro haver cigarros fumegando em cinzeiros espalhados pelo laboratório). O estudante deu de ombros e continuou a fumar, e a gotícula de vírus desintegrou-se em cinzas.

A conferência de Asilomar rendeu um livro importante, *Biohazards in Biological Research* [Agentes tóxicos em pesquisa biológica],[5] mas sua conclusão principal foi negativa. Berg comentou: "O que resultou dela, para ser sincero, foi o reconhecimento de que sabíamos pouquíssimo".

As preocupações com a clonagem de genes inflamaram-se ainda mais em meados de 1973, quando Boyer e Cohen falaram sobre seus experimentos com genes híbridos de bactérias em outra conferência.[6] Enquanto isso, em Stanford, Berg recebia uma saraivada de solicitações de pesquisadores do mundo todo, que lhe pediam reagentes para a recombinação gênica. Um pesquisador de Chicago sugeriu inserir genes do altamente patogênico herpes-vírus humano em células bacterianas para criar uma bactéria do intestino humano carregada com um gene de toxina letal, ostensivamente para estudarem a toxicidade dos genes do herpes-vírus (Berg recusou com polidez). Genes para resistência a antibiótico costumavam ser permutados entre bactérias. Genes eram trocados entre espécies e gêneros, saltando 1 milhão de anos de brecha evolucionária como quem pula por cima de finas linhas na areia numa brincadeira. A Academia Nacional de Ciências (ACN) notou o turbilhão crescente de incertezas e conclamou Berg a chefiar um painel de estudos sobre a recombinação de genes.

O grupo — com oito cientistas, entre eles Berg, Watson, David Baltimore e Norton Zinder — reuniu-se no MIT, em Boston, em uma gelada tarde de primavera em abril de 1973. Começaram logo a trabalhar, pensando em possíveis mecanismos para controlar e regular a clonagem de genes. Baltimore sugeriu o desenvolvimento de vírus, plasmídeos e bactérias "seguros", que fossem "incapacitados", portanto não pudessem causar doenças.[7] No entanto, mesmo essa medida de segurança não era de todo garantida. Quem asseguraria que os vírus "incapacitados" permaneceriam incapacitados? Afinal de contas, vírus e bactérias não eram objetos passivos e inertes. Mesmo no ambiente de laboratório, eram alvos vivos que evoluíam e se moviam. Uma mutação e uma bactéria antes incapacitada poderia voltar à vida virulenta.

O debate já seguia por várias horas quando Zinder propôs um plano que pareceu quase reacionário: "Ora, se tivéssemos um pouco de coragem, simplesmente diríamos às pessoas para não fazerem experimentos nessas linhas".[8] A proposta causou um frêmito silencioso em volta da mesa. Estava longe de ser uma solução ideal. Havia algo de obviamente insincero no ato de cientistas dizerem a cientistas para restringirem seu trabalho científico, mas pelo menos funcionaria como um mandado de suspensão temporária. "Por mais desagradável que fosse, achamos que poderia funcionar", recordou Berg. O painel redigiu uma carta formal recomendando uma "moratória" para determinados tipos de pesquisas com DNA recombinante. A carta sopesava os riscos e benefícios das tecnologias de recombinação gênica e sugeria que certos experimentos fossem postergados até que as questões relacionadas à segurança fossem solucionadas. "Nem todo experimento concebível era perigoso", salientou Berg, mas "era claro que alguns implicavam mais riscos do que outros." Em especial, três tipos de procedimento envolvendo DNA recombinante precisavam ser restritos de maneira drástica: "Não pôr toxinas em *E. coli*, não pôr genes resistentes a substâncias em *E. coli*, e não pôr genes de câncer em *E. coli*", recomendou Berg.[9] Se fosse decretada uma moratória, argumentaram Berg e seus colegas, os cientistas poderiam ganhar algum tempo para deliberar sobre as implicações de seu trabalho. Foi proposta uma segunda reunião para 1975, na qual um grupo maior de cientistas poderia debater essas questões.

Em 1974, a "carta de Berg" foi publicada nas revistas *Nature*, *Science* e *Proceedings of the National Academy of Sciences*.[10] O documento logo chamou a atenção em todo o planeta. Na Grã-Bretanha formou-se um comitê para tratar dos "possíveis benefícios e riscos" do DNA recombinante e clonagem de genes. Na França, o *Le Monde* publicou reações à carta. No final daquele ano, pediu-se a François Jacob (famoso pela regulação de genes) que desse seu parecer sobre um pedido de financiamento para um projeto que propunha inserir um gene de músculo humano em um vírus. Jacob seguiu os passos de Berg e sugeriu adiarem propostas nessas linhas até que fosse redigida uma resposta nacional para a tecnologia do DNA recombinante. Em um congresso na Alemanha em 1974, muitos geneticistas reiteraram seu apoio a esse tipo de cautela. Eram necessárias drásticas restrições a experimentos em pesquisas com DNA recombinante enquanto os riscos não fossem delineados e as recomendações não fossem formalizadas.

Enquanto isso, as pesquisas prosseguiam a galope, derrubando barreiras biológicas e evolucionárias como se elas fossem escoradas por palitos de dentes. Em Stanford, Boyer, Cohen e seus alunos enxertaram um gene para resistência a penicilina de uma bactéria em outra e, assim, criaram uma *E. coli* resistente. Em princípio, era possível transferir qualquer gene de um organismo a outro. Audaciosos, Boyer e Cohen pensaram além: "Talvez seja prático [...] introduzir genes que especifiquem funções metabólicas ou sintéticas [que sejam] nativas de outras classes biológicas, como plantas e animais". As espécies, gracejou Boyer, "são especiosas".[11]

No dia de Ano-Novo de 1974, um pesquisador que trabalhava com Cohen em Stanford informou que inserira um gene de rã em uma célula bacteriana.[12] Outra fronteira evolucionária despreocupadamente transposta, outra fronteira violada. Em biologia, "ser natural", como disse Oscar Wilde, agora estava passando a ser simplesmente "fazer pose".

Asilomar II, um dos mais inusitados congressos da história da ciência, foi organizado por Berg, Baltimore e outros três cientistas e realizou-se em fevereiro de 1975.[13] Mais uma vez, geneticistas voltaram às ventosas dunas praianas para discutir os genes, a recombinação e a forma do futuro. Era uma estação evocativamente bela. Borboletas-monarcas estavam de passagem pela costa em sua visita migratória anual às pradarias do Canadá, e as sequoias e pinheiros-negros de repente se acenderam com uma flotilha em vermelho, laranja e preto.

Os visitantes humanos chegaram em 24 de fevereiro, mas não compareceram só biólogos. Astutos, Berg e Baltimore haviam convidado advogados, jornalistas e escritores para a conferência. Se era para deliberar sobre o futuro da manipulação de genes, eles queriam a opinião não só de cientistas, mas de um grupo bem mais abrangente de pensadores. As calçadas com deque de madeira ao redor do centro de conferências permitiam conversas ecléticas; caminhando pelos deques ou pelas areias planas, os biólogos podiam trocar impressões sobre recombinação, clonagem e manipulação de genes. Em contraste, o salão central — uma catedral de paredes de pedra fulgurante com a luz sepulcral da Califórnia — era o epicentro da conferência, onde logo irromperiam os mais ferozes debates sobre clonagem de genes.

Berg falou primeiro. Resumiu os dados e as linhas gerais do problema. Enquanto investigavam métodos para alterar quimicamente o DNA, bioquímicos haviam descoberto pouco tempo antes uma técnica mais ou menos acessível de misturar e combinar informações genéticas de organismos diferentes. A tecnologia era tão "ridiculamente simples", segundo Berg, que até um biólogo amador seria capaz de produzir genes quiméricos em laboratório. Essas moléculas de DNA híbridas — DNA recombinante — podiam ser propagadas e expandidas (ou seja, clonadas) em bactérias, para gerar milhões de cópias idênticas. Algumas dessas moléculas podiam ser inseridas em células de mamíferos. Reconhecendo o imenso potencial e os tremendos riscos dessa tecnologia, um congresso preliminar havia sugerido uma moratória temporária para os experimentos. O evento Asilomar II fora organizado para deliberarem sobre os próximos passos. Por fim, esse segundo congresso suplantaria o primeiro em influência e escopo e seria chamado simplesmente Conferência de Asilomar — ou apenas Asilomar.

A tensão e os ânimos acenderam-se depressa na primeira manhã. A principal questão ainda era a moratória autoimposta: os cientistas deviam sofrer restrições em seus experimentos com DNA recombinante? Watson era contra. Queria liberdade total: deixem os cientistas sem freios na ciência, exortou. Baltimore e Brenner reiteraram seu plano de criar genes transportadores "incapacitados" para garantir a segurança. Outros se mostraram bastante divididos. Argumentaram que as oportunidades científicas eram imensas e que uma moratória poderia paralisar o progresso. Um microbiólogo exaltou-se em especial contra a severidade das restrições propostas e acusou o comitê: "Vocês ferraram o grupo dos plasmídeos".[14] Berg ameaçou processar Watson por não reconhecer de modo adequado a natureza do risco do DNA recombinante. Brenner pediu a um jornalista do *Washington Post* que desligasse seu gravador durante uma sessão particularmente delicada sobre os riscos da clonagem de genes. "Defendo o direito inalienável de todos os cientistas adultos fazerem papel de bobos em particular", disse. Na mesma hora foi tachado de "fascista".[15]

Os cinco membros do comitê organizador — Berg, Baltimore, Brenner, Richard Roblin e bioquímica Maxine Singer — circulavam preocupados pela sala, avaliando a temperatura em elevação. "As discussões prosseguiam, intermináveis", escreveu um jornalista. "Alguns ficaram fartos, saíram e foram para a praia fumar maconha."[16] Berg, em sua sala, enfurecia-se e receava que a conferência terminasse sem conclusão alguma.

Nada tinha sido formalizado até a última noite da conferência, quando os advogados subiram ao palco. Os cinco juristas propuseram uma discussão sobre as ramificações legais da clonagem e expuseram um panorama sombrio dos possíveis riscos: se um único membro de um laboratório fosse infectado por um micróbio recombinante e a infecção acarretasse a mais ínfima manifestação de uma doença, argumentaram, do ponto de vista jurídico o chefe do laboratório, o laboratório e a instituição seriam considerados responsáveis. Universidades inteiras seriam fechadas. Laboratórios seriam lacrados por tempo indeterminado por homens em trajes de astronauta, e teriam piquetes de ativistas à porta da frente. Os INS seriam inundados de interpelações; seria um deus nos acuda. O governo federal reagiria propondo regulações draconianas, não só para o DNA recombinante, mas também para uma gama mais ampla de pesquisas biológicas. O resultado poderiam ser restrições muito mais severas do que quaisquer regras que os cientistas pudessem estar dispostos a impor a si mesmos.

A apresentação dos advogados, estrategicamente realizada no último dia de Asilomar II, foi o momento de virada para todo o evento. Berg percebeu que o congresso não devia — *não podia* — ser encerrado sem recomendações formais. Naquela noite, Baltimore, Berg, Singer, Brenner e Roblin ficaram acordados até altas horas em sua cabana, comendo comida chinesa entregue em embalagens de papelão, rabiscando num quadro-negro e esboçando um plano para o futuro. Às cinco e meia da manhã, descabelados, com a vista turva, eles emergiram da casa de praia cheirando a café e tinta de máquina de escrever, com um documento em mãos. O texto começava pelo reconhecimento do estranho universo paralelo da biologia em que os cientistas haviam entrado sem querer com a clonagem de genes.

> As novas técnicas, que permitem a combinação de informações genéticas de organismos muito diferentes, nos puseram em uma arena da biologia com muitas incógnitas. [...] Foi essa ignorância que nos impeliu a concluir que seria sensato exercer considerável cautela ao realizar esses estudos.[17]

Para mitigar os riscos, o documento propôs um esquema de quatro níveis que classificava os riscos biológicos de vários organismos geneticamente alterados, com recomendações de instalações de contenção para cada nível (inserir um gene causador de câncer em um vírus humano, por exemplo, requeria o nível mais alto de contenção, enquanto inserir um gene de rã numa célula bacteriana poderia requerer apenas o nível mínimo).[18] Como Baltimore e Brenner haviam insistido, o documento propunha que, para a transferência de genes, fossem desenvolvidos organismos e vetores incapacitados a fim de contê-los ainda mais nos laboratórios. Por fim, clamava por uma contínua revisão dos procedimentos de recombinação e contenção, com a possibilidade de afrouxar ou intensificar as restrições no futuro próximo.

Quando o encontro reiniciou às oito e meia da manhã, os cinco membros do comitê receavam que a proposta fosse rejeitada. De maneira surpreendente, foi aceita quase por unanimidade.

* * *

Depois da Conferência de Asilomar, vários historiadores da ciência tentaram compreender o alcance do evento buscando algum momento análogo na história da ciência. Não há momento análogo. Talvez o mais próximo que se possa chegar de algum documento semelhante é uma carta de duas páginas escrita em agosto de 1939 por Albert Einstein e Leo Szilard para alertar o presidente Roosevelt sobre a alarmante possibilidade de uma poderosa arma de guerra que estava em gestação.[19] Fora descoberta uma "nova e importante fonte de energia", escreveu Einstein, por meio da qual "imensas magnitudes de força [...] podem ser geradas". "Esse novo fenômeno também levaria à construção de bombas, e é concebível [...] que bombas de extrema potência desse novo tipo possam ser construídas. Uma única bomba dessas, transportada em barco e explodida em um porto, poderia muito bem destruir o porto inteiro." A carta de Einstein e Szilard gerou uma resposta imediata. Roosevelt percebeu a urgência e formou uma comissão científica para investigar o assunto. Dentro de poucos meses, a comissão de Roosevelt se tornaria o Comitê Consultivo sobre o Urânio. Em 1942, o grupo se transformaria no Projeto Manhattan, que culminaria na criação da bomba atômica.

Asilomar, porém, era diferente: eram cientistas alertando *a si mesmos* para o perigo de sua própria tecnologia e procurando regular e restringir seu trabalho. Raras vezes se viu na história cientistas tentando regular a si mesmos. Como Alan Waterman, chefe da Fundação Nacional da Ciência, escreveu em 1962, "a ciência, em sua forma pura, não se interessa em saber aonde as descobertas poderão levar. [...] Seus discípulos se interessam apenas por descobrir a verdade".[20]

Entretanto, com o DNA recombinante os cientistas não podiam mais se dar ao luxo de concentrar-se só em "descobrir a verdade", argumentou Berg. A verdade era intricada, inconveniente e requeria uma avaliação muito complexa. Tecnologias extraordinárias exigem cautela extraordinária, e não se podia confiar em forças políticas para aquilatar os perigos ou a promessa da clonagem de genes (aliás, no passado as forças políticas não tinham sido nada sensatas com respeito ao emprego de tecnologias genéticas, como os estudantes haviam lembrado a Berg em Erice). Em 1973, menos de dois anos antes de Asilomar, Nixon, farto de seus assessores científicos, por vingança descartara o Comitê Consultivo de Ciência, provocando espasmos de preocupação em toda a comunidade científica.[21] O presidente, impulsivo, autoritário e desconfiado da ciência mesmo nos melhores momentos, podia impor um controle arbitrário sobre a autonomia dos cientistas quando bem entendesse.

Uma escolha crucial estava em jogo: os cientistas podiam entregar o controle sobre a clonagem de genes a reguladores imprevisíveis e ter seu trabalho restringido de maneira arbitrária ou tornar-se eles próprios os reguladores. Como biólogos deviam confrontar os riscos e incertezas do DNA recombinante? Usando os métodos que eles conhecem melhor: coletar dados, analisar as evidências, avaliar os riscos, tomar decisões sob incerteza — e discutir sem parar. "A lição mais importante de Asilomar foi demonstrar que cientistas eram capazes de se autogovernar", disse Berg.[22] Quem estava acostumado ao "esforço irrefreado da investigação" teria de aprender a se reprimir.

A segunda característica distintiva de Asilomar está ligada à natureza das comunicações entre cientistas e público. A carta de Einstein-Szilard tinha sido deliberadamente amortalhada em sigilo; Asilomar, em contraste, procurou divulgar as preocupações com a clonagem de genes para o maior público possível. Como explicou Berg,

> é inegável que a confiança do público aumentou graças ao fato de mais de 10% dos participantes serem dos meios de comunicação. Eles tiveram liberdade para descrever, comentar e criticar as discussões e conclusões. [...] As deliberações, brigas, acusações acerbas, opiniões vacilantes e a chegada a um consenso foram relatadas sem restrições pelos repórteres presentes.[23]

Uma última característica de Asilomar merece comentário, notavelmente pela ausência. Enquanto os riscos biológicos da clonagem de genes foram discutidos em detalhes no congresso, na verdade não foram mencionadas as dimensões éticas e morais do problema. O que aconteceria quando genes humanos fossem manipulados em células humanas? E se começássemos a "escrever" material novo em nossos genes, e se possível em nossos genomas? A conversa que Berg começara na Sicília nunca foi revivida.

Berg refletiu mais tarde sobre essa lacuna:

> Os organizadores e participantes da conferência de Asilomar limitaram de propósito o alcance das preocupações? [...] Houve quem criticasse a conferência

porque nela não se confrontaram o possível mau uso da tecnologia do DNA recombinante e os dilemas éticos que surgiriam de aplicar a tecnologia à triagem genética e [...] à terapia gênica. Não devemos esquecer que essas possibilidades ainda estavam em um futuro distante. [...] Em resumo, a programação daqueles três dias do encontro precisava concentrar-se na avaliação dos riscos [biológicos]. Aceitamos que as outras questões seriam abordadas quando se tornassem iminentes e passíveis de estimativa.[24]

Vários participantes ressaltaram a ausência dessa discussão, mas ela não aconteceu durante o próprio evento. Voltaremos a tratar desse tema.

Em meados de 1993, viajei para Asilomar com Berg e um grupo de pesquisadores de Stanford. Eu era estudante no laboratório de Berg naquela época, e aquele era o retiro anual do departamento. Partimos de Stanford em uma caravana de carros, margeamos o litoral em Santa Cruz e então seguimos na direção do estreito pescoço de cormorão que é a península de Monterey. Kornberg e Berg iam mais à frente. Eu estava em uma van alugada dirigida por um estudante de pós-graduação e acompanhado, curiosamente, por uma diva da ópera que se tornara bioquímica, trabalhava com replicação de DNA e de vez em quando desatava a cantar trechos de Puccini.

No último dia do nosso encontro, fiz uma caminhada pelos bosques de pinheiros com Marianne Dieckmann, a veterana assistente de pesquisa e colaboradora de Berg. Ela me serviu de guia por um passeio nada ortodoxo em Asilomar: mostrou os locais onde haviam irrompido os mais ferozes motins e discussões. Foi uma expedição por uma paisagem de discordâncias. Ela me disse que nunca tinha participado de um congresso mais contencioso que o de Asilomar.

Perguntei qual fora o saldo daquelas disputas. Dieckmann parou, fitou o mar. A maré baixa deixara a praia esculpida nas sombras das ondas. Ela traçou uma linha na areia com o dedão do pé. Acima de tudo, Asilomar marcou uma transição, ela respondeu. A capacidade de manipular genes representou nada menos do que uma transformação na genética. Tínhamos aprendido uma nova linguagem. Precisávamos convencer a nós mesmos, e a todos os demais, de que éramos responsáveis o suficiente para usá-la.

O impulso da ciência é tentar entender a natureza, e o impulso da tecnologia é tentar manipulá-la. O DNA recombinante empurrara a genética do reino da ciência para o reino da tecnologia. Os genes não eram mais uma abstração. Podiam ser libertados do genoma dos organismos onde tinham ficado presos por milênios, podiam ser transferidos entre espécies, amplificados, purificados, estendidos, abreviados, alterados, recombinados, mutados, misturados, combinados, cortados, colados, editados; eram muitíssimo maleáveis pela intervenção humana. Genes não eram mais apenas o tema de estudo; eram os instrumentos de estudo. Há um momento iluminado no desenvolvimento de uma criança quando ela entende a recursividade da linguagem: percebe que, assim como pensamentos podem ser usados para gerar palavras, palavras podem ser usadas para gerar pensamentos. O DNA recombinante tornara recursiva a linguagem dos genes. Biólogos haviam passado décadas tentando interrogar a natureza do gene, mas agora era o gene que podia ser usado para interrogar a biologia. Em resumo, tínhamos avançado de pensar *sobre* genes para pensar *com* genes.

Asilomar marcou, pois, a transposição desses limites fundamentais. Foi uma celebração, uma avaliação, um encontro, um confronto, um alerta. Começou com um discurso e terminou com um documento. Foi a cerimônia de graduação da nova genética.

20. "Clonar ou morrer"

Se você sabe a pergunta, sabe a metade.
Herb Boyer[1]

Qualquer tecnologia avançada o suficiente é indistinguível da magia.
Arthur C. Clarke[2]

Stan Cohen e Herb Boyer também tinham ido a Asilomar para debater sobre o futuro do DNA recombinante. Acharam a conferência irritante e até aviltante. Boyer não suportou as brigas internas e os insultos; chamou os cientistas de "interesseiros" e o evento de "pesadelo". Cohen se recusou a assinar o acordo de Asilomar (porém, como bolsista dos INS, acabou tendo que acatar seus termos).

De volta a seus laboratórios, eles retomaram uma questão que haviam deixado de lado em meio à comoção. Em maio de 1974, o laboratório de Cohen havia publicado o experimento do "príncipe rã" — a transferência de um gene de rã para uma célula bacteriana. Quando um colega perguntou como ele tinha identificado a bactéria que expressava os genes de rã, Cohen gracejou dizendo que beijara as bactérias para ver qual delas se transformava em príncipe.

De início, o experimento fora um exercício acadêmico; alvoroçara apenas os bioquímicos. (Joshua Lederberg, biólogo laureado com o prêmio Nobel e colega de Cohen em Stanford, foi um dos poucos que, com presciência, escreveram que o experimento podia "mudar por completo o modo como a indústria farmacêutica produz elementos biológicos, por exemplo, insulina e antibióticos".)[3] Devagar, porém, a mídia acordou para o possível impacto do estudo. Em maio, o *San Francisco Chronicle* publicou um artigo sobre Cohen, enfocando a possibilidade de bactérias com genes modificados virem a ser usadas como "fábricas" biológicas para medicamentos e substâncias químicas.[4] Logo apareceram artigos sobre clonagem de genes na *Newsweek* e no *New York Times*. Cohen também teve um rápido batismo no lado espinhoso do jornalismo científico.[5] Depois de passar uma tarde falando com toda a paciência a um repórter sobre DNA recombinante e transferências de genes bacterianos, ele acordou na manhã seguinte com uma manchete histérica: "MICRÓBIOS CRIADOS PELO HOMEM DEVASTAM A TERRA".

No departamento de patentes da Universidade Stanford, Niels Reimers, um sagaz ex-engenheiro, leu essas reportagens sobre o trabalho de Cohen e Boyer e ficou fascinado com seu potencial. Reimers era mais do que um funcionário de patentes: era um caçador de talentos, ativo e incisivo. Em vez de esperar que inventores viessem lhe trazer invenções, ele vasculhava a literatura científica em busca de dicas. Reimers procurou Boyer e Cohen e os instou a depositar uma patente conjunta para seu trabalho com clonagem de genes (Stanford e UCSF, suas respectivas instituições, também teriam parte na patente). Cohen e Boyer ficaram surpresos. Durante seus experimentos, nem lhes havia ocorrido a ideia de que as técnicas para o DNA recombinante fossem "patenteáveis" ou que a técnica pudesse vir a ter valor comercial. No começo de 1974, ainda céticos, mas dispostos a seguir as recomendações de Reimers, Cohen e Boyer depositaram uma patente para a tecnologia do DNA recombinante.[6]

A notícia da patente da clonagem de genes chegou ao conhecimento dos cientistas. Kornberg e Berg ficaram furiosos. Berg escreveu que as pretensões de Cohen e Boyer "à propriedade comercial das técnicas para clonar todos os DNAs possíveis, em todos os vetores possíveis, combinados de todos os modos possíveis, em todos os organismos possíveis, são dúbias, presunçosas e arrogantes".[7] Argumentaram que a patente privatizaria os produtos de pesquisas biológicas que haviam sido custeadas com dinheiro público. Berg também receava que as recomendações da Conferência de Asilomar não fossem adequadamente policiadas e impostas em empresas privadas. Para Boyer e Cohen, porém, tudo isso parecia muito barulho por nada. Sua "patente" do DNA recombinante nada mais era do que um calhamaço de papel tramitando por escritórios jurídicos — valia menos, talvez, do que a tinta usada para imprimi-la.

No outono de 1975, com montanhas de papel ainda tramitando pelos canais legais, Cohen e Boyer passaram a trilhar caminhos científicos separados. Sua colaboração tinha sido muitíssimo produtiva; em cinco anos haviam publicado juntos onze artigos fundamentais. Mas seus interesses começaram a divergir. Cohen tornou-se consultor de uma companhia chamada Cetus, na Califórnia. Boyer voltou ao seu laboratório em San Francisco para concentrar-se em seus experimentos com transferência de genes bacterianos.

No inverno de 1975, um investidor de 28 anos, Robert Swanson, telefonou de surpresa a Herb Boyer sugerindo uma reunião. Também ele, que era um aficionado de revistas de divulgação científica e filmes de ficção científica, ficara sabendo sobre o surgimento de uma nova tecnologia chamada "DNA recombinante". Swanson tinha faro para a tecnologia; embora não soubesse quase nada sobre biologia, pressentira que o DNA recombinante representava uma mudança tectônica no modo de pensar sobre genes e hereditariedade. Ele conseguira pôr as mãos em uma gasta brochura do congresso de Asilomar, fizera uma lista das figuras importantes no trabalho da clonagem de genes e decidira procurar os membros dessa lista em ordem alfabética. *Berg* vinha antes de *Boyer*, mas Berg, que não tinha paciência para empreendedores oportunistas que telefonavam para seu laboratório, recusou-se a atender Swanson. O investidor engoliu seu orgulho e prosseguiu na lista. B... Boyer era o próximo. Boyer concordaria com uma reunião? Certa manhã, absorto em seus experimentos, Herb Boyer atendeu distraído a chamada de Swanson. Consentiu em lhe dar dez minutos de seu tempo numa sexta-feira à tarde.

A visita aconteceu em janeiro de 1976.[8] O laboratório ficava nas encardidas entranhas do Prédio de Ciências Médicas da UCSF. Swanson foi de terno escuro e gravata. Boyer apareceu no meio de montes de velhas placas bacterianas e incubadoras de jeans e com seu indefectível colete de couro. Boyer sabia pouco sobre Swanson: apenas que fazia investimentos de alto risco e estava procurando criar uma companhia baseada no DNA recombinante. Se tivesse investigado melhor, teria descoberto que quase metade dos investimentos anteriores de Swanson em novos empreendimentos fracassara. Swanson estava sem trabalho, vivia em um apartamento sublocado em San Francisco, dirigia um Datsun decrépito, almoçava e jantava sanduíches frios.

Os dez minutos do trato transformaram-se em uma maratona. Os dois foram a pé até um bar próximo, entretidos numa conversa sobre o DNA recombinante e o futuro da biologia. Swanson propôs criar uma empresa que usasse técnicas de clonagem de genes para produzir medicamentos. Boyer ficou fascinado. Seu filho tinha sido diagnosticado com um possível distúrbio do crescimento, e Boyer maravilhou-se com a possibilidade de produzir hormônio do crescimento humano, uma proteína para tratar essas deficiências. Ele sabia que conseguiria produzir hormônio do crescimento em seu laboratório usando seu método de costurar genes e inseri-los em células bacterianas, mas isso seria inútil: nenhuma pessoa ajuizada injetaria em um filho um caldo bacteriano cultivado em tubo de ensaio num laboratório científico. Para fabricar um produto médico, Boyer precisava criar um novo tipo de companhia farmacêutica: uma empresa que fabricasse medicamentos com genes.

Três horas e três cervejas depois, Swanson e Boyer haviam chegado a um acordo provisório. Cada um entraria com quinhentos dólares para cobrir os custos jurídicos de montar a companhia. Swanson redigiu um plano de seis páginas. Pediu a seu ex-empregador, a sociedade de investimentos Kleiner Perkins, 500 mil dólares para montar o negócio. A firma deu uma olhada rápida na proposta e cortou o valor para 100 mil. ("É um investimento bastante especulativo, mas estamos no mercado para fazer investimentos altamente especulativos", escreveu Perkins mais tarde em tom de desculpa a um regulador da Califórnia.)

Boyer e Swanson tinham quase todos os ingredientes para uma nova companhia. Faltavam apenas um produto e um nome. O primeiro produto possível, pelo menos, fora óbvio desde o princípio: insulina. Apesar de muitas tentativas de sintetizá-la usando métodos alternativos, a insulina ainda era produzida com entranhas moídas de vacas e porcos, 7 mil quilos de pâncreas para cada quilo do hormônio: um método medieval que era ineficiente, caro e antiquado. Se Boyer e Swanson conseguissem expressar a insulina como uma proteína por meio de manipulação de genes em células, seria uma proeza revolucionária para uma nova companhia. Restava, então, a questão do nome. Boyer rejeitou a sugestão de Swanson, HerBob, achando que soava como nome de salão de cabeleireiro de bairro gay.[9] Em um lampejo inspirador, Boyer sugeriu uma condensação de "Genetic Engineering Techology": Gen-en-tech.

Insulina: a Garbo dos hormônios. Em 1869, um estudante de medicina berlinense, Paul Langerhans, examinara ao microscópio um pâncreas, uma frágil folha de tecido encafuada sob o estômago, e descobrira minúsculas ilhas de células de aparência distinta salpicadas no órgão.[10] Esses arquipélagos celulares foram depois batizados de *ilhotas de Langerhans*, ou ilhotas pancreáticas, mas sua função permaneceu um mistério. Duas décadas depois, os cirurgiões Oskar Minkowski e Josef von Mering fizeram a remoção cirúrgica do pâncreas de um cão para identificar a função do órgão.[11] O cão foi acometido por uma sede implacável e começou a urinar no chão.

Mering e Minkowski ficaram intrigados: por que a remoção de um órgão abdominal precipitara aquela síndrome curiosa? A pista emergiu de uma negligência. Alguns dias depois, um assistente notou que o laboratório enxameava de moscas; elas se aglomeravam nas poças de urina de cachorro que agora estavam congeladas e viscosas como melado.* Mering e Minkowski examinaram a urina e o sangue do cão e constataram que ambos estavam saturados de açúcar. O animal se tornara gravemente diabético. Algum fator sintetizado no pâncreas, eles perceberam, devia regular o açúcar no sangue, e era provável que sua disfunção causasse diabetes. Descobriu-se mais tarde que o fator regulador do açúcar era um hormônio, uma proteína secretada no sangue por aquelas "células em ilhotas" que Langerhans havia identificado. O hormônio foi batizado de isletina e depois de insulina, literalmente "proteína insular".

A identificação da insulina no tecido pancreático acarretou uma corrida para purificá-la, porém foram necessárias mais duas décadas para isolar a proteína extraída de animais. Por fim, em 1921, Banting e Best obtiveram alguns microgramas da substância a partir de dezenas de quilos de pâncreas de vaca.[12] Injetado em crianças diabéticas, o hormônio restaurou com rapidez os níveis

---

* Minkowski não se recorda disso, mas outras pessoas presentes no laboratório escreveram sobre o experimento da urina que parecia melado.

de açúcar no sangue e diminuiu a sede e a quantidade de urina. Entretanto, era dificílimo trabalhar com aquele hormônio: insolúvel, termolábil, temperamental, instável, misterioso — insular. Em 1953, após mais três décadas, Fred Sanger deduziu a sequência de aminoácidos da insulina. Ele descobriu que a proteína compunha-se de duas cadeias, uma maior, outra menor, com ligações químicas cruzadas.[13] Em forma de U, como uma minúscula mão molecular de dedos unidos e um polegar opositor, a proteína tinha o feitio certo para girar as maçanetas e botões de controle que regulavam de modo tão poderoso o metabolismo do açúcar no sangue.

O plano de Boyer para sintetizar a insulina era de uma simplicidade quase cômica. Ele não tinha em mãos o gene para a insulina humana — ninguém tinha. Mas trataria de construí-lo desde o princípio usando a química do DNA, nucleotídeo por nucleotídeo, tripleto por tripleto: ATG, CCC, TCC e assim por diante, do primeiro ao último código tripleto. Ele faria um gene para a cadeia A e outro gene para a cadeia B. Inseriria ambos os genes em bactérias e as induziria a sintetizar as proteínas humanas. Purificaria as duas cadeias de proteínas e então as costuraria quimicamente para obter a molécula em forma de U. Era um plano de criança. Ele construiria a molécula mais fervorosamente buscada da medicina clínica bloco por bloco, com pecinhas de DNA.

Mas até Boyer, intrépido como era, ficou arrepiado com a ideia de partir direto para a insulina. Preferiu um caso de teste mais fácil, um pico mais acessível para escalar antes de se aventurar pelo Everest das moléculas. Concentrou-se em outra proteína, a somatostatina, também ela um hormônio, porém com potencial comercial pequeno. Sua principal vantagem era o tamanho. A insulina tinha intimidantes 51 aminoácidos, 21 numa cadeia, trinta na outra. A somatostatina era sua prima mais sem graça e baixinha, com apenas catorze.

Para sintetizar o gene da somatostatina desde o princípio,[14] Boyer recrutou dois químicos do hospital City of Hope em Los Angeles: Keiichi Itakura e Art Riggs, ambos veteranos da síntese de DNA.* Swanson opusera-se com veemência a todo o plano. Receava que a somatostatina os desviasse do caminho; queria que Boyer se dedicasse diretamente à insulina. A Genentech

---

* Mais tarde foram adicionados outros colaboradores, entre eles Richard Scheller, do Caltech. Boyer trouxe para o projeto dois pesquisadores, Herbert Heyneker e Francisco Bolivar. O City of Hope acrescentou outro químico especialista em DNA, Roberto Crea.

estava vivendo em um espaço alugado com dinheiro emprestado. Um mero arranhão na superfície e se veria que, na verdade, a "companhia farmacêutica" era um cubículo alugado em um prédio de escritórios de San Francisco com um puxadinho num laboratório de microbiologia da UCSF, e que estava prestes a subcontratar dois químicos em outro laboratório para fabricar os genes: uma pirâmide farmacêutica. Ainda assim, Boyer convenceu Swanson a dar uma chance à somatostatina. Contrataram um advogado, Tom Kiley, para negociar os acordos entre a UCSF, a Genentech e o City of Hope. Kiley nunca ouvira falar no termo "biologia molecular", mas sentia-se confiante porque era veterano em representar casos incomuns; antes da Genentech, tivera como cliente a Miss Nude America, uma celebridade do universo nudista.

Também o tempo parecia exíguo para a Genentech. Boyer e Swanson sabiam que dois magos reinantes da genética haviam entrado na corrida para produzir insulina. Em Harvard, Walter Gilbert, o químico especialista em DNA que dividiria o prêmio Nobel com Berg e Sanger, liderava uma formidável equipe de cientistas para sintetizar insulina usando clonagem de gene. E na UCSF, no próprio quintal de Boyer, outra equipe se empenhava na clonagem gênica. "Acho que tínhamos isso em mente na maior parte do tempo [...] quase todos os dias", recordou um dos colaboradores de Boyer. "Eu pensava o tempo todo: iremos ouvir a notícia de que Gilbert conseguiu?"[15]

No verão de 1977, trabalhando freneticamente sob a ansiosa vigilância de Boyer, Riggs e Itakura reuniram todos os reagentes para sintetizar a somatostatina. Os fragmentos gênicos haviam sido criados e inseridos em um plasmídeo bacteriano. As bactérias tinham sido transformadas, cultivadas e preparadas para a produção da proteína. Em junho, Boyer e Swanson foram a Los Angeles para testemunhar o último ato. A equipe reuniu-se de manhã no laboratório de Riggs. Todo mundo se debruçou sobre os detectores moleculares que procuravam a somatostatina nas bactérias. Os contadores acenderam as luzinhas, depois se apagaram. Silêncio. Nem um mísero bipe que indicasse uma proteína funcional.

Swanson ficou arrasado. Na manhã seguinte foi para o pronto-socorro com indigestão aguda. Os cientistas, enquanto isso, recuperaram-se tomando café com *donuts*, esquadrinhando o plano experimental, localizando e reparando falhas. Boyer, que trabalhara com bactérias por décadas, sabia que muitos micróbios digerem suas próprias proteínas. Talvez a somatostatina tivesse sido destruída pelas bactérias — o último recurso de um micróbio para não ser cooptado por geneticistas humanos. A solução, ele concluiu, seria adicionar mais um truque à coleção: prender o gene da somatostatina a outro gene bacteriano para obter uma proteína conjunta, depois separar a somatostatina. Era um logro genético: as bactérias pensariam que estavam produzindo uma proteína bacteriana, mas acabariam (inocentemente) secretando uma proteína humana.

Foram necessários mais três meses para montar o gene que se prestaria a esse engodo do gene bacteriano que serviria de cavalo de Troia para a somatostatina. Em agosto de 1977, a equipe tornou a reunir-se no laboratório de Riggs. Swanson observava nervoso os monitores, e por um momento virou o rosto. Os detectores de proteína crepitaram de novo ao fundo. Itakura recordou: "Tínhamos umas dez, talvez quinze amostras. E então olhamos o relatório impresso do radioimunoensaio e lá estava, clara, a indicação de que o gene estava expresso". Ele anunciou a Swanson: "A somatostatina está aqui".

Os cientistas da Genentech mal puderam parar para celebrar o sucesso do experimento com a somatostatina. Uma noite, uma nova proteína humana; na manhã seguinte, os cientistas já haviam se reagrupado e feito planos para atacar a insulina. A competição era feroz, e os rumores, profusos: pelo visto, a equipe de Gilbert havia clonado o gene humano nativo a partir de células humanas e se preparava para produzir tonéis da proteína. Ou os concorrentes da UCSF haviam sintetizado alguns microgramas de proteína e estavam planejando injetar o hormônio humano em pacientes. Talvez a somatostatina tivesse mesmo sido um desvio do caminho. Swanson e Boyer suspeitavam, arrependidos, que haviam entrado pelo atalho errado e ficado para trás na corrida da insulina. Swanson, dispéptico mesmo nos bons momentos, estava à beira de outra crise de ansiedade e indigestão.

Por ironia, foi Asilomar, o congresso que Boyer tanto criticara, que veio em socorro da equipe. Como a maioria dos laboratórios universitários custeados com verbas federais, o laboratório de Gilbert em Harvard tinha de respeitar as restrições de Asilomar para o DNA recombinante. As restrições eram rigorosas sobretudo porque Gilbert estava tentando isolar o gene humano "natural" e cloná-lo em células bacterianas. Em contraste, Riggs e Itakura, baseados nos resultados com a somatostatina, decidiram usar uma versão quimicamente sintetizada do gene da insulina, construindo nucleotídeo por nucleotídeo desde o princípio. Um gene sintético — DNA criado como uma substância química pura — inseria-se na zona cinzenta da linguagem de Asilomar e era relativamente isento daquelas restrições. Por sua vez, a Genentech, sendo uma empresa financiada com recursos privados, era relativamente isenta de obedecer às diretrizes federais.* Essa combinação de fatores revelou-se uma vantagem crucial para a companhia. Como recordou um funcionário,

> Gilbert, como fazia há tanto tempo, estava andando por uma câmara de compressão, molhando os sapatos em formaldeído para chegar ao compartimento onde era obrigado a fazer seus experimentos. Na Genentech, estávamos simplesmente sintetizando DNA e grudando em bactérias, nada que exigisse obedecer às diretrizes dos INS.[16]

No mundo da genética pós-Asilomar, "ser natural" tornara-se uma desvantagem.

A "sede" da Genentech, seu ambicioso cubículo em San Francisco, já não era adequada. Swanson começou a vasculhar a cidade em busca de um espaço para o laboratório da sua companhia recém-nascida. Em meados de 1978, depois de procurar por todo canto na área da baía de San Francisco, ele encontrou um lugar conveniente. Ficava a alguns quilômetros ao sul de San Francisco, em um flanco de colina castanho crestado pelo sol. Chamava-se Industrial City, embora não tivesse nada de industrial nem de cidade. O laboratório da Genentech ocupava novecentos metros quadrados de um galpão no número 460 do Point San Bruno Boulevard, tendo como vizinhos de bairro silos de

---

* A estratégia da Genentech para sintetizar a insulina também foi crucial para sua relativa isenção dos protocolos de Asilomar. No pâncreas humano, a insulina normalmente é sintetizada como uma proteína única, contínua, e então cortada em duas partes, deixando apenas uma estreita ligação cruzada. Em contraste, a Genentech escolhera sintetizar as duas cadeias da insulina, A e B, como proteínas individuais separadas e depois ligá-las uma à outra. Como as duas cadeias separadas usadas pela Genentech não eram genes "naturais", a síntese não se enquadrava na moratória federal que restringia a criação de DNA recombinante com genes "naturais".

armazenagem, depósitos de lixo e hangares de carga de aeroporto.[17] Na metade dos fundos do galpão funcionava o depósito de uma distribuidora de vídeos pornô. "A gente saía da Genentech pela porta de trás e dava de cara com prateleiras cheias daqueles filmes", recordou um dos primeiros recrutas.[18] Boyer contratou cientistas adicionais, alguns deles recém-formados na graduação, e começou a instalar equipamentos. Foram construídas paredes para dividir o local espaçoso. Improvisaram um laboratório temporário pendurando uma lona preta em parte do telhado. A primeira "fermentadora" para cultivar galões de lodo microbiano — um barril de cerveja chique — chegou naquele ano. David Goeddel, o terceiro empregado da companhia, andava pelo galpão de tênis e camiseta preta estampada com os dizeres CLONAR OU MORRER.

Mas não havia nenhuma insulina humana à vista. Em Boston, Swanson sabia, Gilbert literalmente intensificara seus esforços de guerra. Farto das restrições sobre o DNA recombinante em Harvard (nas ruas de Cambridge, jovens manifestantes carregavam cartazes contra a clonagem de genes), Gilbert conseguira acesso a uma instalação de alta segurança para guerra biológica na Inglaterra, e para lá enviara uma equipe formada por seus melhores cientistas. As condições nas instalações militares eram de um rigor absurdo. "Era preciso trocar toda a roupa, tomar ducha na entrada, tomar ducha na saída, ter à mão a máscara contra gases para que, se tocasse o alarme, a gente pudesse esterilizar o laboratório inteiro", contou Gilbert.[19] Por sua vez, a equipe da UCSF enviou um estudante a um laboratório farmacêutico em Estrasburgo, França, na esperança de criar insulina naquela instalação francesa em boas condições de segurança.

O grupo de Gilbert oscilava no limiar do sucesso. Em meados de 1978, Boyer ficou sabendo que a equipe de Gilbert estava prestes a anunciar que conseguira isolar o gene da insulina humano.[20] Swanson preparou-se para outro colapso: seu terceiro. Para seu imenso alívio, o gene que Gilbert clonara não era de insulina humana, mas *de rato* — um contaminante que, sabe-se lá como, havia maculado o equipamento de clonagem esterilizado com tanto cuidado. A clonagem facilitava transpor barreiras entre espécies, porém a mesma brecha permitia que um gene de uma espécie pudesse contaminar outra em uma reação bioquímica.

No estreito hiato de tempo entre a mudança de Gilbert para a Inglaterra e a equivocada clonagem de insulina de rato, a Genentech avançava. Era uma fábula invertida: um Golias acadêmico contra um Davi farmacêutico, o primeiro pesadão, poderoso, estorvado por seu tamanho, o segundo ágil, flexível, hábil em contornar as regras. Em maio de 1978, a equipe da Genentech já havia sintetizado as duas cadeias de insulina em bactérias. Em julho, os cientistas haviam purificado as proteínas extraindo os detritos bacterianos. No começo de agosto, removeram as proteínas bacterianas anexadas e isolaram as duas cadeias individuais. Em 21 de agosto de 1978, noite alta, Goeddel uniu as cadeias de proteína em um tubo de ensaio e criou as primeiras moléculas de insulina recombinante.[21]

Em setembro de 1978, duas semanas depois de Goeddel ter criado insulina em um tubo de ensaio, a Genentech requereu patente para a insulina. Logo de saída a companhia enfrentou uma série inédita de dificuldades legais. Desde 1952, a Lei de Patentes dos Estados Unidos especificava que as patentes podiam ser concedidas a quatro categorias de invenção: métodos, máquinas, materiais manufaturados e composições de matéria — os "quatro emes", como os advogados apelidaram essas categorias. Mas como inserir a insulina nessa lista? Era um "material manufaturado", mas quase todo corpo humano podia, é claro, fabricá-la sem a ajuda da Genentech. Era uma "composição de matéria", mas também, sem dúvida alguma, um produto natural. Por que patentear a insulina, a proteína ou seu gene, seria diferente de patentear qualquer outra parte do corpo humano, por exemplo, o nariz ou o colesterol?

O modo como a Genentech lidou com esse problema foi engenhoso e nada intuitivo. Em vez de patentear a insulina como "matéria" ou "manufatura", a empresa, de maneira audaciosa, concentrou seus esforços em uma variação de "método". Seu requerimento pedia uma patente para um "veículo de DNA" empregado em transportar um gene para uma célula bacteriana e, com isso, produzir uma proteína recombinante em um microrganismo. Era uma solicitação tão inédita — ninguém jamais produzira uma proteína humana recombinante em uma célula para uso medicinal — que a ousadia compensou. Em 26 de outubro de 1982, o Departamento de Patentes e Marcas Registradas dos Estados Unidos concedeu uma patente à Genentech para o uso de DNA recombinante para produzir uma proteína como a insulina ou a somatostatina em um organismo microbiano.[22] Como escreveu um observador, "na verdade, a patente reivindicava direitos, como uma invenção, [a todos os] microrganismos geneticamente modificados".[23] A patente da Genentech logo se tornaria uma das mais lucrativas e mais ferozmente contestadas patentes da história da tecnologia.

A insulina foi um marco da indústria da biotecnologia e um fármaco de faturamento colossal para a Genentech. O fato digno de nota, porém, é que não foi o medicamento que catapultou a tecnologia da clonagem de genes para a linha de frente da imaginação do público.

Em abril de 1982, Ken Horne, um bailarino de San Francisco, procurou um dermatologista queixando-se de um inexplicável conjunto de sintomas. Horne sentia-se fraco fazia meses e tinha tosse. Sofria acessos intratáveis de diarreia, perdera tanto peso que tinha as faces encovadas e os músculos do pescoço salientes como alças de couro. Seus linfonodos estavam inchados. E agora — ele levantou a camisa para mostrar — umas saliências reticuladas apareciam em sua pele, roxas ainda por cima, como colmeias de um desenho animado macabro.

O caso de Horne não era único. Entre maio e agosto de 1982, com uma onda de calor assolando as regiões litorâneas, casos médicos bizarros como esse foram relatados em San Francisco, Nova York e Los Angeles. No Centro de Controle de Doenças de Atlanta, um técnico recebeu nove solicitações para aviar receitas de pentamidina, um antibiótico incomum reservado ao tratamento de pneumocistose. Tais prescrições eram incompreensíveis: a pneumocistose era uma infecção rara que em geral acometia pacientes de câncer com o sistema imunológico gravemente comprometido, mas aquelas solicitações eram para homens jovens, antes em excelente estado de saúde, cujo sistema imunológico fora, de súbito, lançado em um colapso inexplicável e catastrófico.

Nesse meio-tempo, Horne fora diagnosticado com sarcoma de Kaposi, um tumor de pele indolente encontrado em homens idosos no Mediterrâneo. Mas o caso de Horne, assim como outros nove relatados nos quatro meses seguintes, não se assemelhava aos tumores de crescimento lento descritos antes na literatura científica como característicos do sarcoma de Kaposi. Agora eram cânceres agressivos e fulminantes que se alastravam depressa pela pele e pulmões e pareciam ter predileção por homens homossexuais que viviam em Nova York e San Francisco. O caso de Horne intrigou os especialistas médicos, pois agora, como se quisesse cruzar enigmas uns com os outros, ele também contraíra pneumocistose e meningite. Em fins de agosto, estava claro que um desastre epidemiológico aparecera de supetão. Os médicos notaram a preponderância de homens homossexuais entre os doentes e começaram a chamar a doença de imunodeficiência relacionada à homossexualidade [*gay-related immune deficiency* (GRID)]. Muitos jornais, em tom acusador, apelidaram o mal de "peste gay".[24]

Em setembro, a falácia desse termo já era evidente: agora sintomas de colapso imunológico, incluindo pneumocistose e estranhas variantes de meningite, começavam a aparecer em três pacientes com hemofilia A. Lembremos que a hemofilia era a doença hemorrágica da família real inglesa, causada por uma única mutação no gene relacionado a um fator crucial da coagulação sanguínea chamado fator VIII. Por séculos, os doentes de hemofilia viveram com o temor constante de uma crise hemorrágica; um arranhãozinho na pele podia avultar para um desastre. No entanto, em meados dos anos 1970 os hemofílicos estavam sendo tratados com injeções de fator VIII concentrado. Destilada de milhares de litros de sangue humano, uma única dose desse fator coagulante equivalia a uma centena de transfusões de sangue. Assim, de modo geral, um paciente com hemofilia era exposto à essência condensada do sangue de milhares de doadores. O surgimento do misterioso colapso imunológico entre pacientes com múltiplas transfusões de sangue relacionou a causa da doença a um fator transmitido pelo sangue que havia contaminado o estoque de fator VIII — talvez um novo vírus. A síndrome foi rebatizada como síndrome da imunodeficiência adquirida [*acquired immunodeficiency syndrome* (AIDS)].

Em meados de 1983, no contexto dos primeiros casos de aids, Dave Goeddel, da Genentech, começou a se concentrar na clonagem do gene para o fator VIII. Como no caso da insulina, a lógica por trás do esforço da clonagem era evidente: em vez de purificar o fator de coagulação faltante a partir de litros de sangue humano, por que não criar a proteína artificialmente, recorrendo à clonagem de gene? Se fosse possível produzir o fator VIII com métodos de clonagem gênica, o produto seria praticamente livre de contaminantes humanos, portanto em essência mais seguro do que qualquer proteína derivada do sangue. Ondas de infecções e mortes de hemofílicos poderiam ser prevenidas. Eis que ganhava vida o velho lema da camiseta de Goeddel: "Clonar ou morrer".

Goeddel e Boyer não eram os únicos geneticistas que cogitavam em clonar o fator VIII. Assim como na clonagem da insulina, o esforço evoluíra para uma corrida, dessa vez com competidores diferentes. Em Cambridge, Massachusetts, uma equipe de pesquisadores de Harvard, chefiada por Tom Maniatis e Mark Ptashne, também corria atrás do gene do fator VIII em uma companhia fundada por eles chamada Genetics Institute, ou GI. O projeto do fator VIII, ambas as equipes sabiam, desafiaria os limites da tecnologia de clonagem de genes. A somatostatina possuía catorze aminoácidos, a insulina, 51. O fator VIII tinha 2350. Da somatostatina para o fator VIII dava-se um salto de 160 vezes — quase proporcional à diferença entre as distâncias do primeiro voo circular de Wilbur Wright em Kitty Hawk e da travessia do Atlântico por Lindbergh.

O salto de tamanho não era apenas uma barreira quantitativa; para serem bem-sucedidos, os cientistas teriam de usar novas tecnologias de clonagem. Os genes da somatostatina e insulina haviam sido criados do zero costurando bases de DNA umas às outras — A adicionada quimicamente a G e C etc. Mas o gene do fator VIII era grande demais para ser criado usando a química do DNA. Para isolar o gene do fator VIII, a Genentech e a GI precisariam extrair o gene nativo de células humanas, enrolando-o como quem arranca uma minhoca do solo.

Só que a "minhoca" não iria sair do genoma com facilidade, tampouco intacta. Lembremos que, no genoma humano, a maioria dos genes é interrompida por trechos de DNA chamados íntrons, que são como recheios truncados situados entre partes de uma mensagem. Em vez da palavra "genoma", o gene aparece como *gen.........om......a*. Os íntrons de genes humanos em geral são enormes e se estendem por vastas extensões do DNA, o que torna quase impossível a clonagem direta de um gene (o gene que contém íntrons é longo demais para caber em um plasmídeo bacteriano).

Maniatis encontrou uma solução engenhosa: ele fora pioneiro da tecnologia para construir genes a partir de gabaritos de RNA por meio da transcriptase reversa, a enzima capaz de construir DNA a partir de RNA. O uso da transcriptase reversa tornava a clonagem de genes muitíssimo mais eficiente. A transcriptase reversa permitia clonar um gene *depois* de as sequências intervenientes terem sido removidas pelo aparelho de splicing celular. A célula fazia todo o trabalho; até genes longos, difíceis de manejar, interrompidos por íntrons como o do fator VIII seriam processados pelo aparelho de splicing gênico da célula e, assim, poderiam ser clonados a partir de células.

Em meados de 1983, usando todas as tecnologias disponíveis, as duas equipes haviam conseguido clonar o gene do fator VIII. Começou então uma corrida frenética para o desfecho. Em dezembro de 1983, ainda ombro a ombro, ambos os grupos anunciaram que tinham montado a sequência inteira e inserido o gene em um plasmídeo. Em seguida, o plasmídeo fora introduzido em células derivadas de ovário de hamster, célebres por sua capacidade de sintetizar grandes quantidades de proteína. Em janeiro de 1984, as primeiras cargas de fator VIII começaram a aparecer no fluido da cultura de tecido. Em abril, dois anos depois que os primeiros agrupamentos de casos de aids tinham sido relatados nos Estados Unidos, a Genentech e a GI anunciaram que haviam purificado o fator VIII recombinante em tubo de ensaio — um fator da coagulação do sangue não maculado por sangue humano.[25]

Em março de 1987, o hematologista Gilbert White realizou o primeiro teste clínico do fator VIII recombinante derivado de célula de hamster no Centro de Trombose da Carolina do Norte. O primeiro paciente tratado seria G. M., um hemofílico de 42 anos. Enquanto as primeiras gotas do líquido intravenoso penetravam nas veias do paciente, White rondava o leito de G. M., atento para as reações à substância. Decorridos alguns minutos do processo da transfusão, G. M. parou de falar. Seus olhos fecharam-se, o queixo repousou no peito. "Fale comigo", exortou White. Não houve resposta. White estava prestes a dar o alerta médico quando G. M. se virou, imitou o som de um hamster e caiu na gargalhada.

A notícia do tratamento bem-sucedido de G. M. espalhou-se pela desesperada comunidade dos hemofílicos. A aids em hemofílicos vinha sendo uma catástrofe por cima de um cataclismo. Em contraste com os homossexuais, que haviam organizado com rapidez uma desafiadora resposta conjunta à epidemia — boicote a saunas e clubes, propaganda do sexo seguro, campanha pelo uso de preservativo —, os hemofílicos viram a sombra da doença avançar com um horror entorpecido: eles não podiam boicotar o sangue. Entre abril de 1984 e março de 1985, enquanto o primeiro teste para sangue contaminado por vírus não foi liberado pela Food and Drug Administration (FDA), cada paciente hemofílico admitido em um hospital defrontou-se com a terrível escolha entre morrer de hemorragia ou ser infectado por um vírus fatal. A taxa de infecção entre hemofílicos durante esse período foi estarrecedora: dos portadores da variante grave da doença, 90% contrairiam o vírus HIV por meio de sangue contaminado.[26]

O fator VIII recombinante chegou tarde demais para salvar a vida da maioria daqueles homens e mulheres. Quase todos os hemofílicos infectados pelo HIV da coorte inicial morreriam por complicações da aids. Apesar disso, a produção de fator VIII a partir de seu gene conquistou um importante território conceitual, ainda que maculada por uma singular ironia. Os temores de Asilomar tinham sido invertidos por completo. No fim das contas, um patógeno "natural" causara devastação em populações humanas. E o estranho artifício da clonagem de gene — inserir genes humanos em bactérias e então fabricar proteínas em células de hamster — emergira como o modo talvez mais seguro de criar um produto médico para uso humano.

É tentador escrever a história da tecnologia com base em produtos: a roda, o microscópio, o avião, a internet. Mais esclarecedor, porém, é escrever a história da tecnologia com base em transições: do movimento linear ao circular, do espaço visual ao subvisual, do movimento em terra ao movimento no ar, da conectividade física à virtual.

A produção de proteínas a partir de DNA recombinante representou uma dessas transições cruciais na história da tecnologia médica. Para compreender o impacto dessa transição — do gene ao medicamento —, precisamos entender a história das substâncias químicas medicinais. Em essência, uma substância química medicinal nada mais é do que uma molécula que possibilita uma mudança terapêutica na fisiologia humana. Medicamentos podem ser substâncias simples — a água, no contexto certo e na dose adequada, é um remédio potente — ou podem ser moléculas complexas, multidimensionais, multifacetadas. São também de uma raridade espantosa. Embora pareça que existem milhares de fármacos para uso humano (só a aspirina tem dezenas de variantes), o número de *reações* moleculares visadas por essas substâncias é uma minúscula fração do número total de reações. Dos vários milhões de variantes de moléculas biológicas do corpo humano (enzimas, receptores, hormônios etc.), em termos terapêuticos apenas cerca de 250 — 0,025% — são moduladas por nossa farmacopeia atual.[27] Se visualizarmos a fisiologia humana como uma imensa rede telefônica global com nodos e redes interagentes, a química medicinal de que dispomos hoje abrangeria apenas uma ínfima fração de sua complexidade: a química medicinal seria um técnico da companhia telefônica no alto de um poste mexendo em algumas linhas de um trecho da rede de um remoto vilarejo da Conchinchina.

A penúria de medicamentos tem uma razão principal: a especificidade. Quase todos os fármacos funcionam ligando-se ao seu alvo para ativá-lo ou desativá-lo, ligando ou desligando comutadores moleculares. Para ser útil, um remédio tem de ligar-se a comutadores, mas apenas a um conjunto selecionado de comutadores; uma substância que não discrimina não é diferente de um veneno. A maioria das moléculas mal consegue atingir esse nível de discriminação, mas as proteínas foram projetadas explicitamente para esse propósito. As proteínas, vale lembrar, são os eixos do mundo biológico. Capacitam e incapacitam, são as maquinadoras, as reguladoras, as porteiras, as operadoras das reações celulares. Elas *são* os comutadores que a maioria dos fármacos busca para executar as tarefas de ligar e desligar.

Portanto, as proteínas têm qualidades para ser alguns dos mais potentes e mais discriminativos medicamentos do mundo farmacológico. Entretanto, para produzir uma proteína, é preciso seu gene; foi aqui que a tecnologia do DNA recombinante forneceu o degrau crucial que faltava. A clonagem de genes humanos permitiu que cientistas manufaturassem proteínas, e a síntese de proteínas trouxe a possibilidade de tomar como alvo os milhões de reações bioquímicas no corpo humano. Proteínas possibilitaram aos químicos intervir em aspectos antes impenetráveis da nossa fisiologia. O uso de DNA recombinante para produzir proteínas marcou, pois, uma transição não apenas entre um gene e um medicamento, mas entre genes e um novo universo farmacológico.

Em 14 de outubro de 1980, a Genentech vendeu 1 milhão de suas ações ao público, registrando-se na Bolsa de Valores, de maneira provocativa, com a marca GENE.[28] Essa venda inicial seria uma das mais impressionantes estreias de uma companhia de tecnologia na história de Wall Street: em poucas horas, a companhia levantou 35 milhões de dólares em capital. A essa altura, a gigante farmacêutica Eli Lilly adquirira a licença para produzir e vender a insulina recombinante — chamada de *Humulina*, para distingui-la da insulina de vaca e porco — e estava expandindo seu mercado com muita rapidez. As vendas subiram de 8 milhões de dólares em 1983 para 90 milhões em 1996 e 700 milhões em 1998. Swanson — um sujeito baixinho e atarracado de 36 anos com bochechas de esquilo, como descreveu a revista *Esquire* — era agora multimilionário, assim como Boyer. Um pós-graduando que não quis se desfazer de algumas ações quase sem valor para ajudar a clonar o gene da somatostatina durante o verão de 1977 acordou um belo dia e descobriu que era um novo-rico.

Em 1982, a Genentech começou a produzir hormônio do crescimento humano (HGH), usado para tratar certas variantes do nanismo. Em 1986, biólogos da companhia clonaram o interferon alfa, uma potente proteína imunológica usada para tratar cânceres do sangue. Em 1987 a Genentech produziu TPA recombinante, um afinador do sangue para dissolver os coágulos que ocorrem durante um acidente vascular ou ataque cardíaco. Em 1990, a empresa passou a empenhar-se na criação de vacinas a partir de genes recombinantes, começando por uma vacina contra hepatite B. Em dezembro de 1990, a Roche Pharmaceuticals tornou-se sócia majoritária da Genentech por 2,1 bilhões de dólares. Swanson abriu mão do cargo de diretor-geral executivo. Boyer deixou a vice-presidência em 1991.

Em meados de 2001, a Genentech expandiu suas instalações e tornou-se o maior complexo de pesquisas em biotecnologia do mundo: uma vasta área de prédios envidraçados, gramados ondulantes onde estudantes pesquisadores jogam *frisbee*, na prática indistinguível de qualquer campus universitário.[29] No centro do imenso complexo reina uma modesta estátua de bronze de um homem de terno gesticulando para um cientista de calça jeans boca de sino e colete de couro do outro lado de uma mesa. O homem tem o corpo inclinado para a frente, enquanto o geneticista, absorto, olha ao longe por cima do ombro do interlocutor.

Swanson, infelizmente, não esteve presente na inauguração da estátua que celebra seu primeiro encontro com Boyer. Em 1999, aos 52 anos, foi diagnosticado com glioblastoma multiforme, um tumor cerebral. Morreu em 6 de dezembro de 1999, em sua casa em Hillsborough, a alguns quilômetros do campus da Genentech.

PARTE 4

"O ESTUDO APROPRIADO À HUMANIDADE
É O HOMEM"
Genética humana
(1970-2005)

Know then thyself, presume not God to scan;
The proper study of mankind is man.*
                    Alexander Pope, *Essay on Man*[1]

How beauteous mankind is! O brave new world,
That has such people in't!**
         William Shakespeare, *A tempestade*, ato 5, cena 1

---

* "Conhece, pois, a ti mesmo,/ não presumas um Deus para investigar;/ O estudo apropriado à humanidade é o homem." (N. T.)
** "Que formosa é a humanidade! Ó admirável mundo novo,/ Que tem pessoas assim!" (N. T.)

21. Os tormentos de meu pai

> ALBANY: *How have you known the miseries of your father?*
> EDGAR: *By nursing them, my lord.**
>
> William Shakespeare, *Rei Lear*, ato 5, cena 3[1]

Na primavera de 2014, meu pai sofreu uma queda. Estava sentado na sua cadeira de balanço favorita — uma geringonça hedionda e precária que ele encomendou a um carpinteiro do bairro — quando ela se inclinou demais e ele caiu (o carpinteiro tinha inventado um mecanismo para fazer a cadeira balançar, mas se esquecera de adicionar um mecanismo para frear um balanço excessivo). Minha mãe o encontrou de borco na varanda, a mão presa sob o corpo em uma posição antinatural, como uma asa partida. Seu ombro direito estava ensanguentado. Ela não conseguiu tirar a camisa dele por cima da cabeça, por isso cortou-a com uma tesoura enquanto ele gritava de dor, pelo ferimento e pela agonia ainda maior de ter uma peça de roupa intacta retalhada

---

* "DUQUE DE ALBANY: Como soubestes das desgraças de teu pai?/ EDGAR: Cuidando delas, meu senhor." (N. T.)

bem diante dos seus olhos. "Você bem que podia ter tentado salvá-la", resmungou ele depois, no caminho para o pronto-socorro. Era uma briga imemorial: *a mãe dele*, que numa época não tivera cinco camisas para seus cinco meninos, teria dado um jeito de poupá-la. Você pode tirar um homem da Partição, mas não tirar a Partição do homem.

Ele sofrera um corte profundo na testa e fratura no ombro direito. Era, como eu, um paciente terrível: impulsivo, desconfiado, descuidado, nervoso quando confinado e iludido quanto à sua recuperação. Peguei um avião para a Índia e fui visitá-lo. Quando cheguei do aeroporto, era noite alta. Ele, deitado na cama, fitava o teto com a expressão vazia. Parecia ter envelhecido de repente. Perguntei-lhe se sabia que dia era.

"Vinte e quatro de abril", respondeu corretamente.

"De que ano?"

"Mil novecentos e quarenta e seis", disse, e depois se corrigiu, forçando a memória: "Dois mil e seis?".

Era uma recordação fugaz. Eu disse que estávamos em 2014. Mil novecentos e quarenta e seis, pensei comigo, tinha sido outra temporada de catástrofe: o ano em que Rajesh morreu.

Os dias foram passando, e minha mãe cuidou dele até a recuperação. Sua lucidez refluiu e parte de sua memória de longo prazo retornou, mas a memória de curto prazo continuava bastante prejudicada. Concluímos que o acidente na cadeira de balanço não fora tão simples quanto parecia. Ele não tinha tombado por causa de uma inclinação excessiva do balanço; ao tentar se levantar da cadeira, perdera o equilíbrio, e seu corpo, descontrolado, se arremessara para a frente. Pedi a ele que andasse pela sala e notei que arrastava um pouco os pés. Seus movimentos tinham um jeito meio robótico, constrangido, como se os pés fossem feitos de ferro e o chão fosse um ímã. "Faça meia-volta depressa", pedi, e ele quase caiu de novo para a frente.

Naquela noite aconteceu-lhe outra humilhação: ele urinou na cama. Encontrei-o no banheiro, confuso e envergonhado, de cueca nas mãos. Na Bíblia, os descendentes de Cam são amaldiçoados porque ele depara com seu pai, Noé, bêbado e nu, com a genitália exposta, deitado em um campo na penumbra do amanhecer. Na versão moderna dessa história, um homem encontra seu pai, demente e nu, na penumbra do banheiro de hóspedes e vê num clarão a maldição de seu próprio futuro.

A incontinência urinária já vinha ocorrendo fazia algum tempo, fiquei sabendo. Começara com uma sensação de urgência, a incapacidade de reter a urina quando a bexiga estava ainda semicheia, e progredira para a incontinência noturna. Meu pai tinha mencionado isso para os médicos, mas eles não deram importância, atribuindo o problema, de maneira vaga, a um inchaço da próstata. É coisa da idade, disseram. Ele tinha 82 anos. Velhos caem. Perdem a memória. Molham a cama.

O diagnóstico unificado nos chegou num lampejo de vergonha na semana seguinte, quando ele foi submetido a uma ressonância magnética do cérebro. Os ventrículos cerebrais, que banham o cérebro em líquido, estavam inchados e dilatados, e o tecido cerebral havia sido empurrado em direção às bordas. Essa doença é chamada de hidrocefalia de pressão normal (conhecida pela sigla NPH). Supõe-se que a causa seja um fluxo anormal de líquido pelo cérebro, causando um aumento dos ventrículos — como se fosse uma "hipertensão do cérebro", disseram os neurologistas. A NPH caracteriza-se por uma inexplicável tríade clássica de sintomas: andar instável, incontinência urinária e demência. Meu pai não tinha caído por acidente. Estava doente.

Nos meses seguintes, aprendi tudo o que me foi possível sobre a doença. Não há causa conhecida. É encontrada em famílias. Uma variante da doença é geneticamente ligada ao cromossomo X, com predominância desproporcional em homens. Em algumas famílias, ocorre em homens ainda na casa dos vinte ou trinta anos. Em outras, apenas os idosos são afetados. Em algumas, o padrão hereditário é forte. Em outras, apenas um ou outro membro da família tem a doença. Os casos de doença familiar em que foram documentados os pacientes mais jovens são de crianças de quatro ou cinco anos. Os pacientes mais idosos são septuagenários ou octogenários.

Resumindo, é muito provável que se trate de uma doença genética, embora não "genética" no mesmo sentido da anemia falciforme ou da hemofilia. Nenhum gene sozinho governa a suscetibilidade a essa doença bizarra. Vários genes, distribuídos por vários cromossomos, especificam a formação dos aquedutos no cérebro durante o desenvolvimento — assim como vários genes, distribuídos por vários cromossomos, especificam a formação das asas na mosca-das-frutas. Alguns desses genes, aprendi, governam as configurações anatômicas dos dutos e vasos dos ventrículos (como analogia, pense em como genes de "formação de padrão" podem especificar órgãos e estruturas em moscas). Outros codificam os canais moleculares que transmitem líquido entre os compartimentos. Outros ainda codificam proteínas que regulam a absorção de líquido do cérebro pelo sangue ou vice-versa. E como o cérebro e seus dutos crescem na cavidade fixa do crânio, os genes que determinam o tamanho e a forma do crânio também afetam de maneira indireta as proporções dos canais e dutos.

Variações em qualquer um desses genes podem alterar a fisiologia dos aquedutos e ventrículos, mudando a maneira como o líquido passa pelos canais. Influências ambientais, como envelhecimento ou trauma cerebral, interpõem camadas adicionais de complexidade. Não há um mapeamento biunívoco, um gene-uma doença. Mesmo que você herde todo o conjunto de genes que causa a NPH em uma pessoa, talvez ainda seja preciso um acidente ou um gatilho ambiental que a "libere" (no caso de meu pai, é muito provável que o gatilho tenha sido a idade). Se herdar uma combinação específica de genes — digamos, os genes que especificam uma dada taxa de absorção de líquido junto com os que especificam um dado tamanho dos aquedutos —, você pode ter um risco maior de sucumbir à doença. A NPH é um barco de Delfos: determinada não por um gene, mas pela relação entre os genes e entre os genes e o ambiente.

"Como um organismo transmite a seu embrião as informações necessárias para criar forma e função?", indagou Aristóteles. A resposta a essa questão, vista através de organismos modelo como as ervilhas, a mosca-das-frutas e o fungo *Neurospora crassa*, inaugurou a disciplina da genética moderna. Ela resultou, por fim, no diagrama de enorme influência que é a base da nossa compreensão sobre o fluxo de informações em sistemas vivos:

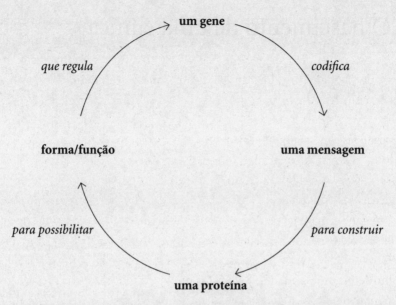

Mas a doença de meu pai oferece mais uma lente através da qual podemos ver como informações hereditárias influenciam a forma, a função e o destino de um organismo. A queda de meu pai foi consequência de seus genes? Sim e não. Seus genes criaram uma propensão a um resultado, porém não o resultado em si. Foi produto de seu ambiente? Sim e não. Afinal de contas, a cadeira tinha virado; no entanto, ele havia sentado nela sem problemas por quase uma década antes que uma doença o fizesse cair. Foi um acaso? Sim: quem sabia que certos móveis, se movidos em certos ângulos, são fadados a propelir a pessoa para a frente? Foi um acidente? Sim, mas a instabilidade física de meu pai praticamente garantiu a queda.

O desafio da genética ao passar de organismos simples para o organismo humano era confrontar novos modos de pensar sobre a natureza da hereditariedade, do fluxo de informações, função e destino. Como genes se encontram com o ambiente ocasionando a normalidade ou a doença? Aliás, o que é normalidade e o que é doença? Como as variações em genes causam variações na forma e função dos seres humanos? Como vários genes influenciam um único resultado? Como pode existir tanta uniformidade entre os seres humanos e, no entanto, também tanta diversidade? Como as variantes em genes podem sustentar uma fisiologia comum, mas também produzir patologias únicas?

22. O nascimento de uma clínica

Parto da premissa de que toda doença humana é genética.
Paul Berg[1]

Em 1962, alguns meses depois que o "código tripleto" do DNA foi decifrado por Nirenberg e seus colegas em Bethesda, o *New York Times* publicou um artigo sobre o explosivo futuro da genética humana.[2] Agora que o código havia sido "decifrado", projetou o *Times*, os genes humanos se tornariam suscetíveis de intervenção.

> Pode-se afirmar com certeza que algumas das "bombas" biológicas que talvez não tardem a explodir como resultado [do deciframento do código genético] rivalizarão até com a variedade atômica em seu significado para a humanidade. Algumas delas, é provável, serão: determinar a base do pensamento [...] criar remédios para males hoje incuráveis, como câncer e muitas das trágicas doenças hereditárias.
>
> A falta de entusiasmo dos céticos, porém, pode ser perdoada; a "bomba" biológica da genética humana até então detonara com uma debilidade de traque

pirotécnico. O espantoso arranco de crescimento da genética molecular entre 1943 e 1962 — do experimento de Avery à solução da estrutura do DNA e ao mecanismo de regulação e reparo dos genes — havia produzido uma visão mecanicista progressivamente detalhada do gene. Este, no entanto, mal havia tocado no mundo humano. Por um lado, os eugenistas nazistas tinham crestado de modo tão decisivo a terra da genética humana que a disciplina fora destituída de legitimidade e rigor científico. Por outro, sistemas de modelo mais simples — bactérias, moscas, vermes — tinham se revelado muito mais acessíveis a estudos experimentais do que o ser humano. Quando Thomas Morgan foi a Estocolmo em 1934 para receber o prêmio Nobel por suas contribuições à genética, fez questão de menosprezar a relevância de seu trabalho para a medicina. "A contribuição mais importante que a genética fez à medicina, na minha opinião, é intelectual", escreveu.[3] A palavra "intelectual" não tencionava ser um elogio, e sim um insulto. Era provável que a genética não tivesse sequer um impacto marginal sobre a saúde humana num futuro próximo, ressaltou Morgan. A ideia de que um médico "pode querer consultar seus colegas geneticistas para pedir sua opinião", como ilustrou Morgan, parecia uma fantasia tola e mirabolante.

No entanto, a entrada, ou melhor, a reentrada da genética no mundo humano *decorreu* de necessidade médica. Em 1947, Victor McKusick, um jovem internista da Universidade Johns Hopkins em Baltimore, atendeu um paciente adolescente com manchas nos lábios e na língua e vários pólipos internos. McKusick ficou intrigado com aqueles sintomas.[4] Outros membros da família do rapaz também sofriam com sintomas parecidos, e casos de famílias com características semelhantes haviam sido publicados na literatura médica. McKusick descreveu o caso no *New England Journal of Medicine* e afirmou que aqueles sintomas à primeira vista difusos — manchas na língua, pólipos, obstrução intestinal e câncer — eram, todos, ocasionados por uma mutação em um único gene.[5]

Esse caso examinado por McKusick — depois classificado como síndrome de Peutz-Jeghers, o nome do primeiro clínico que a descreveu — despertou nele um interesse vitalício pelo estudo das ligações entre genética e doenças humanas. Ele começou investigando doenças humanas nas quais a influência dos genes era a mais simples e a mais forte — quando era sabido que um gene causava uma doença. Os exemplos mais bem estabelecidos de doenças desse tipo no homem, embora poucos, eram inesquecíveis: a hemofilia na família real inglesa e a anemia falciforme em famílias africanas e caribenhas. McKusick vasculhou velhos artigos em bibliotecas de medicina na Hopkins e descobriu que, no começo dos anos 1900, um médico londrino relatara o primeiro exemplo de uma doença humana causada, ao que tudo indicava, por uma única mutação genética.

Em 1899, o patologista inglês Archibald Garrod descrevera uma doença bizarra encontrada em famílias, que se manifestava logo depois do nascimento.[6] Garrod deparara com a doença pela primeira vez em uma criança no Sick Hospital em Londres. Várias horas após o nascimento do menino, suas fraldas enegreceram com uma mancha de urina singular. Com meticulosidade, Garrod seguiu a pista de todos os pacientes e familiares com essa doença e descobriu que ela se manifestava em famílias e persistia na idade adulta. Nos adultos, o suor escurecia de forma espontânea, criando riachos de manchas marrom-escuras nas camisas sob as axilas.

Garrod supôs que algum fator hereditário havia sido alterado naqueles pacientes. O menino com urina escura, ele raciocinou, devia ter nascido com alguma alteração em uma unidade de hereditariedade que mudara algumas funções metabólicas de células, resultando em uma diferença na composição da urina. "Os fenômenos da obesidade e dos vários tons de cabelo, pele e olhos" podem ser explicados por variações em unidades de hereditariedade que causam "diversidades químicas" em corpos humanos, escreveu Garrod.[7] Essa presciência foi notável. Enquanto o conceito de "gene" ainda estava sendo redescoberto por Bateson na Inglaterra (e quase uma década antes de a palavra "gene" ter sido cunhada), Garrod visualizou conceitualmente um gene humano e explicou a variação humana como "diversidades químicas" codificadas por unidades de hereditariedade. Os genes nos tornam humanos, deduziu ele. E as mutações nos tornam diferentes.

Inspirado no trabalho de Garrod, McKusick passou a trabalhar de modo sistemático na elaboração de um catálogo de doenças genéticas em seres humanos: uma "enciclopédia de fenótipos, características genéticas e distúrbios". Um cosmos exótico abriu-se diante dele; a gama de doenças humanas governadas por genes individuais era mais vasta e mais estranha do que ele previra. Na síndrome de Marfan, descrita pela primeira vez por um pediatra francês nos anos 1890, um gene que controla a integridade estrutural do esqueleto e dos vasos sanguíneos sofria mutação. Os pacientes se tornavam incomumente altos, com braços e dedos longos, e tinham propensão a morrer por súbitas rupturas da aorta ou das válvulas cardíacas (por décadas alguns historiadores da medicina afirmaram que Abraham Lincoln tinha uma variante não diagnosticada dessa síndrome).[8] Outras famílias apresentavam osteogênese imperfeita, doença causada por uma mutação em um gene codificador da síntese do colágeno, uma proteína que forma e fortalece os ossos. Crianças com essa doença nasciam com ossos tão frágeis que, como gesso seco, podiam quebrar à menor provocação; elas podiam fraturar as pernas espontaneamente ou acordar pela manhã com dezenas de costelas quebradas (muitos casos como esses eram confundidos com maus-tratos à criança, e investigações policiais chamaram a atenção da comunidade médica). Em 1957, McKusick fundou a Clínica Moore na Johns Hopkins. O nome homenageia Joseph Earle Moore, médico de Baltimore que passou a vida trabalhando com doenças crônicas, e a clínica se dedicaria a doenças hereditárias.

McKusick transformou-se em uma enciclopédia ambulante de síndromes genéticas. Havia pacientes incapazes de processar cloreto que sofriam com diarreia e subnutrição intratáveis. Havia homens propensos a ataques cardíacos aos vinte anos, famílias com esquizofrenia, depressão ou tendência à agressividade, crianças que nasciam com uma dobra de pele do pescoço até os ombros, dedos adicionais ou odor permanente de peixe. Em meados dos anos 1980, McKusick e seus alunos haviam catalogado 2239 genes associados a doenças em seres humanos e 3700 doenças ligadas a mutações de um único gene.[9] Na 12ª edição de seu livro, publicada em 1998, McKusick havia descoberto nada menos que 12 mil variantes gênicas associadas a características e distúrbios, algumas brandas, outras de grande risco para a vida.[10]

Encorajados por sua taxonomia de doenças "monogênicas", McKusick e seus alunos aventuraram-se a investigar doenças causadas pela influência convergente de mais de um gene, as "síndromes poligênicas". Descobriram que havia duas formas de doenças poligênicas. Algumas eram causadas pela presença de dois cromossomos adicionais inteiros. Na síndrome de Down, descrita pela primeira vez nos anos 1860, as crianças nascem com uma cópia extra do cromossomo 21, que contém mais de trezentos genes.* Vários órgãos são afetados

---

* O número anormal de cromossomos na síndrome de Down foi descoberto por Jérôme Lejeune em 1958.

pela cópia adicional do cromossomo. Homens e mulheres com essa síndrome nascem com a ponte do nariz achatada, rosto largo, queixo pequeno e dobras dos olhos alteradas. Sofrem de deficiências cognitivas, grandes riscos de doenças cardíacas, perda auditiva, infertilidade e risco aumentado de cânceres do sangue; muitos morrem ainda bebês ou na infância, e apenas alguns sobrevivem até uma fase mais avançada da idade adulta. O mais notável, talvez, é o fato de que as crianças com síndrome de Down têm um temperamento extremamente meigo, como se ao herdar um cromossomo extra houvessem adquirido uma perda concomitante de crueldade e rancor (se houver alguma dúvida de que genótipos podem influenciar o temperamento e a personalidade, um único encontro com uma criança portadora dessa síndrome pode pôr fim a essa ideia).

A última categoria de doenças genéticas que McKusick caracterizou era a mais complexa: doenças poligênicas causadas por vários genes espalhados de maneira difusa por todo o genoma. Em contraste com as duas categorias anteriores, povoadas por síndromes raras e estranhas, estas eram doenças crônicas com precedentes familiares, disseminadas e de alta prevalência: diabetes, aterosclerose das artérias coronárias, hipertensão, esquizofrenia, depressão, infertilidade, obesidade.

Essas doenças situavam-se no extremo oposto do paradigma Um Gene-Uma Doença; eram do tipo Muitos Genes-Muitas Doenças. A hipertensão, por exemplo, possuía milhares de variedades e estava sob a influência de centenas de genes, cada um exercendo um pequeno efeito aditivo sobre a pressão arterial e a integridade vascular. Ao contrário das síndromes de Marfan ou Down, nas quais uma única mutação ou aberração cromossômica poderosa era necessária e suficiente para causar a doença, o efeito individual de qualquer gene em síndromes poligênicas era amortecido. Era mais forte a dependência de variáveis ambientais — dieta, tabagismo, estado nutricional, exposições pré-natais. Os fenótipos eram variáveis e contínuos, e os padrões de hereditariedade, complexos. O componente genético da doença só atuava como um gatilho numa arma de muitos gatilhos, necessário mas não suficiente para causar a doença.

Quatro ideias importantes emergiram da taxonomia de doenças genéticas de McKusick. Primeiro, ele percebeu que mutações em um único gene podem causar diversas manifestações de doença em diferentes órgãos. Na síndrome de Marfan, por exemplo, uma mutação em uma proteína estrutural, a fibrina, afeta todos os tecidos conjuntivos — tendões, cartilagens, ossos e ligamentos. Pacientes com essa síndrome possuem articulações e espinha reconhecivelmente anormais. Menos reconhecíveis, talvez, são as manifestações cardiovasculares da doença: a mesma proteína que sustenta tendões e cartilagens também sustenta as grandes artérias e válvulas cardíacas. Assim, mutações nesse gene acarretam insuficiências cardíacas e rupturas aórticas catastróficas.

A segunda ideia é que, de modo surpreendente, o inverso também ocorria: múltiplos genes podiam influenciar um único aspecto da fisiologia. A pressão arterial, por exemplo, é regulada por uma variedade de circuitos genéticos, e as anormalidades em um ou muitos desses circuitos resultam todas na mesma doença, a hipertensão. É correto dizer que "hipertensão é uma doença genética", mas também que "não existe um gene da hipertensão". Muitos genes influenciam a pressão do sangue no corpo, como um emaranhado de cordões controlando os braços de uma marionete. Se mudarmos o comprimento de qualquer um desses cordões, mudamos a configuração da marionete.

A terceira ideia de McKusick relacionava-se à "penetrância" e à "expressividade" de genes em doenças humanas. Geneticistas que estudaram a mosca-das-frutas e biólogos que estudaram vermes haviam descoberto que certos genes só se manifestam em fenótipos dependendo de gatilhos ambientais ou do acaso. Um gene que causa o surgimento de facetas na mosca-das-frutas, por exemplo, é dependente da temperatura. Outra variante gênica muda a morfologia do intestino de um verme, mas apenas em cerca de 20% dos vermes. "Penetrância incompleta" significava que, mesmo se uma mutação estivesse presente no genoma, sua capacidade de *penetrar* em uma característica física ou morfológica nem sempre era completa.

McKusick encontrou vários exemplos de penetrância incompleta em doenças humanas. Em alguns distúrbios, como a doença de Tay-Sachs, a penetrância era completa, em grande medida: herdar a mutação gênica praticamente garantia a manifestação da doença. Para outras doenças humanas, contudo, o efeito de um gene sobre o distúrbio era mais complexo. No câncer de mama, como veremos adiante, herdar o gene *BRCA1* mutante eleva de maneira drástica o risco de ter esse câncer, mas nem todas as portadoras da mutação terão o câncer, e diferentes mutações nesse gene apresentam diferentes níveis de penetrância. A hemofilia, a doença da hemorragia, é um claro resultado de uma anormalidade genética, mas o grau em que um hemofílico tem episódios hemorrágicos varia muitíssimo. Alguns têm sangramentos que ameaçam a vida todo mês, outros quase nunca sangram.

A quarta ideia é tão essencial a essa história que a destaquei das demais. Como o geneticista Theodosius Dobzhansky, que estudou a mosca-das-frutas, McKusick entendeu que mutações são apenas variações. Essa afirmação soa como uma obviedade inócua, mas enuncia uma verdade fundamental e profunda. Uma mutação, McKusick percebeu, é uma entidade estatística, e não patológica ou moral. Mutação não implica doença, nem especifica um ganho ou perda de função. Em um sentido formal, uma mutação é definida apenas pelo seu desvio da norma (o oposto de "mutante" não é "normal", e sim "tipo selvagem" — isto é, o tipo ou variante mais comumente encontrado na natureza). Portanto, uma mutação é um conceito estatístico, e não normativo. Um homem alto que cai de paraquedas em um país de baixinhos é um mutante, e o mesmo se pode dizer de uma criança loura nascida em um país de morenos — e ambos são "mutantes" *precisamente* no mesmo sentido em que um menino com síndrome de Marfan é mutante em meio a crianças que não têm essa síndrome, ou seja, crianças ditas "normais".

Portanto, um mutante ou uma mutação, isolados, não podem fornecer nenhuma informação verdadeira a respeito de uma doença ou distúrbio. A definição de doença gira em torno das incapacidades específicas causadas por uma *incongruência* entre a dotação genética de um indivíduo e seu ambiente no momento — entre uma mutação, as circunstâncias de vida da pessoa e os objetivos de sobrevivência e sucesso desse indivíduo. Em última análise, não é a mutação que causa a doença, mas a incompatibilidade.

A incompatibilidade pode ser grave e debilitante; nesses casos, a doença torna-se idêntica à incapacidade. Uma criança com a variante mais severa de autismo, que passa os dias balançando-se monotonamente em um canto ou coçando a pele até ulcerá-la, possui uma dotação genética desafortunada, incompatível com quase qualquer ambiente ou quaisquer objetivos. Mas outra criança com uma variante de autismo diferente — e mais rara — pode ser funcional na maioria das situações e talvez *hiperfuncional* em algumas (em uma partida de xadrez, por exemplo, ou em uma competição de memória). Sua doença é situacional; reside mais evidentemente na incongruência entre seu genótipo específico e suas circunstâncias específicas. Até a natureza da "incompatibilidade" é mutável: como o ambiente é sempre sujeito a mudança, a definição de doença precisa mudar com ele. Em terra de cego, quem tem um olho é rei. Mas inunde essa terra com uma luz tóxica e cegante, e o reino reverterá para os cegos.

A crença de McKusick nesse paradigma de enfocar a incapacidade e não a anormalidade materializou-se no tratamento dos pacientes de sua clínica. Pacientes com nanismo, por exemplo, eram tratados por uma equipe interdisciplinar de especialistas em aconselhamento genético, neurologistas, cirurgiões ortopédicos, enfermeiras e psiquiatras treinados para enfocar as incapacidades específicas de pessoas de baixa estatura. As intervenções cirúrgicas eram reservadas à correção de deformidades específicas que surgissem. O objetivo não era restaurar a "normalidade", e sim a vitalidade, a alegria e a função.

McKusick redescobrira os princípios fundadores da genética moderna no reino da patologia humana. Nas pessoas, como na mosca-das-frutas, as variações genéticas são abundantes. Também aqui, em última análise, variantes genéticas, ambientes e interações gene-ambiente colaboravam para produzir fenótipos; só que, nesse caso, o "fenótipo" em questão era a doença. Aqui também alguns genes tinham penetrância parcial e expressividade muitíssimo variável. Um gene podia causar muitas doenças, e uma doença podia ser causada por muitos genes. E aqui também a "aptidão" não podia ser julgada em termos absolutos. Em vez disso, a inaptidão — *doença*, em termos coloquiais — era definida pela relativa incompatibilidade entre o organismo e o ambiente.

"O imperfeito é nosso paraíso", escreveu Wallace Stevens.[11] Se a entrada da genética no mundo humano trouxe uma lição imediata, foi esta: o imperfeito não era apenas nosso paraíso; era também, de maneira inextricável, nosso mundo mortal. O grau de variação genética humana, assim como a profundidade de sua influência sobre a patologia na nossa espécie, mostrou-se inesperado e surpreendente. O mundo se revelou vasto e variado. A diversidade genética era nosso estado natural, não só em bolsões isolados em lugares remotos, mas por toda parte à nossa volta. Populações que pareciam homogêneas eram, na verdade, de uma heterogeneidade gritante. Vimos os mutantes — e eles eram nós.

Talvez o campo em que a crescente visibilidade dos "mutantes" mais se evidenciava fosse o confiável barômetro das ansiedades e fantasias americanas: os quadrinhos. No começo dos anos 1960, mutantes humanos irromperam ferozmente no mundo dos personagens de histórias em quadrinhos. Em novembro de 1961, a Marvel Comics introduziu a série *Quarteto Fantástico*, sobre quatro astronautas que ficaram presos em uma espaçonave — como as moscas-das-frutas de Hermann Muller em frascos — e foram expostos à radiação, adquirindo mutações que lhes deram poderes sobrenaturais.[12] O sucesso do *Quarteto Fantástico* inspirou o ainda mais bem-sucedido *Homem-Aranha*, a saga de um jovem prodígio da ciência, Peter Parker, picado por uma aranha que engolira "uma quantidade incrível de radioatividade".[13] Presume-se que os genes mutantes da aranha são transmitidos ao seu corpo por transferência horizontal — uma versão humana do experimento de transformação de Avery — e assim Parker torna-se dotado da "agilidade e força proporcionais de um aracnídeo".

Enquanto *Homem-Aranha* e *Quarteto Fantástico* apresentaram o super-herói mutante ao público americano, os *X-Men*, lançados em setembro de 1963, levaram as histórias de mutantes a um crescendo psicológico.[14] Em contraste com seus predecessores, a trama central de *X-Men* consistia em um conflito entre mutantes e seres humanos normais. Os "normais" ficaram desconfiados dos mutantes, e estes, temendo a vigilância e a ameaça de violência da multidão, refugiaram-se em um recluso Instituto para Jovens Talentosos, destinado a protegê-los e reeducá-los — uma clínica de reabilitação para mutantes dos quadrinhos. A característica mais notável dos *X-Men* não é o crescente e variado elenco de personagens mutantes — um homem-lobo com garras de aço ou uma mulher capaz de produzir ventos e tempestades a seu bel-prazer —, e sim o papel invertido da vítima e do algoz. Na típica história em quadrinhos dos anos 1950, os seres humanos fugiam e se escondiam da aterradora tirania dos monstros. Em *X-Men*, os *mutantes* são forçados a correr e se esconder da aterradora tirania da normalidade.

Essas preocupações — com imperfeição, mutação e normalidade — saltaram das páginas dos quadrinhos para uma incubadora de meio metro por meio metro em meados de 1966.[15] Em Connecticut, dois cientistas que estudavam a genética do retardo mental, Mark Steele e Roy Breg, aspiraram alguns mililitros de líquido contendo células fetais do saco amniótico de uma mulher grávida.[16] Cultivaram as células fetais em uma placa de Petri, aplicaram corante nos cromossomos e os analisaram ao microscópio.

Individualmente consideradas, nenhuma daquelas técnicas era nova. Células fetais do âmnio tinham sido examinadas pela primeira vez em 1956 para prever o sexo do bebê (cromossomos xx ou xy). Líquido amniótico fora aspirado com segurança no começo dos anos 1890, e a aplicação de corante em cromossomos remontava ao trabalho original de Boveri com ouriços-do-mar. Mas a frente da genética humana que avançava trouxe nova importância a esses procedimentos. Berg e Steele perceberam que síndromes genéticas bem estabelecidas com evidentes anormalidades cromossômicas — Down, Klinefelter, Turner — podiam ser diagnosticadas no útero, e a gravidez poderia ser interrompida voluntariamente caso fossem detectadas anormalidades cromossômicas no feto. Dois procedimentos médicos bem triviais e relativamente seguros, amniocentese e aborto, poderiam, pois, ser combinados em uma tecnologia que excedia em muito a soma das partes.

Sabemos pouco sobre a primeiras mulheres que passaram pela provação desse procedimento. O que resta — na forma de resumidíssimos relatos de casos — são histórias de jovens mães que se defrontaram com escolhas apavorantes, e de seu pesar, perplexidade e remissão. Em abril de 1968, J. G., uma mulher de 29 anos, foi atendida no New York Downstate Medical Center, no Brooklyn. Sua família era entrecruzada por uma variante hereditária da síndrome de Down. Seu avô e sua mãe eram portadores. Seis anos antes, em fase avançada da gestação, ela tivera um aborto, e era uma menina com síndrome de Down. No verão de 1963 nasceu outra menina, sadia. Dois anos depois, na primavera de 1965, ela dera à luz outra criança, um menino. Ele foi diagnosticado com síndrome de Down, retardo mental e graves anormalidades congênitas, entre as quais dois buracos abertos no coração. O menino vivera por cinco meses e meio. Boa parte de sua breve vida fora de muito sofrimento. Após uma série de heroicas tentativas cirúrgicas de corrigir seus defeitos congênitos, ele morrera de insuficiência cardíaca na UTI.

No quinto mês de sua quarta gravidez e com sua obsedante história em mente, J. G. pediu um exame pré-natal ao seu obstetra. Uma amniocentese malsucedida foi feita no começo de abril. Em 29 de abril, com o terceiro trimestre aproximando-se com rapidez, tentou-se uma segunda amniocentese.

Dessa vez, placas de células fetais cresceram na incubadora. A análise dos cromossomos revelou um feto do sexo masculino com síndrome de Down.

Em 31 de maio de 1968, na última semana em que o aborto era permitido pela medicina, J. G. decidiu interromper a gravidez.[17] Os restos mortais do feto foram removidos em 2 de junho. O corpo tinha as características principais da síndrome de Down. A mãe "suportou o procedimento sem complicações", diz o relato de caso, e teve alta dois dias depois. Nada mais se sabe a respeito dessa mãe e de sua família. O primeiro "aborto terapêutico", realizado inteiramente com base em um teste genético, entrou para a história humana envolto em sigilo, angústia e luto.

As comportas dos testes pré-natais e abortos foram abertas em meados de 1973 por um inesperado turbilhão de forças. Em setembro de 1969, Norma McCorvey, uma funcionária de parque de diversões de 21 anos residente no Texas, engravidou de seu terceiro filho.[18] Sem dinheiro, com frequência sem teto e sem emprego, ela quis fazer um aborto para interromper aquela gravidez indesejada, mas não conseguiu encontrar uma clínica que realizasse o procedimento de maneira legal, ou mesmo que tivesse condições de higiene decentes. O único lugar que ela encontrou, revelou mais tarde, foi uma clínica fechada em um prédio abandonado, "com instrumentos imundos espalhados pela sala e [...] sangue seco no chão".[19]

Em 1970, dois advogados ajuizaram uma ação contra o Estado em um tribunal do Texas, alegando que McCorvey tinha direito legal a um aborto. A parte passiva necessária do processo era Henry Wade, o promotor de Dallas. Para o procedimento judicial, McCorvey trocara seu nome por um pseudônimo, Jane Roe. O caso — *Roe v. Wade* — foi julgado pelos tribunais do Texas e subiu para a Suprema Corte dos Estados Unidos no mesmo ano.

A Suprema Corte ouviu a sustentação oral de *Roe v. Wade* entre 1971 e 1972. Em janeiro de 1973, em uma decisão histórica, a corte decidiu em favor de McCorvey. Ao redigir a opinião da maioria, Henry Blackmun, ministro da Suprema Corte, decretou que os estados não podiam mais proibir abortos.[20] O direito de uma mulher à privacidade, escreveu Blackmun, era "amplo o suficiente para abranger [sua] decisão de interromper ou não sua gravidez".

Entretanto, o "direito de uma mulher à privacidade" não era absoluto. Em uma acrobática tentativa de contrabalançar os direitos da grávida e a crescente "condição de pessoa" do feto, a Corte decretou que o Estado não podia limitar abortos durante o primeiro trimestre da gravidez, mas que, à medida que o feto amadurecesse, sua pessoalidade tornava-se progressivamente protegida pelo Estado, e os abortos podiam ser restringidos. A divisão da gravidez em trimestres foi uma intervenção arbitrária em termos biológicos, mas legalmente necessária. Como descreveu o especialista jurídico Alexander Bickel, "o interesse do indivíduo [ou seja, da mãe], neste caso, suplanta o interesse da sociedade nos três primeiros meses e, sujeito apenas a regulações médicas, também no segundo. No terceiro trimestre, a sociedade é preeminente".[21]

A força liberada pelo caso *Roe* reverberou rápido pela medicina. O caso pode ter entregado o controle reprodutivo às mulheres, mas entregou grande parte do controle do genoma fetal à medicina.[22] Antes de *Roe*, os testes genéticos pré-natais haviam habitado um limbo incerto: a amniocentese era permitida, mas o estatuto jurídico preciso do aborto era desconhecido. Agora, com a legalização do aborto no primeiro e segundo trimestres, e com a primazia do julgamento médico reconhecida, os testes genéticos tinham condição de se difundir pelas clínicas e hospitais de todo o país. Os genes humanos tornaram-se "acionáveis".

Logo se evidenciaram os efeitos da disseminação de testes e abortos. Em alguns estados, a incidência de síndrome de Down diminuiu entre 20% e 40% de 1971 a 1977.[23] Entre as mulheres de alto risco em Nova York, mais gestações foram interrompidas do que levadas a termo em 1978.* Em meados dos anos 1970, quase cem distúrbios cromossômicos e 23 doenças metabólicas eram detectáveis por exames genéticos intrauterinos, entre elas as síndromes de Turner e Klinefelter e as doenças de Tay-Sachs e Gaucher.[24] "Defeitinho após defeitinho", a medicina ia peneirando "o risco de várias centenas de doenças genéticas conhecidas", escreveu um geneticista.[25] "O diagnóstico genético tornou-se uma indústria médica", escreveu um historiador. "O aborto seletivo de fetos afetados" transformara-se na "primeira intervenção da medicina genômica".

Revigorada por sua capacidade de intervir em genes humanos, a medicina genética entrou em um período tão inebriante que pôde até começar a reescrever seu passado. Em 1973, alguns meses depois de *Roe v. Wade*, McKu-

---

* Também em outros países a legalização do aborto abriu as comportas dos exames pré-natais. Em 1967, uma lei parlamentar legalizou o aborto na Grã-Bretanha, e as taxas de exames pré-natais e interrupção de gestação cresceram acentuadamente nos anos 1970.

sick publicou nova edição de seu guia de medicina genética.[26] Em um capítulo sobre "detecção pré-natal de doenças hereditárias", o pediatra Joseph Dancis escreveu:

> Nos últimos tempos vem crescendo entre médicos e o público em geral o sentimento de que devemos nos preocupar não apenas em assegurar o nascimento de um bebê, mas que ele não venha a ser um fardo para a sociedade, para seus pais ou para si mesmo. O "direito de nascer" está sendo limitado por outro direito: o de ter uma chance razoável de uma vida feliz e útil. Essa mudança de atitude se revela, entre outras coisas, no generalizado movimento em prol da reforma ou até abolição da lei do aborto.[27]

Com delicadeza, mas também com habilidade, Dancis invertera a história. O movimento pelo aborto, em sua formulação, não havia empurrado à frente as fronteiras da genética humana permitindo que os médicos interrompessem a gestação de fetos com distúrbios genéticos. Em vez disso, a *genética humana* puxara atrás de si a relutante carroça do movimento contra o aborto, mudando a "atitude" para com o tratamento de doenças congênitas devastadoras e, assim, abrandando a postura antiaborto. Em princípio, Dancis continuou, qualquer doença com uma ligação genética poderosa o suficiente poderia sofrer intervenção por meio de um exame pré-natal e um aborto seletivo. O "direito de nascer" podia ser reformulado como o direito de nascer com o tipo certo de genes.

Em junho de 1969, uma mulher chamada Hetty Park deu à luz uma menina com doença policística dos rins infantil.[28] A criança nasceu com rins malformados e morreu cinco horas depois. Devastados, Park e seu marido procuraram o aconselhamento de um obstetra de Long Island, Herbert Chessin. Este supôs, de maneira errônea, que a doença da criança não era genética, tranquilizou-os e os mandou para casa (na verdade, a doença policística dos rins infantil, como a fibrose cística, resulta de duas cópias de genes mutados herdadas dos pais da criança). Na opinião de Chessin, a chance de que Park e o marido tivessem outra criança com a mesma doença era ínfima, talvez nula. Em 1970, levando em conta essa orientação do obstetra, os Park tornaram a conceber e dar à luz outra filha. Infelizmente, Laura Park também nasceu com a doença policística dos rins. Foi hospitalizada várias vezes até morrer por complicações de insuficiência renal aos dois anos e meio.

Em 1979, quando opiniões como a de Joseph Dancis começaram a aparecer com regularidade em publicações especializadas e em textos de divulgação científica, os Park entraram com uma ação judicial contra Herbert Chessin, alegando que ele lhes dera uma orientação médica incorreta. Argumentaram que, se conhecessem as verdadeiras suscetibilidades genéticas da filha, teriam optado por não a conceber. Sua filha fora vítima de uma estimativa errada de normalidade. Talvez a característica mais extraordinária desse caso seja a descrição do dano causado. Em batalhas legais tradicionais por erro médico, o réu (em geral o médico) era acusado de causar a morte devido a um erro. Os Park alegaram que Chessin, seu obstetra, era culpado do pecado oposto e equivalente: "causar a vida erroneamente". Em um julgamento memorável, o tribunal concordou com o casal. "Possíveis pais têm o direito de escolher não ter um filho quando pode ser estabelecido de forma razoável que a criança será deformada", opinou o juiz. Um comentador salientou: "O juiz afirmou que o direito de uma criança nascer livre de anomalias [genéticas] é um direito fundamental".[29]

23. Intervir, intervir, intervir

> *Depois de milênios em que a maioria das pessoas produziu bebês na feliz ignorância dos riscos que corria, talvez todos nós tenhamos de começar a agir com a severa responsabilidade da antevisão genética. [...] Nunca antes tivemos de pensar desse modo.*
> Gerald Leach, "Breeding Better People", 1970[1]

> *Nenhum recém-nascido deveria ser declarado humano até ter passado em certos testes de dotação genética.*
> Francis Crick[2]

Joseph Dancis não estava apenas reescrevendo o passado; estava anunciando o futuro. Até um leitor não muito atento de sua extraordinária afirmação — de que cada genitor tinha o dever de criar bebês "que não venham a ser um fardo para a sociedade" ou de que o direito de nascer sem "anomalias genéticas" era um direito fundamental — poderia detectar aí um grito de renascimento. Era a eugenia que reencarnava, ainda que de maneira mais polida, na segunda metade do século xx. "Intervir, intervir, intervir", exortara o eugenista britânico Sidney Webb em 1910. Pouco mais de seis décadas depois, a legalização do aborto e a florescente ciência da análise genética haviam fornecido a primeira estrutura formal para um novo tipo de "intervenção" genética em seres humanos: uma nova forma de eugenia.

Não se tratava da eugenia nazista dos nossos avós, seus proponentes apressaram-se a frisar. Em contraste com a eugenia americana dos anos 1920 ou da cepa mais virulenta da Europa dos anos 1930, agora não havia esterilizações forçadas, confinamentos compulsórios nem extermínios na câmara de gás. Ninguém mandava mulheres para campos de isolamento na Virgínia. Nem mobilizava juízes especificamente para classificar homens e mulheres como "imbecis", "*morons*" ou "idiotas", tampouco o número de cromossomos era decidido segundo o gosto pessoal. Os testes genéticos que compunham a base da seleção fetal, garantiam seus proponentes, eram objetivos, padronizados e, do ponto de vista científico, rigorosos. A correlação entre o teste e a manifestação subsequente da síndrome médica era quase absoluta: *todas* as crianças nascidas com uma cópia extra do cromossomo 21 ou uma cópia a menos do cromossomo X, por exemplo, manifestavam no mínimo algumas das principais características da síndrome de Down ou Turner, respectivamente. Mais importante era que os testes pré-natais e o aborto seletivo eram realizados sem a imposição do Estado, sem uma ordem central e com plena liberdade de escolha. A mulher podia escolher submeter-se aos testes ou não e escolher entre interromper ou continuar a gestação se os testes resultassem positivos para uma anormalidade fetal. Era a eugenia em seu avatar benevolente. Seus defensores a chamaram de neoeugenia.

Uma distinção crucial entre a neoeugenia e a velha eugenia era o uso de *genes* como unidades de seleção. Para Galton, para eugenistas americanos como Priddy e para os eugenistas nazistas, o único mecanismo para assegurar a seleção genética era a seleção de atributos físicos ou mentais, ou seja, fenótipos. Mas esses atributos eram complexos, e sua ligação com genes não podia ser capturada com facilidade. A "inteligência", por exemplo, pode ter um componente genético, porém é, muito mais evidentemente, uma consequência de genes, ambientes, interações gene-ambiente, gatilhos, acaso e oportunidades. Selecionar a "inteligência", portanto, não pode garantir que os genes para a inteligência serão selecionados, do mesmo modo que selecionar a "riqueza" não garante que uma propensão para acumular valores será selecionada.

Em contraste com o método de Galton e Priddy, o grande avanço da neoeugenia, segundo seus proponentes, estava no fato de que os cientistas já não selecionavam fenótipos como representantes dos determinantes genéticos básicos. Agora eles tinham a oportunidade de selecionar diretamente os *genes*, examinando a composição genética do feto.

Para seus muitos entusiastas, a neoeugenia livrara-se do ameaçador invólucro de seu passado e emergia como uma nova crisálida científica. Sua abrangência aumentou ainda mais em meados dos anos 1970. Os exames pré-natais e o aborto seletivo haviam possibilitado uma forma privatizada de "eugenia negativa" — um modo de selecionar recorrendo à *exclusão* de certos distúrbios genéticos. Aliado a isso, porém, estava o desejo de instigar uma forma igualmente expansiva e liberal de "eugenia positiva": um modo de selecionar atributos genéticos favoráveis. Como descreveu o geneticista Robert Sinsheimer, "a velha eugenia limitava-se ao aumento numérico dos melhores em nosso reservatório gênico existente.[3] A nova eugenia, em princípio, permitiria a *conversão* de todos os inaptos ao mais alto nível genético".

Em 1980, Robert Graham, um empreendedor milionário que inventara os óculos de sol inquebráveis, fundou um banco de esperma na Califórnia cujo objetivo era preservar o esperma de homens "do mais alto calibre intelectual". O banco devia ser acessado apenas para inseminar mulheres sadias e inteligentes.[4] Chamado de Repositório de Escolha Germinal, o banco solicitou esperma de laureados com o prêmio Nobel do mundo todo. O físico William Shockley, inventor do transistor de silício, foi um dos poucos cientistas que concordaram em doar.[5] Talvez de maneira previsível, Graham assegurou que seu próprio esperma seria adicionado ao banco, sob o pretexto de que ele era um "futuro agraciado com o Nobel", um gênio em formação (muito embora o comitê de Estocolmo ainda não reconhecesse isso). Por mais exaltadas que fossem tais fantasias, a utopia criogênica de Graham não entusiasmou o público. Na década seguinte, apenas quinze crianças nasceriam do banco de esperma do Repositório. As realizações dessas crianças no longo prazo permanecem desconhecidas, mas parece que nenhuma recebeu ainda o prêmio Nobel.

Embora o "banco de gênios" de Graham fosse ridicularizado e, por fim, desfeito, sua pioneira defesa da "escolha germinal" — a ideia de que os indivíduos deviam ser livres para escolher os determinantes genéticos de seus descendentes — foi bem recebida por vários cientistas. Um banco de esperma para selecionar gênios genéticos era, claro, uma ideia tosca; por outro lado, selecionar "genes de gênios" no esperma foi considerado uma perspectiva perfeitamente admissível para o futuro.

Mas como seria possível selecionar espermatozoides (ou óvulos, aliás) que contivessem determinados genótipos superiores? O novo material genético poderia ser introduzido no genoma humano? Embora ainda fossem desconhecidos os contornos exatos da tecnologia que possibilitaria a eugenia positiva, para vários cientistas isso era mera barreira tecnológica a ser resolvida no futuro próximo. O geneticista Hermann Muller, os biólogos evolucionistas Ernst Mayr e Julian Huxley e o biólogo especialista em população James Crow estavam entre os ardorosos proponentes da eugenia positiva. Até o nascimento da eugenia, o único mecanismo para selecionar genótipos humanos vantajosos fora a seleção natural, governada pela brutal lógica de Malthus e Darwin: a luta pela sobrevivência e o lento e tedioso florescimento dos sobreviventes. A seleção natural, escreveu Crow, era "cruel, desajeitada e ineficiente".[6] Em contraste, a seleção e manipulação genética artificial poderia basear-se na "saúde, inteligência ou felicidade". Cientistas, intelectuais, escritores e filósofos apoiaram em massa o movimento. Francis Crick defendeu com obstinação a neoeugenia, e o mesmo fez James Watson. James Shannon, diretor dos INS, declarou ao Congresso que a triagem genética não era apenas uma "obrigação moral da classe médica, mas também uma séria responsabilidade social".[7]

A neoeugenia foi ganhando proeminência nacional e internacional, e seus fundadores tentaram com vigor dissociar o novo movimento de seu pavoroso passado, em especial das implicações hitlerianas da eugeniza nazista. A eugenia alemã despencara no abismo dos horrores nazistas devido a dois erros fundamentais: sua ignorância científica e sua ilegitimidade política, argumentavam os neoeugenistas. Ciência charlatã fora usada para dar respaldo a um Estado charlatão, e o Estado charlatão fomentara a ciência charlatã. A neoeugenia podia contornar essas armadilhas norteando-se por dois valores: o rigor científico e a escolha.

O rigor científico asseguraria que as perversidades da eugenia nazista não contaminariam a neoeugenia. Genótipos podiam ser avaliados de modo objetivo, sem interferência ou imposição do Estado, usando critérios estritamente científicos. E a escolha poderia ser conservada a cada passo, garantindo que as seleções eugênicas — por exemplo, exames pré-natais e abortos — ocorressem apenas com total liberdade.

Entretanto, para seus críticos a neoeugenia era eivada dos mesmos defeitos fundamentais que haviam amaldiçoado a eugenia. A crítica mais retumbante da neoeugenia nasceu, como se poderia esperar, da própria disciplina que lhe insuflara a vida: a genética humana. Como McKusick e seus colegas estavam descobrindo com crescente lucidez, as interações entre genes humanos e doenças eram muitíssimo mais complexas do que a neoeugenia poderia ter previsto. A síndrome de Down e o nanismo eram bons estudos de caso. Para a síndrome de Down, na qual a anormalidade cromossômica era distinta e fácil de identificar, e cuja ligação entre a lesão genética e os sintomas médicos era bem previsível, o exame pré-natal e o aborto podiam parecer justificáveis. Mas até na síndrome de Down, assim como no nanismo, era impressionante a variação entre os pacientes portadores da mesma mutação. A maioria dos homens e mulheres com síndrome de Down apresentava profundas deficiências físicas, cognitivas e no desenvolvimento. Porém, não dava para negar que alguns eram bastante funcionais e levavam uma vida quase independente que requeria o mínimo de intervenção. Nem mesmo um cromossomo extra inteiro — e dificilmente haveria uma lesão genética concebível mais significativa do que essa — podia ser um determinante singular da incapacidade; ele vivia no contexto de outros genes e era modificado por fatores ambientais e pelo genoma como um todo. Doença genética e saúde genética não eram países vizinhos e separados; saúde e doença eram reinos contínuos com fronteiras tênues e no mais das vezes transparentes.

A situação tornou-se ainda mais complexa com as doenças poligênicas, por exemplo, esquizofrenia e autismo. Embora se soubesse que a esquizofrenia possuía um forte componente genético, estudos anteriores sugeriam a participação de vários genes de vários cromossomos. Como a seleção negativa poderia exterminar todos esses determinantes independentes? E se algumas dessas variantes gênicas que causavam transtornos mentais em alguns contextos genéticos e ambientais fossem justo as variantes que produziam habilidades melhores em outros contextos? Por ironia, o próprio William Shockley — o mais famoso doador do banco de gênios de Graham — sofria de uma síndrome de paranoia, tendência à agressividade e retraimento social que vários biógrafos sugeriram ser uma forma de autismo altamente funcional. E se, examinando o banco de Graham em alguma era futura, se descobrisse que os "espécimes geniais" selecionados possuíam justamente os genes que, em situações alternativas, poderiam ser identificados como desencadeadores de uma doença (ou vice-versa: e se as variantes gênicas "causadoras de doença" também fossem causadoras de *genialidade*?).

McKusick, por exemplo, estava convencido de que o "sobredeterminismo" em genética e sua aplicação indiscriminada à seleção humana resultariam na criação do que ele chamou de complexo "genético-comercial". "Em fins de seu mandato, o presidente Eisenhower alertou sobre os perigos do complexo militar-industrial", disse McKusick.[8]

> É apropriado alertar sobre o possível risco do complexo genético-comercial. A crescente disponibilidade de testes para uma presumida boa ou má qualidade genética poderia levar o setor comercial e os publicitários da Madison Avenue a exercer uma pressão sutil ou não tão sutil sobre os casais para fazerem julgamentos de valor na escolha de seus gametas para reprodução.

Em 1976, as preocupações de McKusick pareciam sobretudo teóricas. Embora a lista de doenças humanas influenciadas por genes houvesse crescido de maneira exponencial, a maioria dos genes propriamente ditos ainda não fora identificada. As tecnologias de clonagem e sequenciamento de genes, ambas inventadas nos anos 1970, tornavam concebível que tais genes viessem a ser identificados em seres humanos, conduzindo aos testes diagnósticos preditivos. Contudo, o genoma humano possui 3 bilhões de pares de bases, enquanto uma típica mutação gênica associada a doença poderia resultar na alteração de apenas *um* par de bases no genoma. Clonar e sequenciar todos os genes do genoma para encontrar essa mutação era algo inconcebível. Para descobrir um gene associado a doença seria preciso, de algum modo, mapear ou localizar o gene em alguma parte menor do genoma. Só que essa era justamente a parte que faltava da tecnologia: embora os genes causadores de doenças parecessem abundantes, não existia um modo de encontrá-los com facilidade na imensidão do genoma humano. Como comparou um geneticista, a genética humana estava às voltas com o maior "problema de procurar uma agulha num palheiro".[9]

Um encontro fortuito em 1978 ensejaria a solução do problema da "agulha no palheiro" da genética humana, permitindo que os geneticistas mapeassem e clonassem genes associados a doenças humanas. O encontro e a descoberta decorrente marcariam um dos momentos decisivos do estudo do genoma humano.

24. Uma aldeia de dançarinos, um atlas de pintas

Glory be to God for dappled things.*
Gerard Manley Hopkins, "Pied Beauty"[1]

De repente demos de cara com duas mulheres, mãe e filha, ambas altas, magras, quase cadavéricas, ambas se dobrando, se contorcendo com esgares.

George Huntington[2]

Em 1978, os geneticistas David Botstein, do MIT, e Ron Davis, de Stanford, viajaram para Salt Lake City para participar de uma banca examinadora de pós-graduandos na Universidade de Utah.[3] O evento realizou-se em Alta, próximo aos cumes das montanhas Wasatch e a alguns quilômetros da cidade. Botstein e Davis fizeram anotações durante as apresentações, mas uma delas em especial chamou-lhes a atenção. Um pós-graduando, Kerry Kravitz, e seu orientador, Mark Skolnick, estavam mapeando meticulosamente a heredita-

---

* "Glória a Deus pelas coisas pintalgadas." (N. T.)

riedade de um gene causador da hemocromatose, uma doença hereditária. Conhecida dos médicos desde a Antiguidade, a hemocromatose é causada por mutação em um gene que regula a absorção de ferro pelos intestinos. Os portadores dessa doença absorvem enormes quantidades de ferro, e seu corpo vai aos poucos sendo sufocado por depósitos desse mineral. O fígado é asfixiado pelo ferro; o pâncreas para de funcionar. A pele torna-se bronzeada e, por fim, cinzenta. Órgão por órgão, o corpo transforma-se em mineral, como o Homem de Lata de *O mágico de Oz*, até sofrer degeneração de tecidos, falência de órgãos e morte.

O problema que Kravitz e Skolnick se propunham a resolver relacionava-se a uma lacuna conceitual básica da genética. Em meados dos anos 1970 já haviam sido identificadas milhares de doenças genéticas — hemocromatose, hemofilia e anemia falciforme entre elas. Contudo, descobrir a natureza genética de uma doença não é o mesmo que identificar o gene que a causa. O padrão de hereditariedade da hemocromatose, por exemplo, claramente sugere que um único gene governa a doença e que a mutação é recessiva, isto é, são necessárias duas cópias defeituosas do gene (uma de cada genitor) para causar a doença. Mas o padrão de hereditariedade nada nos diz sobre qual é o gene da hemocromatose e o que ele faz.

Kravitz e Skolnick propuseram uma solução engenhosa para identificar o gene da hemocromatose. O primeiro passo para encontrar um gene é "mapeá-lo" em uma localização cromossômica específica: assim que um gene é fisicamente localizado em um dado trecho de cromossomo, técnicas regulares de clonagem podem ser usadas para isolar o gene, sequenciá-lo e testar sua função. Para mapear o gene da hemocromatose, Kravitz e Skolnick concluíram que deviam usar a única propriedade que todos os genes possuem: eles são ligados uns aos outros em cromossomos.

Imaginemos um experimento. Digamos que o gene da hemocromatose se encontra no cromossomo 7, e que o gene que governa a textura dos cabelos — liso ou crespo, cacheado ou ondulado — seja seu vizinho imediato no mesmo cromossomo. Agora suponhamos que, em algum momento da história evolucionária distante, o gene defeituoso da hemocromatose surgiu em um homem de cabelos encaracolados. Toda vez que esse gene ancestral é transmitido de pai para filho, o gene para cabelos encaracolados viaja com ele: ambos estão ligados ao mesmo cromossomo e, como raramente cromossomos se despedaçam, as duas variantes gênicas sempre estão associadas uma à outra. A associação pode não ser óbvia em uma única geração, mas ao longo de várias começa a emergir um padrão estatístico: as crianças de cabelos encaracolados dessa família tendem a ter hemocromatose.

Kravitz e Skolnick haviam aproveitado essa lógica. Estudaram mórmons de Utah com árvores genealógicas muito ramificadas em cascata e descobriram que o gene da hemocromatose era geneticamente ligado a um gene para resposta imunológica que existe em centenas de variantes.[4] Um estudo anterior mapeara o gene da resposta imunológica e identificara que ele estava ligado ao cromossomo 6 — portanto, o gene da hemocromatose tinha de estar localizado nesse cromossomo.

Um leitor cuidadoso poderia objetar que o exemplo acima é forçado: por acaso o gene da hemocromatose estava convenientemente ligado a uma característica identificável e altamente variante no mesmo cromossomo. No entanto, sem dúvida, características desse tipo são raríssimas. O fato de o gene que interessava a Skolnick estar ali bem próximo de um gene que codificava uma proteína da resposta imunológica que existia em muitas variantes facilmente detectáveis era, sem dúvida, uma afortunada aberração. Para se conseguir fazer esse tipo de mapeamento para qualquer outro gene, o genoma humano não teria de estar repleto de trechos de marcadores variáveis facilmente identificáveis — postes sinalizadores fincados de modo conveniente a cada quilômetro de cromossomo?

Mas Botstein sabia que tais postes sinalizadores podiam existir. Ao longo de séculos de evolução, o genoma humano divergira o suficiente para criar milhares de minúsculas variações na sequência de DNA. Essas variantes são chamadas de *polimorfismos* e se parecem exatamente com alelos ou variantes, porém não precisam estar nos genes: podem existir nos longos trechos de DNA entre genes, ou em íntrons.

Podemos imaginar essas variantes como versões moleculares da cor da pele ou dos olhos, existentes em milhares de formas variadas na população humana. Uma família pode ser portadora de uma sequência A<u>C</u>AAGTCC em determinada localização em um cromossomo, enquanto outra pode ter A<u>G</u>AAGTCC nessa mesma localização — uma diferença de um par de bases.* Em contraste

---

* Em 1978, outros dois pesquisadores, Y. Wai Kan e Andree Dozy, haviam descoberto um poli-

com a cor dos cabelos ou da resposta imunológica, essas variantes não são visíveis aos olhos humanos. As variações não precisam ensejar uma mudança em fenótipo e nem mesmo alterar uma função de um gene. Não podem ser distinguidas com base em características biológicas ou físicas usuais, mas *podem* ser discernidas se forem usadas técnicas moleculares sutis. Uma enzima cortadora de DNA que reconhece ACAAG mas não AGAAG, por exemplo, poderia discriminar uma variante em uma sequência e não em outra.

Quando Botstein e Davis descobriram os polimorfismos de DNA em genomas de leveduras e bactérias nos anos 1970, não souberam dizer para que serviam.[5] Ao mesmo tempo, também haviam identificado alguns polimorfismos análogos espalhados por genomas humanos, mas a extensão e localização dessas variações no homem ainda eram desconhecidas. O poeta Louis MacNeice escreveu sobre a sensação "inebriante de que as coisas são variadas".[6] A ideia de minúsculas variações moleculares salpicadas de forma aleatória pelo genoma — como sardas em um corpo — pode ter provocado certo prazer em algum geneticista ébrio, porém era difícil imaginar como essa informação podia ser útil. Talvez o fenômeno fosse belo, mas inútil — um mapa de sardas.

Mas quando Botstein ouviu Kravitz naquela manhã em Utah, ocorreu-lhe uma ideia fascinante: se esses postes sinalizadores em forma de variante genética existiam no genoma humano, então ligando uma característica genética a uma dessas variantes *qualquer* gene poderia ser mapeado em uma localização cromossômica aproximada. Um mapa de sardas genéticas não seria inútil: poderia ser usado para mapear a anatomia básica de genes. Os polimorfismos atuariam como um sistema de GPS interno para o genoma; a localização de um gene poderia ser apontada com base em sua associação, ou ligação, com outra variante. Chegou a hora do almoço, e Botstein estava numa empolgação quase frenética. Skolnick passara mais de uma década procurando o marcador

---

morfismo de DNA próximo do gene da célula falciforme, e o usaram para rastrear a herança do gene da célula falciforme em pacientes. Ver Y. Wai Kan e Andree M. Dozy, "Polymorphism of DNA Sequence Adjacent to Human Beta-Globin Structural Gene: Relationship to Sickle Mutation". *Proceedings of the National Academy of Sciences*, v. 75, n. 11, pp. 5631-35, 1978. Maynard Olson e colegas também descreveram métodos de mapeamento de genes usando polimorfismos no fim dos anos 1970.

de resposta imunológica para mapear o gene da hemocromatose. "Podemos dar-lhe marcadores [...] marcadores espalhados por todo o genoma", disse ele a Skolnick.[7]

A verdadeira chave para o mapeamento de genes humanos, Botstein percebera, não era encontrar o gene, e sim os seres humanos. Se fosse possível encontrar uma família numerosa o suficiente que possuísse uma característica genética — qualquer característica — que pudesse ser correlacionada com qualquer um dos marcadores variantes espalhados pelo genoma, mapear genes se tornaria uma tarefa trivial. Se todos os membros de uma família afetada por fibrose cística inevitavelmente "co-herdassem" algum marcador de DNA variante — vamos chamá-lo de variante X —, localizado na extremidade do cromossomo 7, então o gene da fibrose cística tinha de estar próximo dessa localização.

Botstein, Davis, Skolnick e Ray White, um geneticista humano, publicaram sua ideia sobre o mapeamento de genes no *American Journal of Human Genetics* em 1980. "Descrevemos uma nova base para a construção de um mapa [...] genético do genoma humano", escreveu Botstein.[8] Era um estudo singular, encafuado nas páginas intermediárias de uma revista relativamente obscura e engrinaldado de dados estatísticos e equações matemáticas, lembrando um pouco o clássico artigo de Mendel.

Levaria algum tempo para que a implicação integral dessa ideia fosse captada. Os avanços cruciais da genética, como já mencionei, são sempre transições — de características estatísticas para unidades hereditárias, de genes para DNA. Botstein também ensejara uma transição conceitual crucial: de genes humanos como características biológicas herdadas a seus mapas físicos em cromossomos.

A psicóloga Nancy Wexler soube da proposta de Botstein para mapear genes em 1978, enquanto se correspondia com Ray White e David Housman, geneticista do MIT. Tinha uma razão tocante para prestar atenção nisso. Em meados de 1968, quando Wexler estava com 22 anos, sua mãe, Leonore Wexler, foi parada pela polícia por dirigir de maneira errática pelas ruas de Los Angeles. Ela não estava bêbada. Leonore tinha sofrido inexplicáveis crises de depressão — súbitas alterações de humor, estranhas mudanças de comportamento

— e tentara o suicídio uma vez, porém nunca fora considerada fisicamente doente. Dois irmãos de Leonore, Paul e Seymour, ex-membros de uma banda de swing em Nova York, haviam sido diagnosticados com uma síndrome genética rara chamada doença de Huntington nos anos 1950. Outro irmão, Jessie, um vendedor que gostava de fazer números de mágica, começara a ter os dedos dançando incontrolavelmente durante suas apresentações. Também foi diagnosticado com a doença. O pai deles, Abraham Sabin, morrera com a doença de Huntington em 1929. Leonore consultou um neurologista e foi diagnosticada com a doença em maio de 1968.

A doença de Huntington tem o nome do médico de Long Island que foi o primeiro a descrevê-la, nos anos 1870. Antes fora conhecida como coreia, do grego *choréa*, ou "dança". Sua "dança", é óbvio, é o oposto de dança — uma caricatura triste e patológica, uma ominosa manifestação da função cerebral desregulada. Em geral, os pacientes que herdam o gene dominante da doença de Huntington — basta uma cópia para precipitar a doença — se mantêm neurologicamente intactos nas primeiras três ou quatro décadas de vida. Podem ter alterações ocasionais de humor ou sinais sutis de retraimento social. Depois começam a aparecer pequeninas contrações, quase indiscerníveis. Torna-se difícil segurar objetos. Taças de vinho e relógios escorregam dos dedos, e os movimentos dissolvem-se em sacudiduras e espasmos. Por fim começa a "dança" involuntária, como que acompanhando um ritmo diabólico. Mãos e pernas movem-se de maneira descontrolada, traçando gestos arqueados e retorcidos, separados por arrancos rítmicos em staccato — "como assistir a um show de marionete gigante [...] sacudida por um titereiro invisível".[9] A fase final da doença é marcada por profundo declínio cognitivo e perda quase total da função motora. O paciente morre de desnutrição, demência e infecções, mas dançando até o fim.

Parte do macabro desfecho da doença de Huntington deve-se ao início tardio da enfermidade. Os portadores do gene só descobrem seu destino na casa dos trinta ou quarenta anos, ou seja, depois de terem tido filhos. Assim, ela persiste em populações humanas porque se desvencilha das garras da evolução: o gene é transmitido à geração seguinte antes que a seleção natural consiga eliminá-lo. Como cada paciente com a doença de Huntington possui uma cópia normal e uma cópia mutante do gene, cada filho seu tem 50% de chance de ser afetado. Para esses filhos, a vida torna-se uma sinistra roleta-russa[10] — um "jogo de espera pelo início dos sintomas",[11] nas palavras de um geneticista. Um paciente escreveu sobre o estranho terror de estar nesse limbo: "Não sei em que ponto a zona cinzenta termina e um destino muito mais pavoroso aguarda. [...] Assim, vou jogando o terrível jogo da espera, pensando no início e no impacto".[12]

O pai de Nancy, Milton Wexler, psiquiatra de Los Angeles, deu às duas filhas a notícia do diagnóstico da mãe delas em 1968.[13] Nancy e Alice eram ainda assintomáticas, mas cada uma tinha 50% de chance de ser afetada, sem teste genético para a doença. "Cada uma de vocês tem uma chance em duas de vir a ter Huntington", disse Milton Wexler às filhas. "E, se a tiverem, seus filhos terão uma chance em duas de a terem."[14]

"Todos nos abraçamos e choramos", recorda Nancy Wexler. "A passividade de ficar esperando que aquilo viesse me matar era insuportável."

Naquele ano, Milton fundou um instituto sem fins lucrativos chamado Hereditary Disease Foundation, dedicado a financiar pesquisas sobre a coreia de Huntington e outras doenças hereditárias raras.[15] Encontrar o gene de Huntington, pensou Wexler, seria o primeiro passo em direção ao diagnóstico, futuros tratamentos e curas. Daria às suas filhas a chance de predizer e planejar para suas futuras doenças.

Leonore Wexler, enquanto isso, mergulhou gradualmente no abismo da doença. Sua fala foi se tornando ininteligível. "Sapatos novos desgastavam-se logo que os calçávamos nela", lembrou a filha.

> Em uma clínica, ela se sentava numa cadeira no espaço estreito entre a cama e a parede. Em qualquer lugar onde a cadeira fosse posta, a força dos movimentos contínuos de minha mãe empurrava a cadeira contra a parede, e a cabeça dela começava a bater no gesso. [...] Tentávamos mantê-la pesada; não se sabe por quê, mas quem tem a doença de Huntington passa melhor se pesar mais; no entanto, os movimentos incessantes deixam a pessoa magra. [...] Uma ocasião, ela devorou meio quilo de manjar turco em meia hora, com um sorriso travesso. Mas não ganhava peso. Eu ganhei peso. Comia para fazer companhia a ela. Comia para não chorar.[16]

Leonore morreu em 14 de maio de 1978, no Dia das Mães.[17] Em outubro de 1979, Nancy Wexler, da Hereditary Disease Foundation, David Housman,

Ray White e David Botstein organizaram um seminário no INS para discutir sobre a melhor estratégia na busca do mapeamento genético.[18] O método de Botstein para mapear genes ainda era teórico; até então, nenhum gene humano havia sido mapeado com ele. Além disso, a probabilidade de usá-lo para mapear o gene de Huntington era remota. Afinal de contas, a técnica dependia crucialmente da associação entre uma doença e marcadores: quanto mais pacientes, mais acentuada a associação e mais refinado o mapa genético. A coreia de Huntington, com apenas alguns milhares de pacientes dispersos pelo território americano, parecia de todo inadequada a essa técnica de mapeamento genético.

Apesar disso, Nancy Wexler não conseguia tirar da cabeça a imagem dos mapas genéticos. Alguns anos antes, um neurologista da Venezuela falara a Milton Wexler sobre dois vilarejos vizinhos naquele país, Barranquitas e Lagunetas, às margens do lago de Maracaibo, onde era extraordinária a prevalência da enfermidade. Em um filme em preto e branco meio desfocado, Milton Wexler vira mais de uma dezena de moradores andando pelas ruas como que estonteados, sacudindo os membros de forma incontrolável. Havia numerosos pacientes de Huntington naquele vilarejo. Se a técnica de Botstein tinha alguma chance de funcionar, pensou Nancy Wexler, seria preciso acessar os genomas daquela coorte venezuelana. Era Barranquitas, a vários milhares de quilômetros de Los Angeles, o local onde havia mais probabilidade de ser encontrado o gene responsável pela doença de sua família.

Em julho de 1979, Wexler partiu para a Venezuela à caça do gene da doença de Huntington. "Houve alguns momentos na minha vida em que estive convicta de que determinada coisa estava certa, momentos em que não consegui parar quieta", escreveu Wexler.[19]

Quem visita Barranquitas talvez não note nada de incomum nos moradores à primeira vista.[20] Um homem caminha por uma rua poeirenta seguido por uma criançada sem camisa. Uma mulher magra de cabelos castanhos e vestido florido sai de um alpendre com telhado de zinco a caminho do mercado. Dois homens sentados frente a frente conversam e jogam cartas.

A impressão inicial de normalidade logo se esvai. Alguma coisa no andar daquele homem parece profundamente antinatural. Ele dá alguns passos e seu corpo começa a se mover com gestos espasmódicos e desconexos, as mãos traçam arcos sinuosos no ar. Ele estremece, joga o corpo para um lado, depois se corrige. Às vezes, contorce os músculos faciais numa carranca. As mãos da mulher também se torcem e retorcem, descrevem semicírculos ao redor do corpo. Ela é esquelética, está babando. Tem demência progressiva. Um dos dois homens que conversam estica o braço com violência, depois a conversa é retomada como se nada tivesse acontecido.

Quando o neurologista venezuelano Américo Negrette chegou a Barranquitas, nos anos 1950, pensou que tinha entrado em uma comunidade de alcoólatras.[21] Logo percebeu o engano: todos os homens e mulheres com demência, contrações faciais, atrofia muscular e movimentos incontroláveis tinham uma síndrome neurológica hereditária, a doença de Huntington. Nos Estados Unidos, essa síndrome é raríssima: apenas uma em cada 10 mil pessoas tem a doença. Em contraste, em partes de Barranquitas e na vizinha Lagunetas mais de um em vinte homens e mulheres manifestavam-na.[22]

Wexler aterrissou em Macaraibo em julho de 1979. Contratou oito trabalhadores locais, aventurou-se pelos *barrios* na orla do lago e começou a documentar as linhagens de homens e mulheres afetados e não afetados (apesar de formação ser em psicologia clínica, Wexler, àquela altura, já se tornara uma eminente especialista mundial em coreias e doenças neurodegenerativas). "Era um lugar terrível para se fazer pesquisa", recordou seu assistente. Improvisaram uma clínica ambulatorial para que os neurologistas pudessem identificar os pacientes, caracterizar a doença e fornecer informações e cuidados. Wexler estava interessada sobretudo em encontrar homens e mulheres com *duas* cópias do gene mutado da doença de Huntington — isto é, "homozigotos".[23] Para isso, precisava de uma família em que ambos os pais fossem afetados. Certa manhã, um pescador local deu-lhe uma pista crucial: ele conhecia uma favela fluvial, a cerca de duas horas de navegação no lago, onde várias famílias eram afetadas por *el mal*. Wexler gostaria de se arriscar pelos pântanos até essa povoação?

Sim, ela gostaria. No dia seguinte, Wexler e seus dois assistentes partiram de barco em direção ao *pueblo de agua,* o vilarejo em palafitas. O calor era escaldante. Eles remaram por horas nas águas paradas e por fim, contornando uma ilhota, viram uma mulher com um vestido de estampas marrons sentada de pernas cruzadas em uma varanda. A chegada do barco sobressaltou-a. A mulher se levantou para entrar na casa e de repente foi acometida por movimentos coreicos espasmódicos característicos da doença de Huntington. A um continente de sua terra, Wexler deparou com aquela dança dolorosamente reconhecível. "Foi um encontro da bizarria total com a familiaridade total", recordou.[24] "Eu me senti ligada e alienada. Foi avassalador."

Momentos depois, ao entrar no vilarejo, Wexler encontrou outro casal, os dois deitados numa rede, sacudindo e dançando violentamente. Tinham catorze filhos. Conforme Wexler coletou informações sobre os filhos e netos, a linhagem documentada cresceu depressa. Em alguns meses, ela estava em posse de uma lista contendo centenas de homens, mulheres e crianças com a doença de Huntington. Nos meses seguintes, retornou aos vilarejos dispersos com uma equipe de enfermeiras e médicos especializados para coletar frascos e mais frascos de sangue. Eles compilaram e reuniram uma árvore genealógica das famílias venezuelanas.[25] O material foi então remetido ao laboratório de James Gusella, no Massachusetts General Hospital em Boston, e para Michael Conneally, um geneticista médico da Universidade de Indiana.

Em Boston, Gusella purificou o DNA de células do sangue e cortou-o com uma barragem de enzimas, procurando uma variante que pudesse ser geneticamente ligada à doença de Huntington. O grupo de Connelly analisou os dados para quantificar a ligação estatística entre variantes de DNA e a doença. O grupo tripartido previa um avanço lento, pois precisariam vasculhar milhares de variantes polimórficas, mas logo se surpreenderam. Em 1983, mal haviam decorrido três anos da chegada do sangue, a equipe de Gusella encontrou um pedaço único de DNA variante, localizado em um trecho do cromossomo 4, que era marcadamente associado à doença. Acontece que o grupo de Gusella também havia colhido sangue de uma coorte muito menor de americanos com doença de Huntington. Também nesse caso, a doença mostrou forte associação com um poste sinalizador de DNA localizado no cromossomo 4.[26] Com duas famílias independentes demonstrando essa associação marcante, não podia haver dúvida quanto a uma ligação genética.

Em agosto de 1983, Wexler, Gusella e Conneally publicaram um artigo na revista *Nature* mapeando em definitivo o gene da doença de Huntington em um distante posto avançado do cromossomo 4 — 4p16.3.[27] Era uma estranha região do genoma, em grande medida pobre, com poucos genes conhecidos.

Para a equipe de geneticistas, foi como atracar de repente seu barco em uma ponta de praia abandonada, sem nenhum ponto de referência à vista.

Mapear um gene em sua localização cromossômica usando a análise de ligação é fazer um zoom do espaço cósmico para o equivalente genético de uma grande cidade metropolitana: permite uma compreensão muitíssimo refinada da localização do gene, porém ainda resta um longo caminho para identificar o gene em si. Em seguida, o mapa gênico é adicionalmente refinado para permitir a identificação de mais marcadores de ligação, restringindo-se de maneira progressiva a localização de um gene a pedaços cada vez menores do cromossomo. Distritos e subdistritos passam zunindo; bairros e quarteirões aparecem.

As etapas finais são inacreditavelmente trabalhosas. O pedaço do cromossomo que contém o gene suspeito é dividido em partes e subpartes. Cada uma dessas partes é isolada de células humanas, inserida em cromossomos de leveduras ou bactérias para que produza milhões de cópias e, assim, seja clonada. Essas peças clonadas são sequenciadas e analisadas, e os fragmentos sequenciados são escaneados para determinar se contêm um possível gene. O processo é repetido e refinado, cada fragmento sequenciado e de novo verificado, até que um pedaço do gene candidato tenha sido identificado em um único fragmento de DNA. O teste final consiste em sequenciar o gene de pacientes normais e afetados, para confirmar se aquele determinado fragmento se mostra alterado em pacientes com a doença hereditária. É como ir batendo de porta em porta para identificar um culpado.

Em uma fria manhã de fevereiro de 1993, James Gusella recebeu um e-mail de sua pós-doutoranda veterana com uma única palavra: "Bingo". Indicava uma chegada — haviam atracado. Desde 1983, quando o gene da doença de Huntington fora mapeado no cromossomo 4, uma equipe internacional com seis investigadores chefes e 58 cientistas (organizado e mantido com apoio da Hereditary Disease Foundation) havia passado a mais árida das décadas caçando o gene naquele cromossomo. Tinham tentado todo tipo de atalho para isolar o gene. Nada funcionara. Seu golpe de sorte inicial não se repetira.

Frustrados, tiveram de se contentar com prosseguir de gene em gene. Em 1992, haviam pouco a pouco fechado o cerco em torno de um único gene, que no começo chamaram de *IT15* — "*interesting transcript 15*". Mais tarde rebatizaram-no de *Huntingtin*.

Eles descobriram que o *IT15* codificava uma proteína enorme — um colosso bioquímico que continha 3144 aminoácidos, maior do que quase qualquer outra proteína do corpo humano (a insulina possuía meros 51 aminoácidos). Naquela manhã de fevereiro, a pós-doutoranda de Gusella sequenciara o gene *IT15* em uma coorte de controles normais e pacientes com a doença de Huntington. Ao contar as bandas no gel de sequenciamento, ela deparou com uma óbvia diferença entre os pacientes e seus parentes não afetados. O gene candidato fora encontrado.[28]

Wexler estava prestes a partir em mais uma viagem para colher amostras na Venezuela quando Gusella telefonou. Ela desatou a chorar, emocionada. "Conseguimos, conseguimos!", disse a um entrevistador, "é a noite de um longo dia de jornada."[29]

A proteína Huntingtin é encontrada em neurônios e em tecido testicular. Em camundongos, é necessária ao desenvolvimento do cérebro. A mutação que causa a doença é misteriosa. A sequência do gene normal contém um trecho altamente repetitivo, CAGCAGCAGCAG..., uma ladainha molecular que se estende por dezessete repetições dessas, em média (algumas pessoas possuem dez, outras podem ter até 35). A mutação encontrada nos pacientes de Huntington é peculiar. A anemia falciforme tem como causa a alteração de um único aminoácido na proteína. Na doença de Huntington, a mutação não é uma alteração de um ou dois aminoácidos, e sim um aumento no número de repetições, de menos de 35 no gene normal para mais de quarenta no gene mutante. O número aumentado de repetições encomprida a proteína Huntingtin. A proteína mais longa, supõe-se, é fragmentada em neurônios, e esses fragmentos acumulam-se em emaranhados dentro das células, talvez acarretando a disfunção e a morte celular.

A origem dessa estranha "gagueira" molecular — a alteração de uma sequência repetitiva — continua a ser um mistério. Pode ser um erro que acontece quando o gene é copiado. Talvez a enzima de replicação do DNA acrescente

CAGS aos trechos repetitivos, como uma criança que escreve "Mississippi" com um esse a mais. Uma característica notável da hereditariedade da doença de Huntington é um fenômeno conhecido como "antecipação": em famílias com essa doença, o número de repetições é amplificado no decorrer das gerações, resultando em cinquenta ou sessenta repetições em um gene (a criança que escreveu "Mississippi" errado uma vez continua acrescentando ainda mais esses).[30] Conforme as repetições aumentam, a doença acelera-se nos aspectos da gravidade e início dos sintomas, afetando membros cada vez mais jovens de uma família. Na Venezuela atual há até meninos e meninas de doze anos afetados, alguns deles com faixas de setenta ou oitenta repetições.

A técnica de mapear genes com base em suas posições físicas em cromossomos inventada por Davis e Botstein — mais tarde batizada de clonagem posicional — marcou um momento de transformação na genética humana. Em 1989, essa técnica foi usada para identificar um gene que causa a fibrose cística, uma doença devastadora que afeta pulmões, pâncreas, ductos biliares e intestinos. Ao contrário da mutação causadora da doença de Huntington, que é raríssima na maioria das populações (com exceção do agrupamento incomum da Venezuela), a variante mutada da fibrose cística é comum: um em cada 25 homens e mulheres de descendência europeia é portador da mutação. A maioria das pessoas com uma única cópia do gene mutante é assintomática. Se dois portadores assintomáticos conceberem uma criança, ela terá 25% de probabilidade de nascer com os dois genes mutantes. A consequência de herdar ambos os genes mutantes da fibrose cística pode ser fatal. Algumas das mutações têm penetrância de quase 100%. Até os anos 1980, uma pessoa portadora desses dois alelos mutantes vivia em média apenas vinte anos.

Por séculos já se desconfiava que a fibrose cística tinha alguma ligação com sal e secreções. Em 1857 um almanaque suíço de músicas e jogos infantis recomendava prestar atenção à saúde de crianças cuja "testa tem um gosto salgado quando beijada".[31] Sabia-se que as crianças com essa doença secretavam quantidades tão grandes de sal pelas glândulas sudoríparas que suas roupas encharcadas de suor, se fossem penduradas em um varal de arame para secar, corroeriam o metal como água do mar. As secreções dos pulmões eram tão viscosas que bloqueavam as vias aéreas com muco. As vias aéreas assim congestionadas tornavam-se um terreno fértil para a proliferação de bactérias, resultando em pneumonias frequentes e letais, uma das causas de morte mais comuns. Era uma vida horrível — um corpo afogando-se em suas próprias secreções —, e com frequência culminava em uma morte horrível. Em 1595, um professor de anatomia em Leiden descreveu a morte de uma criança: "Dentro do pericárdio, o coração flutuava em um líquido venenoso, da cor verde-mar. A morte fora causada pelo pâncreas, que estava estranhamente inchado. [...] A menina era muito magra, esgotada por uma febre héctica — uma febre flutuante mas persistente".[32] É quase certo que ele descreveu um caso de fibrose cística.

Em 1985, Lap-Chee Tsui, um geneticista humano que trabalhava em Toronto, descobriu um "marcador anônimo", uma das variantes de DNA de Botstein no genoma, que era ligado ao gene mutante da fibrose cística.[33] O marcador foi logo localizado no cromossomo 7, mas o gene da fibrose cística ainda estava perdido em algum rincão genético daquele cromossomo. Tsui começou a procurar o gene da fibrose cística reduzindo progressivamente a região que poderia contê-lo. Juntaram-se a essa caçada Francis Collins, um geneticista humano da Universidade de Michigan, e Jack Riordan, também de Toronto. Collins fizera uma engenhosa modificação na técnica clássica da busca por genes. No mapeamento gênico, em geral se "caminhava" ao longo de um cromossomo — clonava-se um pedacinho, depois o seguinte, um trecho que tivesse uma parte coincidente com outro contíguo, e assim sucessivamente. Era uma tarefa meticulosa, laboriosa, como subir por uma corda agarrando-a com um punho posto direto sobre o outro. O método de Collins permitia-lhe ir e voltar ao longo do cromossomo com um alcance muito maior. Ele o chamava de "salto cromossômico".

Em meados de 1989, Collins, Tsui e Riordan haviam usado o salto cromossômico para reduzir a caça ao gene a alguns candidatos no cromossomo 7.[34] Agora a tarefa era sequenciar os genes, confirmar sua identidade e definir a mutação que afetava a função do gene da fibrose cística. Em um entardecer chuvoso de fins daquele verão, quando Tsui e Collins participavam de um seminário sobre mapeamento gênico em Bethesda, eles velaram penitentemente ao lado de um aparelho de fax, à espera de notícias sobre o sequenciamento do gene mandadas do laboratório de Collins por um pesquisador pós-doutorando. Conforme a máquina ia cuspindo maços de papel com sequências embaralhadas, ATGCCGGTC..., Collins assistia à revelação que se materializava de repente: apenas um gene era persistentemente mutado em ambas as cópias nas crianças afetadas, enquanto seus pais não afetados possuíam apenas uma cópia da mutação.

O gene da fibrose cística codifica uma molécula que canaliza o sal através de membranas celulares. A mutação mais comum é uma deleção de três bases de DNA que resulta na remoção, ou deleção, de apenas um aminoácido da proteína (na linguagem dos genes, três bases de DNA codificam um único aminoácido). Essa deleção cria uma proteína disfuncional que é incapaz de fazer o cloreto — um componente do cloreto de sódio, o sal comum — passar através de membranas. O sal do suor não pode ser reabsorvido pelo corpo, e o resultado é o característico suor salgado. O corpo também não é capaz de secretar sal e água para os intestinos, resultando nos sintomas abdominais.*

A clonagem do gene da fibrose cística foi um marco na genética humana. Em poucos meses tornou-se disponível um teste diagnóstico para o alelo mutante. No começo dos anos 1990 já era possível examinar os portadores em busca da mutação e diagnosticar rotineiramente a doença no útero, permitindo que os pais decidissem pelo aborto de fetos afetados, ou monitorar as crianças para detectar as manifestações iniciais da doença. Os "casais portadores", nos quais homem e mulher possuíam pelo menos uma cópia do gene mutante, podiam decidir não procriar, ou adotar uma criança. Nesta última década, a

---

* A alta prevalência do gene mutante da fibrose cística em populações europeias intriga os geneticistas humanos há décadas. Se essa é uma doença tão letal, por que o gene não foi eliminado pela seleção evolucionária? Estudos recentes trouxeram uma teoria provocativa: o gene mutante da fibrose cística talvez proporcione uma *vantagem* seletiva durante uma infecção de cólera. Em seres humanos, o cólera causa uma diarreia grave e intratável acompanhada por perda aguda de sal e água; essa perda pode acarretar desidratação, desarranjo metabólico e morte. As pessoas com *uma* cópia do gene mutante da fibrose cística têm uma capacidade ligeiramente menor de perder sal e água através de membranas, estando, portanto, mais ou menos protegidas das complicações mais devastadoras do cólera (isso pode ser demonstrado usando camundongos submetidos a engenharia genética). Também aqui uma mutação em um gene pode ter um efeito dual e circunstancial: potencialmente benéfico em uma cópia, letal em duas. Pessoas com uma cópia do gene mutante da fibrose cística podem, assim, ter sobrevivido a epidemias de cólera na Europa. Quando duas pessoas com essa característica se reproduziam, tinham 25% de probabilidade de gerar um filho com dois genes mutantes — ou seja, uma criança com fibrose cística —, mas a vantagem seletiva era suficientemente grande para manter o gene mutante da fibrose cística na população.

combinação da triagem parental direcionada com o diagnóstico fetal reduziu a prevalência de crianças nascidas com fibrose cística em cerca de 30% a 40% em populações que apresentavam a mais elevada frequência do alelo mutante.[35] Em 1993, um hospital de Nova York iniciou um incisivo programa de triagem de judeus asquenazes para detectar três doenças genéticas: a fibrose cística, a doença de Gaucher e a doença de Tay-Sachs (as mutações nesses genes são mais prevalentes na população asquenaze).[36] Os pais podiam escolher se queriam submeter-se à triagem, à amniocentese para o diagnóstico pré-natal e à interrupção da gravidez se o feto fosse diagnosticado com a doença. Desde o lançamento do programa, não nasceu um único bebê nesse hospital com alguma dessas doenças genéticas.

É importante conceituar a transformação ocorrida na genética entre 1971, o ano em que Berg e Jackson criaram a primeira molécula de DNA recombinante, e 1993, o ano em que o gene da doença de Huntington foi isolado em definitivo. Embora o DNA tivesse sido identificado como a "molécula mestra" da genética em fins dos anos 1950, não existia então um método para sequenciar, sintetizar, alterar ou manipular o DNA. Com algumas notáveis exceções, a base genética da doença humana era quase desconhecida. Apenas algumas doenças humanas — anemia falciforme, talassemia e hemofilia B — haviam sido mapeadas em definitivo com seus genes causais. As únicas intervenções genéticas em seres humanos disponíveis na medicina eram a amniocentese e o aborto. A insulina e os fatores de coagulação estavam sendo isolados de órgãos de suínos e do sangue humano; nenhum medicamento fora criado por engenharia genética. Um gene humano nunca fora expresso de modo intencional fora de uma célula humana. A perspectiva de mudar o genoma de um organismo introduzindo genes estranhos ou mutando de propósito seus genes nativos estava muito longe do alcance de qualquer tecnologia. A palavra "biotecnologia" não existia nos dicionários.

Duas décadas depois, a transformação da paisagem da genética era impressionante: genes humanos haviam sido mapeados, isolados, sequenciados, sintetizados, clonados, recombinados, introduzidos em células bacterianas, transportados para genomas virais e usados para criar medicamentos. Como escreveu a física e historiadora Evelyn Fox Keller, quando os "biólogos moleculares [descobriram] técnicas que lhes permitiam manipular [o DNA], emergiu um know-how tecnológico que alterou de modo decisivo nosso senso histórico da imutabilidade da 'natureza'".[37]

> Se antes a noção tradicional era de que "natureza" implica destino e "criação" implica liberdade, agora os papéis parecem ter se invertido. [...] Poderíamos controlar com mais rapidez a primeira [isto é, genes] do que a segunda [o ambiente], não só como um objetivo de longo prazo, mas de uma perspectiva imediata.

Em 1969, às vésperas da década reveladora, o geneticista Robert Sinsheimer escreveu um ensaio sobre o futuro. A capacidade de sintetizar, sequenciar e manipular genes desvendaria "um novo horizonte na história do homem".[38]

> Alguns poderão sorrir e achar que isso não passa de uma nova versão do velho sonho da perfeição humana. É, mas também é algo mais. Os velhos sonhos sobre as perfeições culturais do homem sempre foram acentuadamente restritos pelas imperfeições e limitações inerentes, hereditárias do ser humano. [...] Agora vislumbramos outra rota: a chance de facilitar e conscientemente aperfeiçoar, muito além da nossa presente visão, esse extraordinário produto de 2 bilhões de anos de evolução.[39]

Outros cientistas anteviram essa revolução biológica e não foram tão otimistas. Como declarou o geneticista J. B. S. Haldane em 1923, assim que o poder de controlar genes estiver disponível, "nenhuma crença, nenhum valor, nenhuma instituição estará a salvo".[40]

25. "Obter o genoma"

> *A-hunting we will go, a-hunting we will go!*
> *We'll catch a fox and put him in a box,*
> *And then we'll let him go.**
>
> Verso infantil do século XVIII

> *Nossa capacidade de ler essa sequência do nosso genoma tem qualidades de um paradoxo filosófico. Um ser inteligente pode compreender as instruções para produzi-lo?*
>
> John Sulston[1]

Muitos estudiosos da construção naval renascentista debatem sobre a natureza da tecnologia que impulsionou o crescimento explosivo da navegação transoceânica em fins do século XV e no século XVI e por fim levou à descoberta do Novo Mundo. Terá sido a capacidade de construir embarcações maiores — galeões, caracas e filibotes —, como insiste um grupo? Ou a invenção de

---

* "Nós vamos caçar, nós vamos caçar!/ Vamos pegar uma raposa e botá-la numa caixa/ E depois vamos soltá-la." (N. T.)

novas tecnologias de navegação — um astrolábio superior, a bússola do navegador e o primeiro sextante?

Também na história da ciência e tecnologia os avanços parecem surgir em duas formas fundamentais. Temos as mudanças de escala, nas quais o avanço crucial surge como resultado de uma alteração só de tamanho ou escala (o foguete que levou o homem à Lua, na célebre declaração de um engenheiro, era apenas um enorme avião a jato apontado no sentido vertical para o satélite da Terra). E temos as mudanças conceituais, nas quais o avanço emerge graças ao aparecimento de um novo conceito ou ideia radical. Na verdade, esses dois modelos não são mutuamente exclusivos; eles se autorreforçam. Mudanças de escala possibilitam mudanças conceituais, e os novos conceitos, por sua vez, requerem novas escalas. O microscópio abriu uma porta para um mundo subvisual. Células e organelas intracelulares foram reveladas, suscitando questões acerca da anatomia e fisiologia internas de uma célula e demandando microscópios ainda mais potentes para que fosse possível compreender as estruturas e funções desses compartimentos subcelulares.

Entre meados dos anos 1970 e meados da década seguinte, a genética passara por muitas mudanças conceituais — clonagem de genes, mapeamento de genes, genes interrompidos [*split genes*], engenharia genética e novos modos de regulação gênica —, mas não por uma mudança radical de escala. No decorrer da década, centenas de genes individuais haviam sido isolados, sequenciados e clonados com base em características funcionais, porém não existia nenhum catálogo abrangente de todos os genes de um organismo celular. A tecnologia para sequenciar o genoma inteiro de um organismo já havia sido inventada, mas a enormidade do esforço ainda intimidava os cientistas. Em 1977, quando Fred Sanger havia sequenciado o genoma do vírus PhiX, com 5386 bases de DNA, esse número representava o limite superior da capacidade de sequenciar genes.[2] O genoma humano contém 3 095 677 412 pares de bases: uma mudança de escala de 574 mil vezes.[3]

O possível benefício de um esforço de sequenciamento abrangente evidenciou-se em particular no isolamento de genes que eram associados a doenças em seres humanos. Mesmo quando o mapeamento e a identificação de genes humanos cruciais estavam sendo celebrados na imprensa popular no começo dos anos 1990, os geneticistas, assim como os pacientes, manifestavam em privado suas preocupações com a ineficiência e a laboriosidade do processo. Com a doença de Huntington, foram necessários nada menos do que 25 anos para se chegar de uma paciente (a mãe de Nancy Wexler) ao gene (121 anos, se levarmos em conta o relato de caso original da doença por Huntington). Formas hereditárias de câncer de mama eram conhecidas desde a Antiguidade, mas o gene mais comum associado ao câncer, *BRCA1*, só foi identificado em 1994.[4] Mesmo com novas tecnologias, como o salto cromossômico, que havia sido usado para isolar o gene da fibrose cística, encontrar e mapear genes era frustrantemente demorado.[5] "Não faltavam pessoas de inteligência excepcional tentando encontrar genes em seres humanos", ressaltou John Sulston, biólogo estudioso de vermes,[6] "mas elas perdiam tempo teorizando sobre os trechos da sequência que talvez fossem necessários." A abordagem gene a gene, Sulston receava, acabaria chegando a um impasse.

James Watson também recordou a frustração com o ritmo da "genética de um gene", e declarou: "Mas mesmo com o imenso poder das metodologias do DNA recombinante, o isolamento da maioria dos genes associados a doenças ainda parecia além da capacidade humana em meados dos anos 1980".[7] O que Watson buscava era a sequência de todo o genoma humano, todos os seus 3 bilhões de pares de bases, do primeiro ao último nucleotídeo. Cada gene humano conhecido, incluindo todo o seu código genético, todas as sequências reguladoras, cada íntron e éxon, todos os longos trechos de DNA entre genes e todos os segmentos codificadores de proteína seriam encontrados nessa sequência. A sequência funcionaria como um gabarito para a anotação de genes descobertos no futuro: se um geneticista descobrisse um novo gene que aumentava o risco de câncer de mama, por exemplo, seria capaz de decifrar sua localização e sequência exatas mapeando-o na sequência principal do genoma humano. E a sequência também seria o gabarito "normal" no qual genes anormais, ou seja, mutações, poderiam ser anotados: o geneticista poderia comparar aquele gene associado ao câncer de mama entre mulheres afetadas e não afetadas e mapear a mutação responsável por causar a doença.

O impulso para o sequenciamento de todo o genoma humano veio de duas outras fontes. A abordagem baseada em um gene de cada vez funcionava bem para doenças "monogenéticas", como fibrose cística e doença de Huntington. No entanto, a maioria das doenças humanas comuns não deriva de mutações de um só gene. Mais do que doenças genéticas, elas são doenças *genômicas*: o risco de tê-las é determinado por vários genes dispersos no genoma humano. Não é possível entender essas doenças com base na ação de um único gene. Elas só podem ser entendidas, diagnosticadas ou preditas compreendendo-se as inter-relações entre vários genes independentes.

A doença genômica arquetípica é o câncer. Há mais de um século se sabia que o câncer é uma doença dos genes: em 1872, Hilário de Gouvêa, um oftalmologista brasileiro, descrevera uma família na qual uma forma rara de câncer do olho chamada retinoblastoma manifestava-se tragicamente ao longo de várias gerações.[8] As famílias sem dúvida têm em comum muito mais do que genes: maus hábitos, más receitas, neuroses, obsessões, ambientes e comportamentos. Mas o padrão familiar daquela doença sugeria uma causa genética. Gouvêa supôs um "fator hereditário" como causa daqueles raros tumores oculares. Na outra metade do planeta e sete anos antes, um monge botânico desconhecido chamado Mendel publicara um artigo sobre fatores hereditários em ervilhas, mas Gouvêa nunca pusera os olhos nesse artigo nem na palavra "gene".

Em fins dos anos 1970, um século depois de Gouvêa, os cientistas começaram a convergir na desagradável percepção de que os cânceres derivavam de células normais que haviam adquirido mutações em genes controladores do crescimento.* Em células normais, esses genes atuam como poderosos reguladores do crescimento: é assim que uma ferida na pele, depois de curar-se, costuma cessar o processo de cura e não se transforma em um tumor (ou, na linguagem da genética: genes ordenam às células em uma ferida quando começar a crescer e quando parar). Em células cancerosas, os geneticistas per-

---

* A tortuosa jornada intelectual, com suas pistas falsas, exaustivas caminhadas e atalhos inspirados, que por fim revelou que o câncer era causado pela corrupção de genes humanos *endógenos*, merece um livro só seu. Nos anos 1970, a teoria reinante da carcinogênese dizia que todos os cânceres, ou a maioria deles, eram causados por vírus. Experimentos revolucionários realizados por vários cientistas, entre eles Harold Varmus e J. Michael Bishop, da Universidade da Califórnia em San Francisco, revelaram, surpreendentemente, que esses vírus tipicamente causavam câncer porque interferiam em *genes celulares* — chamados de *proto-oncogenes*. Em resumo, as vulnerabilidades já estariam presentes no genoma humano. O câncer ocorre quando esses genes sofrem mutação, o que desencadeia o crescimento desregulado.

ceberam, essas vias eram interrompidas, por alguma razão desconhecida. Genes para começar eram "ligados" indefinidamente, e genes para parar eram "desligados"; genes que alteravam o metabolismo e a identidade de uma célula eram corrompidos, e o resultado era uma célula que não sabia parar de crescer.

O fato de o câncer ser consequência de alterações de vias genéticas *endógenas* — uma "versão distorcida do nosso eu normal", como disse o biólogo oncologista Harold Varmus — era terrivelmente perturbador: por décadas, cientistas haviam esperado que algum patógeno, como um vírus ou uma bactéria, viesse a ser apontado como a causa universal do câncer e pudesse, talvez, ser eliminado graças a alguma vacina ou terapia antimicrobiana. A intimidade da relação entre genes do câncer e genes normais trouxe um desafio central para a biologia dessa doença: como os genes mutantes podiam ser restaurados a seus estados de *liga* ou *desliga* normais, permitindo ao mesmo tempo que o crescimento normal prosseguisse sem ser perturbado? Esse era, e continua a ser, o objetivo definidor, a perene fantasia e o mais profundo enigma da terapia do câncer.

Células normais podiam adquirir as mutações causadoras de câncer por meio de quatro mecanismos. As mutações podiam ser causadas por agressões ambientais, por exemplo, tabagismo, luz ultravioleta ou raios X — agentes que atacam o DNA e mudam sua estrutura química. Mutações podiam surgir de erros espontâneos durante a divisão celular (toda vez que o DNA se replica em uma célula, existe uma pequenina chance de que o processo de cópia gere um erro, por exemplo, uma troca de A por T ou de G por C). Genes mutantes causadores de câncer podiam ser herdados dos pais, causando síndromes de câncer hereditárias, como retinoblastoma e câncer de mama, que acometiam famílias. Ou genes podiam ser transportados para as células por vírus, os carregadores e permutadores profissionais de genes do mundo microbiano. Nos quatro casos, o resultado convergia para o mesmo processo patológico: a ativação ou desativação imprópria de vias genéticas que controlavam o crescimento, causando a divisão celular maligna, desregulada, que caracterizava o câncer.

Não é por coincidência que uma das doenças mais elementares da história humana surge da corrupção dos dois processos mais elementares da biologia: o câncer coopta a lógica tanto da evolução como da hereditariedade; é uma convergência patológica de Mendel e Darwin. Células cancerosas surgem por meio de mutação, sobrevivência, seleção natural e crescimento. E transmitem as instruções para o crescimento maligno às suas células-filhas por intermédio de seus genes. Como perceberam os biólogos no começo dos anos 1980, o câncer era, pois, um "novo" tipo de doença genética: resultado de hereditariedade, evolução, ambiente e acaso, tudo junto.

Mas quantos desses genes eram responsáveis por causar um câncer humano típico? Um gene por câncer? Uma dúzia? Uma centena? Em fins dos anos 1990, na Universidade Johns Hopkins, um geneticista oncologista chamado Bert Vogelstein decidiu elaborar um catálogo abrangente de quase todos os genes implicados em cânceres humanos. Vogelstein já descobrira que cânceres surgem de um processo passo a passo envolvendo o acúmulo de dezenas de mutações em uma célula.[9] Gene por gene, uma célula vai decaindo em direção ao câncer — adquire uma, duas, quatro e então dezenas de mutações que empurram sua fisiologia do crescimento controlado para o crescimento desregulado.

Para os geneticistas oncologistas, esses dados sugeriam claramente que a abordagem do tipo um gene por vez seria insuficiente para entender, diagnosticar ou tratar o câncer. Uma característica fundamental do câncer era sua enorme diversidade genética: dois espécimes de câncer de mama, removidos de duas mamas da mesma mulher ao mesmo tempo, podiam ter diferentes espectros de mutações e, portanto, comportar-se de modos diferentes, progredir em ritmos diferentes e responder a diferentes quimioterapias. Para entender o câncer, os biólogos precisavam avaliar todo o genoma de uma célula cancerosa.

Se o sequenciamento de genomas de câncer — e não apenas de genes de câncer individuais — era necessário para entender a fisiologia e a diversidade dos cânceres, então era ainda mais evidente que a sequência do genoma normal tinha de ser completada primeiro. O genoma humano forma a contrapartida normal do genoma do câncer. Uma mutação genética só pode ser descrita no contexto de uma contrapartida normal ou do "tipo selvagem". Sem esse gabarito da normalidade, havia pouca esperança de que a biologia fundamental pudesse ser desvendada.

Assim como no câncer, também em doenças mentais hereditárias estava se descobrindo que havia dezenas de genes envolvidos. A esquizofrenia, em especial, eletrizou o público em 1984, quando James Huberty, um homem que sabidamente sofria de alucinações paranoides, entrou em uma lanchonete McDonald's de San Diego numa tarde de julho e matou a tiros 21 pessoas.[10] No dia anterior ao massacre, Huberty havia deixado com a recepcionista de uma clínica de doenças mentais uma mensagem desesperada, suplicando por ajuda, depois ficara horas esperando ao lado do telefone. O telefonema em resposta não veio; a recepcionista, por engano, tinha escrito seu nome como *Shouberty* e não se dera ao trabalho de anotar seu número. Na manhã seguinte, ainda flutuando em uma fuga paranoide, ele saíra de casa com uma arma semiautomática carregada embrulhada num cobertor xadrez depois de dizer à filha que estava indo "caçar seres humanos".

A catástrofe de Huberty ocorreu sete meses depois que um enorme estudo da Academia Nacional de Ciências publicou dados associando de modo inquestionável a esquizofrenia a causas genéticas. Usando o método dos gêmeos que Galton havia inaugurado nos anos 1890 e que os geneticistas nazistas tinham empregado nos anos 1940, o estudo da instituição constatou que gêmeos idênticos apresentavam uma espantosa taxa de concordância de 30% a 40% para a esquizofrenia.[11] Um estudo anterior, publicado pelo geneticista Irving Gottesman em 1982, encontrara correlação ainda mais provocativa: entre 40% e 60% em gêmeos idênticos.[12] Se um dos gêmeos fosse diagnosticado com esquizofrenia, a probabilidade de o outro apresentar a doença era cinquenta vezes maior do que o risco de esquizofrenia na população em geral. Para gêmeos idênticos com a forma mais grave de esquizofrenia, Gottesman encontrara uma taxa de concordância entre 75% e 90%: quase *todo* gêmeo idêntico com uma das variantes mais graves de esquizofrenia, constatou ele, tinha um gêmeo com a mesma doença.[13] Esse alto grau de concordância entre gêmeos idênticos sugeriu uma poderosa influência genética na esquizofrenia. Notavelmente, porém, tanto a ANC como o estudo de Gottesman concluíram que a taxa de concordância diminuía de forma drástica entre gêmeos não idênticos (para cerca de 10%).

Para um geneticista, um padrão de hereditariedade como esse oferece pistas importantes sobre as influências genéticas básicas de uma doença. Suponhamos que a esquizofrenia seja causada por uma mutação única, dominante e de alta penetrância em um gene. Se um gêmeo idêntico herdar esse gene mutante, o outro o herdará também. Ambos manifestarão a doença, e a concordância entre os gêmeos será próxima de 100%. Gêmeos fraternos e irmãos em geral deverão, em média, herdar esse gene cerca de metade das vezes, e a concordância entre eles deverá cair para 50%.

Em contraste, suponha que a esquizofrenia não seja uma doença, e sim uma família de doenças. Imagine que o aparato cognitivo do cérebro seja um complexo motor mecânico, composto de um eixo central, uma caixa de engrenagens principal e dezenas de pistões e gaxetas menores para regular e sintonizar sua atividade. Se o eixo principal quebrar e a caixa de engrenagens se partir, toda a "máquina cognitiva" entra em pane. Isso é análogo à variante grave da esquizofrenia: uma combinação de algumas mutações de alta penetração em genes que controlam a comunicação e o desenvolvimento neural podem causar sérios danos ao eixo e às engrenagens, resultando em graves deficiências cognitivas. Como os gêmeos idênticos herdam genomas idênticos, ambos invariavelmente herdarão mutações nos genes do eixo e da caixa de engrenagens. E como as mutações têm alta penetrância, a concordância entre os gêmeos idênticos será próxima de 100%.

Mas agora imagine que o motor da cognição também pode falhar se várias das gaxetas, velas de ignição e pistões menores não funcionarem. Nesse caso, o motor não entrará em pane total; ele vai cuspir e engasgar, e sua disfunção será mais situacional: piorará no inverno. Essa, por analogia, é a variante mais branda da esquizofrenia. A disfunção é causada por uma *combinação* de mutações, cada uma de baixa penetrância: são genes de gaxetas, pistões e velas de ignição exercendo um controle mais sutil sobre o mecanismo global da cognição.

Também neste caso, os gêmeos idênticos, como possuem genomas idênticos, herdarão, digamos, todas as cinco variantes gênicas juntas; porém, como a penetrância é incompleta e os gatilhos são mais situacionais, a concordância entre gêmeos idênticos pode cair para apenas 30% ou 50%. Em contraste, gêmeos fraternos ou irmãos em geral terão em comum apenas algumas dessas variantes gênicas. As leis de Mendel garantem que é raro que todas as cinco variantes sejam herdadas juntas por dois irmãos. A concordância entre gêmeos fraternos e irmãos em geral cairá de maneira ainda mais drástica, para 5% a 10%.

Esse padrão de herança é mais comumente observado na esquizofrenia. O fato de que gêmeos idênticos apresentam uma concordância de apenas 50% — ou seja, se um gêmeo é afetado, o outro é afetado apenas 50% das vezes — é uma demonstração clara de que são necessários alguns outros gatilhos (fatores ambientais ou eventos aleatórios) para fazer essa predisposição ultrapassar um limiar. Mas quando uma criança que tem pais esquizofrênicos é adotada ao nascer por uma família *não* esquizofrênica, essa criança ainda assim tem um risco de 15% a 20% de manifestar a doença — cerca de vinte vezes mais do que a população em geral. Isso demonstra que as influências genéticas podem ser poderosas e autônomas, apesar de enormes variações no ambiente. Esses padrões sugerem fortemente que a esquizofrenia é uma doença poligênica complexa que envolve múltiplas variantes e genes, além de possíveis gatilhos ambientais ou aleatórios. Portanto, como no câncer e outras doenças poligênicas, uma abordagem gene a gene talvez não permita desvendar a fisiologia da esquizofrenia.

As preocupações da população com genes, doença mental e crime foram ainda mais insufladas em meados de 1985 pela publicação de *Crime and Human Nature: The Definitive Study of the Causes of Crime*, um livro incendiário escrito pelo cientista político James Q. Wilson e pelo biólogo comportamental Richard Herrnstein.[14] Esses autores salientaram que formas específicas de doença mental — com destaque para a esquizofrenia, em especial sua forma mais violenta e perturbadora — tinham elevada prevalência entre criminosos, provavelmente eram geneticamente entranhadas e talvez fossem a causa do comportamento criminoso. Toxicomania e violência também tinham fortes componentes genéticos. Essa hipótese conquistou a imaginação popular. A criminologia acadêmica do pós-guerra fora dominada por teorias "ambientais" do crime, ou seja, os criminosos seriam produto de más influências: "maus amigos, vizinhança ruim, rótulos impróprios".[15] Wilson e Herrnstein reconheceram esses fatores, mas acrescentaram um quarto, mais controvertido: "maus genes". O solo não era contaminado, eles sugeriram; a semente, sim. *Crime and Human Nature* transformou-se em um avassalador fenômeno na mídia: vinte grandes veículos noticiosos, entre eles *New York Times*, *Newsweek* e *Science*, publicaram artigos ou resenhas sobre a obra. A revista *Time* reforçou sua mensagem essencial no título "O criminoso é nato, e não formado?". Já o subtítulo da *Newsweek* foi mais seco: "Criminosos natos e criados".

O livro de Wilson e Herrnstein atraiu uma saraivada de críticas. Até os mais ferrenhos crentes da teoria genética da esquizofrenia tinham de admitir que a etiologia da doença era, em grande medida, desconhecida, que influências adquiridas tinham de desempenhar um importante papel de gatilho (daí a concordância de 50%, e não de 100%, entre os gêmeos idênticos) e que a grande maioria dos esquizofrênicos vivia à sombra aterradora de sua doença, mas não tinha nenhum antecedente criminal.

No entanto, para um público que ardia de preocupação com violência e crime nos anos 1980, era potencialmente sedutora a ideia de que o genoma humano talvez contivesse as respostas não apenas para as enfermidades do corpo, mas também para doenças sociais, como desvio comportamental, alcoolismo, violência, corrupção moral, perversão e toxicomania. Em uma entrevista para o *Baltimore Sun*, um neurocirurgião cogitou a possibilidade de as pessoas "propensas ao crime" (como Huberty) serem identificadas, mantidas em quarentena e tratadas *antes* de cometer crimes — ou seja, mediante um levantamento do perfil genético dos pré-criminosos. E um geneticista psiquiátrico falou do impacto que a identificação de tais genes poderia ter sobre o discurso popular acerca de crime, responsabilidade e punição. "A ligação [com a genética] é clara [...]. Estaríamos sendo ingênuos se não pensássemos que um aspecto [da cura do crime] seria biológico."

Contra esse monumental pano de fundo de alvoroço na mídia e expectativas, as primeiras conversas sobre providenciar o sequenciamento do genoma humano foram notavelmente desalentadoras. Em meados de 1984, Charles DeLisi, um administrador científico do Departamento de Energia (DOE) convocou uma reunião de especialistas para avaliarem a viabilidade técnica do sequenciamento do genoma humano. Desde o começo dos anos 1980, pesquisadores do DOE vinham investigando os efeitos de radiação sobre genes humanos. Os bombardeios de Hiroshima e Nagasaki em 1945 haviam exposto centenas de milhares de japoneses a doses diversas de radiação, incluindo 12 mil crianças sobreviventes que agora estavam na casa dos quarenta ou cinquenta anos. Quantas mutações haviam ocorrido naquelas crianças, em quais genes e depois de quanto tempo? Como era provável que as mutações induzidas por radiação estivessem espalhadas de maneira aleatória no genoma, uma busca gene a gene seria infrutífera. Em dezembro de 1984, convocou-se outra reunião de cientistas para avaliar se o sequenciamento de todo o genoma poderia ser usado para detectar alterações gênicas em crianças expostas a radiação.[16] A conferência realizou-se em Alta, no estado de Utah, a mesma cidade montanhosa onde Botstein e Davis haviam concebido a ideia de mapear genes humanos com base em ligações e polimorfismos.

Na superfície, o evento de Alta foi um fracasso monumental. Os cientistas perceberam que a tecnologia de sequenciamento disponível em meados dos anos 1980 estava longe de possibilitar o mapeamento de mutações em todo o genoma humano. No entanto, o congresso foi uma plataforma de lançamento crucial para as conversas a respeito de um sequenciamento de genes abrangente. Seguiram-se outros congressos sobre sequenciamento do genoma: em Santa Cruz em maio de 1985 e em Santa Fé em março de 1986. No fim do último trimestre de 1986, James Watson convocou o encontro que talvez tenha sido o mais decisivo: com o provocador título A Biologia Molecular do Homo Sapiens, ele se realizou em Cold Spring Harbor. Como em Asilomar, a serenidade do campus, situado em uma plácida baía cristalina, com morros ondulantes descendo até a água, contrastava com a energia ebuliente das discussões.

A profusão de novos estudos apresentada nesse encontro fez o sequenciamento do genoma parecer, de repente, tecnologicamente viável. O mais importante avanço técnico talvez tenha vindo de Kary Mullis, um bioquímico que estudava a replicação de genes.[17] Para sequenciar genes é crucial possuir, logo de saída, um suficiente material de DNA. Uma única célula bacteriana pode ser cultivada para gerar centenas de milhões de células, e assim fornecer quantidades abundantes de DNA bacteriano para o sequenciamento. Por outro lado, é difícil cultivar centenas de milhões de células humanas. Mullis havia descoberto um atalho engenhoso. Ele fez uma cópia de um gene humano em tubo de ensaio usando DNA polimerase, depois usou essa cópia para fazer cópias da cópia, depois copiou as numerosas cópias por dezenas de ciclos. Cada ciclo de copiagem amplificou o DNA, resultando em um aumento exponencial da produção de um gene. Essa técnica foi depois chamada de reação em cadeia da polimerase (conhecida pela sigla PCR), e se tornaria crucial para o Projeto Genoma Humano.

Eric Lander, um matemático e biólogo, falou aos participantes sobre novos métodos matemáticos para descobrir genes relacionados a doenças multigênicas complexas. Leroy Hood, do Caltech, descreveu uma máquina semiautomática capaz de tornar dez ou vinte vezes mais rápido o método de sequenciamento de Sanger.

Antes disso, Walter Gilbert, o pioneiro do sequenciamento de DNA, esboçara um cálculo dos custos e do pessoal necessários. Estimou que, para sequenciar os 3 bilhões de pares de bases do DNA humano, seriam necessários cerca de 50 mil anos-homem e 3 bilhões de dólares — um dólar por base.[18] Gilbert adiantou-se com seu jeito expansivo para escrever o número em um quadro-negro, e um acirrado debate irrompeu na plateia. O "número de Gilbert" — que se revelaria de uma acurácia espantosa — havia reduzido o projeto do genoma a realidades tangíveis. Aliás, se posto em perspectiva, esse custo nem sequer era particularmente elevado: em seu apogeu, o programa Apollo empregara quase 400 mil pessoas, a um custo acumulado total de mais ou menos 100 bilhões de dólares. Se Gilbert estivesse certo, o genoma humano poderia ser sequenciado por menos de ¹⁄₃₀ do preço do pouso na Lua. Sydney Brenner gracejou depois que o sequenciamento do genoma humano talvez acabasse sendo limitado não pelo custo ou pela tecnologia, mas apenas pela tremenda monotonia do trabalho. Ele especulou que talvez fosse bom dar a tarefa de sequenciar o genoma como punição a criminosos e condenados — 1 milhão de bases por roubo, 2 milhões por homicídio, 10 milhões por assassinato.

Enquanto o sol se punha na baía, Watson falou a vários cientistas sobre uma crise pessoal pela qual estava passando. Na noite de 27 de maio, véspera da conferência, seu filho de quinze anos, Rufus Watson, escapara de uma clínica psiquiátrica em White Plains. Foi encontrado mais tarde vagueando pelo bosque perto da linha do trem, capturado e levado de volta à clínica. Alguns meses antes, Rufus havia tentado quebrar uma janela do World Trade Center para pular do prédio. Fora diagnosticado com esquizofrenia. Para Watson, que acreditava plenamente que a doença tinha base genética, o Projeto Genoma Humano viera para casa, literalmente. Não havia modelos animais para a esquizofrenia, tampouco polimorfismos obviamente ligados que permitissem aos geneticistas encontrar os genes relevantes. "O único modo de dar uma vida a Rufus seria entender por que ele estava doente. E o único modo de fazer isso seria obter o genoma."[19]

Mas qual genoma "obter"? Alguns cientistas, entre os quais Sulston, defendiam uma abordagem gradativa: começar por organismos simples, como o fungo *Neurospora crassa*, o verme ou a mosca, depois subir a escada da complexidade e tamanho até chegar ao genoma humano. Outros, como Watson, queriam partir direto para o genoma humano. Depois de um prolongado debate interno, os cientistas chegaram a um acordo. Começariam a sequenciar os genomas de organismos simples, como vermes e moscas. Esses projetos levariam os nomes de seus respectivos organismos: Projeto Genoma do Verme ou Projeto Genoma da Mosca-das-Frutas, e permitiriam fazer a sintonia fina da tecnologia do sequenciamento de genes. O sequenciamento dos genes humanos prosseguiria em paralelo. As lições aprendidas com os genomas mais simples seriam aplicadas ao genoma humano, maior e mais complexo. Essa empreitada maior — o sequenciamento abrangente de todo o genoma humano — foi denominada Projeto Genoma Humano.

Os INS e o DOE, enquanto isso, competiam pelo controle do Projeto Genoma Humano. Em 1989, depois de várias audiências no Congresso, chegou-se a um segundo acordo: os INS atuariam como o "departamento diretor" oficial do projeto, enquanto o DOE contribuiria com recursos e gestão estratégica.[20] Watson foi escolhido para a chefia. Colaboradores internacionais foram logo adicionados: o Conselho de Pesquisa Médica do Reino Unido e o Wellcome Trust juntaram-se à iniciativa. Com o tempo, cientistas franceses, chineses, japoneses e alemães entrariam para o Projeto Genoma.

Em janeiro de 1989, um conselho consultivo de doze membros reuniu-se em uma sala de conferência do Prédio 31, no extremo do campus dos INS em Bethesda.[21] O conselho era presidido por Norton Zinder, o geneticista que ajudara a redigir a moratória de Asilomar. "Começamos hoje", anunciou Zinder. "Estamos iniciando um estudo interminável sobre a biologia humana. Independentemente do que ele vier a ser, será uma aventura, um esforço inestimável. E quando estiver terminado, alguém se sentará e dirá: 'Chegou a hora de começar'."[22]

Em 28 de janeiro de 1983, na véspera do lançamento do Projeto Genoma Humano, Carrie Buck morreu em um lar para idosos em Waynesboro, na Pensilvânia.[23] Tinha 76 anos. Seu nascimento e sua morte coincidiram com quase um século do gene. Sua geração testemunhara a ressurreição científica da genética, a entrada forçada do tema no discurso público, a perversão da genética que descambou para a engenharia social e a eugenia, seu surgimento no pós-guerra como o tema central da "nova" biologia, seu impacto sobre a fisiologia e patologia humana, seu imenso poder explicativo para nossa compreensão da doença e sua inevitável interseção com questões relacionadas a destino, identidade e escolha. Carrie Buck fora uma das primeiras vítimas dos equívocos de uma nova ciência poderosa. E vira essa ciência transformar nossa compreensão da medicina, cultura e sociedade.

E quanto à sua "imbecilidade genética"? Em 1930, três anos depois de sua esterilização determinada pela Suprema Corte, Carrie Buck foi libertada da Colônia da Virgínia. Mandaram-na trabalhar para uma família no condado de Bland, Virgínia. A única filha de Carrie Buck, Vivian Dobbs — a criança que fora examinada no tribunal e declarada "imbecil" —, morreu de enterocolite em 1932.[24] Durante os cerca de oito anos de sua vida, Vivian saiu-se razoavelmente bem na escola. Na primeira série, por exemplo, recebeu notas A e B em comportamento e ortografia e C em matemática, uma matéria que sempre lhe parecera difícil. Em abril de 1931, ela foi mencionada na lista de melhores alunos. O que resta de seu registro escolar sugere uma criança alegre, simpática e despreocupada, cujo desempenho não era melhor nem pior que o de qualquer outra criança em idade escolar. Nada na história de Vivan contém a menor sugestão de alguma propensão hereditária a doença mental ou imbecilidade, o diagnóstico que selara o destino de Carrie Buck no tribunal.

26. Os geógrafos

> *So Geographers in Afric-maps,*
> *With Savage-Pictures fill their Gaps;*
> *And o'er uninhabitable Downs*
> *Place Elephants for want of Towns.**
> Jonathan Swift, "On Poetry"[1]

> Cada vez mais, o Projeto Genoma Humano, em tese um dos mais nobres empreendimentos da humanidade, se parece com uma luta livre na lama.
>
> Justin Gillis, 2000[2]

É justo dizer que a primeira surpresa do Projeto Genoma Humano não teve nenhuma relação com genes. Em 1989, quando Watson, Zinder e seus colegas se preparavam para lançar o Projeto Genoma, um neurobiólogo sem fama dos INS, Craig Venter, propôs um atalho para o sequenciamento do genoma.[3]

---

* "E assim, os geógrafos, em mapas da África,/ Preenchem as lacunas com figuras de selvagens;/ E em planícies inabitáveis/ Põem elefantes por falta de cidades." (N. T.)

Venter, um sujeito briguento, obstinado e beligerante, aluno recalcitrante e de notas medíocres, viciado em surfar e velejar e ex-recruta na Guerra do Vietnã, tinha a capacidade de mergulhar de cabeça em projetos desconhecidos. Especializara-se em neurobiologia e passara boa parte de sua vida científica estudando a adrenalina. Em meados dos anos 1980, ele trabalhava para os INS e se interessava pelo sequenciamento de genes expressos no cérebro humano. Em 1986, ouviu falar sobre a máquina de sequenciamento rápido de Leroy Hood e tratou logo de comprar uma versão inicial para seu laboratório.[4] Quando ela chegou, Venter chamou-a de "meu futuro num caixote".[5] Ele tinha habilidade de engenheiro para mexer em máquinas e amor de bioquímico para misturar soluções. Dentro de poucos meses, Venter se tornara especialista em sequenciamento rápido de genoma usando a sequenciadora semiautomática.

A estratégia de Venter para sequenciar genomas baseava-se em uma simplificação radical. Embora, obviamente, o genoma humano contenha genes, não existem genes em grande parte do genoma. Os imensos trechos de DNA entre genes, chamados DNA intergênico, são mais ou menos como as longas rodovias entre cidades canadenses. E, como Phil Sharp e Richard Roberts haviam demonstrado, o próprio gene é dividido em segmentos e possui longos espaçadores chamados íntrons interpostos entre os segmentos que codificam proteína.

O DNA intergênico e os íntrons — os espaçadores entre genes e os recheios dentro de genes — não codificam nenhuma informação sobre proteínas.* Alguns desses trechos contêm informações para regular e coordenar a expressão dos genes no tempo e no espaço; eles codificam comutadores do tipo liga ou desliga anexos aos genes. Outros trechos não codificam nenhuma função conhecida. Assim, a estrutura do genoma humano poderia ser comparada à seguinte sentença:

---

* Trechos de DNA associados a um gene chamados promotores podem ser comparados a comutadores para "ligar" esse gene. Essas sequências codificam informações sobre quando e onde ativar um gene (por exemplo, a hemoglobina só é "ligada" em glóbulos vermelhos). Em contraste, outros trechos de DNA codificam informações sobre quando e onde "desligar" um gene (por exemplo, os genes para a digestão da lactose são "desligados" em uma célula bacteriana, a menos que a lactose se torne o nutriente dominante). É notável que o sistema de comutadores para "ligar" e "desligar" genes, verificado pela primeira vez em bactérias, se conserva por toda a biologia.

Esta......é a......es...tru......tura...,,,,...do...seu...(...ge...noma...)...

— na qual as palavras correspondem aos genes, as reticências representam espaçadores e recheios e os ocasionais sinais de pontuação demarcam as sequências reguladoras de genes.

O primeiro atalho de Venter consistia em desconsiderar os espaçadores e os recheios do genoma humano. Os íntrons e o DNA intergênico não continham informações para codificar proteínas, raciocinou ele; sendo assim, por que não nos concentrarmos nas partes "ativas", codificadoras de proteína? E, empilhando um atalho sobre outro, ele propôs que talvez até aquelas partes ativas pudessem ser acessadas ainda mais rápido se apenas fragmentos de genes fossem sequenciados. Convencido de que essa abordagem dos genes fragmentados funcionaria, Venter passou a sequenciar centenas de fragmentos de gene de tecido cerebral.

Continuando nossa analogia entre genomas e sentenças: era como se Venter tivesse decidido encontrar fragmentos de palavras de uma sentença — *estru, seu* e *geno* — no genoma humano. Ele sabia que, com esse método, podia não descobrir o conteúdo da sentença inteira, mas talvez fosse capaz de deduzir dos fragmentos o bastante para compreender os elementos cruciais dos genes humanos.

Watson ficou estarrecido. A estratégia de "fragmentos de gene" de Venter era mais rápida e mais barata, sem dúvida, mas para muitos geneticistas ela era também descuidada e incompleta, pois produzia apenas informações fragmentárias sobre o genoma.* Esse conflito intensificou-se com um desdobramento insólito. No verão de 1991, quando o grupo de Venter começava a desvendar laboriosamente sequências de fragmentos de genes do cérebro, o departamento de transferência de tecnologia dos INS aconselhou Venter a patentear os novos fragmentos gênicos.[6] Para Watson, isso revelava uma disso-

---

* Essa estratégia de Venter para sequenciar porções do genoma que codificavam proteínas e RNA se revelaria, por fim, um recurso inestimável para os geneticistas. O método de Venter revelou partes do genoma que eram "ativas"; com isso, permitiu aos geneticistas assinalar essas partes ativas no genoma inteiro.

nância constrangedora: parecia que, agora, uma divisão dos INS reivindicava direitos exclusivos às mesmas informações que outra divisão estava tentando descobrir e disponibilizar livremente.

Mas que lógica permitiria patentear genes — ou, no caso de Venter, fragmentos "ativos" de genes? Lembremos que, em Stanford, Boyer e Cohen haviam patenteado um *método* que possibilitava "recombinar" pedaços de DNA para criar quimeras genéticas. A Genentech havia patenteado um *processo* para expressar proteínas como a insulina em bactérias. Em 1984, a Amgen depositara uma patente para o isolamento da eritropoetina, o hormônio que controla a produção de glóbulos vermelhos, usando DNA recombinante; mas mesmo essa patente, se lida com atenção, envolvia um esquema para a produção e isolamento de uma proteína distinta com uma função distinta.[7] Ninguém jamais havia patenteado um gene ou um pedaço de informação genética propriamente ditos. Um gene humano não era como qualquer outra parte do corpo — o nariz, o braço esquerdo — e, portanto, em essência "impatenteável"? Ou seria a descoberta de novas informações genéticas algo tão inédito que merecia ser tratado como uma propriedade e uma ação passível de patente? Sulston, por exemplo, opunha-se com veemência à ideia de patentes de genes. "As patentes existem para proteger invenções (ou pelo menos penso que seja assim)", escreveu.[8] "Se não havia 'invenção' envolvida em se descobrir [fragmentos de gene], como poderiam ser patenteáveis?" "É uma apropriação de terreno precipitada e desonesta", menosprezou uma pesquisadora.[9]

A controvérsia em torno das patentes de gene pretendidas por Venter acirrou-se ainda mais porque os fragmentos gênicos estavam sendo sequenciados de maneira aleatória, sem a atribuição de função alguma à maioria dos genes. Como o método de Venter muitas vezes resultava no sequenciamento de fragmentos incompletos de genes, a natureza das informações era necessariamente incompreensível. Em alguns casos os fragmentos eram longos o bastante para permitir que se deduzisse a função de um gene; porém, mais comumente, era impossível deduzir alguma coisa a partir deles. "Seria possível patentear um elefante descrevendo sua cauda? E que tal patentear um elefante descrevendo três pedaços descontínuos da cauda?", argumentou Eric Lander.[10] Em uma audiência sobre o Projeto Genoma no Congresso, Watson bradou que "praticamente qualquer macaco" seria capaz de gerar esses fragmentos. O geneticista inglês Walter Bodmer alertou que se os americanos concedessem a Venter patentes de fragmentos de genes, os britânicos passariam a também requerer suas próprias patentes em trabalhos semelhantes.[11] Em poucas semanas, o genoma seria "balcanizado": dividido em mil colônias territoriais espetadas com as bandeiras americana, britânica ou alemã.

Em 10 de junho de 1992, farto dessas brigas intermináveis, Venter demitiu-se dos INS e fundou seu próprio instituto privado para sequenciamento de genes. De início a organização chamou-se Institute for Genome Research,[12] mas Venter, sagaz, detectou um problema nesse nome: seu acrônimo, IGOR, trazia uma infeliz associação com o mordomo vesgo aprendiz de Frankenstein. Mudou então o nome para The Institute for Genomic Research, abreviado como TIGR.

No papel — ou pelo menos em papers científicos —, TIGR foi um sucesso fenomenal. Venter colaborou com luminares da ciência como Bert Vogelstein e Ken Kinzler para descobrir novos genes associados ao câncer. Mais importante foi sua insistência em avançar pelas fronteiras tecnológicas do sequenciamento de genoma. Singularmente sensível aos críticos, ele também era singularmente responsivo às críticas: em 1993, expandiu suas atividades de sequenciamento, de fragmentos gênicos para genes inteiros e genomas. Trabalhando com um novo aliado, o bacteriologista laureado com o Nobel Hamilton Smith,[13] Venter decidiu sequenciar todo o genoma de uma bactéria que causa pneumonias letais em seres humanos, a *Haemophilus influenzae*.

A estratégia de Venter era uma expansão da que ele usara para os fragmentos de gene do cérebro, porém com uma modificação importante. Agora ele despedaçaria o genoma bacteriano em 1 milhão de pedaços usando um dispositivo que funcionaria mais ou menos como uma espingarda [*shotgun*, em inglês]. Depois sequenciaria centenas de milhares de fragmentos aleatoriamente, e então usaria os segmentos coincidentes para montá-los de modo a obter o genoma inteiro. Voltando à nossa analogia da sentença: imagine que você tenta montar uma palavra usando os seguintes fragmentos de palavra: *estru*, *trut*, *tutur*, *estrutu* e *rutura*. Um computador pode usar os segmentos coincidentes para montar a palavra toda: *estrutura*.

Essa solução depende da presença de sequências que possuam segmentos coincidentes: se não existir uma coincidência, ou se alguma parte da palavra for omitida, torna-se impossível montar a palavra correta. Mas Venter estava confiante de que seria capaz de usar essa abordagem para despedaçar e remontar a maior parte do genoma. Era uma estratégia para montar um quebra-cabeça. Essa técnica, apelidada de sequenciamento "shotgun", fora usada por Fred Sanger, o inventor do sequenciamento de genes, nos anos 1980; mas a investida de Venter sobre o genoma da *Haemophilus* foi a mais ambiciosa aplicação desse método na história.

Venter e Smith lançaram o projeto da *Haemophilus* no começo de 1993. Em julho de 1995, ele estava concluído. "O paper final precisou de quarenta rascunhos", escreveu Venter depois.[14] "Sabíamos que esse paper seria histórico, e eu fiz questão de que ele chegasse o mais próximo possível da perfeição."

Era um prodígio. A geneticista Lucy Shapiro, de Stanford, contou que o pessoal de seu laboratório varou a noite lendo o genoma da *H. flu*, "eletrizados por vislumbrar pela primeira vez o conteúdo gênico integral de uma espécie viva".[15] Havia genes para gerar energia, genes para produzir proteína capsidial, genes para manufaturar proteínas, para regular alimento, para escapar do sistema imunológico. O próprio Sanger escreveu a Venter para dizer que seu trabalho era "magnífico".

Enquanto Venter sequenciava genomas bacterianos no TIGR, o Projeto Genoma Humano passava por drásticas mudanças internas. Em 1993, depois de uma série de brigas com o chefe dos INS, Watson demitiu-se da chefia do projeto. Foi logo substituído por Francis Collins, o geneticista de Michigan conhecido por clonar o gene da fibrose cística em 1989.

Se o Projeto Genoma não tivesse encontrado Collins em 1993, talvez precisasse inventá-lo: ele se mostrou impressionantemente à altura dos desafios singulares do projeto. Devoto cristão da Virgínia, comunicador e administrador competente, cientista de elite, Collins era comedido, cauteloso e diplomático; se Venter era um pequeno iate furioso sempre vergado contra os ventos, Collins era um transatlântico que mal registrava o tumulto à sua volta. Em 1995, quando o TIGR prosseguia a todo vapor para decifrar o genoma da *Heamophilus*, o Projeto Genoma concentrava seus esforços no refinamento de tecnologias básicas para o sequenciamento de genes. Em contraste com a estratégia do TIGR, que consistia em despedaçar o genoma, sequenciar os pedaços aleatoriamente e remontar os dados depois, o Projeto Genoma escolhera uma abordagem mais ordenada: montar e organizar os fragmentos genômicos em um mapa físico ("Quem fica ao lado de quem?"), confirmar a identidade e as partes coincidentes dos clones e, por fim, sequenciar os clones na ordem.

Para os primeiros líderes do Projeto Genoma Humano, essa montagem clone a clone era a única estratégia que fazia algum sentido. Eric Lander, um matemático que se tornou biólogo e por fim sequenciador de genes, cuja oposição ao sequenciamento shotgun quase podia ser descrita como uma repulsa estética, gostava da ideia de sequenciar o genoma completo pedaço a pedaço, como quem resolve um problema de álgebra. Ele receava que a estratégia de Ventes inevitavelmente deixasse lacunas no genoma. "E se você pegar uma palavra, desmembrá-la e tentar reconstruí-la com base nas partes?", comparou.[16] "Poderia dar certo se você conseguisse encontrar todas as partes da palavra, ou se cada fragmento tivesse alguma parte coincidente com parte de outro. Mas e se estiverem faltando algumas letras da palavra?" A palavra que você talvez construísse com os alfabetos disponíveis poderia até transmitir o significado *oposto* da palavra real; e se você só encontrasse as letras "p...o...d...a" em "profundidade"?

Os proponentes do Projeto Genoma público também temiam a falsa euforia por um genoma semiacabado: se os sequenciadores de genes deixassem 10% do genoma incompleto, a sequência integral jamais seria completada. "O verdadeiro desafio do Projeto Genoma Humano não era começar o sequenciamento. Era *concluir* o sequenciamento do genoma. [...] Se você deixasse buracos no genoma, mas se permitisse ficar com a impressão de que o trabalho estava concluído, ninguém teria paciência para terminar a sequência integral. Os cientistas aplaudiriam, limpariam as mãos, dariam tapinhas nas costas uns dos outros e partiriam para outra. O esboço permaneceria eternamente um esboço", disse Lander mais tarde.[17]

A abordagem clone a clone requeria mais dinheiro, mais investimentos em infraestrutura e o único fator que parecia ter sido desconsiderado pelos pesquisadores do genoma: paciência. No MIT, Lander montara uma formidável equipe de jovens cientistas — matemáticos, químicos, engenheiros e um grupo de uns vinte hackers movidos a cafeína. Phil Green, um matemático da Universidade de Washington, estava criando algoritmos para avançar laboriosamente pelo genoma. A equipe britânica, fundada pelo Wellcome Trust, estava criando suas próprias plataformas para análise e montagem. Mais de uma dezena de grupos de várias partes do mundo trabalharam na coleta e agrupamento dos dados.

Em maio de 1998, o incansável Venter arrojou-se de novo em ventos contrários. Embora os esforços de sequenciamento shotgun do TIGR tivessem sido inegavelmente bem-sucedidos, ele ainda se agastava com a estrutura organizacional do instituto. O TIGR fora montado como um estranho híbrido — um instituto sem fins lucrativos aninhado em uma companhia comercial chamada Human Genome Sciences (HGS).[18] Venter achava ridículo esse sistema organizacional em estilo bonecas russas. Discutia sem parar com seus chefes. Por fim, decidiu cortar laços com o TIGR. Fundou mais uma empresa, que se concentraria inteiramente no sequenciamento do genoma humano. Venter chamou a nova empresa de Celera, uma contração de "*accelerate*".

Uma semana antes de uma crucial reunião do Projeto Genoma Humano em Cold Spring Harbor, Venter encontrou Collins na sala VIP do Aeroporto Dulles durante uma escala de voo. A Celera estava prestes a iniciar um esforço sem precedentes para sequenciar o genoma humano usando o método shotgun, anunciou Venter despreocupadamente. A empresa havia comprado duzentas das mais avançadas máquinas de sequenciamento e estava disposta a usá-las até se acabarem para concluir a sequência em tempo recorde. Venter concordava em disponibilizar o máximo de informações como um recurso público — porém com uma cláusula ameaçadora: a Celera procuraria patentear os trezentos genes mais importantes que pudessem funcionar como alvo para medicamentos contra doenças como câncer de mama, esquizofrenia e diabetes. Venter expôs um cronograma ambicioso. A Celera esperava conseguir montar todo o genoma humano até 2001, quatro anos antes do prazo de conclusão do Projeto Genoma Humano, que era financiado com dinheiro público. Dito isso, ele se levantou de repente e pegou o próximo voo para a Califórnia.

Aguilhoado, o Wellcome Trust tratou de duplicar o financiamento para a iniciativa pública. Nos Estados Unidos, o Congresso abriu as comportas das verbas federais e enviou a sete centros americanos 60 milhões de dólares de subvenção. Maynard Olson e Robert Waterston atuaram como líderes e coordenadores estratégicos do projeto público e deram uma assessoria essencial para a continuidade da montagem sistemática do genoma. Perder o genoma para uma empresa privada seria um constrangimento monumental para o Projeto Genoma. A notícia da iminente rivalidade das iniciativas pública e privada espalhou-se, e os jornais transbordaram de especulações. Em 12 de maio de 1998, o *Washington Post* anunciou: "Empresa privada pretende vencer governo no mapa dos genes".[19]

Em dezembro de 1998, O Projeto Genoma do Verme obteve uma vitória decisiva. John Sulston, Robert Waterston e outros pesquisadores que trabalhavam no genoma anunciaram que o genoma do verme (*C. elegans*) tinha sido totalmente sequenciado por meio da técnica clone a clone preferida pelos proponentes do Projeto Genoma Humano.

Se o genoma da *Haemophilus* quase pusera os geneticistas de joelhos de tanto espanto e fascínio que causara em 1995, o genoma do verme — a primeira sequência completa de um organismo multicelular — merecia a genuflexão total. Vermes são muitíssimo mais complexos do que a *Haemophilus*, e muitíssimo mais semelhantes a seres humanos. Eles têm boca, intestino, músculos, sistema nervoso e até um cérebro rudimentar. Têm tato, sensações, movem-se. Viram a cabeça na presença de estímulos desagradáveis. Socializam-se. Talvez registrem alguma espécie de ansiedade vermicular quando seu alimento acaba. Talvez sintam alguma pulsão transitória de deleite quando se acasalam.

Concluiu-se que o *C. elegans* possuía 18 891 genes.* Das proteínas codificadas, 36% eram semelhantes a proteínas encontradas em seres humanos. O

---

* Estimar o número de genes de qualquer organismo é complicado e requer algumas suposições básicas sobre a natureza e estrutura de um gene. Antes do advento do sequenciamento completo de genoma, os genes eram identificados por sua função. No entanto, o sequenciamento de genomas inteiros não considera a função de um gene; é como identificar todas as palavras e letras de uma enciclopédia sem fazer referência ao que qualquer uma dessas palavras ou letras *significa*. O número de genes é estimado examinando-se a sequência genômica e identificando os trechos de sequência de DNA que *parecem ser* genes — isto é, que contenham sequências reguladoras e codifiquem uma sequência de RNA ou que se pareçam com outros genes encontrados em outros organismos. Entretanto, conforme formos conhecendo melhor as estruturas e funções de genes, esse número fatalmente aumentará. Atualmente, acredita-se que vermes possuem cerca de 19 500 genes, mas esse número continuará a crescer à medida que aprendermos mais sobre os genes.

restante, cerca de 10 mil, não apresentava semelhanças com genes humanos conhecidos; ou esses 10 mil genes eram exclusivos dos vermes ou, o que era muito mais provável, representavam um poderoso lembrete do quanto era diminuto o nosso conhecimento sobre os genes humanos (de fato, mais tarde se descobriria que muitos desses genes possuíam congêneres humanos). Notavelmente, apenas 10% dos genes codificados assemelhavam-se a genes encontrados em bactérias. Noventa por cento do genoma do nematodo era dedicado às complexidades exclusivas da construção do organismo; isso demonstrou, mais uma vez, a feérica explosão de inovação evolucionária que havia forjado criaturas multicelulares a partir de ancestrais unicelulares muitos milhões de anos atrás.

Assim como os genes humanos, um único gene de verme pode ter mais de uma função. Um gene chamado *ceh-13*, por exemplo, organiza a localização de células no sistema nervoso em desenvolvimento, permite que células migrem para as partes anteriores da anatomia do verme e assegura que sua vulva se forme do modo apropriado.[20] Inversamente, uma única "função" pode ser especificada por mais de um gene: a criação de uma boca em um verme requer o funcionamento coordenado de vários genes.

A descoberta de 10 mil novas proteínas, com mais de 10 mil novas funções, já teria justificado amplamente a novidade do projeto; mas a característica mais surpreendente do genoma do verme não eram os genes codificadores de proteína, e sim o número de genes que produziam RNA mensageiro e não produziam proteínas. Esses genes — chamados não codificantes (porque não codificam proteínas) — estavam espalhados por todo o genoma, mas se agrupavam em certos cromossomos. Havia centenas deles, talvez milhares. Alguns genes não codificantes tinham função conhecida: o ribossomo, a gigantesca máquina intracelular que fabrica proteínas, contém moléculas especializadas de RNA que auxiliam na produção de proteínas. Outros genes não codificantes, descobriu-se por fim, codificavam pequenos RNAs, chamados de microRNA, que regulam genes com incrível especificidade. Mas muitos desses genes eram misteriosos e mal definidos. Não eram matéria escura, mas matéria sombria do genoma: visíveis para os geneticistas, porém com função ou significado desconhecido.

Então o que vem a ser um gene? Quando Mendel descobriu o "gene" em 1865, ele o conhecia apenas como um fenômeno abstrato: um determinante delimitado, transmitido intacto entre gerações, que especificava uma única propriedade visível ou fenótipo, por exemplo, a cor de uma flor ou a textura das sementes de ervilhas. Morgan e Muller aprofundaram essa noção demonstrando que os genes eram estruturas físicas — *materiais* — existentes nos cromossomos. Avery avançou essa noção de genes identificando a forma química desse material: a informação genética estava contida em DNA. Watson, Crick, Wilkins e Franklin desvendaram a estrutura molecular do DNA como uma dupla hélice com duas fitas complementares pareadas.

Nos anos 1930, Beadle e Tatum descobriram o mecanismo de ação do gene quando perceberam que um gene "atuava" especificando a estrutura de uma proteína. Brenner e Jacob identificaram um intermediário mensageiro — uma cópia de RNA — que é necessário para traduzir informação genética em proteína. Monod e Jacob contribuíram para a concepção dinâmica dos genes demonstrando que eles podem ser ligados e desligados aumentando ou diminuindo essa mensagem de RNA, por meio de comutadores reguladores anexos ao gene.

O sequenciamento abrangente do genoma do verme ampliou e modificou as noções que formam o conceito de gene. Um gene especifica uma função em um organismo, sim, mas um único gene pode especificar mais do que uma única função. Um gene não precisa fornecer instruções para construir uma proteína: ele pode servir para codificar apenas RNA e não proteínas. Ele não precisa ser um pedaço contíguo de DNA: pode estar dividido em partes. Possui sequências reguladoras anexas, mas essas sequências não precisam ser imediatamente adjacentes a um gene.

O sequenciamento abrangente de genoma já abrira a porta para um universo inexplorado da biologia dos organismos. Como uma enciclopédia infinitamente recursiva, cujo verbete "enciclopédia" tem de ser atualizado o tempo todo, o sequenciamento de um genoma havia mudado nossa concepção dos genes e, portanto, do próprio genoma.

O genoma do *C. elegans* — publicado sob a aclamação universal do mundo científico em uma edição especial da revista *Science*, com uma foto do milimétrico nematodo estampada na capa em dezembro de 1998 — foi uma eloquente justificativa para o Projeto Genoma Humano.[21] Alguns meses depois do anúncio do genoma do verme, Lander tinha também uma notícia empolgante: o Projeto Genoma Humano completara um quarto da sequência do genoma humano. Em um galpão escuro, seco e abobadado numa área industrial próxima de Kendall Square em Cambridge, Massachusetts, 125 máquinas sequenciadoras semiautomáticas,[22] enormes caixas cinzentas, estavam lendo cerca de duzentas letras de DNA por segundo (o vírus de Sanger, que ele demorara três anos para sequenciar, teria sido completado em 25 segundos). A sequência de um cromossomo humano inteiro, o cromossomo 22, estava totalmente montada e aguardava a confirmação final. Em outubro de 1999, o projeto transporia um marco memorável no sequenciamento: seu bilionésimo par de bases humanas (uma base G-C, a propósito), do total de 3 bilhões.[23]

Enquanto isso, a Celera não tinha a intenção de ficar para trás nessa corrida armamentista. Inundada de verbas de investidores privados, a empresa dobrara sua produção de sequências gênicas. Em 17 de setembro de 1999, apenas nove meses depois da publicação do genoma do verme, a Celera abriu uma grande conferência sobre o genoma no Hotel Fontainebleau, em Miami, com seu contragolpe estratégico: sequenciara o genoma da mosca-das-frutas, *Drosophila melanogaster*.[24] A equipe de Venter, em colaboração com o geneticista Gerry Rubin, especialista em mosca-das-frutas, e uma equipe de geneticistas de Berkeley e da Europa, montara o genoma da mosca em onze meses, uma arrancada que bateu o recorde de todos os projetos de sequenciamento até então. Quando Venter, Rubin e Mark Adams subiram ao palco para fazer suas palestras, o tamanho do salto ficou claro: nas nove décadas desde que Thomas Morgan começara seu trabalho com moscas-das-frutas, os geneticistas haviam identificado cerca de 2500 genes. A sequência preliminar da Celera continha todos aqueles 2500 genes conhecidos e, de uma tacada, acrescentou 10500 genes novos. No silencioso e reverente minuto que se seguiu ao fim das apresentações, Venter não hesitou em dar uma estocada nas costelas dos concorrentes: "Ah, a propósito: nós estamos começando a sequenciar o DNA humano, e parece que teremos menos problemas [com as barreiras técnicas] do que tivemos com as moscas".

Em março de 2000, a *Science* publicou a sequência do genoma da mosca-das-frutas em outra edição especial, dessa vez estampando na capa uma gravura de 1934 que mostrava um macho e uma fêmea dessa espécie.[25] Até os críticos mais estridentes do sequenciamento shotgun abrandaram-se diante da qualidade e profundidade dos dados. A estratégia shotgun da Celera deixara algumas lacunas importantes na sequência, porém seções significativas do genoma da mosca estavam completas. As comparações entre genes do homem, do verme e da mosca revelaram alguns padrões provocativos. Dos 289 genes humanos que, sabia-se, estavam envolvidos em uma doença,[26] 177 — mais de 60% — tinham um equivalente relacionado na mosca.[27] Não havia genes para anemia falciforme ou hemofilia (moscas não têm glóbulos vermelhos nem formam coágulos), mas genes envolvidos em câncer de cólon, câncer de mama, doença de Tay-Sachs, distrofia muscular, fibrose cística, mal de Alzheimer, doença de Parkinson e diabetes, ou equivalentes próximos desses genes, estavam presentes. Mesmo separados por quatro pernas, duas asas e vários milhões de anos de evolução, moscas e seres humanos compartilhavam vias centrais e redes genéticas. Como disse William Blake em 1794, a pequenina mosca mostrou ser "um homem como eu".[28]

A mais espantosa característica do genoma da mosca também era uma questão de tamanho. Ou, para ser mais preciso, era a proverbial revelação de que tamanho não é documento. Contrariando as expectativas até dos biólogos mais experientes, descobriu-se que a mosca possuía apenas 13 601 genes — 5 mil *a menos* do que um verme. Menos fora usado para construir mais: com apenas 13 mil genes fora criado um organismo que se acasala, envelhece, se embebeda, dá à luz, sente dor, tem olfato, visão, paladar e tato e compartilha do nosso insaciável desejo por frutas de verão maduras. "A lição é que a complexidade visível [das moscas] não é produzida pelo número de genes em si", disse Rubin.[29]

> O genoma humano [...] provavelmente é uma versão amplificada de um genoma de mosca. [...] A evolução de atributos complexos adicionais é, em essência, de cunho *organizacional*: uma questão de novas interações que derivam da segregação temporal e espacial de componentes razoavelmente semelhantes.

Como diz Richard Dawkins, "provavelmente todos os animais possuem um repertório mais ou menos semelhante de proteínas que precisam ser 'convocadas' em um dado momento". A diferença entre um organismo mais complexo e outro mais simples, "entre um homem e um verme nematodo, não é que os seres humanos possuem mais dessas peças fundamentais do aparato, mas que podem convocá-las à ação em sequências mais complexas e em uma variedade mais complexa de espaços".[30] De novo, não era o tamanho do barco, mas o modo como as tábuas eram configuradas. O genoma da mosca era seu próprio barco de Delfos.

Em maio de 2000, com a Celera e o Projeto Genoma Humano ombro a ombro na corrida para produzir uma sequência preliminar do genoma humano, Venter recebeu um telefonema de seu amigo Ari Patrinos, do Departamento de Energia. Patrinos tinha convidado Francis Collins para ir à casa dele à noite tomar um drinque. Perguntou se Venter gostaria de ir também. Não haveria assessores, auxiliares nem jornalistas, nenhum bando de investidores ou financiadores. A conversa seria privada, e as conclusões permaneceriam estritamente confidenciais.

O telefonema de Patrinos a Venter vinha sendo orquestrado fazia várias semanas. A notícia da corrida armamentista entre a Celera e o Projeto Genoma Humano filtrara-se pelos canais políticos e chegara à Casa Branca. O presidente Clinton, com seu faro certeiro para as relações públicas, percebeu que a notícia daquela competição poderia acabar em constrangimento para o governo, sobretudo se a Celera anunciasse primeiro a vitória. Clinton enviara aos seus assessores um memorando com uma ordem lacônica na margem: "Deem um jeito nisso!".[31] Patrinos foi escolhido para "dar o jeito".

Uma semana depois, Venter e Collins encontraram-se na sala de jogos no porão do sobrado de Patrinos em Georgetown. O clima, compreensivelmente, era gelado. Patrinos esperou que os ânimos derretessem e então, com delicadeza, puxou o assunto que motivara aquela reunião: Colins e Venter não cogitariam em um anúncio conjunto do sequenciamento do genoma humano?

Os dois tinham vindo mentalmente preparados para uma proposta desse teor. Venter ruminou sobre a possibilidade e aquiesceu, mas com várias ressalvas. Ele concordou com uma cerimônia conjunta na Casa Branca para celebrar a sequência preliminar e com publicações lado a lado nas páginas da *Science*. Não assumiu nenhum compromisso quanto aos prazos. Como descreveu um jornalista mais tarde, esse foi "o mais combinado dos empates".

Esse encontro inicial no porão de Ari Patrinos foi o primeiro de vários encontros privados entre Venter, Collins e Patrinos.[32] Nas três semanas seguintes, Collins e Venter coreografaram cuidadosamente as linhas gerais do anúncio: o presidente Clinton abriria o evento, seguido por Tony Blair e por pronunciamentos de Collins e Venter. Para todos os efeitos, a Celera e o Projeto Genoma Humano seriam declarados conjuntamente vencedores na corrida para sequenciar o genoma humano. A Casa Branca logo foi informada sobre a possibilidade do anúncio e tratou de garantir rapidamente uma data. Venter e Collins consultaram seus respectivos grupos e concordaram com 26 de junho de 2000.

Às 10h19 da manhã de 26 de junho, Venter, Collins e o presidente reuniram-se na Casa Branca para revelar o "primeiro levantamento" do genoma humano a um grupo numeroso de cientistas, jornalistas e dignitários estrangeiros (na verdade, nem a Celera nem o Projeto Genoma haviam completado o sequenciamento, mas decidiram prosseguir com o anúncio como um gesto simbólico; enquanto a Casa Branca divulgava o suposto "primeiro levantamento" do genoma, os cientistas da Celera e do Projeto Genoma digitavam feito loucos em seus terminais, tentando encadear a sequência em um todo significativo).[33] Tony Blair, em Londres, participou da reunião via satélite. Norton Zinder, Richard Roberts, Eric Lander e Ham Smith sentavam-se na plateia, em companhia de James Watson, trajado em um elegante terno branco.

Clinton falou primeiro.[34] Comparou o mapa do genoma humano com o mapa do continente de Lewis e Clark:

> Quase dois séculos atrás, nesta sala, neste piso, Thomas Jefferson e um assessor de confiança abriram um mapa magnífico, um mapa que por muito tempo Jefferson rezou para ver antes de morrer. [...] Era um mapa que definia os contornos e expandia para sempre as fronteiras do nosso continente e da nossa imaginação. Hoje o mundo junta-se a nós aqui na Sala Leste para contemplar um mapa de importância ainda maior. Estamos aqui para celebrar a conclusão do primeiro levantamento do genoma humano integral. Sem dúvida esse é o mais importante, o mais prodigioso mapa já produzido pela humanidade.

Venter, o último a falar, não resistiu e lembrou os ouvintes de que também esse "mapa" fora montado, paralelamente, por uma expedição privada chefiada por um explorador privado:

Ao meio-dia e meia de hoje, em uma entrevista coletiva à imprensa junto com a iniciativa pública do genoma, a Celera Genomics descreverá a primeira montagem do código genético humano a partir do método shotgun para o genoma inteiro. [...] O método usado pela Celera determinou o código genético de cinco indivíduos. Sequenciamos o genoma de três mulheres e dois homens que se identificaram como hispânico, asiático, caucasiano ou afro-americano.[35]

Como muitas tréguas, o frágil armistício entre Venter e Collins quase não sobreviveu ao seu tortuoso nascimento. Em parte, o conflito girava em torno de antigas brigas. Embora ainda não tivesse certeza sobre a aceitação de suas patentes de genes, a Celera decidira monetizar seu projeto de sequenciamento vendendo assinaturas de seu banco de dados a pesquisadores acadêmicos e companhias farmacêuticas (as grandes indústrias farmacêuticas talvez queiram conhecer sequências gênicas para descobrir novos medicamentos, em especial os que sejam direcionados a proteínas específicas, raciocinou Venter astutamente). Por outro lado, Venter também queria ver a sequência do genoma humano publicada em uma revista científica de peso — a *Science*, por exemplo — e isso requeria que a companhia depositasse suas sequências gênicas em um repositório público (um cientista não pode publicar um texto científico para o público em geral e ao mesmo tempo afirmar que seus dados essenciais são secretos). Com toda a razão, Watson, Lander e Collins criticavam acerbamente a tentativa de manter a Celera com um pé no mundo comercial e o outro no mundo acadêmico. "Meu maior sucesso foi conseguir ser odiado por ambos os mundos",[36] disse Venter a um entrevistador.

Enquanto isso, o Projeto Genoma lutava contra obstáculos técnicos. Depois de ter sequenciado grandes partes do genoma humano usando a abordagem clone a clone, o projeto estava agora em um momento crítico: tinha de montar as peças para completar o quebra-cabeça. Mas essa tarefa, à primeira vista modesta em teoria, representava um tremendo problema computacional. Ainda faltavam porções substanciais da sequência. Nem todas as partes do genoma se prestavam à clonagem e ao sequenciamento, e juntar segmentos que não tinham partes coincidentes era muitíssimo mais complicado do que fora previsto de início: era como montar um quebra-cabeça contendo peças que haviam caído pelas fendas dos móveis. Lander recrutou mais cientistas para ajudá-lo: David Haussler, cientista da computação da Universidade da Califórnia em Santa Cruz, e seu pupilo James Kent, ex-programador de quarenta anos que se tornara biólogo molecular.[37] Em um frenesi de inspiração, Haussler convenceu a universidade a comprar cem PCs para que Kent pudesse escrever e executar dezenas de milhares de linhas de código paralelamente, tratando os punhos com gelo todas as noites para poder começar a digitar pela manhã.

Também na Celera o problema da montagem do genoma era frustrante. Partes do genoma humano estão repletas de sequências repetitivas, "equivalentes a um enorme trecho de céu azul num quebra-cabeça", comparou Venter. Os cientistas da computação encarregados de montar o genoma trabalhavam semana após semana para ordenar os fragmentos, mas a sequência completa ainda não estava pronta.

No começo de 2000, ambos os projetos estavam próximos da conclusão, mas as comunicações entre os grupos, difícil até nos melhores momentos, tinham azedado. Venter acusou o Projeto Genoma de "vingança contra a Celera". Lander escreveu aos editores da *Science* protestando contra a estratégia da Celera de vender a assinantes o banco de dados da sequência e não disponibilizar partes dos dados ao público enquanto tentava publicar em periódico especializado outras partes selecionadas; a Celera estava tentando "ao mesmo tempo guardar e vender seu genoma". Lander queixou-se de que

> na história dos escritos científicos desde o século XVII, a divulgação de dados tem sido associada ao anúncio de uma descoberta. Essa é a *base* da ciência moderna. Em tempos pré-modernos era possível dizer "Descobri uma resposta", ou "Transformei chumbo em ouro", proclamar a descoberta e então se recusar a mostrar os resultados. Mas o objetivo das revistas científicas profissionais é justamente a revelação e o crédito.[38]

Pior ainda, Collins e Lander acusavam a Celera de usar a sequência publicada do Projeto Genoma Humano como um "andaime" para montar seu próprio genoma: plagiarismo molecular (Venter retrucou que essa ideia era ridícula; a Celera havia decifrado todos os outros genomas sem ajuda de nenhum "andaime"). Lander asseverou que os dados da Celera, se deixados sem apoio, não passariam de uma "salada mista de genoma".[39]

Quando a Celera estava quase concluindo a redação final de seu artigo, cientistas fizeram apelos veementes para que a companhia depositasse os resultados no repositório de sequências disponível ao público, o chamado GenBank. Por fim, Venter concordou em permitir o acesso gratuito a pesquisadores acadêmicos, porém com várias restrições importantes. Insatisfeitos com essa solução, Sulston, Lander e Collins decidiram enviar seu artigo a uma revista concorrente, a *Nature*.

Em 15 e 16 de fevereiro de 2001, o consórcio do Projeto Genoma Humano e a Celera publicaram seus artigos na *Nature* e na *Science*, respectivamente. Eram, ambos, estudos enormes, que ocupavam quase todas as páginas das revistas (com 66 mil palavras, o paper do Projeto Genoma Humano era o maior estudo já publicado na história da *Nature*). Todo grande artigo científico é uma conversa com sua própria história, e os parágrafos introdutórios do texto na *Nature* foram escritos com plena consciência daquele momento de avaliação:

> A redescoberta das leis da hereditariedade de Mendel nas primeiras semanas do século xx desencadearam uma empreitada científica para compreender a natureza e o conteúdo das informações genéticas, e ela vem impelindo a biologia nestes últimos cem anos. O progresso científico alcançado [desde então] pode ser dividido naturalmente em quatro fases principais, que correspondem, aproximadamente, aos quatro quartos de século.
>
> O primeiro estabeleceu a base celular da hereditariedade: os cromossomos. O segundo definiu a base molecular da hereditariedade: a dupla hélice de DNA. O terceiro desvendou a base informacional da hereditariedade [ou seja, o código genético], com a descoberta do mecanismo biológico pelo qual as células leem as informações contidas em genes e com a invenção das tecnologias de clonagem e sequenciamento de DNA recombinante pelas quais os cientistas podem fazer o mesmo.

O sequenciamento do genoma humano, declarou o projeto, marcava o ponto de partida da "quarta fase" da genética. Estávamos adentrando a era da "genômica", da avaliação de genomas inteiros de organismos, inclusive o humano. Um velho enigma da filosofia indaga se uma máquina inteligente seria capaz de um dia decifrar seu próprio manual de instruções. Para os seres humanos, o manual agora estava completo. Decifrá-lo, lê-lo e entendê-lo seria outra questão.

27. O Livro do Homem (em 23 volumes)

Is man no more than this? Consider him well. *
William Shakespeare, *Rei Lear*, ato 3, cena 4

Há montanhas além das montanhas.
Provérbio haitiano

• Possui 3 088 286 401 letras de DNA (mais ou menos; uma estimativa mais recente é de aproximadamente 3,2 bilhões de letras).
• Publicado em forma de livro, em fonte tamanho padrão, conteria apenas quatro letras... AGCTTGCAGGGG... e assim por diante, que se estenderiam, inescrutavelmente, página após página, por mais de 1,5 milhão de páginas — 66 vezes o tamanho da *Encyclopaedia Britannica*.
• Divide-se em 23 pares de cromossomos — 46 ao todo — na maioria das células do corpo. Todos os outros grandes primatas — gorilas, chimpanzés e orangotangos — possuem 24 pares. Em algum ponto da evolução dos homi-

---

* "O homem nada mais é do que isso? Observa-o bem." (N. T.)

nídeos, dois cromossomos de tamanho médio em algum grande primata ancestral fundiram-se formando um só. O genoma humano afastou-se cordialmente do genoma dos outros grandes primatas vários milhões de anos atrás e adquiriu novas mutações e variações com o tempo. Perdemos um cromossomo, mas ganhamos um polegar.

• Codifica cerca de 20 687 genes no total[1] — apenas 1796 a mais do que os vermes, 12 mil a menos do que o milho e 25 mil genes a menos do que o arroz ou o trigo. A diferença entre "ser humano" e "cereal de café da manhã" não é uma questão de número de genes, mas da complexidade das redes gênicas. Não é o que possuímos; é como o usamos.

• É ferozmente inventivo. Esprema complexidade da simplicidade. Orquestra a ativação ou repressão de certos genes em apenas certas células em certos momentos, criando contextos e parceiros únicos para cada gene no tempo e no espaço e, com isso, produz uma variação funcional quase infinita a partir de seu repertório limitado. E ele mistura e combina módulos gênicos, chamados éxons, com genes individuais para extrair ainda mais diversidade combinatória de seu repertório gênico. Essas duas estratégias — a regulação e a emenda [*splicing*] de genes — parecem ser usadas de maneira mais extensiva no genoma humano do que nos genomas da maioria dos organismos. Mais do que a enormidade dos números, a diversidade dos tipos de gene ou a originalidade da função gênica, é a *engenhosidade* do nosso genoma que constitui o segredo da nossa complexidade.

• É dinâmico. Em algumas células, embaralha de novo sua própria sequência para produzir novas variantes de si mesmo. Células do sistema imunológico secretam "anticorpos" — proteínas que são como mísseis e se ligam a patógenos invasores. Porém, como os patógenos evoluem o tempo todo, os anticorpos também precisam ser capazes de mudar; patógeno que evolui requer hospedeiro que evolui. O genoma realiza essa contraevolução embaralhando de novo seus elementos genéticos; com isso, alcança uma diversidade espantosa (*es… tru…tu…ra* e *ge…no…ma* podem ser embaralhados para formar *estrago*). Os genes que são embaralhados de novo geram a diversidade de anticorpos. Nessas células, cada genoma é capaz de originar um genoma totalmente diferente.

• Partes dele são de uma beleza surpreendente. Em um vasto trecho do cromossomo 11, por exemplo, existe uma estrada toda dedicada ao sentido do olfato. Nela, um agrupamento de 155 genes estreitamente relacionados codifica uma série de receptores de proteína que são sensores profissionais de odor. Cada receptor liga-se a uma única estrutura química, como uma chave numa fechadura, e gera uma sensação olfativa distinta no cérebro — menta, limão, canela, jasmim, baunilha, gengibre, pimenta. Uma elaborada forma de regulação gênica assegura que apenas um gene receptor de odor desse agrupamento seja escolhido e se expresse em um único neurônio para o sentido do olfato no nariz, e isso nos permite distinguir milhares de odores.

• Curiosamente, apenas uma minúscula fração dele é composta de genes. Uma proporção enorme — atordoantes 98% — não é dedicada a genes propriamente ditos, mas a imensos trechos de DNA intercalados entre genes (DNA intergênico) ou dentro de genes (íntrons). Esses longos trechos não codificam RNA nem proteína: existem no genoma ou porque regulam a expressão de genes ou por motivos que ainda não compreendemos, ou ainda por nenhuma razão (isto é, são DNA "lixo"). Se o genoma fosse uma linha estendida através do oceano Atlântico entre a América do Norte e a Europa, os genes seriam ocasionais pontinhos de terra dispersos por vastíssimas extensões de águas escuras. Se alinhados de maneira contígua, esses pontinhos não seriam mais longos do que a maior das ilhas Galápagos ou do que uma linha de trem que cruzasse a cidade de Tóquio.

• É incrustrado de história. Embutidos nele existem singulares fragmentos de DNA — alguns derivados de vírus muito antigos — que foram inseridos no genoma no passado remoto e trazidos passivamente dentro dele por milênios até hoje. Alguns desses fragmentos um dia já foram capazes de "saltar" ativamente entre genes e organismos, mas agora estão, em grande medida, inativados e silenciados. Como caixeiros-viajantes que perderam o direito à comissão, esses pedaços estão permanentemente atrelados ao nosso genoma, incapazes de mover-se ou de sair. Esses fragmentos são muitíssimo mais comuns do que os genes, resultando em mais uma idiossincrasia do nosso genoma: boa parte do genoma humano não é particularmente humana.

• Possui elementos repetidos que aparecem com frequência. Uma misteriosa e irritante sequência de trezentos pares de bases chamada Alu aparece e reaparece milhões de vezes, embora sua origem, função e importância sejam desconhecidas.

• Possui "famílias de genes" enormes — genes que são parecidos uns com os outros e executam funções semelhantes —, muitas vezes aglomeradas.

Duzentos genes proximamente aparentados, agrupados em arquipélagos em certos cromossomos, codificam membros da família "Hox", muitos dos quais têm papéis cruciais na determinação do destino, identidade e estrutura do embrião, de seus segmentos e de seus órgãos.

• Contém milhares de "pseudogenes" — genes que um dia foram funcionais, mas se tornaram não funcionais, isto é, não atuam na produção de proteína ou RNA. As carcaças desses genes desativados estão espalhadas por toda a sua extensão, como fósseis a decompor-se numa praia.

• Contém variação suficiente para fazer cada um de nós ser distinto, e no entanto possui consistência suficiente para fazer cada membro da nossa espécie ser muitíssimo diferente de chimpanzés e bonobos, animais cujos genomas são 96% idênticos aos nossos.

• Seu primeiro gene, no cromossomo 1, codifica uma proteína para o sentido do olfato no nariz (de novo esses onipresentes genes olfatórios!). Seu último gene, no cromossomo X, codifica uma proteína que modula a interação entre células do sistema imunológico. (Os "primeiros" e "últimos" cromossomos são numerados de maneira arbitrária. O primeiro cromossomo é assim chamado por ser o mais longo.)

• As extremidades de seus cromossomos são marcadas por "telômeros". Como os pedacinhos de plástico nas pontas de um cadarço de sapato, essas sequências de DNA estão configuradas para impedir que os cromossomos desfiem e degenerem.

• Apesar de compreendermos totalmente o código genético — ou seja, como as informações em um único gene são usadas para construir uma proteína —, quase nada sabemos sobre o código *genômico* — isto é, como numerosos genes dispersos pelo genoma humano coordenam a expressão dos genes no espaço e no tempo para construir, manter e reparar um organismo humano. O código genético é simples: DNA é usado para construir RNA, e RNA é usado para construir proteína. Um tripleto de bases no DNA especifica um aminoácido na proteína. O código genômico é complexo: anexas a um gene existem sequências de DNA que contêm informações sobre quando e onde expressar o gene. Não sabemos por que certos genes se situam em determinadas localizações geográficas no genoma, nem como os trechos de DNA que existem entre genes regulam e coordenam a fisiologia gênica. Eles são códigos além dos códigos, como montanhas além de montanhas.

- Imprime e apaga marcas químicas em si mesmo, em resposta a alterações em seu ambiente; com isso, codifica uma forma de "memória" celular (trataremos adiante desse assunto).
- É inescrutável, vulnerável, resiliente, adaptável, repetitivo e único.
- É bem preparado para evoluir. Está juncado de entulho do passado.
- É estruturado para sobreviver.
- Parece conosco.

PARTE 5

NO ESPELHO
A genética da identidade e da "normalidade"
(2001-15)

Que bom seria se pudéssemos entrar na Casa do Espelho! Com certeza lá dentro existem, ah! coisas tão bonitas!

Lewis Carroll, *Alice no País das Maravilhas*[1]

28. "Então, a gente é igual"[1]

> *Precisa votar isso aí de novo. Não tá certo.*
> Snoop Dogg, ao descobrir que tem mais ascendência
> europeia do que Charles Barkley[2]

> *O que eu tenho em comum com os judeus? Não tenho quase nada em comum comigo mesmo.*
>
> Franz Kafka[3]

A medicina percebe o mundo através de uma "escrita no espelho", observou com ironia o sociólogo Everett Hughes. Doença é usada para definir bem-estar. A anormalidade marca as fronteiras da normalidade. O desvio marca os limites da conformidade. Essa escrita no espelho pode resultar em uma visão epicamente perversa do corpo humano.[4] Com ela, um ortopedista começa a conceber os ossos como locais de fraturas; um cérebro, na imaginação de um neurologista, é um lugar onde memórias se perdem. Uma velha história, ao que tudo indica apócrifa, diz que um cirurgião de Boston que perdeu a memória só conseguia se lembrar de seus amigos pelos nomes das várias operações que fizera neles.

Durante boa parte da história da biologia humana, os genes também foram percebidos "pelo espelho" — identificados pela anormalidade ou doença causada quando sofriam mutação. Daí vieram os nomes: gene *da fibrose cística*, gene *da doença de Huntington*, gene *BRCA1 causador do câncer de mama* etc. Para um biólogo, essa nomenclatura é absurda. A função do gene *BRCA1* não é causar câncer de mama quando mutado, e sim reparar DNA quando normal. A única função do gene "benigno" *BRCA1* do câncer de mama é assegurar que o DNA seja reparado quando sofre dano. As centenas de milhões de mulheres sem histórico familiar de câncer de mama herdam essa variante benigna do gene *BRCA1*. A variante ou alelo mutante — vamos chamá-la de *m-BRCA1* — causa uma mudança na estrutura da proteína *BRCA1* que a impossibilita de reparar DNA danificado. Por isso, ocorrem no genoma mutações causadoras de câncer quando o *BRCA1* funciona mal.

O gene chamado *wingless* [sem asas] na mosca-das-frutas codifica uma proteína cuja função real não é produzir insetos sem asas, e sim codificar instruções para construir asas. Chamar um gene de *cystic fibrosis* (ou *CF*), observou o jornalista de ciências Matt Ridley, é "tão absurdo quanto definir os órgãos do corpo segundo as doenças que eles adquirem: o fígado existe para causar cirrose, o coração para causar ataque cardíaco, o cérebro para causar derrame".[5]

O Projeto Genoma Humano permitiu que os geneticistas invertessem essa escrita no espelho. O catálogo abrangente de cada gene normal no genoma humano — e as ferramentas geradas para produzir esse catálogo — possibilitou, em princípio, abordar a genética pelo lado de fora do espelho: não foi mais necessário usar a patologia para descrever as fronteiras da fisiologia normal. Em 1998, um documento do National Research Council sobre o Projeto Genoma fez uma projeção crucial sobre o futuro das pesquisas genômicas:

> Existem determinantes fundamentais de capacidades mentais codificados na sequência de DNA — aprendizado, linguagem, memória — que são essenciais para a cultura humana. Também ali codificadas estão as mutações e variações que causam ou aumentam a suscetibilidade a muitas doenças responsáveis por tanto sofrimento em seres humanos.[6]

O leitor atento terá notado que essas duas sentenças assinalaram as duas ambições de uma nova ciência. Tradicionalmente, a genética humana se preocupou, em grande medida, com a patologia — com as "doenças responsáveis por tanto sofrimento em seres humanos". Porém, armada com novas ferramentas e métodos, a genética também poderia vaguear, livre, para explorar aspectos da biologia humana que até então lhe pareciam impenetráveis. A genética transpôs a margem da patologia e entrou na margem da normalidade. A nova ciência seria usada para entender história, linguagem, memória, cultura, sexualidade, identidade e raça. Em suas fantasias mais ambiciosas, tentaria tornar-se a ciência da normalidade: da saúde, da identidade, do destino.

A mudança de trajetória da genética também assinala uma mudança na história do gene. Até este ponto, o princípio organizador da nossa narrativa foi histórico: a jornada do gene até o Projeto Genoma foi contada segundo uma cronologia mais ou menos linear de saltos conceituais e descobertas. Porém, quando a genética muda seu olhar da patologia para a normalidade, uma abordagem estritamente cronológica não pode mais captar as diversas dimensões de seu estudo. A disciplina mudou para um enfoque mais *temático*, organizando-se em torno de arenas distintas, ainda que com pontos coincidentes, de investigação em biologia humana: a genética de raça, gênero, sexualidade, inteligência, temperamento e personalidade.

O domínio expandido do gene aprofundará muitíssimo nossa compreensão da influência dos genes sobre nossa vida. Mas a tentativa de confrontar a normalidade humana por meio dos genes também forçará a ciência da genética a confrontar alguns dos mais complexos enigmas científicos e morais de sua história.

Para entender o que os genes nos dizem sobre o ser humano, poderíamos começar tentando decifrar o que os genes nos dizem sobre as origens do homem. Em meados do século XIX, antes do advento da genética humana, antropólogos, biólogos e linguistas digladiaram-se em torno da questão da origem da nossa espécie. Em 1854, um estudioso de história natural chamado Louis Agassiz tornou-se o mais ardoroso proponente de uma teoria chamada *poligenismo*, segundo a qual as três principais raças humanas — brancos, asiáticos e negros, como ele gostava de categorizá-las — haviam surgido de maneira independente, de linhagens ancestrais separadas, vários milhões de anos atrás.

Agassiz talvez tenha sido o mais eminente racista da história da ciência — "racista" tanto no sentido original do termo, aquele que acredita em diferenças inerentes entre raças humanas, como em um sentido operacional, aquele que acredita que existem raças fundamentalmente superiores a outras. Horrorizado com a ideia de que podia ter um ancestral comum com africanos, Agassiz afirmou que cada raça tinha seu próprio homem e mulher ancestrais, surgira de forma independente e se ramificara em separado no espaço e no tempo. (O nome *Adão*, postulou ele, surgiu da palavra hebraica que significa "aquele que enrubesce", e só um homem branco poderia corar de maneira perceptível. Sem dúvida, concluiu, houve mais de um Adão: os que coravam e os que não coravam, um para cada raça.)

Em 1859, a teoria de Agassiz sobre as múltiplas origens foi refutada com a publicação de *A origem das espécies*, de Darwin. Embora essa obra de Darwin se esquivasse de maneira intencional da questão da origem humana, a noção de evolução por seleção natural obviamente era incompatível com a ancestralidade separada de todas as raças humanas proposta por Agassiz: se as várias espécies de tentilhões e tartarugas descendiam de um ancestral comum, por que com seres humanos seria diferente?

Como um duelo acadêmico, esse era de um desequilíbrio quase cômico. Agassiz, um imponente professor de Harvard de suíças no rosto, era um dos expoentes mundiais da história natural, ao passo que Darwin, um pastor da "outra" Cambridge que virou naturalista, autodidata e atormentado por dúvidas, ainda era praticamente desconhecido fora da Inglaterra. Ainda assim, Agassiz, que sabia farejar confrontos potencialmente fatais, redigiu uma corrosiva refutação do livro de Darwin, na qual trovejou: "Se o sr. Darwin ou seus seguidores tivessem apresentado um único fato para mostrar que indivíduos mudam, no decorrer do tempo, de modo a produzir, por fim, espécies [...] o caso poderia ser diferente".[7]

Mas até Agassiz tinha de admitir que sua teoria dos ancestrais separados para raças distintas corria o risco de ser refutada não por um "único fato", e sim por uma multidão de fatos. Em 1848, operários de uma pedreira de calcário no vale de Neander, na Alemanha, haviam desenterrado por acaso um crânio esquisito que parecia ser de humano, mas tinha diferenças substanciais, entre elas uma caixa craniana maior, queixo retraído, maxilas fortemente articuladas e arcadas superciliares protuberantes.[8] De início, o crânio foi menosprezado como restos mortais de algum aleijão que houvesse sofrido um acidente — algum louco preso numa caverna; porém, com o passar das décadas, uma multidão de crânios e ossos semelhantes foi descoberta em ravinas e cavernas espalhadas pela Europa e Ásia. A reconstituição osso a osso desses espécimes indicou uma espécie de constituição forte e supercílios proeminentes que andava ereta sobre pernas meio arqueadas — um lutador mal-humorado e sempre carrancudo. O hominídeo foi chamado de homem de Neandertal, em alusão ao local onde primeiro foi encontrado.

De início, muitos cientistas pensaram que os neandertais representavam uma forma ancestral dos seres humanos modernos, um elo na cadeia de elos perdidos entre o homem e os outros grandes primatas. Em 1992, por exemplo, um artigo na revista *Popular Science Monthly* qualificou o homem de Neandertal como "um momento anterior da evolução do homem".[9] Acompanhava o texto uma variante da hoje bem conhecida imagem da evolução humana, com macacos parecidos com o gibão transmutando-se em gorilas, gorilas em neandertalenses de andar ereto e assim por diante, até chegar aos seres humanos. Mas nos anos 1970 e 1980 a hipótese do homem de Neandertal como um ancestral humano já havia sido desbancada por uma ideia muito mais estranha: os primeiros seres humanos modernos teriam *coexistido* com os neandertalenses. Os desenhos da "cadeia da evolução" foram refeitos para refletir que gibões, gorilas, neandertalenses e homens modernos não eram estágios progressivos da evolução humana, mas haviam, todos, emergido de um ancestral comum. Evidências antropológicas adicionais sugeriram que os seres humanos modernos — então chamados de Cro-Magnons — haviam chegado ao território dos neandertalenses por volta de 45 mil anos atrás, tendo muito provavelmente migrando para partes da Europa onde os neandertalenses viviam. Hoje sabemos que os neandertalenses extinguiram-se há 40 mil anos e que viveram em território onde também habitaram seres humanos durante cerca de 5 mil anos.

Os Cro-Magnons são mesmo os nossos verdadeiros ancestrais, os mais próximos; têm crânio menor, o rosto achatado, as arcadas superciliares retraídas e a maxila mais fina dos seres humanos contemporâneos (a expressão politicamente correta para os Cro-Magnons corretos do ponto de vista anatômico é "primeiro humano moderno europeu" ou PHME). Esses primeiros seres humanos encontraram neandertalenses, ao menos em partes da Europa, e é provável que tenham competido com eles por recursos, alimento e espaço. Os neandertalenses foram nossos vizinhos e rivais. Algumas evidências sugerem que cruzamos com eles e, na competição por alimentos e recursos, podemos ter contribuído para sua extinção. Nós os amamos e, sim, nós os matamos.

Mas a distinção entre neandertalenses e seres humanos modernos nos traz de volta, completando o círculo, às nossas questões originais: há quanto tempo nós, humanos, existimos, e de onde viemos? Nos anos 1980, Allan Wilson, bioquímico da Universidade da Califórnia em Berkeley, começou a usar ferramentas genéticas para responder a essas questões.* O experimento de Wilson começou com uma ideia bem simples.[10] Imagine que você é jogado em uma festa de Natal. Não conhece o anfitrião nem os convidados. Uma centena de homens, mulheres e crianças andam para lá e para cá, bebem alguma coisa, e de repente começa um jogo: pedem a você que organize essa multidão por família, parentesco e ascendência. Não vale perguntar nomes nem idades. Põem uma venda nos seus olhos, assim você não pode construir árvores genealógicas procurando semelhanças faciais ou observando maneirismos.

Para um geneticista, esse é um problema resolúvel. Primeiro, ele reconhece que existem centenas de variações naturais — mutações — dispersas pelo genoma de cada indivíduo. Quanto mais próximo o parentesco dos indivíduos, mais próximo será o espectro das variantes ou mutações que eles têm em comum (gêmeos idênticos têm o genoma inteiro em comum; pais e mães contribuem, em média com metade para seus filhos e assim por diante). Se essas variantes forem sequenciadas e identificadas em cada indivíduo, a linhagem poderá ser resolvida de imediato: o parentesco é uma função das mutações. Assim como traços faciais, cor da pele ou altura são comuns em indivíduos aparentados, as variações são com mais frequência compartilhadas dentro de famílias do que entre famílias (aliás, os traços faciais e a altura são compartilhados *porque* variações genéticas são compartilhadas entre indivíduos).

---

* Wilson baseou sua descoberta crucial em dois gigantes da bioquímica, Linus Pauling e Émile Zuckerkandl, que haviam proposto um modo totalmente novo de conceber o genoma: não apenas como um compêndio de informações para construir um organismo individual, mas como um compêndio de informações para a história evolucionária de um organismo: um "relógio molecular". O biólogo evolucionista japonês Motoo Kimura também propôs essa teoria.

E se também pedissem ao geneticista que apontasse a família com o maior número de gerações presentes, sem que ele soubesse as idades dos indivíduos que estavam na festa? Suponhamos que uma família está ali representada por um bisavô, um avô, um pai e um filho: quatro gerações estão presentes. Outra família também tem quatro membros na festa: um pai e seus filhos trigêmeos idênticos, representando apenas duas gerações. Poderíamos identificar a família com o maior número de gerações na multidão sem ter conhecimento prévio de seus rostos e nomes? Só contar o número de membros da família não resolverá o problema: tanto a família composta pelo pai e seus filhos trigêmeos como a do bisavô com seus descendentes de várias gerações possuem quatro membros presentes.

Genes e mutações oferecem uma solução engenhosa. Como as mutações se acumulam ao longo das gerações — ou seja, no decorrer do tempo intergeracional —, a família que possui a maior *diversidade* em variações gênicas é aquela que tem o maior número de gerações presentes. Os trigêmeos possuem exatamente o mesmo genoma; sua diversidade genética é mínima. O par bisavô e neto, em contraste, tem genomas aparentados, porém seus genomas apresentam o maior número de diferenças. A evolução é um metrônomo que marca o tempo por meio de mutações. Assim, a diversidade genética atua como um "relógio molecular", e as variações podem organizar as relações nas linhagens. O tempo intergeracional entre dois membros quaisquer de uma família é proporcional ao grau de diversidade genética entre eles.

Wilson percebeu que essa técnica poderia ser aplicada não só para uma família, mas também para toda uma população de organismos. As variações em genes poderiam ser usadas para criar um mapa de parentesco. E a diversidade genética poderia ser usada para medir as populações mais antigas de uma espécie: uma tribo que possui a maior diversidade genética é mais antiga do que uma tribo com pouca ou nenhuma diversidade.

Wilson quase resolvera o problema de estimar a idade de qualquer espécie usando informações genômicas, exceto por um probleminha. Se a variação genética fosse produzida apenas por mutação, o método de Wilson seria totalmente à prova de falhas. No entanto, ele sabia que os genes estão presentes em duas cópias na maioria das células humanas e que eles podem "permutar-se" entre cromossomos pareados, gerando variação e diversidade por um método alternativo. Esse método de gerar variação não deixaria de confundir o estudo de Wilson. Para reconstituir uma linhagem genética ideal, percebeu ele, era preciso escolher um trecho dos genes humanos que fosse intrinsecamente resistente ao rearranjo e à permuta — um rincão solitário e vulnerável do genoma onde a mudança só pudesse ocorrer graças ao acúmulo de mutações, permitindo, assim, que o segmento genômico representasse um perfeito relógio molecular.

Mas onde encontrar o tal trecho vulnerável? Wilson apelou para uma solução engenhosa. Os genes humanos ficam armazenados em cromossomos no núcleo celular, porém há uma exceção. Toda célula possui uma estrutura subcelular chamada mitocôndria, usada para gerar energia. As mitocôndrias possuem seu próprio minigenoma, com apenas 37 genes, cerca de $1/6000$ do número de genes de cromossomos humanos. (Alguns cientistas supõem que as mitocôndrias originaram-se de bactérias muito antigas que invadiram organismos unicelulares. Essas bactérias teriam formado uma aliança simbiótica com o organismo: elas forneciam energia, mas usavam o ambiente celular dele para nutrição, metabolismo e autodefesa. Os genes situados dentro das mitocrôndrias seriam remanescentes dessa antiga relação simbiótica; de fato, os genes mitocondriais humanos assemelham-se mais a genes bacterianos do que a genes humanos.)[11]

O genoma mitocondrial quase nunca se recombina e só está presente em uma única cópia. As mutações em genes mitocondriais são transmitidas intactas de geração a geração e se acumulam ao longo do tempo sem permutas; isso torna o genoma mitocondrial um marcador de tempo genético ideal. Wilson percebeu que, de maneira crucial, esse método de reconstrução das idades era cem por cento autossuficiente e livre de viés: não fazia referência ao registro fóssil, a linhagens linguísticas, estratos geológicos, mapas geográficos ou levantamentos topográficos. Os seres humanos vivos são dotados com a história evolucionária da nossa espécie em nossos genomas. É como se trouxéssemos sempre na carteira uma fotografia de cada um dos nossos ancestrais.

Entre 1985 e 1995, Wilson e seus alunos aprenderam a aplicar essas técnicas a espécimes humanos (Wilson morreu de leucemia em 1991, mas seus alunos continuaram o trabalho). Os resultados desses estudos foram surpreendentes, por três razões. Primeiro, quando Wilson mediu a diversidade geral do genoma mitocondrial humano, descobriu que ela era espantosamente pequena: menos diversificada do que os genomas correspondentes de chimpanzés.[12] Em outras palavras, os seres humanos modernos são substancialmente mais recentes e mais homogêneos do que os chimpanzés (para os olhos humanos os chimpanzés podem parecer todos iguais, mas, para um chimpanzé observador, os seres humanos é que são bastante parecidos). Fazendo um cálculo retroativo, a idade do homem foi estimada em cerca de 200 mil anos — um ínfimo tique-taque na escala da evolução.

De onde vieram os primeiros seres humanos modernos? Em 1991, Wilson já podia usar seu método para reconstituir a relação entre as linhagens de várias populações do planeta e calcular a idade relativa de qualquer população usando a diversidade genética como relógio molecular.[13] As tecnologias de sequenciamento e anotação genômica evoluíram, e os geneticistas refinaram essa análise, ampliando seu escopo para além das variações mitocondriais e estudando milhares de indivíduos pertencentes a centenas de populações do mundo todo.

Em novembro de 2008, um estudo fundamental chefiado por Luigi Cavalli-Sforza, Marcus Feldman e Richard Myers, da Universidade Stanford, caracterizou 642 690 variantes genéticas em 938 indivíduos oriundos de 51 subpopulações do mundo.[14] O segundo resultado espantoso sobre as origens humanas emergiu desse estudo: os seres humanos modernos parecem ter surgido exclusivamente em um trecho muito pequeno do planeta em alguma parte da África subsaariana, há cerca de 100 mil a 200 mil anos, e então migrado para o norte e para o leste, povoando o Oriente Médio, a Europa, a Ásia e as Américas. "Quanto mais nos afastamos da África, menos variações encontramos", escreveu Feldman.[15]

> Esse padrão condiz com a teoria de que os primeiros seres humanos modernos colonizaram o mundo pulando de base em base depois de deixarem a África menos de 100 mil anos atrás. À medida que cada pequeno grupo separou-se para encontrar uma nova região, levou consigo apenas uma amostra da diversidade genética da população original.

As populações humanas mais antigas — cujos genomas estão salpicados de variações diversificadas e milenares — são as tribos san da África do Sul, Namíbia e Botsuana, e os pigmeus mbuti, que vivem entranhados na floresta de Ituri, no Congo.[16] Os seres humanos "mais jovens", em contraste, são os indígenas norte-americanos que deixaram a Europa, atravessaram a península de Seward no Alasca pela fissura congelada do estreito de Bering entre 15 mil e 30 mil anos atrás.[17] Essa teoria da origem e migração humana, corroborada por espécimes fósseis, dados geológicos, ferramentas encontradas em escavações arqueológicas e padrões linguísticos, tem sido aceita pela esmagadora maioria dos geneticistas humanos. Ela é chamada de teoria "Out of Africa"[18] [para fora da África] ou modelo "Recent Out of Africa" (o termo "recente" reflete o fato de que faz surpreendentemente pouco tempo que ocorreu a evolução do homem moderno), e seu acrônimo, ROAM,* é uma lembrança afetuosa de um imemorial impulso perambulatório que parece surgir direto dos nossos genomas.

A terceira conclusão importante desses estudos pede aqui algumas noções contextuais. Consideremos a gênese de um embrião unicelular produzido pela fecundação de um óvulo por um espermatozoide. O material *genético* desse embrião provém de duas fontes: genes paternos (do espermatozoide) e genes maternos (do óvulo). Mas o material *celular* do embrião provém apenas do óvulo; o espermatozoide nada mais é do que um veículo de entrega chique para o DNA masculino — um genoma equipado com uma cauda hiperativa.

Além de proteínas, ribossomos, nutrientes e membranas, o óvulo também fornece ao embrião estruturas especializadas chamadas *mitocôndrias*. Essas mitocôndrias são as fábricas que produzem a energia da célula; elas são tão discretas em termos anatômicos e tão especializadas em sua função que os biólogos celulares as chamam de "organelas", ou seja, miniórgãos residentes em células. As mitocôndrias, lembremos, contêm um pequenino genoma independente que reside na própria mitocôndria — não no núcleo da célula, onde são encontrados os 23 pares de cromossomos (e os cerca de 21 mil genes humanos).

A origem exclusivamente feminina de todas as mitocôndrias em um embrião tem uma consequência importante. Cada ser humano, do sexo masculino e do feminino, herdou suas mitocôndrias de sua mãe e assim por diante, em uma linha ininterrupta de ascendentes do sexo feminino, indefinidamente passado adentro. (E uma mulher contém em suas células os genomas mitocondriais de todos os seus futuros descendentes; por ironia, se é que existe o tal do "homúnculo", ele tem origem exclusivamente feminina — em termos técnicos, um "femúnculo"?)

---

* Em inglês, "*roam*" significa "perambular", "andar sem destino". (N. T.)

Imagine agora uma tribo do passado remoto onde há duzentas mulheres, e cada qual tem uma criança. Se a criança for uma filha, a mulher transmitiu suas mitocôndrias à geração seguinte e, por intermédio da filha de sua filha, à terceira geração. Mas se ela tiver apenas um filho e nenhuma filha, a linhagem mitocondrial dessa mulher entra em um beco sem saída genético e se extingue (como o espermatozoide não pode transmitir suas mitocôndrias ao embrião, filhos homens não podem transmitir seu genoma mitocondrial aos seus descendentes). No decorrer da evolução dessa tribo, dezenas de milhares dessas linhagens mitocondriais terminarão aleatoriamente num beco sem saída e se extinguirão. Eis o xis da questão: se a população fundadora de uma espécie for pequena o bastante, decorrido um tempo suficiente o número de linhagens maternas sobreviventes continuará a encolher e encolher, até sobrarem apenas algumas. Se metade das duzentas mulheres dessa nossa tribo tiver filhos homens, e só homens, cem linhagens mitocondriais toparão com a barreira da hereditariedade exclusivamente masculina e desaparecerão na geração seguinte. Outra metade entrará no beco sem saída dos filhos homens na segunda geração e assim por diante. Ao fim de várias gerações, todos os descendentes da tribo, homens ou mulheres, poderão seguir sua linhagem mitocondrial e ver que ela provém de apenas algumas mulheres do passado remoto.

Para os seres humanos modernos, esse número chegou a *um*: cada um de nós pode seguir nossa linhagem mitocondrial passado adentro e chegará a uma única mulher que existiu na África há cerca de 200 mil anos. Ela é a mãe que toda a nossa espécie tem em comum. Não sabemos como era sua aparência, embora suas parentes mais próximas na atualidade sejam as mulheres da tribo san, de Botsuana ou Namíbia.

A ideia dessa mãe primordial me deixa fascinado. Em genética humana ela é conhecida por um lindo nome: a Eva Mitocondrial.

Em meados de 1994, quando eu era um pós-graduando interessado na origem genética do sistema imunológico, viajei pelo vale do Rift, do Quênia ao Zimbábue, passei pela bacia do rio Zambezi e cheguei às planícies da África do Sul. Fiz o inverso da jornada evolucionária do ser humano. A escala final da viagem foi uma árida mesa na África do Sul, mais ou menos equidistante da Namíbia e de Botsuana, onde já viveram algumas das tribos san. Eram terras de uma desolação lunar: um terreno plano e seco como um tampo de mesa, decapitado por alguma vingativa força geofísica e empoleirado acima das planícies ao redor. Àquela altura, uma série de furtos e perdas havia reduzido meus pertences a quase nada: quatro cuecas que eu costumava usar em dupla como shorts, uma caixa de barrinhas de proteína e garrafas de água. Viemos nus ao mundo, ensina a Bíblia; eu estava quase lá.

Com alguma imaginação, podemos reconstituir a história dos seres humanos usando essa mesa fustigada pelo vento como ponto de partida. O relógio começa há cerca de 200 mil anos, quando uma população dos primeiros seres humanos modernos passa a habitar esse lugar ou algum outro nas imediações (os geneticistas evolucionistas Brenna Henn, Marcus Feldman e Sarah Tishkoff apontaram a origem da migração humana mais a oeste, próximo à costa da Namíbia). Não sabemos quase nada sobre a cultura e os hábitos dessa tribo antiga. Eles não deixaram artefatos — nenhuma ferramenta, desenho, habitação em caverna —, com exceção dos mais profundos de todos os vestígios: seus genes, costurados de maneira indelével nos nossos.

A população talvez fosse bem pequena, até minúscula pelos padrões contemporâneos: não mais do que uns 6 mil a 10 mil indivíduos. A estimativa mais provocativa é de apenas setecentos — mais ou menos o número de pessoas que poderiam habitar um quarteirão de uma cidade ou um vilarejo. A Eva Mitocondrial pode ter vivido entre eles, tido no mínimo uma filha e no mínimo uma neta. Não sabemos quando nem por que esses indivíduos pararam de intercruzar-se com outros hominídeos. Mas sabemos que começaram a cruzar entre si com relativa exclusividade por volta de duzentos milênios atrás. ("As relações sexuais começaram em 1963", escreveu o poeta Philip Larkin.[19] Ele errou por uns 200 mil anos.) Talvez esses indivíduos tenham ficado isolados aqui devido a mudanças climáticas ou barreiras geográficas. Ou, quem sabe, tenham se apaixonado.

Daqui eles seguiram para o oeste, como costumam fazer os moços, depois para o norte.* Escalaram o talho do vale do Rift ou passaram curvados sob a

---

* Se a origem desse grupo foi no *sudoeste* da África, como supõem alguns estudos recentes, então esses seres humanos viajaram, em grande medida, para o *leste* e para o *norte*.

copa das árvores das úmidas florestas pluviais ao redor da bacia do Congo, onde hoje vivem os mbuti e os bantu.

A história não é tão delimitada em termos geográficos nem tão arrumadinha quanto parece nessa nossa hipótese. Sabe-se que algumas populações dos primeiros seres humanos modernos vaguearam, acabaram voltando e entrando no Saara, que na época era uma paisagem luxuriante, entrecruzada de riachos e rios, e refluíram para agrupamentos locais de humanoides, com os quais coexistiram e até se intercruzaram, talvez gerando retrocruzamentos evolucionários. Como explicou o paleoantropólogo Christopher Stringer:

> Em termos dos humanos modernos, isso significa que [...] alguns humanos modernos possuem genes mais arcaicos do que outros. Parece que é isso mesmo. Isso nos leva a perguntar mais uma vez: o que é um ser humano moderno? Alguns dos mais fascinantes temas de pesquisa dentro de um ou dois anos investigarão o DNA que alguns de nós adquirimos dos neandertalenses. [...] Cientistas examinarão o DNA e indagarão: é funcional? Está fazendo alguma coisa no corpo dessas pessoas? Está afetando o cérebro, a anatomia, a fisiologia etc.?[20]

Mas a longa marcha prosseguiu. Há cerca de 75 mil anos, um grupo humano chegou à orla noroeste da Etiópia ou Egito, onde o mar Vermelho se reduz a um estreito espremido entre ombro erguido da África e o cotovelo dobrado da península iemenita. Não havia ninguém por lá para abrir o mar. Não sabemos o que impeliu aqueles homens e mulheres a se lançarem às águas, nem como conseguiram atravessá-las (o mar era mais raso na época, e alguns geólogos cogitam na possibilidade de ilhas de bancos de areia encadeadas terem permitido aos nossos ancestrais atravessar o estreito de ilha em ilha rumo à Ásia e à Europa). Um vulcão entrou em erupção em Toba, Indonésia, cerca de 70 mil anos atrás, e encheu os ares de cinza escura o suficiente para desencadear um inverno de décadas que pode ter precipitado uma busca desesperada por alimento e novas terras.

Outros supõem que várias dispersões, motivadas por catástrofes menores, podem ter ocorrido em diversos momentos da história humana.[21] Uma teoria dominante sugere que houve no mínimo duas travessias independentes. A primeira teria ocorrido há 130 mil anos. Os migrantes foram parar no Oriente Médio e seguiram uma rota praiana pela Ásia, acompanhando a costa em direção à Índia, e então se espalharam em leque para o sul rumo a Birmânia, Malásia e Indonésia. Uma travessia posterior teria ocorrido em tempos mais recentes, há cerca de 60 mil anos. Esses migrantes seguiram para o norte até a Europa, onde encontraram os neandertalenses. Ambas as rotas usaram a península do Iêmen como eixo. Esse é o verdadeiro "cadinho" do genoma humano.

    O que se sabe com certeza é que cada uma das perigosas travessias oceânicas deixou pouquíssimos sobreviventes, talvez uns seiscentos homens e mulheres. Europeus, asiáticos, australianos e americanos são os descendentes desses drásticos gargalos, e esse saca-rolhas da história também deixou sua assinatura em nossos genomas. Em um sentido genético, quase todos nós que saímos da África, ansiosos por terra e ar, somos ainda mais estreitamente ligados do que se imaginava. Estivemos no mesmo barco, cara.

    O que isso nos diz sobre raça e genes? Muito. Primeiro, lembra-nos de que a categorização racial dos seres humanos é uma proposição em si mesma limitada. O cientista político Wallace Sayre gracejava dizendo que as disputas acadêmicas costumam ser as mais venenosas porque o que está em jogo é irrisório. Por uma lógica análoga, talvez nossos debates cada vez mais esganiçados sobre raça devessem começar pelo reconhecimento de que a verdadeira gama de variações genômicas humanas é irrisória — menor do que em muitas outras espécies (menor, lembremos, que a dos chimpanzés). Considerando nossa brevíssima presença no planeta como espécie, somos muito mais parecidos uns com os outros do que dessemelhantes. É uma consequência inevitável dessa nossa juventude o fato de ainda não termos tido tempo para provar da maçã envenenada.

    Entretanto, até uma espécie jovem tem história. Um dos poderes mais penetrantes da genômica é sua capacidade de organizar inclusive genomas proximamente aparentados em classes e subclasses. Quem sair à caça de características e agrupamentos discriminativos sem dúvida encontrará características e agrupamentos para discriminar. Examinadas com cuidado, as variações no genoma humano *agrupam-se* em regiões e continentes geográficos e segundo fronteiras raciais tradicionais. Todo genoma traz a marca de sua ascendência. Estudando as características genéticas de um indivíduo, podemos identificar sua origem em determinado continente, nacionalidade, estado ou até tribo com notável acurácia. Decerto essa é a glorificação das pequenas diferenças — porém, se é isso que queremos dizer com "raça", então o conceito não apenas sobreviveu à era genômica, mas foi também amplificado por ela.

O problema da discriminação racial, contudo, não é a inferência da raça de uma pessoa a partir de suas características genéticas. É justo o contrário: é inferir as características da pessoa com base em sua raça. A questão não é se podemos, dadas a cor da pele, a textura do cabelo ou a língua falada por uma pessoa, inferir alguma coisa sobre sua ascendência ou origem. Essa é uma questão de sistemática biológica — de linhagem, de taxonomia, de geografia racial, de discriminação biológica. É óbvio que podemos, e a genômica refinou bastante essa inferência. Podemos examinar qualquer genoma individual e inferir noções muito profundas sobre a ascendência ou o local de origem de uma pessoa. Mas a questão muitíssimo mais polêmica é a inversa: dada uma identidade racial — africano ou asiático, digamos —, podemos inferir alguma coisa sobre as características de um indivíduo, não só a cor da pele ou do cabelo, mas também características mais complexas como inteligência, hábitos, personalidade, aptidão? *Genes sem dúvida podem nos dizer alguma coisa sobre a raça, mas a raça pode nos dizer alguma coisa sobre os genes?*

Para responder a essa pergunta, precisamos avaliar como a variação genética se distribui por várias categorias raciais. Existe mais diversidade *entre os membros* de uma raça ou *entre raças*? Por exemplo, saber que alguém tem ascendência africana e não europeia nos permite refinar de modo significativo nossa compreensão sobre as características genéticas dessa pessoa, ou sobre seus atributos pessoais, físicos ou intelectuais? Ou existe tanta variação entre os africanos e entre os europeus que a diversidade *intrarracial* domina a comparação e, com isso, torna irrelevante a categoria "africano" ou "europeu"?

Hoje temos respostas precisas e quantitativas para essas perguntas. Vários estudos tentaram quantificar o nível de diversidade genética do genoma humano. Pelas estimativas mais recentes,[22] uma parcela imensa da diversidade genética (de 85% a 90%) ocorre *entre os membros* de uma assim chamada raça (ou seja, entre os asiáticos ou entre os africanos), e apenas uma pequena parcela (7%) entre grupos raciais (já em 1972 o geneticista Richard Lewontin estimara uma distribuição semelhante). Alguns genes sem dúvida variam muito entre grupos raciais ou étnicos — a anemia falciforme é uma doença afro-caribenha e indiana, e a doença de Tay-Sachs tem frequência muito mais elevada em judeus asquenazes. Porém, em grande medida, a diversidade genética entre os membros de qualquer grupo racial suplanta a diversidade entre grupos raciais, não marginalmente, e sim em altíssimo grau. Esse nível de variabilidade intrarracial faz da "raça" um mau representante para quase qualquer característica: em um sentido genético, um homem africano da Nigéria é tão "diferente" de um homem da Namíbia que não faz sentido agrupá-los na mesma categoria.

Portanto, para a raça e para a genética, o genoma é rigorosamente uma via de mão única. Podemos usar o genoma para predizer de onde veio X ou Y. Mas, sabendo de onde A ou B vieram, pouco podemos predizer sobre o genoma dessa pessoa. Ou: *todo genoma contém uma assinatura da ascendência de um indivíduo — mas a ascendência racial de um indivíduo pouco prediz sobre seu genoma.* Podemos sequenciar DNA de um homem afro-americano e concluir que seus ancestrais provêm de Serra Leoa ou da Nigéria. Mas se encontrarmos um homem cujos bisavós provêm da Nigéria ou de Serra Leoa, pouco podemos dizer sobre as características desse homem específico. O geneticista vai para casa feliz; o racista volta de mãos vazias.

Como explicam Marcus Feldman e Richard Lewontin, "a atribuição racial perde todo interesse biológico geral. Para a espécie humana, a atribuição de raça a indivíduos não contém nenhuma implicação geral sobre diferenciação genética".[23] Em seu monumental estudo sobre genética, migração e raça humana publicado em 1994, Luigi Cavalli-Sforza, geneticista de Stanford, descreveu o problema da classificação racial como um "exercício fútil" motivado por arbitragem cultural, e não por diferenciação genética.[24] "O nível no qual cessamos nossa classificação é totalmente arbitrário. [...] Podemos identificar 'agrupamentos' de populações [...] [mas] como cada nível de agrupamento determinaria uma divisão distinta [...] não há razão biológica para preferir um nível a outro." Cavalli-Sforza prossegue:

> A explicação evolucionária é simples. Existe grande variação genética em populações, até mesmo nas pequenas. Essa variação individual acumulou-se no decorrer de longos períodos, porque a maioria [das variações genéticas] antecede a separação dos continentes e talvez até a origem da espécie, há menos de meio milhão de anos. [...] Portanto, houve muito pouco tempo para que se acumulasse alguma divergência substancial.

A extraordinária afirmação na última frase acima foi escrita para ser um diálogo com o passado: é uma réplica científica ponderada a Agassiz e Galton, aos eugenistas americanos do século xix e aos geneticistas nazistas do século xx. A genética libertou o espectro do racismo científico no século xix. A genômica, por sorte, tornou a prendê-lo na lâmpada. Como Aibee, a empregada afro-americana, explica com simplicidade a Mae Mobley no romance *A resposta*, de Kathryn Stockett, "então, a gente é igual. Só muda a cor".[25]

Em 1994, o mesmo ano em que Luigi Cavalli-Sforza publicou seu abrangente levantamento sobre raça e genética,[26] os americanos estavam em polvorosa por causa de um tipo muito diferente de livro sobre raça e genes.[27] Escrito pelo psicólogo comportamental Richard Herrnstein e pelo cientista político Charles Murray, *The Bell Curve* [A curva normal] foi, segundo o *New York Times*, "um incendiário tratado sobre classe, raça e inteligência".[28] *The Bell Curve* permitiu vislumbrar a facilidade com que a linguagem dos genes e raça pode ser distorcida e a força com que essas distorções podem reverberar por uma cultura obcecada por hereditariedade e raça.

Herrnstein era veterano em alvoroçar a opinião pública: seu livro *Crime and Human Nature*, de 1985, provocara uma tempestade de controvérsias ao afirmar que características arraigadas como personalidade e temperamento eram associadas a comportamento criminoso.[29] Uma década mais tarde, *The Bell Curve* fez uma série de afirmações ainda mais explosivas. Murray e Herrnstein procuraram demonstrar que, em grande medida, a inteligência também era arraigada — ou seja, genética — e, além disso, segregada de maneira desigual entre as raças. Brancos e asiáticos possuiriam qi mais elevado em média, e africanos e afro-americanos possuiriam qi mais baixo. Essa diferença na "capacidade intelectual", disseram Murray e Herrnstein, era a grande responsável pelo crônico desempenho inferior de afro-americanos nas esferas social e econômica. Os afro-americanos estariam em condição desvantajosa nos Estados Unidos não em virtude de falhas sistemática nos contratos sociais da nação, mas de falhas sistemáticas em seus construtos mentais.

Para entender *The Bell Curve*, precisamos começar por uma definição de "inteligência". Como era previsível, Murray e Herrnstein escolheram uma definição restrita de inteligência, e ela nos remete à biométrica e eugenia oitocentistas. Galton e seus discípulos, cabe lembrar, eram obcecados com a mensuração da inteligência. Entre 1890 e 1910 foram concebidas dezenas de testes na Europa e nos Estados Unidos que, em tese, mediam a inteligência de algum modo imparcial e quantitativo. Em 1904, o estatístico britânico Charles Spearman salientou uma característica importante de todos esses testes: quem se saía bem em um deles tendia a sair-se bem em outro.[30] Spearman supôs que essa correlação positiva existia porque todos os testes estavam, de forma indireta, medindo algum fator comum misterioso. Esse fator, propôs Spearman, não era o conhecimento em si, mas a capacidade de *adquirir e manipular* conhecimento abstrato. Spermann chamou isso de "inteligência geral" e rotulou-a como g.

No começo do século XX, g fascinou o público. Primeiro, cativou os pioneiros da eugenia. Em 1916, o psicólogo Lewis Terman, de Stanford, fervoroso defensor do movimento eugenista americano, criou um teste padronizado para avaliar com rapidez a inteligência geral em termos quantitativos, com o objetivo de usar o teste para selecionar seres humanos mais inteligentes para a reprodução eugênica. Ele reconheceu que essa mensuração variava conforme a idade durante o desenvolvimento infantil, por isso propôs um novo método para quantificar a inteligência segundo faixas etárias.[31] Se a "idade mental" de um indivíduo fosse equivalente à sua idade física, seu "quociente intelectual", ou QI, seria definido exatamente como 100. Se a idade mental do indivíduo fosse inferior em comparação com sua idade física, seu QI seria inferior a 100; se a pessoa fosse mentalmente mais avançada, atribuiriam a ela um QI superior a 100.

Uma medida numérica da inteligência também foi particularmente apropriada às demandas das duas grandes guerras mundiais, durante as quais recrutas eram alocados para tarefas de guerra que requeriam habilidades variadas com base em rápidas avaliações quantitativas. Quando os veteranos retornaram à vida civil depois das guerras, viram sua vida ser dominada por testes de inteligência. No começo dos anos 1940, esses testes eram aceitos como parte inerente da cultura americana. Testes de QI eram usados para classificar candidatos a emprego, situar crianças na escola e recrutar agentes para o Serviço Secreto. Nos anos 1950, era comum os americanos mencionarem seu QI em currículos, informar os resultados de um teste em formulários de pedido de emprego e até escolher o cônjuge com base no teste. A pontuação do QI era exibida junto com os bebês em concursos de beleza infantil (embora seja um mistério como era medido o QI de uma criança de dois anos).

Vale a pena anotar essas mudanças retóricas e históricas no conceito de inteligência porque retornaremos a elas daqui a alguns parágrafos. A inteligência geral (g) originou-se como uma correlação *estatística* entre testes aplicados em determinadas circunstâncias a determinados indivíduos. Transformou-se na noção de "inteligência geral" graças a uma *hipótese* sobre a natureza da aquisição de conhecimento pelo ser humano. E foi codificada como "QI" para atender a exigências específicas da guerra. Em um sentido cultural, a definição de g foi um fenômeno primorosamente autorreforçador: os que a possuíam, ungidos como "inteligentes" e agraciados com a arbitração da qualidade, tinham todo o incentivo do mundo para propagar sua definição. O biólogo evolucionista Richard Dawkins definiu o "meme" como uma unidade cultural que se difunde em velocidade viral pelas sociedades, mutando, replicando-se e sendo selecionado. Poderíamos imaginar g como uma dessas unidades autopropagativas. Poderíamos até chamá-la de "g egoísta".

É preciso contracultura para ir contra a cultura, e talvez fosse inevitável que os abrangentes movimentos políticos que absorveram os Estados Unidos nos anos 1960 e 1970 abalassem nas raízes as noções de inteligência geral e QI. Quando o movimento pelos direitos civis e o feminismo evidenciaram as desigualdades políticas e sociais crônicas nos Estados Unidos, ficou claro que as características biológicas e psicológicas não eram apenas inatas, mas talvez influenciadas em alto grau pelo contexto e pelo ambiente. O dogma de uma forma única de inteligência também foi refutado por evidências científicas. Especialistas em psicologia do desenvolvimento, como Louis Thurstone (nos anos 1950) e Howard Gardner (em fins dos anos 1970), procuraram mostrar que a "inteligência geral" era um modo bastante tosco de agrupar muitas formas de inteligência bem mais sutis e dependentes de contexto, por exemplo, inteligência visuoespacial, matemática ou verbal.[32] Um geneticista que reanalisasse esses dados poderia concluir que g — a medida de uma qualidade hipotética inventada para servir a um contexto específico — talvez fosse uma característica que não valia a pena associar a genes, mas isso não dissuadiu Murray e Herrnstein. Acentuadamente baseados em um artigo anterior do psicólogo Arthur Jensen, Murray e Herrnstein procuraram provar que g era hereditária, que variava entre grupos étnicos e, o mais importante, que a disparidade racial se devia a diferenças genéticas inatas entre brancos e afro-americanos.[33]

* * *

Será *g* hereditária? Em certo sentido, sim. Nos anos 1950, uma série de relatórios sugeriu um acentuado componente genético.[34] Dentre eles, os estudos de gêmeos foram os mais conclusivos. Quando gêmeos idênticos que haviam sido criados juntos — ou seja, tinham genes e o ambiente em comum — foram testados no começo dos anos 1950, os psicólogos encontraram um espantoso grau de concordância em seus QI, com valor de correlação 0,86.* Em fins dos anos 1980, quando foram testados gêmeos idênticos que haviam sido separados ao nascer e criados sem ambientes diferentes, a correlação caiu para 0,74, um valor ainda assombroso.

No entanto, a hereditariedade de uma característica, por mais acentuada que seja, pode ser resultado de numerosos genes, cada qual exercendo um efeito mais ou menos pequeno. Se isso fosse verdade, os gêmeos idênticos deveriam apresentar fortes correlações em *g*, mas para pais e filhos a concordância seria muito menor. O QI seguiu esse padrão. A correlação entre pais e filhos que viviam juntos, por exemplo, caiu para 0,42. Com pais e filhos que viviam separados, despencou para 0,22. O que o QI media, fosse lá o que fosse, era um fator hereditário, mas também influenciado por muitos genes e possivelmente modificado em alto grau pelo ambiente — parte natureza, parte criação.

A conclusão mais lógica que se pode tirar com base nesses fatos é que, embora alguma combinação de genes e ambiente possa influenciar *g* em alto grau, essa combinação raras vezes será transmitida intacta de pais para filhos. As leis de Mendel praticamente garantem que a permutação específica de genes se dispersará em cada geração. E as interações ambientais são tão difíceis de captar e predizer que não podem ser reproduzidas no decorrer do tempo. Em suma, a inteligência é *hereditária* (ou seja, influenciada por genes), mas não facilmente *herdável* (isto é, transmitida intacta de uma geração à seguinte).

Se Murray e Herrnstein tivessem chegado a essas conclusões, teriam publicado um livro acurado, só que nada polêmico, sobre a hereditariedade da

---

* Estimativas mais recentes apontam a correlação entre gêmeos idênticos em 0,6 a 0,7. Em décadas subsequentes, vários psicólogos, entre eles Leon Kamin, reexaminaram os dados dos anos 1950 e constataram que as metodologias usadas eram suspeitas, e as estimativas iniciais foram questionadas.

inteligência. Mas o cerne de *The Bell Curve* não é a hereditariedade do QI, e sim a sua distribuição racial. Os autores começaram analisando 156 estudos independentes que comparavam o QI entre raças. Em conjunto, esses estudos haviam encontrado um QI médio de 100 para brancos (por definição, o QI médio da população de referência tem de ser 100) e de 85 para afro-americanos: uma diferença de quinze pontos. Murray e Herrnstein tentaram, com algum denodo, eliminar a possibilidade de os testes apresentarem um viés contra os afro-americanos. Usaram apenas os testes aplicados depois dos anos 1960 e fora do sul dos Estados Unidos, na esperança de reduzir vieses endêmicos; ainda assim, a diferença de quinze pontos persistiu.[35]

Poderia a diferença nas pontuações de brancos e negros ser decorrente das condições socioeconômicas? Sabia-se já havia décadas que crianças pobres, não importava a raça, saíam-se pior em testes de QI. De fato, de todas as hipóteses sobre a diferença de QI entre as raças, essa era, de longe, a mais plausível: grande parte da diferença entre brancos e negros podia ser consequência de uma proporção maior de pobres entre as crianças afro-americanas. Nos anos 1990, o psicólogo Eric Turkheimer validou acentuadamente essa teoria demonstrando que os genes têm um papel irrisório na determinação do QI quando as circunstâncias são de pobreza grave.[36] Se pobreza, fome e doença estiverem presentes em conjunto na vida de uma criança, essas variáveis dominam a influência sobre o QI. Os genes que controlam o QI só se tornam significativos se removermos essas limitações.

É fácil demonstrar um efeito análogo em laboratório: se você criar duas linhagens de plantas, uma alta e uma baixa, em circunstâncias de subnutrição, ambas serão baixas ao crescer, independentemente do impulso genético. Em contraste, quando não houver limitação de nutrientes, a planta alta crescerá em toda a sua plenitude. Quem terá a influência predominante, os genes ou o genoma — a natureza ou a criação —, vai depender do contexto. Os ambientes, quando são restritivos, exercem uma influência desproporcional. Quando as restrições são removidas, os genes ganham a ascendência.*

Os efeitos da pobreza e da privação ofereceram uma causa perfeitamente razoável para a diferença *global* de QI entre brancos e negros, mas Murray e

---

* Dificilmente haverá um argumento genético mais convincente em favor da igualdade. É impossível avaliar qualquer potencial genético humano sem primeiro igualar os ambientes.

Herrnstein aprofundaram-se ainda mais. Mesmo fazendo a correção para a condição socioeconômica, constataram, a diferença de pontuação entre brancos e negros não podia ser eliminada por completo. Se traçarmos uma curva do QI de brancos e afro-americanos para condições socioeconômicas cada vez melhores, o QI se eleva em ambos os casos, como esperado. Crianças mais ricas sem dúvida alcançam pontuação mais alta do que suas colegas mais pobres, tanto na população branca como na afro-americana. Contudo, a diferença de pontuação entre as raças persiste. Na verdade, o que é paradoxal, a diferença *aumenta* conforme se eleva a condição socioeconômica de brancos e afro-americanos. A diferença de pontuação em testes de QI entre brancos ricos e afro-americanos ricos é ainda mais pronunciada: longe de estreitar-se, a lacuna se *amplia* nas faixas mais altas de renda.

Litros e litros de tinta foram gastos em livros, revistas, periódicos científicos e jornais analisando, cotejando e desmascarando esses resultados. Em um cáustico artigo escrito para a revista *New Yorker*, por exemplo, o biólogo evolucionista Stephen Jay Gould afirmou que o efeito era demasiado tênue e a variação dentro de cada teste era grande demais para permitir conclusões estatísticas sobre a diferença.[37] O historiador de Harvard Orlando Patterson, no artigo astutamente intitulado "For Whom the Bell Curves",* lembrou aos leitores que os rotos legados da escravidão, do racismo e da intolerância aprofundaram de forma tão drástica as divisões culturais entre brancos e afro-americanos que não se pode comparar de modo significativo os atributos biológicos entre as raças.[38] De fato, o psicólogo social Claude Steele demonstrou que, quando se pede a estudantes negros que se submetam a um teste de QI com o pretexto de que o teste é para experimentar uma nova caneta eletrônica ou um novo modo de atribuir pontuações, eles se saem bem. Mas se lhes disserem que estão sendo testados para avaliar sua "inteligência", sua pontuação desaba. Portanto, a verdadeira variável que está sendo medida não é a inteligência, e sim uma aptidão para submeter-se a testes, a autoestima ou apenas o ego ou a ansiedade.

* Literalmente, "Por quem o sino se curva"; esse título é um trocadilho com o título do romance *For Whom the Bell Tolls*, de Ernest Hemingway, traduzido para o português do Brasil como *Por quem os sinos dobram*; "*bell curve*" é como se designa a "curva normal" em inglês. (N. T.)

Em uma sociedade onde homens e mulheres negros sofrem no cotidiano uma discriminação generalizada e insidiosa, essa propensão poderia passar a se autoalimentar: crianças negras saem-se pior em testes porque lhes disseram que elas são piores em testes, o que as faz ter mau desempenho em testes e fortalece a ideia de que elas são menos inteligentes, ad infinitum.[39]

Mas a última falha fatal em *The Bell Curve* é algo bem mais simples, um fato entranhado com tamanha discrição em um único parágrafo escrito sem maiores preocupações em um livro de oitocentas páginas que quase desaparece.[40] Se pegarmos afro-americanos e brancos com pontuações de QI idênticas, digamos, 105, e medirmos seu desempenho em vários subtestes de inteligência, as crianças negras pontuam melhor em certos conjuntos (testes de memória de curto prazo e recordação, por exemplo), enquanto as brancas com frequência pontuam melhor em outros (testes para mudanças visuoespaciais e perceptuais). Em outras palavras, o modo como um teste de QI é configurado afeta de maneira profunda o desempenho de diferentes grupos raciais e de suas variantes gênicas: alterando os pesos e contrapesos no mesmo teste, altera-se a medida da inteligência.

A mais eloquente evidência desse viés provém de um estudo quase esquecido feito por Sandra Scarr e Richard Weinberg em 1976.[41] Scarr estudou filhos adotivos transraciais — crianças negras adotadas por pais brancos — e constatou que eles tinham QI médio de 106, uma pontuação no mínimo tão alta quanto a de crianças brancas. Analisando com cuidado o desempenho de grupos de controle, Scarr concluiu que não era a "inteligência" que aumentava, e sim o desempenho em determinados subtestes de inteligência.

Não podemos descartar essa proposição argumentando que a atual construção do teste de QI tem de estar correta porque prediz o desempenho no mundo real. É óbvio que prediz, pois o conceito de QI se autoalimenta de maneira poderosa: ele mede uma qualidade imbuída de enorme significado e valor cuja tarefa é se autopropagar. O círculo de sua lógica é fechado e impenetrável. Contudo, a verdadeira configuração do teste é mais ou menos arbitrária. Não se pode destituir de significado a palavra "inteligência" alterando a ponderação de um teste — dando mais peso, digamos, à percepção visuoespacial em detrimento da recordação de curto prazo —, mas é possível mudar a discrepância entre brancos e negros na pontuação de QI. E esse é o xis da questão. O problema da noção de *g* é que ela finge ser uma qualidade biológica mensurável e hereditária, mas na verdade é fortemente determinada por prioridades culturais. Ela é — simplificando um pouco — a coisa mais perigosa: um meme disfarçado de gene.

Se a história da genética médica nos ensina uma lição, é que devemos estar atentos justo para esse tipo de confusão entre biologia e cultura. Hoje sabemos que os seres humanos, em grande medida, são semelhantes na constituição genética, porém existe variação suficiente em cada um de nós para representar a verdadeira diversidade. Ou, em termos talvez mais precisos, somos cultural ou biologicamente inclinados a magnificar as variações, mesmo que elas sejam secundárias no esquema mais amplo do genoma. Testes concebidos explicitamente para captar variações em habilidades talvez captem variações em habilidades, as quais podem muito bem manifestar-se com destaque segundo linhas raciais. Mas chamar de "inteligência" a pontuação nesse tipo de teste, ainda mais quando a pontuação é exclusivamente sensível à configuração do teste, é insultar a própria qualidade que ele se propõe a medir.

Os genes não podem nos dizer como categorizar ou compreender a diversidade humana; isso é da alçada do ambiente, da cultura, da geografia, da história. Nossa linguagem gagueja quando tenta lidar com essa falha. Quando uma variação genética é, em termos estatísticos, a mais comum, nós a chamamos de *normal*, um termo que implica não apenas uma representação estatística superior, mas também uma superioridade qualitativa ou até moral (o dicionário inglês *Merriam-Webster's* traz nada menos do que oitenta definições dessa palavra, incluindo "que ocorre naturalmente" e "mental e fisicamente sadio"). Quando a variação é rara, ganha a denominação de *mutante*, um termo que implica não apenas a raridade estatística, mas também uma inferioridade qualitativa ou até repugnância moral.

Assim, a discriminação linguística interpõe-se na variação genética, misturando biologia e aspiração. Quando uma variante gênica reduz a aptidão de um organismo em um dado ambiente — um homem sem pelos na Antártida —, chamamos esse fenômeno de *doença genética*. Quando essa mesma variante aumenta a aptidão em um ambiente diferente, chamamos o organismo de *geneticamente melhorado*. A síntese da biologia evolucionária com a genética nos lembra de que esses critérios não têm sentido: "melhoramento" ou "doença" são palavras que medem a aptidão de determinado genótipo para determinado ambiente; se alterarmos o ambiente, as palavras podem até ter seu significado invertido. "Quando ninguém lia, a dislexia não era problema", escreveu a psicóloga Alison Gopnik.[42]

> Quando a maioria das pessoas precisava caçar, uma pequena variação genética na capacidade de concentrar a atenção não era problema, e talvez fosse até uma vantagem [permitia ao caçador prestar atenção em vários alvos ao mesmo tempo, por exemplo]. Já quando a maioria das pessoas tem de cursar o ensino médio, essa mesma variação transforma-se em uma doença que altera a vida.

O desejo de categorizar os seres humanos segundo linhas raciais, bem como o impulso de sobrepor atributos como inteligência (ou criminalidade, criatividade, violência) a essas linhas, ilustra um tema geral relacionado à genética e à categorização. Assim como os romances da literatura inglesa, ou como o rosto, digamos, o genoma humano pode ser agrupado ou dividido em um milhão de modos. Mas dividir ou agrupar, categorizar ou sintetizar é uma *escolha*. Quando uma característica biológica hereditária distinta, por exemplo, uma doença genética (como a anemia falciforme) é a preocupação principal, examinar o genoma para identificar o lócus dessa característica faz sentido, sem dúvida. Quanto mais restrita a definição da característica hereditária, mais provável será encontrarmos um lócus genético para essa característica, e mais provável será que ela esteja segregada em alguma subpopulação humana (os judeus asquenazes no caso da doença de Tay-Sachs, os afro-caribenhos no caso da anemia falciforme). Por exemplo, há uma razão para que a maratona esteja se tornando um esporte genético: os maratonistas do Quênia e da Etiópia, uma estreita faixa oriental de um continente, dominam as competições não só graças ao talento e ao treinamento, mas também porque a maratona é um teste estritamente definido para certa forma de resistência extrema. Os genes que permitem essa resistência (por exemplo, determinadas combinações de variantes gênicas que produzem formas distintas de anatomia, fisiologia e metabolismo) serão naturalmente selecionados.

De maneira inversa, quanto mais ampliarmos a definição de uma característica (digamos, inteligência ou temperamento), menor a probabilidade de que essa característica apresente correlação com genes isolados — e, por extensão, com raças, tribos ou subpopulações. Inteligência ou temperamento não são corridas para maratonistas: não existem critérios fixos para o êxito, nem linhas de partida e chegada — e correr de lado ou de costas também pode assegurar a vitória.

A definição estreita ou ampla de uma característica é, na verdade, uma questão de identidade, isto é, de como definimos, categorizamos e entendemos o ser humano (nós mesmos) em um sentido cultural, social e político. Portanto, o elemento crucial que está faltando em nossa confusa conversa sobre a definição de raça é uma conversa sobre a definição de identidade.

29. A primeira derivada da identidade

> *Por várias décadas, a antropologia participou da desconstrução geral da "identidade" como um objeto estável de investigação acadêmica. A noção de que os indivíduos forjam sua identidade por meio da atuação social e, portanto, de que sua identidade não é uma essência fixa impele fundamentalmente os estudos recentes sobre gênero e sexualidade. A noção de que a identidade coletiva emerge da luta política e da conciliação fundamenta os estudos contemporâneos sobre raça, etnia e nacionalismo.*
> Paul Brodwin, "Genetics, Identity, and the Anthropology of Essentialism"[1]

> *Methinks you are my glass, and not my brother.**
> William Shakespeare, *A comédia dos erros*, ato 5, cena 1

Em 6 de outubro de 1942, cinco anos antes de a família de meu pai deixar Barisal, minha mãe nasceu duas vezes em Delhi. Bulu, sua gêmea idêntica,

---
* "Parece que és meu espelho, e não meu irmão." (N. T.)

chegou antes dela, tranquila e bela. Minha mãe, Tulu, emergiu vários minutos depois, contorcendo-se, berrando furiosa. A parteira, por sorte, provavelmente conhecia o suficiente sobre recém-nascidos para saber que em geral os mais bonitos são os menos afortunados: o gêmeo quietinho, quase apático, costumava sofrer de subnutrição grave e precisava que o envolvessem em cobertores e o ressuscitassem. Os primeiros dias de vida da minha tia foram os mais frágeis. Ela não conseguia mamar no peito (diz a história, talvez apócrifa) e não havia mamadeiras para recém-nascidos à venda em Delhi nos anos 1940, por isso alimentaram-na com um pano de algodão embebido em leite e depois com uma concha de caurim em feitio de colher. Contrataram uma ama para cuidar dela. Quando o leite materno começou a diminuir ao fim de sete meses, minha mãe foi logo desmamada para deixar o pouco que restava para sua irmã. Assim, logo de saída minha mãe e sua irmã gêmea foram experimentos vivos em genética: gritantemente idênticas na natureza e gritantemente divergentes na criação.

Minha mãe, a "mais nova das duas por dois minutos", era irrequieta. Tinha um temperamento imprevisível, volúvel. Descuidada e destemida, aprendia depressa e não se esquivava de cometer erros. Bulu era fisicamente tímida. Sua mente era mais ágil, sua língua, mais afiada e sua perspicácia, mais aguçada. Tulu era sociável. Fazia amigos com facilidade. Não ligava para insultos. Bulu era reservada e contida, mais calada e mais fria. Tulu gostava de teatro e dança. Bulu era poeta, escritora, sonhadora.

Entretanto, os contrastes só faziam realçar as semelhanças entre as gêmeas. Tulu e Bulu eram de uma semelhança incrível: a mesma pele clara, o rosto amendoado, maçãs do rosto salientes, coisa incomum em bengalis, e a borda exterior dos olhos um pouquinho pendente, o truque que os pintores italianos usavam para fazer as Madonas exsudarem uma misteriosa compaixão. As duas falavam em uma língua particular que muitos gêmeos compartilham. Tinham piadas que só elas entendiam.

Os anos se passaram e elas se afastaram. Tulu casou-se com meu pai em 1965 (ele se mudara para Delhi três anos antes). Foi um casamento arranjado, mas mesmo assim arriscado. Meu pai era um imigrante sem vintém em uma nova cidade, e trazia como fardo uma mãe dominadora e um irmão meio louco que morava com eles. Para os super-refinados parentes bengaleses ocidentais da minha mãe, a família do meu pai era a encarnação da jequice dos bengaleses orientais: quando os irmãos dele sentavam-se para comer, faziam uma pilha de arroz no prato e abriam um buraco vulcânico para o molho, como que salientando naquela cratera a insaciável, perpétua fome de seus tempos de vilarejo. Em comparação, o casamento de Bulu parecia uma perspectiva bem mais segura. Em 1966, ela ficou noiva de um jovem advogado, o filho mais velho de um clã bem estabelecido em Calcutá. Em 1967, casou-se e se mudou para a esparramada e decrépita mansão da família dele em Calcutá do Sul, com um jardim já sufocado pelas ervas daninhas.

Quando nasci, em 1970, a sorte das irmãs começara a seguir direções inesperadas. Em fins dos anos 1960, Calcutá iniciou sua inalterável descida ao inferno. A economia desgastava-se, a frágil infraestrutura vergava sob o peso de ondas de imigração. Movimentos políticos mutuamente destrutivos irrompiam com frequência e fechavam as ruas e as firmas por semanas. Com a cidade convulsionada entre ciclos de violência e apatia, a nova família de Bulu sangrava suas economias para não soçobrar. O marido dela fingia que trabalhava: saía de casa toda manhã com as indefectíveis maleta e marmita, mas quem iria precisar de um advogado numa cidade sem leis? Por fim, a família vendeu seu bolorento casarão de varanda e pátio enormes e se mudou para um modesto apartamento de dois dormitórios, a apenas alguns quilômetros da casa que abrigara minha avó na primeira noite que ela passou em Calcutá.

A sorte de meu pai, em contraste, refletia a de sua cidade adotiva. Delhi, a capital, era a filha supernutrida da Índia. Favorecida pelas aspirações nacionais de construir uma megametrópole, engordada por subsídios e concessões, suas ruas se alargaram e sua economia se expandiu. Meu pai ascendeu na hierarquia de uma multinacional japonesa e subiu com rapidez da classe baixa para a classe média alta. Nosso bairro, antes circundado por florestas de espinheiros apinhadas de cães e cabras, logo se transformou em um dos mais afluentes bolsões imobiliários da cidade. Passávamos férias na Europa. Aprendemos a comer com hashi e nadávamos em piscinas de hotéis no verão. Quando as monções se abatiam sobre Calcutá, os montes de lixo nas ruas entupiam os bueiros e transformavam a cidade em um imenso pântano infestado. Uma dessas lagoas estagnadas, pululando com mosquitos, logo se instalava defronte à casa de Bulu. Ela a chamava de sua "piscina particular".

Há algo nesse comentário, uma leveza, que era sintomático. Poderíamos imaginar que as drásticas vicissitudes da sorte remodelariam Tulu e Bulu de maneiras bem distintas. Ao contrário: com o passar dos anos, a semelhança física das gêmeas diminuiu até quase desaparecer, mas uma coisa inefável nelas — uma atitude, um temperamento — permaneceu notavelmente semelhante e até convergiu com mais intensidade. Apesar da crescente disparidade econômica entre as duas irmãs, elas tinham em comum um otimismo em relação ao mundo, uma curiosidade, um senso de humor, uma serenidade que beirava a nobreza, mas era isenta de soberba. Quando viajávamos para o exterior, minha mãe trazia uma coleção de suvenires para Bulu: um brinquedo de madeira da Bélgica, chicletes dos Estados Unidos com sabor de fruta que não tinham aroma de fruta nenhuma deste planeta, um bibelô de vidro da Suíça que, fiquei sabendo mais tarde, custava mais do que a mensalidade da escola dos filhos de Bulu. Minha tia lia os guias de viagem dos países que tínhamos visitado. "Também estive lá", dizia, enquanto arrumava os suvenires numa cristaleira, sem nenhum traço de amargura na voz.

Não existe uma palavra, ou frase, que denote aquele momento na consciência de um filho em que ele começa a compreender sua mãe — não só em termos superficiais, mas com a imensa clareza com que ele entende a si mesmo. Minha experiência desse momento, lá nas profundezas da minha infância, foi literalmente dual: quando compreendi minha mãe, também aprendi a compreender sua irmã gêmea. Eu sabia, com uma certeza luminosa, quando ela iria rir, o que a fazia sentir-se menosprezada, o que a animava, quais eram suas simpatias e afinidades. Ver o mundo pelos olhos da minha mãe era vê-lo também pelos olhos de sua irmã gêmea, exceto, talvez, que eu as via através de lentes de cores um pouco diferentes.

Comecei a perceber que o que convergira entre minha mãe e sua irmã não era a personalidade, mas a tendência da personalidade: sua primeira derivada, para usar um termo emprestado da matemática. Em cálculo, a primeira derivada de um ponto não é uma posição no espaço, e sim sua propensão a mudar sua posição; não onde um objeto *está*, mas como ele se *move* no espaço e no tempo. Essa qualidade que elas tinham em comum, insondável para alguns, mas autoevidente para uma criança de quatro anos, era o último vínculo entre minha mãe e sua irmã gêmea. Tulu e Bulu não eram mais reconhecivelmente idênticas, mas tinham em comum a primeira derivada da identidade.

Quem duvida que genes podem especificar a identidade talvez tenha vindo de outro planeta e deixado de reparar que os seres humanos existem em duas variantes fundamentais: machos e fêmeas. Críticos culturais, teóricos de gênero, fotógrafos de moda e Lady Gaga nos lembram, com acerto, que essas categorias não são tão fundamentais quanto poderiam parecer e que ambiguidades desconcertantes com frequência espreitam nas fronteiras. No entanto, é difícil contestar três fatos essenciais: machos e fêmeas diferem em termos anatômicos e fisiológicos; essas diferenças anatômicas e fisiológicas são especificadas por genes; e essas diferenças, introduzidas entre construções culturais e sociais do eu, exercem uma poderosa influência sobre a especificação da nossa identidade como indivíduos.

O fato de que genes influenciam na determinação do sexo, gênero e identidade de gênero é uma ideia relativamente nova em nossa história. A distinção entre essas três palavras é importante para nossa discussão. Quando digo *sexo*, refiro-me aos aspectos anatômicos e fisiológicos do corpo masculino e do corpo feminino. Se menciono *gênero*, falo de uma ideia mais complexa: os papéis psíquicos, sociais e culturais que um indivíduo assume. E quando digo *identidade de gênero*, estou aludindo ao sentimento que o indivíduo tem de si mesmo (como sendo do sexo masculino ou do sexo feminino, ou nenhuma dessas duas alternativas, ou ainda algo intermediário).

Por milênios, a base das dessemelhanças anatômicas entre homens e mulheres — o "dimorfismo anatômico" do sexo — foi mal compreendida. Em 200 d.C., Galeno, o mais influente anatomista do mundo antigo, fez elaboradas dissecações para tentar provar que os órgãos reprodutivos masculinos e femininos eram análogos, com a diferença de que os masculinos eram voltados para fora, e os femininos, para dentro. Os ovários, disse Galeno, nada mais eram do que testículos internalizados, retidos no interior do corpo feminino porque as mulheres não possuíam um "calor vital" capaz de protrair os órgãos. "Vire para fora [os órgãos] da mulher e duplique os do homem, e encontrará o mesmo", escreveu ele. Os alunos e seguidores de Galeno estenderam ao pé da letra essa analogia, a um ponto absurdo, supondo que o útero era o escroto inflado para dentro e que as tubas uterinas eram as vesículas seminais infladas e expandidas. Essa teoria era memorizada com um verso medieval, um recurso mnemônico para estudantes de anatomia:

Though they of different sexes be
Yet on the whole, they're the same as we
For those that have the strictest searchers been
*Find women are just men turned outside in.**

Mas que força era responsável por virar os homens "para fora" ou as mulheres "para dentro", como meias? Séculos antes de Galeno, o filósofo grego Anaxágoras, escrevendo por volta de 400 a.C., afirmou que o gênero, como um imóvel em Nova York, era em tudo determinado pela localização. Assim como Pitágoras, Anaxágoras acreditava que a essência da hereditariedade era transmitida pelo homem no espermatozoide, enquanto a mulher apenas "moldava" o sêmen masculino no útero para produzir o feto. A hereditariedade do gênero também seguia esse padrão. O sêmen produzido no testículo direito originava filhos do sexo masculino, e no testículo esquerdo, do sexo feminino. A especificação do gênero continuava no útero, estendendo o código espacial esquerda-direita iniciado durante a ejaculação. Um feto masculino era depositado, com primorosa especificidade, no corno direito do útero. Um feto feminino, por sua vez, era nutrido no corno esquerdo.

É fácil ridicularizar a teoria de Anaxágoras, julgá-la anacrônica e bizarra. Sua curiosa insistência na localização esquerda e direita — como se o gênero fosse determinado por algum tipo de disposição dos talheres — pertence a outra era. No entanto, em seu tempo foi uma teoria revolucionária, pois trazia dois avanços cruciais. Primeiro, reconhecia que a determinação do gênero era totalmente aleatória, portanto cumpria invocar uma causa aleatória (a origem do espermatozoide à esquerda ou à direita) para explicá-la. Segundo, argumentava que o ato aleatório original, uma vez estabelecido, tinha de ser amplificado e consolidado para engendrar plenamente o gênero. O plano de desenvolvimento fetal era crucial. O espermatozoide do lado direito encontrava seu caminho até o lado direito do útero, onde era adicionalmente especificado como um feto do sexo masculino. O espermatozoide do lado esquerdo era segregado do lado esquerdo para produzir uma criança do sexo feminino. A determinação do gênero era uma reação em cadeia, iniciada por um único

* "Embora sejam de sexos diferentes/ No todo, contudo, são iguais a nós/ Pois os mais rigorosos investigadores/ Descobriram que as mulheres são apenas homens virados para dentro." (N. T.)

passo, mas depois amplificada, pela localização do feto, no dimorfismo pleno entre homens e mulheres.

E assim, em grande medida, permaneceu por séculos a determinação dos sexos. Havia uma profusão de teorias, porém em termos conceituais eram todas variantes da ideia de Anaxágoras: o sexo seria determinado por um ato essencialmente aleatório, consolidado e amplificado pelo ambiente do óvulo ou do feto. "O sexo não é herdado", escreveu um geneticista em 1900.[2] Até Thomas Morgan, talvez o mais destacado proponente do papel dos genes no desenvolvimento, supôs que o sexo não podia ser determinado por genes. Em 1903, Morgan escreveu que talvez a determinação do sexo se desse por vários fatores ambientais, e não por um único fator genético:

> O óvulo, no que diz respeito ao sexo, parece estar em uma espécie de estado de equilíbrio, e as condições às quais ele é exposto [...] podem determinar qual sexo ele produzirá. Pode ser infrutífero tentar descobrir alguma influência isolada que intervenha de maneira decisiva para todos os tipos de óvulo.[3]

No inverno de 1903, ano em que Morgan publicou sua descuidada rejeição às teorias sobre a determinação genética do sexo, Nettie Stevens, uma estudante de pós-graduação, dedicou-se a um estudo que transformaria essa área. Nascida em 1861, filha de um carpinteiro, estudou para ser mestre-escola, mas no começo dos anos 1890 conseguira economizar o suficiente do seu salário de professora e pôde ingressar na Universidade Stanford, na Califórnia. Decidiu estudar biologia na pós-graduação em 1900, na época uma escolha incomum para uma mulher. Ainda mais incomum foi sua opção pelo trabalho de campo na estação zoológica da longínqua Nápoles, onde Theodor Boveri havia coletado ovos de ouriço-do-mar. Ela aprendeu italiano para comunicar-se no dialeto dos pescadores que lhe traziam ovos da costa. Com Boveri, aprendeu a corar os ovos para identificar cromossomos, os estranhos filamentos tingidos de azul que residiam nas células.

Boveri havia demonstrado que células com cromossomos alterados não podiam se desenvolver normalmente, portanto as instruções hereditárias para o desenvolvimento só podiam estar contidas nos cromossomos. Mas estaria o determinante genético do sexo também contido em cromossomos? Em 1903,

Stevens escolheu um organismo simples, o bicho-da-farinha, para investigar a correlação entre a composição cromossômica de um bicho-da-farinha individual e seu sexo. Quando Stevens usou o método de coloração de cromossomos criado por Bovery em bichos-da-farinha do sexo feminino e masculino, a resposta saltou do microscópio: uma variação em apenas um cromossomo apresentava perfeita correlação com o sexo da larva. Ao todo, o bicho-da-farinha possui vinte cromossomos — dez pares (a maioria dos animais possui cromossomos pareados; o homem tem 23). As células das fêmeas do bicho-da-farinha sempre apresentavam dez pares iguais. Em contraste, as células dos machos tinham dois cromossomos desiguais — um com feitio de uma pequena nodosidade, o outro, um cromossomo maior. Stevens aventou que a presença daquele cromossomo pequeno era suficiente para determinar o sexo. Chamou-o de *cromossomo sexual*.[4]

Essa observação sugeriu a Stevens uma teoria simples da determinação do sexo. Quando os espermatozoides eram criados na gônada masculina, surgiam em duas formas, em proporções mais ou menos iguais: uma continha o nodoso cromossomo masculino, a outra, o cromossomo feminino de tamanho normal. Quando um espermatozoide contendo o cromossomo masculino — ou seja, o "espermatozoide masculino" — fecundava o óvulo, o embrião era macho. Quando um "espermatozoide feminino" fecundava o óvulo, era fêmea.

O trabalho de Stevens foi corroborado pelo de um colaborador próximo seu, o biólogo celular Edmund Wilson, que simplificou a terminologia de Stevens, chamando o cromossomo masculino de Y e o feminino de X. Em termos cromossômicos, as células masculinas eram xy, as femininas xx. O óvulo contém um único cromossomo X, concluiu Wilson. Quando um espermatozoide contendo um cromossomo Y fecunda um óvulo, o resultado é uma combinação xy, determinando, assim, que o embrião *será masculino*. Quando um espermatozoide contendo um cromossomo X encontra um óvulo, o resultado é xx, determinando que o embrião *será feminino*. O sexo não era determinado pelo testículo esquerdo ou direito, mas por um processo tão aleatório quanto: a natureza da carga genética do primeiro espermatozoide que atingia e fecundava o óvulo.

O sistema XY descoberto por Stevens e Wilson tinha um corolário importante: se o cromossomo Y continha todas as informações para determinar a masculinidade, esse cromossomo tinha de conter genes para fazer um embrião macho. De início, os geneticistas pensaram que encontrariam dezenas de genes determinantes da masculinidade no cromossomo Y; afinal de contas, o sexo envolve uma coordenação exata de várias características anatômicas, fisiológicas e psicológicas, e era difícil imaginar que um único gene pudesse ser capaz de executar, sozinho, funções tão diversas. No entanto, todo estudante de genética atento sabia que o cromossomo Y era um lugar inóspito para genes. Em contraste com qualquer outro cromossomo, o Y não é pareado, isto é, não tem um cromossomo irmão e nem uma cópia duplicada, por isso cada gene nesse cromossomo está por conta própria. Uma mutação em qualquer outro cromossomo pode ser reparada copiando-se o gene intacto do outro cromossomo. Mas um gene no cromossomo Y não pode ser consertado, reparado, recopiado de outro cromossomo; ele não tem backup nem guia (no entanto, no cromossomo Y existe um sistema interno exclusivo para reparar genes). Quando o cromossomo Y é acometido por mutações, não possui um mecanismo para recuperar informações. Assim, o Y é marcado pelos tiros e cicatrizes da história. Ele é o local mais vulnerável do genoma humano.

Em consequência desse constante bombardeio genético, o cromossomo Y humano começou a alijar informações milhões de anos atrás. Genes que eram indispensáveis para a sobrevivência provavelmente trocaram de posição no genoma e foram parar em outras partes onde podiam ser armazenados com segurança; genes de valor limitado tornaram-se obsoletos, aposentaram-se ou foram substituídos; apenas os genes mais essenciais foram mantidos. Conforme informações foram sendo perdidas, o próprio cromossomo Y encolheu, desbastado pedaço por pedaço pelo implacável ciclo de mutação e perda de genes. Não é por coincidência que o Y é o menor de todos os cromossomos: ele é em grande medida vítima de obsolescência planejada (em 2014, cientistas descobriram que alguns genes extremamente importantes podem estar alojados permanentemente no Y).

Em termos genéticos, isso sugere um paradoxo curioso. É provável que o sexo, uma das mais complexas características humanas, não seja codificado por vários genes. Em vez disso, um único gene, entranhado de modo precário no cromossomo Y, tem de ser o regulador-mestre da masculinidade.* Leitores deste último parágrafo que forem do sexo masculino, tomem nota: quase não chegamos lá.

---

* Com tamanhas desvantagens, é de admirar que o sistema xy de determinação do sexo exista. Por que evoluiu nos mamíferos um mecanismo de determinação do sexo onerado por tantos perigos? Por que o gene da determinação do sexo está contido justo em um cromossomo hostil, não pareado, onde é maior a probabilidade de que ele seja acometido por mutações?

Para resolver essa questão, precisamos voltar e fazer uma indagação mais fundamental: Por que a reprodução sexuada foi inventada? Por que, como Darwin se perguntou, novos seres tinham de ser "produzidos pela união de dois elementos sexuais, em vez de por um processo de partenogênese"?

A maioria dos biólogos evolucionistas concorda que o sexo surgiu para permitir o rápido rearranjo genético. Não existe, talvez, nenhum modo mais rápido de misturar genes de dois organismos do que juntar óvulo e espermatozoide. E até a gênese dos espermatozoides e óvulos embaralha os genes por meio da recombinação. O poderoso rearranjo de genes durante a reprodução sexuada aumenta a variação. Esta, por sua vez, aumenta a aptidão e a sobrevivência de um organismo em um ambiente de mudança constante. Portanto, a expressão "reprodução sexuada" é imprópria. O propósito evolucionário do sexo não é a "reprodução": organismos podem gerar fac-símiles — re-produções — superiores deles mesmos na ausência de sexo. O sexo foi inventado pela razão oposta: para permitir a *recombinação*.

No entanto, "reprodução sexuada" e "determinação do sexo" não são a mesma coisa. Mesmo se reconhecermos as muitas vantagens da reprodução sexuada, ainda poderíamos perguntar por que a maioria dos mamíferos usa o sistema xy para a determinação do gênero. Em resumo: por que o Y? Não sabemos. O sistema xy de determinação do gênero claramente foi inventado na evolução há muitos milhões de anos. Em aves, répteis e alguns insetos, o sistema é inverso: a fêmea contém dois cromossomos diferentes, e o macho, dois idênticos. E em outros animais — por exemplo, alguns répteis e peixes — o gênero é determinado pela temperatura do óvulo ou pelo tamanho de um organismo em relação aos seus competidores. Supõe-se que esses sistemas de determinação do gênero são anteriores ao sistema xy dos mamíferos. Mas permanece um mistério a razão de o sistema xy ter se fixado nos mamíferos e continuar em uso. A existência de dois sexos traz algumas vantagens evidentes: machos e fêmeas podem executar funções especializadas e ter papéis diferentes na reprodução. Mas a existência de dois sexos não requer um cromossomo Y em si. Talvez a evolução tenha deparado com o cromossomo Y como uma solução rápida e deselegante para a determinação do sexo — decerto é uma solução viável confinar o gene determinante da masculinidade em um cromossomo separado e pôr nele um gene poderoso para controlar a masculinidade. Alguns geneticistas supõem que o Y pode continuar a encolher, enquanto outros acham que encolherá só até certo ponto, conservando o sry e outros genes essenciais. No entanto, é uma solução imperfeita no longo prazo: na ausência de uma cópia backup, os genes da determinação da masculinidade são extremamente vulneráveis. À medida que o ser humano evoluir, talvez por fim acabe perdendo totalmente o Y e revertendo a um sistema no qual as fêmeas possuem dois cromossomos X e os machos apenas um — o chamado sistema xo. O cromossomo Y — a última característica genética identificável da masculinidade — se tornará totalmente dispensável.

* * *

No começo dos anos 1980, Peter Goodfellow, um jovem geneticista londrino, começou a procurar o gene determinante do sexo no cromossomo Y. Fanático por futebol, magricela, desmazelado e ágil, com o inconfundível sotaque arrastado do leste da Inglaterra e um estilo de vestir "punk encontra neorromântico",[5] Goodfellow pretendia usar os métodos de mapeamento de genes introduzidos por Botstein e Davis para restringir sua busca a uma pequena região do cromossomo Y. Mas como um gene "normal" poderia ser mapeado sem a existência de um fenótipo variante ou de uma doença associada? Para mapear os genes da fibrose cística e da doença de Huntington em sua localização cromossômica, tinha-se procurado a ligação entre o gene causador da doença e postes sinalizadores ao longo do genoma. Em ambos os casos, irmãos afetados portadores do gene também eram portadores dos postes sinalizadores, e irmãos não afetados não eram. Mas onde Goodfellow poderia encontrar uma família humana com um gene variante — um terceiro sexo — que fosse transmitido por via genética e existisse em alguns irmãos, mas não em outros?

Acontece que existiam seres humanos com tal característica, embora identificá-los fosse uma tarefa muito mais complexa do que se imaginara. Em 1955, Gerald Swyer, um endocrinologista inglês que estudava a infertilidade feminina, descobrira uma síndrome rara que tornava seres humanos femininos em termos biológicos, mas masculinos em termos cromossômicos.[6] As "mulheres" nascidas com a "síndrome de Swyer" eram anatômica e fisiologicamente femininas durante toda a infância, mas não atingiam a maturidade sexual feminina no começo da idade adulta. Quando examinavam suas células, geneticistas constatavam que todas essas "mulheres" possuíam cromossomos XY. Toda célula era cromossomicamente masculina, e no entanto a pessoa construída com tais células era anatômica, fisiológica e psicologicamente feminina. Uma "mulher" com síndrome de Swyer nascia com o padrão cromossômico paterno (ou seja, cromossomos XY) em todas as suas células, mas, não se sabia por quê, não sinalizava a "masculinidade" em seu corpo.

A explicação mais provável para a síndrome de Swyer era que o gene regulador-mestre que especifica a masculinidade fora desativado por uma mutação, levando à feminilidade. No MIT, uma equipe chefiada pelo geneticista David Page usara mulheres de sexo invertido como essas para mapear o gene determinante da masculinidade em uma região relativamente restrita do cromossomo Y. O próximo passo era o mais trabalhoso: a triagem gene a gene para descobrir o candidato certo em meio a dezenas de genes naquela localização geral. Goodfellow estava progredindo devagar mas de maneira constante quando recebeu uma notícia devastadora. No verão de 1989, soube que Page tinha encontrado o gene determinante da masculinidade. Page batizou-o de ZFY, por sua presença no cromossomo Y.[7]

De início, ZFY pareceu o candidato perfeito: localizava-se na região certa do cromossomo Y e sua sequência de DNA sugeria que ele poderia atuar como um comutador-mestre para dezenas de outros genes. Mas Goodfellow e Robin Lovell-Badge examinaram com atenção, e o sapato não serviu: quando ZFY era sequenciado em mulheres com a síndrome de Swyer, ele se mostrava completamente normal. Não havia mutação que explicasse a perturbação do sinal para a masculinidade naquelas mulheres.

Com ZFY fora do páreo, Goodfellow retomou sua busca. O gene da masculinidade tinha de estar na região identificada pela equipe de Page; eles deviam ter passado perto, deixado de encontrá-lo por um triz. Em 1989, quando procurava nas proximidades do gene ZFY, Goodfellow encontrou outro candidato promissor: um gene pequeno, sem graça, densamente aglomerado e sem íntrons chamado SRY.[8] Logo de saída, ele pareceu ser o candidato perfeito. A proteína normal do SRY expressava-se em abundância nos testes, como se poderia esperar de um gene para determinação do sexo. Outros animais, incluindo os marsupiais, também possuíam variantes desse gene em seus cromossomos Y — portanto, só machos herdavam o gene. A mais notável prova de que SRY era o gene correto veio da análise de coortes humanas: o gene era sem dúvida mutado em mulheres com a síndrome de Swyer e não mutado em suas irmãs não afetadas.

Mas Goodfellow tinha um último experimento para decidir o caso, a mais dramática de suas provas. Se o gene SRY era o único determinante da "masculinidade", o que aconteceria se Goodfellow *ativasse* forçosamente esse gene em fêmeas de animais? Elas seriam obrigadas a se transformar em machos? Quando Goodfellow inseriu uma cópia extra do gene SRY em fêmeas de camundongo, a prole delas nasceu com cromossomos XX em todas as células (ou seja, geneticamente fêmeas), como previsto. Contudo, em termos anatômicos os animais desenvolveram-se como machos: possuíam pênis e testículos, montavam fêmeas e apresentavam todas as características de comportamento de camundongos machos.[9] Ao acionar um comutador genético, Goodfellow comutara o sexo de um organismo e criara a síndrome de Swyer ao contrário.

Então tudo no sexo é apenas um gene? Quase. As mulheres com síndrome de Swyer possuem cromossomos masculinos em todas as células do corpo — mas com o gene determinante da masculinidade desativado por uma mutação, o cromossomo Y é literalmente emasculado (em um sentido não pejorativo, mas puramente biológico). A presença do cromossomo Y nas células de mulheres com síndrome de Swyer de fato perturba alguns aspectos do desenvolvimento anatômico das fêmeas. Sobretudo, as mamas não se formam de maneira apropriada e a função ovariana é anormal, resultando em baixos níveis de estrógeno. Mas essas mulheres não sentem disparidade alguma em sua fisiologia. A maioria dos aspectos da anatomia feminina é formada com perfeição: vulva e vagina são intactas, e a abertura urinária é ligada a elas como manda o figurino. O espantoso é que até a *identidade de gênero* das mulheres com síndrome de Swyer é inequívoca: um único gene desativado e elas "se tornam" mulheres. Embora sem dúvida seja necessário estrógeno para permitir o desenvolvimento de características sexuais secundárias e reforçar alguns aspectos anatômicos da feminilidade nas adultas, as mulheres com síndrome de Swyer em geral nunca se mostram confusas com respeito a seu gênero ou identidade de gênero. Como escreveu uma delas:

> Eu sem dúvida me identifico com os papéis do gênero feminino. Sempre me considerei cem por cento mulher. [...] Joguei futebol em um time de meninos por algum tempo — tenho um irmão gêmeo; não somos nada parecidos —, mas estava claro que eu era uma menina num time masculino. Eu não me encaixava: sugeri que batizássemos o time de "as borboletas".[10]

As mulheres com síndrome de Swyer não são "mulheres presas em corpos de homens". São mulheres presas em corpos de mulheres que, cromossomicamente, são do sexo masculino (exceto por um gene). Uma mutação nesse único gene, SRY, cria um corpo feminino (em grande medida) — e, o mais crucial, um eu totalmente feminino. É tão simples, descomplicado e binário como estender a mão por cima do criado-mudo e acionar o interruptor para acender ou apagar a luz.

Se os genes determinam a anatomia de forma tão unilateral, como eles afetam a identidade de gênero? Na manhã de 5 de maio de 2004, David Reimer, um homem de 38 anos residente em Winnipeg, entrou a pé no estacionamento de uma mercearia e se matou com uma espingarda de cano serrado.[11] Ele nascera em 1965 e recebera o nome de Bruce Reimer; era cromossômica e geneticamente do sexo masculino, mas fora vítima de uma horripilante tentativa de circuncisão por um cirurgião inepto, que o deixou com uma lesão grave no pênis desde a mais tenra infância. Sendo impossível fazer uma cirurgia reconstrutora, seus pais procuraram depressa um psiquiatra da Universidade Johns Hopkins, John Money, de renome internacional por seu interesse em comportamento de gênero e sexual. Money avaliou a criança e, como parte de um experimento, pediu aos pais de Bruce que o castrassem e o criassem como menina. Desesperados para dar ao filho uma vida "normal", os pais aquiesceram. Mudaram o nome do menino para Brenda.

O experimento de Money com David Reimer, para o qual ele não pediu nem recebeu permissão da universidade nem do hospital, foi uma tentativa de testar uma teoria muito em voga em círculos acadêmicos nos anos 1960. A noção de que a identidade de gênero não era inata, e sim forjada por meio da atuação social e da imitação cultural ("Você é quem você representa ser com suas ações; a criação prevalece sobre a natureza"), estava no auge naquela época, e Money era um de seus mais ardorosos e francos proponentes. Sentindo-se o Henry Higgins da transformação sexual, Money defendia a "recategorização sexual", a reorientação da identidade sexual por meio de terapia comportamental e hormonal — um processo de uma década, inventado por ele, que permitia aos sujeitos de seus experimentos emergir com suas identidades esperançosamente trocadas. Com base no conselho de Money, "Brenda" foi vestida e tratada como menina.[12] Deixaram crescer seus cabelos. Ela ganhou bonecas e uma máquina de costura. Seus professores e amigos nunca foram informados sobre a troca.

Brenda tinha um gêmeo idêntico, um menino chamado Brian, que foi criado como menino. Como parte do estudo, Brenda e Brian foram à clínica de Money a intervalos frequentes durante a infância. Ao aproximar-se a pré-adolescência, Money prescreveu suplementos de estrógeno para feminizar Brenda. Foi agendada a construção cirúrgica de uma vagina artificial para completar sua transformação anatômica em mulher. Money publicou uma série constante de artigos bastante citados alardeando o extraordinário êxito da recategorização sexual. Afirmou que Brenda se ajustava com toda tranquilidade à sua nova identidade. Seu irmão gêmeo, Brian, era um garoto "estouvado", enquanto Brenda era "uma menina ativa". Brenda entraria com facilidade na vida de mulher adulta praticamente sem contratempos, declarou Money. "A identidade de gênero é indiferenciada o suficiente por ocasião do nascimento para permitir a categorização bem-sucedida de um indivíduo geneticamente masculino como uma menina."[13]

Nada poderia estar mais longe da verdade. Aos quatro anos, Brenda pegou uma tesoura e retalhou os vestidos rosa e brancos que a forçavam a usar. Tinha acessos de raiva quando lhe diziam para andar ou falar como menina. Atrelada a uma identidade que ela considerava evidentemente falsa e discordante, Brenda era ansiosa, deprimida, confusa, angustiada e, com frequência, raivosa. Nos boletins escolares, várias vezes era descrita como "moleca" e "dominante", com "abundante energia física". Ela se recusava a brincar com bonecas e com meninas, preferia os brinquedos do irmão (a única vez que brincou com sua máquina de costura foi quando pegou escondido uma chave de fenda na caixa de ferramentas do pai e desmontou meticulosamente a máquina, parafuso por parafuso). O que talvez mais confundisse suas coleguinhas na escola era que Brenda, quando ia ao banheiro, preferia urinar em pé, com as pernas abertas.

Depois de catorze anos, Brenda pôs fim à farsa grotesca. Recusou a operação vaginal. Parou de tomar as pílulas de estrógeno, submeteu-se a uma mastectomia bilateral para excisar seu tecido mamário e começou a tomar injeções de testosterona para readquirir a masculinidade. Ela — *ele* — mudou seu nome para David. Casou-se com uma mulher em 1990, mas o relacionamento foi torturante desde o início. Bruce/Brenda/David — o menino que se tornou menina que se tornou homem — continuou a ricochetear entre devastadoras crises de ansiedade, raiva, negação e depressão. Perdeu o emprego. O casamento ruiu. Em 2004, logo depois de uma briga virulenta com a mulher, David suicidou-se.

O caso de David Reimer não é único. Nos anos 1970 e 1980, foram descritos vários outros casos de recategorização sexual — a tentativa de converter em meninas crianças que são cromossomicamente do sexo masculino por meio de condicionamento psicológico e social —, cada qual tumultuado e preocupante a seu modo. Em alguns exemplos, a disforia de gênero não era tão aguda como a de David, mas a mulher/homem sofreu crises terríveis de ansiedade, raiva, disforia e desorientação até uma idade adulta avançada. Em um caso particularmente revelador, uma mulher — chamada de C. — procurou um psiquiatra em Rochester, Minnesota. De blusa florida com babados e uma jaqueta de couro rústica — "meu look couro e rendas", como ela o descreveu[14] —, C. não se incomodava com alguns aspectos de sua dualidade, porém tinha dificuldade para "sentir que era fundamentalmente mulher". Nascida e criada como menina nos anos 1940, lembrava-se de ter sido na escola uma menina com comportamento de moleque. Nunca havia pensado em si mesma como masculina em termos físicos, mas sempre sentira afinidade com os homens ("Sinto que tenho um cérebro de homem").[15] Aos vinte e poucos anos, ela se casou com um homem e viveu com ele, até que um fortuito ménage à trois envolvendo uma mulher acendeu suas fantasias com mulheres. Seu marido casou-se com a outra, C. foi embora e teve uma série de relacionamentos lésbicos. Oscilava entre períodos de serenidade e depressão. Entrou para uma igreja e descobriu uma comunidade espiritual que a apoiava, com exceção de um pastor que a repreendeu por sua homossexualidade e lhe recomendou terapia para "converter-se".

Aos 48 anos, o medo e a culpa afinal a impeliram a buscar ajuda psiquiátrica. Uma análise cromossômica revelou que suas células possuíam cromossomos xy. Do ponto de vista genético, C. era homem. Mais tarde, C. descobriu que nascera com genitália ambígua, subdesenvolvida, embora em termos cromossômicos fosse do sexo masculino. Sua mãe autorizara uma cirurgia reconstrutora para transformá-la em mulher. A recategorização sexual começara quando C. tinha seis meses de vida, e na puberdade deram-lhe hormônios com o pretexto de curar um "desequilíbrio hormonal". Durante toda a infância e adolescência, C. não teve a menor dúvida quanto ao seu gênero.

O caso de C. ilustra a importância de pensar com cuidado sobre a ligação entre gênero e genética. Ao contrário de David Reimer, C. não se sentia confusa para desempenhar papéis de gênero: usava roupas femininas em público, teve um casamento heterossexual (ao menos por algum tempo) e agia segundo o conjunto de normas culturais e sociais de tal modo que era vista como uma mulher de 48 anos. Contudo, apesar da culpa por sua sexualidade, aspectos cruciais de sua identidade — afinidade, fantasia, desejo e impulso erótico — permaneciam atrelados à masculinidade. C. fora capaz de aprender muitas das características essenciais de seu gênero adquirido por meio de atuação social e imitação, mas não conseguiu desaprender os impulsos psicossexuais de seu eu genético.

Em 2005, uma equipe de pesquisadores da Universidade Columbia validou esses relatos de caso em um estudo longitudinal de "machos genéticos" — isto é, crianças nascidas com cromossomos XY — a quem havia sido atribuído o gênero feminino ao nascerem, em geral devido ao desenvolvimento anatômico inadequado de sua genitália.[16] Alguns desses casos não envolviam tanto sofrimento quanto para David Reimer ou C., mas uma proporção esmagadora dos homens aos quais tinham sido atribuídos papéis do gênero feminino relatou disforia de gênero em graus moderado a severo durante a infância. Muitos haviam sofrido de ansiedade, depressão, confusão. Muitos trocaram voluntariamente de gênero na adolescência ou na idade adulta. O mais notável é que não foi relatada disforia de gênero ou troca de gênero na idade adulta em nenhum caso de "machos genéticos" nascidos com genitália ambígua que haviam sido criados como *meninos*, e não como meninas.

Esses relatos de caso por fim refutaram a hipótese, ainda inabalavelmente prevalecente em alguns círculos, de que a identidade de gênero pode ser criada ou programada, no todo ou em grande parte, por meio de treinamento, sugestão, reforço comportamental, atuação social ou intervenções culturais. Hoje está claro que os genes são muito mais influentes do que praticamente qualquer outra força para moldar a identidade de sexo e a identidade de gênero, embora em circunstâncias limitadas alguns atributos de gênero possam ser aprendidos por meio de reprogramação cultural, social e hormonal. Como, em última análise, até os hormônios são "genéticos" — ou seja, produtos diretos ou indiretos de genes —, a capacidade de reprogramar o gênero usando apenas terapia comportamental e reforço cultural começa a descambar para o reino da impossibilidade. Aliás, o consenso crescente na medicina é que, com raríssimas exceções, deve-se atribuir a uma criança seu sexo *cromossômico* (isto é, genético), independentemente de variações e diferenças anatômicas — com a opção de troca, se desejado, em fase posterior da vida. Até a data em que escrevo estas palavras, nenhuma dessas crianças optou por trocar o sexo que os genes lhe atribuíram.

Como conciliar essa ideia de um único comutador genético que domina uma das mais profundas dicotomias da identidade humana com o fato de que a identidade de gênero humana no mundo real existe em um espectro contínuo? Praticamente todas as culturas reconhecem que o gênero não existe em meias-luas distintas em preto e branco, mas em mil tons de cinza. Até o filósofo austríaco Otto Weininger, famoso por sua misoginia, admitiu:

> Será que todas as mulheres e homens são de fato drasticamente distintos uns dos outros [...]? Existem formas intermediárias entre metais e não metais, entre combinações químicas e simples misturas, entre animais e plantas, entre fanerógamas e criptógamas e entre mamíferos e aves. [...] Portanto, devemos ter por certo que é improvável encontrar na natureza uma nítida divisão entre tudo o que é masculino de um lado e tudo o que é feminino de outro.[17]

Entretanto, em termos genéticos não há contradição: comutadores mestres e organizações hierárquicas de genes são perfeitamente compatíveis com curvas contínuas de comportamento, identidade e fisiologia. O gene *SRY* sem dúvida controla a determinação do sexo segundo o modo liga/desliga. Ligue *SRY* e um animal se torna anatômica e fisiologicamente masculino. Desligue esse gene, e o animal se torna anatômica e fisiologicamente feminino.

Para capacitar os aspectos mais profundos da determinação e identidade de gênero, contudo, o gene *SRY* precisa atuar sobre dezenas de alvos: ligá-los e desligá-los, ativar alguns genes e reprimir outros, como numa corrida de revezamento na qual o bastão vai trocando de mãos. Esses genes, por sua vez, integram dados do eu e do ambiente — de hormônios, comportamentos, exposições, atuação social, desempenho de papéis culturais e memória — para engendrar o gênero. Assim, o que chamamos de gênero é uma elaborada cascata na qual atuam genes e desenvolvimento, tendo o gene *SRY* no ápice da hierarquia e, abaixo dele, os modificadores, integradores, instigadores e intérpretes. Essa cascata especifica a identidade de gênero. Retomando uma analogia já mencionada, genes são linhas únicas na receita que especifica o gênero. O gene *SRY* é a primeira linha da receita: "Comece com quatro xícaras de farinha". Se você não começar com a farinha, sem dúvida não produzirá nada parecido com um bolo. Mas infinitas variações derivam dessa primeira linha, do macio e fofo pão de ló a um denso e pedaçudo bolo integral.

A existência de uma identidade transgênero depõe com eloquência em favor dessa cascata genes-desenvolvimento. Em um sentido anatômico e fisiológico, a identidade sexual é binária: apenas um gene governa a identidade sexual, o que resulta no notável dimorfismo anatômico e fisiológico que observamos entre machos e fêmeas. Mas o gênero e a identidade de gênero estão longe de ser binários. Imagine um gene — vamos chamá-lo de *TGY* — que determine como o cérebro responde a *SRY* (ou a algum hormônio ou sinal masculino). Uma criança pode herdar uma variante do gene *TGY* que seja muitíssimo resistente à ação de *SRY* no cérebro, e o resultado será um corpo de anatomia masculina, mas um cérebro que não lê ou não interpreta o sinal para a masculinidade. Um cérebro como esse poderia reconhecer-se como psicologicamente feminino, poderia considerar-se nem macho nem fêmea ou, ainda, se imaginar pertencente a um terceiro gênero.

Esses homens (ou mulheres) têm algo parecido com uma síndrome de Swyer da *identidade*: seu gênero cromossômico e anatômico é masculino (ou feminino), mas seu estado cromossômico/anatômico não gera um sinal sinônimo no cérebro. Em ratos, notavelmente, uma síndrome desse tipo pode ser causada mudando-se um único gene no cérebro de embriões fêmeas ou expondo embriões a uma substância que bloqueia o sinal de "feminilidade" para o cérebro. Fêmeas de camundongo nas quais esse gene foi alterado ou que foram tratadas com essa substância possuem todas as características anatômicas e fisiológicas de fêmeas, mas dedicam-se a atividades associadas a camundongos machos, inclusive montar fêmeas: esses animais podem ser anatomicamente fêmeas, mas em termos comportamentais são machos.[18]

A organização hierárquica dessa cascata gênica ilustra um princípio crucial sobre a ligação entre genes e ambientes em geral. O eterno debate prossegue furioso: natureza ou criação, genes ou ambiente? A batalha vem sendo travada há tanto tempo, e com tanta animosidade, que ambos os lados capitularam. Agora nos dizem que a identidade é determinada pela natureza *e* pela criação, pelos genes *e* pelo desenvolvimento, por fatores intrínsecos *e* extrínsecos. Mas isso também não faz sentido, é um armistício entre tolos. Se genes que governam a identidade de gênero são organizados de modo hierárquico — começando pelo *SRY* no topo, depois abrindo-se abaixo dele em um leque de milhares de riachos de informações —, então não se pode dizer se é a natureza ou a criação que predomina com exclusividade; tudo depende em grande medida do nível de organização que escolhermos examinar.

No topo da cascata, a natureza atua de forma unilateral e com força total. Aqui no alto, o gênero é coisa muito simples: apenas um gene-mestre ligado ou desligado. Se aprendêssemos a acionar esse comutador, por meios genéticos ou com alguma substância, poderíamos controlar a produção de homens e mulheres, e eles emergiriam bem intactos na identidade masculina ou na feminina (inclusive com grandes partes da anatomia). Na base da rede, em contraste, numa visão puramente genética não funciona; não permite uma compreensão particularmente refinada de gênero ou sua identidade. Aqui, nas planícies estuarinas de informações entrecruzadas, história, sociedade e cultura colidem e se cruzam com a genética, como marés. Algumas ondas anulam-se umas às outras, enquanto outras se reforçam mutuamente. Nenhuma força é particularmente intensa, mas seu efeito combinado produz a paisagem única e encapelada que chamamos de identidade de um indivíduo.

30. A última milha

Um irmão gêmeo desconhecido é como um cão adormecido: melhor deixar quieto.

William Wright, *Born That Way*[1]

Se a identidade *de sexo* é inata ou adquirida nos bebês que nascem com genitália ambígua — uma em cada 2 mil crianças —, isso não costuma desencadear debates nacionais sobre hereditariedade, preferência, perversão e escolha. Discute-se, isso sim, se a identidade *sexual* — a escolha e preferência de parceiros sexuais — é inata ou adquirida. Por algum tempo, durante os anos 1950 e 1960, pareceu que essa discussão tinha sido resolvida em definitivo. A teoria dominante entre os psiquiatras era de que a preferência sexual, ser "hétero" ou "gay", era adquirida, não inata. Caracterizava-se a homossexualidade como uma forma frustrada de ansiedade neurótica. "É consenso entre muitos especialistas da psicanálise que os homossexuais permanentes, como todos os pervertidos, são neuróticos", escreveu em 1956 o psiquiatra Sándor Lorand.[2] Outro psiquiatra escreveu em fins dos anos 1960: "O verdadeiro inimigo do homossexual não é tanto a sua perversão, e sim sua ignorância da possibilidade de que ele pode ser ajudado, somada ao masoquismo psíquico que o leva a se esquivar do tratamento".[3]

Em 1962, Irving Bieber, renomado psicanalista nova-iorquino, conhecido por suas tentativas de converter homens gays à heterossexualidade, escreveu um livro bastante influente: *Homosexuality: A Psychoanalytic Study of Male Homosexuals* [Homossexualidade: Um estudo psicanalítico de homossexuais masculinos]. Bieber argumentou que a homossexualidade masculina era causada pela dinâmica distorcida de sua família: uma combinação fatal de uma mãe dominadora que costumava ser "muito apegada ao filho e [sexualmente] íntima",[4] quando não francamente sedutora, e um pai alheio, distante ou "emocionalmente hostil". Os meninos responderiam a essas forças apresentando comportamentos neuróticos, autodestrutivos e incapacitantes. ("Um homossexual é uma pessoa cuja função heterossexual está incapacitada, como as pernas de uma vítima da pólio",[5] foi a célebre declaração de Bieber em 1973.) Em última análise, em alguns desses meninos um desejo subconsciente de identificar-se com a mãe e emascular o pai manifestava-se na escolha de adotar um estilo de vida destoante da norma. A "vítima da pólio" sexual adota um estilo de vida patológico, argumentou Bieber, do mesmo modo que as vítimas da pólio adotariam um estilo de andar patológico. Em fins dos anos 1980, a noção de que a homossexualidade representava a escolha de um estilo de vida desviante esclerosara-se em dogma, o que levou o então vice-presidente Dan Quayle a proclamar confiantemente em 1992 que "a homossexualidade é mais uma escolha do que uma situação biológica. [...] É uma escolha errada".[6]

Em julho de 1993, a descoberta do chamado gene gay incitaria uma das mais vigorosas discussões públicas sobre genes, identidade e escolha na história da genética.[7] A descoberta ilustraria o poder do gene para influenciar a opinião pública e inverter quase por completo os termos da discussão. Na revista *People* (que, podemos ressaltar, não era uma voz particularmente estridente em favor da mudança social radical), a colunista Carol Sarler escreveu, em outubro daquele ano:

> Que dizer de uma mulher que optasse pelo aborto em vez de criar um menino delicado, carinhoso, que poderia — apenas *poderia*, veja bem — crescer e amar outro menino delicado e carinhoso? Dizemos que ela é um monstro pervertido,

disfuncional, que, se fosse forçada a ter a criança, faria da vida do filho um inferno. Dizemos que nenhuma criança deve ser forçada a tê-la como mãe.[8]

A frase "menino delicado, carinhoso", escolhida para ilustrar uma propensão inata da criança em vez das preferências pervertidas do adulto, exemplifica a inversão do debate. Assim que *genes* foram implicados no desenvolvimento da preferência sexual, na mesma hora a criança gay foi transformada em normal. Seus abomináveis inimigos é que eram os monstros anormais.

Foi o tédio, mais do que o ativismo, que impeliu a busca pelo gene gay. Dean Hamer, um pesquisador do Instituto Nacional do Câncer, dos INS, não estava procurando polêmica. Não estava nem mesmo procurando por si mesmo. Embora gay declarado, Hamer nunca se interessara muito pela genética de qualquer forma de identidade, sexual ou de outro tipo. Passara boa parte da vida refestelado no conforto de um "laboratório do governo americano em geral tranquilo [...] abarrotado do chão ao teto de béqueres e frascos", estudando a regulação de um gene chamado metalotionina, ou MT, usado por células para reagir a metais pesados venenosos como cobre e zinco.

Em meados de 1991, Hamer foi a Oxford para apresentar um seminário científico sobre regulação gênica. Era a palestra clássica sobre suas pesquisas, e foi bem recebida, como de costume, mas quando ele convidou os presentes à discussão, sentiu a mais desoladora forma de déjà-vu: as perguntas pareciam as mesmas que lhe faziam uma década antes quando ele dava a palestra. Veio o palestrante seguinte, um concorrente de outro laboratório, e apresentou dados que corroboravam e estendiam o trabalho de Hamer. O tédio e a depressão de Hamer cresceram. "Eu me dei conta de que, mesmo que continuasse com aquela pesquisa por mais dez anos, o melhor que poderia esperar era construir uma réplica tridimensional do nosso modelinho [genético]. Não me pareceu um grande objetivo de vida."

Na calmaria entre sessões, Hamer saiu para uma caminhada, atordoado, com a mente em turbilhão. Parou na Blackwell, a cavernosa livraria em High Street, desceu pelas salas concêntricas e foi folhear livros de biologia. Comprou dois. O primeiro era *A origem do homem e a seleção sexual*, de Charles Darwin. Publicada em 1871, essa obra provocou uma tempestade de controvérsia por afirmar que o homem descendia de um ancestral semelhante aos macacos (em *A origem das espécies*, Darwin timidamente se esquivara da questão da ascendência humana, mas em *A origem do homem* ele enfrentou a questão de maneira direta).

A origem do homem é para os biólogos o que *Guerra e paz* é para um estudante de pós-graduação em literatura: quase todo biólogo diz que leu a obra ou parece conhecer sua tese essencial, mas poucos de fato abriram suas páginas. Hamer também nunca tinha lido o livro. Para sua surpresa, descobriu que Darwin passava uma porção substancial do texto tratando de sexo, escolha de parceiros sexuais e sua influência sobre comportamentos de dominância e organização social. Estava claro que Darwin sentira que a hereditariedade tinha um efeito poderoso sobre o comportamento sexual. No entanto, os determinantes genéticos do comportamento e da preferência sexual — "a causa final da sexualidade", nas palavras de Darwin — permaneceram um mistério para ele.

Acontece que tinha saído de moda a ideia de que o comportamento sexual, ou qualquer comportamento, estava ligado aos genes. O segundo livro, *Not in Our Genes: Biology, Ideology, and Human Nature*, de Richard Lewontin, apresentava uma visão diferente.[9] Nessa obra, publicada em 1984, Lewontin criticava a ideia de que grande parte da natureza humana era determinada pela biologia. Muitas vezes, os elementos do comportamento humano que são considerados geneticamente determinados nada mais são do que construções arbitrárias, e muitas vezes manipuladoras, da cultura e da sociedade para reforçar estruturas de poder, argumentava Lewontin. "Não existe nenhuma evidência aceitável de que a homossexualidade tem bases genéticas. [...] Essa história foi inventada, não tem fundamento nenhum",[10] escreveu. Darwin acertara, em grande medida, quanto à evolução dos organismos, afirmava Lewontin, mas não quanto à evolução da identidade humana.

Qual dessas duas teorias era correta? Para Hamer, pelo menos, a orientação sexual parecia fundamental demais para ser totalmente construída por forças culturais. Ele refletiu:

> Por que Lewontin, um geneticista formidável, estaria tão determinado a não acreditar que o comportamento pode ser hereditário? Não conseguiu refutar a genética do comportamento em laboratório, por isso escreveu uma polêmica política contra a ideia? Talvez haja espaço para a ciência aqui.

Hamer decidiu dar a si mesmo um curso intensivo sobre a genética do comportamento sexual. Voltou ao seu laboratório para começar a explorar, porém havia pouco o que aprender do passado. Quando procurou por artigos sobre "homossexualidade" e "genes" em uma base de dados de todos os periódicos científicos publicados desde 1966, encontrou catorze. Em contraste, a busca pelo gene metalotionina rendeu 654 resultados.

Mas Hamer encontrou algumas pistas fascinantes, apesar de estarem meio sepultadas na literatura científica. Nos anos 1980, um professor de psicologia chamado J. Michael Bailey tentara estudar a genética da orientação sexual por meio de um experimento com gêmeos.[11] A metodologia de Bailey era clássica: se a orientação sexual fosse em parte herdada, uma proporção maior de gêmeos idênticos deveria ser gay em comparação com gêmeos fraternos. Estrategicamente, Bailey publicou anúncios em revistas e jornais gays e recrutou 110 pares de gêmeos do sexo masculino nos quais pelo menos um dos gêmeos era gay. (Se isso parece difícil hoje, imagine fazer esse experimento em 1978, quando poucos homens saíam publicamente do armário e o sexo homossexual em certos estados era considerado crime passível de punição.)

Quando Bailey procurou por concordância em homossexualidade entre os gêmeos, encontrou resultados marcantes. Dentre os 56 pares de gêmeos idênticos, em 52% dos casos ambos os irmãos eram homossexuais.* Dos 54 pares de gêmeos não idênticos, em 22% dos casos ambos os gêmeos eram gays — uma fração menor que a dos gêmeos idênticos, mas ainda assim significativamente mais elevada que a estimativa de 10% de homossexuais na população total. (Anos depois, Bailey tomaria conhecimento de casos extraordinários como o seguinte: em 1971, dois irmãos gêmeos canadenses foram separados poucas semanas depois do nascimento. Um foi adotado por uma família americana próspera. O outro foi criado no Canadá por sua mãe biológica, em cir-

---

* O ambiente intrauterino em comum ou exposições durante a gestação poderiam explicar parte dessa concordância; contudo, o fato de que gêmeos *não* idênticos também compartilham esses ambientes, mas apresentam concordância menor do que a encontrada para os gêmeos idênticos, depõe contra essas teorias. O argumento genético é adicionalmente reforçado pelo fato de que irmãos homossexuais também têm uma taxa de concordância maior do que a da população em geral (embora menor que a dos gêmeos idênticos). Futuros estudos talvez venham a revelar uma combinação de fatores ambientais e genéticos na determinação da preferência sexual, mas provavelmente os genes permanecerão como fatores importantes.

cunstâncias muito diferentes. Os irmãos, de aparência quase idêntica, não sabiam da existência um do outro, até que um dia se encontraram por acaso em um bar gay no Canadá.)[12]

A homossexualidade masculina não era determinada apenas por genes, constatou Bailey. Estava claro que influências como família, amigos, escola, crença religiosa e estrutura social modificavam o comportamento sexual — tanto assim que, em 48% dos casos, um gêmeo idêntico identificava-se como gay e o outro como heterossexual. Talvez gatilhos externos ou internos fossem necessários para liberar padrões distintos de comportamento sexual. Sem dúvida, as onipresentes e repressivas crenças culturais em torno da homossexualidade eram poderosas o suficiente para influenciar a escolha de uma identidade "hétero" em um gêmeo, mas não em outro. Porém os estudos de gêmeos trouxeram evidências irrefutáveis de que genes influenciavam a homossexualidade com mais força do que, por exemplo, genes influenciam a propensão para o diabetes tipo 1 (a taxa de concordância entre gêmeos é de apenas 30%), e quase no mesmo grau em que genes influenciam a altura (uma concordância em torno de 55%).

Bailey distanciara muitíssimo a conversa sobre identidade sexual da retórica da "escolha" e "preferência pessoal" dos anos 1960, e a aproximara da biologia, genética e hereditariedade. Se não considerávamos escolhas as variações na altura, a dislexia ou o diabetes tipo 1, então não podíamos considerar a identidade sexual uma escolha.

Mas era um gene ou muitos genes? E que gene era aquele? Onde se localizava? Para identificar o "gene gay", Hamer precisava de um estudo muito maior, de preferência envolvendo famílias nas quais a orientação sexual pudesse ser acompanhada por várias gerações. Para financiar um estudo desse teor, ele necessitava de novas verbas. Onde é que um pesquisador federal que estudava a regulação da metalotionina iria encontrar dinheiro para procurar por um gene que influencia a sexualidade humana?

No começo de 1991, duas novidades possibilitaram a busca de Hamer. A primeira foi o anúncio do Projeto Genoma Humano. Embora a sequência exata do nosso genoma ainda estivesse uma década no futuro, o mapeamento dos principais postes sinalizadores genéticos no genoma humano tornou muito mais fácil a busca por qualquer gene. Em termos metodológicos, a ideia de Hamer — mapear genes relacionados à homossexualidade — teria sido impraticável nos anos 1980. Uma década depois, com marcadores genéticos pendurados como lanternas ao longo da maioria dos cromossomos, a tarefa era viável, ao menos do ponto de vista conceitual.

A segunda novidade foi a aids. Ela dizimara a comunidade gay em fins dos anos 1980, e os INS, incitados por ativistas e pacientes, muitas vezes com desobediência civil e protestos de militantes, por fim alocaram centenas de milhões de dólares para as pesquisas voltadas para a doença. A tática genial de Hamer foi atrelar sua busca pelos genes gays a um estudo relacionado à aids. Ele sabia que o sarcoma de Kaposi, um tumor indolente antes raro, era encontrado com extraordinária frequência em homens homossexuais com aids. Talvez, refletiu ele, os fatores de risco para a progressão do sarcoma de Kaposi estivessem relacionados à homossexualidade e, se isso fosse verdade, encontrar os genes de um poderiam levar à identificação dos genes da outra. Essa teoria estava gritantemente errada: mais tarde se descobriria que o sarcoma de Kaposi era causado por um vírus, transmitido por via sexual e encontrado sobretudo em pessoas imunocomprometidas, o que explicava a ocorrência conjunta com a aids. No entanto, em termos táticos era uma teoria brilhante; em 1991, os INS concederam a Hamer 75 mil dólares para seu novo protocolo, um estudo para encontrar genes relacionados à homossexualidade.

O Protocolo nº 92-C-0078 foi iniciado em fins de 1991.[13] Em 1992, Hamer conseguira recrutar 114 homens homossexuais para seu estudo. Ele pretendia usar essa coorte para criar elaboradas árvores genealógicas e com elas determinar se a orientação sexual era hereditária, descrever o padrão dessa hereditariedade e mapear o gene. Mas sabia que mapear o gene gay se tornaria muito mais fácil se ele conseguisse encontrar pares de *irmãos* que fossem, ambos, gays. Gêmeos têm em comum todos os genes, mas irmãos compartilham apenas algumas seções de seus genomas. Se Hamer conseguisse achar irmãos que fossem gays, poderia encontrar as subseções do genoma que eles tinham em comum e, a partir daí, isolar o gene gay. Portanto, além das árvores genealógicas, ele precisava de amostras de genes de irmãos nessas condições. Sua verba permitia-lhe pagar as passagens dos irmãos até Washington e dar-lhes uma ajuda de custo de 45 dólares para um fim de semana. Os irmãos, muitos dos quais estavam afastados, teriam uma reunião. Hamer teria um tubo de sangue.

Em meados de 1992, Hamer tinha coletado informações sobre quase mil parentes e construído árvores genealógicas para cada um dos 114 homens homossexuais. Em junho, teve seu primeiro vislumbre dos dados no computador e, quase no mesmo instante, sentiu uma gratificante onda de confirmação: como no estudo de Bailey, os irmãos do estudo de Hamer apresentavam concordância maior na orientação sexual: cerca de 20%, quase o dobro dos 10% encontrados para a população em geral. O estudo produzira dados reais, mas a sensação de gratificação não tardou a esfriar. Hamer analisou os números, porém não conseguiu encontrar nenhuma outra informação reveladora. Além da concordância entre os irmãos homossexuais, ele não viu nenhum outro padrão ou tendência óbvia.

Hamer ficou arrasado. Tentou organizar aqueles números em grupos e subgrupos, sem resultado. Prestes a jogar as árvores genealógicas, esboçadas em folhas de papel, de volta às suas pilhas, ele deparou com um padrão: uma observação tão sutil que só mesmo um olho humano poderia discerni-la. Por acaso, ao desenhar as árvores, ele pusera os parentes paternos à esquerda e os maternos à direita para todas as famílias. Marcara os homens gays em vermelho. Ao embaralhar os papéis, ele instintivamente distinguiu uma tendência: as marcas vermelhas tendiam a agrupar-se mais à direita, ao passo que os homens não marcados tendiam a agrupar-se à esquerda. Homens gays tendiam a ter tios gays — *mas só do lado materno*. Quanto mais Hamer procurava pelos parentes gays nas árvores genealógicas — um projeto *Raízes* gay, em suas palavras —, mais a tendência se intensificava.[14] Primos maternos tinham maiores taxas de concordância, mas primos paternos, não. Os que eram primos maternos por intermédio de *tias* tendiam a apresentar concordância maior do que quaisquer outros primos.

Esse padrão aparecia geração após geração. Para um geneticista experiente, uma tendência como essa significava que o gene gay tinha de estar no cromossomo X. Agora Hamer quase podia vê-lo mentalmente: um elemento hereditário, transmitindo-se entre as gerações como uma presença vaga, longe de ter a penetrância das típicas mutações gênicas da fibrose cística ou doença de Huntington, mas inevitavelmente seguindo a trilha do cromossomo X. Em uma árvore genealógica típica, um tio-avô podia ser identificado como possivelmente gay. (Muitas histórias familiares eram vagas. O armário histórico era bem mais escuro que o atual, mas Hamer havia coligido dados de algumas famílias cuja identidade sexual era conhecida por duas ou até três gerações.) Todos os filhos dos irmãos daquele tio eram heterossexuais — homens não transmitem o cromossomo X a seus filhos do sexo masculino (em todos os humanos do sexo masculino, o cromossomo X tem de vir da mãe). Mas um dos filhos de sua *irmã* podia ser gay, e o filho da irmã desse filho também podia ser gay: um homem tem em comum com sua irmã e com os filhos de sua irmã partes de seu cromossomo X. E assim por diante: tio-avô, tio, sobrinho mais velho, irmão do sobrinho, andando à frente e de lado através das gerações, como nos movimentos do cavalo no jogo de xadrez. Hamer de repente havia passado de um fenótipo (preferência sexual) para uma possível localização em um cromossomo: um genótipo. Ele não identificara o gene gay, mas provara que um pedaço de DNA associado à orientação sexual podia ser fisicamente mapeado no genoma humano.

Mas em que parte do cromossomo X? Hamer foi então analisar os quarenta pares de irmãos homossexuais dos quais ele coletara sangue. Suponhamos, por um momento, que o gene gay de fato está localizado em algum pequeno trecho do cromossomo X. Onde quer que esse trecho se encontre, os quarenta irmãos tenderão a possuir em comum esse pedaço específico de DNA em uma frequência significativamente mais alta do que os irmãos nos quais um é gay e o outro não. Usando postes sinalizadores ao longo do genoma definidos pelo Projeto Genoma Humano, e recorrendo a uma meticulosa análise matemática, Hamer começou a restringir sequencialmente o trecho a regiões cada vez mais curtas do cromossomo X. Percorreu uma série de 22 marcadores ao longo do cromossomo inteiro. Constatou que, de maneira notável, dos quarenta irmãos gays, 33 tinham em comum um pequeno trecho do cromossomo X chamado de Xq28. O acaso permitiria predizer que apenas metade dos irmãos, ou seja, vinte, teriam esse marcador em comum. A probabilidade de que treze irmãos adicionais possuíssem o mesmo marcador era irrisória: menos de uma em 10 mil. Em alguma parte nas proximidades de Xq28 havia um gene que determinava a identidade sexual dos homens.

O Xq28 foi uma sensação instantânea. "O telefone não parava de tocar", recorda Hamer. "Operadores de câmera de televisão faziam fila à porta do laboratório;[15] minha caixa de correspondência e minha caixa de e-mail transbordavam." O conservador jornal londrino *Daily Telegraph* escreveu que se a ciência havia isolado o gene gay, "seria possível usar a ciência para erradicá-lo".[16] "Muitas mães vão se sentir culpadas", escreveu outro jornal. "Tirania genética!", bradava outra manchete. Eticistas se perguntavam se haveria pais dispostos a se livrar de ter filhos homossexuais recorrendo a testes para conhecer o genótipo da prole. O estudo de Hamer "identifica uma região cromossômica que poderia ser analisada em fetos individuais do sexo masculino", escreveu um estudioso,[17] "mas os resultados de qualquer teste baseado nesse estudo, mais uma vez, ofereceriam apenas ferramentas probabilísticas para estimar a orientação sexual de alguns homens". Hamer foi atacado pela esquerda e pela direita — literalmente.[18] Conservadores antigays reclamaram que, ao reduzir a homossexualidade à genética, ele a justificara em termos biológicos. Defensores dos direitos dos homossexuais o acusaram de alimentar a fantasia de um "teste gay" e, assim, impelir a criação de novos mecanismos de detecção e discriminação.

A abordagem de Hamer foi neutra, rigorosa e científica, muitas vezes de maneira cáustica. Ele continuou a refinar sua análise, submetendo a associação com o Xq28 a diversos testes. Cogitou a possibilidade de o Xq28 codificar não um gene para a homossexualidade, mas um "gene da viadagem" (só um homem gay se atreveria a usar essa expressão em um texto científico). Isso não se confirmou: homens que tinham em comum o Xq28 não apresentavam alterações significativas em comportamentos específicos de gênero nem em aspectos convencionais da masculinidade. Poderia ser um gene para o sexo anal passivo? ("É o gene da panqueca?", indagou ele.) Também não houve correlação. Poderia estar relacionado à rebeldia? Ou ser um gene para opor-se a costumes sociais repressivos? Um gene para comportamento do contra? Ele foi testando hipótese após hipótese, sem encontrar nenhuma ligação. A eliminação meticulosa de todas as possibilidades deixou uma só conclusão: a identidade sexual masculina era em parte determinada por um gene próximo do Xq28.

Desde a publicação do artigo de Hamer na *Science* em 1993, vários grupos tentaram validar seus dados.[19] Em 1995, a própria equipe dele publicou uma análise mais abrangente que confirmou o estudo original. Em 1999, um grupo canadense tentou replicar o estudo de Hamer com um pequeno estudo sobre irmãos homossexuais, mas não conseguiu encontrar a ligação com o Xq28. Em 2005, na análise que talvez seja a maior até o presente, foram estudados 456 pares de irmãos.[20] Não se descobriu ligação com o Xq28, porém foram encontradas ligações com os cromossomos 7, 8 e 10. Em 2015, em mais uma análise pormenorizada de outros 409 pares de irmãos, de novo foi validada a ligação com o Xq28, ainda que não fortemente, e reiterou-se a ligação antes identificada com o cromossomo 8.[21]

Talvez a mais intrigante característica de todos esses estudos seja que, até agora, ninguém isolou um gene que influencie a identidade sexual. A análise de ligação não identifica um gene em si; identifica apenas uma região cromossômica onde é possível que o gene se encontre. Depois de quase uma década de buscas intensivas, o que os geneticistas descobriram não foi um "gene gay", e sim algumas "localizações gays". Alguns genes que residem nessas localizações são, de fato, tentadores candidatos a reguladores do comportamento sexual, mas nenhum desses candidatos foi ligado por via experimental à homossexualidade ou heterossexualidade. Um gene localizado na região do Xq28, por exemplo, codifica uma proteína que sabidamente regula o receptor de testosterona, um conhecido mediador do comportamento sexual.[22] No entanto, continuamos sem saber se esse é o tão procurado gene gay no Xq28.

O "gene gay" talvez nem sequer seja um gene, ou pelo menos não no sentido tradicional. Poderia ser um trecho de DNA que regula um gene nas proximidades dele ou que influencia algum gene bem distante. Talvez se localize em um íntron — aquelas sequências de DNA que interrompem genes e os separam em módulos. Seja qual for a identidade molecular do determinante, uma coisa é garantida: mais cedo ou mais tarde descobriremos a natureza exata dos elementos hereditários que influenciam a identidade sexual humana. Não importa se Hamer está certo ou errado com respeito ao Xq28. Os estudos com gêmeos indicam de maneira clara que vários determinantes que influenciam a identidade sexual fazem parte do genoma humano e, à medida que os geneticistas forem descobrindo métodos mais poderosos para mapear, identificar e categorizar genes, será inevitável encontrar alguns desses determinantes. Assim como o gênero, é provável que esses elementos sejam hierarquicamente organizados, com reguladores mestres no topo e integradores e modificadores complexos na base. Entretanto, em contraste com o gênero, a identidade sexual talvez não seja governada por um regulador-mestre. É bem mais provável que vários genes com efeitos pequenos — sobretudo genes que modulam e integram fatores do ambiente — estejam envolvidos na determinação da identidade sexual. Não haverá um *SRY* para a heterossexualidade.

A publicação do artigo de Hamer sobre o gene gay coincidiu com o vigoroso revivescimento da noção de que genes podiam influenciar diversos comportamentos, impulsos, personalidades, desejos e temperamentos — uma ideia que andava fora de moda entre a intelectualidade fazia quase duas décadas. Em 1971, o renomado biólogo anglo-australiano Macfarlane Burnet escreveu em seu livro *Genes, Dreams and Realities* [Genes, sonhos e realidades]: "É evidente que os genes com os quais nascemos fornecem, junto com o resto do nosso eu funcional, a base da nossa inteligência, temperamento e personalidade".[23] Mas em meados dos anos 1970 essa concepção de Burnet já não era nem um pouco "evidente". A noção de que os genes, justo eles, poderiam predispor o ser humano a adquirir seu "eu funcional" específico — possuir variantes distintas de temperamento, personalidade e identidade — fora expulsa com alarde e sem cerimônia das universidades. "Uma visão ambientalista [...] dominou a teoria e a pesquisa na psicologia dos anos 1930 até os anos 1970", escreveu a psicóloga Nancy Segal.[24] "O comportamento humano era explicado não com base em uma capacidade geral inata de aprender, e sim quase que apenas com base em forças externas ao indivíduo." Um biólogo recorda que "uma criancinha" era vista como "uma memória de acesso aleatório para a qual era possível baixar quaisquer sistemas operacionais por intermédio da cultura".[25] A massinha de modelar da estrutura psíquica de uma criança era infinitamente maleável; podia-se moldá-la em qualquer formato e forçá-la a usar qualquer roupagem mudando o ambiente ou reprogramando o comportamento (daí a espantosa credulidade que ensejou experimentos, como o de John Money, para tentar produzir mudanças decisivas de gênero por meio de terapia comportamental e cultural). Outro psicólogo ficou estarrecido com a postura dogmática contra a genética em seu novo departamento quando ingressou em um programa de pesquisa na Universidade Yale para estudar comportamentos humanos nos anos 1970: "Estávamos pagando a Yale para nos expurgar das bobagens derivadas de quaisquer tipos de ideias folclóricas a respeito de características inatas [que impelissem e influenciassem comportamentos humanos] que pudéssemos trazer para New Haven".[26] Naquele ambiente só se podia falar de ambientes.

O retorno do nativo — a emergência do *gene* como um importante condutor de impulsos psicológicos — não foi tão fácil de orquestrar. Requereu, em parte, uma reinvenção fundamental do clássico burro de carga da genética humana, o tão malfalado e mal compreendido estudo de gêmeos. Desde o tempo dos nazistas os estudos de gêmeos estavam em pauta (lembremos a macabra obsessão de Mengele pelos *Zwillinge*), mas tinham chegado a um impasse conceitual. Os geneticistas sabiam que o problema de estudar gêmeos idênticos criados na mesma família era a impossibilidade de desenredar os ramos entrelaçados da natureza e da criação. Criados no mesmo lar, pelos mesmos pais, com frequência estudando na mesma sala de aula com os mesmos professores, vestidos, alimentados e educados de modos idênticos, esses gêmeos não ofereciam nenhum modo evidente de separar os efeitos dos genes dos efeitos do ambiente.

Comparar gêmeos idênticos com gêmeos fraternos resolvia em parte esse problema, pois gêmeos fraternos têm em comum o ambiente, mas, em média, apenas metade dos genes. Entretanto, os críticos argumentavam que essas comparações entre idênticos e fraternos também eram intrinsecamente falhas. Talvez os pais tratem os gêmeos idênticos de modos mais semelhantes do que tratam os gêmeos fraternos. Por exemplo, sabe-se que os gêmeos idênticos têm padrões de nutrição e crescimento mais parecidos em comparação com os fraternos — mas será isso natureza ou criação? Ou gêmeos idênticos podem reagir um *contra* o outro para se distinguir um do outro — minha mãe e sua irmã gêmea costumavam conscientemente escolher tons opostos de batom —, mas seria essa dessemelhança codificada nos genes ou era uma reação aos genes?

Em 1979 um cientista de Minnesota achou uma saída para o impasse. Em uma noite de fevereiro, Thomas Bouchard, psicólogo comportamental, encontrou um artigo informativo que um aluno lhe deixara na caixa de correspondência. Era um relato incomum: dois gêmeos idênticos de Ohio haviam sido separados ao nascer, adotados por famílias diferentes e, aos trinta anos, tinham se reencontrado de um modo extraordinário. Esses irmãos, é óbvio, faziam parte de um grupo raríssimo, o de gêmeos idênticos dados para adoção e criados separadamente, mas representavam um modo poderoso de interrogar os efeitos de genes humanos. Para esses gêmeos, os genes tinham de ser idênticos, mas os ambientes costumavam ser radicalmente diferentes. Bouchard poderia comparar gêmeos separados ao nascer com gêmeos criados na mesma família e desenredar os efeitos de genes e ambientes. As semelhanças entre gêmeos nessas condições não poderiam ter relação alguma com a criação; só poderiam refletir influências hereditárias, a natureza.

Bouchard começou a recrutar gêmeos dessa categoria para seu estudo em 1979. Em fins dos anos 1980, conseguira reunir a maior coorte de gêmeos criados separados e criados juntos. Batizou seu estudo de Minnesota Study of Twins Reared Apart [Estudo de Minnesota de Gêmeos Criados Separadamente] ("MISTRA").[27] Em meados de 1990, sua equipe apresentou uma abrangente análise em um artigo principal da revista *Science*.* A equipe coligira dados de 56 gêmeos idênticos e trinta gêmeos fraternos criados separadamente. Além disso, foram incluídos dados de um estudo anterior que abrangia 331 gêmeos criados juntos (idênticos e fraternos). Os gêmeos provinham de uma ampla variedade de classes socioeconômicas, com frequentes discordâncias entre os dois gêmeos do par (um criado em família pobre, o outro em família rica). Os ambientes físicos e raciais também diferiam de forma substancial. Para avaliar os ambientes, Bouchard pediu aos gêmeos para fazerem registros meticulosos sobre suas casas, escolas, locais de trabalho, comportamentos, escolhas, dietas, exposições e estilos de vida. Para determinar indicadores de "classe cultural", a equipe de Bouchard engenhosamente anotou se a família possuía "um telescópio, um dicionário integral ou uma obra de arte original".

A mensagem principal do artigo foi apresentada em uma única tabela, coisa rara na *Science*, cujos artigos costumam conter uma profusão de números. No decorrer de quase onze anos, o grupo de Minnesota submetera os gêmeos a baterias e mais baterias de minuciosos testes fisiológicos e psicológicos. Em teste após teste, as semelhanças entre eles permaneceram notáveis e consistentes. As correlações entre características físicas eram mesmo esperadas: o número de cristas nas impressões digitais dos polegares, por exemplo, era praticamente idêntico, com valor correlacional de 0,96 (o valor 1 reflete concordância total ou identidade absoluta). Testes de QI também revelaram uma forte correlação

---

* Em 1984 e 1987 haviam sido publicadas versões anteriores do artigo.

de cerca de 0,70, corroborando estudos anteriores. Mas até os aspectos mais misteriosos e profundos da personalidade, preferências, comportamentos, atitudes e temperamentos, amplamente testados com vários testes independentes, mostraram fortes correlações entre 0,50 e 0,60 — praticamente idênticas às correlações entre gêmeos idênticos que haviam sido criados juntos. (Para ter uma ideia da força dessa associação, considere que a correlação entre altura e peso em populações humanas está entre 0,60 e 0,70, e entre nível educacional e renda gira em torno de 0,50. A concordância entre gêmeos para o diabetes tipo 1, uma doença considerada inequivocamente genética, é de apenas 0,35.)

As mais fascinantes correlações encontradas pelo estudo de Minnesota estavam entre as mais inesperadas. As atitudes sociais e políticas eram tão concordantes entre gêmeos criados separados quanto entre gêmeos criados juntos: liberais agrupavam-se com liberais, ortodoxia com ortodoxia. A religiosidade e a fé também eram espantosamente concordantes: ou ambos os gêmeos eram religiosos ou ambos não seguiam nenhuma religião. O tradicionalismo, ou "disposição para obedecer à autoridade", mostrou correlação significativa. E o mesmo aconteceu com características como "assertividade, anseio por liderança e gosto por atenção".

Outros estudos sobre gêmeos idênticos continuaram a aprofundar o efeito dos genes sobre a personalidade e o comportamento humano. Descobriu-se que a busca por novidades e a impulsividade tinham graus impressionantes de correlação. Experiências que podiam parecer bastante pessoais tinham sido, na verdade, semelhantes entre os gêmeos. "Empatia, altruísmo, senso de justiça, amor, confiança, musicalidade, comportamento econômico e até inclinações políticas eram em parte inatos."[28] Como salientou assombrado um observador, "foi encontrado um componente genético surpreendentemente alto na faculdade de fascinar-se por uma experiência estética, por exemplo, ouvir um concerto sinfônico".[29] Separados por continentes geográficos e econômicos, quando dois irmãos afastados ao nascer comoviam-se até as lágrimas com um mesmo noturno de Chopin, pareciam estar respondendo a algum acorde sutil e comum tocado por seus genomas.

Bouchard medira características naquilo que podiam ser medidas, mas é impossível descrever a estranha sensação de similaridade sem citar alguns exemplos reais. Daphne Goodship e Barbara Herbert eram gêmeas nascidas na Inglaterra em 1939, filhas de uma estudante de intercâmbio finlandesa.[30] Sua mãe dera as meninas para adoção antes de retornar à Finlândia. As gêmeas foram criadas separadas: Barbara, filha de um jardineiro municipal da classe média baixa, e Daphne, filha de um proeminente industrial metalúrgico da classe alta. Ambas viviam próximo a Londres, porém, dada a rigidez da estrutura de classes na Inglaterra dos anos 1950, era quase como se tivessem sido criadas em planetas diferentes.

No entanto, em Minnesota a equipe de Bouchard vivia admirada com as semelhanças entre as gêmeas. As duas desatavam em um risinho incontrolável à menor provocação (os cientistas as chamavam de "as gêmeas risonhas"). Pregavam peças na equipe e uma na outra. Ambas tinham um metro e sessenta de altura e dedos tortos. As duas tinham cabelos castanho-acinzentados, tingidos em um tom incomum de castanho-avermelhado. Alcançaram pontuações idênticas em testes de QI. Ambas haviam caído da escada na infância e fraturado um tornozelo, tinham tido aulas de dança de salão. E as duas haviam conhecido seus futuros maridos nas aulas de dança.

Dois homens, que haviam recebido o nome de Jim depois da adoção, tinham sido separados 37 dias depois de nascerem e criados a 130 quilômetros de distância um do outro em uma área industrial do norte de Ohio. Os dois tinham tido dificuldades na escola.

> Ambos dirigiam Chevrolets, ambos acendiam um cigarro Salem atrás do outro e ambos eram fanáticos por esporte, em especial corridas de stock-car, porém detestavam beisebol. Os dois Jims tinham se casado com mulheres chamadas Linda. Cada um deles tinha um cachorro para o qual escolheram o nome de Toy. […] Um deles teve um filho chamado James Allan; o filho do outro chamava-se James Alan. Os dois Jims tinham feito vasectomia e tinham pressão arterial um pouco elevada. Cada um deles havia ficado acima do peso mais ou menos na mesma época e parado de engordar quase com a mesma idade. Os dois sofriam de enxaqueca, com dores de cabeça que duravam cerca de um dia e não respondiam à medicação.[31]

Duas outras mulheres, também separadas ao nascer, saíram cada uma de um avião usando sete anéis.[32] Dois irmãos gêmeos, um criado como judeu em Trinidad e o outro como católico na Alemanha, usavam trajes parecidos que incluíam camisa azul de algodão no estilo Oxford, com ombreiras e quatro bolsos, e tinham em comum comportamentos obsessivos peculiares, como andar com um maço de lenços de papel no bolso e dar a descarga duas vezes antes de usar o vaso sanitário.[33] Ambos haviam inventado um modo de fingir que espirravam para estrategicamente fazer "piada" e aliviar o clima durante conversas tensas. Ambos tinham temperamento violento e explosivo e sofriam de espasmos inesperados de ansiedade.

Dois outros gêmeos tinham um jeito idêntico de coçar o nariz e, apesar de nunca terem se encontrado, ambos haviam inventado a mesma palavra para designar esse hábito estranho: *squidging*.[34] Duas irmãs do estudo de Bouchard apresentavam o mesmo padrão de ansiedade e desespero. Confessaram que na adolescência tinham sido atormentadas pelo mesmo pesadelo: sufocar no meio da noite porque lhes enfiavam na garganta vários objetos, em geral metálicos: "maçanetas, agulhas e anzóis de pesca".[35]

Havia várias características que *diferiam* bastante nos gêmeos criados separados. Daphne e Barbara tinham semelhanças físicas, mas Barbara pesava quase dez quilos a mais (entretanto, apesar dessa diferença de peso, o ritmo cardíaco e a pressão arterial das duas eram iguais). O gêmeo alemão, do par católico/judeu, havia sido um ferrenho nacionalista germânico na juventude, enquanto seu irmão passara os verões em um kibutz. Mas os dois tinham em comum um fervor, uma rigidez em sua crença, ainda que as crenças em si fossem diametralmente opostas. O quadro que emergiu do estudo de Minnesota não dizia que gêmeos criados separados eram idênticos, mas que tinham em comum uma poderosa tendência a comportamentos semelhantes ou convergentes. Não era a identidade, e sim sua primeira derivada, que eles tinham em comum.

No começo dos anos 1990, Richard Ebstein, geneticista de Israel, leu estudos sobre os subtipos de temperamentos humanos. Ficou intrigado: alguns desses estudos haviam mudado nosso modo de pensar sobre personalidade e temperamento, diminuindo o papel da cultura e do ambiente em favor do papel dos genes. Porém, como Hamer, Ebstein queria identificar os genes propriamente ditos que determinavam formas variantes de comportamento. Genes já haviam sido associados a temperamentos: muito tempo antes, psicólogos já haviam notado a extraordinária, impressionante brandura das crianças com síndrome de Down, e outras síndromes genéticas tinham sido associadas a surtos de violência e agressão. No entanto, Ebstein não estava interessado no que havia além das fronteiras da patologia; ele queria investigar variantes normais de temperamento. Era evidente que mudanças genéticas extremas podiam causar variantes extremas de temperamento. Mas existiriam variantes gênicas "normais" que influenciavam subtipos de personalidade?

Ebstein sabia que, para encontrar genes desse tipo, precisaria começar definindo com rigor os subtipos de personalidade que ele desejava associar a genes. Em fins dos anos 1980, psicólogos que estudavam variações do temperamento humano haviam postulado que um questionário contendo apenas cem questões do tipo verdadeiro/falso podia dividir com eficácia as personalidades em quatro dimensões arquetípicas: *busca por novidades* (impulsivo ou cauteloso), *dependência de recompensa* (afetuoso ou frio), *aversão ao risco* (ansioso ou calmo) e *persistência* (leal ou volúvel). Estudos de gêmeos sugeriram que cada um desses tipos de personalidade tinha um forte componente genético: gêmeos idênticos haviam apresentado uma concordância superior a 50% em suas pontuações nesses questionários.

Ebstein interessou-se em particular por um dos subtipos. Os que buscavam novidades, ou "neófilos", eram caracterizados como "impulsivos, exploradores, volúveis, excitáveis e extravagantes" (pense em Jay Gatsby, Emma Bovary, Sherlock Holmes). Em contraste, os "neófobos" eram "reflexivos, rígidos, leais, estoicos, contidos e frugais" (pense em Nick Carraway, no ultrapaciente Charles Bovary, no sempre sobrepujado dr. Watson). Os mais extremados adeptos da novidade — os maiores dentre os Gatsby — pareciam praticamente viciados em estimulação e excitação.[36] Pontuações à parte, até seu comportamento na hora de se submeter aos testes era temperamental. Deixavam perguntas sem resposta. Andavam de um lado para outro na sala, tentando encontrar modos de sair. Estavam frequentemente, inapelavelmente, enlouquecedoramente entediados.

Ebstein arregimentou uma coorte de 124 voluntários e pediu-lhes que respondessem a questionários padronizados para medir o comportamento neófilo (você "muitas vezes tenta fazer alguma coisa só por divertimento e emoção, mesmo quando outras pessoas acham uma perda de tempo?"; ou "com que frequência você faz coisas baseado em como se sente no momento, sem pensar em como elas foram feitas no passado?"). Usou então técnicas moleculares e genéticas para determinar os genótipos nessa coorte com um painel limitado de genes. Ele descobriu que os mais extremados amantes da novidade possuíam uma representação desproporcional de um determinante genético: uma variação de um gene receptor de dopamina chamado D4DR. (Esse tipo de análise é denominado, de modo abrangente, *estudo de associação*, pois identifica genes por meio de sua associação com determinado fenótipo — nesse caso, a impulsividade extrema.)

A dopamina, um neurotransmissor — uma molécula que transmite sinais químicos entre neurônios no cérebro —, tem participação importante no reconhecimento da "recompensa" pelo cérebro. É um dos mais potentes sinais neuroquímicos que conhecemos: um rato a quem se dê uma alavanca para estimular eletricamente o centro de recompensa responsivo à dopamina no cérebro passa a se autoestimular até a morte, porque deixa de comer e beber.

O gene D4DR atua como um "*docking station*" para a dopamina, a partir de onde o sinal é transmitido para um neurônio responsivo à dopamina. Em termos bioquímicos, a variante associada à busca de novidade, "*D4DR-7 repeat*", embota a resposta à dopamina, e com isso talvez eleve a necessidade de estimulação externa para chegar ao mesmo nível de recompensa. É como um comutador meio emperrado ou um receptor forrado com veludo: requer uma pressão maior ou uma voz mais alta para ser ativado. Os amantes de novidades tentam amplificar o sinal estimulando o cérebro com formas cada vez mais intensas de risco. São como usuários contumazes de drogas, ou como os ratos do experimento da recompensa de dopamina, com a diferença de que a "droga" é uma substância química no cérebro que sinaliza a excitação em si.

O estudo original de Ebstein foi corroborado por vários outros grupos. Um dado interessante, como se poderia suspeitar com base nos estudos de Minnesota sobre os gêmeos, é que o D4DR não "causa" uma personalidade ou temperamento. Ele causa uma *propensão* a um temperamento que busca estimulação ou excitação — a primeira derivada da impulsividade. A natureza exata da estimulação varia conforme os contextos. Ela pode produzir as mais sublimes qualidades em seres humanos — o impulso de explorar, a paixão, a urgência criativa —, mas também pode descambar para a impulsividade, o vício, a violência ou a depressão. A variante D4DR *repeat* foi associada a surtos de criatividade focada e também ao transtorno do déficit de atenção: um aparente paradoxo até compreendermos que ambos podem ser geridos pelo mesmo impulso. Os mais provocativos estudos de seres humanos catalogaram a distribuição geográfica da variante *D4DR*. Populações nômades e migratórias apresentam frequências mais altas do gene variante. E quanto mais nos distanciamos do local original da dispersão humana na África, com mais frequência a variante parece ser encontrada. Talvez o sutil impulso causado pela variante *D4DR* tenha impelido a migração "para fora da África", lançando nossos ancestrais ao mar.[37] Muitos atributos da nossa inquieta e ansiosa modernidade talvez sejam produtos de um gene inquieto e ansioso.

No entanto, tem sido difícil replicar os estudos sobre a variante *D4DR* com populações diferentes e em contextos distintos. Isso, sem dúvida, se deve em parte ao fato de os comportamentos neófilos dependerem da idade. Talvez previsivelmente, por volta dos cinquenta anos o impulso de explorar e sua variância se extinguem. Variações geográficas e raciais também afetam a influência do *D4DR* sobre o temperamento. Mas a razão mais provável para a ausência de reprodutibilidade é que o efeito da variante *D4DR* é meio fraco. Um pesquisador estima que o efeito do *D4DR* explica apenas cerca de 5% da variância no comportamento neófilo entre indivíduos. O *D4DR* talvez seja apenas um de muitos genes — até dez — que determinam esse aspecto específico da personalidade.

Gênero. Preferência sexual. Temperamento. Personalidade. Impulsividade. Ansiedade. Escolha. Um a um, os mais místicos reinos da experiência humana tornam-se cada vez mais cingidos por genes. Aspectos do comportamento relegados em grande medida ou até exclusivamente a culturas, escolhas e ambientes, ou às construções únicas do eu e da realidade, revelam-se, de maneira surpreendente, influenciados por genes.

Mas talvez a verdadeira surpresa seja que não devemos nos surpreender. Se todos aceitamos que variações em genes podem influenciar aspectos difusos da patologia humana, não deveríamos nos espantar com o fato de que variações em genes também podem influenciar aspectos igualmente difusos da *normalidade*. Existe uma simetria fundamental na ideia de que o mecanismo pelo qual genes causam doença é análogo ao mecanismo pelo qual genes causam comportamento e desenvolvimento normais. "Que bom seria se pudéssemos entrar na Casa do Espelho!", diz Alice.[38] Os geneticistas que estudam o ser humano viajaram por essa casa do espelho, e as regras de um lado mostraram-se exatamente iguais às regras do outro.

Como podemos descrever a influência de genes sobre a forma e a função humanas normais? A linguagem deve parecer familiar: é a mesma que já foi usada para descrever a ligação entre genes e doença. As variações que herdamos dos nossos pais, misturadas e combinadas, especificam variações em processos nas células e no desenvolvimento que, em última análise, resultam em variações em estados psicológicos. Se essas variações afetam genes reguladores mestres no topo da hierarquia, o efeito pode ser binário e forte (macho versus fêmea; estatura baixa versus estatura normal). Mais comumente, os genes variantes/mutantes situam-se nos degraus mais baixos de cascatas de informação e só podem causar alterações em propensões. Com grande frequência são necessárias dezenas de genes para criar essas propensões e disposições.

Essas propensões cruzam-se com diversas deixas do ambiente e com o acaso, levando a resultados diversos — entre eles variações na forma, função, comportamento, personalidade, temperamento, identidade e destino. Fazem isso sobretudo em um sentido probabilístico, ou seja, apenas alteram pesos e proporções, modificam probabilidades, aumentam ou diminuem a chance de que certos resultados se concretizem.

Mas bastam essas alterações em probabilidades para nos tornar observavelmente diferentes. Uma mudança na estrutura molecular de um receptor que sinaliza "recompensa" para os neurônios no cérebro pode resultar em nada mais do que uma mudança no tempo durante o qual uma molécula interage com seu receptor. O sinal que emana desse receptor variante pode persistir em um neurônio por apenas meio segundo a mais. No entanto, essa mudança é suficiente para empurrar um ser humano para a impulsividade, e sua contrapartida para incitá-lo à cautela, ou um homem para a mania, outro para a depressão. Percepções, escolhas e sentimentos complexos podem resultar desses tipos de mudança em estados físicos e mentais. Assim, a duração de uma interação química é transformada, digamos, em um anseio por uma interação emocional. Um homem com propensão à esquizofrenia interpreta uma conversa com um quitandeiro como um plano para matá-lo. Seu irmão, com uma propensão genética para o transtorno bipolar, percebe essa mesma conversa como uma grandiosa fábula sobre seu futuro: até o quitandeiro reconhece sua fama incipiente. A desgraça de um homem torna-se a magia de outro.

* * *

Até aqui, é fácil. Mas como podemos explicar a forma, o temperamento e as escolhas de um *indivíduo*? Como passar, digamos, de propensões genéticas no abstrato para uma personalidade concreta e específica? Poderíamos descrever esse problema como a "última milha" da genética. Genes podem descrever a forma ou o destino de um organismo complexo em possibilidades e probabilidades, porém não podem descrever com precisão a forma ou o destino propriamente ditos. Determinada combinação de genes (um genótipo) pode predispor uma pessoa a dada configuração de nariz ou de personalidade, mas a forma ou comprimento exato do nariz que ela adquire permanece incognoscível. Não podemos confundir *pre*disposição com disposição: uma é probabilidade estatística; a outra, realidade concreta. É como se a genética pudesse quase chegar à porta da forma, identidade ou comportamento humano, mas não conseguisse atravessar a última milha.

Talvez possamos rearticular o problema da última milha dos genes contrastando duas linhas de investigação muito diferentes. Desde os anos 1980, a genética humana passou grande parte do tempo absorta no fato de gêmeos idênticos separados ao nascer demonstrarem todo tipo de semelhanças. Se gêmeos separados ao nascer têm em comum uma tendência à impulsividade, à depressão, ao câncer ou à esquizofrenia, sabemos que o genoma com certeza contém informações que codificam predisposições a essas características.

Mas é necessária a linha de pensamento oposta para compreendermos como uma predisposição se transforma em uma disposição. A resposta requer que façamos a pergunta inversa: por que gêmeos idênticos criados em lares e famílias idênticos acabam tendo vidas *diferentes* e se tornando pessoas tão diferentes? Por que genomas idênticos manifestam-se em individualidades tão dessemelhantes, com temperamentos, personalidades, destinos e escolhas não idênticos?

Por quase três décadas desde os anos 1980, psicólogos e geneticistas tentam catalogar e medir diferenças sutis que possam explicar os destinos divergentes do desenvolvimento de gêmeos idênticos criados nas mesmas circunstâncias. Mas todas as tentativas de encontrar diferenças concretas, mensuráveis e sistemáticas se mostraram sempre inadequadas: gêmeos têm em comum a família, o lar, costumam frequentar a mesma escola, ter praticamente a mesma nutrição, em geral leem os mesmos livros, vivem imersos na mesma cultura e têm o mesmo círculo de amigos, e ainda assim são inconfundivelmente diferentes.

O que causa a diferença? Quarenta e três estudos, realizados ao longo de duas décadas,[39] revelaram uma resposta poderosa e consistente: "eventos não sistemáticos, idiossincráticos, fortuitos".[40] Doenças. Acidentes. Traumas. Gatilhos. Um trem perdido, uma chave extraviada, um pensamento suspenso. Flutuações em moléculas que causam flutuações em genes, resultando em ligeiras alterações em formas.* Virar uma esquina em Veneza e cair em um canal. Apaixonar-se. Acaso.

É uma resposta irritante? Depois de refletir durante décadas, chegamos à conclusão de que o destino é... o destino? De que somos porque... existimos? Para mim, essa formulação é esclarecedora e bela. Próspero deblatera contra o monstro disforme Calibã em *A tempestade,* bradando: "Um demônio, um demônio inato, em cuja natureza a criação jamais pode aderir".[41] O mais monstruoso dos defeitos de Calibã é o fato de que sua natureza não pode ser reescrita por nenhuma informação externa: sua natureza não permite à criação aderir. Calibã é um autômato genético, uma monstruosidade mecânica, e isso o torna muitíssimo mais trágico e mais patético do que qualquer ser humano.

---

* Talvez o mais provocativo dos estudos recentes sobre acaso, identidade e genética seja o do laboratório de Alexander van Oudenaarden, biólogo que estuda vermes no MIT. Van Oudenaarden usou o verme como um modelo para fazer uma das mais difíceis perguntas sobre acaso e genes: por que dois animais que têm o mesmo genoma e habitam o mesmo ambiente — gêmeos perfeitos — têm destinos diferentes? Van Oudenaarden examinou uma mutação em um gene, *skn-1*, que é "incompletamente penetrante", ou seja, um verme portador da mutação manifesta um fenótipo (células formam-se no intestino), enquanto o verme gêmeo, portador da mesma mutação, não manifesta o fenótipo (as células não se formam). O que determina a diferença entre os vermes gêmeos? Não são os genes, pois ambos os vermes têm em comum a mutação gênica *skn-1*, e não são os ambientes, já que ambos são criados e abrigados exatamente nas mesmas condições. Então como o mesmo genótipo pode causar um fenótipo incompletamente penetrante? Van Oudenaarden descobriu que o nível de expressão de um único gene regulador, chamado *end-1*, é o determinante crucial. A expressão de *end-1* — isto é, o número de moléculas de RNA produzidas durante uma fase específica do desenvolvimento do verme — varia entre os vermes, muito provavelmente devido a efeitos aleatórios ou estocásticos, ou seja, ao acaso. Se a expressão ultrapassa um limiar, o verme manifesta o fenótipo; se fica abaixo do nível, o verme manifesta um fenótipo diferente. O destino reflete *flutuações* aleatórias *em uma única molécula no corpo do verme.* Para mais detalhes, ver Arjun Raj et al., "Variability in Gene Expression Underlies Incomplete Penetrance". *Nature,* v. 463, n. 7283, pp. 913-8, 2010.

Depõe em favor da perturbadora beleza do genoma o fato de que ele pode fazer o mundo real "aderir". Nossos genes não vivem cuspindo respostas estereotipadas a ambientes idiossincráticos: se o fizessem, nós também nos tornaríamos autômatos, seres maquinais. Filósofos hindus há muito tempo designaram a experiência de "ser" como uma rede — *jaal*. Os genes formam as malhas da rede; os detritos que aderem são o que transforma cada rede individual em um ser. Há uma primorosa precisão nesse esquema louco. Genes têm de dar respostas programadas a ambientes; do contrário, não haveria a conservação da forma. No entanto, também precisam deixar exatamente a margem suficiente para que os caprichos do acaso possam aderir. Chamamos essa interseção de "destino". Chamamos nossa resposta a ela de "escolha". Um organismo de porte ereto com polegares opositores é construído com base em um roteiro, porém construído para sair do roteiro. Chamamos essa variante única de tal organismo de "eu".

31. O inverno da fome

> *Gêmeos idênticos têm exatamente o mesmo código genético. Compartilham o mesmo útero e em geral são criados em ambientes muito semelhantes. Quando levamos isso em conta, não surpreende que, se um dos gêmeos sofre de esquizofrenia, é muito alta a probabilidade de que o outro também venha a sofrer da doença. Na verdade, precisamos começar a perguntar por que ela não é mais alta. Por que não é 100%?*
> Nessa Carey, *The Epigenetics Revolution*[1]

> *Os genes tiveram uma temporada gloriosa no século XX. [...] Levaram-nos ao limiar de uma nova era na biologia, que traz a promessa de avanços ainda mais espantosos. Mas esses mesmos avanços irão requerer a introdução de outros conceitos, outros termos e outros modos de pensar sobre a organização biológica, e assim atenuarão o poder que os genes exercem sobre a imaginação das ciências da vida.*
> Evelyn Fox Keller, *An Anthropology of Biomedicine*[2]

É preciso responder a uma questão implícita no último capítulo. Se o "eu" é criado por meio das interações aleatórias entre eventos e genes, como essas interações são registradas? Um gêmeo sofre uma queda no gelo, fratura o joelho e adquire um calo, mas isso não acontece com o outro gêmeo. Uma irmã casa-se com um executivo que ascende na carreira em Delhi, enquanto a outra se muda para uma casa caindo aos pedaços em Calcutá. Por meio de qual mecanismo esses "atos do destino" são registrados em uma célula ou em um corpo?

A resposta tem sido clássica há décadas: por meio de genes. Ou, para ser mais preciso, ligando e desligando genes. Nos anos 1950, em Paris, Monod e Jacob demonstraram que quando bactérias trocam a glicose pela lactose em sua dieta, desligam genes metabolizadores da glicose e ligam genes metabolizadores da lactose. Quase trinta anos depois, biólogos que estudavam vermes descobriram que sinais de células vizinhas — os quais são eventos do destino, no que diz respeito a uma célula individual — também são registrados ligando e desligando genes reguladores mestres, o que, por sua vez leva a alterações em linhagens celulares. Quando um gêmeo cai no gelo, genes para curar ferimentos são ligados. Esses genes capacitam o ferimento a endurecer e formar o calo que marca o local da fratura. Mesmo quando uma memória complexa é registrada no cérebro, é preciso que genes sejam ligados e desligados. Quando uma ave canora depara com um novo canto de outra ave, um gene chamado *ZENK* é ligado no cérebro.[3] Se o canto não for certo — se for um canto de outra espécie ou desafinado —, *ZENK* não é ligado no mesmo nível, e o canto não é liberado.

Mas será que a ativação ou repressão de genes em células e corpos (em resposta a dados provenientes do ambiente: uma queda, um acidente, uma cicatriz) deixa algum tipo de marca permanente no genoma? O que acontece quando um organismo se reproduz: as marcas ou carimbos no genoma são transmitidas a outro organismo? As informações que provêm do ambiente podem ser transmitidas entre gerações?

Estamos prestes a entrar em uma das mais controvertidas arenas na história do gene, e é essencial algum contexto histórico. Nos anos 1950, o embriologista inglês Conrad Waddington tentou entender os mecanismos pelos quais sinais do ambiente podem afetar o genoma de uma célula. No desenvolvimento embriônico, Waddington viu a gênese de milhares de tipos de células — neurônios, células musculares, células sanguíneas, espermatozoides — a partir de uma única célula fertilizada. Em uma analogia inspirada, Waddington comparou a diferenciação embriônica a mil bolinhas de gude rolando morro abaixo por uma paisagem cheia de penhascos, reentrâncias e fendas. Conforme cada célula mapeia seu trajeto único nessa "paisagem de Waddington", ele teorizou, acaba ficando presa em alguma reentrância ou fenda, e isso limita o tipo de célula que ela pode se tornar.

Waddington fascinou-se particularmente com o modo como o ambiente de uma célula pode afetar o uso de seus genes. Ele chamou esse fenômeno de "*epi*genética", ou "acima da genética".* A epigenética, escreveu, refere-se "à interação de genes com seu ambiente [...] que gera seu fenótipo".

Um macabro experimento humano iria corroborar a teoria de Waddington, embora seu desfecho só se tornasse óbvio depois de gerações. Em setembro de 1944, em meio à fase mais vingativa da Segunda Guerra Mundial, soldados alemães que ocupavam a Holanda proibiram a exportação de alimentos e carvão para as áreas setentrionais do país. Os alemães paravam trens, bloqueavam estradas. Proibiram o tráfego pelos canais. Explodiram os guindastes, navios e atracadouros do porto de Rotterdam e deixaram a "Holanda torturada e sangrando", na descrição de um radialista.

Densamente entrecruzada por canais e tráfego de barcaças, a Holanda não estava apenas torturada e sangrando. Estava também famélica. O suprimento de alimentos e combustível em Amsterdam, Rotterdam, Utrecht e Leiden dependiam do transporte regular de alimentos e combustível. No começo do inverno de 1944, as rações de guerra que chegavam às províncias ao norte dos rios Waal e Reno diminuíram tanto que a população estava à beira da inanição. Em dezembro, os canais foram reabertos, mas agora as águas estavam congeladas. Primeiro desapareceu a manteiga, depois o queijo, a carne, o pão e os vegetais. As pessoas, desesperadas, tiritando de frio e famintas, arrancavam

---

* Waddington inicialmente usou o termo "epigênese" como um verbo, e não como um substantivo, para designar o processo pelo qual genes e seu ambiente influenciavam células no embrião para que elas adotassem seus destinos finais. Posteriormente, o termo foi adaptado para designar os processos pelos quais genes e ambientes podiam interagir, resultando em um efeito sobre o genoma — porém sem mudar a sequência gênica.

os bulbos de tulipa de seus jardins, comiam cascas de vegetais e por fim apelaram para cascas de bétula, folhas e grama. Por fim, o consumo alimentar caiu para cerca de quatrocentas calorias diárias, o equivalente a três batatas. "Um ser humano [consiste] apenas em um estômago e certos instintos", escreveu um homem.[4] Esse período, ainda gravado na memória nacional dos holandeses, seria chamado de Inverno da Fome, ou Hongerwinter.

A carestia adentrou 1945. Dezenas de milhares de homens, mulheres e crianças morreram de subnutrição; milhões sobreviveram. A mudança nutricional foi tão aguda e abrupta que criou um medonho experimento natural: quando o povo emergiu do inverno, os pesquisadores puderam estudar os efeitos de uma súbita fome coletiva em uma coorte definida de indivíduos. Algumas características, como subnutrição e retardo no crescimento, eram esperadas. Crianças que sobreviveram ao Hongerwinter também sofriam de males crônicos: depressão, ansiedade, doenças cardíacas, doenças periodontais, osteoporose e diabetes. (Audrey Hepburn, a atriz delgada como uma hóstia, foi um desses sobreviventes, e a vida toda sofreu com diversas doenças crônicas.)

Nos anos 1980, porém, emergiu um padrão mais intrigante: quando os filhos das mulheres que atravessaram a gravidez durante a fome coletiva cresceram, eles também apresentavam taxas mais elevadas de obesidade e doenças cardíacas.[5] Esse dado também poderia ter sido previsto. Sabe-se que a exposição à subnutrição no útero causa mudanças na fisiologia fetal. Um feto carente de nutrientes altera seu metabolismo de modo a sequestrar quantidades maiores de gordura para se defender da perda calórica, o que, de maneira paradoxal, resulta em obesidade adquirida na vida adulta e distúrbios metabólicos. Mas o mais curioso resultado do estudo sobre o Hongerwinter só apareceria dentro de mais uma geração. Nos anos 1990, quando foram estudados os *netos* dos homens e mulheres expostos à fome coletiva, descobriu-se que eles também tinham taxas mais elevadas de obesidade e doenças cardíacas. De algum modo, o período agudo de fome alterou genes não só nas pessoas expostas ao evento: a mensagem foi transmitida a seus netos. Algum fator hereditário, ou mais de um, deve ter ficado impresso nos genomas dos homens e mulheres famélicos e perdurou por no mínimo duas gerações. O Hongerwinter, além de gravar-se na memória nacional, penetrou na memória genética.*

---

* Alguns cientistas afirmam que o estudo sobre a grande fome na Holanda tem um viés inerente:

* * *

Mas o que seria essa "memória genética"? Como era codificada a memória gênica, além de nos próprios genes? Waddington não chegou a conhecer o estudo sobre o Hongerwinter; tinha morrido quase na obscuridade em 1975, mas, de maneira sagaz, geneticistas enxergaram a relação entre a hipótese desenvolvida por ele e doenças multigeracionais da coorte holandesa. Nesse caso também era evidente a "memória genética": os filhos e netos daqueles indivíduos que quase morreram de fome tendiam a apresentar doenças metabólicas, como se seus genomas trouxessem alguma lembrança das agruras metabólicas dos avós. Também aqui o fator responsável pela "memória" não podia ser uma alteração na sequência gênica: as centenas de milhares de homens e mulheres da coorte holandesa não podiam ter mutado seus genes no decorrer de três gerações. E aqui também uma interação entre "os genes e o ambiente" havia mudado um fenótipo (isto é, a propensão para adquirir uma doença). Alguma coisa devia ter ficado gravada no genoma devido àquela exposição à fome — alguma marca hereditária permanente — e agora estava sendo transmitida entre gerações.

Se era possível interpor aquela camada de informações em um genoma, isso teria consequências sem precedentes. Primeiro, refutaria uma característica essencial da evolução darwiniana. Em termos conceituais, um elemento fundamental da teoria darwiniana diz que os genes não se lembram — *não podem se lembrar* — das experiências de um organismo de um modo permanente, hereditário. Quando um antílope estica o pescoço para alcançar uma árvore alta, seus genes não registram esse esforço, e seus filhos não nascem girafas (a transmissão direta de uma adaptação para uma característica hereditária, lembremos, era a base da inválida teoria lamarckiana da evolução por adaptação). As girafas surgem por variação espontânea e seleção natural: um mutante de pescoço comprido surge em um animal ancestral herbívoro, e durante um período de fome coletiva esse mutante sobrevive e é selecionado naturalmente. August Weismann havia testado formalmente a ideia de que uma influência ambiental poderia alterar genes em caráter permanente amputando

---

os pais com distúrbios metabólicos (por exemplo, obesidade) poderiam alterar as escolhas dietéticas ou os hábitos de seus filhos de algum modo não genético. O fator que seria "transmitido" entre gerações, dizem os críticos, não é um sinal genético, mas uma escolha cultural ou dietética.

a cauda de cinco gerações de camundongos, porém os camundongos da sexta geração tinham nascido com a cauda intacta. A evolução é capaz de engendrar organismos perfeitamente adaptados, mas não intencionalmente: ela é não só um "relojoeiro cego", como na célebre comparação de Richard Dawkins, mas também um relojoeiro esquecido. Seu único motor é a sobrevivência e a seleção; sua única memória é a mutação.

No entanto, os netos do Hongerwinter haviam, de algum modo, adquirido a memória da fome sofrida pelos avós, não através de mutações e seleção, mas de uma mensagem ambiental que, sabe-se lá como, se transformara em mensagem hereditária. Uma "memória" genética sob essa forma poderia atuar como um buraco de minhoca para a evolução. Um ancestral das girafas poderia ser capaz de produzir uma girafa não caminhando penosamente pela deprimente lógica malthusiana da mutação, sobrevivência e seleção, mas apenas alongando o pescoço e registrando e imprimindo em seu genoma uma memória de todo esse alongamento. Um camundongo de cauda amputada seria capaz de gerar camundongos de caudas encurtadas transmitindo essa informação aos seus genes. Crianças criadas em ambientes estimulantes poderiam gerar crianças mais estimuladas. Essa ideia era uma reedição da formulação darwiniana da gêmula: a experiência ou história particular de um organismo podia ser sinalizada diretamente ao seu genoma. Tal sistema atuaria como um sistema de trânsito rápido entre a adaptação e a evolução de um organismo. Daria visão ao relojoeiro cego.

Waddington, por exemplo, tinha interesse na resposta, e era um interesse pessoal. Convertido com fervor ao marxismo muito tempo antes, ele imaginava que descobrir tais elementos "fixadores de memória" no genoma poderia ser crucial não só para a compreensão da embriologia humana, mas também para seu projeto político. Se fosse possível doutrinar ou "desdoutrinar" células manipulando sua memória gênica, talvez fosse possível doutrinar também os seres humanos (lembremos as tentativas de Lysenko para conseguir esse feito com linhagens de trigo e as de Stálin para apagar as ideologias dos dissidentes). Um processo como esse poderia desfazer a identidade celular e permitir que as células *subissem* pela paisagem de Waddington — que revertessem de célula adulta a célula embriônica, e com isso revertessem também o tempo biológico. Quem sabe talvez até pudesse anular a imutabilidade da memória humana, da identidade, da escolha.

* * *

Até fins dos anos 1950, a epigenética foi mais fantasia do que realidade: ninguém jamais vira uma célula sobrepor sua história ou identidade a seu genoma. Em 1961, dois experimentos, realizados a menos de seis meses e a menos de trinta quilômetros um do outro, transformariam a noção de genes e trariam credibilidade à teoria de Waddington.

No verão de 1958, John Gurdon, pós-graduando na Universidade de Oxford, começou a estudar o desenvolvimento de rãs. Gurdon nunca fora um estudante particularmente promissor — uma ocasião ficara em 250º lugar em uma turma de 250 alunos em um exame de ciências. Mas possuía, como ele mesmo disse, "aptidão para fazer coisas em pequena escala".[6] Seu experimento mais importante envolvia a menor de todas as escalas. No começo dos anos 1950, dois cientistas da Filadélfia haviam removido todos os genes de um óvulo de rã não fertilizado, sugando o núcleo e deixando apenas o invólucro celular; em seguida, injetaram naquele óvulo vazio o genoma de outra célula de rã. Isso equivalia a desocupar um ninho e pôr ali um passarinho falso para ver se a ave se desenvolveria normalmente. Possuiria o "ninho" — isto é, o óvulo, destituído de todos os seus próprios genes — todos os fatores para criar um embrião proveniente de um genoma tirado de outra célula e injetado nele? Sim. Os pesquisadores da Filadélfia obtiveram um ou outro girino a partir de um óvulo injetado com o genoma de uma célula de rã. Era uma forma extrema de parasitismo: o óvulo tornava-se mero hospedeiro, ou recipiente, para o genoma de uma célula normal, e permitia que o genoma originasse um animal adulto normal. Os pesquisadores batizaram seu método de transferência nuclear, mas o processo era muito ineficiente. No fim, praticamente abandonaram esse procedimento.

Gurdon, fascinado por aqueles raros êxitos, avançou as fronteiras do experimento. Os pesquisadores da Filadélfia haviam injetado núcleos de embriões em fase inicial nos óvulos enucleados. Em 1961, Gurdon começou a fazer experimentos para verificar se injetar o genoma de uma célula do intestino de uma rã *adulta* também poderia ensejar a geração de um girino.[7] Os desafios técnicos eram imensos. Primeiro, Gurdon aprendeu a usar um minúsculo feixe de raios ultravioleta para lancetar o núcleo de um óvulo de rã não fertilizado, deixando intacto o citoplasma. Em seguida, como um mergulhador ao cortar a água, ele perfurou a membrana do óvulo com uma agulha afiada no fogo, mal perturbando a superfície, e introduziu o núcleo de uma célula de rã adulta junto com um minúsculo borrifo de líquido.

A transferência de um núcleo de rã adulta (isto é, de todos os seus genes) para um óvulo vazio funcionou: nasceram girinos perfeitamente funcionais, e cada um deles possuía uma réplica perfeita do genoma da rã adulta. Se Gurdon transferisse os núcleos de várias células adultas extraídos da mesma rã para vários óvulos retirados, conseguiria produzir girinos que eram clones perfeitos uns dos outros e da rã doadora original. Esse processo podia ser repetido ad infinitum: clones feitos a partir de clones feitos a partir de clones, todos portadores do mesmo genoma — reproduções sem reprodução.

O experimento de Gurdon atiçou a imaginação dos biólogos, ainda mais porque parecia uma fantasia da ficção científica tornada realidade. Em um experimento, ele produziu dezoito clones a partir de células intestinais de uma única rã. Postos em dezoito câmaras idênticas, eles eram como dezoito sósias habitando dezoito universos paralelos. O princípio científico em jogo também era provocativo: o genoma de uma célula adulta, tendo chegado à maturidade plena, havia sido banhado por um breve período no elixir de um óvulo e ressurgira, totalmente rejuvenescido, como um embrião. Em resumo, o óvulo possuía tudo o que era necessário — todos os fatores indispensáveis para impelir um genoma retroativamente através do tempo do desenvolvimento até um embrião funcional. No futuro, variações do método de Gurdon seriam generalizadas para outros animais. Levariam à célebre clonagem que gerou a ovelha Dolly,[8] o único organismo superior reproduzido sem reprodução (o biólogo John Maynard Smith comentaria mais tarde que o único outro caso "observado de um mamífero produzido na ausência de relação sexual não era totalmente convincente".[9] Ele se referia a Jesus Cristo). Em 2012, Gurdon recebeu o prêmio Nobel por sua descoberta da transferência nuclear.*

---

* A técnica de Gurdon — retirar o óvulo e inserir um núcleo totalmente fertilizado — já encontrou uma nova aplicação clínica. Algumas mulheres são portadoras de mutações em genes mitocondriais, ou seja, nos genes que existem dentro das mitocôndrias, as organelas produtoras de energia que vivem no interior das células. Todos os embriões humanos, lembremos, herdam suas mitocôndrias exclusivamente do óvulo, isto é, da mãe (o espermatozoide não contribui com nenhuma mitocôndria). Se a mãe for portadora de uma mutação em um gene mitocondrial, todos os seus filhos podem ser afetados pela mutação; mutações nesses genes, que com

Apesar de todas as características notáveis do experimento de Gurdon, seu *insucesso* foi também revelador. Células intestinais de um adulto sem dúvida podiam originar girinos, mas, a despeito dos laboriosos procedimentos técnicos de Gurdon, faziam isso só com muita relutância: sua taxa de êxito em transformar células de adulto em girinos era lastimável. Isso requeria uma explicação que extrapolava a genética clássica. Afinal de contas, a sequência de DNA no genoma de uma rã adulta é idêntica à sequência de DNA de um embrião ou de um girino. Afinal de contas, o princípio fundamental da genética não diz que todas as células contêm o mesmo genoma, e que é a maneira como esses genes são *mobilizados* em diferentes células, ligados e desligados com base em deixas, que controla o desenvolvimento do embrião até a fase adulta?

Ora, se genes são genes, então por que o genoma de uma célula adulta mostrava tamanha relutância em ser persuadido a voltar a ser embrião? E por que, como outros descobriram, núcleos de animais mais jovens eram mais dóceis a essa reversão de idade do que núcleos de animais mais velhos? De novo, como no estudo sobre o Hongerwinter, alguma coisa tinha de ser progressivamente impressa no genoma da célula adulta — alguma marca cumulativa, indelével — e isso dificultava a esse genoma retroceder no tempo do desenvolvimento. Essa marca não podia viver na sequência dos próprios genes, tinha de ser gravada acima deles: tinha de ser *epi*genética. Gurdon retornou à questão de Waddington: e se toda célula contiver sua história e identidade impressas em seu genoma — uma forma de memória celular?

---

frequência afetam o metabolismo da energia, podem causar atrofia muscular, anormalidades cardíacas e morte. Em uma provocativa série de experimentos em 2009, geneticistas e embriologistas propuseram um ousado método inédito para lidar com essas mutações mitocondriais maternas. Depois de o óvulo ser fecundado pelo espermatozoide, o núcleo era injetado em um óvulo com mitocôndrias intactas ("normais") de uma doadora normal. Como as mitocôndrias eram provenientes da *doadora*, os genes mitocondriais maternos eram intactos, e os bebês não nasciam portadores das mutações maternas. Assim, as pessoas nascidas graças a esse procedimento têm *três* genitores. O núcleo fertilizado, formado pela união da "mãe" e do "pai" (genitores 1 e 2), contribui com praticamente todo o material genético. O terceiro genitor, a doadora do óvulo, contribui apenas com as mitocôndrias e os genes mitocondriais. Em 2015, depois de um longo debate nacional, a Grã-Bretanha legalizou esse procedimento, e agora estão nascendo as primeiras coortes de "filhos de três genitores". Essas crianças representam uma fronteira inexplorada da genética humana (e do futuro). Obviamente, não existe nenhum animal comparável no mundo natural.

* * *

Gurdon visualizara uma marca epigenética em um sentido abstrato, mas não vira fisicamente uma marca dessas no genoma da rã. Em 1961, Mary Lyon, ex-aluna de Waddington, encontrou um exemplo visível de mudança epigenética em uma célula animal. Filha de um funcionário público e uma professora, Lyon começou a pós-graduação orientada pelo celebremente rabugento Ron Fisher em Cambridge, mas logo fugiu para Edimburgo para concluir sua formação e depois foi para um laboratório no tranquilo vilarejo inglês de Harwell, a trinta quilômetros de Oxford, onde fundou seu grupo de pesquisa.

Em Harwell, Lyon estudou a biologia dos cromossomos, usando corantes fluorescentes para visualizá-los. Descobriu, surpresa, que todos os cromossomos pareados tingidos com corantes cromossômicos tinham aparência idêntica, com exceção dos dois cromossomos X nas fêmeas. Um dos dois cromossomos X em todas as células de fêmeas de camundongo era inevitavelmente encolhido e condensado. Os *genes* nesse cromossomo encolhido não tinham alterações: a sequência de DNA era idêntica em ambos os cromossomos. O que mudava, porém, era sua *atividade*: os genes naquele cromossomo encolhido não geravam RNA, portanto o cromossomo inteiro era "silencioso". Era como se um cromossomo deliberadamente houvesse sido desativado: desligado. O cromossomo X desativado era escolhido aleatoriamente, constatou Lyon: em uma célula podia ser o X paterno, na célula vizinha podia ser o X materno.[10] Esse padrão era uma característica universal de todas as células portadoras de dois cromossomos X, ou seja, de todas as células do corpo feminino.

Qual é o propósito da inativação do X? Como as fêmeas possuem dois cromossomos X e os machos apenas um, as células das fêmeas desativam um cromossomo X para equilibrar a "dose" dos genes dos dois cromossomos X.

Não sabemos ainda por que esse silêncio seletivo ocorre apenas no cromossomo X, nem qual é sua função essencial. Mas a inatividade aleatória do X tem uma importante consequência biológica: o corpo feminino é um mosaico de dois tipos de célula. Em grande medida, esse silenciamento aleatório de um cromossomo X é invisível, exceto quando um dos cromossomos X (do pai, por exemplo) por acaso é portador de uma variante gênica que produz uma característica visível. Nesse caso, uma célula pode expressar essa variante enquanto sua vizinha não apresenta essa função, o que produz um efeito de mosaico.

Em gatos, por exemplo, um gene para a cor do pelo reside no cromossomo X. A desativação aleatória do cromossomo X faz com que uma célula tenha um pigmento de certa cor enquanto sua vizinha tem cor diferente. A epigenética, e não a genética, resolve o enigma da gata de pelagem tartaruga. (Se seres humanos possuíssem o gene para cor da pele em seus cromossomos X, a filha de um casal com um genitor de pele escura e outro de pele clara poderia nascer com a pele malhada, contendo trechos claros e trechos escuros.)

Como uma célula podia "silenciar" todo um cromossomo? Esse processo tinha de envolver não só a ativação ou desativação de um ou dois genes com base em uma deixa do ambiente; aqui, um cromossomo inteiro, incluindo todos os seus genes, estava sendo desativado por todo o tempo de vida da célula. A suposição mais lógica, proposta nos anos 1970, era que, de algum modo, as células batiam um carimbo químico permanente — uma "marca de cancelamento" molecular — no DNA naquele cromossomo. Como os genes propriamente ditos se encontravam intactos, tal marca tinha de estar acima dos genes — ou seja, ser *epi*genética, nos moldes supostos por Waddington.

Em fins dos anos 1970, cientistas que estudavam o silenciamento de genes descobriram que a ligação de uma pequena molécula — um grupo metil — a algumas partes do DNA era correlacionada com a desativação de um gene. Constatou-se mais tarde que um dos principais instigadores desse processo era uma molécula de RNA, chamada *XIST*. Ela "cobre" partes do cromossomo X e é considerada crucial para o silenciamento desse cromossomo. Essas etiquetas de metil decoravam as fitas de DNA como berloques em um colar e eram reconhecidas como um sinal para a desativação de certos genes.

Etiquetas de metil não eram os únicos berloques pendurados no colar de DNA. Em 1996, David Allis, um bioquímico da Universidade Rockefeller em Nova York, encontrou outro sistema de imprimir marcas permanentes em genes.* Em vez de imprimir as marcas direto em genes, esse segundo sistema

---

* A ideia de que as histonas podem regular genes fora aventada originalmente nos anos 1960 por Vincent Allfrey, um bioquímico da Universidade Rockefeller. Três décadas depois — e, como se fechasse um círculo, na mesma instituição —, os experimentos de Allis confirmariam a "hipótese da histona".

punha suas marcas em proteínas chamadas histonas, que atuam como um material de embalagem para genes.

As histonas penduram-se com força no DNA e o envolvem em espirais e laços, formando andaimes para o cromossomo. Quando o andaime muda, a atividade de um gene pode mudar; equivale a alterar as propriedades de um material alterando o modo como ele é embalado (uma meada de seda embalada em uma bola teria propriedades muito diferentes dessa mesma meada se ela fosse esticada em forma de corda). Assim, uma "memória molecular" poderia, potencialmente, ser estampada em um gene, dessa vez de forma indireta, prendendo o sinal à proteína (existe um enorme debate no campo da epigenética sobre se algumas — ou quaisquer — modificações na histona podem ter ou não efeitos consequentes sobre a atividade de um gene, ou se algumas dessas mudanças na histona são meramente "circunstantes" ou efeitos colaterais da atividade de um gene). A hereditariedade e a estabilidade dessas marcas de histona, assim como o mecanismo para assegurar que elas apareçam nos genes certos no momento certo, ainda estão sendo investigados; mas ao que tudo indica organismos simples, como a levedura e os vermes, podem transmitir essas marcas de histona por várias gerações.[11]

O silenciamento e a ativação de genes por meio de proteínas reguladoras (chamadas fatores de transcrição) — as "regentes" da sinfonia dos genes nas células — é algo que sabemos desde os anos 1950. Mas essas regentes também têm potencial para recrutar outras proteínas — vamos chamá-las de auxiliares — para produzirem impressões químicas permanentes em genes. Elas até asseguram que as etiquetas sejam mantidas no genoma.* As etiquetas podem ser adicionadas, apagadas, amplificadas, diminuídas e ligadas e desligadas em resposta a deixas de uma célula ou do seu ambiente.

Essas marcas funcionam como notas escritas acima de uma sentença, ou como anotações nas margens de um livro — linhas a lápis, palavras sublinhadas, riscos, letras eliminadas, subscritos, notas no rodapé — que modificam o contexto de um genoma sem alterar as palavras propriamente ditas. Cada

---

* Um gene regulador-mestre pode manter suas ações sobre os genes alvos, em grande medida autonomamente, através de um mecanismo chamado "feedback positivo".

célula de um organismo herda o mesmo livro, mas riscando sentenças específicas e adicionando outras, "silenciando" e "ativando" determinadas palavras, ressaltando certas frases, cada célula pode escrever uma novela única a partir do mesmo roteiro básico. Poderíamos visualizar os genes no genoma humano, com suas marcas químicas anexas, assim:

*...Esta....é...**a**......,,,........<u>estru</u>...tura,......do...Seu......Ge...noma...*

Como antes, as palavras da sentença correspondem aos genes. As reticências e os sinais de pontuação denotam os íntrons, as regiões intergênicas e sequências reguladoras. As letras em negrito, as maiúsculas e as sublinhadas são marcas epigenéticas anexadas ao genoma para impor uma última camada de significado.

Foi *por isso* que Gurdon, apesar de todos os seus procedimentos experimentais, raramente conseguira induzir uma célula intestinal adulta a voltar seu desenvolvimento no tempo para tornar-se uma célula embriônica e depois uma rã toda desenvolvida: o genoma da célula intestinal tinha sido marcado com demasiadas "anotações" epigenéticas para que pudesse ser apagado com facilidade e transformado no genoma de um embrião. Como memórias humanas que persistem apesar das tentativas de alterá-las, os rabiscos químicos grafados por cima do genoma podem ser mudados, porém não com facilidade. Essas anotações destinam-se a persistir, para que uma célula possa firmar sua identidade. Apenas células embriônicas possuem genomas dóceis o suficiente para adquirir muitos tipos de identidade; por isso é que são capazes de gerar todos os tipos de célula do corpo. Assim que as células do embrião adquirem uma identidade fixa — transformadas em células intestinais, em glóbulos vermelhos ou em células nervosas, por exemplo —, quase nunca podem ser revertidas (daí a dificuldade de Gurdon para obter um girino a partir de uma célula intestinal de rã). Uma célula embriônica poderia ser capaz de escrever mil novelas a partir do mesmo roteiro. Mas uma história de ficção para jovens adultos, uma vez escrita, não pode ser reformatada como um romance vitoriano.

A epigenética resolve em parte o enigma da individualidade de uma célula, e talvez possa resolver também outro enigma mais tenaz: a individualidade de um *indivíduo*. "Por que gêmeos são diferentes?", perguntamos páginas atrás. Ora, porque eventos idiossincráticos são registrados por meio de marcas idiossincráticas em seus corpos. Mas "registrados" de que modo? Não na sequência de genes propriamente dita: se sequenciarmos os genomas de gêmeos idênticos a cada década por cinquenta anos, obteremos sempre a mesma sequência. Mas se sequenciarmos os *epigenomas* de gêmeos no decorrer de várias décadas, encontraremos diferenças substanciais: o padrão dos grupos metil ligados aos genomas de glóbulos vermelhos ou de neurônios é praticamente idêntico entre os gêmeos no início do experimento, começa a divergir devagar ao longo da primeira década e se mostra bastante diferente passados cinquenta anos.

Eventos aleatórios — lesões, infecções, paixões, a emoção persistente de um certo noturno, o aroma daquela madeleine em Paris — entram na vida de um gêmeo, mas não na de outro. Genes são "ligados" e "desligados" em resposta a esses eventos, e marcas epigenéticas gradualmente se sobrepõem a genes.* Ainda não sabemos como essas marcas epigenéticas influenciam funcionalmente a atividade dos genes, mas alguns experimentos levam a crer que essas marcas, em conjunção com fatores de transcrição, podem ajudar a orquestrar a atividade de genes.

No extraordinário conto "Funes, o memorioso", o escritor argentino Jorge Luis Borges descreve um jovem que recobra os sentidos depois de um acidente e descobre que adquiriu uma memória "perfeita".[12] Funes se recorda de cada detalhe de cada momento de sua vida, de cada objeto, de cada encontro — a "forma de cada nuvem [...] a granulação marmorizada de um livro encadernado em couro". Essa extraordinária faculdade não o faz mais poderoso: paralisa-o. Ele é inundado de memórias que não consegue silenciar. As

---

* A permanência de marcas epigenéticas e a natureza da memória registrada por essas marcas foram questionadas pelo geneticista Mark Ptashne. Segundo ele, e também na visão de vários outros geneticistas, proteínas reguladoras mestres — anteriormente designadas como comutadores do tipo "liga" e "desliga" — orquestram a ativação ou repressão de genes. Marcas epigenéticas são apostas como uma *consequência* da ativação ou repressão gênica, e podem ter um papel acessório na regulação da ativação e repressão gênica, porém a orquestração principal da expressão gênica ocorre graças a essas proteínas reguladoras mestres.

memórias o oprimem, são a algazarra constante de uma multidão que ele não pode calar. Borges encontra Funes deitado em um catre no escuro, incapaz de conter o abominável afluxo de informações e forçado a deixar o mundo do lado de fora.

Uma célula sem a capacidade de silenciar seletivamente partes de seu genoma transforma-se em um Funes, o memorioso (ou, como no conto, Funes, o incapacitado). O genoma contém a memória que permite construir cada célula em cada tecido em cada organismo, uma memória de uma profusão e uma diversificação tão esmagadoras que uma célula desprovida de um sistema de repressão e reativação seletiva seria oprimida por ela. Como para Funes, a capacidade de usar qualquer memória depende, paradoxalmente, da capacidade de silenciar a memória. Talvez um sistema epigenético exista para permitir que o genoma funcione. Ainda falta descobrir muita coisa sobre esse sistema. Diferentes genomas, em diferentes células, parecem ser modificados por diversas marcas químicas em resposta a vários estímulos (incluindo ambientes). Mas os geneticistas ainda debatem com veemência, e muitas vezes com agressividade, sobre se essas marcas contribuem ou não para a atividade de genes, como fazem isso *e quais poderiam ser suas funções.*

Talvez a mais surpreendente demonstração do poder da epigenética para reiniciar a memória celular tenha sido dada por um experimento feito em 2006 pelo biólogo japonês Shinya Yamanaka, estudioso das células-tronco. Como Gurdon, Yamanaka fascinava-se com a ideia de que marcas químicas apostas a genes em uma célula podiam funcionar como um registro de sua identidade celular. E se ele pudesse apagar as marcas? A célula adulta reverteria ao estado original e se transformaria na célula de um embrião, revertendo o tempo, aniquilando a história, enrolando-se de volta à inocência?

Também como Gurdon, Yamanaka começou sua tentativa de reverter a identidade de uma célula trabalhando com uma célula normal de camundongo adulto, retirada da pele de um camundongo crescido. O experimento de Gurdon provou que fatores presentes em um óvulo — proteínas e RNA — podiam apagar as marcas do genoma de uma célula adulta e, assim, reverter o destino de uma célula e produzir um girino a partir de uma célula de rã. Yamanaka se perguntou se seria possível identificar e isolar esses fatores em um óvulo e depois usá-los como "apagadores" moleculares do destino celular. Após décadas de busca, Yamanaka restringiu os misteriosos fatores a proteínas codificadas por apenas quatro genes. Então introduziu os quatro genes em uma célula da pele de um camundongo adulto.

Para seu assombro, e o subsequente assombro de cientistas do mundo todo, a introdução desses quatro genes em uma célula da pele madura fez com que uma pequena fração das células se transformasse em algo parecido com uma célula-tronco embrionária. Essa célula-tronco, é óbvio, podia formar pele, mas também músculo, osso, sangue, intestino e células nervosas. Podia originar todos os tipos de célula encontrados em um organismo. Quando Yamanaka e seus colegas analisaram a progressão (ou melhor, regressão) da célula de pele para a célula parecida com a embrionária, descobriram uma cascata de eventos. Circuitos de genes eram ativados ou reprimidos. O metabolismo da célula era reiniciado. E então marcas epigenéticas eram apagadas e reescritas. A célula mudava de forma e tamanho. Alisadas as rugas, flexibilizadas as articulações enrijecidas, restaurada sua juventude, ela agora podia *subir* pela paisagem de Waddington. Yamanaka apagara a memória de uma célula, revertera o tempo biológico.

Essa história vem com um detalhe desagradável. Um dos quatro genes que Yamanaka usou para reverter o destino celular chama-se *c-myc*.[13] *Myc*, o fator rejuvenescedor, não é um gene qualquer: ele é um dos mais vigorosos reguladores do crescimento e metabolismo celular conhecido da biologia. Quando ativado anormalmente, pode, sem dúvida, induzir uma célula adulta a voltar a um estado semelhante ao embrionário, o que possibilitou o experimento da reversão celular de Yamanaka (essa função requer a colaboração dos outros três genes encontrados por ele). Mas *myc* também é um dos mais potentes genes causadores de câncer conhecidos da biologia; também é ativado em leucemias e linfomas e em câncer pancreático, gástrico e uterino. Como em uma espécie de fábula moral antiga, a busca da juventude eterna parece conter um medonho efeito colateral. Os próprios genes que possibilitam a uma célula livrar-se da mortalidade e do envelhecimento também podem virar seu destino na direção da imortalidade maligna, do crescimento perpétuo e da ausência de envelhecimento: as marcas registradas do câncer.

Agora podemos entender o Hongerwinter holandês e seus efeitos multigeracionais em termos mecanicistas que envolvem genes e genes reguladores mestres em interação com o genoma. A fome aguda de homens e mulheres durante aqueles meses brutais de 1945 sem dúvida alterou a expressão de genes envolvidos no metabolismo e no armazenamento. As primeiras mudanças foram transitórias: não mais, talvez, do que o liga e desliga de genes que respondem a nutrientes presentes no ambiente.

Porém, quando a paisagem do metabolismo foi congelada e reajustada pela fome prolongada — uma transitoriedade que se consolidou em permanência —, mudanças mais duráveis imprimiram-se no genoma. Hormônios difundiram-se por entre os órgãos, sinalizando uma possível privação de alimento de longo prazo e pressagiando uma reformatação mais abrangente da expressão gênica. Proteínas interceptaram essas mensagens no interior das células. Genes foram desativados, um a um, e então impressões foram deixadas no DNA para desativá-los mais adiante. Como casas que são fechadas durante uma tempestade, programas gênicos inteiros foram trancados. Marcas metiladoras foram adicionadas a genes. Histonas podem ter sido quimicamente modificadas para registrar a memória da fome prolongada.

Célula a célula, órgão a órgão, o corpo foi reprogramado para a sobrevivência. Por fim, até as células germinais — espermatozoides e óvulos — foram marcadas (não sabemos como nem por que espermatozoides e óvulos contêm a memória de uma resposta à fome prolongada; talvez vias muito antigas no DNA humano registrem a fome ou a privação em células germinais). Quando filhos e netos foram gerados com aqueles espermatozoides e óvulos, os embriões talvez contivessem essas marcas, resultando em alterações no metabolismo que permaneceram gravadas em seus genomas décadas depois do Hongerwinter. Assim, a memória histórica transformou-se em memória celular.

Um alerta: a epigenética também está no limiar de transformar-se em uma ideia perigosa. Modificações epigenéticas de genes têm o potencial para sobrepor informações históricas e ambientais em células e genomas; essa capacidade, contudo, é especulativa, limitada, idiossincrática e imprevisível: um genitor que vivenciou uma fome prolongada produz filhos com obesidade e *supernutrição*, enquanto um genitor que sofreu de tuberculose, por exemplo, não gera um filho com resposta alterada à tuberculose. A maioria das "memórias" epigenéticas é consequência de antigas vias *evolucionárias*, e não podemos confundi-las com nosso anseio por afixar legados desejáveis em nossos filhos.

Como aconteceu com a genética no começo do século xx, agora a epigenética está sendo usada para justificar a ciência lixo e impor definições restritivas de normalidade. Dietas, exposições, memórias e terapias que, segundo consta, alteram a hereditariedade lembram sinistramente a tentativa de Lysenko para "reeducar" o trigo com terapia de choque. O autismo de uma criança, resultado de uma mutação genética, está sendo associado a exposições intrauterinas de seus avós. Mães são orientadas a minimizar a ansiedade durante a gravidez, para que não maculem todos os seus filhos e os filhos de seus filhos com mitocôndrias traumatizadas. Lamarck está sendo reabilitado e se tornando o novo Mendel.

Essas noções superficiais sobre epigenética devem ser vistas com ceticismo. Informações do ambiente sem dúvida podem ser gravadas no genoma. Mas a maioria dessas impressões é gravada como "memórias genéticas" nas células e genomas de *organismos individuais*; não é transmitida entre gerações. Um homem que perde uma perna durante um acidente traz a marca desse acidente em suas células, lesões e cicatrizes, mas não gera filhos com pernas mais curtas. Tampouco a vida desarraigada da minha família parece ter imprimido em mim ou em minhas filhas algum dilacerante sentimento de alienação.

Apesar das admoestações de Menelau, o sangue dos nossos pais *perde-se* em nós. E o mesmo acontece, felizmente, com as fraquezas e pecados deles. É um esquema que devemos celebrar mais do que lamentar. Genomas e epigenomas existem para registrar e transmitir semelhança, legado, memória e história entre células e gerações. Mutações, o rearranjo de genes e o apagamento de memórias contrabalançam essas forças, possibilitando a dessemelhança, a variação, a monstruosidade, a genialidade e a reinvenção — assim como a refulgente possibilidade de novos começos, geração após geração.

É concebível que uma interação de genes e epigenes coordene a embriogênese humana. Voltemos, ainda outra vez, ao problema de Morgan: a criação de um organismo multicelular a partir de um embrião unicelular. Segundos após a fertilização, tem início uma movimentação no embrião. Proteínas chegam ao núcleo da célula e começam a ligar e desligar comutadores genéticos. Uma espaçonave adormecida ganha vida. Genes são ativados e reprimidos e, por sua vez, codificam outras proteínas que ativam e reprimem outros genes. Uma única célula divide-se formando duas, depois quatro, depois oito. Desenvolve-se toda uma camada de células que então assumem o feitio do revestimento externo de uma bola. Genes que coordenam metabolismo, motilidade, destino da célula e identidade são "ligados". A caldeira esquenta. As luzes lampejam nos corredores. O sistema de intercomunicação é ligado.

Agora um segundo código entra em ação para assegurar que a expressão gênica mantenha-se em seu lugar em cada célula, possibilitando que cada uma delas adquira e fixe uma identidade. Marcas químicas são adicionadas seletivamente a certos genes e apagadas de outros, modulando a expressão dos genes apenas naquela célula. Grupos metil são inseridos e apagados, e histonas são modificadas para reprimir ou ativar genes.

O embrião desenvolve-se passo a passo. Aparecem segmentos primordiais, células assumem suas posições em várias partes do embrião. Agora são ativados genes que comandam sub-rotinas para que cresçam membros e órgãos, e mais marcas químicas são apostas aos genomas de células individuais. Células são adicionadas para criar órgãos e estruturas — pernas dianteiras, pernas traseiras, músculos, rins, ossos, olhos. Algumas células sofrem uma morte programada. Genes que mantêm função, metabolismo e reparo são ligados. Um organismo emerge de uma célula.

Não se acomode com essa descrição. Não se sinta o nobre leitor tentado a pensar: "Deus do céu, que receita complicada!" e assim se tranquilizar achando que ninguém conseguirá entender, invadir ou manipular essa receita de forma deliberada.

Quando cientistas subestimam a complexidade, viram presa dos perigos de consequências impremeditadas. São bem conhecidas as parábolas sobre tais excessos científicos: animais estrangeiros, introduzidos para controlar pragas, transformam-se por sua vez em pragas; chaminés são erguidas com o intuito de amenizar a poluição, mas liberam partículas em regiões aéreas mais altas e acabam exacerbando o que deveriam diminuir; o estímulo à formação de sangue com a intenção de prevenir ataques cardíacos espessa o sangue e resulta em maior risco de coágulos sanguíneos no coração.

Mas quando não cientistas *superestimam* a complexidade — "Ninguém jamais vai conseguir decifrar *esse* código" —, caem na armadilha das consequências imprevistas. No começo dos anos 1950, um refrão comum entre alguns biólogos dizia que o código genético era tão dependente de contexto, tão absolutamente determinado por determinada célula em determinado organismo e tão horrivelmente convoluto que decifrá-lo se mostraria impossível. A verdade foi bem outra: uma única molécula contém o código, e apenas um código permeia todo o mundo biológico. Se conhecemos o código, podemos alterá-lo intencionalmente em organismos e, em última análise, em seres humanos. De maneira análoga, nos anos 1960 muitos duvidavam de que as tecnologias de clonagem de genes pudessem transferir genes entre espécies com tanta facilidade. Em 1980, produzir uma proteína de mamífero em uma célula bacteriana ou uma proteína bacteriana em uma célula de mamífero já era não só viável como também, nas palavras de Berg, "ridiculamente simples". As espécies eram enganosas; ser "natural" era, muitas vezes, "apenas fingimento".

A gênese de um ser humano a partir de instruções genéticas é sem dúvida complexa, mas nada nela proíbe ou restringe manipulações ou distorções. Quando um cientista social ressalta que as interações de genes e ambiente — e não os genes isoladamente — determinam forma, função e destino, está subestimando o poder de genes reguladores-mestres que atuam de maneira não condicional e autonomamente para determinar estados fisiológicos e anatômicos complexos. E quando um geneticista humano diz que "a genética não pode ser usada para manipular estados e comportamentos complexos porque eles em geral são controlados por dezenas de genes", está subestimando a capacidade de um gene, por exemplo, um gene regulador-mestre de genes, para "reiniciar" estados inteiros do ser. Se a ativação de quatro genes pode transformar uma célula da pele em uma célula-tronco pluripotente, se uma substância pode reverter a identidade de um cérebro e se uma mutação em um único gene pode mudar o sexo e a identidade de gênero, então o nosso genoma e o nosso eu são muito mais maleáveis do que imaginávamos.

* * *

A tecnologia, como eu já disse, é mais poderosa quando possibilita transições — entre movimento linear e circular (a roda), ou entre espaço real e virtual (a internet). A ciência, em contraste, é mais poderosa quando elucida regras de organização — leis — que atuam como lentes através das quais vemos e organizamos o mundo. As tecnologias procuram nos libertar das restrições das nossas realidades correntes por meio dessas transições. A ciência define essas restrições e delimita as fronteiras das nossas possibilidades. Assim, nossas maiores inovações técnicas têm nomes que apregoam nossas proezas de domínio do mundo: "engenho" (ou motor, alude à "engenhosidade"), "computador" (de "computar", "calcular"). Em contraste, nossas leis científicas mais fundamentais costumam ser batizadas com termos associados aos limites do conhecimento humano: "incerteza", "relatividade", "incompletude", "impossibilidade".

De todas as ciências, a biologia é a mais carente de leis; existem poucas regras, para começar, e ainda menos regras que sejam universais. É claro que os seres vivos têm de obedecer às regras fundamentais da química e da física, mas muitas vezes existe vida nas margens e interstícios dessas leis, vergando-as até quase quebrá-las. O universo busca o equilíbrio; prefere dispersar energia, desfazer a organização e maximizar o caos. A vida é estruturada para combater essas forças. Desaceleramos reações, concentramos matéria e organizamos substâncias químicas em compartimentos; separamos as roupas para lavar na quarta-feira. "Às vezes, parece que reprimir a entropia é o nosso quixotesco propósito no universo", escreveu James Gleick.[14] Vivemos nas brechas de leis naturais, buscando extensões, exceções e isenções. As leis da natureza ainda marcam as fronteiras da permissibilidade — mas a vida, em toda a sua esquisitice idiossincrática, louca, floresce lendo nas entrelinhas. Nem mesmo o elefante pode transgredir a lei da termodinâmica, ainda que seu tronco deva ser um dos modos mais peculiares de mover matéria usando energia.

O fluxo circular de informações biológicas:

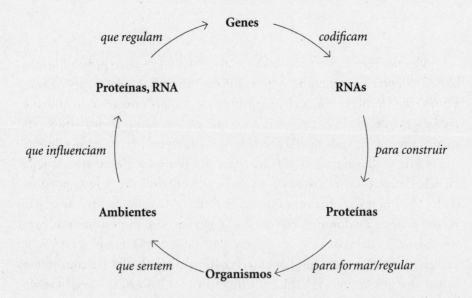

talvez seja uma das poucas regras organizadoras da biologia. Decerto existem exceções no direcionamento desse fluxo de informações (retrovírus podem pedalar "para trás", do RNA para o DNA). E existem no mundo biológico mecanismos ainda não descobertos que podem mudar a ordem ou os componentes do fluxo de informações em sistemas vivos (sabemos hoje que o RNA, por exemplo, é capaz de influenciar a regulação de genes). Mas o fluxo circular de informações biológicas foi esboçado conceitualmente.

Esse fluxo de informações é o mais próximo que podemos chegar de uma lei biológica. Quando dominarmos a tecnologia para manipular essa lei, passaremos por uma das mais profundas transições da nossa história. Aprenderemos a ler e a escrever a nós mesmos, a ler e a escrever nosso eu.

Antes de pular para o futuro do genoma, porém, façamos uma rápida digressão sobre seu passado. Não sabemos de onde vêm os genes, nem como surgiram. Tampouco podemos saber por que *esse* método de transferir informações e armazenar dados foi escolhido dentre todos os outros métodos possíveis na biologia. Mas podemos tentar reconstituir a origem primordial dos genes em um tubo de ensaio. Em Harvard, um afável bioquímico chamado Jack Szostak passou mais de duas décadas tentando criar um sistema genético autorreplicante em tubo de ensaio e, assim, reconstituir a origem dos genes.[15]

O experimento de Szostak inspirou-se no trabalho de Stanley Miller, químico visionário que tentou fazer uma "sopa primordial" misturando substâncias químicas básicas que existiram na atmosfera primitiva.[16] Trabalhando na Universidade de Chicago nos anos 1950, Miller selou um frasco de vidro e, por uma série de aberturas, introduziu ali metano, dióxido de carbono, amônia, oxigênio e hidrogênio. Acrescentou vapor quente e faíscas elétricas para simular relâmpagos, depois aqueceu e resfriou o frasco ciclicamente para reproduzir as condições voláteis do mundo antigo. Fogo e enxofre, céu e inferno, ar e água foram condensados em um béquer.

Três semanas mais tarde, nenhum organismo saíra rastejando do frasco de Miller. Mas na mistura bruta de dióxido de carbono, metano, água, amônia, oxigênio, hidrogênio, calor e eletricidade, Miller encontrou vestígios de aminoácidos — as unidades construtoras de proteínas — e de açúcares simples. Variações subsequentes do experimento de Miller adicionaram argila, basalto e rocha vulcânica e produziram os rudimentos de lipídeos, gorduras e até os elementos químicos constitutivos do RNA e do DNA.[17]

Szostak acredita que os genes surgiram dessa sopa graças a um encontro fortuito entre dois parceiros improváveis. Primeiro, lipídeos criados na sopa coalesceram uns com os outros e formaram *micelas* — membranas esféricas ocas, mais ou menos parecidas com bolhas de sabão, que retêm líquido em seu interior e lembram as camadas exteriores de células (certos lipídeos, misturados em soluções aquosas, tendem a coalescer naturalmente formando bolhas desse tipo). Em experimentos de laboratório, Szostak demonstrou que essas micelas podem comportar-se como protocélulas: se lhes acrescentarmos lipídeos, essas "células" ocas começam a aumentar de tamanho.[18] Elas se expandem, deslocam-se e projetam delgadas extrusões que lembram as membranas onduladas de células. Por fim, elas se dividem e cada micela torna-se duas.

Segundo, enquanto as micelas se autoconstituíam, surgiram cadeias de RNA da união de nucleosídeos (A, C, G, U ou seus ancestrais químicos) e formaram fitas. A imensa maioria dessas cadeias de RNA não tinha capacidade reprodutiva: elas não podiam fazer cópias de si mesmas. Porém, entre os bilhões de moléculas de RNA não replicantes, por acaso se formou uma com a capacidade única de construir uma imagem de si mesma — ou melhor, de gerar uma cópia usando sua imagem invertida (lembremos que as arquiteturas químicas do RNA e do DNA possibilitam a geração de moléculas iguais só que em posições invertidas, como se vistas em um espelho). Essa molécula de RNA, incrivelmente, possuía a capacidade de coletar nucleosídeos em uma mistura de substâncias químicas e encadeá-los formando uma nova cópia de RNA. Era uma substância autorreplicante.

O passo seguinte foi um casamento de conveniência. Em alguma parte da Terra — Szostak acredita que pode ter sido à beira de uma lagoa ou num pântano —, uma molécula de RNA capaz de copiar a si mesma colidiu com uma micela capaz de se autorreplicar. Em termos conceituais, foi um caso de amor explosivo: as duas moléculas se encontraram, apaixonaram-se e iniciaram uma longa relação conjugal. O RNA autorreplicante começou a habitar a micela que se dividia. A micela isolava e protegia o RNA, possibilitando que ocorressem reações químicas especiais dentro de sua bolha segura. Por sua vez, a molécula de RNA começou a codificar informações que eram vantajosas para a autopropagação não só dela mesma, mas para toda a unidade RNA-micela. Com o tempo, as informações codificadas no complexo RNA-micela permitiram que ele propagasse mais complexos RNA-micela.

"É relativamente fácil ver como protocélulas baseadas em RNA podem ter evoluído a partir daí", escreveu Szostak.[19]

> O metabolismo pode ter surgido de forma gradual, à medida que [...] [as protocélulas foram aprendendo a] sintetizar nutrientes em seu interior a partir de materiais iniciais mais simples e mais abundantes. Em seguida, os organismos podem ter adicionado a síntese de proteína ao seu conjunto de truques químicos.
>
> "Protogenes" de RNA podem ter aprendido a persuadir aminoácidos a formar cadeias e, assim, construir proteínas — máquinas moleculares versáteis capazes de tornar o metabolismo, a autopropagação e a transferência de informações muito mais eficientes.

Quando, e como, "genes" distintos — módulos de informação — apareceram em uma fita de RNA? Genes existiram em sua forma modular desde o início ou houve uma forma intermediária ou alternativa de armazenamento de informações? Mais uma vez, essas questões são em essência irrespondíveis, mas talvez a teoria da informação possa nos dar uma pista crucial. O problema da informação contínua, não modular, é a famigerada dificuldade para administrá-la. Ela tende a se difundir; tende a tornar-se corrompida; tende a enredar-se, a diluir-se, a decair. Se uma ponta for puxada, a outra se desenrola. Quando informação se intromete em informação, aumenta muito o risco de distorção: pense em um disco de vinil que adquire um único risco no meio. Em contraste, a informação "digitalizada" é muito mais fácil de reparar e recuperar. Podemos acessar e mudar uma palavra em um livro sem ter de reconfigurar a biblioteca inteira. Talvez os genes tenham aparecido por essa mesma razão: módulos distintos portadores de informação em uma fita de RNA eram usados para codificar instruções que possibilitavam funções distintas e individuais.

A natureza descontínua da informação teria um benefício adicional: uma mutação podia afetar um gene, e apenas um gene, deixando os outros intactos. Assim as mutações poderiam agir sobre módulos distintos de informação, em vez de perturbar o funcionamento do organismo como um todo, com isso acelerando a evolução. O que era necessário, talvez, era uma cópia de reserva — uma "imagem no espelho" para proteger o original ou restaurar o protótipo em caso de dano. Talvez esse tenha sido o maior impulso para o surgimento de um ácido nucleico de *duas fitas*. Os dados em uma fita seriam perfeitamente refletidos pela outra e poderiam ser usados para restaurar qualquer dano; o yin protegeria o yang. E assim a vida teria inventado sua unidade de disco rígido.

Com o tempo, essa nova cópia — DNA — se tornaria a cópia mestra. O DNA foi uma invenção do mundo do RNA, mas logo suplantou seu inventor como um portador de genes e se tornou o principal portador de informação genética em sistemas vivos.* Mais um mito, o do filho que consome o pai, Cronos derrubado por Zeus, é gravado na história dos nossos genomas.

---

* Alguns vírus ainda carregam seus genes sob a forma de RNA.

PARTE 6

PÓS-GENOMA
A genética do destino e do futuro
(2015-...)

Os que nos prometem o paraíso na Terra nunca produziram nada além de um inferno.

Karl Popper[1]

Além do mais, só nós, seres humanos, queremos possuir o futuro.
Tom Stoppard, *The Coast of Utopia*[2]

32. O futuro do futuro

> *Talvez nenhuma ciência do DNA seja ao mesmo tempo tão esperançosa, controvertida, alardeada e até potencialmente perigosa quanto a disciplina conhecida como terapia gênica.*
>
> Gina Smith, *The Genomics Age*[1]

> *Clear the air! Clean the sky! Wash the wind! Take the stone from the stone, take the skin from the arm, take the muscle from the bone, and wash them. Wash the stone, wash the bone, wash the brain, wash the soul, wash them wash them!**
>
> T.S. Eliot, *Murder in the Cathedral*[2]

Voltemos, por um momento, a uma conversa no parapeito de uma fortaleza. É o fim do verão de 1972. Estamos na Sicília, em uma conferência científica sobre genética. Noite alta, Paul Berg e um grupo de estudantes sobem um

---

* "Aclarar o ar! Limpar o céu! Lavar o vento! Tirar a pedra da pedra, tirar a pele do braço, tirar o músculo do osso, e lavá-los. Lavar a pedra, lavar o osso, lavar o cérebro, lavar a alma, lavá-los, lavá-los!" (N. T.)

morro com vista para as luzes da cidade. A notícia de Berg sobre a possibilidade de combinar dois pedaços de DNA para criar "DNA recombinante" provocou tremores de assombro e inquietação nos participantes do evento. Na conferência, os estudantes preocupam-se com os perigos desses novos fragmentos de DNA: se o gene errado for introduzido no organismo errado, o experimento poderia desencadear uma catástrofe biológica ou ecológica. Mas os interlocutores de Berg não estão muito preocupados com patógenos. Eles vão ao cerne da questão, como costumam fazer os estudantes: querem saber sobre as perspectivas da engenharia genética humana, sobre a introdução permanente de novos genes no genoma humano. Que tal predizer o futuro com base em genes e então alterar esse destino por meio de manipulação genética? "Eles já estavam pensando muitas etapas à frente", disse-me Berg mais tarde. "Eu estava preocupado com o futuro, mas eles estavam preocupados com o futuro do futuro."

Por algum tempo, o "futuro do futuro" pareceu, em termos biológicos, impossível de manejar. Em 1974, mal haviam se passado três anos depois da invenção da tecnologia do DNA recombinante, um vírus sv40 com um gene modificado foi usado para infectar células embriônicas jovens de camundongo.[3] Era um plano audacioso. As células embriônicas infectadas por vírus eram misturadas às células de embrião normal para criar um composto de células, uma "quimera" embriológica. Os embriões compostos eram implantados em camundongos. Todos os órgãos e células do embrião emanavam daquela mistura de células — sangue, cérebro, intestinos, coração, músculos e, o mais crucial, os espermatozoides e os óvulos. Se as células embriônicas infectadas por vírus formassem alguns dos espermatozoides e óvulos dos camundongos recém-nascidos, os genes virais seriam transmitidos no sentido vertical de camundongo a camundongo ao longo das gerações, como qualquer outro gene. Assim, o vírus, como um cavalo de Troia, poderia contrabandear genes permanentemente para um genoma animal ao longo de várias gerações, e o resultado seria o primeiro organismo superior geneticamente modificado.

O experimento funcionou de início, porém foi tolhido por dois efeitos inesperados. Primeiro, embora claramente emergissem células portadoras de genes virais no sangue, músculo, cérebro e nervos do camundongo, a introdução dos genes virais nos espermatozoides e óvulos era muitíssimo ineficiente. Por mais que se esforçassem, os cientistas não conseguiam ensejar a transmissão "vertical" dos genes entre gerações. Segundo, embora genes virais estivessem presentes nas células de camundongo, a *expressão* dos genes mantinha-se firmemente desativada, e o resultado era um gene inerte que não produzia RNA nem proteína. Anos depois, cientistas descobririam que marcas epigenéticas haviam sido postas em genes virais para silenciá-los. Hoje sabemos que desde tempos muito remotos as células possuem detectores que reconhecem genes virais e imprimem neles marcas químicas, como carimbos de cancelamento, para impedir que sejam ativados.

Parecia que o genoma já havia previsto tentativas de alterá-lo. Chegou-se a um impasse. Um velho provérbio dos mágicos diz que é essencial aprender a fazer as coisas reaparecerem antes de aprender a fazê-las desaparecer. Os terapeutas gênicos estavam reaprendendo essa lição. Era fácil introduzir discretamente um gene em uma célula e em um embrião. O verdadeiro desafio era torná-lo visível de novo.

Frustrado por esses estudos originais, o campo da terapia gênica estagnou por mais ou menos uma década, até que biólogos fizeram uma descoberta crucial: as células-tronco embrionárias, ou TE.[4] Para entendermos o futuro da terapia gênica em seres humanos, precisamos falar sobre as TE. Considere um órgão como o cérebro ou a pele. Conforme um animal envelhece, células na superfície de sua pele crescem, morrem e se desprendem do tecido vivo. Essa onda de morte celular poderia até ser catastrófica, por exemplo, depois de uma queimadura ou de um grande ferimento. Para substituir essas células mortas, a maioria dos órgãos possui métodos de regenerar suas células.

Células-tronco executam essa função, em especial depois de uma perda celular catastrófica. Uma célula-tronco é um tipo único de célula, definida por duas propriedades. Ela pode originar outros tipos de célula funcional, como células nervosas ou células da pele, por meio da diferenciação. E pode renovar *a si mesma* — isto é, originar mais células-tronco, as quais, por sua vez, diferenciam-se para formar as células funcionais de um órgão. Uma célula-tronco é mais ou menos como um avô que continua a ter filhos, netos e bisnetos, geração após geração, sem jamais perder sua fecundidade reprodutiva. Ela é o reservatório fundamental da regeneração para um tecido ou um órgão.

A maioria das células-tronco reside em órgãos e tecidos específicos e origina um repertório celular limitado. Células-tronco na medula óssea, por exemplo, produzem apenas células sanguíneas. Existem células-tronco nas criptas do intestino dedicadas à produção de células intestinais. Mas as células-tronco embrionárias, as TE, que surgem da bainha interna do embrião animal, são muito mais potentes: podem originar *qualquer* tipo de célula no organismo: do sangue, do cérebro, intestino, músculos, ossos, pele. Os biólogos usam o termo "pluripotente" para designar essa propriedade das células TE.

As células TE também possuem uma terceira e singular característica, uma peculiaridade da natureza. Podem ser isoladas do embrião de um organismo e cultivadas em placas de Petri no laboratório. Em cultura, elas crescem sem parar. Minúsculas esferas translúcidas que podem agrupar-se em giros semelhantes a um ninho no microscópio, parecem mais um órgão dissolvendo-se do que um organismo em construção. Aliás, na primeira vez em que essas células foram derivadas de embriões de camundongo em um laboratório em Cambridge, Inglaterra, nos anos 1980, não despertaram nenhuma empolgação entre os geneticistas. "Ninguém parece interessado nas minhas células", lamentou o embriologista Martin Evans.[5]

No entanto, o verdadeiro poder de uma célula TE, mais uma vez, está em uma transição: como o DNA, como os genes, como os vírus, é a intrínseca dualidade de sua existência que faz dessa célula uma ferramenta biológica tão potente. As células-tronco embrionárias comportam-se como outras células experimentalmente maleáveis em culturas de tecido. Elas podem ser cultivadas em placas de Petri, podem ser congeladas em frascos e revividas quando descongeladas. Podem ser propagadas em caldo líquido por gerações, e é possível inserir genes em seu genoma ou removê-los com relativa facilidade.

Mas se pusermos a mesma célula no ambiente certo e no contexto certo, a vida literalmente salta dela. Misturadas a células de um embrião em fase inicial e implantadas em útero de camundongo, as células se dividem e formam camadas. Diferenciam-se em todo tipo de células: do sangue, do cérebro, de músculos, do fígado — e até em espermatozoides e óvulos. Essas células, por sua vez, organizam-se em órgãos e então, como que por milagre, incorporam-se formando um organismo multicelular de muitas camadas: um camundongo real. Assim, cada manipulação experimental feita na placa de Petri é levada para esse camundongo. A modificação genética de uma célula em uma placa de cultura "torna-se" a modificação genética de um organismo em um útero. É uma transição entre o laboratório e a vida.

A facilidade experimental permitida pelas células-tronco embrionárias também venceu um segundo problema, mais intratável. Quando são usados vírus para introduzir genes em células, é praticamente impossível controlar em que lugar do genoma o gene é inserido. Com 3 bilhões de pares de bases de DNA, o genoma humano tem cerca de 50 mil ou 100 mil vezes o tamanho da maioria dos genomas virais. Um gene viral cai no genoma como um papel de bala que fosse jogado de um avião no oceano Atlântico: é impossível prever onde ele irá parar. Praticamente todos os vírus capazes de integração gênica, por exemplo, o HIV ou o sv40, costumam afivelar seus genes em alguma parte aleatória do genoma humano. Para a terapia gênica, essa integração aleatória é um estorvo infernal. Os genes virais podem cair em uma fenda silenciosa do genoma e nunca se expressar. Podem cair em uma área do cromossomo que a célula silencia ativamente sem muito esforço. Ou pior, a integração pode perturbar algum gene essencial ou ativar um gene causador de câncer e provocar um desastre.

Com as células-tronco, porém, os cientistas aprenderam a fazer mudanças genéticas não de maneira aleatória, mas em posições escolhidas no genoma, inclusive *nos próprios genes*.[6] Poderíamos escolher mudar o gene da insulina e — por meio de algumas manipulações experimentais muito básicas, mas engenhosas — assegurar que *apenas* o gene da insulina fosse mudado nas células.[7] E como, em princípio, as células-tronco embrionárias com modificação gênica poderiam gerar todos os tipos de célula em um camundongo, poderíamos ter certeza de que nasceria um camundongo com exatamente aquele gene de insulina modificado. De fato, se as células TE com modificação gênica por fim produzissem espermatozoides e óvulos nesse camundongo adulto, o gene seria transmitido de camundongo para camundongo ao longo de gerações, e obteríamos, assim, a transmissão hereditária vertical.

Essa tecnologia teve implicações importantes. No mundo natural, o único modo de se obter uma mudança direcional ou intencional em um gene é através de mutação aleatória e seleção natural. Se expusermos um animal a raios X, por exemplo, uma alteração pode tornar-se engastada no genoma em caráter permanente, porém não existe um método de focalizar um raio X sobre um gene específico. A seleção natural tem de escolher a mutação que traga a melhor aptidão ao organismo e, com isso, permitir que essa mutação se torne cada vez mais comum no reservatório gênico. Entretanto, nesse esquema nenhuma mutação e nenhuma evolução têm caráter intencional ou direcional. Na natureza, a locomotiva que puxa a alteração genética não tem ninguém no banco do condutor. O "relojoeiro" da evolução, como nos lembra Richard Dawkins, é inerentemente cego.[8]

Por outro lado, usando células TE um cientista poderia manipular quase qualquer gene e incorporar essa mudança genética em caráter permanente no genoma de um animal. Era a mutação e a seleção em uma mesma etapa: evolução com avanço rápido em uma placa de laboratório. A tecnologia era tão transformadora que foi preciso cunhar um novo termo para descrever esses organismos: eles foram chamados de animais *transgênicos* — nos quais foi feita "transferência gênica". No começo dos anos 1990, centenas de linhagens de camundongos transgênicos haviam sido criadas em laboratórios do mundo todo para ajudar a decifrar as funções dos genes. Foi criado um camundongo com um gene de água-viva inserido em seu genoma que lhe permitia brilhar no escuro sob lâmpadas azuis. Outros camundongos, portadores de variantes do gene do hormônio de crescimento, cresceram duas vezes mais do que seus congêneres normais. Havia camundongos dotados de alterações genéticas conducentes ao mal de Alzheimer, à epilepsia ou ao envelhecimento prematuro. Camundongos com genes de câncer ativados explodiram em tumores, e isso permitiu que biólogos os usassem como modelos para cânceres humanos. Em 2014, pesquisadores criaram um camundongo com uma mutação em um gene que controla a comunicação entre neurônios no cérebro. Os camundongos submetidos a esse procedimento tiveram a memória e a função cognitiva superior substancialmente aumentadas. Eles são os *savants* do mundo dos roedores: adquirem memórias com mais rapidez, retêm-nas por mais tempo e aprendem novas tarefas quase duas vezes mais depressa do que os camundongos normais.[9]

Os experimentos transbordaram com implicações éticas complexas. Essa técnica poderia ser usada em primatas? Em seres humanos? Quem iria regular a criação de animais com transgenes? Que genes seriam, ou poderiam ser, introduzidos? Quais eram os limites dos transgenes?

Felizmente, barreiras técnicas intervieram antes que os danos da técnica tivessem chance de levantar âncoras. Grande parte do trabalho original com células TE, inclusive a produção de organismos transgênicos, fora baseada no uso de células de camundongo. No começo dos anos 1990, quando várias células-tronco embrionárias *humanas* foram derivadas de embriões humanos jovens, os cientistas depararam com uma barreira inesperada. Ao contrário das células TE de camundongo, que tinham se mostrado tão dóceis nas manipulações experimentais, as células TE humanas não se comportavam quando postas em cultura. "Talvez esse seja o segredinho da nossa área: as células TE humanas não têm as mesmas capacidades das células de camundongo", disse o biólogo Rudolf Jaenisch.[10] "Não é possível cloná-las. Não se pode usá-las em 'gene targeting'.* [...] Elas são muito diferentes das células-tronco embrionárias de camundongo, que podem fazer de tudo."

Ao menos temporariamente, o gênio da transgênese parecia preso na lâmpada.

A modificação transgênica de embriões humanos ficou fora de questão por algum tempo. Mas e se os terapeutas gênicos se contentassem com um objetivo menos radical? Seria possível usar vírus para introduzir genes em células *não reprodutoras* humanas, ou seja, em neurônios, em células musculares ou sanguíneas? O problema da integração aleatória no genoma permaneceria e, sobretudo, não ocorreria nenhuma transmissão vertical de genes de um organismo a outro. Mas se os genes introduzidos por intermédio de vírus pudessem ser postos no tipo certo de células, ainda poderiam servir ao seu propósito terapêutico. Mesmo esse objetivo representaria um salto para o futuro da medicina humana. Seria uma terapia gênica light.

Em 1988, uma menina de dois anos chamada Ashanti DeSilva, apelidada de Ashi, que morava em North Olmsted, Ohio, começou a apresentar uns sintomas singulares.[11] Crianças sofrem dezenas de doenças transitórias na primeira infância, como bem sabem os pais, mas as doenças e sintomas de Ashi eram de uma anormalidade gritante: pneumonias e infecções bizarras que pareciam persistir, feridas que não se curavam e uma contagem de glóbulos brancos sempre acima do normal. Ashi passou grande parte da infância em internações e altas hospitalares: aos dois anos, uma infecção viral corriqueira saiu de controle, causando hemorragia interna grave e uma hospitalização prolongada.

* "*Gene targeting*" é o processo de provocar mutação ou interferir de outras maneiras em um lócus genético específico de células-tronco embrionárias, geralmente com a intenção de obter um organismo adulto com características visadas pelos experimentadores. (N. T.)

Durante algum tempo, os médicos, confusos com os sintomas da menina, atribuíram vagamente suas doenças periódicas a um sistema imunológico subdesenvolvido que acabaria amadurecendo. Mas quando Ashi fez três anos e os sintomas não se abrandaram, ela foi submetida a uma bateria de exames. Sua imunodeficiência foi atribuída a seus genes — a mutações raras e espontâneas em ambas as cópias de um gene chamado ADA, no cromossomo 20. Àquela altura, Ashi já havia sofrido várias experiências de quase morte. O impacto físico em seu corpo tinha sido imenso, mas a angústia emocional que ela sofria era ainda mais pronunciada. Um dia, aos quatro anos, Ashi acordou pela manhã e disse: "Mamãe, você não devia ter tido uma filha como eu".[12]

O gene ADA — abreviatura de "adenosina deaminase" — codifica uma enzima que converte a adenosina, uma substância química natural produzida pelo corpo, em um produto inofensivo chamado inosina. Na ausência do gene ADA, a reação de desintoxicação não ocorre, e o corpo fica sobrecarregado de subprodutos tóxicos do metabolismo da adenosina. As células que sofrem o envenenamento mais agudo são as T, que combatem infecções; na ausência delas, o sistema imunológico entra em colapso com rapidez. Essa doença é raríssima — apenas uma em cada 150 mil crianças nasce com deficiência de ADA — e ainda mais rara de se encontrar porque praticamente todas as crianças portadoras morrem. A deficiência de ADA faz parte de um grupo maior de doenças famigeradas conhecidas como imunodeficiência combinada grave (abreviadas como SCID). O mais famoso paciente com SCID, um menino chamado David Vetter, passara seus doze anos de vida dentro de uma câmara de plástico em um hospital do Texas. O Menino da Bolha, como a mídia o chamava, morreu em 1984, ainda prisioneiro em sua bolha estéril, depois de uma tentativa desesperada de transplante de medula óssea.[13]

Com a morte de David Vetter, os médicos que esperavam usar transplantes de medula óssea para tratar a deficiência de ADA hesitaram. O único outro remédio, que em meados dos anos 1980 estava passando pelos primeiros testes clínicos, chamava-se PEG-ADA — era a enzima purificada derivada de vacas e envolta em uma bainha química oleosa para que perdurasse por longo tempo no corpo (a proteína ADA normal tem vida demasiado curta para ser eficaz). Mas PEG-ADA também quase não conseguia reverter a imunodeficiência. Precisava ser injetada no sangue mais ou menos uma vez por mês, para substituir a enzima degradada pelo corpo. Por infelicidade, PEG-ADA trazia o risco de induzir anticorpos contra ela própria, baixando ainda mais os níveis da enzima e precipitando uma catástrofe total na qual a solução seria muitíssimo pior do que o problema original.

A terapia gênica poderia corrigir a deficiência de ADA? Afinal de contas, era preciso corrigir apenas um gene, e este já tinha sido identificado e isolado. Também já fora identificado um veículo, ou vetor, designado para introduzir genes em células humanas. Em Boston, o virologista e geneticista Richard Mulligan designara uma cepa específica de retrovírus — um primo do HIV — que tinha potencial para levar qualquer gene para dentro de qualquer célula humana com relativa segurança.[14] Retrovírus podem ser designados para infectar muitos tipos de célula; distinguem-se pela capacidade de inserir seu próprio genoma no genoma da célula, e assim afixar em caráter permanente seu próprio material genético no material genético da célula. Mulligan fez ajustes na tecnologia e criou vírus em parte incapacitados que podiam infectar células e integrar-se no genoma delas, porém sem propagar a infecção de célula para célula. Vírus entravam, mas nenhum vírus saía. O gene inseria-se no genoma e nunca mais partia.

Em 1986, nos INS em Bethesda, uma equipe de terapeutas gênicos chefiada por William French Anderson e Michael Blaese* decidiu usar variantes dos vetores de Mulligan para inserir o gene ADA em crianças com deficiência desse gene.** Anderson obteve o gene ADA de outro laboratório e o inseriu no vetor retroviral usado para introduzir o gene.[15] No começo dos anos 1980, Anderson e Blaese haviam feito alguns ensaios preliminares na esperança de usar vetores re-

---

* Kenneth Culver também foi um membro essencial dessa equipe original.
** Em 1980, um cientista da Universidade da Califórnia em Los Angeles (UCLA) chamado Martin Cline fez a primeira tentativa conhecida de aplicar terapia gênica em seres humanos. Cline, que era especialista em hematologia, escolheu estudar a talassemia beta, uma doença genética na qual a mutação de um único gene codifica uma subunidade de hemoglobina e causa anemia grave. Cline pensou que poderia fazer seus experimentos em outros países onde o uso do DNA recombinante em seres humanos era menos restrito e regulado; assim, não notificou o conselho consultivo de seu hospital e fez experimentos com dois pacientes portadores de talassemia em Israel e na Itália. As tentativas de Cline foram descobertas pelos INS e pela UCLA. Ele sofreu sanções dos INS, foi punido por transgredir regulamentos federais e acabou renunciando à cátedra de sua divisão. Os dados completos de seu experimento nunca foram formalmente publicados.

trovirais para introduzir o gene ADA humano em células-tronco formadoras de sangue, primeiro em camundongos e depois em macacos.[16] Anderson esperava que, assim que aquelas células-tronco fossem infectadas pelo vírus portador do gene ADA, elas formariam todos os elementos celulares do sangue, incluindo as cruciais células T nas quais o gene ADA, agora funcional, havia sido introduzido.

Os resultados não foram nada promissores: o nível de introdução efetiva do gene foi consternador. Dos cinco macacos tratados, apenas um, o Macaco Roberts, tinha células sanguíneas que apresentavam uma produção de longo prazo da proteína ADA humana proveniente do gene transferido pelo vírus. Mas Anderson não se abalou. "Ninguém sabe o que pode acontecer quando novos genes entram no corpo de um ser humano", argumentou.[17] "É uma verdadeira caixa-preta, apesar do que qualquer um possa dizer. [...] As pesquisas em tubos de ensaio e em animais são limitadas. Chega uma hora em que é preciso testar em um ser humano."

Em 24 de abril de 1987, Anderson e Blaese solicitaram permissão aos INS para implementar seu protocolo de terapia gênica. Propuseram extrair células-tronco da medula óssea de crianças com deficiência de ADA, infectar essas células com o vírus em laboratório e transplantá-las de novo, já modificadas, para os pacientes. Como as células-tronco geram todos os elementos do sangue, inclusive células B e T, o gene ADA encontraria seu caminho até as células T, onde ele era mais necessário.

A proposta foi encaminhada à Comissão Consultiva sobre DNA Recombinante (chamada pela sigla RAC), um consórcio instituído nos INS após as recomendações de Berg na conferência de Asilomar. A comissão, conhecida por sua supervisão rigorosa, era a responsável por autorizar ou não todos os experimentos que envolviam DNA recombinante (era tão refratária que os pesquisadores se referiam ao encaminhamento de pedidos como "submeter-se a tortura"). Talvez de maneira previsível, a RAC rejeitou de imediato o protocolo, citando a deficiência de dados sobre animais, o nível irrisório de introdução bem-sucedida em células-tronco e a ausência de uma base racional detalhada para o experimento, salientando, ainda, que a transferência gênica nunca fora tentada em um ser humano.[18]

Anderson e Blaese voltaram ao laboratório para reformular seu protocolo. Admitiram, a contragosto, que a decisão da RAC era correta. Era claro que a irrisória taxa de infecção de células-tronco de medula óssea pelo vírus portador do gene era um problema, e os dados sobre animais estavam longe de ser animadores. Mas se não era possível usar células-tronco, como se poderia esperar ter êxito em terapia gênica? As células-tronco são as únicas células do corpo capazes de se renovar e, assim, de possibilitar uma solução de longo prazo para uma deficiência gênica. Sem uma fonte de células que se autorrenovam ou têm vida longa, mesmo que genes fossem inseridos no corpo humano, as células que os recebessem acabariam morrendo e desaparecendo. Haveria genes, mas não terapia.

Naquele inverno, Blaese refletiu sobre o problema e encontrou uma possível solução. E se, em vez de introduzir os genes nas células-tronco formadoras de sangue, eles apenas pegassem *células T* do sangue de pacientes de ADA e pusessem o vírus nessas células? Não seria um experimento tão radical ou permanente quanto introduzir vírus em células-tronco, mas seria muito menos tóxico e bem mais fácil de implementar clinicamente. As células T poderiam ser obtidas em sangue periférico, não na medula óssea, e poderiam viver apenas o tempo suficiente para produzir a proteína ADA e corrigir a deficiência. Embora fosse inevitável que as células T desapareceriam do sangue, o procedimento poderia ser repetido muitas vezes. Não poderia ser chamado inequivocamente de terapia gênica, mas ainda assim seria uma demonstração de que o princípio estava correto: era terapia gênica duplamente light.

Anderson relutou. Se fosse para fazer o primeiro teste de terapia gênica em seres humanos, ele queria um teste decisivo e uma chance de alcançar um lugar permanente na história da medicina. De início resistiu, mas acabou concordando com a lógica de Blaese. Em 1990, Anderson e Blaese procuraram de novo a comissão. Mais uma vez, depararam com ferrenha oposição: o protocolo das células T tinha ainda menos apoio em dados do que o original. Anderson e Blaese submeteram modificações, modificações e modificações. Em meados de 1990, depois de uma longa série de debates, a comissão autorizou-os a realizar o teste. "Os médicos esperaram mil anos por esse dia", declarou o presidente da RAC, Gerard McGarrity. A maioria dos outros membros da comissão não se mostrou tão otimista quanto à probabilidade de êxito.

Anderson e Blaese procuraram em hospitais de todo o país por crianças com deficiência de ADA para seu teste. Encontraram uma pequena preciosidade em Ohio: duas pacientes com essa deficiência genética. Uma delas era uma garota alta de cabelos castanhos chamada Cynthia Cutshall. A segunda, Ashanti DeSilva, uma menina de quatro anos, filha de um químico e uma enfermeira do Sri Lanka.

Em setembro de 1990, numa manhã nublada em Bethesda, Van e Raja DeSilva, os pais de Ashi, levaram a filha aos INS. Ashi estava agora com quatro anos; era uma criança tímida, hesitante, de cabelos brilhantes cortados em estilo pajem e uma expressão apreensiva que podia de repente iluminar-se com um sorriso. Era seu primeiro encontro com Anderson e Blaese. Quando eles se aproximaram, ela desviou o olhar. Anderson levou-a à loja de presentes do hospital e lhe disse para escolher um bicho de pelúcia. Ela escolheu um coelho.

De volta ao centro clínico, Anderson inseriu um cateter em uma veia de Ashi, coletou amostras de seu sangue e correu para o laboratório. Nos quatro dias seguintes, 200 milhões de retrovírus, em uma enorme sopa nebulosa, foram misturados a 200 milhões de células T extraídas do sangue de Ashi. Uma vez infectadas, as células cresceram em placas de Petri e formaram viçosos afloramentos de novas células e de células ainda mais novas. Elas duplicavam dia e noite em uma incubadora silenciosa e úmida no Prédio 10 do centro clínico, a apenas algumas centenas de metros do laboratório onde Marshall Nirenberg, quase exatos 25 anos antes, havia desvendado o código genético.

As células T com modificação gênica de Ashi DeSilva ficaram prontas em 14 de setembro de 1990. Naquela manhã, Anderson saiu apressado de casa assim que amanheceu, sem tomar o café da manhã, quase nauseado de ansiedade. Ele subiu correndo a escada para o laboratório no terceiro andar. A família DeSilva já estava à sua espera: Ashi, em pé, sua mãe, sentada, e a menina fincando os cotovelos no colo da mãe como se estivesse à espera de sua vez no consultório do dentista. Passaram a manhã fazendo mais testes. A clínica estava silenciosa, exceto pelo ruído dos passos das enfermeiras que entravam e saíam; Ashi, sentada na cama, de camisola amarela folgada, estremeceu de leve quando lhe espetaram uma agulha na veia, mas logo se recuperou: cânulas já haviam sido introduzidas em suas veias um sem-número de vezes antes.

Às 12h52, uma bolsa de vinil contendo o fosco turbilhão de quase 1 bilhão de células T infectadas com o retrovírus portador do gene ADA foi levada para o andar. Ashi olhou apreensiva para a bolsa que as enfermeiras ligaram à sua veia. Vinte e oito minutos depois, a bolsa se esvaziara, e suas últimas gotas já estavam no corpo de Ashi. A menina brincava na cama com uma bola de esponja amarela. Seus sinais vitais eram normais. O pai de Ashi foi mandado ao térreo com algumas moedas para comprar doces vendidos em uma máquina. Anderson estava visivelmente aliviado. "Um momento cósmico acontecera e se fora, quase sem nenhum sinal de sua magnitude", escreveu um observador.[19] A ocasião foi celebrada em grande estilo, com um saquinho de M&Ms multicores.

"Número um", disse Anderson, apontando extasiado para Ashi enquanto a empurrava na maca pelo corredor depois de concluída a transfusão. Alguns de seus colegas dos INS estavam à espera, do lado de fora do quarto, para testemunhar a chegada do primeiro ser humano que recebera uma transfusão de células geneticamente modificadas, mas a multidão logo diminuiu e os cientistas retornaram aos seus laboratórios. "É como dizem lá no centro de Manhattan", resmungou Anderson. "O próprio Jesus Cristo poderia passar e ninguém notaria."[20] No dia seguinte, a família de Ashi voltou para sua casa em Ohio.

Funcionou o experimento de terapia gênica de Anderson? Não sabemos, e talvez nunca venhamos a saber. O protocolo de Anderson foi concebido como uma prova do princípio da segurança, isto é, da possibilidade de células T infectadas por retrovírus serem introduzidas com segurança em um corpo humano. Não se destinava a testar a eficácia, ou seja, a testar se esse protocolo curaria a deficiência de ADA, mesmo que por algum tempo. Ashi DeSilva e Cynthia Cutshall, as duas primeiras pacientes do estudo, receberam as células T com modificação gênica, mas continuaram em tratamento com a enzima artificial PEG-ADA. Assim, qualquer efeito da terapia gênica foi confundido por essa medicação.

No entanto, os pais de DeSilva e Cutshall se declararam convencidos de que o tratamento havia funcionado. "Não é uma melhora colossal", admitiu a mãe de Cynthia Cutshall.[21] "Mas, só para dar um exemplo: ela acaba de sarar de um resfriado. Em geral, seus resfriados acabavam seguidos por pneumonia. Este não. [...] Para ela, isso é um avanço." O pai de Ashi, Raja DeSilva, concordou:

Com a PEG vimos uma tremenda melhora. Mas mesmo [com a PEG-ADA] ela vivia com o nariz escorrendo e um resfriado constante, e era antibiótico o tempo todo. Já na segunda infusão de genes, em dezembro, isso começou a mudar. Notamos isso porque não estávamos gastando tantas caixas de lenço de papel.

Apesar do entusiasmo de Anderson e dos relatos das famílias, muitos proponentes da terapia gênica, entre eles Mulligan, não estavam nada convencidos de que o experimento de Anderson significava algo mais do que um lance publicitário. Mulligan, desde o princípio o mais loquaz crítico do experimento, enfurecia-se em especial com as afirmações de êxito porque os dados eram insuficientes. Seria embaraçoso para a área se o mais ambicioso teste de terapia gênica em seres humanos fosse medido pela frequência de narizes escorrendo e caixas de lenço de papel. "É uma impostura", disse Mulligan a um jornalista que lhe perguntou sobre o protocolo. Para testar a possibilidade de alterações gênicas de alvos específicos [denominadas *targeted*] serem introduzidas em células humanas, e a possibilidade de genes promoverem a função normal com segurança e eficácia, ele propunha um experimento meticuloso e não contaminado: "terapia gênica limpa, pura", em suas palavras.

Só que, àquela altura, as ambições dos terapeutas gênicos já estavam tão alvoroçadas que os tais experimentos cuidadosos, "limpos e puros" se tornavam praticamente impossíveis de serem feitos. Na esteira dos relatos sobre os experimentos com células T nos INS, terapeutas gênicos arquitetaram novas curas para doenças genéticas, como fibrose cística e doença de Huntington. Como era possível introduzir genes em praticamente qualquer célula, qualquer doença celular era candidata à terapia gênica: doença cardíaca, doença mental, câncer. Enquanto a área se preparava para um avanço rápido, vozes como a de Mulligan exortavam à cautela e ao comedimento, mas eram menosprezadas. Tamanho entusiasmo teria um preço alto: levaria o campo da terapia gênica e da genética humana à beira de um desastre e ao ponto mais baixo e sombrio de sua história científica.

Em 9 de setembro de 1999, quase exatos nove anos depois de Ashi DeSilva ter sido tratada com glóbulos brancos geneticamente modificados, um jovem chamado Jesse Gelsinger foi para a Filadélfia para se inscrever em mais um teste de terapia gênica. Tinha dezoito anos. Fã de motociclismo e luta romana, com um jeito de ser natural e despreocupado, Gelsinger, como Ashi DeSilva e Cynthia Cutshall, também nascera com uma mutação em um único gene envolvido no metabolismo. No caso de Gelsinger, era o gene chamado ornitina transcarbamilase, ou OTC, que codifica uma enzima sintetizada no fígado. A enzima OTC é responsável por uma etapa crítica da degradação de proteínas. Na ausência dessa enzima, a amônia, um subproduto do metabolismo das proteínas, acumula-se no corpo. A amônia, base química de produtos de limpeza, danifica vasos sanguíneos e células, penetra pela barreira hematoencefálica e por fim resulta no lento envenenamento de neurônios no cérebro. A maioria dos pacientes com mutações em OTC não sobrevive à infância. Mesmo com dietas rigorosamente livres de proteína, eles são envenenados pela degradação de suas próprias células conforme vão crescendo.

Dentre as crianças nascidas com uma doença nefasta, Gelsinger podia considerar-se até afortunado, pois sua variante de deficiência de OTC era branda. A mutação em seu gene não fora herdada do pai nem da mãe; ocorrera de forma espontânea em uma das suas células ainda no útero, provavelmente quando ele era um embrião em fase inicial. Do ponto de vista genético, Gelsinger era um fenômeno raro: uma quimera humana, uma colcha de retalhos celular, com algumas células desprovidas do OTC funcional e algumas dotadas do gene funcional. Ele seguia uma dieta cuidadosamente equilibrada — cada caloria e cada porção era pesada, medida e analisada — e tomava 32 comprimidos por dia para manter seu nível de amônia sob controle. Apesar dessas medidas para lá de cautelosas, Gelsinger ainda assim sofrera vários episódios quase letais. Aos quatro anos, comera alegremente um sanduíche de manteiga de amendoim e entrara em coma.[22]

Em 1993, quando ele estava com doze anos,[23] dois pediatras da Pensilvânia, Mark Batshaw e James Wilson, começaram a fazer experimentos de terapia gênica para curar crianças com deficiência de OTC. Wilson, ex-jogador de futebol americano na universidade, era um amante do risco, fascinado por experimentos ambiciosos com seres humanos. Fundara uma empresa de terapia gênica chamada Genova e o Instituto de Terapia Gênica em Humanos na Universidade da Pensilvânia. Wilson e Batshaw tinham grande interesse pela deficiência de OTC. Como na deficiência de ADA, o fato de a deficiência de OTC ser causada pela disfunção de um único gene fazia dessa doença um caso de teste ideal para a terapia gênica. Mas a forma de terapia gênica que Wilson e Batshaw tinham em mente era muito mais radical: em vez de extrair células, modificá-las geneticamente e injetá-las de volta nas crianças (como no método de Anderson e Blaese), eles pensavam em inserir o gene corrigido *direto* no corpo por intermédio de um vírus. Não seria terapia gênica light: eles criariam um vírus portador do gene OTC e introduziriam esse vírus no fígado através da corrente sanguínea, deixando que o vírus infectasse as células in situ.

As células hepáticas infectadas pelo vírus começariam a sintetizar a enzima OTC, supuseram Batshaw e Wilson, e assim corrigiriam a deficiência dessa enzima. O sinal revelador seria uma redução da amônia no corpo. "Não era nada sutil", recordou Wilson. Para introduzir o gene, eles escolheram o adenovírus, um vírus que em geral causa o resfriado comum, mas não é associado a nenhuma doença grave. Parecia uma escolha segura e razoável: o mais brando dos vírus usado como veículo para um dos mais audaciosos experimentos genéticos da década.

Em meados de 1993, Batshaw e Wilson começaram a injetar o adenovírus modificado em camundongos e macacos. Os experimentos com camundongos funcionaram como havia sido previsto: o vírus chegou às células do fígado, entregou o gene e transformou as células em microscópicas fábricas de enzima OTC funcional. Já o experimento com macacos foi mais complicado. Com doses mais altas do vírus, alguns dos macacos apresentaram uma forte resposta imune, resultando em inflamação e insuficiência hepática. Um macaco morreu de hemorragia. Os pediatras modificaram o vírus, eliminando muitos dos genes virais que poderiam provocar imunidade, a fim de torná-lo um veículo mais seguro para a entrega do gene. Além disso, eles reduziram dezessete vezes a dose que poderia ser administrada a seres humanos, para assegurar duplamente a segurança do vírus. Em 1997, submeteram seu protocolo à Comisão Consultiva sobre DNA Recombinante (RAC), a responsável pelas autorizações de todos os experimentos de terapia gênica, e solicitaram permissão para fazer o teste em pessoas. A RAC de início resistiu, mas também ela tinha mudado: na década decorrida entre o teste com o ADA e o teste de Wilson, a antes feroz guardiã do DNA recombinante transformara-se em entusiasmada promotora da terapia gênica em seres humanos. A empolgação até extravasara da comissão. Bioéticos que deram seu parecer à RAC sobre o teste de Wilson argumentaram que tratar crianças com deficiência grave de OTC poderia resultar em "coerção": que pai ou mãe *não* gostaria de tentar uma terapia revolucionária que poderia funcionar em uma criança à beira da morte? Os eticistas recomendaram, então, que o teste fosse feito com voluntários normais e portadores de variantes brandas de OTC, como Jesse Gelsinger.

Enquanto isso, no Arizona, Gelsinger exasperava-se com as elaboradas restrições de sua dieta e medicações ("Todos os adolescentes se rebelam", disse-me Paul, seu pai, mas a rebelião adolescente pode ser particularmente intensa quando envolve "um hambúrguer e um copo de leite"). No verão de 1998, quando Gelsinger estava com dezessete anos, ele ouviu falar sobre o teste de OTC na Universidade da Pensilvânia. A ideia da terapia gênica não lhe saiu da cabeça. Ele queria descansar da rotina massacrante de sua vida. "Mas o que o entusiasmava ainda mais era a ideia de que ele estava fazendo aquilo pelos bebês", lembrou seu pai. "Quem iria argumentar contra uma coisa dessas?"

Gelsinger mal podia esperar para se inscrever. Em junho de 1999, entrou em contato com a equipe da Pensilvânia por intermédio de seus médicos locais para participar do teste. Naquele mês, Paul e Jesse Gelsinger foram para a Filadélfia para encontrar-se com Wilson e Batshaw. Ficaram impressionados. O teste pareceu a Paul "uma coisa linda, muito linda". Eles visitaram o hospital, depois vaguearam pela cidade, empolgados e ansiosos. Jesse parou diante da estátua de bronze de Rocky Balboa do lado de fora do Estádio Spectrum. Paul tirou uma foto do filho, de braços erguidos na pose da vitória dos boxeadores.

Em 9 de setembro, Jesse voltou à Filadélfia com uma mochila cheia de roupas, livros e vídeos sobre boxe, para iniciar o teste no hospital da universidade. Ficaria hospedado em casa de seu tio e primos na cidade e seria internado no hospital na manhã agendada. O procedimento foi descrito como tão rápido e indolor que Paul planejava ir buscar o filho uma semana depois de concluída a terapia e levá-lo de volta para casa em um avião de carreira.

Na manhã de 13 de setembro, o dia escolhido para a injeção viral, o nível de amônia de Jesse estava em torno de setenta micromoles por litro — o dobro do nível normal e à beira do limite máximo estipulado para o teste. As enfermeiras levaram a Wilson e Bratshaw a informação do laboratório sobre a anormalidade. Enquanto isso, o protocolo prosseguia a todo vapor. As salas de operação estavam de prontidão. O líquido viral fora descongelado e aguardava em sua bolsa plástica. Wilson e Bratshaw debateram sobre a elegibilidade de Gelsinger, mas decidiram que era clinicamente seguro continuar; afinal de contas, todos os dezessete pacientes anteriores haviam tolerado a injeção. Por volta de 9h30, Gelsinger foi levado de maca para o centro de radiologia interventiva. Ele foi sedado, e dois grandes cateteres foram introduzidos em suas pernas para chegarem a uma artéria mais próxima do fígado. Por volta de onze da manhã, um cirurgião extraiu cerca de trinta mililitros de uma bolsa enevoada pelo adenovírus concentrado e injetou um borrifo de vírus na artéria de Gelsinger. Centenas de milhões de partículas infecciosas invisíveis levando o gene OTC fluíram para o fígado. Ao meio-dia, o procedimento estava concluído.[24]

A tarde decorreu sem novidades. À noite, de volta ao seu quarto no hospital, Gelsinger tinha febre de quarenta graus. Seu rosto estava rubro. Wilson e Bratshaw não se alarmaram com os sintomas. Os outros pacientes também haviam apresentado febre transitória. Jesse telefonou a Paul no Arizona, disse "Eu te amo", desligou e puxou as cobertas. Atravessou a noite em um sono agitado.

Pela manhã, uma enfermeira notou que os globos oculares de Jesse tinham um tom amarelo pálido. Um teste confirmou que estava havendo um extravasamento no sangue de bilirrubina, um produto gerado no fígado e também armazenado em glóbulos vermelhos. O nível elevado de bilirrubina significava uma destas duas coisas: ou o fígado estava sendo lesionado ou glóbulos vermelhos estavam sofrendo dano. Ambas eram sinais ominosos. Em qualquer outro ser humano, um pequeno aumento na degradação celular ou uma pequena insuficiência hepática poderia ser menosprezado. Mas em um paciente com deficiência de OTC, a combinação desses dois danos poderia desencadear uma tempestade perfeita: a proteína adicional que vazava dos glóbulos vermelhos não seria metabolizada, e o fígado danificado, deficiente no metabolismo de proteínas mesmo nas melhores condições, estaria ainda menos capaz de processar a carga proteica extra. O corpo se intoxicaria com seus próprios venenos. Ao meio-dia, o nível de amônia de Gelsinger subira para estarrecedores 393 micromoles por litro — quase dez vezes o nível normal. Seu pai e Mark Batshaw foram alertados. James Wilson recebeu a notícia pelo cirurgião que havia inserido o cateter e injetado o vírus. Paul comprou uma passagem no voo noturno para a Pensilvânia, onde uma equipe médica corria para a UTI a fim de iniciar a diálise e evitar o coma.

Às oito da manhã seguinte, quando Paul Gelsinger chegou ao hospital, Jesse apresentava hiperventilação e confusão mental. Seus rins estavam falhando. A equipe da UTI sedou-o para tentar usar um ventilador mecânico e estabilizar sua respiração. Noite alta, seus pulmões começaram a enrijecer e entrar em colapso, enchendo-se com os fluidos da resposta inflamatória. O ventilador não conseguia introduzir oxigênio suficiente, por isso Jesse foi ligado a um dispositivo que forçava diretamente a entrada de oxigênio no sangue. Sua função cerebral também estava se deteriorando. Um neurologista examinou-o e notou os olhos baixos de Jesse: sinal de dano cerebral.

Na manhã seguinte, o furacão Floyd assolou a Costa Leste dos Estados Unidos, varrendo o litoral da Pensilvânia e Maryland com ventos estridentes e chuvas torrenciais. Batshaw ficou preso em um trem a caminho do hospital. Esgotou os últimos minutos da bateria de seu celular falando com as enfermeiras e médicos, e então, sentado na escuridão de breu, ardeu de preocupação. No fim da tarde, o estado de Jesse tornou a se agravar. Seus rins pararam de funcionar. O coma aprofundou-se. Preso em um quarto de hotel, sem táxis à vista, Paul Gelsinger andou dois quilômetros e meio debaixo da ruidosa tempestade até o hospital, para ver Jesse na UTI. Seu filho estava irreconhecível: comatoso, inchado, cheio de hematomas, amarelado de icterícia, com dezenas de sondas e cateteres entrecruzados no corpo. O ventilador soprava ineficazmente o ar para seus pulmões inflamados, com o som monótono e abafado de vento batendo em água. A sala zumbia e bipava com centenas de instrumentos que registravam o declínio de um rapaz em desesperador sofrimento fisiológico.

Na manhã de sexta-feira, 17 de setembro, o quarto dia depois da entrega gênica, constatou-se que Jesse sofrera morte cerebral. Paul Gelsinger decidiu que os aparelhos deviam ser desligados. O capelão entrou no quarto do hospital, pôs a mão na cabeça do rapaz, untou-a com óleo e leu o Pai-Nosso. As máquinas foram desligadas, uma por uma. A sala mergulhou no silêncio, com exceção do som das respirações profundas e agonizantes de Jesse. Às 14h30, o coração de Jesse parou. Ele foi oficialmente declarado morto.

"Como uma coisa tão linda pôde dar tão errado?"[25] Quando conversei com Paul Gelsinger em meados de 2014, ele ainda buscava uma resposta. Algumas semanas antes, eu lhe mandara um e-mail mencionando meu interesse na história de Jesse Gelsinger falou comigo por telefone e concordou em nos encontrarmos depois de minha palestra sobre o futuro da genética e do câncer em um fórum aberto em Scottsdale, Arizona. Quando eu aguardava no saguão do auditório ao fim da palestra, um homem de camisa havaiana com o mesmo rosto redondo e franco de Jesse — do qual eu me lembrava com clareza graças às imagens na internet — abriu caminho pela multidão e me estendeu a mão.

Após a morte de Jesse, Paul tornara-se um cruzado solitário contra os excessos da experimentação clínica. Ele não se opõe à medicina nem à inovação. Acredita no futuro da terapia gênica. Mas desconfia da atmosfera hiperbárica de entusiasmo e ilusão que acabou levando seu filho à morte. A multidão se dispersou, e Paul virou-se para partir. Entre nós dois, ficou um reconhecimento: um médico escrevendo sobre o futuro da medicina e da genética, e um homem cuja história estava gravada no passado dessas duas áreas. Em sua voz havia um horizonte infinito de tristeza. "Eles ainda não dominavam aquilo", disse. "Foi uma tentativa precipitada. Tentaram, mas não fizeram direito. Se afobaram. Eles se afobaram mesmo."

A autópsia do experimento que deu "tão errado" começou para valer em outubro de 1999, quando a Universidade da Pensilvânia iniciou uma investigação sobre o teste do OTC. Em fins de outubro, um jornalista investigativo do *Washington Post* divulgou a notícia de que Gelsinger morrera, e uma onda de furor se precipitou. Em novembro, o Senado americano, a Câmara de Deputados e o promotor de justiça da Pensilvânia realizaram audiências independentes sobre a morte de Jesse Gelsinger. Em dezembro, a RAC e a FDA também passaram a investigar a Universidade da Pensilvânia. Os registros médicos de Gelsinger, os experimentos com animais anteriores ao teste, formulários de consentimento, anotações sobre os procedimentos, exames laboratoriais e os registros de todos os outros pacientes que haviam feito parte do teste de terapia gênica foram trazidos do porão do hospital da universidade, e os reguladores federais se puseram a vasculhar aquelas montanhas de papel, tentando exumar a causa da morte do jovem.

A análise inicial revelou um condenador padrão de incompetência, erros crassos e negligência, agravado por lacunas fundamentais no conhecimento. Primeiro, os experimentos com animais realizados para estabelecer a segurança do adenovírus tinham sido feitos às pressas. Um macaco inoculado com as doses mais elevadas do vírus morrera, e embora sua morte tivesse sido relatada aos INS e a dose para pacientes humanos houvesse sido reduzida, não foi encontrada nenhuma menção a isso nos formulários dados à família Gelsinger. Paul Gelsinger recordou: "Nada nos formulários de consentimento fazia alguma menção clara ao mal que o tratamento poderia causar. Foi tudo retratado como uma jogada perfeita, só pontos positivos e nenhum negativo". Segundo, até os pacientes humanos tratados antes de Jesse haviam sofrido efeitos colaterais, alguns marcantes o suficiente para levar à interrupção do teste ou merecer reavaliações do protocolo. Febres, reações inflamatórias e sinais precoces de insuficiência hepática haviam sido relatados, porém também isso foi registrado em tons menores ou desconsiderado de todo. O fato de Wilson ter interesse financeiro na empresa de biotecnologia que poderia se beneficiar daquele experimento em terapia gênica aumentou ainda mais a suspeita de que o teste fora implementado com incentivos inapropriados.[26]

O padrão de negligência era tão condenatório que quase obscurecia as lições científicas mais importantes do teste. Ainda que os médicos admitissem que haviam sido negligentes e impacientes, a morte de Gelsinger continuava a ser um mistério: ninguém conseguia explicar por que ele, mas não os outros dezessete pacientes, apresentara uma reação imune tão grave ao vírus. Estava claro que o vetor adenoviral — até mesmo o vírus de "terceira geração" desprovido de algumas das suas proteínas imunogênicas — era capaz de incitar uma resposta idiossincrática grave em alguns pacientes. A autópsia do corpo de Gelsinger mostrou que sua fisiologia havia sido assoberbada por aquela resposta imune. Saliente-se que, quando seu sangue foi analisado, foram encontrados anticorpos altamente reativos ao vírus que datavam, inclusive, de *antes* da injeção viral. A resposta imune hiperativa talvez estivesse relacionada a alguma exposição anterior a uma cepa semelhante de adenovírus, possivelmente por ocasião de um resfriado comum. Sabe-se que exposições a patógenos incitam anticorpos que permanecem em circulação por décadas (afinal de contas, é assim que a maioria das vacinas funciona). No caso de Jesse, essa exposição prévia provavelmente desencadeara uma resposta imune hiperativa que saiu de controle por motivos desconhecidos. Por ironia, talvez a principal falha do teste tenha sido a escolha de um vírus comum "inofensivo" como o vetor inicial da terapia gênica.

Qual era, então, o vetor apropriado para a terapia gênica? Que tipo de vírus poderia ser usado para entregar genes em seres humanos com segurança?

E que órgãos eram alvos apropriados? Justo quando o campo da terapia gênica começava a confrontar seus mais intrigantes problemas científicos, toda a disciplina foi posta sob uma rigorosa moratória. A litania de problemas que vieram à luz com o teste do OTC não se limitava àquele teste. Em janeiro de 2000, quando a FDA inspecionou outros 28 testes, quase metade deles requeria corretivos imediatos.[27] Justificadamente alarmada, a FDA ordenou a interrupção de quase todos aqueles experimentos. "Todo o campo da terapia gênica entrou em queda livre", escreveu um jornalista.

> Wilson foi proibido de trabalhar por cinco anos em testes clínicos em seres humanos regulados pela FDA. Ele renunciou à chefia do Instituto de Terapia Gênica em Humanos e permaneceu como professor da Universidade da Pensilvânia. Pouco depois, o próprio instituto foi desativado. Em setembro de 1999, a terapia gênica parecia estar no ápice de um grande avanço da medicina. Mas em fins de 2000, parecia um exemplo que alertava contra os excessos científicos.[28]

Ou, como comentou sem papas na língua a bioética Ruth Macklin, "terapia gênica ainda não é terapia".[29]

Um conhecido aforismo da ciência diz que a mais bela teoria pode ser assassinada por um fato feio. Em medicina, o mesmo aforismo assume uma forma um pouco diferente: uma bela teoria pode ser morta por um teste feio. Em retrospectiva, o teste do OTC foi mesmo bem feio: concebido às pressas, mal planejado, mal monitorado, abominavelmente implementado. Foi duplamente hediondo em razão dos conflitos financeiros envolvidos; os profetas visavam ao lucro. Mas o conceito básico por trás do teste — introduzir genes em corpos ou células de seres humanos para corrigir defeitos genéticos — era sensato, como havia sido por décadas. Em princípio, a capacidade de entregar genes em células usando vírus ou outros vetores gênicos deveria ter ensejado novas tecnologias médicas poderosas, se as ambições científicas e financeiras dos primeiros proponentes não houvessem se intrometido.

A terapia gênica por fim se tornaria terapia. Ela se afastaria da feiura daqueles primeiros experimentos e aprenderia as lições morais implícitas no "exemplo que alertava contra os excessos científicos".[30] Mas seria necessária ainda outra década e muito mais aprendizado para que a ciência transpusesse essa brecha.

33. Diagnóstico genético: "previventes"

> *All that man is,*
> *All mere complexities.* *
> W. B. Yeats, "Byzantium"[1]

> *Os antideterministas querem dizer que o DNA é um pequeno coadjuvante, mas cada doença que está conosco é causada pelo DNA. E pode ser curada pelo DNA.*
>
> George Church[2]

Enquanto a terapia gênica humana, exilada, vagava em sua tundra científica no final dos anos 1990, o diagnóstico genético humano passava por um notável renascimento. Para entender esse renascimento, precisamos retornar ao "futuro do futuro" visualizado pelos alunos de Berg nas amuradas do castelo siciliano. O futuro da genética imaginado pelos estudantes seria alicerçado em dois elementos. O primeiro era o "diagnóstico genético", a ideia de que era

---

* "Tudo o que o homem é/ Tudo meras complexidades." (N. T.)

possível usar genes para predizer ou determinar doença, identidade, escolha e destino. O segundo era a "alteração genética", a noção de que os genes podiam ser mudados para modificar o futuro de doenças, escolha e destino.

O segundo projeto, a alteração intencional de genes ("escrever o genoma"), evidentemente sofrera um recuo devido à abrupta proibição dos testes de terapia gênica. Mas o primeiro, a predição do destino com base em genes ("ler o genoma"), só ganhou mais força. Na década seguinte à morte de Jesse Gelsinger, geneticistas descobriram dezenas de genes ligados a algumas das mais complexas e misteriosas doenças humanas, doenças para as quais genes nunca tinham sido apontados como causas primárias. Essas descobertas possibilitariam o desenvolvimento de novas tecnologias imensamente poderosas que permitiriam o diagnóstico preventivo de doenças. Por outro lado, também forçariam os geneticistas e a medicina a confrontar alguns dos mais profundos enigmas médicos e morais de sua história. "Testes genéticos são também testes morais", comentou o geneticista médico Eric Topol.[3] "Quando decidimos realizar um teste à procura de 'risco futuro', também estamos, inevitavelmente, nos perguntando: a que tipo de futuro estou disposto a me arriscar?"

Três casos ilustram o poder e o perigo de usar genes para predizer um "risco futuro". O primeiro envolve o gene do câncer de mama *BRCA1*. No começo dos anos 1970, a geneticista Marie-Claire King deu início ao estudo da hereditariedade de câncer de mama e ovário em grandes famílias. King tinha formação em matemática. Conheceu Allan Wilson — o idealizador da Eva Mitocondrial — na Universidade da Califórnia em Berkeley e passou a estudar genes e a reconstrução de linhagens genéticas. (Os estudos anteriores de King, realizados no laboratório de Wilson, haviam demonstrado que chimpanzés e seres humanos têm em comum mais de 90% de sua identidade genética.)

Concluída sua pós-graduação, King voltou-se para um tipo diferente de história genética: a reconstrução das linhagens de doenças humanas. O câncer de mama em particular a intrigava. Décadas de minuciosos estudos de famílias indicavam que o câncer de mama apresentava-se em duas formas: esporádica e familiar. O câncer de mama esporádico surge em mulheres sem histórico familiar da doença. Já no câncer de mama familiar, a doença aparece em várias gerações da família. Em uma linhagem típica, uma mulher, sua irmã, sua filha e sua neta podem ser afetadas, embora a idade exata do diagnóstico e o estágio exato do câncer possam diferir entre os indivíduos. Muitas vezes, a incidência crescente de câncer de mama em algumas dessas famílias é acompanhada por um notável aumento da incidência de câncer de ovário, o que sugere uma mutação comum a ambas as formas de câncer.

Em 1978, quando o Instituto Nacional do Câncer, dos INS, realizou um levantamento de pacientes com câncer de mama, houve grande discordância quanto à causa da doença. Um grupo de especialistas em câncer dizia que o câncer de mama era causado por uma infecção viral crônica, desencadeada pelo uso excessivo de contraceptivos orais. Outros culpavam o estresse e a dieta. King sugeriu acrescentarem duas questões ao levantamento: "A paciente tem histórico familiar de câncer de mama? Há histórico familiar de câncer de ovário?". Ao final do levantamento, a conexão genética ressaltou-se no estudo: King identificara várias famílias com longas histórias de câncer de mama e ovário. Entre 1978 e 1988, ela adicionou centenas dessas famílias à sua lista e compilou enormes linhagens de mulheres com câncer de mama.[4] Em uma família com mais de 150 membros, ela encontrou trinta mulheres afetadas pela doença.

Uma análise mais atenta de todas as linhagens sugeriu que um único gene era responsável por muitos dos casos familiares, mas identificá-lo não era fácil. Embora o gene culpado elevasse mais de dez vezes o risco de câncer entre os portadores, nem todos que herdavam o gene tinham câncer. King descobriu que o gene do câncer de mama tinha "penetrância incompleta": mesmo que ele mutasse, seu efeito nem sempre "penetrava" por completo em cada indivíduo a ponto de causar um sintoma (isto é, o câncer de mama ou de ovário).

Apesar do efeito perturbador da penetrância, a coleção de casos de King era tão vasta que ela pôde usar a análise de ligação para numerosas famílias, cruzando várias gerações, e assim restringir a localização do gene ao cromossomo 17. Em 1988, ela se aproximara ainda mais do gene: restringira-o a uma região do cromossomo 17 chamada 17q21.[5] "O gene ainda era uma hipótese", disse ela, mas pelo menos tinha uma presença física conhecida em um cromossomo humano. "Conformar-se com a incerteza *durante anos* foi a [...] lição do laboratório de Wilson, e é uma parte essencial do que fazemos."[6] Ela chamou o gene de *BRCA1*, mesmo sem ainda ter conseguido isolá-lo.

A aproximação do lócus cromossômico do *BRCA1* deu início a uma frenética corrida para identificar o gene. No começo dos anos 1990, equipes de geneticistas do mundo todo, King entre eles, passaram a clonar o *BRCA1*. Novas tecnologias, como a reação em cadeia da polimerase (conhecida pela sigla PCR) permitiam aos pesquisadores obter milhões de cópias de um gene em tubo de ensaio. Essas técnicas, combinadas a hábeis métodos de clonagem, sequenciamento e mapeamento de genes, possibilitaram passar com rapidez de uma posição em um cromossomo a um gene. Em 1994, uma empresa privada de Utah, a Myriad Genetics, anunciou que havia isolado o gene *BRCA1*. Em 1998, a Myriad obteve uma patente para a sequência do *BRCA1* — uma das primeiras patentes concedidas a uma sequência gênica humana.[7]

Para a Myriad, o verdadeiro uso do *BRCA1* em medicina clínica estava nos testes genéticos. Em 1996, mesmo antes de ter obtido a patente do gene, a empresa começou a comercializar um teste genético para o *BRCA1*. O teste era simples: uma mulher em risco era avaliada por um especialista em aconselhamento genético. Se o histórico familiar sugerisse a probabilidade do câncer de mama, uma amostra de células de sua boca era enviada a um laboratório central. O laboratório amplificava partes de seu gene *BRCA1* usando a reação em cadeia da polimerase, sequenciava as partes e identificava os genes mutantes. Informava então o resultado como "normal", "mutante" ou "indeterminado" (algumas mutações incomuns ainda não haviam sido totalmente categorizadas segundo o risco de câncer de mama).

Em meados de 2008, conheci uma mulher com histórico familiar de câncer de mama: Jane Sterling, uma enfermeira de 37 anos da região de North Shore de Massachusetts. A história de sua família parecia diretamente inspirada nos casos colecionados por Mary-Claire King: uma bisavó com câncer de mama ainda jovem, uma avó submetida a mastectomia radical por câncer aos 45 anos, a mãe com câncer de mama bilateral aos sessenta. Sterling tinha duas filhas. Fazia quase uma década que ficara sabendo da existência de um teste para o *BRCA1*. Quando nasceu sua primeira filha, ela pensou em fazer o teste, mas não levou a ideia adiante. Com o nascimento da segunda filha e o diagnóstico de câncer de mama de uma amiga íntima, ela se conformou em se submeter ao exame.

Sterling foi informada de que o teste resultara positivo para a mutação *BRCA1*. Duas semanas depois, voltou à clínica munida de um maço de folhas contendo perguntas escritas. O que fazer com o conhecimento do seu diagnóstico? As portadoras do *BRCA1* têm, ao longo da vida, 80% de risco de manifestar câncer de mama. Mas os testes genéticos nada dizem a respeito de quando a mulher poderá ter o câncer, nem que tipo de câncer ela terá. Como a mutação *BRCA1* tem penetrância incompleta, uma portadora poderia manifestar um câncer de mama inoperável, agressivo e resistente à terapia aos trinta anos de idade. Poderia manifestar uma variante sensível à terapia aos cinquenta anos, ou uma variante indolente, de lento desenvolvimento, aos 75. Ou, ainda, nunca ter câncer.

Quando ela deveria contar às filhas sobre o diagnóstico? "Algumas dessas mulheres [com mutações *BRCA1*] odeiam a mãe",[8] declarou uma escritora que teve resultado positivo no teste (o ódio à mãe, em si, evidencia os crônicos mal-entendidos da genética e seus efeitos debilitantes sobre o psiquismo humano; é também tão provável herdar do pai como da mãe o gene mutante *BRCA1*). Sterling devia informar as irmãs? As tias? As primas em segundo grau?

As incertezas quanto ao resultado eram agravadas pelas incertezas quanto às escolhas de terapia. Sterling podia decidir não fazer nada: observar e esperar. Podia optar por submeter-se à mastectomia bilateral e/ou remoção dos ovários para reduzir de maneira drástica seu risco de ter câncer de mama e ovário — "cortar fora os seios para se vingar de seus genes", nas palavras de uma portadora da mutação *BRCA1*. Poderia manter uma vigilância intensiva por meio de mamografias, autoexames e ressonâncias magnéticas para detectar sinais iniciais de câncer de mama. Ou ainda poderia escolher tomar uma medicação hormonal, como o tamoxifeno, que diminuiria o risco de alguns tipos de câncer de mama, mas não todos.

Parte da razão dessa enorme variação nos resultados reflete a biologia fundamental do *BRCA1*. Esse gene codifica uma proteína que tem um papel crucial no reparo de DNA danificado. Para uma célula, uma fita de DNA rompida é uma catástrofe em potencial. Ela sinaliza a perda de informação: uma crise. Logo após um dano no DNA, a proteína *BRCA1* é recrutada nas extremidades rompidas para reparar a lacuna. Em pacientes com o gene normal, a proteína inicia uma reação em cadeia, alistando dezenas de proteínas para a borda afiada do gene rompido, a fim de tapar depressa a brecha. Já nos pacientes com o gene mutado, o *BRCA1* mutante não é recrutado de forma apropriada, e as rupturas não são reparadas. Com isso, a mutação permite mais mutações — como fogo alimentando fogo — até que os controles reguladores do crescimento e do metabolismo na célula são rompidos, levando, por fim, ao câncer de mama. Mesmo em pacientes com *BRCA1* mutado, o câncer de mama requer mais de um gatilho. O ambiente, claro, tem seu papel: adicione raios X ou um agente que danifica o DNA, e a taxa de mutação eleva-se ainda mais. O acaso também influencia, pois as mutações que se acumulam são aleatórias. E outros genes aceleram ou mitigam os efeitos do *BRCA1* — genes envolvidos no reparo de DNA ou no recrutamento da proteína *BRCA1* para a fita que se rompeu.

Portanto, a mutação *BRCA1* prediz um futuro, mas não no mesmo sentido em que uma mutação no gene da fibrose cística ou no gene da doença de Huntington o fazem. O futuro de uma portadora de mutação *BRCA1* é em essência alterado por esse conhecimento, porém permanece tão fundamentalmente incerto como antes. Para algumas mulheres, o diagnóstico genético é arrasador. É como se dissipassem sua vida e suas energias vivenciando o câncer de antemão e imaginando a sobrevivência a uma doença que ainda não têm. Um termo perturbador, com um travo distintamente orwelliano, foi cunhado para designar essas mulheres: "previventes" — *pré*-sobreviventes.

O segundo estudo de caso de diagnóstico genético envolve a esquizofrenia e o transtorno bipolar; ele nos leva de volta ao ponto de partida desta nossa história. Em 1908, o psiquiatra suíço-germânico Eugen Bleuler introduziu o termo "esquizofrenia" para designar pacientes com uma doença mental extraordinária, caracterizada por uma forma aterradora de desintegração cognitiva: o colapso do pensamento.[9] Chamada no passado de *demência precoce*, a esquizofrenia com frequência acomete homens jovens que sofrem uma pane gradual mas irreversível em suas faculdades cognitivas. Eles ouvem vozes espectrais dentro da cabeça, que lhes dão ordens para executar ações estranhas, despropositadas (lembre-se da voz interior que comandava Moni: "Mije aqui, mije aqui"). Visões fantasmagóricas aparecem e desaparecem. A capacidade de organizar informações ou de executar tarefas voltadas para um objetivo some, e surgem novas palavras, temores e preocupações, como que saídas dos subterrâneos da mente. Por fim, todo pensamento organizado começa a desmoronar, prendendo o esquizofrênico em um labirinto de entulho mental. Bleuler afirmou que a principal característica da doença era a divisão, ou melhor, o estilhaçamento do cérebro cognitivo. Esse fenômeno inspirou o termo "esqui-zofrenia", ou "cérebro dividido".

Como muitas outras doenças genéticas, a esquizofrenia também se apresenta de duas formas: a familiar e a esporádica. Em algumas famílias com membros esquizofrênicos, a doença aparece em várias gerações. Algumas famílias com esquizofrenia também possuem membros com transtorno bipolar (Moni, Jagu, Rajesh). Em contraste, na esquizofrenia esporádica ou *de novo*, a doença surge como um raio vindo do nada: um jovem de uma família sem história anterior pode de repente sofrer o colapso cognitivo, muitas vezes com pouco ou nenhum indício prévio. Geneticistas tentaram entender esses processos, mas não conseguiram estabelecer um padrão para o transtorno. Como a mesma doença podia ter formas esporádica e familiar? E qual era a ligação entre o transtorno bipolar e a esquizofrenia, dois transtornos da mente que, pelo visto, não eram relacionados?

As primeiras pistas sobre a etiologia da esquizofrenia vieram de estudos de gêmeos. Nos anos 1970, pesquisas demonstraram um notável grau de concordância entre gêmeos.[10] Para gêmeos idênticos, a chance de o segundo gêmeo ter esquizofrenia era de 30% a 50%, enquanto para gêmeos fraternos era de 10% a 20%. Quando a definição de esquizofrenia era ampliada de modo a incluir deficiências sociais e comportamentais mais brandas, a concordância entre gêmeos aumentava para 80%.

Apesar dessas tentadoras pistas que apontavam para causas genéticas, a ideia de que a esquizofrenia era uma forma frustrada de ansiedade sexual dominou os psiquiatras nos anos 1970. Freud celebremente atribuíra os delírios paranoides a "impulsos homossexuais inconscientes", ao que tudo indicava causados por uma mãe dominante e um pai fraco. Em 1974, o psiquiatra Silvano Arieti atribuiu a doença a uma "mãe dominadora, repreensora e hostil que não dá ao filho a oportunidade de se afirmar".[11] Embora as evidências de estudos reais não indicassem nada nessas linhas, a ideia de Arieti era tão sedutora — onde encontrar mistura mais inebriante de sexismo, sexualidade e doença mental? — que granjeou a seu autor uma profusão de prêmios e distinções, inclusive o National Book Award de ciência.[12]

Foi preciso toda a força da genética humana para trazer a sanidade ao estudo da loucura. Durante a década de 1980, frotas de estudos de gêmeos fortaleceram os argumentos em favor da causa genética da esquizofrenia. Em estudo após estudo, a concordância entre gêmeos idênticos excedia a encontrada entre gêmeos fraternos de maneira tão espetacular que era impossível negar uma causa genética. Famílias com histórias bem estabelecidas de esquizofrenia e transtorno bipolar, como a minha, foram documentadas por várias gerações, de novo demonstrando uma causa genética.

Mas que genes estavam envolvidos? Desde fins dos anos 1990, uma profusão de novos métodos de sequenciamento de DNA — chamados de sequenciamento paralelo massivo de DNA ou sequenciamento de DNA nova geração — permitem que os geneticistas sequenciem centenas de milhões de pares de bases de qualquer genoma humano. O sequenciamento paralelo massivo é uma enorme ampliação da escala do método de sequenciamento clássico: o genoma humano é fragmentado em dezenas de milhares de cacos, esses fragmentos de DNA são sequenciados ao mesmo tempo — ou seja, um sequenciamento paralelo — e o genoma é "remontado" usando computadores para encontrar as partes coincidentes entre as sequências. O método pode ser aplicado para sequenciar o genoma inteiro (chamado *sequenciamento do genoma inteiro*) ou partes escolhidas do genoma, por exemplo, os éxons codificadores de proteína (chamado *sequenciamento de exoma*).

O sequenciamento paralelo massivo mostra-se eficaz sobretudo na busca de genes quando é possível comparar genomas de parentesco muito próximo. Se um membro de uma família tem uma doença e todos os outros parentes não, encontrar o gene torna-se muito mais simples. A busca do gene resume-se ao jogo do "encontre o diferente" em uma escala gigantesca: comparando as sequências genéticas de todos os membros da família que são parentes próximos, é possível encontrar uma mutação que aparece no indivíduo afetado, mas não nos parentes não afetados.

A variante esporádica da esquizofrenia constituiu um perfeito caso de teste para o poder dessa abordagem. Em 2013, um estudo imenso identificou 623 homens e mulheres jovens com esquizofrenia cujos pais e irmãos não eram afetados.[13] Fez-se o sequenciamento de genes para essas famílias. Como a maioria das partes do genoma é comum aos membros de uma dada família, apenas os supostos genes culpados salientaram-se como diferentes.*

---

* Apontar uma nova mutação como a causa de uma doença esporádica não é fácil: uma mutação acidental poderia ser encontrada por mero acaso em uma criança e não ter relação alguma com a doença. Ou poderiam ser necessários gatilhos ambientais específicos para desencadear a doença: o chamado caso esporádico pode ser, na verdade, um caso familial que foi empurrado até algum ponto crítico por algum gatilho ambiental ou genético.

Em 617 desses casos, foi encontrada no filho uma mutação que não estava presente em nenhum dos pais. Em média, cada filho tinha apenas uma mutação, embora vez ou outra um filho apresentasse mais de uma. Quase 80% das mutações ocorreram no cromossomo derivado do pai, e a idade do pai era um fator de risco destacado, o que sugeriu que as mutações podiam ocorrer durante a espermogênese, sobretudo em jovens do sexo masculino. Muitas dessas mutações, como era previsível, envolviam genes que afetavam sinapses entre nervos ou o desenvolvimento do sistema nervoso. Embora centenas de mutações ocorressem em centenas de genes na amostra dos 617 casos, ocasionalmente o mesmo gene mutante foi encontrado em várias famílias independentes, o que reforçou bastante a probabilidade de sua ligação com o transtorno.* Por definição, essas mutações são esporádicas ou *de novo* — isto é, ocorrem durante a concepção da criança. A esquizofrenia esporádica talvez seja consequência de alterações no desenvolvimento neural causadas pelas alterações de genes que especificam o desenvolvimento do sistema nervoso. É notável que muitos dos genes encontrados nesse estudo também foram implicados no autismo e no transtorno bipolar esporádicos.**

Mas e quanto aos genes da esquizofrenia *familiar*? À primeira vista, poderíamos pensar que seria mais fácil encontrar genes para a variante familiar. Para começar, a esquizofrenia que aparece em famílias, como uma lâmina de serrote a serrar através das gerações, é mais frequente, e os pacientes são mais fáceis de descobrir e acompanhar. Porém, o que talvez contrarie a intuição,

---

* Uma importante classe de mutações ligadas à esquizofrenia chama-se Variação do Número de Cópias (conhecida pela sigla CNV); consiste em deleções ou duplicações/triplicações de um mesmo gene. Também foram encontradas CNVs em casos de autismo esporádico e outras formas de doença mental.

** Esse método — a comparação do genoma de um filho portador da variante esporádica ou *de novo* da doença com o genoma de seus pais — foi usado pela primeira vez por estudiosos do autismo nos anos 2000 e avançou radicalmente o campo da genética psiquiátrica. O projeto Simons Simplex Collection identificou 2800 famílias nas quais os pais não eram autistas e apenas um filho nasceu com um transtorno do espectro autista. A comparação do genoma dos pais com o genoma do filho revelou várias mutações *de novo* nesses filhos. Notavelmente, vários genes mutados no autismo também se apresentam mutados na esquizofrenia, o que indica a possibilidade de ligações genéticas mais profundas entre essas duas doenças.

identificar genes em doenças familiares complexas revela-se bem mais difícil. Descobrir um gene que causa a variante esporádica ou espontânea de um transtorno é como procurar uma agulha num palheiro. Temos de comparar dois genomas, tentar encontrar pequenas diferenças e, com dados e capacidade computacional suficientes, em geral é possível identificar as diferenças. Mas procurar por múltiplas variantes gênicas que causam uma doença familiar é como procurar por um *palheiro* em um palheiro. Que partes do "palheiro", isto é, que combinações de variantes gênicas, elevam o risco e que partes são circunstantes inocentes? Pais e filhos naturalmente têm partes em comum em seus genomas, mas quais dessas partes em comum são relevantes para a doença hereditária? O primeiro problema — encontre o forasteiro — requer capacidade computacional. O segundo — desenrede a similaridade — requer sutileza conceitual.

Apesar dessas barreiras, geneticistas iniciaram buscas sistemáticas por esses genes usando combinações de técnicas genéticas, entre as quais estavam análise de ligação para mapear os genes causadores em suas localizações físicas em cromossomos, grandes estudos de associação para identificar genes que se correlacionassem com a doença e sequenciamento de nova geração para identificar os genes e as mutações. Com base na análise dos genomas, sabemos que existem no mínimo 108 genes (ou melhor, regiões gênicas) associados à esquizofrenia,[14] embora conheçamos a identidade de apenas um punhado desses culpados.* Notavelmente, na maioria dos casos, nenhum gene

---

* O mais forte e mais intrigante gene ligado à esquizofrenia é associado ao sistema imune. Chamado *C4*, ele tem duas formas proximamente aparentadas, chamadas *C4A* e *C4B*, que se localizam lado a lado no genoma. Ambas as formas codificam proteínas que podem ser usadas para reconhecer, eliminar e destruir vírus, bactérias, resíduos celulares e células mortas. Entretanto, a notável ligação entre esses genes e a esquizofrenia permanece um mistério frustrante.

Em janeiro de 2016, um estudo fundamental resolveu parcialmente o enigma. No cérebro, células nervosas comunicam-se com outras células nervosas usando junções ou conexões especializadas chamadas *sinapses*. Essas sinapses são formadas durante o desenvolvimento do cérebro, e sua conectividade é a chave para a cognição normal, do mesmo modo que a conectividade dos condutores em uma placa de circuito integrado é a chave para o funcionamento do computador.

Durante o desenvolvimento do cérebro, essas sinapses precisam ser podadas e remoldadas, de maneira análoga ao corte e solda de condutores durante a fabricação de uma placa de circuito integrado. Espantosamente, a proteína *C4*, a molécula que se supõe ser a responsável por recose destaca por si só como o único impulsionador do risco. O contraste com o câncer de mama é revelador. Decerto existem múltiplos genes implicados no câncer de mama hereditário, mas genes individualmente, como o *BRCA1*, são poderosos o suficiente para impulsionar o risco (mesmo que não possamos predizer *quando* uma mulher com *BRCA1* terá câncer de mama, ela tem um risco de 70% a 80% de manifestar o câncer de mama durante a vida). Em geral, a esquizofrenia não parece ter impulsionadores ou preditores da doença tão fortes. "Existem muitos efeitos genéticos pequenos, comuns, espalhados pelo genoma", disse um pesquisador. "Há muitos processos biológicos diferentes envolvidos."[15]

A esquizofrenia familiar (assim como características humanas normais como a inteligência e o temperamento) é, portanto, altamente herdável, mas apenas moderadamente herdada. Em outras palavras, os genes — determinantes hereditários — têm importância crucial para o futuro surgimento do transtorno. Se você possui determinada combinação de genes, a probabilidade de manifestar a doença é muito elevada, o que explica a impressionante concordância entre os gêmeos. Por outro lado, a herança do transtorno de uma geração a outra é complexa. Como em cada geração os genes são misturados e combinados, a probabilidade de que você herde aquela permutação exata de variantes do seu pai ou mãe é drasticamente menor. Em algumas famílias, talvez, existem menos variantes gênicas, mas elas têm efeitos mais potentes, o

---

nhecer e eliminar células mortas, resíduos e patógenos, é "convertida" e recrutada para eliminar sinapses — um processo denominado *poda sináptica*. Em seres humanos, a poda sináptica prossegue durante toda a infância e adentra a terceira década de vida — precisamente o período em que muitos sintomas de esquizofrenia se manifestam.

Em pacientes com esquizofrenia, variações do gene *C4* aumentam a quantidade e a atividade das proteínas *C4A* e *C4B*, resultando em sinapses "excessivamente podadas" durante o desenvolvimento. Inibidores dessas moléculas poderiam restaurar os números normais de sinapses em um cérebro de criança ou adolescente suscetível.

Quatro décadas de ciência — estudos de gêmeos nos anos 1970, análise de ligação nos anos 1980 e neurobiologia e biologia celular nos anos 1990 e 2000 — convergem para essa descoberta. Para famílias como a minha, a descoberta da ligação do *C4* com a esquizofrenia traz notáveis perspectivas de diagnóstico e tratamento dessa doença, mas também suscita questões perturbadoras sobre como e quando tais testes e terapias diagnósticas podem ser empregados. Aswin Sekar et al., "Schizophrenia Risk from Complex Variation of Complement Component 4". *Nature*, v. 530, n. 7589, pp. 177-83.

que explicaria a recorrência do transtorno ao longo das gerações. Em outras famílias, os genes podem ter efeitos mais fracos e requerer modificadores e gatilhos mais profundos, o que explicaria a herança infrequente. Em ainda outras famílias, um único gene de alta penetrância sofre por acidente uma mutação no óvulo ou espermatozoide antes da concepção e gera os casos observados de esquizofrenia esporádica.*

É possível imaginar um teste genético para a esquizofrenia? O primeiro passo envolveria criar um compêndio de todos os genes envolvidos — um projeto gigantesco para a genômica humana. Porém mesmo um compêndio desses seria insuficiente. Estudos genéticos indicam claramente que, para causar a doença, é preciso que algumas mutações atuem em conjunto com outras. Precisamos identificar as combinações de genes que predizem o verdadeiro risco.

O passo seguinte seria lidar com o caráter incompleto da penetrância e da expressividade de variáveis. É importante entender o que significam "penetrância" e "expressividade" nesses estudos de sequenciamento de genes. Quando sequenciamos o genoma de uma criança com esquizofrenia (ou qualquer doença genética) e o comparamos ao genoma de um irmão ou genitor normal, estamos perguntando: "Como crianças diagnosticadas com esquizofrenia diferem geneticamente de crianças 'normais'?". A pergunta que não estamos fazendo é: "Se o gene mutado está presente em uma criança, quais são as probabilidades de que ela venha a manifestar esquizofrenia ou transtorno bipolar?".

A diferença entre essas duas questões é crucial. A genética humana tornou-se cada vez mais hábil em criar o que poderíamos chamar de um "catálogo retrospectivo" — como um espelho retrovisor — de um distúrbio genético: sabendo que uma criança tem uma síndrome, quais genes são mutados? No entanto, para estimar a penetrância e a expressividade, também precisamos criar um "catálogo prospectivo": se uma criança possui um gene mutante, quais as probabilidades de que ela venha a manifestar a síndrome? Cada gene é totalmente preditivo do risco? A mesma variante gênica ou a mesma

* Em um nível genético, a distinção entre "familiar" e "esporádico" começa a enredar-se e desabar. Alguns genes mutaram em doenças familiares e também mutaram na doença esporádica. Esses genes *muito* provavelmente são as poderosas causas da doença.

combinação de genes produz fenótipos altamente variáveis nos indivíduos — esquizofrenia em um, transtorno bipolar em outro e uma variante mais ou menos branda de hipomania em um terceiro? Algumas combinações de variantes requerem outras mutações, ou gatilhos, para empurrar esse risco para além de um limite?

Esse quebra-cabeça diagnóstico tem ainda um último porém. Para ilustrá-lo, contarei uma história. Uma noite, em 1946, alguns meses antes de morrer, Rajesh chegou da faculdade com uma charada matemática. Os três irmãos mais novos atiraram-se ao problema, passando-o entre eles como uma bola de futebol aritmética. Eram impelidos pela rivalidade entre irmãos, pelo frágil orgulho da adolescência, pela resiliência dos refugiados, pelo terror do fracasso em uma cidade implacável. Imagino os três — 21, dezesseis e treze anos — esparramados em três cantos do quartinho apertado, cada um bolando soluções fantásticas, cada um se atracando com o problema com sua estratégia particular. Meu pai: sério, deliberado, obstinado, metódico, mas sem inspiração. Jagu: inconvencional, evasivo, improvisador, mas sem disciplina para guiar-se. Rajesh: meticuloso, inspirado, disciplinado, muitas vezes arrogante.

A noite avançou, e a charada continuava sem solução. Por volta das onze horas, os irmãos foram caindo no sono. Só Rajesh passou a noite em claro. Andava pelo quarto, rabiscando soluções e alternativas. Quando raiou o dia, ele afinal descobriu a resposta. Pela manhã, escreveu a solução em quatro folhas de papel e a deixou ao pé de um dos irmãos.

Essa parte da história está gravada nos anais míticos da minha família. O que aconteceu em seguida não se sabe muito bem. Anos depois, meu pai me contou sobre a semana de terror que se seguiu a esse episódio. A primeira noite em claro de Rajesh transformou-se em uma segunda, depois em uma terceira. Ter varado a noite lançou-o em um surto fulminante de mania. Ou talvez a mania é que tenha surgido primeiro e o arrojado na maratona noturna de pensar e resolver aquele problema. Fosse como que fosse, ele desapareceu em seguida por alguns dias, e ninguém conseguia encontrá-lo. Seu irmão Ratan foi recrutado para procurá-lo, e Rajesh teve de ser forçado a voltar para casa. Minha avó, na esperança de cortar futuros surtos pela raiz, proibiu charadas e jogos em casa (e sua desconfiança dessas diversões durou a vida toda. Nós, quando crianças, vivemos sob uma rígida proibição a jogos). Para Rajesh, esse foi um presságio do que o esperava: o primeiro dos colapsos que estavam por vir.

"Ahbed" foi a palavra que meu pai usou para designar hereditariedade — "indivisível". Um clichê da cultura popular é o do "gênio maluco", uma mente dividida entre a loucura e o brilhantismo, oscilando entre esses dois estados a um mero toque num comutador. Mas Rajesh não tinha comutador. Não havia divisão nem oscilação, não havia pêndulo. A magia e a mania eram perfeitamente contíguas, reinos fronteiriços sem passaportes. Eram parte de um mesmo todo, indivisíveis.

"Neste ofício somos todos loucos", escreveu lorde Byron, o sumo sacerdote dos malucos.[16] "Alguns são afetados pela jovialidade, outros pela melancolia, mas todos são mais ou menos tocados." Versões dessa história foram contadas inúmeras vezes em contextos de transtorno bipolar, de algumas variantes de esquizofrenia e de raros casos de autismo; todos são "mais ou menos tocados". É tentador romantizar a doença psicótica, por isso quero frisar que os homens e mulheres portadores desses transtornos mentais sofrem paralisantes distúrbios cognitivos, sociais e psicológicos que provocam feridas devastadoras ao longo de toda a vida. Porém, também não há dúvida de que alguns pacientes com essas síndromes possuem habilidades excepcionais, singulares. A efervescência do transtorno bipolar há tempos já foi associada à criatividade extraordinária; às vezes, o impulso criativo intensificado manifesta-se *durante* os estertores da mania.

Em *Touched with Fire* [Tocado com fogo], um influente estudo da ligação entre loucura e criatividade, a psicóloga escritora Kay Redfield Jamison compilou uma lista de pessoas "mais ou menos tocadas" que parece o Quem é Quem na genialidade cultural e artística: Byron (é claro), Van Gogh, Virginia Woolf, Sylvia Plath, Anne Sexton, Robert Lowell, Jack Kerouac e muitos outros.[17] A lista poderia ser ampliada para incluir cientistas (Isaac Newton, John Nash), músicos (Mozart, Beethoven) e um ator que construiu todo um gênero de mania antes de sucumbir à depressão e ao suicídio (Robin Williams). Hans Asperger, o psicólogo pioneiro da descrição de crianças com autismo, chamava-as de "pequenos professores", e com razão.[18] Crianças retraídas, socialmente desajeitadas ou até com dificuldades linguísticas, que mal conduziam-se em um mundo "normal", conseguiam tocar ao piano a mais etérea versão de *Gymnopédies*, de Satie, ou calcular o fatorial de dezoito em sete segundos.

A questão é: se não podemos separar o *fenótipo* da doença mental dos impulsos criativos, então não podemos separar o *genótipo* da doença mental do impulso criativo. Os genes que "causam" uma coisa (transtorno bipolar) causarão a outra (efervescência criativa). Esse enigma nos leva à noção de doença proposta por Victor McKusick: não uma incapacidade absoluta, mas uma incongruência relativa entre um genótipo e um ambiente. Uma criança com uma forma de autismo altamente funcional pode ser incapacitada *neste* mundo, mas hiperfuncional em outro — um mundo, por exemplo, onde fazer cálculos aritméticos complexos ou classificar objetos segundo as mais sutis gradações de cor seja um requisito para a sobrevivência ou o sucesso.

E quanto ao fugidio diagnóstico da esquizofrenia? É possível imaginar um futuro no qual poderemos eliminar a esquizofrenia do reservatório gênico humano, diagnosticando fetos por meio de testes genéticos e interrompendo essas gestações? Não sem reconhecermos as dolorosas incertezas que permanecem sem solução. Primeiro, embora muitas variantes de esquizofrenia tenham sido associadas a mutações em genes únicos, centenas de genes estão envolvidos, alguns conhecidos, outros não. Não sabemos se algumas combinações de genes são mais patogênicas do que outras.

Segundo, mesmo se pudéssemos elaborar um catálogo abrangente de todos os genes envolvidos, o vasto universo de fatores desconhecidos ainda poderia alterar a natureza exata do risco. Não sabemos qual é a penetrância de um gene individual, seja ele qual for, ou o que modifica o risco em um dado genótipo.

Por fim, alguns dos genes identificados em certas variantes de esquizofrenia ou transtorno bipolar *aumentam* certas habilidades. Se as variantes mais patológicas de uma doença mental puderem ser encontradas e separadas das variantes altamente funcionais apenas por genes ou combinações de genes, então poderemos ter esperança em um teste desse tipo. No entanto, é muito mais provável que um teste nessas linhas tenha limites inerentes: os genes que causam a doença em uma circunstância podem, em sua maioria, ser justo aqueles genes que causam a criatividade hiperfuncional em outra. Como disse Edvard Munch, "[meus problemas] são parte de mim e da minha arte. Eles são indistinguíveis de mim, e [um tratamento] destruiria minha arte. Quero manter esses sofrimentos".[19] São justamente esses "sofrimentos", poderíamos lembrar, os responsáveis por uma das mais icônicas imagens do século xx: um homem tão imerso em uma era psicótica que só conseguiu gritar uma resposta psicótica a ela.

A perspectiva de um diagnóstico genético da esquizofrenia e do transtorno bipolar requer, portanto, que confrontemos questões fundamentais sobre a natureza da incerteza, risco e escolha. Queremos eliminar o sofrimento, mas também queremos "manter esses sofrimentos". É fácil entender a formulação de doença por Susan Sontag como "o lado noturno da vida".[20] Essa concepção aplica-se a muitas formas de doença, mas não a todas. A dificuldade está em definir onde termina o crepúsculo ou onde começa o amanhecer. Não ajuda nada o fato de que a própria definição de doença em uma circunstância torna-se a definição de habilidade excepcional em outra. Com frequência, a noite em um lado do continente é um dia resplandecente e glorioso em outro continente.

Em meados de 2013 fui a San Diego e participei de um dos mais provocativos encontros que já presenciei. Intitulado "O Futuro da Medicina Genômica", o evento ocorreu no Instituto Scripps em La Jolla, em um centro de conferências com vista para o mar.[21] O local era um monumento ao modernismo: madeira dourada, concreto anguloso, caixilhos de aço. Cegante, gloriosa, a luz rebrilhava na água. Esguios corpos pós-humanos praticavam corrida no passeio de tábuas à beira-mar. O geneticista populacional David Goldstein falou sobre "Sequenciamento de condições da infância não diagnosticadas", uma iniciativa para estender o sequenciamento paralelo massivo de genes a doenças infantis não diagnosticadas. Stephen Quake, físico que se tornou biólogo, discutiu a "Genômica dos não nascidos", a perspectiva de diagnosticar cada mutação em um feto em crescimento extraindo amostras de fragmentos de DNA fetal que extravasam naturalmente para o sangue materno.

Na segunda manhã da conferência, uma menina de quinze anos, que chamarei de Erika, foi trazida ao palco pela mãe numa cadeira de rodas. Erika usava um vestido branco rendado e uma echarpe em volta dos ombros. Tinha uma história a contar: uma história de genes, identidade, destino, escolhas e diagnóstico. Era portadora de um distúrbio genético que causa uma grave doença degenerativa progressiva. Os sintomas começaram com um ano e meio de vida: pequenos espasmos musculares. Aos quatro anos, os tremores haviam progredido freneticamente, e era-lhe quase impossível manter os músculos parados. Acordava entre vinte e trinta vezes à noite, ensopada de suor, sacudida por tremores irrefreáveis. Dormir parecia piorar os sintomas, por isso seus pais revezavam-se para ficar acordados junto com ela, tentando tranquilizá-la para que descansasse alguns minutos por noite.

Os médicos suspeitavam de uma síndrome genética incomum, mas todos os testes genéticos fracassaram em diagnosticar a doença. Em junho de 2011, por fim, o pai de Erika ouviu pelo rádio uma reportagem sobre gêmeos da Califórnia, Alexis e Noah Beery, que também tinham uma longa história de problemas musculares.[22] Os gêmeos haviam sido submetidos ao sequenciamento de genes e diagnosticados com uma nova síndrome rara. Com base nesse diagnóstico genético, a suplementação de uma substância química, 5-hidroxitriptamina, ou 5-HT, reduzira de maneira substancial os sintomas motores dos dois.[23]

Erika torcia por um resultado semelhante. Em 2012, ela foi a primeira paciente a participar de um teste clínico que tentaria diagnosticar sua doença sequenciando seu genoma. Em meados daquele ano, a sequência foi divulgada: o genoma de Erika tinha não uma, mas duas mutações. Uma delas, em um gene chamado *ADCY5*, alterava a capacidade das células nervosas para enviarem sinais umas às outras. A outra mutação era em um gene, *DOCK3*, que controla os sinais nervosos que possibilitam os movimentos coordenados dos músculos. A combinação dessas duas mutações precipitara a síndrome de atrofia muscular e indução de tremores. Era um eclipse lunar genético: duas síndromes raras sobrepostas, causando a mais rara das doenças.

Depois do pronunciamento de Erika, enquanto o público saía do auditório e se derramava pelo saguão, encontrei a menina e sua mãe. Erika era um encanto: despretensiosa, cortês, sensata, com um humor mordaz. Parecia possuir a sabedoria de um osso que se quebrou, reparou-se e se tornou mais forte. Escrevera um livro e estava trabalhando em outro. Tinha um blog, ajudava a angariar milhões de dólares para pesquisas e era, sem comparação, a mais bem-falante e introspectiva adolescente que eu já vira. Perguntei sobre seu problema, e ela falou com franqueza sobre a angústia que aquela doença causava à sua família. "Seu maior medo era que não descobríssemos nada. Não saber seria a pior coisa", declarou seu pai certa vez.

Entretanto, "saber" mudou tudo? Os temores de Erika foram abrandados, mas pouco se pode fazer com respeito aos genes mutantes ou seus efeitos sobre os músculos. Em 2012 ela tentou um tratamento com Diamox, um medicamento conhecido por aliviar espamos musculares em geral, e obteve um alívio temporário. Conseguiu dormir por dezoito noites — um tempo que pareceu uma vida inteira a uma adolescente que praticamente nunca havia dormido uma noite sem interrupções —, mas a doença voltou. Os tremores retornaram. Os músculos continuam a se atrofiar. Ela ainda está na cadeira de rodas.

E se pudéssemos formular um teste pré-natal para essa doença? Stephen Quake acabara de concluir sua palestra sobre sequenciamento de genoma fetal, a "genética dos não nascidos". Logo se tornaria viável escanear cada genoma fetal à procura de *todas* as possíveis mutações e classificar muitas delas por ordem de gravidade e penetrância. Não sabemos todos os detalhes da natureza da doença genética de Erika. Talvez, como em algumas formas genéticas de câncer, existam outras mutações em seu genoma que sejam ocultas, "cooperativas". Mas a maioria dos geneticistas desconfia que ela possui apenas duas mutações, ambas altamente penetrantes, causadoras de seus sintomas.

Devemos cogitar em permitir aos pais que sequenciem totalmente o genoma de seus filhos e tenham a possibilidade de interromper gestações que apresentem essas mutações genéticas devastadoras? Sem dúvida eliminaríamos a mutação de Erika do reservatório gênico humano, mas também eliminaríamos Erika. Não quero minimizar a enormidade do sofrimento dessa jovem ou de sua família, mas sem dúvida existe uma imensa perda nisso. Deixar de reconhecer a profundidade da aflição de Erika é revelar uma falha na nossa empatia. Mas não reconhecer o preço a ser pago nesse trade-off é revelar, por outro lado, uma falha em nossa humanidade.

Uma multidão rodeou Erika e sua mãe, e fui até a praia, onde estavam sendo servidos sanduíches e bebidas. A palestra de Erika trouxera uma ressonante nota arrefecedora àquela conferência antes vibrante de otimismo: poderíamos sequenciar genomas na esperança de descobrir medicamentos feitos sob medida para aliviar mutações específicas, porém isso seria um resultado raro. O diagnóstico pré-natal e a interrupção da gravidez continuariam sendo a escolha mais simples para essas doenças raras devastadoras, mas também a mais difícil de confrontar em termos éticos. "Quanto mais a tecnologia evolui, mais entramos em território desconhecido. Não há dúvida de que temos de enfrentar escolhas incrivelmente penosas", disse-me Eric Topol, o organizador da conferência. "Na nova genômica há poucos almoços grátis."

De fato, o almoço chegava ao fim. O sino tocou, e os geneticistas voltaram ao auditório para tratar do futuro do futuro. A mãe de Erika levou-a embora do centro de conferências. Acenei-lhe em despedida, mas ela não me viu. Entrei no prédio e a vi atravessando o estacionamento em sua cadeira de rodas, a echarpe adejando ao vento, como um epílogo.

Escolhi os três casos aqui descritos — o câncer de mama de Jane Sterling, o transtorno bipolar de Rajesh e a doença neuromuscular de Erika — porque eles abrangem um vasto espectro de doenças genéticas e porque iluminam alguns dos mais dilacerantes enigmas do diagnóstico genético. Sterling tem uma mutação identificável em um único gene culpado (*BRCA1*) que leva a uma doença comum. A mutação tem alta penetrância — 70% a 80% dos portadores um dia terão câncer de mama —, porém a penetrância não é completa (não é 100%), e a forma precisa da doença no futuro, sua cronologia e grau de risco são desconhecidos e talvez impossíveis de se conhecer. Os tratamentos profiláticos — mastectomia, terapia hormonal — implicam sofrimento físico e psicológico e também trazem riscos.

A esquizofrenia e o transtorno bipolar, em contraste, são doenças causadas por mais de um gene, com penetrância muito menor. Não existe tratamento profilático, nem curas. Ambas são doenças crônicas, recidivantes, que despedaçam mentes e dilaceram famílias. Entretanto, os próprios genes que causam essas doenças também podem, em raras circunstâncias, potencializar uma forma mística de urgência criativa que é em essência ligada à própria doença.

Por fim, a doença neuromuscular de Erika, uma doença genética rara causada por uma ou duas mudanças no genoma, é altamente penetrante, gravemente debilitante e incurável. Não é inconcebível uma terapia médica, mas é improvável que venha a ser descoberta. Se o sequenciamento gênico do genoma fetal for associado à interrupção das gestações (ou à implantação seletiva de embriões submetidos a triagem em busca de tais mutações), essas doenças genéticas talvez possam ser identificáveis e haveria a possibilidade de eliminá-las do reservatório gênico. Em um pequeno número de casos, o sequenciamento gênico poderia identificar uma enfermidade potencialmente responsiva à terapia médica ou gênica no futuro (em fins de 2015, uma criança de quinze meses que apresentava fraqueza, tremores, cegueira progressiva e salivação excessiva — com o diagnóstico errôneo de portadora de uma "doença autoimune" — foi encaminhada a uma clínica genética da Universidade Columbia. O sequenciamento gênico revelou uma mutação em um gene ligado ao metabolismo de vitamina. A menina recebeu suplementação de vitamina B12, para a qual tinha deficiência grave, e recuperou grande parte de sua função neurológica).

Sterling, Rajesh e Erika são "previventes". Seus destinos futuros estavam latentes em seus genomas, mas as histórias e escolhas reais de sua previvência não podiam ser mais diversificadas. O que fazer com essas informações? "Meu verdadeiro currículo está nas minhas células", diz Jerome, o jovem protagonista do filme de ficção científica *Gattaca: A experiência genética*. Mas quanto do currículo genético de uma pessoa podemos ler e entender? Podemos decifrar de algum modo proveitoso o tipo de destino que está codificado em qualquer genoma? E em que circunstâncias podemos — ou devemos — intervir?

Voltemos à primeira pergunta: Quanto do genoma humano podemos "ler", no sentido de podermos usar as informações ou fazer predições com elas? Até pouco tempo atrás, a capacidade de predizer o destino com base no genoma humano era limitada por duas restrições fundamentais. Primeiro, os genes, como Richard Dawkins os descreve, não são, em sua maioria, "blueprints", e sim "receitas". Eles não especificam partes, e sim processos; são fórmulas para formas. Se mudarmos um blueprint, o produto final é mudado de um modo perfeitamente previsível: elimine uma engrenagem do projeto, e você terá uma máquina com uma engrenagem a menos. Por outro lado, a alteração de uma receita ou fórmula não muda o produto de um modo previsível: se quadruplicarmos a quantidade de manteiga em um bolo, o efeito final é mais complicado do que apenas um bolo com quatro vezes mais manteiga (tente e verá que a massa vira uma gosma oleosa e desaba). De maneira análoga, não podemos examinar a maioria das variantes gênicas isoladamente e decifrar sua influência sobre a forma e o destino. O fato de que uma mutação no gene *MECP2*, cuja função normal é adicionar modificações químicas ao DNA, pode causar uma forma de autismo está longe de ser evidente (a menos que se entenda como genes controlam os processos de desenvolvimento neurológico que constituem um cérebro).[24]

A segunda restrição, que possivelmente tem uma importância mais profunda, é a natureza imprevisível de alguns genes. A maioria dos genes interage com outros gatilhos — ambiente, acaso, comportamentos e até exposições parentais e pré-natais — para determinar a forma e a função do organismo, bem como os consequentes efeitos sobre o futuro desse ser. Já descobrimos que a maioria dessas interações não é sistemática; elas acontecem em decorrência do acaso, e não existe método para predizê-las ou construir modelos delas com certeza. Essas interações impõem limites poderosos ao determinismo genético: os efeitos finais dessas interseções gene-ambiente *nunca* podem ser preditos de maneira confiável apenas pela genética.[25] De fato, tentativas recentes de usar doenças em um gêmeo para predizer doenças futuras no outro tiveram resultados bem modestos.

Contudo, mesmo com essas incertezas, logo se tornará possível conhecer vários determinantes preditivos no genoma humano. À medida que investigarmos genes e genomas mais habilmente, com mais abrangência e maior capacidade computacional, deveremos ser capazes de "ler" o genoma de um modo mais minucioso, ao menos em um sentido probabilístico. Hoje em dia, apenas mutações altamente penetrantes de um único gene (doença de Tay-Sachs, fibrose cística, anemia falciforme) ou alterações em cromossomos inteiros (síndrome de Down) são usadas no diagnóstico genético em contextos clínicos. Mas não há razão para que as restrições ao diagnóstico genético se limitem a doenças causadas por mutações em genes únicos ou em cromossomos.* Tampouco existe razão para que "diagnóstico" seja algo restrito a doenças. Um computador poderoso o suficiente deveria ser capaz de nos levar à compreensão de uma receita: quando fazemos uma alteração, deveríamos ser capazes de computar seu efeito sobre o produto.

Até o final desta década, permutações e combinações de variantes genéticas serão usadas para predizer variações no fenótipo humano, em doenças e no destino. Algumas doenças talvez nunca venham a prestar-se a esses testes

---

* A mutação ou variação ligada ao risco de uma doença pode não estar na região codificadora de proteína de um gene. A variação pode situar-se em uma região reguladora de um gene, ou em um gene que não codifica proteínas. Aliás, muitas das variações genéticas que, hoje sabemos, afetam o risco de uma doença ou fenótipo específico situam-se em regiões reguladoras ou não codificadoras do genoma.

genéticos, mas talvez as variantes mais graves da esquizofrenia ou doença cardíaca, ou as formas mais penetrantes de câncer familiar, digamos, passem a ser previsíveis pelos efeitos combinados de um punhado de mutações. Assim que a compreensão do "processo" tiver sido inserida em algoritmos preditivos, as interações entre diversas variantes gênicas poderiam ser usadas para computar os efeitos finais de uma série de características físicas e mentais, e não só da doença. Algoritmos computacionais poderiam determinar, para cada genoma, a probabilidade de surgimento de doença cardíaca, asma, orientação sexual, e atribuir um nível de risco relativo a vários destinos. Assim, o genoma será lido não só em termos absolutos, mas também em termos de probabilidades — como um boletim escolar que não contém notas, mas probabilidades, ou um currículo que não enumera as experiências passadas, mas as propensões futuras. Ele se tornará um manual de previvência.

Em abril de 1990, como que para aumentar ainda mais a importância do diagnóstico genético humano, um artigo na revista *Nature* anunciou o nascimento de uma nova tecnologia que permite realizar diagnóstico genético em um embrião *antes* de ele ser implantado no corpo de uma mulher.[26]

Essa técnica baseia-se em uma idiossincrasia da embriologia humana. Quando um embrião é produzido por fertilização in vitro (FIV), em geral é cultivado em uma incubadora por vários dias antes de ser implantado no útero. O embrião unicelular, imerso em um caldo rico em nutrientes numa incubadora úmida, divide-se e forma uma luzidia bola de células. Ao fim de três dias, há oito, e depois dezesseis células. O assombroso é que, se removermos algumas células desse embrião, as células remanescentes dividem-se, preenchem a lacuna deixada pelas que foram retiradas, e o embrião continua a crescer normalmente, como se nada tivesse acontecido. Por um momento na nossa história, somos iguais à salamandra, ou melhor, à cauda da salamandra: capazes de regeneração completa, mesmo se um quarto for removido.

Por isso, é possível submeter um embrião humano a uma biópsia nessa fase inicial, extraindo essas poucas células para testes genéticos. Concluídos os testes, podem ser implantados embriões selecionados, dotados dos genes certos. Com algumas modificações, até um oócito, o óvulo feminino, pode ser testado geneticamente antes da fertilização. A técnica chama-se "diagnóstico genético pré-implantacional" (PGD). De um ponto de vista moral, o diagnóstico genético pré-implantacional realiza uma prestidigitação à primeira vista impossível. Se implantarmos seletivamente os embriões "certos" e preservamos os demais com a técnica da criopreservação, sem matá-los, podemos selecionar fetos sem abortá-los. É eugenia positiva e negativa de uma tacada, sem a morte concomitante de um feto.

O diagnóstico genético pré-implantacional foi usado pela primeira vez para selecionar embriões para dois casais ingleses no início de 1989. Um dos casais tinha uma história familiar de grave retardo mental ligado ao cromossomo X; o outro, uma história de síndrome imunológica ligada ao cromossomo X, ambas doenças genéticas incuráveis que se manifestam apenas no sexo masculino. Foi feita a seleção dos embriões do sexo feminino. Ambos os casais tiveram filhas gêmeas; como predito, todas essas meninas estavam livres das doenças.

Tão intensa foi a vertigem ética induzida por esses dois primeiros casos que vários países logo impuseram restrições a essa tecnologia. Talvez compreensivelmente, entre os primeiros países a determinar limites rigorosos ao PGD estavam Alemanha e Áustria, nações marcadas por seus legados de racismo, assassinato em massa e eugenia. Na Índia, que em algumas partes de seu território abriga as subculturas mais gritantemente sexistas do mundo, já em 1995 foram relatadas tentativas de usar PGD para "diagnosticar" o sexo de uma criança. Qualquer forma de seleção sexual favorecendo meninos era, e ainda é, proibida pelo governo indiano, e logo o PGD para seleção sexual foi declarado ilegal. No entanto, essa providência do governo não parece ter afastado o problema: os leitores indianos e chineses podem salientar, com certa vergonha e sensatez, que o maior projeto de "eugenia negativa" da história humana não foi o extermínio sistemático de judeus na Alemanha nazista ou na Áustria nos anos 1930. Essa medonha distinção cabe à Índia e à China, onde faltam mais de 10 milhões de mulheres para equilibrar as proporções entre os sexos na população total devido a infanticídio, aborto e negligência com as filhas. Ditadores depravados e Estados predatórios não são requisitos absolutos para a eugenia. No caso da Índia, cidadãos perfeitamente "livres", por vontade própria, são capazes de implementar grotescos programas de eugenia, nesse caso contra o sexo feminino, sem nenhuma imposição do Estado.

Hoje em dia podemos usar o PGD para discriminar embriões portadores de doenças monogênicas como fibrose cística, doença de Huntington e doença de Tay-Sachs, entre muitas outras. Porém, em princípio, nada limita o diagnóstico genético a doenças monogênicas. Não deveria ser necessário um filme como *Gattaca* para nos lembrar do quanto essa ideia pode ser profundamente desestabilizadora. Não temos modelos ou metáforas para conceber um mundo onde o futuro de uma criança seja analisado em termos de probabilidades, onde um feto seja diagnosticado antes do nascimento ou se torne um "previvente" mesmo antes da concepção. A palavra "diagnóstico" vem do termo grego que significa "capaz de distinguir", mas "distinguir" tem consequências morais e filosóficas que vão muito além da medicina e da ciência. Por toda a nossa história, tecnologias para distinguir capacitaram-nos a identificar, tratar e curar doentes. Em sua forma benevolente, essas tecnologias nos permitiram prevenir doenças por meio de exames diagnósticos e medidas preventivas e tratar enfermidades de modo apropriado (por exemplo, o uso do gene *BRCA1* para tratar preventivamente o câncer de mama). No entanto, elas também ensejaram definições rígidas de anormalidade, apartaram os fracos dos fortes, ou levaram, em suas encarnações mais medonhas, aos sinistros excessos da eugenia. A história da genética humana nos lembra, vezes sem conta, que com frequência "distinguir" começa com uma ênfase em "conhecer", mas termina com uma ênfase em "separar". Não é por coincidência que os enormes projetos antropométricos de cientistas nazistas — a medição obsessiva do tamanho da mandíbula, da forma da cabeça, do comprimento do nariz e da altura — também já foram um dia legitimados como tentativas de "distinguir os seres humanos".

Como diz o teórico político Desmond King,

> de um modo ou de outro, seremos todos arrastados para o regime da "gestão gênica" que, em essência, será "eugênico". Será tudo em nome da saúde do indivíduo em vez de em benefício da aptidão geral da população, e os gestores serão você e eu, nossos médicos e o Estado. A mudança genética será gerida pela mão invisível da escolha individual, mas o resultado geral será o mesmo: uma tentativa coordenada de "melhorar" os genes da próxima geração que está a caminho.[27]

Até pouco tempo atrás, três princípios tácitos norteavam a arena do diagnóstico e intervenção genética. Primeiro, os testes diagnósticos restringiam-se, em grande medida, a variantes gênicas que são determinantes singularmente poderosos de doença, ou seja, mutações altamente penetrantes nas quais a probabilidade de manifestar a doença é próxima de 100% (síndrome de Down, fibrose cística, doença de Tay-Sachs). Segundo, de modo geral as doenças causadas por essas mutações implicam um sofrimento extraordinário ou incompatibilidades fundamentais com uma vida "normal". Terceiro, intervenções justificáveis — a decisão de abortar uma criança com síndrome de Down, digamos, ou de intervir cirurgicamente em uma mulher portadora de mutação *BRCA1* — eram definidas por consenso social e médico, e todas as intervenções eram governadas por total liberdade de escolha.

Os três lados do triângulo podem ser visualizados como linhas morais que a maioria das culturas não se dispunha a ultrapassar. O aborto de um embrião portador de um gene que tem, digamos, apenas 10% de probabilidade de ter câncer no futuro violava a injunção contra intervir em mutações de baixa penetrância. De maneira análoga, um procedimento médico ordenado pelo Estado em uma pessoa com doença genética sem o consentimento dela (ou dos pais, no caso de um feto) violava as fronteiras da liberdade e da não coerção.

No entanto, não podemos deixar de notar que esses parâmetros são inerentemente suscetíveis à lógica do autorreforço. *Nós* determinamos a definição de "sofrimento extraordinário". *Nós* demarcamos as fronteiras da "normalidade" e "anormalidade". *Nós* fazemos as escolhas médicas de intervir. *Nós* determinamos a natureza das "intervenções justificáveis". Seres humanos dotados de certos genomas são responsáveis por estabelecer os critérios para definir, intervir ou até eliminar outros seres humanos dotados de outros genomas. Em resumo: "escolha" parece ser uma ilusão fabricada por genes para propagar a seleção de genes semelhantes.

Ainda assim, esse triângulo de limites — genes de alta penetrância, sofrimento extraordinário e intervenções justificáveis isentas de coerção — revelou-se uma diretriz útil para formas aceitáveis de intervenção genética. Entretanto, essas fronteiras estão sendo violadas. Consideremos, por exemplo, uma série de estudos espantosamente provocativos que usaram uma única variante gênica para impulsionar escolhas de engenharia social.[28] Em fins dos anos 1990, descobriu-se que um gene chamado *5HTTLPR*, que codifica uma molécula moduladora da sinalização entre certos neurônios do cérebro, era associado à resposta ao estresse psíquico. Esse gene existe em duas formas ou alelos: uma variante longa e uma curta. Esta última, chamada *5HTTLPR/short*, é encontrada em cerca de 40% da população e parece produzir níveis significativamente mais baixos da proteína. A variante curta tem sido repetidas vezes associada a comportamento ansioso, depressão, trauma, alcoolismo e comportamentos de alto risco. A ligação não é forte, mas é ampla: o alelo curto foi associado a maior risco de suicídio entre alcoólatras alemães, mais depressão em universitários americanos e a uma taxa maior de transtorno de estresse pós-traumático entre soldados mobilizados.[29]

Em 2010, uma equipe de pesquisadores iniciou um estudo intitulado Strong African American Families [Famílias Afro-Americanas Fortes, conhecido pela sigla SAAF] em uma região rural pobre da Geórgia.[30] Trata-se de uma área de uma desolação assombrosa, dominada por problemas como delinquência, alcoolismo, violência, doença mental e consumo de drogas. Casas de tábua abandonadas com janelas quebradas pontilham a paisagem, a criminalidade é colossal, estacionamentos desertos são juncados de agulhas hipodérmicas. Metade dos adultos não concluiu sequer o ensino médio e quase metade das famílias tem mães solteiras.

Foram recrutadas para o estudo seiscentas famílias afro-americanas com filhos no início da adolescência.[31] Essas famílias foram divididas de forma aleatória em dois grupos. Em um deles, as crianças e seus pais receberam sete semanas de educação, aconselhamento e apoio emocional intensivos, além de intervenções estruturais voltadas para prevenir alcoolismo, comportamentos de ingestão descomunal esporádica de álcool [conhecido como *binge drinking*], violência, impulsividade e consumo de drogas. Já com as famílias do grupo de controle as intervenções foram mínimas. Tanto as crianças do grupo de intervenção como as do grupo de controle foram submetidas ao sequenciamento do gene *5HTTLPR*.

O primeiro resultado desse teste randomizado era previsível com base em estudos anteriores: no grupo de controle, crianças com a variante curta, isto é, a forma de "alto risco" do gene, tinham o dobro da probabilidade de apresentar comportamentos de alto risco, entre os quais ingestão descomunal esporádica de bebida alcoólica, consumo de drogas e promiscuidade sexual na adolescência, confirmando estudos anteriores que haviam apontado para um risco maior nesse subgrupo genético. O segundo resultado foi mais provocativo: essas mesmas crianças também eram as que tinham *maior probabilidade* de responder às intervenções sociais. No grupo de intervenção, as crianças portadoras do alelo de alto risco foram "normalizadas" mais acentuadamente e com maior rapidez; ou seja, os indivíduos afetados de maneira mais drástica também foram os que responderam mais acentuadamente. Em um estudo paralelo, bebês órfãos portadores da variante curta do *5HTTLPR* pareciam mais impulsivos e socialmente perturbados do que seus congêneres portadores da variante longa na avaliação inicial, mas também foram os que mostraram maior probabilidade de se beneficiar quando postos em um ambiente adotivo mais acolhedor.

Em ambos os casos, ao que parece, a variante curta codifica um "sensor de estresse" que é hiperativo para a suscetibilidade psíquica, mas também se mostra capaz de responder a uma intervenção que tenha como alvo essa suscetibilidade. As formas mais frágeis ou delicadas de psiquismo são as que têm maior probabilidade de ser distorcidas por ambientes que induzem ao trauma; contudo, são também as que têm maior probabilidade de ser restauradas por intervenções direcionadas. É como se a própria *resiliência* tivesse um cerne genético: alguns seres humanos nascem resilientes (mas são menos responsivos a intervenções), enquanto outros nascem sensíveis (mas têm maior probabilidade de responder a mudanças em seus ambientes).

A ideia do "gene da resiliência" fascinou os engenheiros sociais. Em 2014, o psicólogo comportamental Jay Belsky escreveu no *New York Times*: "Devemos procurar identificar as crianças mais suscetíveis e dedicar-lhes desproporcionalmente mais recursos na hora de investir dólares escassos em intervenções e serviços? A meu ver, a resposta é sim".[32] E prosseguiu:

> Algumas crianças são, segundo uma metáfora bem conhecida, "como orquídeas delicadas"; murcham rápido quando expostas ao estresse e à privação, mas florescem se receberem bastante cuidado e apoio. Outras são mais como o dente-de-leão: mostram-se resilientes aos efeitos negativos da adversidade, mas ao mesmo tempo não se beneficiam particularmente de experiências positivas.

Belsky sugere que, se as sociedades identificarem suas crianças "orquídeas delicadas" e "dentes-de-leão" por meio do "perfil gênico", poderão alcançar mais eficiência em suas políticas direcionadas quando os recursos forem escassos. "Podemos até imaginar um dia em que seremos capazes de determinar o genótipo de todas as crianças em uma escola fundamental para assegurar que as que têm maior probabilidade de se beneficiar de ajuda fiquem com os melhores professores."

Determinar o genótipo de todas as crianças na escola fundamental? Escolher o tipo de criação adotiva segundo o perfil genético? Dentes-de-leão e orquídeas? Evidentemente, a conversa sobre genes e predileções já ultrapassou as fronteiras originais — de genes de alta penetrância, sofrimento extraordinário e intervenções justificáveis para engenharia social direcionada segundo o genótipo. E se, ao ter seu genótipo revelado, uma criança for identificada com um risco futuro de depressão unipolar ou transtorno bipolar? E quanto ao perfil genético para violência, criminalidade ou impulsividade? O que constitui "sofrimento extraordinário" e que intervenções são "justificáveis"?

E o que é normal? É permitido aos pais escolher a "normalidade" para seus filhos? E se — obedecendo a algum tipo de princípio heisenberguiano da psicologia — o próprio ato da intervenção reforçar a identidade da anormalidade?

Este livro começou como uma história íntima, mas é o futuro íntimo que me interessa. Hoje sabemos que uma criança que tenha um dos pais com esquizofrenia tem entre 13% a 30% de probabilidade de manifestar a doença até os sessenta anos. Se ambos os pais são afetados, o risco sobe para 50%. Com um tio afetado, a criança corre um risco que é de três a cinco vezes o da população em geral. Com dois tios e um primo afetado — Jagu, Rajesh, Moni —, esse número salta para dez vezes o risco geral. Se meu pai, minha irmã ou minha sobrinha ou sobrinho vierem a manifestar a doença (os sintomas podem surgir em fases mais avançadas da vida), o risco de novo seria multiplicado várias vezes. É questão de esperar e observar, de girar e regirar a carapeta do destino, de avaliar e reavaliar meu risco genético.

Na esteira dos monumentais estudos sobre a genética da esquizofrenia familiar, muitas vezes cogitei em sequenciar meu genoma e os genomas de certos membros da minha família. A tecnologia existe: meu laboratório, aliás, é equipado para extrair, sequenciar e interpretar genomas (uso de modo rotineiro essa tecnologia para sequenciar os genes de meus pacientes com câncer).

O que ainda está faltando é a identidade da maioria das variantes gênicas, ou combinações de variantes, que elevam o risco. Mas, com grande probabilidade, até o fim desta década muitas dessas variantes serão identificadas e a natureza do risco que elas implicam será quantificada. Para famílias como a minha, a perspectiva do diagnóstico genético deixará de ser uma abstração e se transformará em realidades clínicas e pessoais. O triângulo de considerações — penetrância, sofrimento extraordinário e escolha justificável — será esculpido no futuro individual de cada um de nós.

Se a história do século passado nos ensinou os perigos de dar a governos o poder para determinar a "aptidão" genética (ou seja, quem se insere no triângulo e quem vive fora dele), a questão que confronta esta nossa era é o que acontece quando esse poder cabe ao indivíduo. É uma questão que requer equilibrar os desejos do indivíduo — construir uma vida de felicidade e realização, sem sofrimento indevido — com os desejos de uma sociedade que, no curto prazo, pode só estar interessada em reduzir o ônus da doença e o custo da incapacidade. E, atuando em silêncio nos bastidores, há um terceiro conjunto de agentes: os nossos genes, que se reproduzem e criam novas variantes desatentos aos nossos desejos e compulsões, mas que, direta ou indiretamente, de uma forma ou de outra, influenciam nossos desejos e compulsões. O historiador da cultura Michel Foucault afirmou em uma palestra na Sorbonne em 1975 que "uma tecnologia de indivíduos anormais aparece precisamente quando se estabelece uma rede regular de conhecimento e poder".[33] Foucault referia-se a uma "rede regular" de seres humanos. Mas poderia dizer o mesmo sobre uma rede de genes.

34. Terapias gênicas: pós-humano

What do I fear? Myself? There's none else by.*
William Shakespeare, *Ricardo III*, ato 5, cena 3

Neste momento, há na biologia um clima de expectativas quase incontidas que lembram as ciências físicas no começo do século XX. É uma sensação de adentrar o desconhecido e [um reconhecimento] de que esse avanço nos levará a algo que é eletrizante e misterioso. [...] A analogia entre a física do século XX e a biologia do século XXI continuará, para o bem e para o mal.

"Biology's Big Bang", 2007[1]

Em meados de 1991, não muito tempo depois de ter sido lançado o Projeto Genoma Humano, um jornalista procurou James Watson no laboratório de Cold Spring Harbor em Nova York.[2] Era uma tarde escaldante, e Watson estava sentado em sua sala, perto de uma janela com a vista para a baía reluzente. O

---

* "O que temo? A mim mesmo? Não há ninguém por perto." (N. T.)

entrevistador perguntou a Watson sobre o futuro do Projeto Genoma. O que aconteceria assim que todos os genes do nosso genoma tivessem sido sequenciados e os cientistas pudessem manipular informações genéticas à vontade? Watson deu uma risadinha e ergueu as sobrancelhas.

Passou a mão por seus fiapos de cabelos brancos [...] e uma centelha travessa luziu em seus olhos. [...] "Muita gente se diz preocupada com a mudança em nossas instruções genéticas. Mas essas [instruções genéticas] são apenas um produto da evolução, moldadas para nos adaptar a certas condições que podem não existir hoje. Todos sabemos o quanto somos imperfeitos. Por que não nos tornar um pouquinho mais aptos à sobrevivência?"

"É isso que vamos fazer", disse ele. Olhou para o entrevistador e deu uma risada súbita, aquele som agudo e desdenhoso que se tornara bem conhecido do mundo científico como prelúdio de uma tempestade. "É isso que vamos fazer. Vamos nos tornar um pouco melhores."

Os comentários de Watson nos levam de volta à segunda preocupação mencionada pelos estudantes no encontro de Erice: e se aprendermos a alterar intencionalmente o genoma humano? Até fins dos anos 1980, o único mecanismo para modificar o genoma humano — para "nos tornar um pouco melhores" em um sentido genético — era identificar mutações genéticas altamente penetrantes e gravemente danosas (como as que causam a doença de Tay-Sachs ou a fibrose cística) ainda no útero e interromper a gravidez. Nos anos 1990, o diagnóstico genético pré-implantacional (PGD) permitia aos pais selecionar de forma preventiva e implantar embriões sem essas mutações, substituindo o dilema moral de interromper uma vida pelo dilema moral da escolha. Ainda os geneticistas humanos atuavam dentro do já mencionado triângulo de fronteiras: lesões genéticas altamente penetrantes, sofrimento extraordinário e intervenções justificáveis e isentas de coerção.

O advento da terapia gênica em fins dos anos 1990 mudou os termos dessa discussão: possibilitou mudar intencionalmente genes em corpos humanos. Foi o renascimento da "eugenia positiva". Em vez de eliminar seres humanos portadores de genes danosos, os cientistas agora podiam cogitar em corrigir genes humanos defeituosos e, com isso, tornar o genoma "um pouquinho melhor".

Em termos conceituais, existem dois tipos de terapia gênica. O primeiro envolve modificar o genoma de uma célula *não reprodutiva* — por exemplo, uma célula do sangue, do cérebro ou de músculos. A modificação gênica dessas células afeta seu funcionamento, mas não altera o genoma humano por mais de uma geração. Se for introduzida uma mudança gênica em uma célula muscular ou sanguínea, a mudança não é transmitida ao embrião humano; o gene alterado é perdido quando a célula morre. Ashi DeSilva, Jesse Gelsinger e Cynthia Cutshall são exemplos de seres humanos tratados com terapia gênica em linha não germinal: nos três casos, células sanguíneas, mas não células de linha germinal (ou seja, espermatozoides e óvulos) foram alteradas pela introdução de genes estranhos.

O segundo tipo de terapia gênica, mais radical, consiste em modificar um genoma humano de um modo que afeta células *reprodutivas*. Quando é introduzida uma mudança genômica em um espermatozoide ou óvulo, ou seja, na linha germinal de um ser humano, a mudança se torna autopropagativa. Ela é incorporada em caráter permanente no genoma humano e se transmite de uma geração à seguinte. O gene inserido torna-se inextricavelmente ligado ao genoma humano.

A terapia gênica em linha germinal em seres humanos não era concebível até fins dos anos 1990: não existia técnica confiável para transmitir mudanças genéticas ao espermatozoide ou óvulo humano. Mas até os testes de terapia em linha *não* germinal haviam sido proibidos. A "morte biotecnológica" de Jesse Gelsinger, nas palavras da *New York Times Magazine*,[3] provocara tamanhos tremores de angústia em toda a área que praticamente todos os testes de terapia gênica nos Estados Unidos foram paralisados. Empresas faliram. Cientistas deixaram a área. O teste queimou o solo de todas as formas de terapia gênica e deixou uma cicatriz permanente na área.

Mas a terapia gênica voltou, passo a passo, com cautela. A década aparentemente estagnada entre 1990 e 2000 foi um período de introspecção e reconsideração. Primeiro, a litania de erros no teste de Gelsinger teve de ser dissecada. Por que a introdução de um vírus supostamente inofensivo que levava um gene para o fígado causou uma reação tão devastadora e fatal? Quando médicos, cientistas e reguladores examinaram o teste com atenção, as razões para o fracasso do experimento se evidenciaram. Os vetores usados para infectar as células de Gelsinger nunca haviam sido avaliados de maneira apropriada em seres humanos. Mais importante, porém, foi o fato de que a resposta imune de Gelsinger ao vírus devia ter sido prevista. Era provável que ele tivesse sido exposto naturalmente à cepa de adenovírus usada no experimento de terapia gênica. Sua resposta imune fulminante não foi uma aberração; foi a resposta habitual de um corpo combatendo um patógeno que já encontrara antes, talvez durante uma infecção de resfriado. Quando escolheram um vírus humano comum como veículo para a entrega do gene, os terapeutas gênicos cometeram um erro crucial de avaliação: deixaram de levar em conta que os genes estavam sendo entregues em um corpo humano que tinha uma história, cicatrizes, memórias e exposições prévias. "Como uma coisa tão linda pôde dar tão errado?", perguntou Paul Gelsinger. Hoje sabemos: porque, buscando apenas a beleza, os cientistas estavam despreparados para uma catástrofe. Os médicos que queriam avançar as fronteiras da medicina se esqueceram de levar em conta o resfriado comum.

Nas duas décadas seguintes à morte de Gelsinger, grande parte das ferramentas originalmente usadas em testes de terapia gênica foi substituída por tecnologias de segunda e terceira geração. Agora, para entregar genes em células humanas, são usados novos vírus, e foram desenvolvidos métodos novos para monitorar a entrega de genes. Muitos desses vírus foram selecionados por serem fáceis de manipular em laboratório e não provocarem uma resposta imune como a que saiu de controle de forma tão devastadora no corpo de Gelsinger.

Em 2014, um estudo fundamental publicado no *New England Journal of Medicine* anunciou o uso bem-sucedido de terapia gênica para tratar hemofilia.[4] Essa pavorosa doença hemorrágica causada por uma mutação no fator de coagulação sanguínea percorre a história do gene em uma linha contínua; é o DNA na história do DNA. Foi a doença que afetou o tsarévitche Alexei desde o nascimento em 1904 e, com isso, inseriu-se no epicentro da vida política da Rússia ao despontar o século XX. Foi uma das primeiras doenças ligadas ao cromossomo X identificadas em seres humanos, indicando, assim, a presença física de um gene em um cromossomo. Foi uma das primeiras doenças decisivamente atribuídas a um único gene. E também foi uma das primeiras doenças genéticas para as quais foi criada uma proteína artificialmente engendrada, graças ao trabalho da Genentech em 1984.

A ideia de usar terapia gênica para a hemofilia surgiu em meados dos anos 1980. Como a doença é causada pela ausência de uma proteína de coagulação funcional, era concebível usar um vírus para entregar o gene em células de modo a permitir que o corpo produzisse a proteína faltante e, assim, restaurasse a coagulação sanguínea. No começo dos anos 2000, após uma demora de quase duas décadas, terapeutas gênicos decidiram tentar de novo a terapia gênica para hemofilia. A doença existe em duas variantes principais, classificadas segundo o fator de coagulação específico ausente no sangue. A variante da hemofilia escolhida para o teste de terapia gênica foi a hemofilia B, na qual o gene para o fator de coagulação IX é mutado e não permite a produção de uma proteína normal.

O protocolo para esse teste era simples: dez homens com uma variante grave da doença receberam uma injeção contendo uma única dose de um vírus portador de um gene para o fator IX. A presença da proteína codificada pelo vírus foi monitorada no sangue durante vários meses. Notavelmente, esse experimento testou não só a segurança, mas também a eficácia: os dez pacientes nos quais o vírus foi injetado foram monitorados para registrar episódios de hemorragia e o uso de fator IX adicional com injeções. Embora a injeção do gene trazido pelo vírus aumentasse a concentração de fator IX em apenas 5% do valor normal, o efeito sobre os episódios de sangramento foi espantoso. Os pacientes apresentaram uma redução de 90% em incidentes hemorrágicos e uma redução também drástica no uso do fator IX injetado. O efeito persistiu por mais de três anos.

Esse potente efeito terapêutico de repor meros 5% de uma proteína faltante é um alento para as aspirações dos terapeutas gênicos. Ele nos lembra do poder de degeneração na biologia humana: se apenas 5% de um fator de coagulação é suficiente para restaurar praticamente toda a função de coagulação no sangue humano, 95% da proteína tem de ser supérflua: um amortecedor, ou um reservatório, possivelmente mantido no corpo como uma segurança para o caso de uma hemorragia catastrófica. Se esse mesmo princípio aplicar-se a outras doenças genéticas causadas por um único gene, por exemplo, a fibrose cística, a terapia gênica poderia ser muito mais fácil de aplicar do que se imaginava. Até uma entrega ineficiente de um gene terapêutico em um pequeno subconjunto de células poderia ser suficiente para tratar uma doença que, de outro modo, seria fatal.

* * *

Mas e quanto à eterna fantasia da genética humana, a alteração de genes em células reprodutivas para criar genomas humanos permanentemente melhorados, a "terapia gênica de linha germinal"? E quanto à criação dos "pós-humanos" ou "transumanos", isto é, embriões humanos com genomas permanentemente modificados? No começo dos anos 1990, o desafio da engenharia permanente do genoma humano reduzira-se a três obstáculos científicos. Cada um deles parecera outrora uma barreira científica intransponível, porém cada um está prestes a ser resolvido. O fato mais notável na engenharia genômica atual não é o quanto estamos longe de alcançá-la, mas o quanto estamos perigosamente, tentadoramente perto.

O primeiro desafio era encontrar uma célula-tronco embrionária humana confiável. As células TE são células-tronco derivadas do cerne de embriões em fase inicial. Elas vivem em trânsito entre células e organismos: podem ser cultivadas e manipuladas como uma linhagem celular em laboratório, mas também são capazes de formar todas as camadas de tecido de um embrião vivo. A alteração do genoma de uma célula TE, portanto, é uma base conveniente para a alteração permanente do genoma de um organismo: se o genoma de uma célula TE puder ser mudado de maneira intencional, existe a possibilidade de introduzir essa mudança genética em um embrião, em todos os órgãos formados no embrião e, assim, em um organismo. A modificação genética de células TE é o estreito desfiladeiro que toda fantasia sobre engenharia genômica de linha germinal tem de percorrer.

Em fins dos anos 1990, o embriologista James Thomson, de Wisconsin, começou a fazer experimentos tentando derivar células-tronco de embriões humanos. Embora desde o final da década de 1970 as células TE de camundongo já fossem conhecidas, dezenas de tentativas de encontrar as análogas humanas haviam fracassado. Thomson encontrou dois fatores responsáveis por esses fracassos: semente ruim e solo ruim. O material inicial para o estabelecimento de células-tronco humanas com frequência era de má qualidade, e as condições para cultivá-las não eram as melhores. Durante sua pós-graduação, nos anos 1980, Thomson se dedicara ao estudo intensivo das células TE de camundongo. Como um jardineiro em uma estufa, capaz de persuadir plantas exóticas a viver e se propagar fora de seus ambientes naturais, ele foi descobrindo as muitas excentricidades das células TE. Elas eram temperamentais, voláteis e exigentes. Ele conhecia a propensão dessas células a se dobrar e morrer à menor provocação. Descobriu a necessidade de células "nutridoras" para acolhê-las, sua singular insistência em aglomerar-se entre si e o brilho translúcido, refrativo e hipnótico dessas células, que o fascinava toda vez que as via no microscópio.

Em 1991, agora trabalhando no Centro Regional de Primatas de Wisconsin, Thomson começou a derivar células TE de macacos. Extraiu um embrião de seis dias de uma fêmea grávida de macaco *Rhesus* e deixou que o embrião crescesse em uma placa de Petri. Seis dias depois, ele removeu a camada exterior do embrião, como se descascasse uma fruta celular, e extraiu células isoladas do cerne daquela massa celular interna. Como fizera com as células de camundongo, ele aprendeu a cultivar essas células em ninhos de células nutridoras capazes de fornecer os fatores de crescimento cruciais; sem essas nutridoras, as células TE morriam. Em 1996, convencido de que era capaz de tentar essa técnica em seres humanos, solicitou permissão aos conselhos reguladores da Universidade de Wisconsin para criar células TE humanas.

Tinha sido fácil encontrar embriões de camundongos e macacos, mas onde um cientista poderia obter embriões *humanos* recém-fertilizados? Thomson atinou com uma fonte óbvia: as clínicas de fertilização in vitro (FIV). Em fins dos anos 1990, a fertilização in vitro tornara-se um tratamento comum para várias formas de infertilidade humana. Nesse procedimento, óvulos são colhidos da mulher após a ovulação. Uma coleta típica fornece vários óvulos — às vezes dez ou doze —, e eles são fecundados por espermatozoides em uma placa de Petri. Os embriões são então cultivados por um breve período em uma incubadora antes de serem implantados de novo no útero.

Nem todos os embriões da FIV eram implantados. Em geral a implantação de mais de três embriões é incomum e insegura, e os embriões que sobram costumam ser descartados (ou, o que é raro, implantados no corpo de outras mulheres, que os geram como mães "postiças"). Em 1996, com a permissão da Universidade de Wisconsin, Thomson obteve 36 embriões de clínicas de FIV. Catorze deles cresceram na incubadora e se tornaram esferas luzidias. Usando a técnica que ele aperfeiçoara em macacos — remover as camadas externas, promover com delicadeza o crescimento celular com "alimentadoras" e células nutridoras —, Thomson isolou algumas células-tronco embrionárias humanas. Implantadas em camundongos, elas foram capazes de gerar todas as três camadas do embrião humano: as fontes primordiais de todos os tecidos, como pele, ossos, músculos, nervos, intestinos e sangue.

As células-tronco que Thomson derivara de embriões descartados em FIV recapitulavam muitas características da embriogênese humana, mas ainda tinham uma limitação importante: embora fossem capazes de produzir quase todos os tecidos humanos, não geravam com eficiência alguns deles, por exemplo, espermatozoides e óvulos. Assim, uma mudança genética introduzida nessas células TE podia ser transmitida a todas as células do embrião, exceto as mais importantes: aquelas capazes de transmitir o gene à próxima geração. Em 1998, logo depois de o artigo de Thomson ter sido publicado na *Science*, grupos de cientistas que incluíam pesquisadores dos Estados Unidos, China, Japão, Índia e Israel começaram a derivar dezenas de linhagens de células-tronco embrionária de tecidos embriônicos fetais na esperança de descobrir uma célula-tronco embrionária capaz de transmitir genes da linha germinal.[5]

Porém, de repente, essa área foi paralisada. Em 2001, três anos depois do artigo de Thomson, o presidente George W. Bush restringiu de maneira drástica todas as pesquisas federais com células-tronco embrionárias às 74 linhagens celulares que já haviam sido criadas.[6] Não era mais permitido derivar nenhuma nova linha, nem mesmo de tecidos embriônicos descartados durante FIV. Os laboratórios que trabalhavam com células TE foram postos sob rigorosa supervisão e sofreram cortes de verbas. Em 2006 e 2007, Bush vetou repetidas vezes o financiamento federal ao estabelecimento de novas linhagens celulares. Multidões de defensores das pesquisas com células-tronco, incluindo pacientes com doenças degenerativas e deficiências neurológicas, ocuparam as ruas de Washington e ameaçaram processar os departamentos federais responsáveis pela proibição. Bush combateu essas reivindicações dando entrevistas coletivas rodeado de crianças nascidas graças à implantação de embriões "descartados" em FIV que haviam sido geradas por mães substitutas.

A proibição de financiamento federal a novas células TE congelou as ambições da engenharia genômica humana, ao menos por um tempo. Mas não pôde deter o avanço do segundo passo necessário para criar mudanças hereditárias permanentes no genoma humano: um método confiável e eficiente para introduzir mudanças intencionais nos genomas de células TE que já existiam.

De início, esse também pareceu ser um problema tecnológico insolúvel. Praticamente todas as técnicas para alterar o genoma humano eram toscas e ineficientes. Cientistas podiam expor células-tronco a radiação para ocasionar mutação em genes, mas essas mutações salpicavam-se aleatoriamente por todo o genoma, frustrando qualquer tentativa de influenciar a direção da mutação. Vírus portadores de mudanças genéticas conhecidas podiam inserir seus genes no genoma, mas o local da inserção era em geral aleatório, e muitas vezes o gene inserido era silenciado. Nos anos 1980, foi inventado outro método para introduzir uma mudança direcional no genoma: inundar células com pedaços de DNA estranho portadores de um gene mutado. O DNA estranho era inserido direto no material genético da célula, ou sua mensagem era copiada no genoma. Embora esse processo funcionasse, era marcadamente ineficiente e suscetível a erros. A mudança *intencional* confiável e eficiente — a alteração deliberada de genes específicos de um modo específico — parecia impossível.

Na primavera de 2011, a pesquisadora Jennifer Doudna foi consultada pela bacteriologista Emmanuelle Charpentier a respeito de um enigma que parecia, a princípio, não ter grande importância para os genes ou a engenharia genômica de seres humanos. Charpentier e Doudna estavam participando de uma conferência sobre microbiologia em Porto Rico. Andando pelas vielas da Velha San Juan, passando pelas casas de paredes magenta e ocre com portas arqueadas e fachadas multicores, Charpentier falou a Doudna sobre seu interesse pelos sistemas imunológicos bacterianos, os mecanismos pelos quais as bactérias defendem-se de vírus. A guerra entre vírus e bactérias vem sendo travada há tanto tempo e com tamanha ferocidade que, como inimigos imemoriais inarredáveis, cada adversário tem sido definido pelo outro: sua animosidade mútua tornou-se impressa em seus genes. A evolução dotou os vírus de mecanismos genéticos para invadir e matar bactérias. E dotou as bactérias de genes para combatê-los. "Uma infecção viral [é] uma bomba-relógio ativada", Doudna sabia. "A bactéria tem apenas alguns minutos para desarmar a bomba antes de ser destruída."

Em meados dos anos 2000, os cientistas franceses Philippe Horvath e Rodolphe Barrangou depararam com um desses mecanismos de autodefesa bacteriana. Horvath e Barrangou, ambos funcionários da indústria alimentícia dinamarquesa Danisco, estavam trabalhando com bactérias produtoras de queijo e iogurte. Eles descobriram que algumas daquelas espécies bacterianas haviam adquirido pela evolução um sistema para produzir cortes coordenados no genoma de vírus invasores a fim de paralisá-los. Esse sistema — uma espécie de canivete molecular — reconhecia vírus agressores seriais por sua sequência de DNA. Os cortes não eram feitos em locais aleatórios, mas em partes específicas do DNA viral.

Logo foi constatado que o sistema de defesa bacteriano envolvia no mínimo dois componentes cruciais. O primeiro era o "buscador" — um RNA codificado no genoma bacteriano que se emparelhava com o DNA do vírus e o reconhecia. O princípio para esse reconhecimento, mais uma vez, era a ligação: o RNA "buscador" era capaz de encontrar e reconhecer o DNA de um vírus invasor porque ele era a imagem no espelho desse DNA, o yin de seu yang. Era como trazer sempre a imagem do inimigo no bolso; ou, no caso da bactéria, uma fotografia invertida, gravada indelevelmente em seu genoma.

O segundo elemento do sistema de defesa era o "matador". Assim que o DNA viral era reconhecido como forasteiro (por sua imagem invertida) e emparelhado, uma proteína bacteriana chamada Cas9 era mobilizada para desferir o corte letal no gene viral. O "buscador" e o "matador" trabalhavam em conjunto: a proteína Cas9 desferiria seus cortes no genoma só depois de a sequência ter sido emparelhada pelo elemento responsável pelo reconhecimento. Era uma combinação clássica de colaboradores: o detector e o executor, o drone e o foguete, Bonnie e Clyde.

Doudna, que por toda a sua vida adulta andara imersa na biologia do RNA, fascinou-se com esse sistema. De início, considerou-o uma curiosidade, "a coisa mais obscura em que já trabalhei", como diria mais tarde. Mas, em colaboração com Charpentier, ela começou a decompor com meticulosidade os componentes do sistema.

Em 2012, Doudna e Charpentier perceberam que o sistema era "programável". Obviamente, bactérias só são portadoras de imagens de genes virais para que possam buscar e destruir vírus; não têm razão para reconhecer ou cortar outros genomas. Mas as pesquisadoras compreenderam o sistema de autodefesa o suficiente para enganá-lo: substituindo um elemento de reconhecimento por outro falso, elas conseguiam forçar o sistema a fazer cortes intencionais em outros genes e genomas. Troque o "buscador, e um gene diferente pode ser procurado e cortado", descobriram.

Na penúltima frase há uma expressão que deve provocar um zunido de fantasia incessante na mente de qualquer especialista em genética humana. Um "corte intencional" em um gene é a fonte de mutação em potencial. A maioria das mutações ocorre aleatoriamente no genoma; não se pode comandar um feixe de raios X ou dirigir um raio cósmico para que mudem seletivamente apenas o gene da fibrose cística ou o gene da doença de Tay-Sachs. Porém, no caso de Doudna e Charpentier, a mutação não era provocada aleatoriamente: o corte podia ser *programado* para ocorrer exatamente no local reconhecido pelo sistema de autodefesa. Mudando o elemento de reconhecimento, elas podiam redirecioná-lo para atacar um gene selecionado, e assim mutar o gene à sua escolha.*

Era possível manipular ainda mais o sistema. Quando um gene é cortado, duas extremidades de DNA ficam à mostra, como em um barbante partido, e as pontas são rearranjadas. O corte e o rearranjo destinam-se a reparar o gene danificado, e o gene então tenta recuperar as informações perdidas procurando uma cópia intacta. Matéria tem de conservar energia; o genoma é estruturado para conservar informações. Em geral, um gene que foi cortado tenta recuperar as informações perdidas buscando-as em outra cópia do gene na célula. Mas se a célula estiver inundada de DNA estranho, o gene tolamente irá copiar as informações desse DNA falso, e não as da sua cópia de segurança. Desse modo, as informações escritas no fragmento de DNA falso são copiadas permanentemente no genoma — é como apagar uma palavra de uma sentença e escrever à força uma outra em seu lugar. Assim, uma mudança genética predeterminada pode ser escrita em um genoma: a sequência ATGGGCCCG em um gene pode ser alterada para ACCGCCGGG (ou para qualquer sequência dese-

---

* Está sendo desenvolvido outro sistema para produzir cortes "programados" em genes específicos usando uma enzima cortadora de DNA. Denominada "TALEN", essa enzima também pode ser usada na edição de genoma.

550

jada). Um gene mutante da fibrose cística pode ser corrigido para a versão selvagem; um gene para ensejar resistência a vírus pode ser introduzido em um organismo; o gene mutante *BRCA1* pode ser revertido para o tipo selvagem; o gene mutado da doença de Huntington, com sua repetição impiedosamente monótona, pode ser desestruturado e deletado. A técnica denomina-se *edição de genoma* ou *cirurgia genômica*.

Doudna e Charpentier publicaram seus dados sobre o sistema de defesa microbiana, chamado CRISPR/Cas9, na revista *Science* em 2012.[7] De imediato o artigo incendiou a imaginação dos biólogos. Nos três anos desde a publicação desse estudo fundamental, o uso dessa tecnologia explodiu.[8] O método ainda tem algumas restrições básicas: às vezes, os cortes são feitos nos genes errados. De tempos em tempos, o reparo não é eficiente e se torna difícil "reescrever" informações em locais específicos do genoma. Mesmo assim, ele funciona com mais facilidade, mais potência e mais eficiência do que praticamente qualquer outro método de alteração genômica até o presente. Na história da biologia só aconteceram uns poucos exemplos em que o acaso ensejou uma descoberta científica desse quilate. Uma defesa microbiana misteriosa, inventada por micróbios, descoberta por engenheiros de iogurte e reprogramada por biólogas do DNA, criou um alçapão para a tecnologia transformadora que os geneticistas vinham buscando ansiosamente por décadas: *um método para produzir no genoma humano uma modificação direcionada, eficiente e específica para uma sequência*. Richard Mulligan, o pioneiro da terapia gênica, fantasiava sobre a "terapia gênica limpa, pura". Esse sistema viabiliza a terapia gênica pura e limpa.

Um último passo é necessário para permitir a modificação intencional permanente do genoma em organismos humanos: é preciso que as mudanças genéticas criadas em células TE humanas sejam incorporadas a embriões humanos. A transformação direta de uma célula TE humana em um embrião humano viável é inconcebível, por razões técnicas e éticas. Embora as células TE humanas sejam capazes de gerar todos os tipos de tecido humano em laboratório, é impossível imaginar que a implantação de uma célula TE humana direto no útero de uma mulher possa se organizar com autonomia em um embrião humano viável. Quando células TE humanas *foram* implantadas em animais, o máximo que puderam mostrar foi uma vaga organização das camadas de tecido vitais para o embrião humano, algo muito longe da coordenação anatômica e fisiológica alcançada por um óvulo fertilizado durante a embriogênese humana.

Uma possível alternativa seria tentar a modificação genética de um embrião in totum depois que ele tiver assumido sua forma anatômica básica, ou seja, alguns dias ou semanas após a concepção. Também essa estratégia teria dificuldades monumentais: uma vez organizado, o embrião humano torna-se em essência refratário à modificação gênica. Obstáculos técnicos à parte, os escrúpulos éticos com um experimento desse tipo suplantariam extraordinariamente quaisquer outras considerações: tentar modificar o genoma de um embrião humano vivo, é óbvio, suscita uma gama de questões que reverberam muito além da biologia e da genética. Na maioria dos países, um experimento nesses moldes está fora das fronteiras concebíveis da permissibilidade.

No entanto, há uma terceira estratégia que poderia ser a mais viável. Suponha que uma mudança genética é introduzida em células TE humanas por meio de tecnologias clássicas de modificação gênica. E agora imagine que as células TE com modificação gênica podem ser convertidas em células *reprodutivas*: espermatozoides e óvulos. Se as células TE são de fato células-tronco pluripotentes, devem ser capazes de originar espermatozoides e óvulos humanos (afinal de contas, um embrião humano real gera suas próprias células germinais: espermatozoides e óvulos).

Agora faça um experimento mental: se um embrião humano puder ser criado por FIV com esse espermatozoide ou óvulo submetido a modificação gênica, o embrião resultante necessariamente conterá essas mudanças genéticas em todas as suas células, inclusive em *seus* espermatozoides e óvulos. As etapas preliminares desse processo podem ser testadas sem mudar nem manipular um embrião humano; desse modo, é possível contornar com segurança as fronteiras morais da manipulação de embriões humanos.* Mais crucial é o fato de que esse processo copia os bem estabelecidos protocolos da FIV: um espermatozoide e um óvulo são fertilizados in vitro, e um embrião em fase inicial é implan-

---

* Um detalhe técnico importante é o fato de que, como células TE podem ser clonadas e expandidas, é possível identificar e descartar células com mutações impremeditadas. Somente células TE submetidas a uma triagem *prévia*, portadoras da mutação desejada, seriam transformadas em espermatozoide ou óvulo.

tado no corpo de uma mulher — um procedimento que não suscita muitos escrúpulos. Esse é um atalho para a terapia gênica de linha germinal, uma porta dos fundos para o transumanismo: a introdução de um gene na *linha* germinal humana é facilitada pela conversão de células TE em *células* germinais.

Grande parte desse problema final estava a caminho de ser resolvido exatamente quando cientistas aperfeiçoavam seu sistema para alterar genomas. No começo de 2014, uma equipe de embriologistas de Cambridge, Inglaterra, e do Instituto Weizmann, em Israel, criou um sistema para obter células germinais primordiais — as precursoras dos espermatozoides e óvulos — a partir de células-tronco embriônicas humanas.[9] Experimentos anteriores, usando versões prévias de células TE humanas, não tinham conseguido criar essas células germinais. Em 2013, pesquisadores israelenses modificaram aqueles estudos pioneiros com o objetivo de isolar novos lotes de células TE que pudessem ser mais capazes de formar células germinais. Um ano depois, em colaboração com cientistas de Cambridge, a equipe descobriu que, quando cultivava essas células TE humanas em condições específicas e conduziam sua diferenciação usando agentes indutores específicos, as células formavam aglomerados de precursores de óvulos e espermatozoides.

Essa ainda é uma técnica desajeitada e ineficiente. É óbvio que, devido às duras restrições à criação de embriões humanos artificiais, ainda não se sabe se essas células com características de espermatozoides e óvulos seriam capazes de desenvolvimento normal. Mas a derivação básica de células capazes de transmitir a hereditariedade tinha sido alcançada. Em princípio, se as células TE originais puderem ser modificadas usando qualquer técnica genética — incluindo edição gênica, cirurgia genética ou inserção de um gene por meio de um vírus —, qualquer mudança genética pode ser gravada em caráter permanente e hereditário no genoma humano.

Uma coisa é manipular genes. Outra, bem diferente, é manipular genomas. Nos anos 1980 e 1990, a tecnologia de sequenciamento do DNA e clonagem de genes permitiu aos cientistas entender e manipular genes e, assim, controlar a biologia de células com extraordinária destreza. Mas a manipulação de genomas em seu contexto nativo, sobretudo em células embriônicas ou germinais, abre a porta para uma tecnologia muitíssimo mais poderosa. O que está em jogo não é mais uma célula, e sim um organismo: nós.

Em meados de 1939, Albert Einstein, refletindo sobre os avanços recentes em física nuclear em sua sala na Universidade Princeton, percebeu que cada passo necessário para chegar à criação de uma arma incalculavelmente poderosa já tinha sido concluído. O isolamento do urânio, a fissão nuclear, a reação em cadeia, o amortecimento dessa reação e sua liberação controlada em uma câmera haviam sido viabilizados. Agora só faltava a sequência: encadeando essas reações em ordem, seria possível obter uma bomba atômica. Em 1972, em Stanford, Paul Berg olhou as fitas de DNA em um gel e se viu em circunstância semelhante. Cortar e colar um gene, criar quimeras e introduzir essas quimeras gênicas em células de bactérias e mamíferos permitiam aos cientistas engendrar híbridos genéticos de seres humanos e vírus. Agora só faltava encadear essas reações em uma sequência.

Estamos em um momento semelhante: os primeiros frêmitos da engenharia genômica. Considere os seguintes passos em sequência: a) a derivação de uma verdadeira célula-tronco embrionária humana (capaz de formar espermatozoides e óvulos); b) um método para criar modificações genéticas confiáveis e intencionais nessa linhagem celular; c) a conversão dirigida dessa célula-tronco com modificação gênica em espermatozoides e óvulos humanos; d) a produção por FIV de embriões humanos a partir desses espermatozoides e óvulos modificados... e chega-se, com pouco esforço, a seres humanos geneticamente modificados.

Aqui não há prestidigitação; cada um dos passos está ao alcance da tecnologia atual. Claro que ainda há muito o que explorar. Todo gene pode ser eficientemente alterado? Quais são os efeitos colaterais dessas alterações? Os espermatozoides e óvulos formados a partir de células TE gerarão de fato embriões humanos funcionais? Muitos obstáculos técnicos secundários ainda permanecem. Mas as peças principais do quebra-cabeça já estão no lugar.

Previsivelmente, hoje cada um desses passos é tolhido por regulações e proibições rigorosas. Em 2009, depois de uma prolongada proibição a pesquisas sobre células TE financiadas por verbas federais, o governo de Barack Obama revogou a proibição à derivação de novas células TE nos Estados Unidos. Porém, mesmo com as novas regulações, os INS proíbem de forma categórica dois tipos de estudo com células TE humanas. Primeiro, os cientistas não têm autorização para introduzir essas células em seres humanos ou animais de modo a permitir que se desenvolvam até se tornarem embriões vivos. Segundo, não podem ser feitas modificações genômicas em células TE em circunstâncias que "possam ser transmitidas à linha germinal", ou seja, a espermatozoides ou óvulos.

Em meados de 2015, quando eu concluía este livro, um grupo de cientistas, entre os quais Jennifer Doudna e David Baltimore, publicou uma declaração conjunta pedindo uma moratória ao uso de tecnologias de edição e alteração gênica em contexto clínico, sobretudo em células TE humanas.[10] Diz o texto:

> A possibilidade da engenharia em linha germinal humana há tempos empolga e preocupa o público, em especial à luz do receio de resvalarmos por uma "ladeira escorregadia" que iria das aplicações na cura de doenças a usos menos imperiosos ou até a implicações inquietantes. Um ponto fundamental da discussão é se o tratamento ou cura de doenças graves em seres humanos seria um uso responsável da engenharia genômica e, em caso positivo, em que circunstâncias. Por exemplo, seria apropriado usar a tecnologia para mudar uma mutação genética causadora de doença para uma sequência mais típica de pessoas saudáveis? Até esse cenário direto suscita graves preocupações [...] porque há limites para o que conhecemos sobre a genética humana, as interações gene-ambiente e os caminhos da doença.

Muitos cientistas acham compreensível e até necessário esse pedido de moratória. O biólogo especialista em células-tronco George Daley frisa:

> A edição gênica traz a questão fundamental de como iremos ver a nossa humanidade no futuro e se iremos dar os passos drásticos para modificar nossa linha germinal e, em certo sentido, assumir o controle do nosso destino genético, o que gera um perigo imenso para a humanidade.

Em muitos aspectos, o esquema de restrições proposto lembra a moratória de Asilomar. Ele procura limitar o uso da tecnologia até que seja possível determinar suas implicações éticas, políticas, sociais e legais. Pede ao público uma avaliação da ciência e seu futuro. É também um franco reconhecimento do quanto estamos aflitivamente perto de criar embriões com genomas humanos alterados em caráter permanente. "Está muito claro que tentarão fazer edição gênica em seres humanos", disse Rudolf Jaenisch, biólogo do MIT que criou os primeiros embriões de camundongo a partir de células TE.[11] "Precisamos de algum acordo de princípios afirmando que queremos melhorar os seres humanos de um modo e não de outro."

A palavra para a qual temos de atentar nesta última sentença é "melhorar", pois ela sinaliza um afastamento radical dos limites convencionais da engenharia genômica. Antes da invenção das tecnologias de edição de genoma, técnicas como a seleção de embriões nos permitiam remover informações do genoma humano: selecionando embriões por meio de diagnóstico genético pré-implantacional (PGD), era possível eliminar de uma dada linhagem familiar a mutação da doença de Huntington ou a da fibrose cística.

Em contraste, a engenharia genômica baseada no CRISPR-Cas9 permite que *adicionemos* informações ao genoma: um gene pode ser mudado de modo intencional e um novo código genético pode ser escrito no genoma humano. "Essa realidade significa que a manipulação de linha germinal seria justificada, em grande medida, por tentativas de 'nos melhorar'", escreveu-me Francis Collins.[12] "Isso significa que foi dado a alguém o poder de decidir o que é 'melhora'. Qualquer um que esteja cogitando uma ação como essa precisa estar alerta para tal presunção."

O xis da questão, portanto, não é a emancipação genética (libertar-se das amarras das doenças hereditárias), mas a melhora genética (libertar-se das atuais fronteiras da forma e do destino codificadas no genoma humano). A distinção entre essas duas coisas é o frágil pivô em torno do qual gira o futuro da edição genômica. Se a doença de um homem é a normalidade de outro, como a história nos ensina, o que uma pessoa entende por melhora pode ser o que outra entende por emancipação ("Por que não nos tornarmos um pouquinho melhores?", como indaga Watson).

Mas os seres humanos podem "melhorar" de maneira responsável seus próprios genomas? Quais são as consequências de aumentar as informações naturais codificadas pelos nossos genes? Podemos tornar nossos genomas "um pouquinho melhores" sem correr o risco de nos tornarmos substancialmente piores?

* * *

Em meados de 2015, um laboratório da China anunciou despreocupadamente que havia transposto essa barreira.[13] Na Universidade Sun Yat-sen em Guangzhou, uma equipe chefiada por Junjiu Huang obteve 86 embriões humanos de uma clínica de FIV e tentou usar o sistema CRISPR/Cas9 para corrigir um gene responsável por um distúrbio sanguíneo comum. Setenta e um embriões sobreviveram. Dos 54 embriões testados, apenas quatro, descobriu-se, tiveram inserido o gene correto. O mais lastimável é que o sistema tinha imprecisões: em um terço dos embriões testados também foram introduzidas mutações não deliberadas em outros genes, entre as quais mutações em genes essenciais para o desenvolvimento normal e a sobrevivência. O experimento foi interrompido.

Esse foi um experimento deplorável, malfeito, destinado a provocar uma reação. E conseguiu. No resto do mundo, cientistas reagiram com angústia e preocupação extremas à tentativa de modificar um embrião humano. As revistas científicas mais conceituadas, entre as quais *Science*, *Cell* e *Nature*, recusaram-se a publicar os resultados,[14] citando amplas violações da segurança e preocupações éticas (os resultados acabaram sendo publicados em uma revista on-line de público pequeno, *Protein & Cell*).[15] No entanto, apesar de lerem o estudo com apreensão e horror, os biólogos já sabiam que esse era apenas o primeiro passo para além do ponto-limite. Os pesquisadores chineses haviam seguido a rota mais curta para a engenharia permanente do genoma humano e, como era previsível, os embriões com mutações impremeditadas tinham sido jogados fora. Mas era possível modificar a técnica com diversas variações para torná-la potencialmente mais eficiente e acurada. Se tivessem sido usadas células-tronco embrionárias e espermatozoides e óvulos derivados de células-tronco, por exemplo, essas células poderiam ter sido selecionadas de antemão de modo a remover mutações danosas, e a eficiência do "*gene targeting*" poderia ter sido bastante aumentada.

Junjiu Huang disse a um jornalista que seu plano era

> diminuir o número de mutações não premeditadas [usando] diferentes estratégias — ajustando as enzimas para guiá-las com mais precisão ao local desejado, introduzindo as enzimas em um formato diferente que pudesse ajudar a regular seu tempo de vida e, assim, permitir que se desativassem antes que se acumulassem mutações.[16]

Ele esperava tentar outra variação do experimento dali a poucos meses, dessa vez com muito mais eficiência e fidelidade. Não estava exagerando: a tecnologia para modificar o genoma de um embrião humano pode ser complexa, ineficiente e imprecisa, mas não está fora do alcance da ciência.

Enquanto os cientistas do Ocidente continuam a observar com justificada apreensão os experimentos de Junjiu Huang com embriões humanos, os cientistas chineses mostram-se bem mais otimistas. "Acho que a China não quer uma moratória", declarou um cientista ao *New York Times* em fins de junho de 2015.[17] Um bioético chinês esclareceu:

> O pensamento confuciano diz que alguém só se torna uma pessoa depois de nascer. É diferente nos Estados Unidos e em outros países de influência cristã, onde, por causa da religião, pode haver o sentimento de que não é certo fazer pesquisa com embriões. Aqui a nossa "linha vermelha" determina que só se pode fazer experimentos com embriões de menos de catorze dias.

Outro cientista descreveu a atitude chinesa como "Faça primeiro, pense depois". Vários analistas leigos parecem concordar com essa estratégia; na seção de comentários do *New York Times*, leitores defenderam a revogação da proibição à engenharia genômica humana e clamaram por um aumento da experimentação no Ocidente, em parte para que não se fique atrás na competição com a Ásia. Os experimentos chineses, é evidente, elevaram a parada no mundo todo. Como disse um escritor, "se não fizermos esse trabalho, os chineses farão". O ímpeto para mudar o genoma de um embrião humano transformou-se em uma corrida armamentista intercontinental.

Até o momento em que escrevo estas linhas, quatro outros grupos da China dizem que estão trabalhando na introdução de mutações permanentes em embriões humanos. Eu não me surpreenderia se, na época em este livro for publicado, a primeira modificação genômica de alvo específico em um embrião humano tiver sido feita com êxito em laboratório. O primeiro ser humano "pós-genômico" pode estar prestes a nascer.

Precisamos de um manifesto — ou pelo menos um guia do mochileiro — para um mundo pós-genômico. O historiador Tony Judt me disse que a peste era o assunto do romance *A peste*, de Albert Camus, no mesmo sentido em que o assunto de *Rei Lear* é um rei chamado Lear. Em *A peste*, um cataclismo biológico torna-se o campo de provas para nossas falibilidades, desejos e ambições. Não se pode ler essa obra senão como uma alegoria quase indisfarçada da natureza humana. O genoma também é um campo de provas para nossas falibilidades e desejos, embora sua leitura não requeira compreender alegorias ou metáforas. O que lemos e escrevemos no nosso genoma *são* as nossas falibilidades, desejos e ambições. Ele é a natureza humana.

A tarefa de escrever esse manifesto completo compete a outra geração, mas talvez possamos esboçar suas ressalvas iniciais lembrando as lições científicas, filosóficas e morais desta história:

1. *O gene é a unidade básica de informação hereditária.* Ele contém as informações necessárias para construir, manter e reparar organismos. Genes colaboram com outros genes, com dados do ambiente, com gatilhos e com o acaso na produção da forma e função finais de um organismo.
2. *O código genético é universal.* Um gene de baleia azul pode ser inserido em uma bactéria microscópica e será decifrado de maneira acurada e com fidelidade quase perfeita. Um corolário: não há nada de particularmente especial nos genes humanos.
3. *Genes influenciam forma, função e destino, mas essas influências em geral não ocorrem de modo biunívoco.* A maioria dos atributos humanos é consequência de mais de um gene; muitos são resultado de colaborações entre genes, ambientes e acaso. A maioria dessas interações não é sistemática, ou seja, elas ocorrem graças à interação de um genoma com eventos em essência imprevisíveis. E alguns genes tendem a influenciar apenas propensões e tendências. Portanto, só para um pequeno subconjunto de genes podemos predizer com confiança o efeito final de uma mutação ou variação em um organismo.
4. *Variações em genes contribuem para variações em características, formas e comportamentos.* Quando usamos os termos coloquiais "gene para olhos azuis" ou "gene para altura", na verdade nos referimos a uma variação (ou alelo) que especifica a cor dos olhos ou a altura. Essas variações constituem uma porção muitíssimo diminuta do genoma. Elas são magnificadas na nossa imaginação porque tendências culturais e possivelmente biológicas em geral amplificam as diferenças. Um dinamarquês de um

metro e noventa de altura e um nativo de Demba de um metro e trinta têm em comum a anatomia, a fisiologia e a bioquímica. Até as duas variantes humanas mais extremas, o macho e a fêmea, têm em comum 99,688% de seus genes.

5. *Quando dizemos que encontramos "genes para" certas características ou funções humanas, é porque essa característica está sendo definida estreitamente.* Faz sentido definir "genes para" tipo sanguíneo ou "genes para" altura porque esses atributos têm definições intrinsecamente estreitas. No entanto, um velho pecado da biologia é confundir a definição de uma característica com a característica em si. Se definirmos "beleza" como ter olhos azuis (e apenas olhos azuis), então de fato encontraremos um "gene para a beleza". Se definirmos "inteligência" como o desempenho em apenas um tipo de problema em apenas um tipo de teste, de fato encontraremos um "gene para a inteligência". O genoma é apenas um espelho para a amplidão ou estreiteza da imaginação humana. É Narciso refletido.

6. *Não faz sentido falar em "natureza" ou "criação" em termos absolutos ou abstratos.* Depende muito da característica individual e do contexto se, no desenvolvimento de uma característica ou função, quem vai dominar é a natureza — isto é, o gene — ou a criação — isto é, o ambiente. O gene *SRY* determina a anatomia e a fisiologia sexual de um modo notavelmente autônomo; é totalmente natureza. A identidade de gênero, a preferência sexual e a escolha de papéis sexuais são determinadas por interseções de genes e ambientes, ou seja, natureza mais criação. Em contraste, o modo como a "masculinidade" e a "feminilidade" são desempenhadas em uma sociedade é determinado, em grande medida, pelo ambiente, memória social, história e cultura; é totalmente criação.

7. *Cada geração de seres humanos produzirá variantes e mutantes; essa é uma parte inextricável da nossa biologia.* Uma mutação só é "anormal" em um sentido estatístico: ela é a variante menos comum. O desejo de homogeneizar e "normalizar" os seres humanos tem de ser contrabalançado por imperativos biológicos para manter a diversidade e a anormalidade. Normalidade é antítese de evolução.

8. *Muitas doenças humanas — inclusive várias doenças antes relacionadas a dieta, exposição, ambiente e acaso — são poderosamente influenciadas ou causadas por genes.* A maioria delas é poligênica, ou seja, influenciada por

mais de um gene. Elas são "hereditárias", vale dizer, causadas pela interseção de uma dada permutação de genes, mas não facilmente "herdáveis", ou seja, não têm grande probabilidade de ser transmitidas intactas à geração seguinte, pois as permutações de genes são "remixadas" a cada geração. Os casos de cada doença de um só gene, ou "monogênicas", são raros, mas, somadas, elas se mostram surpreendentemente comuns. Até o presente, foram identificadas mais de 10 mil doenças desse tipo. Entre uma em cem e uma em duzentas crianças nascerão com uma doença monogênica.

9. *Cada "doença" genética é uma incompatibilidade entre o genoma de um organismo e seu ambiente.* Em alguns casos, a intervenção médica apropriada para mitigar uma doença poderia ser alterar o ambiente para torná-lo "adequado" à forma de um organismo (construir reinos arquitetônicos alternativos para pessoas com nanismo; imaginar paisagens educacionais alternativas para crianças com autismo). Em outros casos, ao contrário, poderia significar promover mudanças em genes para "adequá-los" ao ambiente. Em outros casos ainda, a compatibilização talvez seja impossível: as formas mais graves de doença genética, como aquelas causadas por genes essenciais que não funcionam, são incompatíveis com todos os ambientes. Uma peculiar falácia moderna é imaginar que a solução definitiva para a doença é mudar a natureza — ou seja, genes — quando, muitas vezes, o ambiente é mais maleável.

10. *Em casos excepcionais, a incompatibilidade genética pode ser tão profunda que só medidas extraordinárias, como a seleção genética ou intervenções genéticas diretas, se justificam.* Enquanto não compreendemos as muitas consequências impremeditadas de selecionar genes e modificar genomas, é mais seguro categorizar tais casos como exceções, e não como regras.

11. *Não existe nada nos genes ou genomas que os tornem inerentemente resistentes à manipulação química e biológica.* A noção comum de que "a maioria das características humanas resulta de complexas interações gene-ambiente e de múltiplos genes" é absolutamente verdadeira. No entanto, embora essas complexidades restrinjam a capacidade de manipular genes, elas deixam muitas oportunidades para formas potentes de modificação gênica. Reguladores-mestres que afetam dezenas de genes são comuns na biologia humana. Um modificador epigenético pode ser estruturado para

mudar o estado de centenas de genes com um único comutador. O genoma está repleto desses pontos de intervenção.

12. *Até agora, um triângulo de considerações — sofrimento extraordinário, genótipos altamente penetrantes e intervenções justificáveis — restringiu nossas tentativas de intervir em humanos.* Conforme afrouxarmos as fronteiras desse triângulo (mudando os critérios de "sofrimento extraordinário" ou "intervenções justificáveis"), precisaremos de novos preceitos biológicos, culturais e sociais para determinar quais intervenções genéticas podem ser permitidas ou reprimidas e em que circunstâncias essas intervenções se tornam seguras ou permissíveis.

13. *Em parte, a história se repete porque o genoma se repete. E o genoma se repete em parte porque a história se repete.* Os impulsos, ambições, fantasias e desejos que impelem a história humana são, ao menos em parte, codificados no genoma humano. Por sua vez, a história humana selecionou genomas que promovem esses impulsos, ambições, fantasias e desejos. Esse círculo de lógica autorrealizável é responsável por algumas das qualidades mais magníficas e evocativas da nossa espécie, mas também por algumas das mais repreensíveis. Querer escapar da órbita dessa lógica é pedir demais, mas reconhecer sua circularidade inerente e ser cético quanto aos seus excessos poderia proteger os fracos da vontade dos fortes, e os "mutantes" de serem aniquilados pelos "normais".

Talvez até esse ceticismo exista em alguma parte dos nossos 21 mil genes. Talvez a compaixão que esse ceticismo faculta também esteja indelevelmente codificada no genoma humano.

Talvez seja parte daquilo que nos faz humanos.

Epílogo

Bheda, Abheda

> *Sura-na Bheda Pramaana Sunaavo;*
> *Bheda, Abheda, Pratham kara Jaano.*

> Mostre-me que você sabe dividir as notas de uma canção;
> Mas primeiro me mostre que sabe discernir
> Entre o que pode ser dividido
> E o que não pode.
>> Composição musical anônima inspirada em um poema
>> clássico em sânscrito

Abhed: indivisível, meu pai assim chamou os genes. *Bhed*, o oposto, é também uma palavra-caleidoscópio: "discriminar, excisar, determinar, discernir, dividir, curar". Tem raízes linguísticas em comum com *vidya*, "conhecimento", e com *ved*, "medicina". As escrituras hindus, os Vedas, adquiriram seu nome da mesma raiz. Ela se originou da antiga palavra indo-europeia "*uied*", "conhecer" ou "discernir significado".

Cientistas dividem. Nós discriminamos. É um risco ocupacional inevitável em nossa profissão o imperativo de dividir o mundo em suas partes constituintes — genes, átomos, bytes — antes de torná-lo de novo inteiro. Não conhecemos nenhum outro mecanismo para compreender o mundo: para criar a soma das partes, precisamos começar por dividi-lo nas partes da soma.

No entanto, esse método traz implícito um risco. Assim que percebemos organismos — seres humanos — como conjuntos montados com genes, ambientes e interações gene-ambiente, nossa visão do ser humano muda fundamentalmente. "Nenhum biólogo sensato acredita que somos totalmente um produto dos nossos genes", disse-me Berg, "mas, assim que trazemos os genes à baila, nossa percepção de nós mesmos não pode mais ser a mesma."[1] Um todo montado com a soma das partes é diferente do todo antes de ele ter sido dividido nas partes.

Como diz o poema em sânscrito:

Mostre-me que você sabe dividir as notas de uma canção;
Mas primeiro me mostre que sabe discernir
Entre o que pode ser dividido
E o que não pode.

A genética humana tem pela frente três projetos enormes. Os três relacionam-se a discriminação, divisão e, por fim, reconstrução. O primeiro consiste em discernir a natureza exata das informações codificadas no genoma humano. O Projeto Genoma Humano forneceu o ponto de partida para essa tarefa, porém suscita uma série de questões intrigantes sobre o que, exatamente, é "codificado" pelos 3 bilhões de nucleotídeos do DNA humano. Quais são os elementos funcionais do genoma? Existem, é óbvio, genes codificadores de proteína — cerca de 21 mil a 24 mil no total —, mas também há sequências de genes reguladoras, e trechos de DNA (íntrons) que dividem os genes em módulos. Existem informações para construir dezenas de milhares de moléculas de RNA que não são traduzidas em proteínas, mas ainda assim parecem desempenhar diversos papéis na fisiologia celular. Existem longas estradas de DNA "lixo" que provavelmente não são lixo coisa nenhuma e talvez codifiquem centenas de funções até agora desconhecidas. Existem voltas e pregas que permitem que uma parte do cromossomo associe-se a outra parte no espaço tridimensional.

Para entender o papel de cada um desses elementos, um vasto projeto internacional, iniciado em 2013, pretende criar um compêndio de cada elemento funcional no genoma humano, isto é, qualquer parte de qualquer sequência em qualquer cromossomo que tenha uma função de codificar ou instruir. Engenhosamente intitulado Encyclopedia of DNA Elements [Enciclopédia de Elementos do DNA] (ENC-O-DE), esse projeto irá relacionar a sequência do genoma humano a todas as informações que ele contém.

Assim que esses "elementos" funcionais forem identificados, os biólogos poderão passar ao segundo problema: compreender como os elementos podem combinar-se no tempo e no espaço para possibilitar a embriologia e a fisiologia humana, a especificação de partes anatômicas e o desenvolvimento dos traços e características únicos de um organismo.* Um fato deve nos manter humildes no que diz respeito à nossa compreensão do genoma humano: conhecemos pouquíssimo sobre o genoma *humano*: boa parte do que sabemos sobre nossos genes e suas funções é inferida com base em genes aparentemente semelhantes de leveduras, vermes, moscas e camundongos. Como escreveu David Botstein, "pouquíssimos genes humanos foram estudados diretamente".[2] Parte da tarefa da nova genômica é eliminar a lacuna entre ratos e homens: determinar como os genes humanos funcionam no contexto do organismo humano.

Para a genética médica, esse projeto promete vários resultados particularmente importantes. A anotação funcional do genoma humano permitirá aos biólogos descobrir novos mecanismos de doenças. Novos elementos genômicos serão associados a doenças complexas, e essas associações nos permitirão determinar as causas fundamentais de doenças. Ainda desconhecemos, por exemplo, como a interação entre informações genéticas, exposições comportamentais e acaso causa hipertensão, esquizofrenia, depressão, obesidade, câncer ou doença cardíaca. Descobrir os elementos funcionais do genoma que estão associados a essas doenças é o primeiro passo para desvendar os mecanismos pelos quais elas surgem.

---

* Para compreender como os genes se concretizam em organismos, é necessário compreender não só os genes, mas também o RNA, as proteínas e as marcas epigenéticas. Estudos futuros precisarão revelar como o genoma, todas as variantes de proteína (o proteoma) e todas as marcas epigenéticas (o epigenoma) coordenam-se para construir e manter um ser humano.

Além disso, compreender essas associações revelará o poder preditivo do genoma humano. Em uma influente resenha publicada em 2011, o psicólogo Eric Turkheimer escreveu:

> Um século de estudos com famílias de gêmeos, irmãos, pais e filhos, filhos adotivos e linhagens inteiras estabeleceu, sem sombra de dúvida, que os genes têm um papel crucial na explicação de *todas* as diferenças humanas, das médicas às normais, das biológicas às comportamentais.[3]

Contudo, apesar da força dessas associações, o "mundo genético", como Turkheimer o denomina, revelou-se muito mais difícil de mapear e deslindar do que se esperava. Até há pouco tempo, as únicas mudanças genéticas com grande poder para prenunciar doenças futuras eram aquelas de alta penetrância que causavam os fenótipos mais graves. Era particularmente difícil decifrar combinações de variantes gênicas. E era impossível determinar como uma permutação específica de genes (isto é, um genótipo) determinaria um resultado específico no futuro (isto é, um fenótipo), sobretudo se esse resultado fosse governado por uma profusão de genes.

Mas essa barreira talvez logo possa cair. Faça um experimento mental que, à primeira vista, pode parecer mirabolante. Suponha que conseguimos sequenciar de modo abrangente os genomas de 100 mil crianças *prospectivamente* — ou seja, antes que se saiba qualquer coisa a respeito do futuro de qualquer delas —, e que montamos um banco de dados contendo todas as variações e combinações dos elementos funcionais do genoma de cada criança (100 mil é um número arbitrário; o experimento pode ser com qualquer número de crianças). Agora imagine que criamos um "mapa do destino" dessa coorte de crianças: cada doença ou aberração fisiológica é identificada e registrada em um banco de dados paralelo. Poderíamos descrever esse mapa como um "fenoma" humano — o conjunto de todos os fenótipos (atributos, características, comportamentos) de um indivíduo. E agora imagine uma máquina computacional que extraia os dados desses pares de mapa de genes/mapa de destino para determinar como um pode predizer o outro. Apesar de incertezas remanescentes, inclusive profundas, o mapeamento prospectivo de 100 mil genomas humanos relacionados a 100 mil fenomas humanos nos forneceria um extraordinário conjunto de dados. Ele começaria a descrever a natureza do destino que é codificado no genoma.

A característica extraordinária desse mapa do destino é que ele não precisaria restringir-se a doenças; poderia ser tão amplo, profundo e detalhado quanto desejássemos. Poderia incluir o baixo peso de uma criança ao nascer, uma deficiência de aprendizado na pré-escola, o tumulto transitório de uma adolescência específica, uma paixonite juvenil, um casamento por impulso, uma revelação de homossexualidade, infertilidade, crise da meia-idade, propensão ao vício, catarata no olho esquerdo, calvície precoce, depressão, ataque cardíaco, morte precoce por câncer de ovário ou de mama. Um experimento dessa magnitude seria inconcebível no passado. Mas o poder combinado da tecnologia da computação, do armazenamento de dados e do sequenciamento de genes torna-o concebível no futuro. É um colossal estudo de gêmeos, só que sem gêmeos: milhões de "gêmeos" genéticos virtuais são criados por computador equiparando-se genomas no espaço e no tempo, e então essas permutações recebem anotações relacionadas aos eventos da vida.

É importante reconhecer as limitações inerentes de projetos desse tipo, ou, de um modo mais geral, de tentar predizer doenças e destinos com base em genomas. Um observador lastimou: "Talvez as explicações genéticas [acabem por] descontextualizar processos etiológicos, sub-representar o papel dos ambientes, produzir algumas intervenções médicas assombrosas, [mas] revelem pouco sobre o destino das populações".[4] No entanto, o poder desse tipo de estudo está justamente em "descontextualizar" a doença; *genes* fornecem o contexto para compreender o desenvolvimento e o destino. Situações que são dependentes de contexto ou do ambiente acabam diluídas ou eliminadas, restando apenas as que são poderosamente afetadas por genes. Com um número suficiente de sujeitos na pesquisa e um poder computacional à altura, quase toda a capacidade preditiva do genoma pode, em princípio, ser determinada e computada.

O último projeto talvez seja o de maior alcance. Assim como a capacidade de predizer fenomas humanos com base em genomas humanos era limitada pela escassez de tecnologias computacionais, a capacidade de *mudar* de modo intencional genomas humanos estava restrita pela escassez de tecnologias biológicas. Na melhor das hipóteses, os métodos de entrega de genes, por exemplo, com vírus, eram ineficientes e não confiáveis; na pior das hipóteses, eram letais. Além disso, a entrega intencional de genes no embrião humano era praticamente impossível.

Essas barreiras também começaram a cair. Novas tecnologias de "edição gênica" hoje permitem aos geneticistas fazer alterações notavelmente precisas no genoma humano com especificidade igualmente notável. Em princípio, uma única letra de DNA pode ser mutada para outra letra de modo direcional, deixando as outras 3 bilhões de bases do genoma intocadas em grande medida (poderíamos comparar essa tecnologia a um mecanismo de edição de texto capaz de escanear 66 volumes da *Encyclopaedia Britannica* e encontrar, apagar e mudar uma palavra, deixando todas as demais intocadas). Entre 2010 e 2014, uma pesquisadora pós-doutoranda do meu laboratório tentou introduzir uma mudança genética definida em uma linhagem celular usando os vírus comumente empregados para entrega de genes, mas não foi bem-sucedida. Em 2015, depois de mudar para a nova tecnologia baseada no CRISPR, em seis meses ela engendrou catorze alterações de genes em catorze genomas humanos, incluindo genomas de células-tronco embrionárias humanas — um feito inimaginável no passado. Geneticistas e terapeutas gênicos do mundo todo estão agora explorando a possibilidade de mudar o genoma humano com energia e urgência renovadas, em parte porque as tecnologias atuais nos deixaram à beira de um precipício. Uma combinação de tecnologias para células-tronco, transferência nuclear e modulação epigenética com métodos de edição gênica tornou concebível a possibilidade de manipular amplamente o genoma humano e criar seres humanos transgênicos.

Não temos conhecimentos sobre a fidelidade e a eficiência dessas técnicas na prática. Fazer uma mudança intencional em um gene traz o risco de criar uma mudança impremeditada em outra parte do genoma? Alguns genes são mais facilmente "editados" do que outros — e o que governa a maleabilidade de um gene? Também não sabemos se fazer uma mudança direcionada em um gene poderia desregular todo o genoma. Se alguns genes são de fato "receitas", como na formulação de Dawkins, alterar um gene pode trazer consequências abrangentes para a regulação gênica, com a possibilidade de que isso desencadeie uma torrente de consequências correnteza abaixo, de maneira análoga ao proverbial efeito borboleta. Se esses genes de efeito borboleta forem comuns no genoma, representarão limitações fundamentais às tecnologias de edição gênica. A descontinuidade dos genes — a natureza separada e autônoma de cada unidade individual de hereditariedade — mostrará ser uma ilusão: talvez os genes sejam mais interligados do que imaginamos.

Mas primeiro me mostre que sabe discernir
entre o que pode ser dividido
e o que não pode.

Imagine, então, um mundo onde essas tecnologias possam ser empregadas rotineiramente. Quando uma criança é concebida, dá-se a cada genitor a escolha de examinar o feto por meio de um abrangente sequenciamento do genoma in utero. Identificam-se as mutações que causam as deficiências mais graves, e os pais têm a opção de abortar esses fetos nas fases mais iniciais da gestação ou de implantar seletivamente apenas os fetos "normais" depois de uma abrangente triagem gênica (poderíamos chamá-la de diagnóstico genético pré-implantacional abrangente, ou c-PGD).*

O sequenciamento genômico também identificaria combinações de genes mais complexas que pudessem causar *tendências* a doença. Ao nascerem crianças com essas tendências preditas, seria oferecida a possibilidade de submetê-las a intervenções seletivas durante toda a infância. Uma criança com tendência a uma forma genética de obesidade, por exemplo, poderia ser monitorada para detectar mudanças na massa corporal, tratada com uma dieta alternativa ou "reprogramada" metabolicamente por meio de hormônios, remédios ou terapias gênicas durante a infância. Uma criança com tendência a síndrome de déficit de atenção ou hiperatividade poderia ser tratada com terapia comportamental ou posta em uma sala de aula com ambiente mais motivador.

---

* O exame abrangente de genomas fetais já entrou na prática clínica, conhecido como exame pré-natal não invasivo, ou NIPT. Em 2014, uma empresa chinesa informou ter examinado 150 mil fetos para detectar distúrbios cromossômicos e afirmou que estava ampliando o escopo do exame para descobrir mutações monogênicas. Embora aparentemente esses exames detectem anormalidades cromossômicas, por exemplo, a da síndrome de Down, com fidelidade igual à da amniocentese, um grande problema desses exames são os "falsos positivos", isto é, julga-se que o DNA fetal contém uma anormalidade cromossômica, quando, na verdade, ele é normal. Essas porcentagens de falsos positivos diminuirão à medida que a tecnologia avançar.

Se e quando tais doenças surgissem ou avançassem, seriam usadas terapias baseadas em genes para tratá-las ou curá-las. Genes corrigidos seriam entregues direto nos tecidos afetados: por exemplo, o gene funcional da fibrose cística seria aerossolizado e injetado nos pulmões do paciente, onde restauraria em parte o funcionamento normal do órgão. Uma menina nascida com deficiência em ADA seria submetida a um transplante de células-tronco da medula óssea contendo o gene correto. Para doenças mais complexas, o diagnóstico genético seria combinado a terapias gênicas, com medicamentos e "terapias ambientais". Os cânceres seriam analisados de modo abrangente, documentando-se as mutações responsáveis por impelir o crescimento maligno de um câncer específico. Essas mutações seriam usadas para identificar as vias culpadas que impelem o crescimento de células e para criar terapias primorosamente direcionadas para matar células malignas e poupar células normais.

"Imagine que você é um soldado que volta da guerra com transtorno de estresse pós-traumático", escreveu o psiquiatra Richard Friedman no *New York Times* em 2015.[5]

> Com um simples exame de sangue direcionado para variantes gênicas, poderíamos descobrir se você tem grande capacidade biológica para [beneficiar-se da terapia de] extinção do medo. [...] Se você tivesse uma mutação que reduzisse sua capacidade de extinguir o medo, seu terapeuta saberia que você precisa de mais exposição — mais sessões de terapia — para se recuperar. Ou, talvez, de uma terapia em tudo diferente que não fosse baseada em exposição, como a terapia interpessoal ou a medicação.

Talvez medicamentos capazes de apagar marcas epigenéticas possam extinguir memórias históricas.

Diagnósticos e intervenções genéticas também seriam usados para detectar e corrigir mutações em embriões humanos. Quando mutações em certos genes passíveis de intervenção fossem identificadas na linha germinal, seria dada aos pais a escolha entre cirurgia genética para alterar seus espermatozoides e óvulos antes da concepção ou triagem pré-natal dos embriões para evitar a implantação de embriões mutantes. Genes causadores das variantes mais danosas de doenças seriam, desse modo, excisados diretamente do genoma humano por meio de seleção positiva ou negativa ou de modificação do genoma.

* * *

Esse cenário, se lido com atenção, inspira fascínio e, ao mesmo tempo, certa inquietação moral. As intervenções individuais podem não avançar as fronteiras da transgressão — na verdade, algumas delas, como o tratamento direcionado de câncer, esquizofrenia e fibrose cística, representam objetivos decisivos para a medicina —, mas há certos aspectos desse mundo que parecem distintamente, e até repulsivamente, alienígenas. É um mundo habitado por "previventes" e "pós-humanos": homens e mulheres que foram submetidos a triagem para detectar vulnerabilidades genéticas ou criados com propensões genéticas alteradas. A doença poderia desaparecer cada vez mais, mas isso também aconteceria com a identidade. O pesar poderia ser diminuído, mas também diminuiria a ternura. Traumas poderiam ser apagados, mas também poderia ser apagada a história. Os mutantes seriam eliminados, mas isso também valeria para a variação humana. Enfermidades poderiam desaparecer, mas também poderia deixar de existir a vulnerabilidade. O acaso seria mitigado, mas também, inevitavelmente, o seria a escolha.*

Em 1990, escrevendo sobre o Projeto Genoma Humano, o geneticista especialista em vermes John Sulston refletiu sobre o dilema filosófico suscitado por um organismo inteligente que "aprendeu a ler suas próprias instruções". Mas um dilema muitíssimo mais profundo surge quando um organismo inteligente aprende a escrever suas próprias instruções. Se os genes determinam a natureza e o destino de um organismo, e se os organismos agora começarem a determinar a natureza e o destino de seus genes, um círculo de lógica

---

* Até mesmo cenários aparentemente simples de triagem genética nos forçam a adentrar inquietantes arenas de risco moral. Veja o exemplo de Friedman, que aventa o uso de um exame de sangue para triagem de soldados, a fim de detectar genes que predispõem ao transtorno do estresse pós-traumático. À primeira vista, essa estratégia parece útil para mitigar o trauma da guerra: soldados incapazes de "extinção do medo" poderiam ser detectados e tratados com terapias psiquiátricas intensivas ou terapias médicas para voltarem à normalidade. Porém, estendendo essa lógica, e se a triagem de soldados para detectar a tendência ao transtorno de estresse pós-traumático fosse feita *antes* de eles serem mandados para a guerra? Isso seria desejável? Queremos mesmo selecionar soldados incapazes de registrar trauma ou soldados geneticamente dotados de uma capacidade "aumentada" para extinguir a angústia psíquica da violência? Essa forma de triagem me parece precisamente indesejável: uma mente incapaz de "extinção do medo" é exatamente o perigoso tipo de mente que se deve evitar na guerra.

se fecha. Assim que começamos a pensar que genes obviamente significam destino, é inevitável que comecemos a imaginar o genoma humano como um destino óbvio.

No caminho de volta da clínica de Calcutá onde Moni estava internado, meu pai quis parar em frente à casa onde ele havia crescido, o lugar para onde eles haviam trazido Rajesh durante os estertores da mania, debatendo-se como um pássaro selvagem. Viemos em silêncio no carro. As memórias de meu pai haviam formado as paredes de um quarto à sua volta. Paramos na viela de Hayat Khan e entramos a pé no beco. Eram umas seis da tarde. As casas estavam iluminadas por uma luz oblíqua, fumacenta, e o ar ameaçava chuva.

"Os bengalis têm um único evento em sua história: a Partição", disse meu pai. Ele olhava para as sacadas projetadas acima de nós e tentava lembrar os nomes de seus ex-vizinhos: Ghosh, Talukdar, Mukherjee, Chatterjee, Sen. Um leve chuvisco desceu sobre nós — ou talvez fossem apenas respingos da profusão de roupas lavadas que pendiam dos varais pregados perpendicularmente às casas. "A Partição foi o evento definidor para cada homem e mulher desta cidade", disse ele. "Ou você perdia sua casa ou sua casa se tornava abrigo para outras pessoas." Ele apontou para as colunatas de janelas sobre nossas cabeças. "Aqui cada família tinha outra família vivendo em casa." Havia lares dentro de lares, quartos dentro de quartos, microcosmos abrigados em microcosmos.

"Quando viemos de Barisal para cá, com quatro baús de aço e os poucos pertences que havíamos salvado, pensávamos que estávamos começando uma nova vida. Tínhamos vivenciado uma catástrofe, mas também era um novo começo." Cada casa daquela rua tinha sua própria história de baús de aço e pertences salvos, eu sabia. Era como se todos os moradores tivessem sido igualados, como um jardim cortado pelas raízes durante o inverno.

Para uma coorte de homens, meu pai entre eles, a jornada de Bengala Oriental para Bengala Ocidental implicou um reajuste de todos os relógios. Assim começou o Ano Zero. O tempo foi dividido em duas metades: a era anterior ao cataclismo e a era posterior. A.C. e P.C. Essa vivissecção da história, a partição da Partição, resultou em uma experiência estranhamente dissonante: os homens e mulheres da geração de meu pai percebiam-se como participantes involuntários de um experimento natural. Assim que os relógios foram ajustados para zero, foi como se fosse possível assistir às vidas, destinos e escolhas de seres humanos se desenrolarem a partir de algum portão de saída, ou a partir do princípio do tempo. Meu pai vivenciou esse experimento intensamente. Um irmão descambou para a mania e a depressão. Outro teve seu senso da realidade despedaçado. Minha avó adquiriu sua vitalícia desconfiança contra todas as formas de mudança. Meu pai adquiriu seu gosto pela aventura. Parecia que futuros distintos — como homúnculos — haviam sido dobrados e inseridos em cada pessoa, à espera de serem desdobrados.

Que força, ou mecanismo, poderia explicar destinos e escolhas tão divergentes em seres humanos individuais? No século XVIII, costumava-se descrever o destino de um indivíduo como uma série de eventos ordenados por Deus. Os hindus havia tempos acreditavam que o destino de uma pessoa era derivado, com precisão quase aritmética, de algum cálculo das boas e más ações que ela praticara numa vida anterior. (Nesse esquema, Deus era um contador glorificado que computava e dividia as porções de destino bom e ruim com base nos investimentos e perdas passados.) O Deus cristão, capaz de inexplicável compaixão e de igualmente inexplicável ira, era um guarda-livros mais volúvel, porém também Ele era o supremo, ainda que mais inescrutável, árbitro do destino.

A medicina dos séculos XIX e XX ofereceu concepções mais seculares de destino e escolha. Passou a ser possível descrever a doença — talvez o mais concreto e universal ato do destino — em termos mecanicistas, não como a aplicação arbitrária da vingança divina, mas como a consequência de riscos, exposições, predisposições, condições e comportamentos. A escolha era concebida como uma expressão da psicologia, experiências, memórias, traumas e história pessoal do indivíduo. Em meados do século XX, identidade, afinidade, temperamento e preferência (heterossexualidade ou homossexualidade, impulsividade ou cautela) passaram cada vez mais a ser considerados fenômenos causados pelas interações de impulsos psicológicos, histórias pessoais e acaso. Nasceu uma *epidemiologia* do destino e da escolha.

Nas primeiras décadas do século XXI, estamos aprendendo a falar mais uma linguagem de causa e efeito e construindo uma nova epidemiologia do eu: começamos a descrever doença, identidade, afinidade, temperamento, preferências — e, em última análise, destino e escolha — em termos de genes e genomas. Não faço aqui a absurda afirmação de que os genes são as únicas lentes através das quais é possível ver aspectos fundamentais da nossa natureza e destino. Apenas recomendo e apresento uma séria reflexão sobre uma das ideias mais provocativas acerca da nossa história e futuro: a de que a influência dos genes sobre a nossa vida e a nossa pessoa é mais rica, mais profunda e mais inquietante do que imaginávamos. Essa ideia torna-se ainda mais provocativa e desestabilizadora conforme vamos aprendendo a interpretar, alterar e manipular intencionalmente o genoma, adquirindo, assim, a capacidade de alterar futuros destinos e escolhas. "[A natureza] pode, afinal de contas, ser inteiramente acessível", escreveu Thomas Morgan em 1919.[6] "Mais uma vez se vê que sua tão propalada inescrutabilidade é uma ilusão." Agora estamos tentando estender as conclusões de Morgan: elas se aplicam não só à natureza, mas também à natureza humana.

Muitas vezes pensei nas possíveis trajetórias de Jagu e Rajesh se eles tivessem nascido no futuro, digamos, daqui a uns cinquenta ou cem anos. Seria o nosso conhecimento sobre suas vulnerabilidades hereditárias usado para encontrar curas para as doenças que devastaram suas vidas? Esse conhecimento seria usado para "normalizá-los"? E, em caso positivo, que riscos morais, sociais e biológicos isso acarretaria? Essas formas de conhecimento ensejariam novos tipos de empatia e compreensão? Ou seriam núcleos de novas formas de discriminação? O conhecimento seria usado para redefinir o que é "natural"?

Eu me pergunto: o que é "natural"? Por um lado, variação, mutação, mudança, inconstância, divisibilidade, fluxo. Por outro: constância, permanência, indivisibilidade, fidelidade. *Bhed. Abhed.* Não seria de surpreender se o DNA, a molécula das contradições, codificasse um organismo de contradições. Procuramos constância na hereditariedade e encontramos seu oposto, a variação. Os mutantes são necessários para manter a essência do nosso eu. Nosso genoma conseguiu chegar a um frágil equilíbrio entre forças contrapostas, pareando fita com fita, misturando passado e futuro, opondo memória a desejo. Essa é a coisa mais humana que possuímos. Seu manejo pode ser o supremo teste de conhecimento e discernimento para nossa espécie.

Agradecimentos

Ao concluir o esboço final das seiscentas páginas de *O imperador de todos os males: Uma biografia do câncer*, em maio de 2010, nunca pensei que voltaria a pegar numa caneta para escrever outro livro. O esgotamento físico por escrever o texto era fácil de compreender e de superar, mas o esgotamento da imaginação era inesperado. Quando a obra recebeu o prêmio de Livro do Ano do *Guardian*, um resenhista protestou que o livro deveria, isso sim, receber o prêmio de Único Livro. Esse comentário foi uma cutilada frontal no meu medo: *Imperador* sugara todas as minhas histórias, confiscara meus passaportes e hipotecara meu futuro como escritor; eu não tinha mais nada para contar.

Mas *havia* outra história: a da normalidade antes de descambar para a malignidade. Se o câncer, distorcendo aqui a descrição do monstro de *Beowulf*, é a "variante desvirtuada do nosso eu normal",[1] o que gera as variantes não desvirtuadas do nosso eu normal? *Gene* é essa história: a história da busca pela normalidade, identidade, variação e hereditariedade. É o primeiro episódio, e *Imperador* é o segundo.

São inúmeras as pessoas a quem devo agradecer. Livros sobre família e hereditariedade são muito mais vividos do que escritos. Sarah Sze, minha mulher e minha mais entusiasmada interlocutora e leitora, e minhas filhas, Leela e Aria, foram lembretes diários dos meus interesses na genética e no futuro. Meu pai, Sibeswar, e minha mãe, Chandana, são partes inextricáveis desta história. Minha irmã, Ranu, e seu marido, Sanjay, proveram intercepções morais quando necessário. Judy e Chia-Ming Sze, e David Sze e Kathleen Donohue sustentaram discussões sobre a família e o futuro.

Dentre os leitores extraordinariamente generosos que asseguraram a exatidão factual deste livro e fizeram comentários sobre o conteúdo estão: Paul Berg (genética e clonagem), David Botstein (mapeamento de genes), Eric Lander e Robert Waterston (Projeto Genoma Humano), Robert Horvitz e David Hirsh (biologia dos vermes), Tom Maniatis (biologia molecular), Sean Carroll (evolução e regulação gênica), Harold Varmus (câncer), Nancy Segal (estudos de gêmeos), Inder Verma (terapia gênica), Nancy Wexler (mapeamento gênico humano), Marcus Feldman (evolução humana), Gerald Fishbach (esquizofrenia e autismo), David Allis e Timothy Bestor (epigenética), Francis Collins (mapeamento de genes e o Projeto Genoma Humano), Eric Topol (genética humana) e Hugh Jackman (Wolverine; mutantes).

Ashok Rai, Nell Breyer, Bill Helman, Gaurav Majumdar, Suman Shirodkar, Meru Gokhale, Chiki Sarkar, David Blistein, Azra Raza, Chetna Chopra e Sujoy Bhattacharyya leram os primeiros originais e fizeram comentários imensamente valiosos. Conversas com Lisa Yuskavage, Matvey Levenstein, Rachel Feinstein e John Currin foram indispensáveis. Um trecho deste livro foi publicado em um ensaio sobre o trabalho de Yuskavage ("Twins"), e outro em meu ensaio *The Laws of Medicine, 2015*. Brittany Rush compilou com paciência (e brilhantismo) todas as oitocentas e tantas referências e se empenhou em aspectos enfadonhos da produção; Daniel Loedel leu e editou o manuscrito em um fim de semana para provar que isso era possível. Mia Croley-Jald e Anna-Sophia Watts fizeram uma revisão de texto inestimável, e Kate Lloyd foi uma agente de publicidade extremamente competente.

A ilustração da capa, feita por Gabriel Orozco, um amigo e leitor chegado, cristalizou as ideias essenciais do livro em um diagrama de círculos contínuos que se encontram. Eu não seria capaz de imaginar uma imagem mais bela para este livro.

Nan Graham: você leu mesmo todos os 68 esboços? Leu, e junto com Stuart Williams e com a indômita Sarah Chalfant, que viu pela primeira vez este livro pelo buraquinho de fechadura de uma proposta de dois parágrafos, vocês deram forma, clareza, gravidade e urgência a *O gene*. Muito obrigado.

Glossário

Alelo: Uma variante ou forma alternativa de um gene. Alelos em geral se originam de mutações e podem ser responsáveis por variações fenotípicas. Um gene pode ter mais de um alelo.

Características dominantes e recessivas: Uma característica física ou biológica de um organismo. As características em geral são codificadas por genes. Muitos genes podem codificar uma única característica, e um único gene pode codificar muitas características. Uma característica dominante é aquela que em geral se manifesta quando estão presentes tanto alelos dominantes como alelos recessivos; característica recessiva é a que se manifesta apenas quando ambos os alelos são recessivos. Genes também podem ser codominantes: nesse caso, uma característica intermediária manifesta-se quando estão presentes alelos dominantes e recessivos.

Cromatina: Material a partir do qual os cromossomos são compostos. O nome cromatina provém de *chroma* ("cor"), pois essa substância foi descoberta quando se aplicou corante a células. A cromatina pode consistir em DNA, RNA e proteínas.

Cromossomo: Estrutura no interior da célula, composta de DNA e proteínas, que armazena informações genéticas.

DNA: Ácido desoxirribonucleico, uma substância portadora de informações genéticas existente em todos os organismos celulares. Em geral está presente na célula como duas fitas complementares pareadas. Cada fita é uma cadeia química composta de quatro unidades químicas, abreviadas como A, C, G e T. Os genes existem na forma de um "código" genético na fita, e a sequência é convertida (transcrita) em RNA e depois traduzida em proteínas.

Dogma Central ou Teoria Central: A teoria de que, na maioria dos organismos, as informações biológicas passam de genes no DNA para o RNA mensageiro e então para proteínas. Essa teoria foi modificada várias vezes. Retrovírus contêm enzimas que podem ser usadas para construir DNA a partir de um gabarito de RNA.

Enzima: Uma proteína que acelera uma reação bioquímica.

Epigenética: O estudo de variações fenotípicas que não são causadas por mudanças na sequência primária de DNA (ou seja, A, C, G e T), e sim por alterações químicas no DNA (por exemplo, metilação) ou por mudanças no acondicionamento do DNA por meio de proteínas de ligação do DNA (por exemplo, histonas). Algumas dessas alterações são hereditárias.

Fenótipo: O conjunto das características biológicas, físicas e intelectuais de um indivíduo, por exemplo, cor da pele ou dos olhos. Fenótipos também podem incluir características complexas, como temperamento e personalidade. Fenótipos são determinados por genes, alterações epigenéticas, ambientes e acaso.

Gene: Uma unidade de hereditariedade, em geral composta por um trecho de DNA que codifica uma proteína ou uma cadeia de RNA (em casos especiais, genes podem estar contidos no RNA).

Genoma: A totalidade das informações genéticas no organismo. Um genoma inclui genes codificadores de proteína, genes que não codificam proteína, as regiões reguladoras dos genes e sequências de DNA com funções ainda desconhecidas.

Genótipo: O conjunto de informações genéticas de um organismo que determina suas características físicas, químicas, biológicas e intelectuais (ver "fenótipo").

Mutação: Uma alteração na estrutura química do DNA. As mutações podem ser silenciosas, isto é, a mudança pode não afetar nenhuma função do organismo, ou podem resultar em uma mudança na função ou estrutura do organismo.

Núcleo: Uma estrutura celular ou organela envolta por uma membrana, encontrada em células animais e vegetais. Os cromossomos (e genes) nas células animais situam-se no núcleo. Em células animais, os genes, em sua maioria, são nucleares, embora também existam alguns genes nas mitocôndrias.

Organela: Uma subunidade especializada no interior de uma célula, em geral dedicada a uma função específica. Organelas individuais costumam ser envoltas separadamente por uma membrana própria. As mitocôndrias são organelas dedicadas à produção de energia.

Penetrância: A proporção de organismos portadores de uma variante específica de um gene que também expressam a característica ou fenótipo associado. Em genética médica, penetrância refere-se à proporção de indivíduos portadores de um genótipo que manifestam os sintomas de uma doença.

Proteína: Uma substância química composta, em essência, de uma cadeia de aminoácidos que é criada quando um gene é traduzido. Proteínas desempenham a maior parte das funções celulares, entre as quais transmitir sinais, fornecer apoio estrutural e acelerar reações bioquímicas. Genes em geral "trabalham" fornecendo o gabarito para proteínas. As proteínas podem ser modificadas quimicamente pela adição de pequenas substâncias, como fosfatos, açúcares ou lipídeos.

Ribossomo: Uma estrutura celular composta de proteína e RNA que é responsável pela decodificação de RNA mensageiro em proteínas.

RNA: Ácido ribonucleico, uma substância que desempenha várias funções nas células, incluindo atuar como uma mensagem "intermediária" para que um gene seja traduzido em uma proteína. O RNA é composto de uma cadeia de bases — A, C, G e U — encadeadas ao longo de uma espinha dorsal de açúcar e fosfato. Em geral é encontrado como uma fita única em uma célula (ao contrário do DNA, que sempre possui duas fitas), embora em condições especiais possa formar-se RNA de duas fitas. Alguns organismos, como os retrovírus, usam RNA como o portador de suas informações genéticas.

Tradução (de genes): Processo pelo qual informações genéticas são convertidas da mensagem no RNA para uma proteína pelo ribossomo. Durante a tradução, um códon composto de um tripleto de bases em RNA (por exemplo, AUG) é usado para adicionar aminoácidos a uma proteína (por exemplo, metionina). Assim, uma cadeia de RNA codifica uma cadeia de aminoácidos.

Transcrição: O processo pelo qual é gerada uma cópia de um gene em RNA. Na transcrição, o código genético no DNA (ATG-CAC-GGG) é usado para construir uma "cópia" em RNA (AUG, CAC, GGG).

Transcrição reversa: Processo pelo qual uma enzima (transcriptase reversa) usa uma cadeia de RNA como gabarito para construir uma cadeia de DNA. A transcriptase reversa é encontrada em retrovírus.

Transformação: A transferência horizontal de material genético de um organismo para outro. De modo geral, bactérias podem trocar informações genéticas sem reprodução, mediante a transferência de material genético entre organismos.

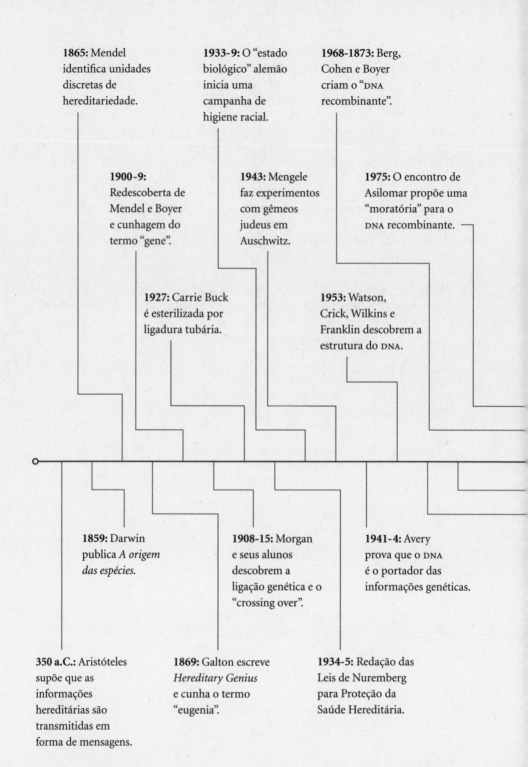

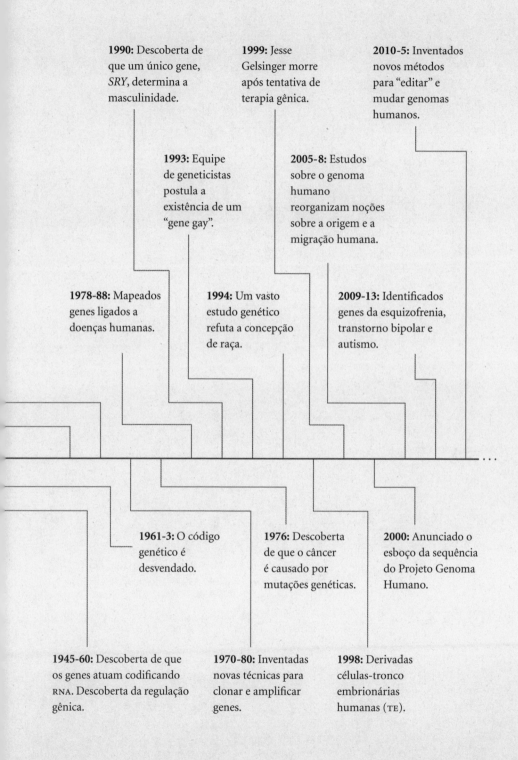

Notas

EPÍGRAFE [P. 7]

1. William Bateson, "Problems of Heredity as a Subject for Horticultural Investigation". In: Milo Keynes, A. W. F. Edwards e Robert Peel (Orgs.), *A Century of Mendelism in Human Genetics*. Boca Raton, FL: CRC Press, 2004, p. 153.
2. Haruki Murakami, *1Q84*. Londres: Vintage, 2012, p. 231.

PRÓLOGO — FAMÍLIAS [PP. 11-25]

1. Charles W. Eliot (Org.), *The Harvard Classics: The Odyssey of Homer*. Danbury, CT: Grolier, 1982, p. 49.
2. Philip Larkin, *High Windows*. Nova York: Farrar, Straus and Giroux, 1974.
3. Maartje F. Aukes et al., "Familial Clustering of Schizophrenia, Bipolar Disorder, and Major Depressive Disorder". *Genetics in Medicine*, v. 14, n. 3, pp. 338-41, 2012; Paul Lichtenstein et al., "Common Genetic Determinants of Schizophrenia and Bipolar Disorder in Swedish Families: A Population-Based Study". *Lancet*, v. 373, n. 9659, pp. 234-9, 2009.
4. Martin W. Bauer, *Atoms, Bytes and Genes: Public Resistance and Techno-Scientific Responses*. Nova York: Routledge, 2015.
5. Helen Vendler, *Wallace Stevens: Words Chosen out of Desire*. Cambridge, MA: Harvard University Press, 1984, p. 21.
6. Hugo de Vries, *Intracellular Pangenesis: Including a Paper on Fertilization and Hybridization*. Chicago: Open Court, 1910, p. 13.

7. Arthur W. Gilbert, "The Science of Genetics". *Journal of Heredity*, v. 5, n. 6, p. 239, 1914.
8. Thomas Hunt Morgan, *The Physical Basis of Heredity*. Filadélfia: J. B. Lippincott, 1919, p. 14.
9. Jeff Lyon e Peter Gorner, *Altered Fates: Gene Therapy and the Retooling of Human Life*. Nova York: W. W. Norton, 1996, pp. 9-10.

PARTE 1 — A "CIÊNCIA PERDIDA DA HEREDITARIEDADE" [PP. 27-109]

1. H. G. Wells, *Mankind in the Making*. Leipzig: Tauchnitz, 1903, p. 33.
2. Oscar Wilde, *The Importance of Being Earnest*. Nova York: Dover, 1990, p. 117.

1. O JARDIM MURADO [PP. 31-43]

1. G. K. Chesterton, *Eugenics and Other Evils*. Londres: Cassell, 1922, p. 66.
2. Gareth B. Matthews, *The Augustinian Tradition*. Berkeley: University of California Press, 1999.
3. Os detalhes da vida de Mendel e do mosteiro agostiniano provêm de várias fontes, entre elas: Gregor Mendel, Alain F. Corcos e Floyd V. Monaghan, *Gregor Mendel's Experiments on Plant Hybrids: A Guided Study*. New Brunswick, NJ: Rutgers University Press, 1993; Edward Edelson, *Gregor Mendel, and the Roots of Genetics*. Nova York: Oxford University Press, 1999; Robin Marantz Henig, *The Monk in the Garden: The Lost and Found Genius of Gregor Mendel, the Father of Genetics*. Boston: Houghton Mifflin, 2000.
4. Edward Berenson, *Populist Religion and Left-Wing Politics in France, 1830-1852*. Princeton, NJ: Princeton University Press, 1984.
5. Robin Henig, op. cit., p. 37.
6. Ibid., p. 38.
7. Harry Sootin, *Gregor Mendel: Father of the Science of Genetics*. Nova York: Random House Books for Young Readers, 1959.
8. Robin Henig, op. cit., p. 62.
9. Ibid., p. 47.
10. Jagdish Mehra e Helmut Rechenberg, *The Historical Development of Quantum Theory*. Nova York: Springer-Verlag, 1982.
11. Kendall F. Haven, *100 Greatest Science Discoveries of All Time*. Westport, CT: Libraries Unlimited, 2007, pp. 75-6.
12. Margaret J. Anderson, *Carl Linnaeus: Father of Classification*. Springfield, NJ: Enslow Publishers, 1997.
13. Aeschylus [Ésquilo], *The Greek Classics: Aeschylus — Seven Plays*. [S.l.]: Special Edition Books, 2006, p. 240.
14. Ibid.
15. Maor Eli, *The Pythagorean Theorem: A 4,000 Year History*. Princeton, NJ: Princeton University Press, 2007.

16. Plato [Platão], *The Republic*. Org. e trad. de Allan Bloom. Nova York: Basic, 1968.
17. Ibid. Edinburgh: Black & White Classics, 2014, p. 150.
18. Ibid.
19. Aristotle [Aristóteles], *Generation of Animals*. Leiden: Brill Archive, 1943.
20. Id., *History of Animals*. Org. e trad. de D. M. Balme. Cambridge, MA: Harvard University Press, 1991. v. 7
21. Ibid., pp. 585b28-586a4.
22. Id., *The Complete Works of Aristotle: The Revised Oxford Translation*. Org. de Jonathan Barnes. Princeton, NJ: Princeton University Press, 1984, p. 1121. v. 1.
23. Id., *The Works of Aristotle*. Org. e trad. de W. D. Ross. Chicago: Encyclopædia Britannica, 1952. "Aristotle: Logic and Metaphysics".
24. Id., *Complete Works of Aristotle*, op. cit., p. 1134.
25. Daniel Novotny e Lukás Novák, *Neo-Aristotelian Perspectives in Metaphysics*. Nova York: Routledge, 2014, p. 94.
26. Paracelso, *Paracelsus: Essential Readings*. Org. e trad. de Nicholas Godrick-Clarke. Northamptonshire: Crucible, 1990.
27. Peter Hanns Reill, *Vitalizing Nature in the Enlightenment*. Berkeley: University of California Press, 2005, p. 160.
28. Nicolaas Hartsoeker, *Essay de dioptrique*. Paris: Jean Anisson, 1694.
29. Matthew Cobb, "Reading and Writing the Book of Nature: Jan Swammerdam (1637--1680)". *Endeavour*, v. 24, n. 3, pp. 122-8, 2000.
30. Caspar Friedrich Wolff, "De formatione intestinorum praecipue". *Novi commentarii Academiae Scientiarum Imperialis Petropolitanae*, n. 12, pp. 43-7, 1768. Wolff também escreveu sobre *essentialis corporis* em 1759: Richard P. Aulie, "Caspar Friedrich Wolff and his 'Theoria Generationis', 1759". *Journal of the History of Medicine and Allied Sciences*, v. 16, n. 2, pp. 124-44, 1961.
31. Oscar Hertwig, *The Biological Problem of To-day: Preformation or Epigenesis? The Basis of a Theory of Organic Development*. Londres: Heinneman's Scientific Handbook, 1896, p. 1.

2. "O MISTÉRIO DOS MISTÉRIOS" [PP. 44-57]

1. Robert Frost, *The Robert Frost Reader: Poetry and Prose*. Org. de Edward Connery Lathem e Lawrance Thompson. Nova York: Henry Holt, 2002.
2. Charles Darwin, *The Autobiography of Charles Darwin*. Org. de Francis Darwin. Amherst, NY: Prometheus, 2000, p. 11.
3. Jacob Goldstein, "Charles Darwin, Medical School Dropout". *Wall Street Journal*, 12 fev. 2009. Disponível em: <blogs.wsj.com/health/2009/02/12/charles-darwin-medical-school--dropout/>.
4. Charles Darwin, *The Autobiography of Charles Darwin*, op. cit., p. 37.
5. Adrian J. Desmond e James R. Moore, *Darwin*. Nova York: Warner, 1991, p. 52.
6. Duane Isely, *One Hundred and One Botanists*. Ames: Iowa State University, 1994. "John Stevens Henslow (1796-1861)".

7. William Paley, *The Works of William Paley* [...] *Containing His Life, Moral and Political Philosophy, Evidences of Christianity, Natural Theology, Tracts, Horae Paulinae, Clergyman's Companion, and Sermons, Printed Verbatim from the Original Editions. Complete in One Volume.* Filadélfia: J. J. Woodward, 1836.

8. John F. W. Herschel, *A Preliminary Discourse on the Study of Natural Philosophy.* Ed. fac--similar da ed. de 1830. Nova York: Johnson Reprint, 1966.

9. Ibid., p. 38.

10. Martin Gorst, *Measuring Eternity: The Search for the Beginning of Time.* Nova York: Broadway, 2002, p. 158.

11. Charles Darwin, *On the Origin of Species by Means of Natural Selection.* Londres: Murray, 1859, p. 7.

12. Patrick Armstrong, *The English Parson Naturalist: A Companionship between Science and Religion.* Leominster, MA: Gracewing, 2000. "Introducing the English Parson-Naturalist".

13. John Henslow, "Darwin Correspondence Project". Carta 105. Disponível em: <www.darwinproject.ac.uk/letter/entry-105>.

14. Charles Darwin, *Autobiography of Charles Darwin*, op. cit. "Voyage of the 'Beagle'".

15. Charles Lyell, *Principles of Geology: Or, The Modern Changes of the Earth and Its Inhabitants Considered as Illustrative of Geology.* Nova York: D. Appleton, 1872.

16. Ibid., cap. 8: "Difference in Texture of the Older and Newer Rocks".

17. Charles Darwin, *Geological Observations on the Volcanic Islands and Parts of South America Visited during the Voyage of H.M.S. "Beagle".* Nova York: D. Appleton, 1896, pp. 76-107.

18. David Quammen, "Darwin's First Clues". *National Geographic*, v. 215, n. 2, pp. 34-53, 2009.

19. Charles Darwin, *Charles Darwin's Letters: A Selection, 1825-1859.* Org. de Frederick Burkhardt. Cambridge: University of Cambridge, 1996. "To J. S. Henslow 12 [August] 1835", pp. 46-7.

20. G. T. Bettany e John Parker Anderson, *Life of Charles Darwin.* Londres: W. Scott, 1887, p. 47.

21. Duncan M. Porter e Peter W. Graham, *Darwin's Sciences.* Hoboken, NJ: Wiley-Blackwell, 2015, pp. 62-3.

22. Ibid., p. 62.

23. Timothy Shanahan, *The Evolution of Darwinism: Selection, Adaptation, and Progress in Evolutionary Biology.* Cambridge, MA: Cambridge University Press, 2004, p. 296.

24. Barry G. Gale, "After Malthus: Darwin Working on His Species Theory, 1838-1859". Tese de doutorado, University of Chicago, 1980.

25. Thomas Robert Malthus, *An Essay on the Principle of Population.* Chicago: Courier Corporation, 2007.

26. Arno Karlen, *Man and Microbes: Disease and Plagues in History and Modern Times.* Nova York: Putnam, 1995, p. 67.

27. Charles Darwin, *On the Origin of Species by Means of Natural Selection.* Org. de Joseph Carroll. Peterborough, Canadá: Broadview, 2003, p. 438.

28. Gregory Claeys, "The 'Survival of the Fittest' and the Origins of Social Darwinism". *Journal of the History of Ideas*, v. 61, n. 2, 2000.

29. Charles Darwin, *The Foundations of the Origin of Species, Two Essays Written in 1842 and 1844*. Org. de Francis Darwin. Cambridge: Cambridge University Press, 1909. "Essay of 1844".

30. Alfred R. Wallace, "xviii: On the Law which Has Regulated the Introduction of New Species". *Annals and Magazine of Natural History*, v. 16, n. 93, pp. 184-96, 1855.

31. Charles H. Smith e George Beccaloni, *Natural Selection and Beyond: The Intellectual Legacy of Alfred Russel Wallace*. Oxford: Oxford University Press, 2008, p. 10.

32. Ibid., p. 69.

33. Ibid., p. 12.

34. Ibid., p. ix.

35. Benjamin Orange Flowers, "Alfred Russel Wallace". *Arena*, v. 36, p. 209, 1906.

36. Alfred Russel Wallace, *Alfred Russel Wallace: Letters and Reminiscences*. Org. de James Marchant. Nova York: Arno, 1975, p. 118.

37. Charles Darwin, *The Correspondence of Charles Darwin*. Org. de Frederick Burkhardt, Duncan M. Porter, Sheila Ann Dean et al. Cambridge: Cambridge University Press, 2003, p. 468. v. 13.

38. E. J. Browne, *Charles Darwin: The Power of Place*. Nova York: Alfred A. Knopf, 2002, p. 42.

39. Charles Darwin, *The Correspondence of Charles Darwin*. Org. de Frederick Burkhardt e Sydney Smith. Cambridge: Cambridge University Press, 1992, p. 357. v. 7.

40. Id., *The Life and Letters of Charles Darwin*. Londres: John Murray, 1887, p. 70.

41. "Reviews: Darwin's Origins of Species". *Saturday Review of Politics, Literature, Science and Art*, n. 8, pp. 775-6, 24 dez. 1859.

42. Ibid.

43. Charles Darwin, *On the Origin of Species*. Org. de David Quammen. Nova York: Sterling, 2008, p. 51.

44. Richard Owen, "Darwin on the Origin of Species". *Edinburgh Review*, n. 3, pp. 487-532, 1860.

45. Ibid.

3. A "LACUNA BEM GRANDE" [PP. 58-64]

1. Charles Darwin, *Correspondence of Charles Darwin, Darwin's letter to Asa Gray*. 5 set. 1857. Disponível em: <www.darwinproject.ac.uk/letter/entry-2136>.

2. Alexander Wilford Hall, *The Problem of Human Life: Embracing the "Evolution of Sound" and "Evolution Evolved," with a Review of the Six Great Modern Scientists, Darwin, Huxley, Tyndall, Haeckel, Helmholtz, and Mayer*. Londres: Hall & Company, 1880, p. 441.

3. Monroe W. Strickberger, *Evolution*. Boston: Jones & Bartlett, 1990. "The Lamarckian Heritage".

4. Ibid., p. 24.

5. James Schwartz, *In Pursuit of the Gene: From Darwin to DNA*. Cambridge, MA: Harvard University Press, 2008, p. 2.

6. Ibid., pp. 2-3.

7. Brian Charlesworth e Deborah Charlesworth, "Darwin and Genetics". *Genetics*, v. 183, n. 3, pp. 757-66, 2009.

8. Ibid., pp. 759-60.

9. Charles Darwin, *The Variation of Animals and Plants under Domestication*. Londres: O. Judd, 1868. v. 2.

10. Id., *Correspondence of Charles Darwin*. "Letter to T. H. Huxley", p. 151. v. 13.

11. Id., *The Life and Letters of Charles Darwin: Including Autobiographical Chapter*. Org. de Francis Darwin. Nova York: Appleton, 1896. "C. Darwin to Asa Gray", 16 out. 1867, p. 256. v. 2.

12. Fleeming Jenkin, "The Origin of Species". *North British Review*, n. 47, p. 158, 1867.

13. Para ser justo com Darwin, ele havia pressentido esse problema da "mistura de heranças" mesmo sem a interferência de Jenkin. "Se for permitido que variedades se cruzem livremente, essas variedades serão constantemente demolidas [...]. Qualquer pequena tendência a variar que elas possuam será constantemente contraposta", escreveu ele em suas anotações.

14. G. Mendel, "Versuche über Pflanzen-Hybriden". *Verhandlungen des naturforschenden Vereins Brno*, v. 4, pp. 3-47, 1866 (*Journal of the Royal Horticultural Society*, n. 26, pp. 1-32, 1901).

15. David Galton, "Did Darwin Read Mendel?". *Quarterly Journal of Medicine*, v. 102, n. 8, p. 588, 2009. doi:10.1093/qjmed/hcp024.

4. "FLORES QUE ELE AMAVA" [PP. 65-74]

1. Edward Edelson, *Gregor Mendel and the Roots of Genetics*. Nova York: Oxford University Press, 1999. "Clemens Janetchek's Poem Describing Mendel after His Death", p. 75.

2. Jiri Sekerak, "Gregor Mendel and the Scientific Milieu of His Discovery". In: M. Kokowski (Org.), *The Global and the Local: The History of Science and the Cultural Integration of Europe, Proceedings of the 2nd ICESHS*. Cracóvia, 6-9 set. 2006.

3. Hugo de Vries, *Intracellular Pangenesis; Including a Paper on Fertilization and Hybridization*. Chicago: Open Court, 1910. "Mutual Independence of Hereditary Characters".

4. Robin Henig, op. cit., p. 60.

5. Eric C. R. Reeve, *Encyclopedia of Genetics*. Londres: Fitzroy Dearborn, 2001, p. 62.

6. Mendel teve vários predecessores que haviam estudado híbridos de plantas tão intensivamente quanto ele, exceto, talvez, pela imersão dele em números e quantificação. Nos anos 1820, botânicos ingleses como T. A. Knight, John Goss, Alexander Seton e William Herbert — tentando cultivar espécies agrícolas mais vigorosas — haviam feito experimentos com híbridos de plantas espantosamente semelhantes aos de Mendel. Na França, o trabalho de Augustine Sageret com híbridos de melão também foi semelhante ao seu trabalho. O estudo mais intensivo de híbridos de plantas imediatamente anterior ao de Mendel foi o do botânico alemão Josef Kölreuter, que cultivara híbridos de *Nicotania*. O trabalho de Kölreuter foi seguido pelo de Karl von Gaertner e Charles Naudin em Paris. Darwin lera os estudos de Sageret e Naudin, que sugeriam, ambos, a qualidade particulada das informações hereditárias. No entanto, Darwin não avaliou a importância desses estudos.

7. Gregor Mendel, *Experiments in Plant Hybridisation*. Nova York: Cosimo, 2008, p. 8.

8. Robin Henig, op. cit., p. 81. Mais detalhes no cap. 7: "First Harvest".

9. Ludwig Wittgenstein, *Culture and Value*. Trad. de Peter Winch. Chicago: University of Chicago Press, 1984, p. 50e.

10. Robin Henig, op. cit., p. 86.

11. Ibid., p. 130.

12. Gregor Mendel, *Experiments in Plant Hybridization*, op. cit., p. 8.

13. Robin Henig, op. cit., cap. 11: "Full Moon in February", pp. 133-47. A segunda parte do artigo de Mendel foi lida em 8 de março de 1865.

14. Gregor Mendel, "Experiments in Plant Hybridization". Disponível em: <www.mendelweb.org/Mendel.html>.

15. David Galton, "Did Darwin Read Mendel?", op. cit., p. 587.

16. Leslie Clarence Dunn, *A Short History of Genetics: The Development of Some of the Main Lines of Thought, 1864-1939*. Ames: Iowa State University Press, 1991, p. 15.

17. Gregor Mendel, "Gregor Mendel's Letters to Carl Nägeli, 1866-1873". *Genetics*, v. 35, n. 5, pt. 2, p. 1, 1950.

18. Allan Franklin et al., *Ending the Mendel-Fisher Controversy*. Pittsburgh, PA: University of Pittsburgh Press, 2008, p. 182.

19. Gregor Mendel, "Letters to Carl Nägeli", 18 abr. 1867, p. 4.

20. Ibid., 18 nov. 1867, pp. 30-4.

21. Gian A. Nogler, "The Lesser-Known Mendel: His Experiments on Hieracium". *Genetics*, v. 172, n. 1, pp. 1-6, 2006.

22. Robin Henig, op. cit., p. 170.

23. Edward Edelson, *Gregor Mendel and the Roots of Genetics*, op. cit. "Clemens Janetchek's Poem Describing Mendel after His Death", p. 75.

5. "UM CERTO MENDEL" [PP. 75-83]

1. Lucius Moody Bristol, *Social Adaptation: A Study in the Development of the Doctrine of Adaptation as a Theory of Social Progress*. Cambridge, MA: Harvard University Press, 1915, p. 70.

2. Ibid.

3. Ibid.

4. Peter W. van der Pas, "The Correspondence of Hugo de Vries and Charles Darwin". *Janus*, n. 57, pp. 173-213, 1970.

5. Mathias Engan, *Multiple Precision Integer Arithmetic and Public Key Encryption*. [S.l]: M. Engan, 2009, pp. 16-7.

6. Charles Darwin, *The Variation of Animals & Plants under Domestication*. Org. de Francis Darwin. Londres: John Murray, 1905, p. 5.

7. "Charles Darwin". Famous Scientists. Disponível em: <www.famousscientists.org/charles-darwin/>.

8. James Schwartz, op. cit. "Pangenes".

9. August Weismann, William Newton Parker e Harriet Rönnfeldt, *The Germ-Plasm: A Theory of Heredity*. Nova York: Scribner's, 1893.

10. James Schwartz, op. cit., p. 83.

11. Ida H. Stamhuis, Onno G. Meijer e Erik J. A. Zevenhuizen, "Hugo de Vries on Heredity, 1889-1903: Statistics, Mendelian Laws, Pangenes, Mutations". *Isis*, v. 90, n. 2, pp. 238-67, 1999.

12. Iris Sandler e Laurence Sandler, "A Conceptual Ambiguity that Contributed to the Neglect of Mendel's Paper". *History and Philosophy of the Life Sciences*, v. 7, n. 1, p. 9, 1985.

13. Edward J. Larson, *Evolution: The Remarkable History of a Scientific Theory*. Nova York: Modern Library, 2004.

14. Hans-Jörg Rheinberger, "Mendelian Inheritance in Germany between 1900 and 1910: The Case of Carl Correns (1864-1933)". *Comptes Rendus de l'Académie des Sciences — Series III — Sciences de la Vie*, v. 323, n. 12, pp. 1089-96, 2000. doi:10.1016/s0764-4469(00)01267-1.

15. Url Lanham, *Origins of Modern Biology*. Nova York: Columbia University Press, 1968, p. 207.

16. Carl Correns, "G. Mendel's Law Concerning the Behavior of Progeny of Varietal Hybrids". *Genetics*, v. 35, n. 5, pp. 33-41, 1950.

17. James Schwartz, op. cit., p. 111.

18. Hugo de Vries, *The Mutation Theory*. Chicago: Open Court, 1909. v. 1.

19. John Williams Malone, *It Doesn't Take a Rocket Scientist: Great Amateurs of Science*. Hoboken, NJ: Wiley, 2002, p. 23.

20. James Schwartz, op. cit., p. 112.

21. Nicholas W. Gillham, "Sir Francis Galton and the Birth of Eugenics". *Annual Review of Genetics*, v. 35, n. 1, pp. 83-101, 2001.

22. Outros cientistas, entre eles Reginald Punnett e Lucien Cuenot, forneceram crucial sustentação experimental para as leis de Mendel. Em 1905, Punnett escreveu *Mendelism*, considerado o primeiro livro didático sobre genética moderna.

23. Alan Cock e Donald R. Forsdyke, *Treasure Your Exceptions: The Science and Life of William Bateson*. Dordrecht: Springer Science & Business Media, 2008, p. 186.

24. Ibid., "Mendel's Bulldog (1902-1906)", pp. 221-64.

25. William Bateson, "Problems of Heredity as a Subject for Horticultural Investigation". *Journal of the Royal Horticultural Society*, v. 25, p. 54, 1900-1.

26. William Bateson e Beatrice (Durham) Bateson, *William Bateson, F. R. S., Naturalist: His Essays & Addresses, Together with a Short Account of His Life*. Cambridge: Cambridge University Press, 1928, p. 93.

27. James Schwartz, op. cit., p. 221.

28. William Bateson e Beatrice (Durham) Bateson, op. cit., p. 456.

6. EUGENIA [PP. 84-99]

1. Herbert Eugene Walter, *Genetics: An Introduction to the Study of Heredity*. Nova York: Macmillan, 1938, p. 4.

2. G. K. Chesterton, *Eugenics and Other Evils*. Londres: Cassell, 1922, pp. 12-3.

3. Francis Galton, *Inquiries into Human Faculty and Its Development*. Londres: Macmillan, 1883.

4. Roswell H. Johnson, "Eugenics and So Called Eugenics". *American Journal of Sociology*, v. 20, n. 1, pp. 98-103, jul. 1914. Disponível em: <www.jstor.org/stable/2762976>.

5. Ibid., p. 99.

6. Francis Galton, *Inquiries into Human Faculty*, op. cit., p. 44.

7. Dean Keith Simonton, *Origins of Genius: Darwinian Perspectives on Creativity*. Nova York: Oxford University Press, 1999, p. 110.

8. Nicholas W. Gillham, *A Life of Sir Francis Galton: From African Exploration to the Birth of Eugenics*. Nova York: Oxford University Press, 2001, pp. 32-3.

9. Niall Ferguson, *Civilization: The West and the Rest*. Duisburg: Haniel-Stiftung, 2012, p. 176.

10. Francis Galton a C. R. Darwin, 9 dez. 1859. Disponível em: <www.darwinproject.ac.uk/letter/entry-2573>.

11. Daniel J. Fairbanks, *Relics of Eden: The Powerful Evidence of Evolution in Human DNA*. Amherst, NY: Prometheus, 2007, p. 219.

12. Adolphe Quetelet, *A Treatise on Man and the Development of His Faculties: Now First Translated into English*. Trad. de T. Smibert. Nova York: Cambridge University Press, 2013, p. 5.

13. Jerald Wallulis, *The New Insecurity: The End of the Standard Job and Family*. Albany: State University of New York Press, 1998, p. 41.

14. Karl Pearson, *The Life, Letters and Labours of Francis Galton*. Cambridge: Cambridge University Press, 1914, p. 340.

15. Sam Goldstein, Jack A. Naglieri e Dana Princiotta, *Handbook of Intelligence: Evolutionary Theory, Historical Perspective, and Current Concepts*. Nova York: Springer, 2015, p. 100.

16. Nicholas W. Gillham, op. cit., p. 156.

17. Francis Galton, *Hereditary Genius*. Londres: Macmillan, 1892.

18. Charles Darwin, *More Letters of Charles Darwin: A Record of His Work in a Series of Hitherto Unpublished Letters*. Nova York: D. Appleton, 1903, p. 41. v. 2.

19. John Simmons, *The Scientific 100: A Ranking of the Most Influential Scientists, Past and Present*. Secaucus, NJ: Carol Publishing Group, 1996. "Francis Dalton", p. 441.

20. James Schwartz, op. cit., p. 61.

21. Ibid., p. 131.

22. Nicholas W. Gillham, op. cit., "The Mendelians Trump the Biometricians", pp. 303-23.

23. Karl Pearson, *Walter Frank Raphael Weldon, 1860-1906*. Cambridge: Cambridge University Press, 1906, pp. 48-9.

24. Ibid., p. 49.

25. James Schwartz, op. cit., p. 143.

26. William Bateson, *Mendel's Principles of Heredity: A Defence*. Org. de Gregor Mendel. Cambridge: Cambridge University Press, 1902, p. v.

27. Ibid., p. 208.

28. Ibid., p. ix.

29. Johan Henrik Wanscher, "The History of Wilhelm Johannsen's Genetical Terms and Concepts from the Period 1903 to 1926". *Centaurus*, v. 19, n. 2, pp. 125-47, 1975.

30. Wilhelm Johannsen, "The Genotype Conception of Heredity". *International Journal of Epidemiology*, v. 43, n. 4, pp. 989-1000, 2014.

31. Arthur W. Gilbert, "The Science of Genetics". *Journal of Heredity*, v. 5, n. 6, pp. 235--44, 1914. Disponível em: <archive.org/stream/journalofheredit 05amer/journalofheredit05amer_djvu.txt>.

32. Daniel J. Kevles, *In the Name of Eugenics: Genetics and the Uses of Human Heredity*. Nova York: Alfred A. Knopf, 1985, p. 3.

33. Ibid.

34. Paul B. Rich, *Race and Empire in British Politics*. Cambridge: Cambridge University Press, 1986, p. 234.

35. *Papers and Proceedings — First Annual Meeting — American Sociological Society*. Chicago: University of Chicago Press, 1906, p. 128. v. 1.

36. Francis Galton, "Eugenics: Its Definition, Scope, and Aims". *American Journal of Sociology*, v. 10, n. 1, pp. 1-25, 1904.

37. Andrew Norman, *Charles Darwin: Destroyer of Myths*. Barnsley, South Yorkshire: Pen and Sword, 2013, p. 242.

38. Francis Galton, "Eugenics", op. cit., comentários de Maudsley. doi:10.1017/s0364009 400001161.

39. Ibid., p. 7.

40. Ibid., comentários de H. G. Wells; H. G. Wells e Patrick Parrinder, *The War of the Worlds*. Londres: Penguin, 2005.

41. George Eliot, *The Mill on the Floss*. Nova York: Dodd, Mead, 1960, p. 12.

42. Lucy Bland e Laura L. Doan, *Sexology Uncensored: The Documents of Sexual Science*. Chicago: University of Chicago Press, 1998. "The Problem of Race-Regeneration: Havelock Ellis, 1911".

43. "The First International Eugenics Congress". *Science*, v. 36, n. 926, 1912, pp. 395-6, 1912. doi:10.1126/science.36.926.395

44. Charles Benedict Davenport, *Heredity in Relation to Eugenics*. Nova York: H. Holt, 1911.

45. First International Eugenics Congress, *Problems in Eugenics*, 1912, repr. Londres: Forgotten, 2013, pp. 464-5.

46. Ibid., p. 469.

7. "TRÊS GERAÇÕES DE IMBECIS É O SUFICIENTE" [PP. 100-9]

1. Theodosius G. Dobzhansky, *Heredity and the Nature of Man*. Nova York: New American Library, 1966, p. 158.

2. Aristotle, *History of Animals*, op. cit., VII, 6, pp. 585b28-586a4.

3. Muitos detalhes da história da família Buck encontram-se em J. David Smith, *The Sterilization of Carrie Buck*. Liberty Corner, NJ: New Horizon Press, 1989.

4. Grande parte das informações deste capítulo foram extraídas de Paul Lombardo, *Three Generations, No Imbeciles: Eugenics, the Supreme Court, and Buck v. Bell*. Baltimore: Johns Hopkins University Press, 2008.

5. "Buck v. Bell" Law Library. American Law and Legal Information. Disponível em: <law.jrank.org/pages/2888/Buck-v-Bell-1927.htm>.

6. *Mental Defectives and Epileptics in State Institutions: Admissions, Discharges, and Patient Population for State Institutions for Mental Defectives and Epileptics*. Washington, DC: US Government Printing Office, 1937. v. 3.

7. "Carrie Buck Committed (January 23, 1924)". *Encyclopedia Virginia*. Disponível em: <http://www.encyclopediavirginia.org/Carrie_Buck_Committed_January_23_1924>.

8. Ibid.

9. Stephen Murdoch, *IQ: A Smart History of a Failed Idea*. Hoboken, NJ: John Wiley & Sons, 2007, p. 107.

10. Ibid., cap. 8: "From Segregation to Sterilization".

11. "Period During Which Sterilization Occurred". Virginia Eugenics. doi:www.uvm.edu/~lkaelber/eugenics/VA/VA.html.

12. Paul Lombardo, op. cit., p. 107.

13. Madison Grant, *The Passing of the Great Race*. Nova York: Scribner's, 1916.

14. Carl Campbell Brigham e Robert M. Yerkes, *A Study of American Intelligence*. Princeton, NJ: Princeton University Press, 1923. "Foreword".

15. A. G. Cock e D. R. Forsdyke, *Treasure Your Exceptions: The Science and Life of William Bateson*. Nova York: Springer, 2008, pp. 437-8, nota 3.

16. Jerry Menikoff, *Law and Bioethics: An Introduction*. Washington, DC: Georgetown University Press, 2001, p. 41.

17. Ibid.

18. *Public Welfare in Indiana*, 68-75 (1907), p. 50. Em 1907, uma nova lei aprovada pela legislatura estadual e assinada pelo governador de Indiana determinou a esterilização involuntária de "criminosos confirmados, idiotas, imbecis e estupradores". Embora por fim fosse julgada inconstitucional, essa lei é amplamente considerada a primeira legislação de esterilização eugenista aprovada no mundo. Em 1927, uma lei revista foi implementada e, antes de ser revogada em 1974, mais de 2300 dos cidadãos mais vulneráveis desse estado foram esterilizados involuntariamente. Além disso, Indiana instituiu uma Comissão sobre Deficiência Mental financiada pelo estado que realizava estudos eugênicos de famílias em mais de vinte condados, e era a sede de um ativo movimento por "bebês melhores" que incentivava a maternidade científica e a higiene infantil como caminhos para o aperfeiçoamento humano. Disponível em: <http://www.iupui.edu/~eugenics/>.

19. Laura L. Lovett, "Fitter Families for Future Firesides: Florence Sherbon and Popular Eugenics". *Public Historian*, v. 29, n. 3, pp. 68-85, 2007.

20. Charles Davenport a Mary T. Watts, 17 jun. 1922. Charles Davenport Papers, American Philosophical Society Archives, Filadélfia, PA. Ver também Mary Watts, "Fitter Families for Future Firesides". *Billboard*, v. 35, n. 50, pp. 230-1, 15 dez. 1923.

21. Martin S. Pernick e Diane B. Paul, *The Black Stork: Eugenics and the Death of "Defective" Babies in American Medicine and Motion Pictures since 1915*. Nova York: Oxford University Press, 1996.

PARTE 2 — "NA SOMA DAS PARTES SÓ EXISTEM AS PARTES" [PP. 111-239]

1. Wallace Stevens, "On the Road Home". In: *The Collected Poems of Wallace Stevens*. Nova York: Alfred A. Knopf, 2011, pp. 203-4.
2. Ibid.

8. "*ABHED*" [PP. 115-27]

1. Thomas Hardy, "Heredity". In: *The Collected Poems of Thomas Hardy*. Ware, Hertfordshire: Wordsworth Poetry Library, 2002, pp. 204-5.
2. William Bateson, "Facts Limiting the Theory of Heredity". *Proceedings of the Seventh International Congress of Zoology*. Cambridge: Cambridge University Press Warehouse, 1912. v. 7.
3. James Schwartz, op. cit., p. 174.
4. Arthur Kornberg, entrevista ao autor, 1993.
5. "Review: Mendelism Up To Date". *Journal of Heredity*, v. 7, n. 1, pp. 17-23, 1916.
6. David Ellyard, *Who Discovered What When*. Frenchs Forest: New Holland, 2005. "Walter Sutton and Theordor Boveri: Where Are the Genes?".
7. "Nettie M. Stevens and the Discovery of Sex Determination by Chromosome". *Isis*, v. 69, n. 2, pp. 162-72, 1978.
8. Ronald William Clark, *The Survival of Charles Darwin: A Biography of a Man and an Idea*. Nova York: Random House, 1984, p. 279.
9. Russ Hodge, *Genetic Engineering: Manipulating the Mechanisms of Life*. Nova York: Facts On File, 2009, p. 42.
10. Thomas Hunt Morgan, *The Mechanism of Mendelian Heredity*. Nova York: Holt, 1915. Cap. 3: "Linkage".
11. A escolha da mosca-das-frutas para os experimentos de Morgan foi excepcionalmente feliz, pois ela tem um número incomumente pequeno de cromossomos: apenas quatro. Se a mosca possuísse cromossomos numerosos, teria sido muito mais difícil provar a ligação.
12. Thomas Hunt Morgan, "The Relation of Genetics to Physiology and Medicine". Conferência Nobel, 4 jun. 1934. In: *Nobel Lectures, Physiology and Medicine, 1922-1941*. Amsterdam: Elsevier, 1965, p. 315.
13. Daniel L. Hartl e Elizabeth W. Jones, *Essential Genetics: A Genomics Perspective*. Boston: Jones and Bartlett, 2002, pp. 96-7.
14. Helen Rappaport, *Queen Victoria: A Biographical Companion*. Santa Barbara, CA: ABC--CLIO, 2003. "Hemophilia".
15. Andrew Cook, *To Kill Rasputin: The Life and Death of Grigori Rasputin*. Stroud, Gloucestershire: Tempus, 2005. "The End of the Road".
16. "Alexei Romanov". *History of Russia*. Disponível em: <http://historyof russia.org/alexei-romanov/>.
17. "DNA Testing Ends Mystery Surrounding Czar Nicholas II Children". *Los Angeles Times*, 11 mar. 2009.

9. VERDADES E CONCILIAÇÕES [PP. 128-39]

1. William Butler Yeats, *Easter, 1916*. Londres: Clement Shorter, 1916.
2. Eric C. R. Reeve e Isobel Black, *Encyclopedia of Genetics*. Londres: Fitzroy Dearborn, 2001. "Darwin and Mendel United: The Contributions of Fisher, Haldane and Wright up to 1932".
3. Ronald Fisher, "The Correlation between Relatives on the Supposition of Mendelian Inheritance". *Transactions of the Royal Society of Edinburgh*, n. 52, pp. 399-433, 1918.
4. Hugo de Vries, *The Mutation Theory: Experiments and Observations on the Origin of Species in the Vegetable Kingdom*. Trad. de J. B. Farmer e A. D. Darbishire. Chicago: Open Court, 1909.
5. Robert E. Kohler, *Lords of the Fly: Drosophila Genetics and the Experimental Life*. Chicago: University of Chicago Press, 1994. "From Laboratory to Field: Evolutionary Genetics".
6. Theodosius Dobzhansky, "Genetics of Natural Populations IX. Temporal Changes in the Composition of Populations of *Drosophila pseudoobscura*". *Genetics*, v. 28, n. 2, p. 162, 1943.
7. Os detalhes dos experimentos de Dobzhansky foram extraídos de Theodosius Dobzhansky, "Genetics of Natural Populations XIV. A Response of Certain Gene Arrangements in the Third Chromosome of Drosophila Pseudoobscura to Natural Selection". *Genetics*, v. 32, n. 2, p. 142, 1947; e S. Wright e T. Dobzhansky, "Genetics of Natural Populations: Experimental Reproduction of Some of the Changes Caused by Natural Selection in Certain Populations of Drosophila Pseudoobscura". *Genetics*, v. 31, pp. 125-56, mar. 1946.

10. TRANSFORMAÇÃO [PP. 140-7]

1. H. J. Muller, "The Call of Biology". *AIBS Bulletin*, v. 3, n. 4, 1953. Exemplar com anotações manuscritas. Disponível em: <libgallery.cshl.edu/archive/files/c73e9703aa1b65ca3f488-1b9a2465797.jpg>.
2. Peter Pringle, *The Murder of Nikolai Vavilov: The Story of Stalin's Persecution of One of the Great Scientists of the Twentieth Century*. Nova York: Simon & Schuster, 2008, p. 209.
3. Ernst Mayr e William B. Provine, *The Evolutionary Synthesis: Perspectives on the Unification of Biology*. Cambridge, MA: Harvard University Press, 1980.
4. William K. Purves, *Life, the Science of Biology*. Sunderland, MA: Sinauer Associates, 2001, pp. 214-5.
5. Werner Karl Maas, *Gene Action: A Historical Account*. Oxford: Oxford University Press, 2001, pp. 59-60.
6. Alvin Coburn a Joshua Lederberg, 19 nov. 1965. Rockefeller Archives, Sleepy Hollow, NY. Disponível em: <www.rockarch.org/>.
7. Fred Griffith, "The Significance of Pneumococcal Types". *Journal of Hygiene*, v. 27, n. 2, pp. 113-59, 1928.
8. "Hermann J. Muller — Biographical". Disponível em: <www.nobel prize.org/nobel_prizes/medicine/laureates/1946/muller-bio.html>.
9. Id., "Artificial Transmutation of the Gene". *Science*, v. 22, pp. 84-7, jul. 1927.

10. James F. Crow e Seymour Abrahamson, "Seventy Years Ago: Mutation Becomes Experimental". *Genetics*, v. 147, n. 4, p. 1491, 1997.

11. Jack B. Bresler, *Genetics and Society*. Reading, MA: Addison-Wesley, 1973, p. 15.

12. Daniel J. Kevles, op. cit. "A New Eugenics", pp. 251-68.

13. Sam Kean, *The Violinist's Thumb: And Other Lost Tales of Love, War, and Genius, as Written by Our Genetic Code*. Boston: Little, Brown, 2012, p. 33.

14. William DeJong-Lambert, *The Cold War Politics of Genetic Research: An Introduction to the Lysenko Affair*. Dordrecht: Springer, 2012, p. 30.

11. *LEBENSUNWERTES LEBEN* [PP. 148-63]

1. Robert Jay Lifton, *The Nazi Doctors: Medical Killing and the Psychology of Genocide*. Nova York: Basic, 2000, p. 359.

2. Susan Bachrach, "In the Name of Public Health: Nazi Racial Hygiene". *New England Journal of Medicine*, v. 351, pp. 417-9, 2004.

3. Erwin Baur, Eugen Fischer e Fritz Lenz, *Human Heredity*. Londres: G. Allen & Unwin, 1931, p. 417. Também usada por Hess, delegado de Hitler, essa frase foi cunhada por Fritz Lenz como parte de uma resenha de *Mein Kampf*.

4. Alfred Ploetz, *Grundlinien Einer RassenHygiene*. Berlim: S. Fischer, 1895; Sheila Faith Weiss, "The Race Hygiene Movement in Germany". *Osiris*, n. 3, pp. 193-236, 1987.

5. Heinrich Poll, "Über Vererbung beim Menschen". *Die Grenzbotem*, n. 73, p. 308, 1914.

6. Robert Wald Sussman, *The Myth of Race: The Troubling Persistence of an Unscientific Idea*. Cambridge, MA: Harvard University Press, 2014. "Funding of the Nazis by American Institutes and Businesses", p. 138.

7. Harold Koenig, Dana King e Verna B. Carson, *Handbook of Religion and Health*. Oxford: Oxford University Press, 2012, p. 294.

8. US Chief Counsel for the Prosecution of Axis Criminality, *Nazi Conspiracy and Aggression*, v. 5. Washington, DC: US Government Printing Office, 1946, documento 3067-PS, 880-83 (Trad. para o inglês atribuída à equipe de Nuremberg. Org. da equipe do GHI).

9. "Nazi Propaganda: Racial Science". USHMM Collections Search. Disponível em: <collections.ushmm.org/search/catalog/fv3857>.

10. "1936 — Rassenpolitisches Amt der NSDAP — *Erbkrank*". Internet Archive. Disponível em: <archive.org/details/1936-Rassenpolitisches-Amt-der-NSDAP-Erb krank>.

11. *Olympia*, dir. de Leni Riefenstahl, 1936.

12. "Holocaust Timeline". History Place. Disponível em: <www.historyplace.com/worldwar2/holocaust/timeline.html>.

13. "Key Dates: Nazi Racial Policy, 1935". US Holocaust Memorial Museum. Disponível em: <www.ushmm.org/outreach/en/article.php?ModuleId=10007696>.

14. "Forced Sterilization". US Holocaust Memorial Museum. Disponível em: <www.ushmm.org/learn/students/learning-materials-and-resources/mentally-and-physically-handicapped-victims-of-the-nazi-era/forced-sterilization>.

15. Christopher R. Browning e Jürgen Matthäus, *The Origins of the Final Solution: The Evolution of Nazi Jewish Policy, September 1939-March 1942*. Lincoln: University of Nebraska, 2004. "Killing the Handicapped".

16. Ulf Schmidt, *Karl Brandt: The Nazi Doctor, Medicine, and Power in the Third Reich*. Londres: Hambledon Continuum, 2007.

17. Götz Aly, Peter Chroust e Christian Pross, *Cleansing the Fatherland*. Trad. de Belinda Cooper. Baltimore: Johns Hopkins University Press, 1994. Cap. 2: "Medicine against the Useless".

18. Roderick Stackelberg, *The Routledge Companion to Nazi Germany*. Nova York: Routledge, 2007, p. 303.

19. Hannah Arendt, *Eichmann in Jerusalem: A Report on the Banality of Evil*. Nova York: Viking, 1963.

20. Otmar Verschuer e Charles E. Weber, *Racial Biology of the Jews*. Reedy, wv: Liberty Bell Publishing, 1983.

21. John Simkins, "Martin Niemöller". Spartacus Educational Publishers, 2012. Disponível em: <www.spartacus.schoolnet.co.uk/GERniemoller.htm>.

22. Jacob Darwin Hamblin, *Science in the Early Twentieth Century: An Encyclopedia*. Santa Barbara, CA: ABC-CLIO, 2005. "Trofim Lysenko", pp. 188-9.

23. David Joravsky, *The Lysenko Affair*. Chicago: University of Chicago Press, 2010, p. 59. Ver também Zhores A. Medvedev, *The Rise and Fall of T. D. Lysenko*. Trad. de I. Michael Lerner. Nova York: Columbia University Press, 1969, pp. 11-6.

24. Trofim Lysenko, *Agrobiologia*. 6. ed. Moscou: Selkhozgiz, 1952, pp. 602-6.

25. "Trofim Denisovich Lysenko". *Encyclopedia Britannica Online*. Disponível em: <www.britannica.com/biography/Trofim-Denisovich-Lysenko>.

26. Peter Pringle, op. cit., p. 278.

27. Vários colegas de Vavilov também foram presos, entre eles Karpechenko, Govorov, Levitsky, Kovalev e Flayksberger. A influência de Lysenko praticamente esvaziou de geneticistas a academia soviética. Por décadas a biologia ficaria prejudicada.

28. James Tabery, *Beyond Versus: The Struggle to Understand the Interaction of Nature and Nurture*. Cambridge, MA: MIT Press, 2014, p. 2.

29. Hans-Walter Schmuhl, *The Kaiser Wilhelm Institute for Anthropology, Human Heredity, and Eugenics, 1927-1945: Crossing Boundaries*. Dordrecht: Springer, 2008. "Twin Research".

30. Gerald L. Posner e John Ware, *Mengele: The Complete Story*. Nova York: McGraw-Hill, 1986.

31. Robert Jay Lifton, op. cit., p. 349.

32. Wolfgang Benz e Thomas Dunlap, *A Concise History of the Third Reich*. Berkeley: University of California Press, 2006, p. 142.

33. George Orwell, *In Front of Your Nose, 1946-1950*. Org. de Sonia Orwell e Ian Angus. Boston: D. R. Godine, 2000, p. 11.

34. Erwin Schrödinger, *What Is Life?: The Physical Aspect of the Living Cell*. Cambridge: Cambridge University Press, 1945.

12. "ESSA MOLÉCULA ESTÚPIDA" [PP. 164-70]

1. Walter W. Moore Jr., *Wise Sayings: For Your Thoughtful Consideration*. Bloomington, IN: AuthorHouse, 2012, p. 89.
2. "The Oswald T. Avery Collection: Biographical Information". National Institutes of Health. Disponível em: <profiles.nlm.nih.gov/ps/retrieve/Narrative/CC/p-nid/35>.
3. Robert C. Olby, *The Path to the Double Helix: The Discovery of DNA*. Nova York: Dover, 1994, p. 107.
4. George P. Sakalosky, *Notio Nova: A New Idea*. Pittsburgh, PA: Dorrance, 2014, p. 58.
5. Robert C. Olby, op. cit., p. 89.
6. Garland Allen e Roy M. MacLeod (Orgs.), *Science, History and Social Activism: A Tribute to Everett Mendelsohn*. Dordrecht: Springer Science & Business Media, 2013, p. 92. v. 228.
7. Robert C. Olby, op. cit., p. 107.
8. Richard Preston, *Panic in Level 4: Cannibals, Killer Viruses, and Other Journies to the Edge of Science*. Nova York: Random House, 2009, p. 96.
9. Carta de Oswald T. Avery a Roy Avery, 26 maio 1943. Oswald T. Avery Papers, Tennessee State Library and Archives.
10. Maclyn McCarty, *The Transforming Principle: Discovering That Genes Are Made of DNA*. Nova York: W. W. Norton, 1985, p. 159.
11. Jeff Lyon e Peter Gorner, op. cit., p. 42.
12. O. T. Avery, Colin M. MacLeod e Maclyn McCarty, "Studies on the Chemical Nature of the Substance Inducing Transformation of Pneumococcal Types: Induction of Transformation by a Deoxyribonucleic Acid Fraction Isolated from Pneumococcus Type III". *Journal of Experimental Medicine*, v. 79, n. 2, pp. 137-58, 1944.
13. US Holocaust Memorial Museum, "Introduction to the Holocaust". *Holocaust Encyclopedia*. Disponível em: <www.ushmm.org/wlc /en/article.php?ModuleId=10005143>.
14. Ibid.
15. Steven A. Farber, "U.S. Scientists' Role in the Eugenics Movement (1907-1939): A Contemporary Biologist's Perspective". *Zebrafish*, v. 5, n. 4, pp. 243-5, 2008.

13. "OBJETOS BIOLÓGICOS IMPORTANTES VÊM EM PARES" [PP. 171-94]

1. James D. Watson, *The Double Helix: A Personal Account of the Discovery of the Structure of DNA*. Londres: Weidenfeld & Nicolson, 1981, p. 13.
2. Francis Crick, *What Mad Pursuit: A Personal View of Scientific Discovery*. Nova York: Basic Books, 1988, p. 67.
3. Donald W. Braben, *Pioneering Research: A Risk Worth Taking*. Hoboken, NJ: John Wiley & Sons, 2004, p. 85.
4. Maurice Wilkins, *Maurice Wilkins: The Third Man of the Double Helix: An Autobiography*. Oxford: Oxford University Press, 2003.
5. Richard Reeves, *A Force of Nature: The Frontier Genius of Ernest Rutherford*. Nova York: W. W. Norton, 2008.

6. Arthur M. Silverstein, *Paul Ehrlich's Receptor Immunology: The Magnificent Obsession*. San Diego, CA: Academic, 2002, p. 2.

7. Maurice Wilkins, correspondência com Raymond Gosling nos primeiros dias da pesquisa de DNA no King's College, 1976. Maurice Wilkins Papers, King's College London Archives.

8. Carta de 12 jun. 1985, notas sobre Rosalind Franklin, Maurice Wilkins Papers, n. ad92d68f-4071-4415-8df2-dcfe041171fd.

9. Daniel M. Fox, Marcia Meldrum e Ira Rezak, *Nobel Laureates in Medicine or Physiology: A Biographical Dictionary*. Nova York: Garland, 1990, p. 575.

10. James D. Watson, *The Annotated and Illustrated Double Helix*. Org. de Alexander Gann e J. A. Witkowski. Nova York: Simon & Schuster, 2012. Carta a Crick, p. 151.

11. Brenda Maddox, *Rosalind Franklin: The Dark Lady of DNA*. Nova York: HarperCollins, 2002, p. 164.

12. James D. Watson, *The Annotated and Illustrated Double Helix*, op. cit. Carta de Rosalind Franklin a Anne Sayre, 1 mar. 1952, p. 67.

13. Crick nunca acreditou que Franklin fosse afetada pelo machismo. Em contraste com Watson, que acabou escrevendo uma generosa recapitulação do trabalho de Franklin, salientando as adversidades que ela havia enfrentado como cientista, Crick afirmou que ela não era afetada pelo ambiente do King's College. Franklin e Crick finalmente se tornariam bons amigos em fins dos anos 1950; Crick e sua mulher foram especialmente solícitos durante a prolongada doença de Franklin e nos meses que precederam sua morte ainda jovem. A afeição de Crick por Franklin pode ser encontrada em Crick, op. cit., pp. 82-5.

14. "100 Years Ago: Marie Curie Wins 2nd Nobel Prize". *Scientific American*, 28 out. 2011. Disponível em: <www.scientific american.com/article/curie-marie-sklodowska-greatest-woman-scientist/>.

15. "Dorothy Crowfoot Hodgkin — Biographical". Nobelprize.org. Disponível em: <www.nobelprize.org/nobel_prizes/chemistry/laureates/1964 /hodgkin-bio.html>.

16. Athene Donald, "Dorothy Hodgkin and the Year of Crystallography". *Guardian*, 14 jan. 2014.

17. "The DNA Riddle: King's College, London, 1951-1953". Rosalind Franklin Papers. Disponível em: <profiles.nlm.nih.gov/ps/retrieve/Narrative/KR/p-nid/187>.

18. J. D. Bernal, "Dr. Rosalind E. Franklin". *Nature*, v. 182, p. 154, 1958.

19. Max F. Perutz, *I Wish I'd Made You Angry Earlier: Essays on Science, Scientists, and Humanity*. Cold Spring Harbor, NY: Cold Spring Harbor Laboratory Press, 1998, p. 70.

20. Watson Fuller, "For and against the Helix". Maurice Wilkins Papers, n. 00c0a9ed-e951-4761-955c-7490e0474575.

21. James D. Watson, *The Double Helix*, op. cit., p. 23.

22. Disponível em: <profiles.nlm.nih.gov/ps/access/SCBBKH.pdf>.

23. James D. Watson, *The Double Helix*, op. cit., p. 22.

24. Ibid., p. 18.

25. Ibid., p. 24.

26. Oficialmente, Watson mudara-se para Cambridge para ajudar Perutz e outro cientista, John Kendrew, no trabalho sobre uma proteína chamada mioglobina. Watson mudou então para o estudo da estrutura de um vírus chamado vírus do mosaico do tabaco, ou TMV. Mas ele

estava muito mais interessado no DNA, e logo abandonou todos os outros projetos para concentrar-se nele. James D. Watson, *The Annotated and Illustrated Double Helix*, op. cit., p. 127.

27. Francis Crick, op. cit., p. 64.

28. James D. Watson, *The Annotated and Illustrated Double Helix*, op. cit., p. 107.

29. Linus Pauling, Robert B. Corey e Herman R. Branson, "The Structure of Proteins: Two Hydrogen-Bonded Helical Configurations of the Polypeptide Chain". *Proceedings of the National Academy of Sciences*, v. 37, n. 4, pp. 205-11, 1951.

30. James D. Watson, *The Annotated and Illustrated Double Helix*, op. cit., p. 44.

31. Disponível em: <www.diracdelta.co.uk/science /source/c/r/crick%20francis/source. html#.Vh8XlaJeGKI>.

32. Francis Crick, op. cit., pp. 100-3. Crick sempre afirmou que Franklin entendia plenamente a importância da construção de modelos.

33. Victor K. McElheny, *Watson and DNA: Making a Scientific Revolution*. Cambridge, MA: Perseus, 2003, p. 38.

34. Alistair Moffat, *The British: A Genetic Journey*. Edimburgo: Birlinn, 2014; e de anotações de laboratório de Rosalind Franklin com data de 1951.

35. James D. Watson, *The Annotated and Illustrated Double Helix*, op. cit., p. 73.

36. Ibid.

37. Bill Seeds e Bruce Fraser os acompanharam nessa visita.

38. James D. Watson, *The Annotated and Illustrated Double Helix*, op. cit., p. 91.

39. Ibid., p. 92.

40. Linus Pauling e Robert B. Corey, "A Proposed Structure for the Nucleic Acids", *Proceedings of the National Academy of Sciences*, v. 39, n. 2, pp. 84-97, 1953.

41. Disponível em: <profiles.nlm.nih.gov/ps/access/KRBBJF.pdf>.

42. James D. Watson, *The Double Helix*, op. cit., p. 184

43. Anne Sayre, *Rosalind Franklin & DNA*. Nova York: W. W. Norton, 1975, p. 152.

44. James D. Watson, *The Annotated and Illustrated Double Helix*, op. cit., p. 207.

45. Ibid., p. 208.

46. Ibid., p. 209.

47. John Sulston e Georgina Ferry, *The Common Thread: A Story of Science, Politics, Ethics, and the Human Genome*. Washington, DC: Joseph Henry Press, 2002, p. 3.

48. Muito provavelmente em 11 ou 12 de março de 1953. Crick informou Delbrück sobre o modelo na quinta-feira, 12 de março. Ver também Watson Fuller, "Who Said Helix?", com artigos relacionados, Maurice Wilkins Papers, n. c065700f-b6d9-46cf -902a-b4f8e078338a.

49. 13 jun. 1996, Maurice Wilkins Papers.

50. Carta de Maurice Wilkins a Francis Crick, 18 mar. 1953, Wellcome Library, carta referência n. 62b87535-040a-448c-9b73-ff3a3767db91. Disponível em: <wellcomelibrary.org/player/b20047198#?asi=0&ai=0&z=0.12 15%2C0.2046%2C0.5569%2C0.3498>.

51. Watson Fuller, "Who Said Helix?", com artigos relacionados.

52. James D. Watson, *The Annotated and Illustrated Double Helix*, op. cit., p. 222.

53. James D. Watson e Francis H. C. Crick, "Molecular Structure of Nucleic Acids: A Structure for Deoxyribose Nucleic Acid", *Nature*, v. 171, pp. 737-8, 1953.

54. Watson Fuller, "Who Said Helix?", com artigos relacionados.

14. "ESSE MALDITO PIMPINELA FUJÃO" [PP. 195-206]

1. "1957: Francis H. C. Crick (1916-2004) Sets Out the Agenda of Molecular Biology". *Genome News Network*. Disponível em: <www.genomenewsnetwork.org /resources/timeline/ 1957_Crick.php>.

2. "George W. Beadle (1903-1989) and Edward L. Tatum (1909-1975) Show How Genes Direct the Synthesis of Enzymes That Control Metabolic Processes". *Genome News Network*. Disponível em: <www.genomenewsnetwork.org/resources/time line/1941_Beadle_Tatum.php>.

3. Edward B. Lewis, "Thomas Hunt Morgan and His Legacy". Nobelprize.org. Disponível em: <www.nobelprize.org/nobel_prizes/medicine/laureates /1933/morgan-article.html>.

4. Frank Moore Colby et al., *The New International Year Book: A Compendium of the World's Progress, 1907-1965*. Nova York: Dodd, Mead, 1908, p. 786.

5. George Beadle, "Genetics and Metabolism in Neurospora". *Physiological Reviews*, v. 25, n. 4, pp. 643-63, 1945.

6. James D. Watson, *Genes, Girls, and Gamow: After the Double Helix*. Nova York: Alfred A. Knopf, 2002, p. 31.

7. Disponível em: <scarc.library.oregonstate.edu/coll/pauling /dna/corr/sci9.001.43-gamow-lp-19531022-transcript.html>.

8. Ted Everson, *The Gene: A Historical Perspective*. Westport, CT: Greenwood, 2007, pp. 89-91.

9. "Francis Crick, George Gamow, and the RNA Tie Club". Web of Stories. Disponível em: <www.webofstories.com/play/francis.crick/84>.

10. Sam Kean, *The Violinist's Thumb: And Other Lost Tales of Love, War, and Genius, as Written by Our Genetic Code*. Nova York: Little, Brown, 2012.

11. Arthur Pardee e Monica Riley também haviam proposto uma variante dessa ideia.

12. Cynthia Brantley Johnson, *The Scarlet Pimpernel*. Nova York: Simon & Schuster, 2004, p. 124.

13. "Albert Lasker Award for Special Achievement in Medical Science: Sydney Brenner". Lasker Foundation. Disponível em: <www.laskerfoundation.org /awards/2000special.htm>.

14. Dois outros cientistas, Elliot Volkin e Lazarus Astrachan, haviam proposto um intermediário de RNA para genes em 1956. Os dois artigos fundamentais publicados pelo grupo de Brenner e Jacob e pelo grupo de Watson e Gilbert em 1961 são: F. Gros et al., "Unstable Ribonucleic Acid Revealed by Pulse Labeling of *Escherichia coli*". *Nature*, n. 190, pp. 581-5, 13 maio 1960; S. Brenner, F. Jacob e M. Meselson, "An Unstable Intermediate Carrying Information from Genes to Ribosomes for Protein Synthesis". *Nature*, n. 190, pp. 576-81, 13 maio 1960.

15. James D. Watson e Francis H. C. Crick, "Genetical Implications of the Structure of Deoxyribonucleic Acid". *Nature*, v. 171, n. 4361, p. 965, 1953.

16. David P. Steensma, Robert A. Kyle e Marc A. Shampo, "Walter Clement Noel: First Patient Described with Sickle Cell Disease". *Mayo Clinic Proceedings*, v. 85, n. 10, 2010.

17. "Key Participants: Harvey A. Itano". *It's in the Blood! A Documentary History of Linus Pauling, Hemoglobin, and Sickle Cell Anemia*. Disponível em: <scarc.library.oregonstate.edu/ coll/pauling/blood/people/itano.html>.

15. REGULAÇÃO, REPLICAÇÃO, RECOMBINAÇÃO [PP. 207-21]

1. Citado em Sean Carrol, *Brave Genius: A Scientist, a Philosopher, and Their Daring Adventures from the French Resistance to the Nobel Prize*. Nova York: Crown, 2013, p. 133.
2. Thomas Hunt Morgan, "The Relation of Genetics to Physiology and Medicine". *Scientific Monthly*, v. 41, n. 1, p. 315, 1935.
3. Agnes Ullmann, "Jacques Monod, 1910-1976: His Life, His Work and His Commitments". *Research in Microbiology*, v. 161, n. 2, pp. 68-73, 2010.
4. Arthur B. Pardee, François Jacob e Jacques Monod, "The Genetic Control and Cytoplasmic Expression of 'Inducibility' in the Synthesis of β=galactosidase by *E. coli*". *Journal of Molecular Biology*, v. 1, n. 2, pp. 165-78, 1959.
5. François Jacob e Jacques Monod, "Genetic Regulatory Mechanisms in the Synthesis of Proteins". *Journal of Molecular Biology*, v. 3, n. 3, pp. 318-56, 1961.
6. James D. Watson e Francis Crick, "Molecular Structure of Nucleic Acids", op. cit., p. 738.
7. Arthur Kornberg, "Biologic Synthesis of Deoxyribonucleic Acid". *Science*, v. 131, n. 3412, pp. 1503-8, 1960.

16. DOS GENES À GÊNESE [PP. 222-39]

1. Richard Dawkins, *The Selfish Gene*. Oxford: Oxford University Press, 1989, p. 12.
2. Nicholas Marsh, *William Blake: The Poems*. Basingstoke: Palgrave, 2001, p. 56.
3. Muitas dessas mutantes tinham sido criadas inicialmente por Alfred Sturtevant e Calvin Bridges. Detalhes sobre as mutantes e os genes relevantes encontram-se na conferência Nobel de Ed Lewis, 8 dez. 1995.
4. Friedrich Max Müller, *Memories: A Story of German Love*. Chicago: A. C. McClurg, 1902, p. 20.
5. Leo Lionni, *Inch by Inch*. Nova York: I. Obolensky, 1960.
6. James F. Crow e William F. Dove, *Perspectives on Genetics: Anecdotal, Historical, and Critical Commentaries, 1987-1998*. Madison: University of Wisconsin Press, 2000, p. 176.
7. Robert Horvitz, entrevista ao autor, 2012.
8. Ralph Waldo Emerson, *The Journals and Miscellaneous Notebooks of Ralph Waldo Emerson*. Org. de William H. Gilman. Cambridge, MA: Belknap Press of Harvard University Press, 1960, p. 202. v. 7.
9. Ning Yang e Ing Swie Goping, *Apoptosis*. San Rafael, CA: Morgan & Claypool Life Sciences, 2013. "*C. elegans* and Discovery of the Caspases".
10. John F. R. Kerr, Andrew H. Wyllie e Alastair R. Currie, "Apoptosis: A Basic Biological Phenomenon with Wide-Ranging Implications in Tissue Kinetics". *British Journal of Cancer*, v. 26, n. 4, p. 239, 1972.
11. Esse mutante foi identificado inicialmente por Ed Hedgecock. Entrevista pessoal com Robert Horitz, 2013.
12. John E. Sulston e Robert Horvitz, "Post-Embryonic Cell Lineages of the Nematode, *Caenorhabditis elegans*". *Developmental Biology*, v. 56, n. 1, pp. 110-56, mar. 1977. Ver também

Judith Kimble e David Hirsh, "The Postembryonic Cell Lineages of the Hermaphrodite and Male Gonads in *Caenorhabditis elegans*". *Developmental Biology*, v. 70, n. 2, pp. 396-417, 1979.

13. Judith Kimble, "Alterations in Cell Lineage Following Laser Ablation of Cells in the Somatic Gonad of *Caenorhabditis elegans*". *Developmental Biology*, v. 87, n. 2, pp. 286-300, 1981.

14. Walter J. Gehring, *Master Control Genes in Development and Evolution: The Homeobox Story*. New Haven, CT: Yale University Press, 1998, p. 56.

15. Os pioneiros desse método foram John White e John Sulston. Robert Horvitz, entrevista pessoal com o autor, 2013.

16. Gary F. Marcus, *The Birth of the Mind: How a Tiny Number of Genes Creates the Complexities of Human Thought*. Nova York: Basic Books, 2004. Cap. 4: "Aristotle's Impetus".

17. Antoine Danchin, *The Delphic Boat: What Genomes Tell Us*. Cambridge, MA: Harvard University Press, 2002.

18. Richard Dawkins, *A Devil's Chaplain: Reflections on Hope, Lies, Science, and Love*. Boston: Houghton Mifflin, 2003, p. 105.

PARTE 3 — "OS SONHOS DOS GENETICISTAS" [PP. 241-99]

1. Sydney Brenner, "Life Sentences: Detective Rummage Investigates". *Scientist — The Newspaper for the Science Professional*, v. 16, n. 16, p. 15, 2002.

2. "DNA as the 'Stuff of Genes': The Discovery of the Transforming Principle, 1940-1944". Oswald T. Avery Collection. National Institutes of Health. Disponível em: <profiles.nlm.nih.gov/ps/retrieve/Narrative/CC/p-nid/157>.

17. "CROSSING OVER" [PP. 245-58]

1. Os detalhes sobre a educação e a licença sabática de Paul Berg provêm da entrevista que ele concedeu ao autor em 2013 e de "The Paul Berg Papers", *Profiles in Science*, National Library of Medicine. Disponível em: <profiles.nlm.nih.gov/CD/>.

2. Michael B. Oldstone, "Rous-Whipple Award Lecture. Viruses and Diseases of the Twenty-first Century". *American Journal of Pathology*, v. 143, n. 5, p. 1241, 1993.

3. David A. Jackson, Robert H. Symons e Paul Berg, "Biochemical Method for Inserting New Genetic Information into DNA of Simian Virus 40: Circular SV40 DNA Molecules Containing Lambda Phage Genes and the Galactose Operon of *Escherichia coli*". *Proceedings of the National Academy of Sciences*, v. 69, n. 10, pp. 2904-9, 1972.

4. Peter E. Lobban, "The Generation of Transducing Phage In Vitro". Ensaio para o terceiro exame de doutorado, Universidade Stanford, 6 nov. 1969.

5. Oswald T. Avery, Colin M. MacLeod e Maclyn McCarty, "Studies on the Chemical Nature of the Substance Inducing Transformation of Pneumococcal Types Induction of Transformation by a Desoxyribonucleic Acid Fraction Isolated from Pneumococcus Type III". *Journal of Experimental Medicine*, v. 79, n. 2, pp. 137-58, 1944.

6. Paul Berg e Janet E. Mertz, "Personal Reflections on the Origins and Emergence of

Recombinant DNA Technology". *Genetics*, v. 184, n. 1, pp. 9-17, 2010. doi:10.1534/genetics.109.112144.

7. Jackson, Symons e Paul Berg, "Biochemical Method for Inserting New Genetic Information into DNA of Simian Virus 40". *Proceedings of the National Academy of Sciences*, v. 69, n. 10, pp. 2904-9, 1972.

8. Kathi E. Hanna (Org.), *Biomedical Politics*. Washington, DC: National Academies Press, 1991, p. 266.

9. Erwin Chargaff, "On the Dangers of Genetic Meddling". *Science*, v. 192, n. 4243, p. 938, 1976.

10. "Reaction to Outrage over Recombinant DNA, Paul Berg". DNA Learning Center. doi:https://www.dnalc.org/view/15017-Reaction-to-outrage-over-recombinant-DNA-Paul-Berg.html.

11. Shane Crotty, *Ahead of the Curve: David Baltimore's Life in Science*. Berkeley: University of California Press, 2001, p. 95.

12. Entrevista de Paul Berg ao autor, 2013.

13. Ibid.

14. Os detalhes da história de Boyer e Cohen provêm da seguinte fonte: John Archibald, *One Plus One Equals One: Symbiosis and the Evolution of Complex Life*. Oxford: Oxford University Press, 2014. Ver também Stanley N. Cohen et al., "Construction of Biologically Functional Bacterial Plasmids In Vitro". *Proceedings of the National Academy of Sciences*, v. 70, n. 11, pp. 3240-4, 1973.

15. Os detalhes desse episódio provêm de várias fontes, entre as quais Stanley Flakow, "I'll Have the Chopped Liver Please, Or How I Learned to Love the Clone". *ASM News* 67, n. 11, 2001; Paul Berg, entrevista ao autor, 2015; Jane Gitschier, "Wonderful Life: An Interview with Herb Boyer". *PLOS Genetics*, 25 set. 2009.

18. A NOVA MÚSICA [PP. 259-69]

1. Francis Crick, op. cit., p. 74.

2. Richard Powers, *Orfeo: A Novel*. Nova York: W. W. Norton, 2014, p. 330.

3. Frederick Sanger, "The Arrangement of Amino Acids in Proteins". *Advances in Protein Chemistry*, v. 7, pp. 1-67, 1951.

4. Frederick Banting et al., "The Effects of Insulin on Experimental Hyperglycemia in Rabbits". *American Journal of Physiology*, v. 62, n. 3, 1922.

5. "The Nobel Prize in Chemistry 1958". Nobelprize.org. Disponível em: <www.nobelprize.org/nobel_prizes/chemistry/laureates/1958/>.

6. Frederick Sanger, *Selected Papers of Frederick Sanger: With Commentaries*. Org. de Margaret Dowding. Cingapura: World Scientific, 1996, pp. 11-2. v. 1.

7. George G. Brownlee, *Fred Sanger — Double Nobel Laureate: A Biography*. Cambridge: Cambridge University Press, 2014, p. 20.

8. Frederick Sanger et al., "Nucleotide Sequence of Bacteriophage 174 DNA". *Nature*, v. 265, n. 5596, pp. 687-95, 1977. doi:10.1038/265687a0.

9. Ibid.

10. Sayeeda Zain et al., "Nucleotide Sequence Analysis of the Leader Segments in a Cloned Copy of Adenovirus 2 Fiber mRNA". *Cell*, v. 16, n. 4, pp. 851-61, 1979. Ver também "Physiology or Medicine 1993 — Press Release". Nobelprize.org. Disponível em: <www.nobelprize.org/nobel_prizes/medicine/laureates/1993/press.html>.

11. Walter Sullivan, "Genetic Decoders Plumbing the Deepest Secrets of Life Processes". *New York Times*, 20 jun. 1977.

12. Jean S. Medawar, *Aristotle to Zoos: A Philosophical Dictionary of Biology*. Cambridge, MA: Harvard University Press, 1985, pp. 37-8.

13. Paul Berg, entrevista ao autor, set. 2015.

14. James P. Allison, Bradley W. McIntyre e D. Bloch, "Tumor-Specific Antigen of Murine T-lymphoma Defined with Monoclonal Antibody". *Journal of Immunology*, v. 129, pp. 2293-300, 1982; Kathryn Haskins et al., "The Major Histocompatibility Complex-Restricted Antigen Receptor on T Cells: I. Isolation with a Monoclonal Antibody". *Journal of Experimental Medicine*, v. 157, pp. 1149-69, 1983.

15. "Physiology or Medicine 1975 — Press Release". Nobelprize.org. Nobel Media AB 2014. Web. 5 ago. 2015. Disponível em: <www.nobel prize.org/nobel_prizes/medicine/laureates/1975/press.html>.

16. Stephen M. Hedrick et al., "Isolation of cDNA Clones Encoding T Cell-Specific Membrane-Associated Proteins". *Nature*, v. 308, pp. 149-53, 1984; Y. Yanagi et al., "A Human T Cell--Specific cDNA Clone Encodes a Protein Having Extensive Homology to Immunoglobulin Chains". *Nature*, v. 308, pp. 145-9, 1984.

17. Steve McKnight, "Pure Genes, Pure Genius". *Cell*, v. 150, n. 6, pp. 1100-2, 14 set. 2012.

19. EINSTEINS NA PRAIA [PP. 270-81]

1. Sydney Brenner, "The Influence of the Press at the Asilomar Conference, 1975". Web of Stories. Disponível em: <www.webofstories.com/play/sydney.brenner/182;jsessionid=2c147f-1c4222a58715e708eabd868e58>.

2. Crotty, op. cit., p. 93.

3. Herbert Gottweis, *Governing Molecules: The Discursive Politics of Genetic Engineering in Europe and the United States*. Cambridge, MA: MIT Press, 1998.

4. Os detalhes do relato de Berg sobre Asilomar provêm de conversas e entrevistas com Paul Berg em 1993 e 2013, e de Donald S. Fredrickson, "Asilomar and Recombinant DNA: The End of the Beginning". In: Kathi Hanna (Org.), *Biomedical Politics*. Washington DC: National Academy Press, 1991, pp. 258-92.

5. Alfred Hellman, Michael Neil Oxman e Robert Pollack, *Biohazards in Biological Research*. Cold Spring Harbor, NY: Cold Spring Harbor Laboratory Press, 1973.

6. Stanley Cohen et al., "Construction of Biologically Functional Bacterial Plasmids", op. cit., pp. 3240-4.

7. Shane Crotty, op. cit., p. 99.

8. Ibid.

9. "The Moratorium Letter Regarding Risky Experiments, Paul Berg". DNA Learning Cen-

ter. Disponível em: <www.dnalc.org/view/15021-The-moratorium-letter-regarding-risky-experiments-Paul-Berg.html>.

10. Paul Berg et al., "Potential Biohazards of Recombinant DNA Molecules". *Science*, v. 185, p. 3034, 1974. Ver também *Proceedings of the National Academy of Sciences*, n. 71, pp. 2593-4, jul. 1974.

11. Entrevista com Herb Boyer, 1994, por Sally Smith Hughes, UCSF Oral History Program, Bancroft Library, Universidade da Califórnia, Berkeley. Disponível em: <content.cdlib.org/view?docId=kt5d5nb0zs&brand=calisphere&doc.view=entire_text>.

12. John F. Morrow et al., "Replication and Transcription of Eukaryotic DNA in *Escherichia coli*". *Proceedings of the National Academy of Sciences*, v. 71, n. 5, pp. 1743-7, 1974.

13. Paul Berg et al., "Summary Statement of the Asilomar Conference on Recombinant DNA Molecules". *Proceedings of the National Academy of Sciences*, v. 72, n. 6, pp. 1981-4, 1975.

14. Shane Crotty, op. cit., p. 107.

15. Sydney Brenner, "The Influence of the Press", op. cit.

16. Shane Crotty, op. cit., p. 108.

17. Herbert Gottweis, op. cit., p. 88.

18. Paul Berg et al., "Summary Statement of the Asilomar Conference", op. cit., pp. 1981-4.

19. Albert Einstein, "Letter to Roosevelt, August 2, 1939". Cartas de Albert Einstein a Franklin Delano Roosevelt. Disponível em: <hypertext book.com/eworld/einstein.shtml#-first>.

20. Atribuído a Alan T. Waterman, em Lewis Branscomb, "Foreword", *Science, Technology, and Society, a Prospective Look: Summary and Conclusions of the Bellagio Conference*. Washington, DC: National Academy of Sciences, 1976.

21. Franklin A. Long, "President Nixon's 1973 Reorganization Plan No. 1". *Science and Public Affairs*, v. 29, n. 5, p. 5, 1973.

22. Entrevista de Paul Berg ao autor, 2013.

23. Paul Berg, "Asilomar and Recombinant DNA". Nobelprize.org. Disponível em: <www.nobelprize.org/nobel_prizes/chemistry/laureates/1980/berg-article.html>.

24. Ibid.

20. "CLONAR OU MORRER" [PP. 282-99]

1. Herbert W. Boyer, "Recombinant DNA Research at UCSF and Commercial Application at Genentech: Oral History Transcript, 2001". Online Archive of California, 124. Disponível em: <www.oac.cdlib.org/search?style=oac4;titlesAZ=r;idT=UCb11453293x>.

2. Arthur Charles Clark, *Profiles of the Future: An Inquiry Into the Limits of the Possible*. Nova York: Harper & Row, 1973.

3. Doogab Yi, *The Recombinant University: Genetic Engineering and the Emergence of Stanford Biotechnology*. Chicago: University of Chicago Press, 2015, p. 2.

4. "Getting Bacteria to Manufacture Genes". *San Francisco Chronicle*, 21 maio 1974.

5. Roger Lewin, "A View of a Science Journalist". In: Joan Morgan e W. J. Whelan (Orgs.), *Recombinant DNA and Genetic Experimentation*. Londres: Elsevier, 2013, p. 273.

6. "1972: First Recombinant DNA". Genome.gov. Disponível em: <www.genome.gov/25520302>.

7. Paul Berg e Janet E. Mertz, "Personal Reflections on the Origins and Emergence of Recombinant DNA Technology", op. cit. doi:10.1534/genetics.109.112144.

8. Sally Smith Hughes, *Genentech: The Beginnings of Biotech*. Chicago: University of Chicago Press, 2011. "Prologue".

9. Felda Hardymon e Tom Nicholas, "Kleiner-Perkins and Genentech: When Venture Capital Met Science". Harvard Business School Case 813-102, out. 2012. Disponível em: <www.hbs.edu/faculty/Pages/item.aspx?num=43569>.

10. Alex Sakula, "Paul Langerhans (1847-1888): A Centenary Tribute". *Journal of the Royal Society of Medicine*, v. 81, n. 7, p. 414, 1988.

11. Josef V. Mering e Oskar Minkowski, "Diabetes Mellitus Nach Pankreasexstirpation". *Naunyn-Schmiedeberg's Archives of Pharmacology*, v. 26, n. 5, pp. 371-87, 1890.

12. Frederick G. Banting et al., "Pancreatic Extracts in the Treatment of Diabetes Mellitus". *Canadian Medical Association Journal*, v. 12, n. 3, p. 141, 1922.

13. Frederick Sanger e E. O. P. Thompson, "The Amino-Acid Sequence in the Glycyl Chain of Insulin. 1. The Identification of Lower Peptides from Partial Hydrolysates". *Biochemical Journal*, v. 53, n. 3, p. 353, 1953.

14. Sally Smith Hugues, *Genentech*, op. cit., pp. 59-65.

15. "Fierce Competition to Synthesize Insulin, David Goeddel". DNA Learning Center. Disponível em: <hwww.dnalc.org/view/15085-Fierce-competition-to-synthesize-insulin-David-Goeddel.html>.

16. Sally Smith Hughes, *Genentech*, op. cit., p. 93.

17. Ibid., p. 78.

18. "Introductory Materials". First Chief Financial Officer at Genentech, 1978-1984. Disponível em: <content.cdlib.org/view?do cId=kt8k40159r&brand=calisphere&doc.view=entire_text>.

19. Sally Smith Hughes, *Genentech*, op. cit., p. 93.

20. Payne Templeton, "Harvard Group Produces Insulin from Bacteria". *Harvard Crimson*, 18 jul. 1978.

21. Sally Smith Hugues, *Genentech*, op. cit., p. 91.

22. "A History of Firsts". Genentech: Chronology. Disponível em: <www.gene.com/media/company-information/chronology>.

23. Luigi Palombi, *Gene Cartels: Biotech Patents in the Age of Free Trade*. Londres: Edward Elgar, 2009, p. 264.

24. "History of AIDS up to 1986". Disponível em: <www.avert.org/history-aids-1986.htm>.

25. Gilbert C. White, "Hemophilia: An Amazing 35-Year Journey from the Depths of HIV to the Threshold of Cure". *Transactions of the American Clinical and Climatological Association*, n. 121, p. 61, 2010.

26. "HIV/AIDS". National Hemophilia Foundation. Disponível em: <www.hemophilia.org/Bleeding-Disorders/Blood-Safety/HIV/AIDS>.

27. John Overington, Bissan Al-Lazikani e Andrew Hopkins, "How Many Drug Targets Are There?". *Nature Reviews Drug Discovery*, n. 5, pp. 993-6, dez. 2006. "Table 1: Molecular Tar-

gets of FDA-approved drugs". Disponível em: <www.nature.com/nrd/journal/v5/n12/fig_tab/nrd2199_T1.html>.

28. "Genentech: Historical Stock Info". Gene.com. Disponível em: <www.gene.com/about-us/investors/historical-stock-info>.

29. Harold Evans, Gail Buckland e David Lefer, *They Made America: From the Steam Engine to the Search Engine — Two Centuries of Innovators*. Londres: Hachette UK, 2009. "Hebert Boyer and Robert Swanson: The Biotech Industry", pp. 420-31.

PARTE 4 — "O ESTUDO APROPRIADO À HUMANIDADE É O HOMEM" [PP. 301-84]

1. Alexander Pope, *Essay on Man*. Oxford: Clarendon Press, 1869.

21. OS TORMENTOS DE MEU PAI [PP. 305-9]

1. William Shakespeare e Jay L. Halio, *The Tragedy of King Lear*. Cambridge: Cambridge University Press, 1992, ato 5, cena 3.

22. O NASCIMENTO DE UMA CLÍNICA [PP. 310-23]

1. Jeff Lyon e Peter Gorner, op. cit.
2. John A. Osmundsen, "Biologist Hopeful in Solving Secrets of Heredity This Year". *New York Times*, 2 fev. 1962.
3. Thomas Morgan, "The Relation of Genetics to Physiology and Medicine". Conferência Nobel, 4 jun. 1934. Nobelprize.org. Disponível em: <www.nobelprize.org/nobel_prizes/medicine/laureates/1933/morgan-lecture.html>.
4. "From 'Musical Murmurs' to Medical Genetics, 1945-1960". Victor A. McKusick Papers, NIH. Disponível em: <profiles.nlm.nih.gov/ps/retrieve/narrative /jq/p-nid/305>.
5. Harold Jeghers, Victor A. McKusick e Kermit H. Katz, "Generalized Intestinal Polyposis and Melanin Spots of the Oral Mucosa, Lips and Digits". *New England Journal of Medicine*, v. 241, n. 25, pp. 993-1005, 1949. doi:10.1056 /nejm194912222412501.
6. "A Contribution to the Study of Alkaptonuria". *Medico-chirurgical Transactions*, v. 82, p. 367, 1899.
7. Archibald E. Garrod, "The Incidence of Alkaptonuria: A Study in Chemical Individuality". *Lancet*, v. 160, n. 4137, pp. 1616-20, 1902. doi:10.1016/s0140-6736(01)41972-6.
8. Harold Schwartz, *Abraham Lincoln and the Marfan Syndrome*. Chicago: American Medical Association, 1964.
9. Joanna Amberger et al., "McKusick's Online Mendelian Inheritance in Man". *Nucleic Acids Research*, v. 37, D793-D796, fig. 1 e 2, 2009. doi:10.1093/nar/gkn665.
10. "Beyond the Clinic: Genetic Studies of the Amish and Little People, 1960-1980s". Victor A. McKusick Papers, NIH. Disponível em: <profiles.nlm.nih.gov/ps/retrieve/narrative/jq/p-nid/307>.

11. Wallace Stevens, "The Poems of Our Climate". In: *The Collected Poems of Wallace Stevens*. Nova York: Alfred A. Knopf, 1954, pp. 193-4.

12. *Fantastic Four #1*. Nova York: Marvel Comics, 1961. Disponível em: <http://marvel.com/comics/issue/12894/fantastic_four_1961_1>.

13. Stan Lee et al., "The Secrets of Spider-Man". In: *Marvel Masterworks: The Amazing Spider-Man*. Nova York: Marvel Publishing, 2009.

14. *Uncanny X-Men #1*. Nova York: Marvel Comics, 1963. Disponível em: <http://marvel.com/comics/issue/12413/uncanny_x-men_1963_1>.

15. Alexandra Stern, *Telling Genes: The Story of Genetic Counseling in America*. Baltimore: Johns Hopkins University Press, 2012, p. 146.

16. Leo Sachs, David M. Serre e Mathilde Danon, "Analysis of Amniotic Fluid Cells for Diagnosis of Foetal Sex". *British Medical Journal*, v. 2, n. 4996, p. 795, 1956.

17. Carlo Valenti, "Cytogenetic Diagnosis of Down's Syndrome in Utero". *Journal of the American Medical Association*, v. 207, n. 8, p. 1513, 1969. doi:10.1001/jama.1969.03150210097018.

18. Os detalhes da vida de McCorvey provêm de Norma McCorvey com Andy Meisler, *I Am Roe: My Life, Roe v. Wade, and Freedom of Choice*. Nova York: HarperCollins, 1994.

19. Ibid.

20. *Roe v. Wade*. Legal Information Institute. Disponível em: <www.law.cornell.edu/supremecourt/text/410/113>.

21. Alexander M. Bickel, *The Morality of Consent*. New Haven: Yale University Press, 1975, p. 28.

22. Jeffrey Toobin, "The People's Choice". *New Yorker*, pp. 19-20, 28 jan. 2013.

23. H. Hansen, "Brief Reports Decline of Down's Syndrome after Abortion Reform in New York State". *American Journal of Mental Deficiency*, v. 83, n. 2, pp. 185-8, 1978.

24. Daniel J. Kevles, *In the Name of Eugenics: Genetics and the Uses of Human Heredity*. Nova York: Alfred A. Knopf, 1985, p. 257.

25. M. Susan Lindee, *Moments of Truth in Genetic Medicine*. Baltimore: Johns Hopkins University Press, 2005, p. 24.

26. V. A. McKusick e R. Claiborne (Orgs.), *Medical Genetics*. Nova York: HP, 1973.

27. Joseph Dancis, "The Prenatal Detection of Hereditary Defects". In: V. A. McKusick e R. Claiborne (Orgs.), *Medical Genetics*, op. cit., p. 247.

28. Mark Zhang, "Park v. Chessin (1977)". *The Embryo Project Encyclopedia*, 31 jan. 2014. Disponível em: <embryo.asu.edu/pages/park-v-chessin-1977>.

29. Ibid.

23. INTERVIR, INTERVIR, INTERVIR [PP. 324-30]

1. Gerald Leach, "Breeding Better People". *Observer*, 12 abr. 1970.

2. Michelle Morgante, "DNA Scientist Francis Crick Dies at 88". *Miami Herald*, 29 jul. 2004.

3. Lily E. Kay, *The Molecular Vision of Life: Caltech, the Rockefeller Foundation, and the Rise of the New Biology*. Nova York: Oxford University Press, 1993, p. 276.

4. David Plotz, "Darwin's Engineer". *Los Angeles Times*, 5 jun. 2005. Disponível em: <www.latimes.com/la-tm-spermbank23jun05-story.html#page=1>.

5. Joel N. Shurkin, *Broken Genius: The Rise and Fall of William Shockley, Creator of the Electronic Age*. Londres: Macmillan, 2006, p. 256.

6. Daniel J. Kevles, *In the Name of Eugenics*, op. cit., p. 263.

7. *Departments of Labor and Health, Education, and Welfare Appropriations for 1967*. Washington, DC: Government Printing Office, 1966, p. 249.

8. Victor McKusick, em *Legal and Ethical Issues Raised by the Human Genome Project: Proceedings of the Conference in Houston*, org. de Mark A. Rothstein. Texas, 7-9 mar. 1991. Houston: University of Houston, Health Law and Policy Institute, 1991.

9. Matthew R. Walker e Ralph Rapley, *Route Maps in Gene Technology*. Oxford: Blackwell Science, 1997, p. 144.

24. UMA ALDEIA DE DANÇARINOS, UM ATLAS DE PINTAS [PP. 331-47]

1. W. H. Gardner (Org.), *Gerard Manley Hopkins: Poems and Prose*. Taipé: Shu lin, 1968. "Pied Beauty".

2. George Huntington, "Recollections of Huntington's Chorea as I Saw It at East Hampton, Long Island, During My Boyhood". *Journal of Nervous and Mental Disease*, v. 37, pp. 255-7, 1910.

3. Robert M. Cook-Deegan, *The Gene Wars: Science, Politics, and the Human Genome*. Nova York: W. W. Norton, 1994, p. 38.

4. Kerry Kravitz et al., "Genetic Linkage between Hereditary Hemochromatosis and HLA". *American Journal of Human Genetics*, v. 31, n. 5, p. 601, 1979.

5. David Botstein et al., "Construction of a Genetic Linkage Map in Man Using Restriction Fragment Length Polymorphisms". *American Journal of Human Genetics*, v. 32, n. 3, p. 314, 1980.

6. Louis MacNeice, "Snow". In: George Watson (Org.), *The New Cambridge Bibliography of English Literature*. Cambridge: Cambridge University Press, 1971. v. 3.

7. Victor K. McElheny, *Drawing the Map of Life: Inside the Human Genome Project*. Nova York: Basic, 2010, p. 29.

8. David Botstein et al., "Construction of a Genetic Linkage Map in Man Using Restriction Fragment Length Polymorphisms", op. cit., p. 314.

9. Nancy Wexler, "Huntington's Disease: Advocacy Driving Science". *Annual Review of Medicine*, n. 63, pp. 1-22, 2012.

10. Id., "Genetic 'Russian Roulette': The Experience of Being at Risk for Huntington's Disease". In: Seymour Kessler (Org.), *Genetic Counseling: Psychological Dimensions*. Nova York: Academic Press, 1979.

11. "New Discovery in Fight against Huntington's Disease". NUI Galway, 22 fev. 2012. Disponível em: <www.nuigalway.ie/about-us/news-and-events/news-archive/2012/february2012/new-discovery-in-fight-against-huntingtons-disease-1.html>.

12. Gene Veritas, "At Risk for Huntington's Disease", 21 set. 2011. Disponível em: <curehd.blogspot.com/2011_09_01_archive.html>.

13. Os detalhes da história da família Wexler provêm de Alice Wexler, *Mapping Fate: A*

Memoir of Family, Risk, and Genetic Research. Berkeley: University of California Press, 1995; Jeff Lyon e Peter Gorner, op. cit.; e "Makers Profile: Nancy Wexler, Neuropsychologist & President, Hereditary Disease Foundation". MAKERS: The Largest Video Collection of Women's Stories. Disponível em: <www.makers.com/mancy-wexler>.

14. Ibid.

15. "History of the HDF". Hereditary Disease Foundation. Disponível em: <hdfoundation.org/history-of-the-hdf/>.

16. Nancy Wexler, "Life in The Lab". *LA Times Magazine*, 10 fev. 1991.

17. Associated Press, "Milton Wexler: Promoted Huntington's Research". *Washington Post*, 23 mar. 2007. Disponível em: <www.washingtonpost.com/wp-dyn/content/article/2007/03/22/AR2007032202068.html>.

18. Alice Wexler, *Mapping Fate*, op. cit., p. 177.

19. Ibid., p. 178.

20. Descrição de Barranquitas em "Nancy Wexler in Venezuela Huntington's Disease". BBC, 2010, YouTube. Disponível em: <www.you tube.com/watch?v=D6LbkTw8fDU>.

21. M. S. Okun e N. Thommi, "Américo Negrette (1924 to 2003): Diagnosing Huntington Disease in Venezuela". *Neurology*, v. 63, n. 2, pp. 340-3, 2004. doi:10.1212/01.wnl.0000129827.16522.78.

22. Para dados sobre a prevalência, ver <www.cmmt.ubc.ca/research/diseases/huntingtons/HD_Prevalence>.

23. Ver Nancy Wexler, "What Is a Homozygote?". *Gene Hunter: The Story of Neuropsychologist Nancy Wexler (Women's Adventures in Science [Joseph Henry Press])*, p. 51, 30 out. 2006.

24. Jerry E. Bishop e Michael Waldholz, *Genome: The Story of the Most Astonishing Scientific Adventure of Our Time*. Nova York: Simon & Schuster, 1990, pp. 82-6.

25. Esse pedigree por fim abrangeria mais de 18 mil indivíduos ao longo de dez gerações. Todos descendiam de um ancestral comum, uma mulher chamada Maria Concepción — nome curiosamente apropriado —, que concebeu a primeira família portadora do gene mutante nesses vilarejos no século XIX.

26. A família americana não era grande o suficiente para provar a ligação, mas a família venezuelana era. Juntando as duas, os cientistas conseguiram provar a existência de um marcador de DNA associado à doença de Huntington. Ver James F. Gusella et al., "A Polymorphic DNA Marker Genetically Linked to Huntington's Disease". *Nature*, v. 306, n. 5940, pp. 234-8, 1983.

27. Ibid. doi:10.1038/306234a0.

28. Karl Kieburtz et al., "Trinucleotide Repeat Length and Progression of Illness in Huntington's Disease". *Journal of Medical Genetics*, v. 31, n. 11, pp. 872-4, 1994.

29. Jeff Lyon e Peter Gorner, op. cit., p. 424.

30. Nancy S. Wexler, "Venezuelan Kindreds Reveal That Genetic and Environmental Factors Modulate Huntington's Disease Age of Onset". *Proceedings of the National Academy of Sciences*, v. 101, n. 10, pp. 3498-503, 2004.

31. *The Almanac of Children's Songs and Games from Switzerland*. Leipzig: J. J. Weber, 1857.

32. "The History of Cystic Fibrosis". Cysticfibrosismedicine.com. Disponível em: <www.cfmedicine.com/history/earlyyears.htm>.

33. Lap-Chee Tsui et al., "Cystic Fibrosis Locus Defined by a Genetically Linked Polymorphic DNA Marker". *Science*, v. 230, n. 4729, pp. 1054-7, 1985.

34. Wanda K. Lemna et al., "Mutation Analysis for Heterozygote Detection and the Prenatal Diagnosis of Cystic Fibrosis". *New England Journal of Medicine*, v. 322, n. 5, pp. 291-6, 1990.

35. Virginie Scotet et al., "Impact of Public Health Strategies on the Birth Prevalence of Cystic Fibrosis in Brittany, France". *Human Genetics*, v. 113, n. 3, pp. 280-5, 2003.

36. David Kronn, Valerie Jansen e Harry Ostrer, "Carrier Screening for Cystic Fibrosis, Gaucher Disease, and Tay-Sachs Disease in the Ashkenazi Jewish Population: The First 1,000 Cases at New York University Medical Center, New York, NY". *Archives of Internal Medicine*, v. 158, n. 7, pp. 777-81, 1998.

37. Elinor S. Shaffer (Org.), *The Third Culture: Literature and Science*. Berlim: Walter de Gruyter, 1998, p. 21. v. 9.

38. Robert L. Sinsheimer, "The Prospect for Designed Genetic Change". *American Scientist*, v. 57, n. 1, pp. 134-42, 1969.

39. Jay Katz, Alexander Morgan Capron e Eleanor Swift Glass, *Experimentation with Human Beings: The Authority of the Investigator, Subject, Professions, and State in the Human Experimentation Process*. Nova York: Russell Sage Foundation, 1972, p. 488.

40. John Burdon Sanderson Haldane, *Daedalus or Science and the Future*. Nova York: E. P. Dutton, 1924, p. 48.

25. "OBTER O GENOMA" [PP. 348-61]

1. John Sulston e Georgina Ferry, *The Common Thread*, op. cit., p. 264.

2. Robert M. Cook-Deegan, *The Gene Wars*, op. cit., p. 62.

3. "OrganismView: Search Organisms and Genomes". CoGe: OrganismView. Disponível em: <genomevolution.org/coge// organismview.pl?gid=7029>.

4. Yoshio Miki et al., "A Strong Candidate for the Breast and Ovarian Cancer Susceptibility Gene *BRCA1*", *Science*, v. 266, n. 5182, pp. 66-71, 1994.

5. Francis Collins et al., "Construction of a General Human Chromosome Jumping Library, with Application to Cystic Fibrosis". *Science*, v. 235, n. 4792, pp. 1046-9, 1987. doi:10.1126/science.2950591

6. Mark Henderson, "Sir John Sulston and the Human Genome Project". Wellcome Trust, 3 maio 2011. Disponível em: <genome.well come.ac.uk/doc_wtvm051500.html>.

7. *Departments of Labor, Health and Human Services, Education, and Related Agencies Appropriations for 1996: Hearings before a Subcommittee of the Committee on Appropriations, House of Representatives, One Hundred Fourth Congress, First Session*. Washington, DC: Government Printing Office, 1995. Disponível em: <catalog.hathitrust.org/Record/003483817>.

8. Álvaro N. A. Monteiro e Ricardo Waizbort, "The Accidental Cancer Geneticist: Hilário de Gouvêa and Hereditary Retinoblastoma". *Cancer Biology & Therapy*, v. 6, n. 5, pp. 811-3, 2007. doi:10.4161/ cbt.6.5.4420.

9. Bert Vogelstein e Kenneth W. Kinzler, "The Multistep Nature of Cancer". *Trends in Genetics*, v. 9, n. 4, pp. 138-41, 1993.

10. Valrie Plaza, *American Mass Murderers*. Raleigh, NC: Lulu Press, 2015. Cap. 57: "James Oliver Huberty".

11. "Schizophrenia in the National Academy of Sciences — National Research Council Twin Registry: A 16-Year Update". *American Journal of Psychiatry*, v. 140, n. 12, pp. 1551-63, 1983. doi:10.1176/ajp.140.12.1551.

12. D. H. O'Rourke et al., "Refutation of the General Single-locus Model for the Etiology of Schizophrenia". *American Journal of Human Genetics*, v. 34, n. 4, p. 630, 1982.

13. Peter McGuffin et al., "Twin Concordance for Operationally Defined Schizophrenia: Confirmation of Familiality and Heritability". *Archives of General Psychiatry*, v. 41, n. 6, pp. 541-5, 1984.

14. James Q. Wilson e Richard J. Herrnstein, *Crime and Human Nature: The Definitive Study of the Causes of Crime*. Nova York: Simon & Schuster, 1985.

15. Matt DeLisi, "James Q. Wilson". In: Keith Hayward, Jayne Mooney e Shadd Maruna (Orgs.), *Fifty Key Thinkers in Criminology*. Londres: Routledge, 2010, pp. 192-6.

16. Doug Struck, "The Sun (1837-1988)". *Baltimore Sun*, p. 79, 2 fev. 1986.

17. Kary Mullis, "Nobel Lecture: The Polymerase Chain Reaction", 8 dez. 1993. Nobelprize. Disponível em: <www.nobelprize.org/nobel_prizes/chemistry/laureates/1993/mullis-lecture.html>.

18. Sharyl J. Nass e Bruce Stillman, *Large-Scale Biomedical Science: Exploring Strategies for Future Research*. Washington, DC: National Academies Press, 2003, p. 33.

19. Victor K. McElheny, *Drawing the Map of Life*, op. cit., p. 65.

20. "About NHGRI: A Brief History and Timeline". Genome.gov. Disponível em: <www.genome.gov/10001763>.

21. Victor K. McElheny, *Drawing the Map of Life*, op. cit., p. 89.

22. Ibid.

23. J. David Smith, "Carrie Elizabeth Buck (1906-1983)". *Encyclopedia Virginia*. Disponível em: <www.encyclopediavirginia.org/Buck_Carrie_Elizabeth_1906-1983>.

24. Ibid.

26. OS GEÓGRAFOS [PP. 362-79]

1. Jonathan Swift e Thomas Roscoe, *The Works of Jonathan Swift, DD: With Copious Notes and Additions and a Memoir of the Author*. Nova York: Derby, 1859, pp. 247-8. v. 1.

2. Justin Gillis, "Gene-Mapping Controversy Escalates; Rockville Firm Says Government Officials Seek to Undercut Its Effort". *Washington Post*, 7 mar. 2000.

3. L. Roberts, "Gambling on a Shortcut to Genome Sequencing". *Science*, v. 252, n. 5013, pp. 1618-9, 1991.

4. Lisa Yount, *A to Z of Biologists*. Nova York: Facts On File, 2003, p. 312.

5. J. Craig Venter, *A Life Decoded: My Genome, My Life*. Nova York: Viking, 2007, p. 97.

6. Robert Cook-Deegan e Christopher Heaney, "Patents in Genomics and Human Genetics". *Annual Review of Genomics and Human Genetics*, v. 11, pp. 383-425, 2010. doi:10.1146/annurev-genom-082509-141811.

7. Edmund L. Andrews, "Patents: Unaddressed Question in Amgen Case". *New York Times*, 9 mar. 1991.

8. John Sulston e Georgina Ferry, *The Common Thread*, op. cit., p. 87.

9. Pamela R. Winnick, *A Jealous God: Science's Crusade against Religion*. Nashville, TN: Nelson Current, 2005, p. 225.

10. Eric Lander, entrevista ao autor, 2015.

11. Leslie Roberts, "Genome Patent Fight Erupts". *Science*, v. 254, n. 5029, 1991, pp. 184-6, 1991.

12. J. Craig Venter, *Life Decoded*, op. cit., p. 153.

13. Hamilton O. Smith et al., "Frequency and Distribution of DNA Uptake Signal Sequences in the *Haemophilus influenzae* Rd Genome". *Science*, v. 269, n. 5223, pp. 538-40, 1995.

14. J. Craig Venter, *Life Decoded*, op. cit., p. 212.

15. Ibid.

16. Eric Lander, entrevista ao autor, out. 2015.

17. Ibid.

18. A HGS fora criada por William Haseltine, um ex-professor de Harvard, que esperava usar a genômica para descobrir novos fármacos.

19. Justin Gills e Rick Weiss, "Private Firm Aims to Beat Government to Gene Map". *Washington Post*, 12 maio 1998. Disponível em: <www.washingtonpost.com/archive/politics/1998/05/12/private-firm-aims-to-beat-government-to-gene-map/bfd5a322-781e-4b71-b939-5e7e6a8ebbdb/>.

20. Borbála Tihanyi1 et al., "The *C. elegans* Hox Gene *ceh-13* Regulates Cell Migration and Fusion in a Non-Colinear Way: Implications for the Early Evolution of *Hox* Clusters". *BMC Developmental Biology*, v. 10, n. 78, 2010. doi:10.1186/1471-213X-10-78.

21. *Science*, v. 282, n. 5396, pp. 1945-2140, 1998.

22. Mike Hunkapiller foi parcialmente responsável por um avanço tecnológico crucial no sequenciamento do genoma: máquinas de sequenciamento semiautomático capazes de sequenciar rapidamente milhares de bases de DNA.

23. David Dickson e Colin Macilwain, "'It's a G': The One-billionth Nucleotide". *Nature*, v. 402, n. 6760, p. 331, 1999.

24. Declan Butler, "Venter's *Drosophila* 'Success' Set to Boost Human Genome Efforts". *Nature*, v. 401, n. 6755, pp. 729-30, 1999.

25. "The *Drosophila* Genome". *Science*, v. 287, n. 5461, pp. 2105-364, 2000.

26. David N. Cooper, *Human Gene Evolution*. Oxford: BIOS Scientific Publishers, 1999, p. 21.

27. William K. Purves, *Life: The Science of Biology*. Sunderland, MA: Sinauer Associates, 2001, p. 262.

28. Nicholas Marsh, *William Blake: The Poems*. Londres: Palgrave Macmillan, 2012, p. 56.

29. Citação do diretor do Berkeley *Drosophila* Genome Project, Gerry Rubin, em Robert Sanders, "UC Berkeley Collaboration with Celera Genomics Concludes with Publication of Nearly Complete Sequence of the Genome of the Fruit Fly". Press Release, UC Berkeley, 24 mar. 2000. Disponível em: <www. berkeley.edu/news/media/releases/2000/03/03-24-2000.html>.

30. *The Age of the Genome*. BBC Radio 4. Disponível em: <www.bbc.co.uk/programmes/b00ss2rk>.

31. James Shreeve, *The Genome War: How Craig Venter Tried to Capture the Code of Life and Save the World*. Nova York: Alfred A. Knopf, 2004, p. 350.

32. Para detalhes dessa história, ver ibid. Ver também J. Craig Venter, *Life Decoded*, op. cit., p. 97.

33. "June 2000 White House Event". Genome. gov. Disponível em: <www.genome.gov/10001356>.

34. "President Clinton, British Prime Minister Tony Blair Deliver Remarks on Human Genome Milestone". CNN.com Transcripts, 26 jun. 2000.

35. A sequência descrita pelo grupo de Venter continha *representações* de homens e mulheres de cada grupo, mas a sequência completa de cada um desses indivíduos não estava pronta.

36. James Shreeve, *The Genome War*, op. cit., p. 360.

37. Victor K. McElheny, *Drawing the Map of Life*, op. cit., p. 163.

38. Eric Lander, entrevista ao autor, out. 2015.

39. James Shreeve, *The Genome War*, op. cit., p. 364.

27. O LIVRO DO HOMEM [PP. 380-4]

1. Os detalhes do Projeto Genoma Humano provêm de "Human Genome far More Active than Thought". Wellcome Trust, Sanger Institute, 5 set. 2012. Disponível em: <www.sanger.ac.uk/about/press/2012/120905.html>; J. Craig Venter, *Life Decoded*, op. cit.; e Committee on Mapping and Sequencing the Human Genome, *Mapping and Sequencing the Human Genome*. Washington, DC: National Academy Press, 1988. Disponível em: <www.nap.edu/read/1097/chapter/1>.

PARTE 5 — NO ESPELHO [PP. 385-483]

1. Lewis Carroll, *Alice in Wonderland*. Nova York: W. W. Norton, 2013.

28. "ENTÃO, A GENTE É IGUAL" [PP. 389-414]

1. Kathryn Stockett, *The Help*. Nova York: Amy Einhorn; Putnam, 2009, p. 235.

2. "Who is Blacker Charles Barkley or Snoop Dogg". YouTube, 19 jan. 2010. Disponível em: <www.youtube.com/watch?v=yHfX-11zHXM>.

3. Franz Kafka, *The Basic Kafka*. Nova York: Pocket, 1979, p. 259.

4. Everett Hughes, "The Making of a Physician: General Statement of Ideas and Problems". *Human Organization*, v. 14, n. 4, pp. 21-5, 1955.

5. Allen Verhey, *Nature and Altering It*. Grand Rapids, MI: William B. Eerdmans, 2010, p. 19.

6. Committee on Mapping and Sequencing. *Mapping and Sequencing*, p. 11.

7. Louis Agassiz, "On the Origins of Species". *American Journal of Science and Arts*, n. 30, pp. 142-54, 1860.

8. Douglas Palmer, Paul Pettitt e Paul G. Bahn, *Unearthing the Past: The Great Archaeological Discoveries That Have Changed History*. Guilford, CT: Globe Pequot, 2005, p. 20.

9. *Popular Science Monthly*, n. 100, 1922.

10. Rebecca L. Cann, Mork Stoneking e Allan C. Wilson, "Mitochondrial DNA and Human Evolution". *Nature*, n. 325, pp. 31-6, 1987.

11. Ver Chuan Ku et al., "Endosymbiotic Origin and Differential Loss of Eukaryotic Genes". *Nature*, n. 524, pp. 427-32, 2015.

12. Thomas D. Kocher et al., "Dynamics of Mitochondrial DNA Evolution in Animals: Amplification and Sequencing with Conserved Primers". *Proceedings of the National Academy of Sciences*, v. 86, n. 16, pp. 6196-200, 1989.

13. David M. Irwin, Thomas D. Kocher e Allan C. Wilson, "Evolution of the Cytochrome-b Gene of Mammals". *Journal of Molecular Evolution*, v. 32, n. 2, pp. 128-44, 1991; Linda Vigilant et al., "African Populations and the Evolution of Human Mitochondrial DNA". *Science*, v. 253, n. 5027, pp. 1503-7, 1991; Anna Di Rienzo e Allan C. Wilson, "Branching Pattern in the Evolutionary Tree for Human Mitochondrial DNA". *Proceedings of the National Academy of Sciences*, v. 88, n. 5, pp. 1597-1601, 1991.

14. Jun Z. Li et al., "Worldwide Human Relationships Inferred from Genome-Wide Patterns of Variation". *Science*, v. 319, n. 5866, pp. 1100-4, 2008.

15. John Roach, "Massive Genetic Study Supports 'Out of Africa' Theory". *National Geographic News*, 21 fev. 2008.

16. Lev A. Zhivotovsky, Noah A. Rosenberg e Marcus W. Feldman, "Features of Evolution and Expansion of Modern Humans, Inferred from Genomewide Microsatellite Markers". *American Journal of Human Genetics*, v. 72, n. 5, pp. 1171-86, 2003.

17. Noah Rosenberg et al., "Genetic Structure of Human Populations". *Science*, v. 298, n. 5602, pp. 2381-5, 2002. Um mapa das migrações humanas encontra-se em L. L. Cavalli-Sforza e Marcus W. Feldman, "The Application of Molecular Genetic Approaches to the Study of Human Evolution". *Nature Genetics*, n. 33, pp. 266-75, 2003.

18. Para a origem dos humanos no sul da África, ver Brenna M. Henn et al., "Hunter-Gatherer Genomic Diversity Suggests a Southern African Origin for Modern Humans". *Proceedings of the National Academy of Sciences*, v. 108, n. 13, pp. 5154-62, 2011. Ver também Brenna M. Henn, L. L. Cavalli-Sforza e Marcus W. Feldman, "The Great Human Expansion". *Proceedings of the National Academy of Sciences*, v. 109, n. 44, pp. 17758-64, 2012.

19. Philip Larkin, "Annus Mirabilis". In: *High Windows*. Londres: Faber and Faber, 1974.

20. Christopher Stringer, editorial "Rethinking 'Out of Africa'". *Edge*, 12 nov. 2011. Disponível em: <edge.org/conversation/rethinking-out-of-africa>.

21. H. C. Harpending et al., "Genetic Traces of Ancient Demography". *Proceedings of the National Academy of Sciences*, n. 95, pp. 1961-7, 1998; R. Gonser et al., "Microsatellite Mutations and Inferences about Human Demography". *Genetics*, n. 154, pp. 1793-807, 2000; A. M. Bowcock et al., "High Resolution of Human Evolutionary Trees with Polymorphic Microsatellites". *Nature*, v. 368, pp. 455-7, 1994; C. Dib et al., "A Comprehensive Genetic Map of the Human Genome Based on 5,264 Microsatellites". *Nature*, v. 380, pp. 152-4, 1996.

22. Anthony P. Polednak, *Racial and Ethnic Differences in Disease*. Oxford: Oxford University Press, 1989, pp. 32-3.

23. M. W. Feldman e R. C. Lewontin, "Race, Ancestry, and Medicine". In: B. A. Koenig, S. S. Lee e S. S. Richardson (Orgs.), *Revisiting Race in a Genomic Age*. New Brunswick, NJ: Rutgers University Press, 2008. Ver também Li et al., "Worldwide Human Relationships Inferred from Genome-Wide Patterns of Variation", pp. 1100-4.

24. L. Cavalli-Sforza, Paola Menozzi e Alberto Piazza, *The History and Geography of Human Genes*. Princeton, NJ: Princeton University Press, 1994, p. 19.

25. Kathryn Stockett, *Help*, op. cit.

26. L. Cavalli-Sforza, Paola Menozzi e Alberto Piazza, *The History and Geography of Human Genes*, op. cit.

27. Richard Herrnstein e Charles Murray, *The Bell Curve*. Nova York: Simon & Schuster, 1994.

28. "The 'Bell Curve' Agenda". *New York Times*, 24 out. 1994.

29. James Q. Wilson e Richard J. Herrnstein, *Crime and Human Nature*, op. cit.

30. Charles Spearman, "'General Intelligence,' Objectively Determined and Measured". *American Journal of Psychology*, v. 15, n. 2, pp. 201-92, 1904.

31. Quem introduziu o conceito de QI foi o psicólogo alemão William Stern.

32. Louis Leon Thurstone, "The Absolute Zero in Intelligence Measurement". *Psychological Review*, v. 35, n. 3, p. 175, 1928; L. Thurstone, "Some Primary Abilities in Visual Thinking". *Proceedings of the American Philosophical Society*, pp. 517-21, 1950. Ver também Howard Gardner e Thomas Hatch, "Educational Implications of the Theory of Multiple Intelligences". *Educational Researcher*, v. 18, n. 8, pp. 4-10, 1989.

33. Richard Herrnstein e Charles Murray, op. cit., p. 284.

34. George A. Jervis, "The Mental Deficiencies". *Annals of the American Academy of Political and Social Science*, pp. 25-33, 1953. Ver também Otis Dudley Duncan, "Is the Intelligence of the General Population Declining?". *American Sociological Review*, v. 17, n. 4, pp. 401-7, 1952.

35. As variáveis específicas acessadas por Murray e Herrnstein merecem ser mencionadas. Eles se perguntaram se os afro-americanos não estariam sendo tomados por um profundo desencantamento com testes e pontuações e, por isso, relutantes em submeter-se a testes de QI. No entanto, experimentos sutis para medir e eliminar qualquer "desinteresse em testes" não foram capazes de eliminar os quinze pontos de diferença. Murray e Herrnstein cogitaram a possibilidade de os testes serem culturalmente tendenciosos (talvez o exemplo mais notório, encontrado no exame SAT, fosse pedir aos estudantes que considerassem a analogia "remadores/regata". Não é preciso ser um especialista em língua e cultura para saber que a maioria das crianças dos bairros pobres dos centros das cidades, brancas ou negras, não saberia grande coisa sobre regatas, muito menos sobre o papel de remador nessas disputas). No entanto, Murray e Herrnstein escreveram, mesmo depois de remover dos testes os itens específicos de cultura e classe, que permaneceu uma diferença de mais ou menos quinze pontos.

36. Eric Turkheimer, "Consensus and Controversy about IQ". *Contemporary Psychology*, v. 35, n. 5, pp. 428-30, 1990. Ver também Eric Turkheimer et al., "Socioeconomic Status Modifies Heritability of IQ in Young Children". *Psychological Science*, v. 14, n. 6, pp. 623-8, 2003.

37. Stephen Jay Gould, "Curve Ball". *New Yorker*, pp. 139-40, 28 nov. 1994.

38. Orlando Patterson, "For Whom the Bell Curves". In: Steven Fraser (Org.), *The Bell Curve Wars: Race, Intelligence, and the Future of America*. Nova York: Basic, 1995.

39. William Wright, *Born That Way: Genes, Behavior, Personality*. Londres: Routledge, 2013, p. 195.

40. Richard Herrnstein e Charles Murray, op. cit., pp. 300-5.

41. Sandra Scarr e Richard A. Weinberg, "Intellectual Similarities within Families of Both Adopted and Biological Children". *Intelligence*, v. 1, n. 2, pp. 170-91, 1977.

42. Alison Gopnik, "To Drug or Not To Drug". *Slate*, 22 fev. 2010. Disponível em: <www.slate.com/articles/arts/books/2010/02/to_drug_or_not_to_drug.2.html>.

29. A PRIMEIRA DERIVADA DA IDENTIDADE [PP. 415-34]

1. Paul Brodwin, "Genetics, Identity, and the Anthropology of Essentialism". *Anthropological Quarterly*, v. 75, n. 2, pp. 323-30, 2002.

2. Frederick Augustus Rhodes, *The Next Generation*. Boston: R. G. Badger, 1915, p. 74.

3. Editoriais, *Journal of the American Medical Association*, v. 41, p. 1579, 1903.

4. Nettie Maria Stevens, *Studies in Spermatogenesis: A Comparative Study of the Heterochromosomes in Certain Species of Coleoptera, Hemiptera and Lepidoptera, with Especial Reference to Sex Determination*. Baltimore: Carnegie Institution of Washington, 1906.

5. Kathleen M. Weston, *Blue Skies and Bench Space: Adventures in Cancer Research*. Cold Spring Harbor, NY: Cold Spring Harbor Laboratory Press, 2012. Cap. 8: "Walk This Way".

6. G. I. M. Swyer, "Male Pseudohermaphroditism: A Hitherto Undescribed Form". *British Medical Journal*, n. 2, n. 4941, p. 709, 1955.

7. Ansbert Schneider-Gädicke et al., "*ZFX* Has a Gene Structure Similar to *ZFY*, the Putative Human Sex Determinant, and Escapes X Inactivation". *Cell*, v. 57, n. 7, pp. 1247-58, 1989.

8. Philippe Berta et al., "Genetic Evidence Equating *SRY* and the Testis-Determining Factor". *Nature*, v. 348, n. 6300, pp. 448-50, 1990.

9. Ibid.; John Gubbay et al., "A Gene Mapping to the Sex-Determining Region of the Mouse Y Chromosome Is a Member of a Novel Family of Embryonically Expressed Genes". *Nature*, v. 346, pp. 245-50, 1990; Ralf J. Jäger et al., "A Human XY Female with a Frame Shift Mutation in the Candidate Testis-Determining Gene *SRY* Gene". *Nature*, v. 348, pp. 452-4, 1990; Peter Koopman et al., "Expression of a Candidate Sex-Determining Gene during Mouse Testis Differentiation". *Nature*, v. 348, pp. 450-2, 1990; Peter Koopman et al., "Male Development of Chromosomally Female Mice Transgenic for *SRY* Gene". *Nature*, v. 351, pp. 117-21, 1991; Andrew H. Sinclair et al., "A Gene from the Human Sex-Determining Region Encodes a Protein with Homology to a Conserved DNA-Binding Motif". *Nature*, v. 346, pp. 240-4, 1990.

10. "IAmA Young Woman with Swyer Syndrome (Also Called XY Gonadal Dysgenesis)". *Reddit*, 2011. Disponível em: <www.reddit.com/r/IAmA/comments/e792p/iama_young_woman_with_swyer_syndrome_also_called/>.

11. Os detalhes da história de David Reimer provêm de John Colapinto, *As Nature Made Him: The Boy Who Was Raised as a Girl*. Nova York: HarperCollins, 2000.

12. John Money, *A First Person History of Pediatric Psychoendocrinology*. Dordrecht: Springer Science & Business Media, 2002. Cap. 6: "David and Goliath".

13. Gerald N. Callahan, *Between XX and XY*. Chicago: Chicago Review Press, 2009, p. 129.

14. J. Michael Bostwick e Kari A. Martin, "A Man's Brain in an Ambiguous Body: A Case of Mistaken Gender Identity". *American Journal of Psychiatry*, v. 164, n. 10, pp. 1499-1505, 2007.

15. Ibid.

16. Heino F. L. Meyer-Bahlburg, "Gender Identity Outcome in Female-Raised 46,XY Persons with Penile Agenesis, Cloacal Exstrophy of the Bladder, or Penile Ablation". *Archives of Sexual Behavior*, v. 34, n. 4, pp. 423-38, 2005.

17. Otto Weininger, *Sex and Character: An Investigation of Fundamental Principles*. Bloomington: Indiana University Press, 2005, p. 2.

18. Carey Reed, "Brain 'Gender' More Flexible Than Once Believed, Study Finds". *PBS NewsHour*, 5 abr. 2015. Disponível em: <www.pbs.org /newshour/rundown/brain-gender-flexible-believed-study-finds/>. Ver também Bridget M. Nugent et al., "Brain Feminization Requires Active Repression of Masculinization via DNA Methylation". *Nature Neuroscience*, v. 18, pp. 690-7, 2015.

30. A ÚLTIMA MILHA [PP. 435-58]

1. William Wright, op. cit., p. 27.

2. Sándor Lorand e Michael Balint (Orgs.), *Perversions: Psychodynamics and Therapy*. Nova York: Random House, 1956; reimpr. Londres: Ortolan Press, 1965, p. 75.

3. Bernard J. Oliver Jr., *Sexual Deviation in American Society*. New Haven, CT: New College and University Press, 1967, p. 146.

4. Irving Bieber, *Homosexuality: A Psychoanalytic Study*. Lanham, MD: Jason Aronson, 1962, p. 52.

5. Jack Drescher, Ariel Shidlo e Michael Schroeder, *Sexual Conversion Therapy: Ethical, Clinical and Research Perspectives*. Boca Raton, FL: CRC Press, 2002, p. 33.

6. "The 1992 Campaign: The Vice President; Quayle Contends Homosexuality Is a Matter of Choice, Not Biology". *New York Times*, 14 set. 1992. Disponível em: <www.nytimes.com/1992/09/14/us/1992-campaign-vice-president-quayle-contends-homosexuality-matter--choice-not.html>.

7. David Miller, "Introducing the 'Gay Gene': Media and Scientific Representations". *Public Understanding of Science*, v. 4, n. 3, pp. 269-84, 1995. Disponível em: <www.academia.edu/3172354/Introducing_the_Gay_Gene_Media_and_ Scientific_Representations>.

8. C. Sarler, "Moral Majority Gets Its Genes All in a Twist". *People*, p. 27, jul. 1993.

9. Richard C. Lewontin, Steven P. R. Rose e Leon J. Kamin, *Not in Our Genes: Biology, Ideology, and Human Nature*. Nova York: Pantheon Books, 1984.

10. Ibid., p. 261.

11. J. Michael Bailey e Richard C. Pillard, "A Genetic Study of Male Sexual Orientation". *Archives of General Psychiatry*, v. 48, n. 12, pp. 1089-96, 1991.

12. Frederick L. Whitam, Milton Diamond e James Martin, "Homosexual Orientation in Twins: A Report on 61 Pairs and Three Triplet Sets". *Archives of Sexual Behavior*, v. 22, n. 3, pp. 187-206, 1993.

13. Dean Hamer, *Science of Desire: The Gay Gene and the Biology of Behavior*. Nova York: Simon & Schuster, 2011, p. 40.

14. Ibid., pp. 91-104.

15. "The 'Gay Gene' Debate". *Frontline*, PBS. Disponível em: <www.pbs.org/wgbh/pages/frontline/shows/assault/genetics/>.

16. Richard Horton, "Is Homosexuality Inherited?". *Frontline*, PBS. Disponível em: <www.pbs.org/wgbh/pages/frontline/shows/assault/genetics/nyreview.html>.

17. Timothy F. Murphy, *Gay Science: The Ethics of Sexual Orientation Research*. Nova York: Columbia University Press, 1997, p. 144.

18. M. Philip, "A Review of Xq28 and the Effect on Homosexuality". *Interdisciplinary Journal of Health Science*, v. 1, pp. 44-8, 2010.

19. Dean H. Hamer et al., "A Linkage between DNA Markers on the X Chromosome and Male Sexual Orientation". *Science*, v. 261, n. 5119, pp. 321-7, 1993.

20. Brian S. Mustanski et al., "A Genomewide Scan of Male Sexual Orientation". *Human Genetics*, v. 116, n. 4, pp. 272-8, 2005.

21. A. R. Sanders et al., "Genome-Wide Scan Demonstrates Significant Linkage for Male Sexual Orientation". *Psychological Medicine*, v. 45, n. 7, pp. 1379-88, 2015.

22. Elizabeth M. Wilson, "Androgen Receptor Molecular Biology and Potential Targets in Prostate Cancer". *Therapeutic Advances in Urology*, v. 2, n. 3, pp. 105-17, 2010.

23. Macfarlane Burnet, *Genes, Dreams and Realities*. Dordrecht: Springer Science & Business Media, 1971, p. 170.

24. Nancy L. Segal, *Born Together — Reared Apart: The Landmark Minnesota Twin Study*. Cambridge: Harvard University Press, 2012, p. 4.

25. William Wright, op. cit., p. viii.

26. Ibid., p. vii.

27. Thomas J. Bouchard et al., "Sources of Human Psychological Differences: The Minnesota Study of Twins Reared Apart". *Science*, v. 250, n. 4978, pp. 223-8, 1990.

28. Richard P. Ebstein et al., "Genetics of Human Social Behavior". *Neuron*, v. 65, n. 6, pp. 831-44, 2010.

29. William Wright, op. cit., p. 52.

30. Ibid., pp. 63-7.

31. Ibid., p. 28.

32. Ibid., p. 74.

33. Ibid., p. 70.

34. Ibid., p. 65.

35. Ibid., p. 80.

36. Richard P. Ebstein et al., "Dopamine D4 Receptor (*D4DR*) Exon III Polymorphism Associated with the Human Personality Trait of Novelty Seeking". *Nature Genetics*, v. 12, n. 1, pp. 78-80, 1996.

37. Luke J. Matthews e Paul M. Butler, "Noveltyseeking *DRD4* Polymorphisms are Associated with Human Migration Distance Out-of-Africa After Controlling for Neutral Population Gene Structure". *American Journal of Physical Anthropology*, v. 145, n. 3, pp. 382-9, 2011.

38. Lewis Carroll, op. cit.

39. Eric Turkheimer, "Three Laws of Behavior Genetics and what They Mean". *Current Directions in Psychological Science*, v. 9, n. 5, pp. 160-4, 2000; E. Turkheimer e M. C. Waldron,

"Nonshared Environment: A Theoretical, Methodological, and Quantitative Review". *Psychological Bulletin*, v. 126, pp. 78-108, 2000.

40. Robert Plomin e Denise Daniels, "Why Are Children in the Same Family So Different from One Another?". *Behavioral and Brain Sciences*, v. 10, n. 1, pp. 1-16, 1987.

41. William Shakespeare, *A tempestade*, ato 4, cena 1.

31. O INVERNO DA FOME [PP. 459-83]

1. Nessa Carey, *The Epigenetics Revolution: How Modern Biology Is Rewriting Our Understanding of Genetics, Disease, and Inheritance*. Nova York: Columbia University Press, 2012, p. 5.

2. Evelyn Fox Keller, citado em Margaret Lock e Vinh-Kim Nguyen, *An Anthropology of Biomedicine*. Hoboken, NJ: John Wiley & Sons, 2010.

3. Erich D. Jarvis et al., "For Whom the Bird Sings: Context-Dependent Gene Expression". *Neuron*, v. 21, n. 4, pp. 775-88, 1998.

4. Max Hastings, *Armageddon: The Battle for Germany, 1944-1945*. Nova York: Alfred A. Knopf, 2004, p. 414.

5. Bastiaan T. Heijmans et al., "Persistent Epigenetic Differences Associated with Prenatal Exposure to Famine in Humans". *Proceedings of the National Academy of Sciences*, v. 105, n. 44, pp. 17046-9, 2008.

6. John Gurdon, "Nuclear Reprogramming in Eggs". *Nature Medicine*, v. 15, n. 10, pp. 1141-4, 2009.

7. J. B. Gurdon e H. R. Woodland, "The Cytoplasmic Control of Nuclear Activity in Animal Development". *Biological Reviews*, v. 43, n. 2, pp. 233-67, 1968.

8. "Sir John B. Gurdon — Facts". Nobelprize.org. Disponível em: <www.nobelprize.org/nobel_prizes/medicine/laureates/2012/gurdon-facts.html>.

9. John Maynard Smith, entrevista em Web of Stories. Disponível em: <www.webofstories.com/play/john.maynard.smith/78>.

10. O cientista japonês Susumo Ohno havia cogitado a desativação de X antes de o fenômeno ter sido descoberto.

11. K. Raghunathan et al., "Epigenetic Inheritance Uncoupled from Sequence-Specific Recruitment". *Science*, v. 348, p. 6230, 3 abr. 2015.

12. Jorge Luis Borges, *Labyrinths*. Trad. de James E. Irby. Nova York: New Directions, 1962, pp. 59-66.

13. K. Takahashi e S. Yamanaka, "Induction of Pluripotent Stem Cells from Mouse Embryonic and Adult Fibroblast Cultures by Defined Factors". *Cell*, v. 126, n. 4, pp. 663-76, 2006. Ver também M. Nakagawa et al., "Generation of Induced Pluripotent Stem Cells without *Myc* from Mouse and Human Fibroblasts". *Nature Biotechnology*, v. 26, n. 1, pp. 101-6, 2008.

14. James Gleick, *The Information: A History, a Theory, a Flood*. Nova York: Pantheon, p. 2011.

15. Itay Budin e Jack W. Szostak, "Expanding Roles for Diverse Physical Phenomena during the Origin of Life". *Annual Review of Biophysics*, v. 39, pp. 245-63, 2010; e Alonso Ricardo e Jack W. Szostak, "Origin of Life on Earth". *Scientific American*, v. 301, n. 3, pp. 54-61, 2009.

16. Os experimentos originais foram feitos por Miller juntamente com Harold Urey na Universidade de Chicago; John Sutherland, em Manchester, também fez experimentos fundamentais.

17. Alonso Ricardo e Jack W. Szostak, op. cit., pp. 54-61.

18. Jack W. Szostak, David P. Bartel e P. Luigi Luisi, "Synthesizing Life". *Nature*, v. 409, n. 6818, pp. 387-90, 2001. Ver também Martin M. Hanczyc, Shelly M. Fujikawa e Jack W. Szostak, "Experimental Models of Primitive Cellular Compartments: Encapsulation, Growth, and Division". *Science*, v. 302, n. 5645, pp. 618-22, 2003.

19. Alonso Ricardo e Jack W. Szostak, op. cit., pp. 54-61.

PARTE 6 — PÓS-GENOMA [PP. 485-562]

1. Elias G. Carayannis e Ali Pirzadeh, *The Knowledge of Culture and the Culture of Knowledge: Implications for Theory, Policy and Practice*. Londres: Palgrave Macmillan, 2013, p. 90.

2. Tom Stoppard, *The Coast of Utopia*. Nova York: Grove Press, 2007. "Act Two, August 1852".

32. O FUTURO DO FUTURO [PP. 489-510]

1. Gina Smith, *The Genomics Age: How DNA Technology Is Transforming the Way We Live and Who We Are*. Nova York: Amacom, 2004.

2. Thomas Stearns Eliot, *Murder in the Cathedral*. Boston: Houghton Mifflin Harcourt, 2014.

3. Rudolf Jaenisch e Beatrice Mintz, "Simian Virus 40 DNA Sequences in DNA of Healthy Adult Mice Derived from Preimplantation Blastocysts Injected with Viral DNA". *Proceedings of the National Academy of Sciences*, v. 71, n. 4, pp. 1250-4, 1974.

4. M. J. Evans e M. H. Kaufman, "Establishment in Culture of Pluripotential Cells from Mouse Embryos". *Nature*, v. 292, pp. 154-6, 1981.

5. Mario Capecchi, "The First Transgenic Mice: An Interview with Mario Capecchi. Interview by Kristin Kain". *Disease Models & Mechanisms*, v. 1, n. 4-5, p. 197, 2008.

6. Ver, por exemplo, Mario Capecchi, "High Efficiency Transformation by Direct Microinjection of DNA into Cultured Mammalian Cells". *Cell*, v. 22, pp. 479-88, 1980; Kirk R. Thomas e Mario Capecchi, "Site-Directed Mutagenesis by Gene Targeting in Mouse Embryo-Derived Stem Cells". *Cell*, v. 51, pp. 503-12, 1987.

7. O. Smithies et al., "Insertion of DNA Sequences into the Human Chromosomal-Globin Locus by Homologous Re-combination". *Nature*, v. 317, pp. 230-4, 1985.

8. Richard Dawkins, *The Blind Watchmaker: Why the Evidence of Evolution Reveals a Universe without Design*. Nova York: W. W. Norton, 1986.

9. Kiyohito Murai et al., "Nuclear Receptor TLX Stimulates Hippocampal Neurogenesis and Enhances Learning and Memory in a Transgenic Mouse Model". *Proceedings of the National Academy of Sciences*, v. 111, n. 25, pp. 9115-20, 2014.

10. Karen Hopkin, "Ready, Reset, Go". *The Scientist*, 11 mar. 2011. Disponível em: <www.the-scientist.com/?articles.view/articleno/29550/title/ready-reset-go/>.

11. Os detalhes da história de Ashanti DeSilva provêm de W. French Anderson, "The Best of Times, the Worst of Times". *Science*, v. 288, n. 5466, p. 627, 2000; Jeff Lyon e Peter Gorner, op. cit.; Nelson A. Wivel e W. French Anderson, "24: Human Gene Therapy: Public Policy and Regulatory Issues". *Cold Spring Harbor Monograph Archive*, v. 36, pp. 671-89, 1999.

12. Jeff Lyon e Peter Gorner, op. cit., p. 107.

13. "David Phillip Vetter (1971-1984)". *American Experience*, PBS. Disponível em: <www.pbs.org/wgbh/amex/bubble/peopleevents/p_vetter.html>.

14. Luigi Naldini et al., "In Vivo Gene Delivery and Stable Transduction of Nondividing Cells by a Lentiviral Vector". *Science*, v. 272, n. 5259, pp. 263-7, 1996.

15. "Hope for Gene Therapy". *Scientific American Frontiers*, PBS. Disponível em: <www.pbs.org/saf/1202/features/genetherapy.htm>.

16. W. French Anderson et al., "Gene Transfer and Expression in Nonhuman Primates Using Retroviral Vectors". *Cold Spring Harbor Symposia on Quantitative Biology*, v. 51, pp. 1073--81, 1986.

17. Jeff Lyon e Peter Gorner, op. cit., p. 124.

18. Lisa Yount, *Modern Genetics: Engineering Life*. Nova York: Infobase Publishing, 2006, p. 70.

19. Jeff Lyon e Peter Gorner, op. cit., p. 239.

20. Ibid., p. 240.

21. Ibid., p. 268.

22. Barbara Sibbald, "Death But One Unintended Consequence of Gene-Therapy Trial". *Canadian Medical Association Journal*, v. 164, n. 11, p. 1612, 2001.

23. Para detalhes da história de Jesse Gelsinger, ver Evelyn B. Kelly, *Gene Therapy*. Westport, CT: Greenwood Press, 2007; Jeff Lyon e Peter Gorner, op. cit.; Sally Lehrman, "Virus Treatment Questioned after Gene Therapy Death". *Nature*, v. 401, n. 6753, pp. 517-8, 1999.

24. James M. Wilson, "Lessons Learned from the Gene Therapy Trial for Ornithine Transcarbamylase Deficiency". *Molecular Genetics and Metabolism*, v. 96, n. 4, pp. 151-7, 2009.

25. Paul Gelsinger, entrevista ao autor, nov. 2014 e abr. 2015.

26. Robin Fretwell Wilson, "Death of Jesse Gelsinger: New Evidence of the Influence of Money and Prestige in Human Research". *American Journal of Law and Medicine*, v. 36, p. 295, 2010.

27. Barbara Sibbald, op. cit.

28. Carl Zimmer, "Gene Therapy Emerges from Disgrace to be the Next Big Thing, Again". *Wired*, 13 ago. 2013.

29. Sheryl Gay Stolberg, "The Biotech Death of Jesse Gelsinger". *New York Times*, 27 nov. 1999. Disponível em: <www.nytimes.com/1999/11/28/magazine/the-biotech-death-of-jesse--gelsinger.html>.

30. Carl Zimmer, op. cit.

33. DIAGNÓSTICO GENÉTICO: "PREVIVENTES" [PP. 511-39]

1. William Butler Yeats, "Byzantium". In: *The Collected Poems of W. B. Yeats*. Org. de Richard Finneran. Nova York: Simon & Schuster, 1996, p. 248.
2. Jim Kozubek, "The Birth of 'Transhumans'". *Providence (RI) Journal*, 29 set. 2013.
3. Eric Topol, entrevista ao autor, 2013.
4. Mary-Claire King, "Using Pedigrees in the Hunt for *BRCA1*". DNA Learning Center. Disponível em: <www.dnalc.org/view/15126-Using-pedigress-in-the-hunt-for-BRCA1-Mary-Claire-King.html>.
5. Jeff M. Hall et al., "Linkage of Early-Onset Familial Breast Cancer to Chromosome 17q21". *Science*, v. 250, n. 4988, pp. 1684-9, 1990.
6. Jane Gitschier, "Evidence is Evidence: An Interview with Mary-Claire King". *PLOS*, 26 set. 2013.
7. E. Richard Gold e Julia Carbone, "Myriad Genetics: In the Eye of the Policy Storm". *Genetics in Medicine*, v. 12, pp. S39-S70, 2010.
8. Masha Gessen, *Blood Matters: From BRCA1 to Designer Babies, How the World and I Found Ourselves in the Future of the Gene*. Boston: Houghton Mifflin Harcourt, 2009, p. 8.
9. Eugen Bleuler e Carl Gustav Jung, "Komplexe und Krankheitsursachen bei Dementia praecox". *Zentralblatt für Nervenheilkunde und Psychiatrie*, v. 31, pp. 220-7, 1908.
10. Susan Folstein e Michael Rutte, "Infantile Autism: A Genetic Study of 21 Twin Pairs". *Journal of Child Psychology and Psychiatry*, v. 18, n. 4, pp. 297-321, 1977.
11. Silvano Arieti e Eugene B. Brody, *Adult Clinical Psychiatry*. Nova York: Basic, 1974, p. 553.
12. "1975: Interpretation of Schizophrenia by Silvano Arieti". National Book Award Winners: 1950-2014, National Book Foundation. Disponível em: <www.nationalbook.org/nbawinners_category.html#.vcnit7fxhom>.
13. Menachem Fromer et al., "*De Novo* Mutations in Schizophrenia Implicate Synaptic Networks". *Nature*, v. 506, n. 7487, pp. 179-84, 2014.
14. Schitzophrenia Working Group of the Psychiatric Genomics.
15. Benjamin Neale, citado em Simon Makin, "Massive Study Reveals Schizophrenia's Genetic Roots: The Largest-Ever Genetic Study of Mental Illness Reveals a Complex Set of Factors". *Scientific American*, 1 nov. 2014.
16. *Carey's Library of Choice Literature*, Filadélfia: E. L. Carey & A. Hart, 1836, p. 458. v. 2.
17. Kay Redfield Jamison, *Touched with Fire*. Nova York: Simon & Schuster, 1996.
18. Tony Attwood, *The Complete Guide to Asperger's Syndrome*. Londres: Jessica Kingsley, 2006.
19. Adrienne Sussman, "Mental Illness and Creativity: A Neurological View of the 'Tortured Artist'". *Stanford Journal of Neuroscience*, v. 1, n. 1, pp. 21-4, 2007.
20. Susan Sontag, *Illness as Metaphor and AIDS and Its Metaphors*. Nova York: Macmillan, 2001.
21. Detalhes da conferência encontram-se em "The Future of Genomic Medicine VI", Scripps Translational Science Institute. Disponível em: <www.slideshare.net/mdconferencefinder/the-future-of-genomic-medicine-vi-23895019>; Eryne Brown, "Gene Mutation Didn't Slow Down High School Senior", *Los Angeles Times*, 5 jul. 2015. Disponível em: <www.latimes.

com/local/california/la-me-lillygrossman-update-20150702-story.html>; Konrad J. Karczewski, "The Future of Genomic Medicine Is Here". *Genome Biology*, v. 14, n. 3, p. 304, 2013.

22. "Genome Maps Solve Medical Mystery for California Twins". National Public Radio, 16 jun. 2011.

23. Matthew N. Bainbridge et al., "Whole-Genome Sequencing for Optimized Patient Management". *Science Translational Medicine*, v. 3, n. 87, p. 87re3, 2011.

24. Antonio M. Persico e Valerio Napolioni, "Autism Genetics". *Behavioural Brain Research*, v. 251, pp. 95-112, 2013; Guillaume Huguet, Elodie Ey e Thomas Bourgeron, "The Genetic Landscapes of Autism Spectrum Disorders". *Annual Review of Genomics and Human Genetics*, v. 14, pp. 191-213, 2013.

25. Albert H. C. Wong, Irving I. Gottesman e Arturas Petronis, "Phenotypic Differences in Genetically Identical Organisms: The Epigenetic Perspective". *Human Molecular Genetics*, v. 14, supl. 1, pp. R11-R18, 2005. Ver também Nicholas J. Roberts et al., "The Predictive Capacity of Personal Genome Sequencing". *Science Translational Medicine*, v. 4, n. 133, p. 133ra58, 2012.

26. Alan H. Handyside et al., "Pregnancies from Biopsied Human Preimplantation Embryos Sexed by Y-Specific DNA Amplification". *Nature*, v. 344, n. 6268, pp. 768-70, 1990.

27. Desmond King, "The State of Eugenics". *New Statesman & Society*, v. 25, pp. 25-6, 1995.

28. Klaus Peter Lesch et al., "Association of Anxiety-Related Traits with a Polymorphism in the Serotonergic Transporter Gene Regulatory Region". *Science*, v. 274, pp. 1527-31, 1996.

29. Douglas F. Levinson, "The Genetics of Depression: A Review". *Biological Psychiatry*, v. 60, n. 2, pp. 84-92, 2006.

30. "Strong African American Families Program". Blueprints for Healthy Youth Development. Disponível em: <www.blueprintsprograms.com/evaluationAbstracts.php?pid=f76b2ea-6b45eff3bc8e4399145cc17a0601f5c8d>.

31. Gene H. Brody et al., "Prevention Effects Moderate the Association of *5-HTTLPR* and Youth Risk Behavior Initiation: Gene × Environment Hypotheses Tested via a Randomized Prevention Design". *Child Development*, v. 80, n. 3, pp. 645-61, 2009; Gene H. Brody, Yi-fu Chen e Steven R. H. Beach, "Differential Susceptibility to Prevention: GABAergic, Dopaminergic, and Multilocus Effects". *Journal of Child Psychology and Psychiatry*, v. 54, n. 8, pp. 863-71, 2013.

32. Jay Belsky, "The Downside of Resilience". *New York Times*, 28 nov. 2014.

33. Michel Foucault, *Abnormal: Lectures at the Collège de France, 1974-1975*. Nova York: Macmillan, 2007. v. 2.

34. TERAPIAS GÊNICAS: PÓS-HUMANO [PP. 540-62]

1. "Biology's Big Bang". *Economist*; 14 jun. 2007.

2. Jeff Lyon e Peter Gorner, op. cit., p. 537.

3. Sheryl Gay Stolberg, op. cit., pp. 136-40.

4. Amit C. Nathwani et al., "Long-Term Safety and Efficacy of Factor IX Gene Therapy in Hemophilia B". *New England Journal of Medicine*, v. 371, n. 21, pp. 1994-2004, 2014.

5. James A. Thomson et al., "Embryonic Stem Cell Lines Derived from Human Blastocysts". *Science*, v. 282, n. 5391, pp. 1145-7, 1998.

6. Dorothy C. Wertz, "Embryo and Stem Cell Research in the United States: History and Politics". *Gene Therapy*, v. 9, n. 11, pp. 674-78, 2002.

7. Martin Jinek et al., "A Programmable Dual-RNA-guided DNA Endonuclease in Adaptive Bacterial Immunity". *Science*, v. 337, n. 6096, pp. 816-21, 2012.

8. Feng Zhang (MIT) e George Church (Harvard) são importantes colaboradores para o uso do CRISPR/Cas9 em células humanas. Ver, por exemplo, L. Cong et al., "Multiplex Genome Engineering Using CRISPR/Cas systems". *Science*, v. 339, n. 6121, pp. 819-23, 2013; F. A. Ran, "Genome Engineering Using the CRISPR-Cas9 System". *Nature Protocols*, v. 11, pp. 2281-308, 2013.

9. Walfred W. C. Tang et al., "A Unique Gene Regulatory Network Resets the Human Germline Epigenome for Development". *Cell*, v. 161, n. 6, pp. 1453-67, 2015; e "In a First, Weizmann Institute and Cambridge University Scientists Create Human Primordial Germ Cells". Instituto Weizmann de Ciência, 24 dez. 2014. Disponível em: <www.newswise.com/articles/in-a-first-weizmann-institute-and-cambridge-university-scientists-create-human-primordial--germ-cells>.

10. B. D. Baltimore et al., "A Prudent Path forward for Genomic Engineering and Germline Gene Modification". *Science*, v. 348, n. 6230, pp. 36-8, 2015; Cormac Sheridan, "CRISPR Germline Editing Reverberates through Biotech Industry". *Nature Biotechnology*, v. 33, n. 5, pp. 431-2, 2015.

11. Nicholas Wade, "Scientists Seek Ban on Method of Editing the Human Genome". *New York Times*, 19 mar. 2015.

12. Francis Collins, carta ao autor, out. 2015.

13. David Cyranoski e Sara Reardon, "Chinese Scientists Genetically Modify Human Embryos". *Nature*, 22 abr. 2015.

14. Chris Gyngell e Julian Savulescu, "The Moral Imperative to Research Editing Embryos: The Need to Modify Nature and Science". Universidade de Oxford, 23 abr. 2015. Disponível em: <Blog.Practicalethics.Ox.Ac.Uk/2015/04/the-Moral-Imperative-to-Research-Editing-Embryos-the-Need-to-Modify-Nature-and-Science/>.

15. Puping Liang et al., "CRISPR/Cas9-Mediated Gene Editing in Human Tripronuclear Zygotes". *Protein & Cell*, v. 6, n. 5, pp. 1-10, 2015.

16. David Cyranoski e Sara Reardon, op. cit.

17. Didi Kristen Tatlow, "A Scientific Ethical Divide between China and West". *New York Times*, 29 jun. 2015.

EPÍLOGO: *BHEDA, ABHEDA* [PP. 563-74]

1. Paul Berg, entrevista ao autor, 1993.

2. David Botstein, carta ao autor, out. 2015.

3. Eric Turkheimer, "Still Missing". *Research in Human Development*, v. 8, n. 3-4, pp. 227--41, 2011.

4. Peter Conrad, "A Mirage of Genes". *Sociology of Health & Illness*, v. 21, n. 2, pp. 228-41, 1999.

5. Richard A. Friedman, "The Feel-Good Gene". *New York Times*, 6 mar. 2015.
6. Thomas Hunt Morgan, op. cit., p. 15.

AGRADECIMENTOS [PP. 575-6]

1. Harold Varmus, Conferência Nobel, 1989. Disponível em: <www.nobelprize.org/nobel_prizes/medicine/laureates/1989/varmus-lecture.html>. Para o artigo que descreve a existência de proto-oncogenes endógenos em células, ver D. Steheli et al., "DNA Related to the Transforming Genes of Avian Sarcoma Viruses Is Present in Normal DNA". *Nature*, v. 260, n. 5547, pp. 170-3, 1976. Ver também Harold Varmus a Dominique Stehelin, 3 fev. 1976, Harold Varmus Papers, National Library of Medicine Archives.

Bibliografia selecionada

ARENDT, Hannah. *Eichmann in Jerusalem: A Report on the Banality of Evil.* Nova York: Viking,1963. [Ed. bras.: *Eichmann em Jerusalém: Um relato sobre a banalidade do mal.* São Paulo: Companhia das Letras, 1999.]
ARISTÓTELES. *Generation of Animals.* Leiden: Brill Archive, 1943.
_____. *The Complete Works of Aristotle.* Org. de Jonathan Barnes. Trad. Oxford revisada. Princeton, NJ: Princeton University Press, 1984.
_____. *History of Animals.* Org. de D. M. Balme. Cambridge: Harvard University Press,1991.
BERG, Paul; SINGER, Maxine. *Dealing with Genes: The Language of Heredity.* Mill Valley, CA: University Science, 1992.
_____. *George Beadle, an Uncommon Farmer: The Emergence of Genetics in the 20th Century.* Cold Spring Harbor, NY: Cold Spring Harbor Laboratory Press, 2003.
BLISS, Catherine. *Race Decoded: The Genomic Fight for Social Justice.* Palo Alto, CA: Stanford University Press, 2012.
BROWNE, E. J. *Charles Darwin: A Biography.* Nova York: Alfred A. Knopf, 1995.
CAIRNS, John; STENT, Gunther Siegmund; WATSON, James D. (Orgs.). *Phage and the Origins of Molecular Biology.* Cold Spring Harbor, NY: Cold Spring Harbor Laboratory Press, 1968.
CAREY, Nessa. *The Epigenetics Revolution: How Modern Biology Is Rewriting Our Understanding of Genetics, Disease, and Inheritance.* Nova York: Columbia University Press, 2012.
CHESTERTON, G. K. *Eugenics and Other Evils.* Londres: Cassell, 1922.
COBB, Matthew. *Generation: The Seventeenth-Century Scientists Who Unraveled the Secrets of Sex, Life, and Growth.* Nova York: Bloomsbury, 2006.
COOK-DEEGAN, Robert M. *The Gene Wars: Science, Politics, and the Human Genome.* Nova York: W. W. Norton, 1994.

CRICK, Francis. *What Mad Pursuit: A Personal View of Scientific Discovery.* Nova York: Basic, 1988.

CROTTY, Shane. *Ahead of the Curve: David Baltimore's Life in Science.* Berkeley: University of California Press, 2001.

DARWIN, Charles. *On the Origin of Species by Means of Natural Selection.* Londres: Murray, 1859. [Ed. bras.: *A origem das espécies*. São Paulo: Martin Claret, 2014.]

_____. *The Autobiography of Charles Darwin.* Org. de Francis Darwin. Amherst, NY: Prometheus, 2000.

DAWKINS, Richard. *The Blind Watchmaker: Why the Evidence of Evolution Reveals a Universe without Design.* Nova York: W. W. Norton, 1986. [Ed. bras.: *O relojoeiro cego: A teoria da evolução contra o desígnio divino*. São Paulo: Companhia das Letras, 2001.]

_____. *The Selfish Gene.* Oxford: Oxford University Press, 1989. [Ed. bras.: *O gene egoísta*. São Paulo: Companhia das Letras, 2007.]

DESMOND, Adrian; MOORE, James. *Darwin.* Nova York: Warner, 1991.

DE VRIES, Hugo. *The Mutation Theory.* Chicago: Open Court, 1909. v. 1

DOBZHANSKY, Theodosius. *Genetics and the Origin of Species.* Nova York: Columbia University Press, 1937.

_____. *Heredity and the Nature of Man.* Nova York: New American Library, 1966.

EDELSON, Edward. *Gregor Mendel, and the Roots of Genetics.* Nova York: Oxford University Press, 1999.

FEINSTEN, Adam. *A History of Autism: Conversations with the Pioneers.* West Sussex: Wiley-Blackwell, 2010.

FLYNN, James. *Intelligence and Human Progress: The Story of What Was Hidden in Our Genes.* Oxford: Elsevier, 2013.

FOX, Evelyn, K. *The Century of the Gene.* Cambridge: Harvard University Press, 2009.

FREDRICKSON, Donald S. *The Recombinant DNA Controversy: A Memoir: Science, Politics, and the Public Interest 1974-1981.* Washington, DC: American Society for Microbiology Press, 2001.

FRIEDBERG, Errol C. *A Biography of Paul Berg: The Recombinant DNA Controversy Revisited.* Cingapura: World Scientific Publishing, 2014.

GARDNER, Howard E. *Intelligence Reframed: Multiple Intelligences for the 21st Century.* Nova York: Perseus, 2000.

_____. *Frames of Mind: The Theory of Multiple Intelligences.* Nova York: Basic, 2011.

GLIMM, Adele. *Gene Hunter: The Story of Neuropsychologist Nancy Wexler.* Nova York: Franklin Watts, 2005.

HAMER, Dean. *Science of Desire: The Gay Gene and the Biology of Behavior.* Nova York: Simon & Schuster, 2011

HAPPE, Kelly E. *The Material Gene: Gender, Race, and Heredity after the Human Genome Project.* Nova York: NYU Press, 2013.

HARPER, Peter S. *A Short History of Medical Genetics.* Oxford: Oxford University Press, 2008.

HAUSMANN, Rudolf. *To Grasp the Essence of Life: A History of Molecular Biology.* Berlim: Springer Science & Business Media, 2013.

HENIG, Robin Marantz. *The Monk in the Garden: The Lost and Found Genius of Gregor Mendel, the Father of Genetics.* Boston: Houghton Mifflin, 2000.

HERRING, Mark Youngblood. *Genetic Engineering*. Westport, CT: Greenwood, 2006.
HERRNSTEIN, Richard; MURRAY, Charles. *The Bell Curve*. Nova York: Simon & Shuster, 1994.
HERSCHEL, John F. W. *A Preliminary Discourse on the Study of Natural Philosophy*. Ed. fac-similar da ed. de 1830. Nova York: Johnson Reprint, 1966.
HODGE, Russ. *The Future of Genetics: Beyond the Human Genome Project*. Nova York: Facts On File, 2010.
HUGHES, Sally Smith. *Genentech: The Beginnings of Biotech*. Chicago: University of Chicago Press, 2011.
JAMISON, Kay Redfield. *Touched with Fire*. Nova York: Simon & Schuster, 1996.
JUDSON, Horace Freeland. *The Eighth Day of Creation*. Nova York: Simon & Schuster, 1979.
_____. *The Search for Solutions*. Nova York: Holt, Rinehart and Winston, 1980.
KEVLES, Daniel J. *In the Name of Eugenics: Genetics and the Uses of Human Heredity*. Nova York: Alfred A. Knopf, 1985.
KORNBERG, Arthur. *For the Love of Enzymes: The Odyssey of a Biochemist*. Cambridge, MA: Harvard University Press, 1991.
_____. *The Golden Helix: Inside Biotech Ventures*. Sausalito, CA: University Science Books, 2002.
KORNBERG, Arthur; ALANIZ, Adam; KOLTER, Roberto. *Germ Stories*. Sausalito, CA: University Science Books, 2007.
KORNBERG, Arthur; BAKER, Tania A. *DNA Replication*. San Francisco: W. H. Freeman, 1980.
KRIMSKY, Sheldon. *Genetic Alchemy: The Social History of the Recombinant DNA Controversy*. Cambridge, MA: MIT Press, 1982.
_____. *Race and the Genetic Revolution: Science, Myth, and Culture*. Nova York: Columbia University Press, 2011.
KUSH, Joseph C. (Org.). *Intelligence Quotient: Testing, Role of Genetics and the Environment and Social Outcomes*. Nova York: Nova Science, 2013.
LARSON, Edward John. *Evolution: The Remarkable History of a Scientific Theory*. v. 17. Nova York: Random House Digital, 2004.
LOMBARDO, Paul A. *Three Generations, No Imbeciles: Eugenics, the Supreme Court, and Buck v. Bell*. Baltimore: Johns Hopkins University Press, 2008.
LYELL, Charles. *Principles of Geology: Or, The Modern Changes of the Earth and Its Inhabitants Considered as Illustrative of Geology*. Nova York: D. Appleton & Company, 1872.
LYON, Jeff; GORNER, Peter. *Altered Fates: Gene Therapy and the Retooling of Human Life*. Nova York: W. W. Norton, 1996.
MADDOX, Brenda. *Rosalind Franklin: The Dark Lady of DNA*. Nova York: HarperCollins, 2002.
MCCABE, Linda L.; MCCABE, Edward R. B. *DNA: Promise and Peril*. Berkeley: University of California Press, 2008.
MCELHENY, Victor K. *Watson and DNA: Making a Scientific Revolution*. Cambridge, MA: Perseus, 2003.
_____. *Drawing the Map of Life: Inside the Human Genome Project*. Nova York: Basic, 2012.
MENDEL, Gregor; CORCOS, Alain F.; MONAGHAN, Floyd V. (Orgs.). *Gregor Mendel's Experiments on Plant Hybrids: A Guided Study*. New Brunswick, NJ: Rutgers University Press, 1993.
MORANGE, Michel. *A History of Molecular Biology*. Trad. de Matthew Cobb. Cambridge, MA: Harvard University Press, 1998.

MORGAN, Thomas Hunt. *The Mechanism of Mendelian Heredity.* Nova York: Holt, 1915.
_____. *The Physical Basis of Heredity.* Filadélfia: J. B. Lippincott, 1919.
MULLER-WILLE, Staffan; RHEINBERGER, Hans-Jorg. *A Cultural History of Heredity.* Chicago: University of Chicago Press, 2012.
OLBY, Robert C. *The Path to the Double Helix: The Discovery of DNA.* Nova York: Dover, 1994.
PALEY, William. *The Works of William Paley.* Filadélfia: J. J. Woodward, 1836.
PATTERSON, Paul H. *The Origins of Schizophrenia.* Nova York: Columbia University Press, 2013.
PORTUGAL, Franklin H.; COHEN, Jack S. *A Century of DNA: A History of the Discovery of the Structure and Function of the Genetic Substance.* Cambridge, MA: MIT Press, 1977.
POSNER, Gerald L.; WARE, John. *Mengele: The Complete Story.* Nova York: McGraw-Hill, 1986.
RIDLEY, Matt. *Genome: The Autobiography of a Species in 23 Chapters.* Nova York: HarperCollins, 1999.
SAMBROOK, Joseph; FRITSCH, Edward F.; MANIATIS, Tom. *Molecular Cloning.* Cold Spring Harbor, NY: Cold Spring Harbor Laboratory Press, 1989. v. 2
SAYRE, Anne. *Rosalind Franklin and DNA.* Nova York: W. W. Norton, 2000.
SCHRÖDINGER, Erwin. *What Is Life?: The Physical Aspect of the Living Cell.* Cambridge: Cambridge University Press, 1945.
SCHWARTZ, James. *In Pursuit of the Gene: From Darwin to DNA.* Cambridge, MA: Harvard University Press, 2008.
SEEDHOUSE, Erik. *Beyond Human: Engineering Our Future Evolution.* Nova York: Springer, 2014.
SHAPSHAY, Sandra. *Bioethics at the Movies.* Baltimore: Johns Hopkins University Press, 2009.
SHREEVE, James. *The Genome War: How Craig Venter Tried to Capture the Code of Life and Save the World.* Nova York: Alfred A. Knopf, 2004.
SINGER, Maxine; BERG, Paul. *Genes & Genomes: a Changing Perspective.* Sausalito, CA: University Science Books, 1991.
STACEY, Jackie. *The Cinematic Life of the Gene.* Durham, NC: Duke University Press, 2010.
STURTEVANT, A. H. *A History of Genetics.* Nova York: Harper & Row, 1965.
SULSTON, John; FERRY, Georgina. *The Common Thread: A Story of Science, Politics, Ethics, and the Human Genome.* Washington, DC: Joseph Henry, 2002.
THURSTONE, Louis L. *Learning Curve Equation.* Princeton, NJ: Psychological Review, 1919.
_____. *The Nature of Intelligence.* Londres: Routledge, Trench, Trubner, 1924.
_____. *Multiple-Factor Analysis: A Development & Expansion of the Vectors of Mind.* Chicago: University of Chicago Press, 1947.
VENTER, J. Craig. *A Life Decoded: My Genome, My Life.* Nova York: Viking, 2007.
WADE, Nicholas. *Before the Dawn: Recovering the Lost History of Our Ancestors.* Nova York: Penguin, 2006.
WAILOO, Keith; NELSON, Alondra; LEE, Catherine (Orgs.). *Genetics and the Unsettled Past: The Collision of DNA, Race, and History.* New Brunswick, NJ: Rutgers University Press, 2012.
WATSON, James D. *The Double Helix: A Personal Account of the Discovery of the Structure of DNA.* Londres: Weidenfeld & Nicolson, 1981.
_____. *Recombinant DNA: Genes and Genomes: A Short Course.* Nova York: W. H. Freeman, 2007.

WATSON, James D.; TOOZE, John. *The DNA Story: A Documentary History of Gene Cloning*. San Francisco: W. H. Freeman, 1981.
WELLS, Herbert G. *Mankind in the Making*. Leipzig: Tauchnitz, 1903.
WELLS, Spencer; READ, Mark. *The Journey of Man: A Genetic Odyssey*. Princeton, NJ: Princeton University Press, 2002.
WEXLER, Alice. *Mapping Fate: A Memoir of Family, Risk, and Genetic Research*. Berkeley: University of California Press, 1995.
WILKINS, Maurice. *Maurice Wilkins: The Third Man of the Double Helix: An Autobiography*. Oxford: Oxford University Press, 2003.
WRIGHT, William. *Born That Way: Genes, Behavior, Personality*. Londres: Routledge, 2013.
YI, Doogab. *The Recombinant University: Genetic Engineering and the Emergence of Biotechnology at Stanford, 1959-1980*. Princeton, NJ: Princeton University Press, 2008.

Créditos das imagens

p. 1: National Library of Medicine/ Science Photo Library/ Latinstock (acima à esq.); Art Media/ Print Collector/ Getty Images (acima à dir.); © Huntington Library (abaixo à esq.).

p. 2: James King-Holmes/ Science Photo Library/ Latinstock (acima à esq.); American Philosophical Society/ Science Photo Library/ Latinstock (acima à dir.); Paul D. Stewart/ Science Photo Library/ Latinstock (abaixo).

p. 3: Arquivos de Max-Planck-Society, Berlim (acima à esq.); © ullstein bild/ Getty Images (acima à dir.); Library of Congress Prints & Photographs Division (ao centro); American Philosophical Society/ Science Photo Library/ Latinstock (abaixo).

p. 4: Arthur Estabrook Papers. M.E. Grenander Department of Special Collections and Archives. University at Albany Libraries (acima à esq.); Cortesia do California Institute of Technology (acima à dir.); © Museum of London (abaixo à esq.); Arquivos do King's College London (abaixo à dir.).

p. 5: A. Barrington Brown, Gonville e Caius College/ Science Photo Library/ Latinstock (acima); Cortesia de Alan Mason Chesney Medical Archives do Johns Hopkins Medical Institutions (abaixo à esq.); Acey Harper/ The Life Images Collection/ Getty Images (abaixo à dir.).

p. 6: Cortesia do National Institutes of Health (acima à esq.); Arquivos de Genentech (acima à dir.); Cortesia da National Library of Medicine (abaixo à esq.); MRC Laboratory of Molecular Biology (abaixo à dir.).

p. 7: Newscom/ Fotoarena (acima à esq.); Fotografia de Ann Elliott Cutting. *Science*, 16 fev. 2001, v. 291, n. 5507. Reimpressão permitida por AAAS (acima à dir.); Ron Edmonds/ AP Photo/ Glow Images (abaixo).

p. 8: Stringer/ China/ Reuters/ Latinstock (acima); David Parker/ Science Photo Library/ Latinstock (ao centro); Cailey Cotner/ UC Berkeley (abaixo).

Índice remissivo

aborto: caso *Roe v. Wade* sobre, 320-1; exames pré-natais e, 319-21, 325; novas atitudes quanto ao, 321-2, 325; seletivo, 321-2, 325-6
Academia Nacional de Ciências, 273, 354
acaso: ativação de genes e, 135, 315, 472, 559; desenvolvimento humano afetado pelo, 455, 457; epidemiologia do destino e, 573; fenótipo como interações entre hereditariedade, ambiente, variação, evolução e, 135-6, 559; geração de mutação por, 81, 135; influências poligênicas sobre doenças e, 560, 565; natureza imprevisível de alguns genes afetados por, 531; risco de câncer e, 353, 516; risco de esquizofrenia e, 353, 356, 516; seleção eugênica afetada pelo, 139, 325
"Accidentally on Purpose" (Frost), 44
ácido desoxirribonucleico *ver* DNA
ácido ribonucleico *ver* RNA
açúcar, 165, 184, 189-90, 197, 208-12, 227, 236, 261, 286-7, 579
ADA, gene: deficiência de, 496-7; mutações no, 496

Adams, Mark, 373
Adão: como o Primeiro Pai, 40; teorias raciais de Agassiz sobre, 392
ADCY5, gene, em humanos, 527
adenina, 166, 189
adenosina, metabolismo da, 496
adenovírus como vetor em terapia gênica, 504, 506, 508-9, 543
adoção: como opção para casais portadores de distúrbios genéticos, 345; estudos de gêmeos criados separadamente depois da, 439, 447, 450, 566; inteligência de adotados transraciais na, 411; padrões de hereditariedade em doenças genéticas envolvendo, 356
adotados transraciais, inteligência de, 411
África, 86, 106, 205, 397, 399, 401-2, 454
África do Sul, 397, 399
Agassiz, Louis, 391-2, 405
agostinianos, vida de Mendel entre os, 32, 68
aids, 294, 296-7, 441
Aktion T4, programa (Alemanha), 148, 153
Alasca, 397

alcoolismo: componentes genéticos do, 357, 536; eugenia relacionada a, 146

alelos: estudo de Morgan com mosca-das-frutas sobre, 124; estudo matemático de Fisher sobre combinações com, 131; experimentos de Mendel com, 67-70; polimorfimos semelhantes a, 333

Alemanha nazista: ascensão de Hitler na, 149; biologia aplicada (genética aplicada) na, 148-9; leis de limpeza racial na, 98, 151; programas de eugenia na, 24, 98, 138, 154, 169; programas de eutanásia para deficientes genéticos na, 24, 152-3; programas de extermínio racial na, 153-4; saída de cientistas da, 161, 179

Alexandra, tzarina da Rússia, 125-6

Alexei, tzaréviche da Rússia, 126-7, 543

Alice no País das Maravilhas (Carroll), 224, 387

Alice, princesa, 126

Allfrey, Vincent, 469*n*

Allis, David, 469

alteração genética, 211, 494, 512

altura: distribuição da variância de, 87-8, 108, 131, 534; estudos de gêmeos sobre, 440, 449; estudos de Mendel sobre altura de plantas, 67, 70; ligações genéticas na, 87-8, 96, 131, 138, 158, 394, 559; manipulações genéticas para aumentar, 98

Alu, sequência de DNA, 382

Alzheimer, mal de, 124, 374, 494

Amazônica, bacia, 56

ambientes/fatores ambientais: adoção na esquizofrenia e, 355; atributos físicos influenciados por, 135, 407, 531; câncer relacionado a, 353, 569; como motor da evolução, 136; comportamento criminoso relacionado a, 356; descompasso entre genoma e, 315-6, 561; desenvolvimento infantil relacionado a, 446; determinação de gênero e identidade de gênero e, 432, 446; doença causada por descompasso entre dotação genética e, 316; estudo de Darwin sobre evolução de população de aves afetado por, 54; estudo de gêmeos sobre efeitos de, 159, 408, 447; fenótipo e, 135-6, 314-6, 463; fluxo de informações biológicas e, 480; gatilhos para doenças, 19, 308, 317, 328, 351, 353, 356, 516, 525, 537, 560, 561; genes reguladores mestres e influência de, 478; hidrocefalia de pressão normal e, 308; inteligência influenciada por, 325, 408; memória genética de, 463-4; modificações epigenéticas de genes e, 475-6, 480; mutações relacionadas a, 138, 352; natureza *versus* criação em fatores hereditários, 88, 158, 353, 408-9, 473, 560; resposta genética a, 214, 433, 446, 458, 478, 559, 561, 564; "terapias ambientais", 570; variantes adaptadas a, 54, 59, 131, 308, 317, 412

ambiguidade natural, genética e, 233

América do Norte, 382

América do Sul, 48-51

American Breeder's Association, 98

American Journal of Human Genetics, 335

Amgen, 365

aminoácidos, 181, 198, 202-3, 261-2, 287, 295, 342, 481-2, 578-9; *ver também* proteínas

amniocentese, 319, 321, 346

amônia: experimento da "sopa primordial" de Miller usando, 481; na deficiência de ornitina transcarbamilase (OTC), 503, 505-6

Anaxágoras, 420-1

Anderson, William French, 497-501, 504

anemia falciforme, 205, 208, 220, 307, 312, 332, 342, 346, 374, 403, 413, 531

Annals and Magazine of Natural History, 55

Anthropology of Biomedicine, An (Keller), 459

anticorpos, 269, 381, 497, 509

antipsicóticos, medicamentos, 12

antropologia, 29, 46, 154, 391, 415

Are You Fit To Marry? (filme), 108

Arendt, Hannah, 153

Arieti, Silvano, 517

Aristóteles, 37-9, 42, 61, 91, 100, 163, 174, 214, 308, 580

Ásia, 56, 393, 397, 401, 558
Asilomar, Conferência de (Asilomar I, Califórnia — 1973), 272
Asilomar, Conferência de (Asilomar II, sobre DNA recombinante, Califórnia — 1975): diversidade dos participantes da, 275, 284; influência da, 275-81; proposta de moratória na, 275, 555, 580; recomendações da, 284, 498; restrições ao dna recombinante pela, 289; sessões na, 275-6, 280, 282
Asperger, Hans, 524
associação, estudo de, 453
ataque cardíaco, 205, 299, 390, 567
aterosclerose das artérias coronárias, 314
ativação de genes: acaso para, 135; embriogênese humana e, 477; gatilhos externos para, 135; genes mapeadores e, 227; marcação de histona na memória molecular e, 470; marcas epigenéticas e, 472, 491; proteínas para, 227, 234; regulação gênica usando, 470; seletiva, 213; silenciamento de genes e, 468, 470
átomos: como princípio organizador para a física moderna, 23; como unidade básica, 20, 564; cunhagem do termo, 92; modelo atômico conceitual de Rutherford, 172; unidades fundamentais da matéria componentes do, 172
Auschwitz, campo de concentração de (Alemanha), 148, 159-60, 169, 580
Austrália, 232*n*
Áustria, 32-3, 188, 533
autismo, 316, 328, 524-5; criatividade no, 524; descompasso entre genoma e ambiente no, 316, 561; epigenética usada para alterar, 476; mutações no, 476, 519, 530
autoimune, doença, 530
Avery, Oswald, 243; estudo sobre DNA como portador de informações genéticas por, 168, 171, 192, 220, 248, 311, 372, 580; experimento de transformação de Griffith confirmado por, 164, 167-8; formação e especialização de, 164

aves: coleta e classificação por Darwin, 49-51; estudo de Lamarck sobre mudanças de características em, 59; gene do canto ativado ou desativado em, 460; teoria da evolução de Darwin e, 55, 58, 63, 132

bactérias: como sistema modelo para pesquisas, 311; estudos de gêmeos sobre variações genéticas em resposta a, 160; genes ligados ou desligados para mudanças metabólicas em, 211, 460; informações genéticas trocadas entre, 167; resistentes a drogas, 273-4; sistema de defesa contra vírus invasores nas, 548-51; troca de genes entre, 141
bacteriófagos, 250
Bailey, J. Michael, 439-40, 442
Balfour, Arthur James, lorde, 98
Baltimore, David, 268, 273, 275-7, 311, 555
bancos de esperma, 326, 328
Banting, Frederick, 261, 286
Barkley, Charles, 389
Barrangou, Rodolphe, 549
Barranquitas (Venezuela): famílias com doença de Huntington em, 338-9
Basset Hound Club Rules (Millais), 90
Bateson, William: crítica de Weldon a, 90; estudo de De Vries e, 81; estudo de Mendel descoberto por, 81-2; propostas de eugenia e, 96; teoria de Galton e, 90, 94; transmissão de características hereditárias e, 91-2
Batshaw, Mark, 503-7
BCL2, gene, 232
Beadle, George, 372; estudo sobre conexão entre gene e característica, 196-7; formação e especialização de, 196-7
Beagle (navio), 44, 48-50
Beery, Alexis e Noah (gêmeos), 527
Beethoven, Ludwig van, 524
Bélgica, 209, 418
Bell Curve, The (Herrnstein & Murray), 405, 409, 411

Bell, Alexander Graham, 98
Bell, John, 104, 107
Belsky, Jay, 537
Bengala, Partição de, 14-5, 572
Berg, Paul, 310; "carta de Berg" sobre benefícios e perigos do DNA recombinante, 274; clonagem de genes e, 259, 272, 283-4, 478; Conferência de Asilomar I e, 272; Conferência de Asilomar II e, 277-9, 283, 498; criação de DNA recombinante por, 248-50, 252, 254-7, 346, 580; discussão com estudantes sobre o "futuro do futuro" em Erice, 270, 489, 511; estimativa de risco no uso do sv40 por, 252; formação e especialização de, 245; inserção de gene estranho no sv40 por, 246-7; sobre estudo de Watson, 275; sobre interações gene-ambiente, 564
Bering, estreito de, 397
Bernal, J. D., 178
Best, Charles, 261, 286
bicho-da-farinha, 119, 422
Bickel, Alexander, 321
Bieber, Irving, 436
biofísica, 173-5
Biohazards in Biological Research (Hellman, Oxman & Pollack), 272
biologia: aplicada na Alemanha nazista, 148; biologia molecular, 23, 142, 195, 288; clonagem gênica e, 269, 277; estudo de Mendel na, 33-4; fluxo de informações na, 91, 204, 480; gene como princípio organizador na, 23; genética e áreas de estudo na, 391; hereditariedade como uma das questões centrais da, 128-9, 379; impacto de novo estudo sobre DNA na, 265, 281, 284; necessidade de conciliar genética com, 129, 130; regras organizadoras na, 479
Biologia Molecular do *Homo Sapiens*, simpósio (Cold Spring Harbor, Nova York — 1986), 358
Biologia racial dos judeus, A (Verschuer), 154
Biometrika (revista científica), 90

bioquímica, 161, 173, 246, 248, 251, 256, 276, 280, 291, 560, 578
biotecnologia, 293, 299, 346, 509
biotina, 197
Birkenau, campo de concentração de (Alemanha), 159, 169
Birmânia, 402
Bishop, J. Michael, 351n
Black Stork, The (filme), 108
Blackmun, Henry, 320
Blaese, Michael, 497-500, 504
Blair, Tony, 376
Blake, William, 222, 374
Bleuler, Eugen, 516
Bodmer, Walter, 365
Bolivar, Francisco, 287n
bomba atômica, 22, 161, 278, 554
Borges, Jorge Luis, 472-3
Botstein, David: interesse inicial em genes por, 331, 333; técnica de mapeamento de genes de, 334, 338, 343, 425
Botsuana, 397, 399
Bouchard, Thomas, 447-51
Bovery, Theodor, 422
Boyer, Herb: clonagem de gene e, 259, 272, 283; clonagem do fator VIII e, 295; Conferência de Asilomar II e, 282, 289; DNA recombinante e, 282-3, 365, 580; encontro com Swanson sobre possível sociedade, 284-5, 299; experimentos com híbridos genéticos por, 254-9, 267, 272; formação e especialização de, 253-4; síntese de insulina e, 285-8, 291, 299; transferência de gene bacteriano e, 274, 283, 288
Brandt, Karl, 152
Brasil, 56
BRCA1, gene: escolhas de tratamento profilático após descoberta do, 514, 529, 535; identificação do, 350, 390, 513; mutações e risco de câncer, 390, 513; penetrância incompleta do, 135, 514, 529; possível corte intencional para reverter ação do, 551; previnentes portadores do, 515; re-

paro do DNA como função do, 390, 515; risco de apresentar câncer durante a vida com, 521; risco dependente de gatilho ou de acaso para câncer com, 135, 315, 515; triagem genética para, 24, 512-4, 534

BRCA2, gene, 24

"Breeding Better People" (Leach), 324

Breg, Roy, 318

Brenda *ver* Reimer, David

Brenner, Sydney, 243, 270; avaliação de sequenciamento de genoma por, 359; determinação do destino celular, 229, 233; DNA recombinante e, 261, 276; estudo do RNA por, 199-200, 202, 372; formação e especialização de, 199

Bridges, Calvin, 121, 146

Brodwin, Paul, 415

Buck v. Bell, caso, 105-9

Buck v. Priddy, caso, 103

Buck, Carrie, 101-4, 106-7, 146, 150, 360-1, 580

Buck, Emmett Adaline ("Emma"), 100-4

Buck, Frank, 100

Buck, Vivian Elaine, 102, 104, 361

Bureau of the Census (EUA), 101

Burnet, Macfarlane, 446

Burroughs, Edgar Rice, 106

Bush, George W., 547

Byron, Lord, 524

bytes, como unidade básica, 564

"Byzantium" (Yeats), 511

C. (transgênero), 430-1

C4, gene (na esquizofrenia), 520*n*

cacogenia, 97

Caenorhabditis elegans (verme), sequenciamento do genoma do, 229-70, 372

Caltech (Instituto de Tecnologia da Califórnia), 133, 175, 181, 196, 200, 206, 209, 223, 358

Calvino, João, 95

campos de concentração na Alemanha nazista, 154, 159-60, 169, 580

campos de eugenia, 150; *ver também* "colônias"

campos de extermínio na Alemanha nazista, 154, 160, 272

camundongos, 68, 76, 90, 142, 156, 167, 342, 427, 433, 464, 490, 494, 498, 504, 546-7, 565

Camus, Albert, 559

Canadá, 275, 439

câncer: camundongos transgênicos para pesquisas sobre, 494; como doença genética, 352; determinantes preditivos em diagnóstico genético de, 532; diversidade genética do, 353; experimento de reversão de destino de célula e, 474; gabarito do genoma normal para sequenciamento no, 353; gástrico, 474; gene *myc* e, 474; genes associados ao, 366; genética e, 19, 310; múltiplas mutações gênicas e, 24; número de genes implicados no, 353; pancreático, 474; penetrância gênica e risco de, 135, 514; uterino, 474

câncer de mama: clonagem de gene para, 124; divergência quanto a causas do, 512-3; diversidade genética do, 353; escolhas de tratamento profilático após descoberta de, 515, 529, 534; esquizofrenia comparada a, 521; exemplo de mulher com, 514-5; grande variação em resultados de testes de *BRCA1* no, 516; hereditariedade de mutações causadoras de câncer no, 353; hereditariedade do gene *BRCA1* e risco de, 135, 315, 350, 390, 512-5, 521, 529; histórico familiar de, 124, 512-4; múltiplos gatilhos necessários para, 516; penetrância incompleta do gene para, 513; previventes de, 516; sequenciamento do genoma para, 369; triagem genética para, 24, 514

Carey, Nessa, 459

Carroll, Lewis, 387

causa e efeito, mecanismos de (no mundo natural), 45-7

Cavalli-Sforza, Luigi, 397, 404-5

641

ceh-13, gene (em vermes), 371

Celera Genomics: anúncio conjunto com o Projeto Genoma Humano do primeiro levantamento, 375-6; conflitos entre Projeto Genoma Humano e, 375, 377; fundada por Venter, 369; proposta da Celera de, 377; publicação conjunta de artigos por, 379; publicação na *Science* de trabalho de, 373-4; sequenciamento do DNA humano pela, 373-4; sequenciamento do genoma da mosca-das-frutas pela, 373

células fetais, 319-20

células germinais, 475, 552-3; conversão de células TE em, 553; marcação do Hongerwinter na memória de, 475; teoria das gêmulas na hereditariedade com, 61; *ver também* espermatozoide; óvulos

células T, 267-9, 496, 498-502; receptor de, 268-9

células-tronco: células-tronco embrionárias derivadas de, 545; inserção de gene ADA em, 498, 570; mudanças induzidas por radiação em, 548; mudanças no genoma humano usando, 568; regeneração celular usando, 491; reversão da memória celular de, 473

células-tronco embrionárias (células TE): animais transgênicos criados com, 494; característica autorrenovadora de, 491; células germinais primordiais criadas com, 553; crescimento de cultura celular de, 491; desafio para a engenharia genômica de estabelecer linhagem humana confiável de, 544-5; DNA estranho com gene mutado inserido diretamente em, 548; embriões de camundongo como fonte de, 493; excentricidades de, 546; gama de possibilidades no uso de, 492; implicações do uso de, 494; modificação e conversão de gene em células reprodutivas antes do uso em engenharia genômica, 552; mudanças genéticas intencionais em genomas de, 547-51; mutações induzidas por radiação em, 548; problemas de usar células TE humanas, 495; proibição ao financiamento federal para, 547, 554; proibição dos INS a dois tipos de pesquisas usando, 554; propriedade pluripotente de, 492; questões éticas no uso de, 494; regeneração celular usando, 491; *targeting* para posições específicas no genoma de, 493; terapia gênica usando, 491; transferência de modificações genéticas de placa de cultura para embrião usando, 492; transplante experimental de células TE humanas em animais, 551

Centro de Controle de Doenças de Atlanta, 293

Centro de Trombose da Carolina do Norte, 296

Centro Regional de Primatas de Wisconsin, 546

cérebro: camundongos transgênicos para pesquisas sobre funcionamento do, 494; centro de recompensa responsivo à dopamina no, 453; genes no desenvolvimento do, 307; registro da memória no, 460; sequenciamento de genes expresso no, 363-5; sinapses durante desenvolvimento, 520*n*

Cetus, 284

Chain, Ernest, 161

Chargaff, Erin, 188-9, 253

Charpentier, Emmanuelle, 548-51

Chase, Martha, 172*n*

Chessin, Herbert, 322-3

Chesterton, G. K., 31, 84

chimpanzés: genomas de, 380, 396, 402, 512; identidade genética semelhante à humana, 512

China, 547, 558; experimento de engenharia do genoma humano na, 557-8; seleção sexual para filhos do sexo masculino na, 533; testes de genoma fetal na, 569*n*

Church, George, 511

Churchill, Winston, 98

ciganos, extermínio nazista de, 154, 169

5-hidroxitriptamina (5-HT), 527
5HTTLPR, gene, 535-7
cirrose, 390
cirurgia genômica (edição de genoma), 551
citosina, 166, 189
classificação para debilidade mental, sistema de (na eugenia), 101, 146, 325, 361
Cline, Martin, 497*n*
Clínica Moore, 313
Clinton, Bill, 375-6
clonagem de genes: bibliotecas de genes para, 269; "carta de Berg" sobre benefícios e perigos da, 274; como mudança conceitual, 349; cunhagem do termo, 267; da ovelha Dolly, 466; descobrir genes ligados a doenças usando, 329; do gene *BRCA1* em câncer de mama, 514; do gene da fibrose cística, 343-5; do gene da hemocromatose, 332; do gene do fator VIII, 295-6; estudo de Berg sobre DNA recombinante e, 252; experimentos de transferência nuclear usando, 466; fabricação de proteína usando, 298; impacto da, 267, 269; mapeamento de genes em localizações cromossômicas usando, 341-2; patente para, 283; primeiras pesquisas sobre genes ligados e, 124; sugestões de cientistas para regular, 272, 275, 278; técnica de transferência nuclear em, 466; transcriptase reversa usada com, 295; uso da técnica de montagem clone a clone pelo Projeto Genoma Humano, 368, 370, 377; uso do termo, 24, 267; uso em medicina pela Genentech, 288-9, 299
clorofórmio, 160, 168
c-myc, gene, 474
coagulação, fatores de: fator IX na hemofilia, 544; isolamento de, 346; mutação do gene do fator VIII e, 236, 294-5; na hemofilia, 125-6, 543
Coast of Utopia, The (Stoppard), 487
código genético, 20, 22, 24, 195, 202-3, 220, 310, 350, 377, 379, 383, 459, 478, 500, 556, 559, 579, 581

código genômico, 383
coelhos, 86
Cohen, Stanley: clonagem de genes e, 259, 267, 272; DNA recombinante e, 283, 365, 580; experimentos com híbridos gênicos de, 255-7, 259; formação e especialização de, 255; transferência de gene bacteriano e, 274-5, 282
colágeno, síntese do, 313
cólera, 345*n*
Collins, Francis, 556; clonagem do gene da fibrose cística por, 344; formação e especialização de, 344; Projeto Genoma Humano chefiado por, 367-77
"colônias" (centros de confinamento no movimento eugenista), 99-104, 107, 149, 361
Comédia dos erros, A (Shakespeare), 415
Comitê Consultivo sobre o Urânio (EUA), 278
comportamento: ambiente e, 446, 454; arquétipos de personalidade de, 452; debilidade mental diagnosticada como problema de, 101-4; doenças como consequência de, 573; estudo com gêmeos, 448-51; genes e, 25, 432, 438, 444-6, 449, 451, 454, 478, 536, 559, 566
computacional, genômica, 520, 566-7
concordância em estudos de gêmeos, 159, 354, 408, 439, 517, 521
Conferência Internacional sobre Eugenia (Londres — 1912), 98, 149
Congo, 397, 401
Conneally, Michael, 340
Conselho de Pesquisa Médica (Reino Unido), 261, 360
conspiração, teorias de, 13
coração, 160, 167, 173, 205, 319, 344, 390, 478, 490
Corey, Robert, 175, 185
"Correlation between Relatives on the Supposition of Mendelian Inheritance, The" (Fisher), 132
Correns, Carl, 79-80
Corte de Eugenia (Alemanha), 150

Cortes Genéticas (Cortes de Saúde Hereditária — Alemanha), 151
Cory, Suzanne, 232*n*
Crea, Roberto, 287*n*
criação: crença de Paley na origem divina da, 45; Herschell sobre mecanismos de causa e efeito na, 45-6; Laplace sobre forças naturais na, 51
criatividade: transtorno bipolar e, 524, 529; variantes gênicas ligadas à, 453, 525
Crick, Francis, 171, 195, 259, 324; formação e especialização de, 180; modelo da dupla hélice do DNA e, 24, 181-5, 187-9, 192-3, 195, 215, 219, 372, 580; palestra de Franklin sobre estrutura do DNA e, 183; relação de Watson com, 180; replicação de DNA e, 215
Crime and Human Nature (Wilson & Herrnstein), 356, 405
criminosos: doença mental em, 356; esterilização de, 107, 151; eugenia e, 98-9, 101; identificação genética de, 357, 359, 405, 413, 538; teorias ambientais sobre, 356
CRISPR/Cas9, sistema de defesa microbiana, 551, 556-7, 568
cristalografia, 175-6, 180, 183, 185
cristãs, crenças: debate sobre pré-formação de Adão e hereditariedade e, 40, 42; no envolvimento divino na criação, 46, 52
Cro-Magnons, 393
cromatina, 165, 167, 172, 577
cromossomos: adicionais em síndromes poligênicas, 313; cromossomos sexuais, 422; cromossomos X, 307, 325, 383, 422, 442-3, 468-9, 533, 543; cromossomos Y, 119, 422-7; cunhagem do termo, 119; evolução do número de pares de cromossomos, 380; genes não codificantes em, 371; inativação aleatória de, 468; informações genéticas contidas em, 421; localização do gene de Huntington em, 340; localizações gênicas em, 119; mapeamento de genes em localizações específicas de, 332-4, 341; primeiras pesquisas para identificar, 119; Schrödinger sobre estruturamolecular de, 162; síndromes genéticas com anomalias em, 319; teste pré-natal não invasivo (NIPT) para identificação de anomalias em, 569*n*
"crossing over", fenômeno de, 123, 218, 250, 580
Crow, James, 327
Culver, Kenneth, 497*n*
Curie, Marie, 177
Cutshall, Cynthia, 500-1, 503, 542

D4DR, gene, 453-4
Daily Telegraph, 444
Daley, George, 555
Danchin, Antoine, 235
Dancis, Joseph, 322-4
Danisco, 549
Darbishire, Arthur, 90, 91
Darwin, Annie, 55
Darwin, Charles, 44-65; artigo de Wallace sobre evolução e, 55; coleta de fósseis por, 50; como observador e colecionador de espécimes, 47-9; conceito de seleção natural, 54-7, 80, 132; conceito de variação usado por, 53, 59, 62, 76, 217; crítica de Jenkin a, 62-3; encontro de de Vries com, 75; estudo de Galton sobre, 86; experimentos de Weismann contestam, 76; implicações do trabalho de Mendel para, 64, 72; interesse pelo mundo natural, 44-7; mecanismo da hereditariedade e, 58, 63, 76; memória genética como desafio a, 463; Mendel comparado a, 60; preocupação com taxonomia, 51; primeiras anotações sobre descendência natural de animais por, 52; princípios eugênicos inspirados em, 94; publicação de *A origem das espécies*, 57; resenha para livro de Galton, 88; teoria da evolução de, 24; teoria da gêmula na hereditariedade por, 60-1, 76, 86, 143, 464; teoria da pangênese por, 61, 76, 78; teoria da seleção natural de Malthus e, 54; teoria

de Lyel sobre formações geológicas e, 48; viagem do *Beagle* à América do Sul com, 44, 47-9

Darwin, Erasmus, 85, 87

Darwin, Leonard, 98

Davenport, Charles, 98, 108, 146, 149, 151

Davis, Ron, 331, 334-5, 343, 358, 425

Dawkins, Richard, 222, 235-6, 374, 407, 464, 494, 530, 568

De Vries, Hugo, 65; conceito de pangênese usado por, 76, 82; crítica de, 90; encontro de Bateson com, 81; encontro de Darwin com, 75; estudo de Mendel e, 78-9; experimentos com reprodução de plantas, 77-81; mutantes e, 80; sobre importância do gene, 21; teoria da hereditariedade de, 75-81, 90, 94, 120, 132; trabalho de Galton e, 90, 94

débeis mentais, 99, 101, 103-4, 154

Delbrück, Max, 39, 161

Delfos, parábola do barco de, 235, 308, 375

DeLisi, Charles, 357

demência precoce, 516

Departamento de Energia dos Estados Unidos (DOE), 357, 360

Departamento de Patentes e Marcas Registradas dos Estados Unidos, 292

depressão, 95, 99, 335, 429, 431, 437, 456, 462, 524, 538, 567, 573; disforia de gênero em crianças com, 430; fatores genéticos na, 269, 313, 453, 455, 536, 565; programas nazistas para esterilização de pessoas com, 150, 153

derrame, 390

DeSilva, Ashanti ("Ashi"), 495-6, 500-2, 542

DeSilva, Van e Raja, 500-1

desoxirribose no DNA, 166*n*

desvios: componentes genéticos de, 357; eugenia sobre, 146

diabetes, 286, 440, 462; estudo de gêmeos sobre, 440, 449; ligações gênicas no, 269, 314, 369, 374, 440; pesquisas sobre insulina e, 286; tipo 1, 440, 449

diagnóstico genético: aborto seletivo após, 321, 528, 535; da esquizofrenia, 12, 517, 519-20, 522, 526, 529, 531; de mutações fetais usando sangue materno, 526; de transtorno bipolar, 526, 529, 538; de uma doença neuromuscular degenerativa progressiva severa, 526, 528-9; descoberta de ligações genéticas a doenças como impulso para desenvolvimento de, 511; determinantes preditivos no, 512, 531; "diagnóstico genético pré-implantacional" (PGD), 533, 541, 556, 569; doenças selecionadas para, 534; enigmas no uso de, 529; escolhas familiares e pessoais após identificação de variante em, 539; exemplo de duas síndromes raras sobrepostas em, 527; gene *BRCA1* em câncer de mama e, 513-4, 529; genes de alta penetrância em, 534-5, 539, 541; genes preditivos de risco e, 523; gestão gênica usando, 534; natureza imprevisível de alguns genes e, 531; penetrância e expressividade como fatores no, 523; poder para determinar "aptidão" usando, 539; previventes e, 516; questões fundamentais sobre incerteza, risco e escolha e, 526; renascimento do uso de, 511; sofrimento extraordinário como condição para uso de, 534-5, 538; triângulo de princípios norteadores do uso de, 535, 539, 541

Diamox, 527

diarreia, 95, 293, 313

Dieckmann, Marianne, 272, 280

difração de raios X, 175-6, 178-9

Dinamarca, 32

"direito de nascer", 322, 324

distúrbios genéticos: combinação de mutações e penetrância em, 355; criação de um "mapa do destino" para, 566; descompasso entre genoma e ambiente em, 315, 561; monogênicos, 313, 351; necessidade de entender interseção entre informação genética, exposições comportamentais e acaso em, 565; neoeugenia (neogenética) para selecionar, 326; padrão de hereditariedade como pista para influências genéticas em, 353-5; penetrância e expressividade de genes em, 315, 522; poligênicos, 313; preocupações com uso responsável de engenharia genômica para tratamento ou cura de, 555; problema de identificar genes realmente causadores de, 332; tendências identificadas por sequenciamento genômico, 569

DNA (ácido desoxirribonucleico): código genético e, 194-5, 346; código genômico no, 383; composição química do, 166; crítica de Franklin ao trabalho de Watson e Crick sobre, 185; DNA polimerase, 198, 216, 262-3, 358; estudo de Avery sobre informações genéticas no, 168, 171, 192, 220, 248, 311, 372, 580; estudo de Watson e Crick sobre, 178; estudo por Franklin de imagem sobre estrutura do, 24, 176-7, 182-3, 186, 188, 192, 372, 580; experimentos de Miller com "sopa primordial" para formar, 481; fluxo de informações biológicas com, 480; impacto da engenharia genética sobre, 267; imutabilidade da natureza e técnicas para manipular o, 347; marcação na memória do DNA durante o Hongerwinter holandês, 475; modelo da dupla hélice descoberto por Watson e Crick, 24, 183-4, 187-93, 215, 219, 372, 580; reparo de, 221; replicação do, 215-6, 219, 342, 352; sequenciamento de *ver* sequenciamento de genes; teoria da Hereditariedade de Aristóteles anteviu o, 39; teoria da informação sobre a formação do, 483; Wilkins sobre estrutura tridimensional do, 24, 175-8, 182, 186-8, 191-3, 195, 372, 580

DNA recombinante: "carta de Berg" sobre benefícios e perigos do, 273; Comissão Consultiva sobre, 498; implicação da tecnologia do, 249, 252, 490; primeira criação de, 346; *ver também* recombinação de genes

Dobbs, Vivian Buck, 102, 104, 361

Dobzhansky, Theodosius, 100; experimentos com variantes gênicas usando moscas-das-frutas por, 133-4, 136, 138; fatores geográficos que afetam intercruzamento e, 136; formação e especialização de, 133

DOCK3, gene, 527

doenças: criação de um mapa de destino para, 566-7; descompasso entre genoma e ambiente, 315-6, 561; doença mental, 12, 16, 18-9, 95, 101, 159, 196, 220, 238, 356, 361, 502, 516-7, 525, 536; fluxo de informações sobre instruções de hereditariedade e, 309; ligações entre genética e, 311, 345; monogênicas, 313, 533, 561; necessidade de entender intersecção entre informação genética, exposições ambientais e acaso em, 565; padrão de hereditariedade como pista para influências genéticas em, 353-5; penetrância e expressividade de genes em, 314-5; poligênicas, 313-4, 328, 356, 560, 565; preocupações com uso responsável de engenharia genômica para tratamento ou cura de, 555; tendências a doenças identificadas por sequenciamento de genoma, 569

"dogma central" da genética, 204, 208, 268, 577

Dolly (ovelha clonada), 466

dominantes, características: experimentos de Mendel com reprodução de plantas e, 69-70

dopamina, gene receptor de, 453

Doppler, Christian, 34-5, 71

Doudna, Jennifer, 548-51, 555

Down, síndrome de: aborto baseado em teste pré-natal para, 320; cromossomo extra na, 313, 319, 531; descrição dos sintomas da, 313; intervenções na, 24, 535; temperamento ligado à genética na, 452; testes diagnósticos para, 535; triagem genética para, 24, 321, 325, 328; variações entre pacientes com, 328; variantes hereditárias da, 319

Dozy, Andree, 334*n*
Dreiser, Theodore, 147
Drosophila melanogaster ver mosca-das-frutas
Drysdale-Vickery, Alice, 94
Dulbecco, Renato, 246, 253
dupla hélice, modelo da, 24, 188, 190-4, 198, 215-6, 219-20, 248-9, 372, 379

Easter, 1916 (Yeats), 128
Ebstein, Richard, 451-3
EcoR1, enzima, 253, 256
edição de genoma (cirurgia genômica), 551
edição de genes, 556, 568; mudança intencional no genoma humano com, 568; mudanças permanentes e hereditárias em células tronco embrionárias com, 553; proposta de cientistas para uma moratória no uso de, 555; questões suscitadas pela, 555
Efstratiadis, Argiris, 269*n*
Egito, 86, 401
Ehrlich, Paul, 173
Einstein, Albert, 161, 278-9, 554; carta de Einstein e Szilard sobre pesquisa com bomba atômica, 278-9
Eisenhower, Dwight D., 329
elétrons, 172
Eli Lilly, 261, 299
Eliot, Charles, 98
Eliot, George, 96
Eliot, T.S., 489
Elledge, Steve, 219*n*
Ellis, Havelock, 97
embriões/desenvolvimento embriônico: diagnóstico de mutações fetais usando sangue materno durante, 526; diagnóstico genético pré-implantacional (PGD) durante, 533; epigenética usada para alterar, 475; esquizofrenia causada por alterações gênicas durante, 519; genes de vírus em embriões compostos no, 490; interação de genes e ambiente no, 460; interação de genes e epigenes no, 476; técnica de transferência nuclear no, 465-7

ENC-O-DE (Encyclopedia of DNA Elements), 565
end-1, gene (em vermes), 457*n*
engenharia genética: como início de uma nova era, 271; como mudança conceitual, 349; criação da Genentech para explorar, 286; dificuldades para implementar, 545; etapas da implementação em humanos, 554; interesse em futuras aplicações da, 266, 346, 490; preocupações com segurança da, 272; primeiro trabalho de Berg com DNA recombinante e, 249-50; proibição de financiamento federal a células TE para, 547; tratamento da hemofilia usando, 544-5
engenharia genômica, 540-62; apoio do público à revogação da proibição ao, 558; células reprodutivas modificadas em, 541-2, 545; células TE com modificação genética convertidas em células reprodutivas antes de uso em, 551; determinação de células TE humanas confiáveis para, 544-6; emancipação genética *versus* melhoramento genético, 556; esboço de guia sobre uso "pós-genômico" em, 558-61; etapas necessárias para criar humanos geneticamente modificados usando, 554; experimentos de Berg com, 249, 271; experimentos de chineses com embriões humanos usando, 557; fertilização in vitro (FIV) e, 554; genes de vírus inseridos em embriões compostos para, 490; incorporação de mudanças genéticas criadas em células TE em embriões humanos, 551-3; interesse em futuras aplicações da, 23, 25, 555; justificação para adicionar informações ao genoma em, 556; Medawar sobre possibilidades da, 266; método para criar mudanças genéticas intencionais em genomas de células TE para, 548-51, 554; necessidade de avaliação da, 23; obstáculos à, 545; preocupações com melhoramento responsável de genomas em, 541; primei-

ro experimento de engenharia permanente no genoma humano em, 558; proibição a financiamento federal a novas células TE para, 547, 555; proibição dos INS a dois tipos de pesquisa usando células TE em, 555; proibições federais a aspectos da, 554, 558; proposta de cientistas para moratória no uso de técnicas de edição gênica e alteração de genes em, 555; questões a serem exploradas em, 554-5; sistema CRISP/Cas9 para adicionar código genético em genoma na, 551, 556-7, 568; tecnologias modernas para, 23; tratamento ou cura de doenças graves como uso responsável da, 555

engenharia social, 360, 535, 538

Ensaio sobre o princípio da população (Malthus), 53

envelhecimento, estudo sobre (com camundongos transgênicos), 494

enzimas: cortar e colar DNA usando, 248-9, 253, 256, 334; replicação de DNA com, 216-7, 342

epigenes, interação de genes com, 476

epigenética, 465-80; aspectos perigosos de possíveis aplicações da, 475-8; descrição por Waddington, 461, 465; experimento de reversão de destino celular por Yamanaka e, 473; experimento de transferência nuclear e, 468; inativação aleatória de cromossomos X e, 468; individualidade de células e, 472-3; interação entre reguladores gênicos e, 471; marcação de histona em memória molecular de genes e, 471

Epigenetics Revolution, The (Carey), 459

epigenomas: estudos de gêmeos sobre diferenças em, 472; fluxo de informações biológicas com, 480; individualidade de células e, 477

epilepsia, 98, 108, 150, 494

Erbe, Das (filme), 150-1

eritropoetina, 365

ervilhas, experimentos de Mendel com, 24, 64, 66-9, 73-4, 77, 79-80, 86, 107, 220, 228, 308, 351, 372

escala, mudanças de (em avanços da ciência), 349

Escherichia coli (*E. coli*), 208-10, 216, 250-2, 255, 274

Escócia, 87

escravidão: disparidades culturais entre brancos e afro-americanos e, 410

especiação, 52, 55, 137

espermatozoide: células TE geneticamente modificadas produzindo, 492; genes de vírus em embriões compostos usando, 490; marcação da memória do Hongerwinter em, 475; teoria da hereditariedade de Pitágoras sobre, 36, 42; teoria da pangênese de Darwin sobre, 76; terapia genética em células reprodutivas introduzidas em, 542; Weismann sobre informações hereditárias em, 77

espermismo, teoria do, 36-7

Ésquilo, 36

esquizofrenia: como doença poligênica, 328, 356; comportamento criminoso associado a, 356; criatividade na, 524; cunhagem do termo, 516; descrição inicial por Bleuler, 516; diagnóstico genético da, 522, 525, 529, 532, 571; diversidade genética na, 353; esquizofrenia familiar, 519, 521, 538; esquizofrênico como "gênio maluco", 524; estudos de gêmeos sobre, 354-5, 517; forma esporádica de, 517, 522; gatilhos para, 523; ligações genéticas na, 18, 159, 313, 328, 353-5, 359, 516, 525, 529, 581; mapa e sequenciamento genéticos para, 124, 518; medos na, 14-5; mudanças em receptor molecular na, 455; mutações ligadas a, 354, 518-20; padrões de hereditariedade como pista para influências genéticas em, 353-5; preocupação familiar com hereditariedade da, 18; programas nazistas para, 150; risco de câncer de mama comparado a, 521; risco de manifestar a, 538; sexualidade de, 517

Essay on Man (Pope), 303
esterilização, 24, 95, 97, 99, 103, 105, 107-8, 150-2, 155, 159, 361
estresse, 513, 536-7, 570
estrógeno, 427, 429
ética/questões éticas: animais transgênicos em pesquisas sobre genes e, 494; células TE e mudanças genéticas e, 551, 556; clonagem de genes e, 279; diagnóstico genético pré-implantacional (PGD) e, 533, 541; engenharia do genoma humano e, 557; morte em teste de terapia gênica para deficiência de OTC e, 506-9; patente de técnicas de DNA recombinante e, 283; propagação de híbridos genéticos em células bacterianas e, 252; proposta de cientistas para uma moratória no uso de engenharia genômica devido a, 555; seleção sexual favorecendo filhos do sexo masculino e, 533; tecnologia de DNA recombinante e, 279; teste fetal para homossexualidade e, 443; testes de terapia gênica em crianças e, 504, 508-9, 542
Etiópia, 38, 401, 413
eugenia, 84-98; apoio inicial do público à, 94-8; concursos de bebês mais aptos e, 108; críticos da, 94-5; cunhagem do termo por Galton, 85, 93, 580; estudo de Muller sobre mutação e opiniões sobre, 145, 326; eugenia negativa, 97, 326, 533; eugenia positiva, 97, 146, 326-7, 533, 541; igualdade em condições sociais necessária para, 145-6; medo de degeneração racial e, 96; mudanças genéticas induzidas por radiação para, 145; neoeugenia (neogenética) diferenciada de, 324-5, 327; programas americanos para, 98, 406; programas nazistas de esterilização baseados em, 150-4; programas nazistas de extermínio racial justificados por, 154, 169; promoção por Galton, 84, 93-6, 139, 145, 150, 193, 325, 405; propostas de esterilização para, 96-7; propostas de reprodução seletiva para, 94-6; renúncia à eugenia após uso pelos nazistas, 170, 311; seleção sexual favorecendo filhos do sexo masculino e, 533; teoria da "higiene racial" e, 98, 149; terapias gênicas e, 541; *ver também* neoeugenia (neogenética)
Eugenics and Other Evils (Chesterton), 31, 84
Eugenics Record Office, 98, 108, 146, 170
Eugenics Review (periódico), 97
Eumênides (Ésquilo), 36
Europa, 34, 55, 69, 73, 98, 130, 137, 154, 325, 373, 382, 393, 397, 401-2, 406, 417
eutanásia para deficientes genéticos na Alemanha nazista, 24, 152-3
Eva Mitocondrial, 399-400, 512
Evans, Martin, 492
evolução: câncer como doença genética relacionada a, 352; conciliação da genética com a, 129, 132-4, 136; fenótipo como interações entre hereditariedade, acaso, ambiente, variação e, 135-6; memória genética como desafio à, 463; neandertais e, 393; necessidade de teoria da hereditariedade com, 76, 86; primeiros humanos modernos e, 393; seleção natural e, 57, 132, 392; teoria da informação sobre impacto de mutações na, 483; teoria das gêmulas de Darwin e, 61, 76, 86, 143, 464; teoria das múltiplas origens de Agassiz e teoria da, 392; teoria geral de Wallace, 56
exoma, sequenciamento de, 518
éxons, 264, 381, 518
"Experimentos com hibridação de plantas" (Mendel), 64
expressão gênica: alterações induzidas pela fome na, 475; código genômico controlando múltiplos genes para, 383; DNA intergênico e íntrons para, 363, 382; experiência do Hongerwinter e reformatação da, 475; genes de vírus em embriões compostos e ausência de, 491; na esquizofrenia, 522; silenciamento de gene e, 469

Faculdade de Teologia de Brno, 32
Falkow, Stan, 255-6

"famílias de genes", 382
fantasias: genoma humano codificado com, 562; na esquizofrenia, 14; sexuais, 430
fator IX, gene do, 544
fator VIII, gene do, 236, 294-7
FBI (Federal Bureau of Investigation), 147
FDA (Food and Drug Administration), 297, 508, 510
Feldberg, Wilhelm, 161
Feldman, Martin, 397, 400, 404
fenótipos: acaso como fator em, 135; efeitos de genes variantes sobre características e, 132; eugenia e manipulação de, 96; gatilhos ambientais afetando, 135; genes preditivos de risco em, 523; genótipos como determinantes de, 134; interações entre hereditariedade, acaso, ambiente, variação e evolução para moldar, 135; seleção natural dos fenótipos mais aptos, 136
Fermat, Pierre de, 76
fertilização in vitro (FIV), 532, 546-7, 552, 554, 557
fibrose cística: diagnóstico genético pré-implantacional (PGD), 533, 556; gene da, 390; hereditariedade da, 346; identificação de genes ligados a, 24, 350; mapeamento gênico na, 24, 344; mutações encontradas na, 343, 541; possibilidade de terapias gênicas para, 502; secreções vistas na, 343; terapia gênica proposta para, 502; teste diagnóstico para, 345
fígado, 205, 208, 214, 228, 255, 332, 390, 492, 503-4, 506, 542
filmes: educação em eugenia com, 108; propaganda nazista com, 150
Finlândia, 450
Fisher, Ronald, 130-2, 468
física subatômica, 172
fisiologia, 19, 161, 173-4, 205, 217, 219-20, 235-6, 265, 297-8, 308-9, 315, 349, 353, 356, 361, 383, 390, 401, 413, 427, 432, 462, 509, 560, 564-5
"Fly, The" (Blake), 222

fome, memória genética da (no Hongerwinter holandês), 462, 475
"For Whom the Bell Curves" (Patterson), 410
fosfatos, 183-6, 188-90, 578-9
fósseis, 49-51, 55-7, 383, 398
Foucault, Michel, 539
França, 32, 82, 209, 274, 291
Franklin, Rosalind: crítica ao modelo da dupla hélice do DNA de Watson e Crick, 184-5; estudo de imagem sobre estrutura do DNA por, 24, 176-7, 182-3, 186, 188, 192, 372, 580; formação e especialização de, 176; reação de Watson a estudo de, 182-3
Freud, Sigmund, 517
Friedman, Richard, 570
Frost, Robert, 44
fugas psicóticas, 18
Fundação Nacional da Ciência, 278
"Funes, o Memorioso" (Borges), 472
"Futuro da Medicina Genômica", conferência (Scripps Institute, La Jolla, Califórnia — 2013), 526

Galápagos, ilhas, 49, 53, 55, 58, 133, 136, 382
Galeno, 419-20
Galton, Francis: crítica de Bateson a, 90, 93; Darwin sobre trabalho de, 88; esterilização (eugenia negativa) e, 97; estudo de Darwin investigado por, 86; estudo sobre natureza versus criação, 87, 158; estudos de gêmeos por, 158, 354; formação e especialização de, 85; Lei da Hereditariedade Ancestral, 89; medições de variação por, 86-90; promoção da eugenia por, 84, 93-6, 139, 145, 150, 193, 325, 405; unidades de informação na hereditariedade e, 89-90, 95, 130
Gamow, George, 198-9
Gardner, Howard, 407
Garrod, Archibald, 312
gástrico, câncer, 474
gatos, 254; de pelagem tartaruga, 469; hereditariedade em, 469

Gattaca: a experiência genética (filme), 530, 534
Gaucher, doença de, 321, 346
Gelsinger, Jesse: impacto da morte de, 508-9, 542; teste de terapia gênica para deficiência de OTC e, 505-8, 542-3, 581; variante deficiente de otc em, 502-3
Gelsinger, Paul, 505-8, 543
gêmeos: fraternos, 158-9, 355, 439, 447-8, 517; genes ligados e desligados em, 472; idênticos, 158-9, 354-5, 357, 394, 408, 439, 447-9, 452, 456, 472, 517; natureza *versus* criação e diferenças entre, 472; primeira derivada da identidade compartilhada pelos, 418; recategorização sexual de um gêmeo, 429
gêmeos, estudos de: de gêmeos idênticos separados ao nascer, 408, 449; esquizofrenia e, 354-5, 517; estudos sobre natureza *versus* criação usando, 158; irmãos gays e, 439; nazistas e, 159-0, 169, 447, 580; padrões de hereditariedade como pista para influências genéticas em doenças em, 354; taxas de concordância em, 159, 408, 439, 517, 521
gêmulas, teoria das, 58, 61, 77, 86; exposição por Darwin, 61; memória genética relacionada a, 464; prova experimental contra, 76, 86, 143
GenBank, 379
Gene egoísta, O (Dawkins), 222
Genentech, 287-96, 298-9, 365, 543
gênero, identidade de: *continuum* de, 432; de mulheres com síndrome de Swyer, 427; genes na determinação da, 419, 432; identidade transgênero e, 433; recategorização sexual e, 427-32; uso do termo, 419; *ver também* sexo
genes: Bateson sobre o poder dos, 83; como princípio organizador da biologia moderna, 23; como unidade básica, 20, 563; como unidades de seleção na neoeugenia (neogenética), 325; *crossing over* de, 123-4, 218, 250, 580; cunhagem do termo por Johannsen, 92; desenvolvimento embriônico e, 129; DNA como molécula mestra dos, 346; especulações sobre identidade molecular dos, 165; eugenia e manipulação de, 96; evolução conciliada com, 129-36; experimento de Szostak usando micelas para gerar formas autorreplicantes de, 481; "famílias de genes", 382; fluxo de informações biológicas com, 480; identidade e, 433; influências ambientais sobre, 472; informações contidas nos, 129; interação de epigenes com, 476; mudança de enfoque da patologia para a normalidade em estudos sobre, 390; mudança na concepção de genes graças ao sequenciamento genômico, 372, 379; natureza descontínua das informações sobre, 83, 131, 483; número de genes no ser humano, 381; origens dos seres humanos vista em, 391-3; patentes de, 365; percepção de nós mesmos como montagens de, 564; "pseudogenes", 383; quatro fases do esforço para entender os, 379; Schrödinger sobre estrutura molecular dos, 162; teoria da informação sobre a formação dos, 482; tradução de, 93, 199-201, 372; transcrição de cópias de RNA de, 201, 219
Genes, Dreams, and Realities (Burnett), 446
genética: barracas sobre genética em feiras agrícolas, 107; cunhagem de novos termos e linguagem para, 92; cunhagem do termo por Bateson, 82; doenças ligadas a, 311-2, 346; dogma central da, 204, 208, 265, 268; enfoque temático da, 391; insatisfação com lentidão no ritmo de mudança em, 350; mudança de enfoque científico da patologia para a normalidade em, 390; mudanças conceituais na, 349; mudanças de escala em, 349; poder para determinar "aptidão" usando, 539; proibição soviética à, 155, 157; quatro fases no esforço para entender a, 379; trabalho de Aristóteles sobre, 37-8

Genetics (Walter), 84
Genetics Institute (GI), 295
"Genetics, Identity, and the Anthropology of Essentialism" (Brodwin), 415
gênios: bancos de esperma para escolha de, 326, 328; esquizofrenia e, 524; padrões hereditários e, 95
Genoma, Projeto *ver* Projeto Genoma Humano
genomas: câncer e, 19; descompasso entre ambiente e, 315-6, 561; efeitos multigeracionais do Hongerwinter e interações de genes reguladores mestres com, 475; publicação de sequência provisória de, 25; sequenciamento de *ver* Projeto Genoma Humano; sistema epigenético para funcionamento de, 471
Genomics Age, The (Smith), 489
genótipos, 93; acaso em resultados de fenótipos com, 135; engenharia social usando, 538; eugenia e manipulação de, 96; fatores ambientais afetando resultados de fenótipos com, 135; fenótipos determinados por, 134; interações entre hereditariedade, acaso, ambiente, variação e evolução e, 135
geográficos, fatores: desenvolvimento de gêmeos criados separados, 449; difusão dos primeiros humanos e, 401-2; distribuição da variante *D4DR* e, 454; estudo de Darwin sobre evolução de população de aves afetadas por, 54-5; formação de novas espécies e, 137; teoria de Wallace sobre variantes de população de aves afetadas por, 56
geologia, 32-3, 45, 48, 55, 65
Geração dos animais (Aristóteles), 37
germeplasma, 77, 105
Gilbert, Walter: avaliação do sequenciamento do genoma por, 359; sequenciamento do DNA por, 262, 264, 289; síntese da insulina e, 288, 291
Gillis, Justin, 362

girafas, evolução das, 59-60, 77, 156, 175, 463
Gleick, James, 479
glicose, metabolismo da: genes ligados ou desligados para, 209-11, 460
glóbulos brancos, 166, 495, 502
glóbulos vermelhos, 205-6, 208, 214, 269, 365, 374, 471-2, 506
Goeddel, David, 291-2, 294-5
Goldstein, David, 526
Goodfellow, Peter, 425-7
Goodship, Daphne, 450
Gopnik, Alison, 413
gorilas, 106, 393; evolução de, 393; pares de cromossomos de, 380
Gosling, Ray, 184, 186, 192
Gottesman, Irving, 354
Gould, John, 50
Gould, Stephen Jay, 410
Gouvêa, Hilário de, 351
Graham, Robert, 326, 329
grandes primatas: evolução e, 393; pares de cromossomos de, 380
Gray, Asa, 218, 262
Grécia Antiga, teorias da hereditariedade na, 35-8, 42
Griffith, Frederick, 142-5, 162, 164-5, 167, 192-3, 255
gripe espanhola, 142
guanina, 166, 189
Gurdon, John, 465-8, 471, 473
Gusella, James, 340-2

Hadamar, hospital (Alemanha), 153
Haemophilus influenzae (bactéria), 366-7, 370
Hahn, Otto, 161
Haiselden, Harry, 108
Haldane, J. B. S., 347
Hall, Alexander Wilford, 58
Hamer, Dean: estudo sobre genes relacionados à homossexualidade (gene gay), 439-45; formação e especialização de, 437; interesse por orientação sexual, 438
Hamlet (Shakespeare), 245

Hammarsten, Einar, 172
hamsters, 252, 296, 297
Hardy, Thomas, 115
Hartsoeker, Nicolaas, 41
Haussler, David, 378
Heinlein, Robert, 164
hemocromatose, 332-3, 335
hemofilia: família real russa com, 125-7; herança genética da, 126-7, 159, 311, 316, 332; infecção por HIV com, 296; mapa genético da, 346; terapia de fator VIII para, 294, 297; terapia gênica para, 543-4
hemoglobina, 173-5, 198, 206, 208, 214, 220
Henn, Brenna, 400
Henslow, John, 45, 48
hepatite B, vacina contra, 299
Hepburn, Audrey, 462
Herbert, Barbara, 450
hereditariedade: abordagem de Lamarck, 59; Bateson sobre poder dos genes na, 83, 95; Bateson sobre transmissão de unidades na, 91; câncer como doença genética relacionada a, 353; codificação de informações básicas na, 41; conceito do homúnculo na, 40-1, 64, 398; crença cristã em Adão como primeiro genitor e, 40; cunhagem de novos termos para unidades na, 92; De Vries sobre partículas de informação na, 78-80; epigenética usada para alterar, 476; estudada por Galton, 86-90, 95, 131; eugenia e leis da, 95; fenótipo como interações entre acaso, ambiente, variação e evolução e, 135; filósofos da Grécia Antiga sobre, 35-8; fluxo de informações com instruções na, 91; gene como unidade básica da, 20, 563; informação genética na, 129; Mendel e as unidades da, 72-3, 81, 91; modelo matemático de características na, 131; noção de identidade humana construída com uso da, 157; padrões de, 95, 141, 314; teoria da evolução necessária com, 76, 86; teorias da, 157; terapia de choque para plantas para vencer, 156; trabalho de Darwin sobre teoria da, 58-60, 63, 76; variação na, 53; Weismann sobre informações transmitidas na, 76; Wolff sobre óvulos fertilizados, 41
Hereditary Disease Foundation, 337, 341
Hereditary Genius (Galton), 88, 94, 580
Heredity and the Nature of Man (Dobzhansky), 100
Heredity in Relation to Eugenics (Davenport), 98
"Heredity" (Hardy), 115
Herrick, James, 205
Herrnstein, Richard, 356, 405, 407-10
Herschel, John, Sir, 45-6
Hershey, Alfred, 172*n*
Hess, Rudolph, 149*n*
Heyneker, Herbert, 287*n*
híbridos, 24, 67-9, 71-4, 78-9, 91, 218, 250-7, 267, 271-2, 554
hidrocefalia, 307
"higiene racial", 98, 149-50, 159, 580
hindus, 15, 458, 563, 573
hiperatividade, síndrome de déficit de atenção ou, 569
hipertensão, 307, 314-5, 565
hipomania, 523
Hiroshima, bombardeio atômico de (1945), 357
Hirsh, David, 233
histonas, 470, 477, 578
História dos animais (Aristóteles), 100
história natural, 32, 45-8, 57, 60, 266, 391-2
Hitler, Adolf: ascensão de, 149; crenças sobre "higiene racial" de, 150; política de eugenia e extermínio de, 152, 327; saída de cientistas da Alemanha como reação a, 161
HIV, 297, 493, 497
Hobbes, Thomas, 97
Hodgkin, Dorothy, 177, 183
Holanda, 461
Holmes Jr., Oliver Wendell, 106
Homem-Aranha (série de história em quadrinhos), 318

hominídeos, 380, 400
Homosexuality: a Psychoanalytic Study of Male Homosexuals (Bieber), 436
homossexuais, extermínio nazista de, 154
homossexualidade: como escolha, 435; estudo de Hamer sobre genes relacionados a, 439-45; Freud sobre, 517; "gene gay" e, 436; inata *versus* adquirida, 435; psiquiatras dos anos 1950 e 1960 sobre, 435; teoria de Bieber sobre, 435
homúnculo, conceito de, 40-1, 61, 89, 398
Hongerwinter (Inverno da Fome), Holanda, 462-4, 467, 475
Hood, Leroy, 358, 363
Hopkins, Gerard Manley, 331
Hopkins, Nancy, 212*n*
hormônio do crescimento humano, 285, 299
hormônios, 165, 269, 286, 298, 430-2, 569
Horne, Ken, 293
Horvath, Phillippe, 549
Horvitz, Robert, 229-33
hospitais, 499; e recategorização sexual, 428; triagem genética em, 321, 346
Hospital da Universidade da Pensilvânia, 508
Housman, David, 335, 337
"Hox", família de genes, 383
Huang, Junjiu, 557-8
Huberty, James, 353-4, 357
Hughes, Everetto, 389
Huntingtin, gene, 342
Huntington, doença de, 24, 336-43, 346, 350-1, 390, 425, 442, 502, 516, 533, 551, 556
Huntington, George, 331
Huxley, Julian, 327

"idiotas", classificação de, 101, 107, 325
Iêmen, 402
"imbecis", classificação de, 100, 103, 106-7, 146, 325
imunodeficiência combinada grave (SCID), 496
Índia, 14, 203, 205, 306, 402, 417, 533, 547
Indonésia, 401-2

infertilidade, 314, 425, 546, 567
informação biológica: DNA como repositório central da, 168, 194; dogma central da, 204, 208, 268; fluxo de informações, 91, 203-5, 208, 268, 308-9, 480; gene como unidade básica de, 20, 564
Inglaterra, 44, 49, 50, 53, 56, 57, 72, 75, 83, 86-7, 91, 105-6, 125, 172, 179, 199, 259-60, 291, 312, 392, 425, 450, 492, 553
Ingram, Vernom, 206*n*
Inquiries into Human Faculty and Its Development (Galton), 84
Institute for Genomic Research, The (TIGR), 366-7, 369
Instituto de Bem-Estar do Estado de Brandemburgo (Alemanha), 153
Instituto de Genética da União Soviética, 157
Instituto de Terapia Gênica em Humanos (Universidade da Pensilvânia), 503, 510
Instituto Kaiser Wilhelm (Berlim), 147, 150, 154
Instituto Nacional do Câncer, 437, 513
Instituto Weizmann (Israel), 553
Institutos Nacionais de Saúde (INS), 203, 237, 276, 282, 290, 327, 338, 360, 362-7, 437, 441, 497-8, 500-2, 509, 513, 554
inteligência: combinação de genes e ambiente influenciando, 408, 411, 446; conceito de "inteligência geral", 406; conceito de gene para, 560; definição de, 405; genética e categorização pela, 413; raça e variação genética na, 25, 403; testes de, 406
interferon alfa, 299
intestinos, 332, 343, 345, 490, 547
íntrons, 264-5, 295-6, 333, 363-4, 382, 426, 471, 564
Irons, Ernest, 205
Israel, 451, 547, 553
IT15, gene, 342
Itakura, Keiichi, 287-9
Itália, 82, 271
Itano, Harvey, 206

Jablonski, Walter, 159n
Jackson, David, 250-51, 253, 256, 346
Jacob, François, 199-201, 210-4, 260, 274, 372, 460
Jaenisch, Rudolf, 495, 556
Jamison, Kay Redfield, 524
Japão, 547; bombardeio atômico no, 357
Jardim Botânico de Cambridge (Inglaterra), 45
Jenkin, Fleeming, 62-3, 86
Jensen, Arthur, 407
Jesus Cristo, 466
Jó, Livro de, 31
Johannsen, Wilhelm, 92, 208
Journal of Hygiene, 144
judeus, 105, 151, 154-5, 161, 169, 346, 389, 404, 413, 533, 580; asquenazes, 346, 404, 413
Judt, Tony, 558
Júlio César (Shakespeare), 270

Kafatos, Fotis, 269n
Kafka, Franz, 389
Kaiser, Dale, 248
Kan, Y. Wai, 333n
Kantsaywhere (Galton), 97
Kaposi, sarcoma de, 293, 441
Keller, Evelyn Fox, 346, 459
Kerouac, Jack, 524
Kerr, John, 231-2
Kevles, Daniel, 93
Khorana, Har, 203
Kidd, Benjamin, 94
Kiley, Tom, 288
Kimble, Judith, 233
Kimura, Motoo, 394n
King, Desmond, 534
King, Marie-Claire, 512
King's College, 172, 175-7, 182, 184, 188, 193
Kinzler, Ken, 366
Kleiner Perkins (sociedade de investimentos), 285
Klinefelter, síndrome de, 319, 321

Kornberg, Arthur, 119, 216, 246, 248, 280, 283
Korsmeyer, Stanley, 232
Kravitz, Kerry, 331-4
Krebs, Hans, 161
Kretschmar, Gerhard, 152
Kretschmar, Lina, 152
Kretschmar, Richard, 152

lactose, 208-13, 460
Lamarck, Jean-Baptiste, 59-60, 62, 75, 77, 80-1, 156, 476
lamarckismo, 156
Lambda, bacteriófago, 250
Lander, Eric, 358, 365, 368, 373, 376-9
Langerhans, Paul, 286
Laplace, Pierre-Simon, 51-2
Larkin, Philip, 11
Leach, Gerald, 324
Leder, Philip, 203
Lederberg, Joshua, 283
Lei da Hereditariedade Ancestral, 89
Lei de Plenos Poderes (Alemanha), 149-50
Lei para Prevenção de Descendentes Geneticamente Doentes (Lei de Esterilização — Alemanha), 150
Leis de Nuremberg para Proteção da Saúde Hereditária do Povo Alemão, 151, 580
Lejeune, Jérôme, 313n
Lenz, Fritz, 149
Leopoldo, príncipe, 126
Lessing, Doris, 179-80n
leucemia, 396, 474
Levene, Phoebus, 166-7
Lewis, Ed, 223-5
Lewontin, Richard, 403-4, 438
ligação, análise de, 137, 341, 445, 513, 520
ligações genéticas: comportamento criminoso e, 356; criatividade e, 525; desenvolvimento do diagnóstico genético e aumento no número de, 512; genes preditivos de risco e, 522; histórias familiares intergeracionais mostrando, 18; na esquizofrenia, 18, 159, 313, 328, 353-5, 359, 516, 525, 529,

581; no autismo, 316, 328, 476, 519, 524, 530, 561, 581; no câncer, 19; no transtorno bipolar, 18, 455, 522, 525, 529, 581; possível uso de tecnologia para mudar, 20
ligase (enzima), 248, 251, 257
limpeza genética: abordagem nazista da limpeza racial baseada em, 152, 154, 169; base hereditária da, 159; colônias para débeis mentais e, 154; teorizada por Ploetz, 149
limpeza racial, 98, 151, 155, 169
Lincoln, Abraham, 313
Lineu, Carlos, 35
linfomas, 232, 474
linguagem, transformação de palavras e, 46
linguística, 62, 154, 391, 396, 398
Linnean Society, 56, 72
Lionni, Leo, 228
Lobban, Peter, 247-8, 250, 251
London School of Economics, 94
Lorand, Sándor, 435
Lovell-Badge, Robert, 426
Lowell, Robert, 524
Lyell, Charles, 48, 50, 51, 56
Lysenko, Trofim, 140, 155-7, 464, 476
lysenkoísmo, 157

macacos, 58, 246, 393, 438, 498, 504, 546
Macklin, Ruth, 510
Macleod, Colin, 168
maconha, 18, 276
magnésio, 185, 201
Malaio, arquipélago, 56
Malásia, 402
Malthus, Thomas, 53, 54-6, 62, 327
mamíferos, 33, 49, 141, 267, 275, 432, 466, 554
Mandelbrot, Benoit, 171
mania, 13, 455, 523-4, 572-3
Maniatis, Tom, 295
Manto, Saadat Hasan, 14
"mapa do destino" para genomas individuais, 566
mapeadores, genes, 227
mapeamento gênico: análise de ligação em, 341, 514, 520; como momento transformador na genética humana, 343-6; como mudança conceitual, 349; famílias com marcadores de características genéticas necessárias para, 334, 340; fracasso da abordagem gene a gene para distúrbios poligênicos, 350; insatisfação com lentidão do ritmo da mudança no, 349; na doença de Huntington, 24, 338, 425; na esquizofrenia, 520; na fibrose cística, 24, 344; na hemocromatose, 331; polimorfismos como postes sinalizadores em, 333, 358; primeiras pesquisas sobre genes ligados e, 124; processo de identificar gene em, 332, 341-2; procura de gene determinante do sexo no cromossomo Y usando, 426; técnica de clonagem posicional em, 343-5; técnica do salto cromossômico em, 344, 349

Máquina do Tempo, A (Wells), 95
Marfan, síndrome de, 312, 314-6
Marvel Comics, 318
marxismo, 464
matemática, 33, 37, 64, 85, 87, 119, 124, 130-1, 180, 185, 361, 407, 418, 443, 512, 523
Matthaei, Heinrich, 203
Maudsley, Henry, 94-5
Maxam, Allan, 262
Mayr, Ernst, 327
mbuti, pigmeus, 397, 401
McCarty, Maclyn, 168
McCorvey, Norma, 320
McGarrity, Gerard, 499
McKusick, Victor, 311-7, 321, 328-9, 525
MECP2, gene, 530
Medawar, Peter, 246, 266
medo, extinção do, 571*n*
medula óssea: células-tronco na, 491, 498; transplantes de, 496, 498, 570
megatério, 49
Melhor Bebê, concurso (EUA — anos 1920), 108
memória genética: capacidade celular para si-

lêncio seletivo, 473; desativação aleatória de cromossomos X e, 468; experiência do Hongerwinter e, 462-3, 475; experiência transmitida a geração seguinte na, 463; experimento de Yamanaka para reverter, 473-4; experimentos de transferência nuclear e, 464-7, 471; marcação de histona na memória molecular em genes e, 470; transmissão de gene em, 464; uso de epigenética para alterar, 475

Mendel, Gregor Johann: crítica de Nägeli a, 73; Darwin comparado a, 60; educação em ciências naturais, 33, 65; experimentos com reprodução de plantas, 66-70, 73; formação e especialização de, 32-3; impacto da teoria de, 91; publicação de artigos de, 64, 72; tradição monástica agostiniana e, 32-4; unidades de hereditariedade investigadas por, 72-3, 81, 91

Mengele, Josef, 148, 154, 159-60, 169, 447, 580

Mering, Josef von, 286

Merriman, Curtis, 159*n*

Mertz, Janet, 251-4, 256-7, 271

Meselson, Matthew, 200, 216

metil, grupo, 469, 472, 477

micelas, 481-2

microRNA, 371

Miescher, Friedrich, 166

migração: classificação racial e, 404; estudos do genoma humano e, 581; teoria "Out of Africa" e, 398; variação genética relacionada a, 454

Mill on the Floss, The (Elliot), 96

Millais, Everett, Sir, 90

Miller, Stanley, 481

Milton, John, 48

Minkowsky, Oskar, 286

Minnesota Study of Twins Reared Apart (MISTRA), 448

"Molecular Structure of Nucleic Acids: A Structure for Deoxyribose Nucleic Acid" (Watson & Crick), 192

"moléculas mensageiras", 198, 201

Money, John, 428-9, 446

Monod, Jacques, 199, 207, 209-14, 260, 372, 460

"Monstruosidades hereditárias" (De Vries), 78

Moore, Joseph Earle, 313

morais, questões: poder de determinar "aptidão" genética e, 539

Morgan, Thomas Hunt: base física de genes em cromossomos e, 118-2; crossing over de genes e, 122; estudo sobre forma material de genes por, 124; formação e especialização de, 118; proximidade de genes em cromossomos e, 123

mórmons, famílias: estudos genéticos de, 333

"*morons*", classificação de, 101, 325

mosca-das-frutas: como sistema modelo para pesquisas, 311; comparações entre genes de humanos e verme com, 373-4; determinação de destino de célula em estudos de desenvolvimento embriônico usando, 223-9, 234; experimentos de variação genética com, 133-6; gatilhos ambientais para concretização de gene em, 315; número de genes na, 373; pesquisa sobre ação de gene com, 196; pesquisa sobre cromossomos usando, 120-4; Projeto Genoma da Mosca-das-Frutas, 360; publicação da *Science* sobre o genoma da, 373; sequenciamento do genoma da, 359, 373-4

Mozart, Wolfgang Amadeus, 524

muçulmanos, 15

mudanças conceituais em descobertas científicas, 349

Muller, Hermann, 140; eugenia positiva e, 146, 327; formação e vida pessoal de, 121, 144-7; no Instituto Kaiser Wilhelm, 147, 161; taxas de mudanças induzidas por radiação em moscas-das-frutas mutantes e, 145, 161, 265

Müller, Max, 228

Muller-Hill, Benno, 212*n*

Mulligan, Richard, 497, 502, 551

Mullis, Kary, 358

Munch, Edvard, 525
Murder in the Cathedral (Eliot), 489
Murray, Charles, 405
Murray, John, 57
mutações: cânceres com, 24; combinação de mutações em distúrbios genéticos, 355; como conceito estatístico, 316; doenças humanas ligadas a, 311-3; esquizofrenia e, 354, 518-20; história evolucionária vista através de, 394; manifestações diversas de doença em organismos diversos causadas por, 314; na doença de Huntington, 342; na fibrose cística, 343, 541; na síndrome de Marfan, 314; padrão de hereditariedade de mutações como pista para influência genética em doença, 353-5; preocupações com uso responsável de engenharia genômica para mudar, 555; radiação e taxa de, 145; seleção natural e transmissão de, 493; teoria da informação sobre impacto de, 483; triagem genética para, 24
mutantes: Beadle sobre função metabólica ausente em, 196; Darwin sobre, 80; descoberta e nomeação por De Vries, 80; estudo de De Vries com mosca-das-frutas sobre, 120
myc, gene, 474
Myers, Richard, 397
Myriad Genetics, 514

Nagasaki, bombardeio atômico de (1945), 357
Nägeli, Carl von, 73-4, 79
Namíbia, 397, 399-400, 404
nanismo, 99, 108, 299, 317, 328, 561
Napoleão Bonaparte, 52
Nash, John, 524
Natural Theology (Paley), 45
Nature (revista), 192, 263, 274, 340, 379, 532, 557
natureza: imutabilidade da, 347; natureza *versus* criação, 87-8, 158, 408
Neandertal, homem de, 393
Negrette, Américo, 339

Neimöller, Martin, 155
nematodos, vermes, 371-2, 374
neoeugenia (neogenética), 325-8
neuromuscular, doença, 529
neurônios, 208, 268-9, 342, 453, 455, 460, 472, 494-5, 503, 535
Neurospora crassa (fungo), 359
nêutrons, 172
New England Journal of Medicine, 311, 543
New York Times, 283, 310, 356, 405, 537, 542, 558, 570
New Yorker (revista), 410
Newsweek (revista), 283, 356
Newton, Isaac, 62, 69, 95, 174, 207, 524
Nicolau II, tzar da Rússia, 125
Nirenberg, Marshall, 203, 310, 500
nitrogênio, 172
Nixon, Richard, 278
Nobel, prêmio, 39, 124, 161, 172, 176-7, 192, 198, 261, 266, 283, 288, 311, 326, 366, 466
Not in Our Genes: Biology, Ideology, and Human Nature (Lewontin), 438
Nova Zelândia, 172
novas espécies, formação de, 46, 54-5, 81, 137, 145
Nüsslein-Volhard, Christiane, 225-6
nutridoras, células, 546

O que é vida? (Schrödinger), 162, 172, 174, 179-80
Obama, Barack, 554
obesidade, 312, 314, 462, 475, 565, 569
Odisseia (Homero), 11
Oenothera lamarckiana (flores silvestres), 80-1
olfato, 374, 381, 383
Olson, Maynard, 369
Olympia (filme), 151
"On Poetry" (Swift), 362
óperons, 211, 213
Orestes, mito de, 36
organelas, 349, 398, 578
organismos geneticamente modificados, 293, 490, 554

Origem das espécies, A (Darwin), 57, 61-2, 72, 75, 86, 392, 438
Origem do homem e a seleção sexual, A (Darwin), 437
ornitina transcarbamilase (OTC), 503-6, 508, 510
Orwell, George, 23, 161, 516
ossos, 313
osteogênese imperfeita, 313
"Out of Africa", teoria, 398
óvulos: células-tronco geneticamente modificadas produzindo, 492-3; desenvolvimento de gêmeos idênticos e fraternos e, 158; genes de vírus em embriões compostos usando, 490; marcação do Hongerwinter na memória de, 475; Mendel sobre hereditariedade de características em, 70; partículas da informação de De Vries em, 78, 81; proibição dos INS a transmitir modificações genômicas em, 554; técnica de transferência nuclear com, 465; teoria da gêmula de Darwin sobre, 61, 76; terapia gênica de linha germinal com, 542, 547, 552; terapia gênica em células reprodutivas introduzida em, 542; Weismann sobre informações hereditárias em, 77; Wolff sobre fertilização de, 42
Owen, Richard, 50-1, 57
oxigênio, 21, 165, 172-4, 205-6, 481, 507

Page, David, 426
Paley, William, 45
pâncreas, 261, 269, 285-6, 332, 343-4; câncer pancreático, 474
pangênese, teoria da (Darwin), 58, 61-2, 64, 76, 78, 82
pangenética, teoria da (De Vries), 82
Paracelso, 40
Paraíso perdido (Milton), 48
Pardee, Arthur, 211, 213
Park, Hetty, 322
Park, Laura, 323
Partição de Bengala, 14, 16, 306, 572

pastores naturalistas, 47
patentes/Lei de Patentes (EUA), 283, 292, 365-6, 377, 514
Patrinos, Ari, 375
Patterson, Orlando, 410
Pauling, Linus: estudo da estrutura do DNA por, 181, 185; estudo sobre estrutura de proteínas por, 175, 181; variantes de hemoglobina e, 206
Pearson, Karl, 90, 94, 98, 146
pecado original, doutrina cristã do, 40
PEG-ADA (enzima artificial), 496, 501
penicilina, 177, 255, 274
People (revista), 436
perigos biológicos: Conferência de Asilomar I e, 272; Conferência de Asilomar II e, 277, 279; estudo de Berg com SV40 e, 252
personalidade, arquétipos de, 452
Perspectivas de Mudança Genética Projetada, conferência (Chicago — 1971), 237
Perutz, Max, 161, 179-80, 188-9, 229, 261
Peste, A (Camus), 559
Peutz-Jeghers, síndrome de, 311
PGD *ver* "diagnóstico genético pré-implantacional"
PhiX, vírus, 349
"Pied Beauty" (Hopkins), 331
pilosela, 73
Pitágoras, 35-9, 41-2, 72, 89, 190, 420; teorema de, 36
plasmídeos, 251, 255-7, 273, 276
Platão, 29, 37, 89, 96
Plath, Sylvia, 524
Ploetz, Alfred, 98, 149-50, 159
pneumocistose, 293, 294
pneumococo, 142, 164
pneumonias, 12, 13, 91, 142, 344, 366, 495, 501
poda sináptica, 520*n*
polimerase: DNA polimerase, 198, 216, 262-3, 358; reação em cadeia da polimerase (PCR), 358, 514
polimorfismos, 333-4, 358-9
polinização, 71, 73

Pollack, Robert, 252-3
Polônia, 209
Pope, Alexander, 303
Popper, Karl, 487
população humana, Malthus sobre crescimento da, 53-6
Popular Science Monthly, 393
Powers, Richard, 259
pré-formação, 40-2
Preliminary Discourse on the Study of Natural Philosophy, A (Herschel), 45
pré-natais, testes, 319-20, 322, 325-6, 328, 569*n*
pressão arterial, 314-5, 450-1
"previventes", 511, 516, 530, 534, 571
Priddy, Albert, 102-5, 146, 149, 325-6
primeira modificação genômica de alvo específico em um embrião humano, 558
"primeiro humano moderno europeu" (phme), 393
Princípios de geologia (Lyell), 48
Proceedings of the National Academy of Sciences, 274
Projeto Genoma da Mosca-das-Frutas, 360
Projeto Genoma do Verme, 360, 370
Projeto Genoma Humano: abordagem da montagem clone a clone no, 368, 377; catálogo de genes pelo, 390; Clinton sobre sucesso do, 376; conflitos entre Celera e, 375, 377; controle federal do, 360; financiamento do, 369; primeira reunião do, 360; problemas para concluir sequência para, 368; propósito do, 24; publicação do esboço da sequência do genoma pelo, 24; publicação na *Science* do trabalho do, 373
Projeto Manhattan, 172, 278
Protein + Cell (revista), 557
proteínas: aminoácidos na estrutura de, 198; difração de raios X da estrutura de, 176; fluxo de informações biológicas com, 480; funções celulares executadas por, 198; genes em configuração de moléculas de, 198; olfato e receptores de, 382

proteoma, 565*n*
prótons, 172
"pseudogenes", 383
Ptashne, Mark, 295

quadrinhos, super-heróis de histórias em, 318
Quake, Stephen, 526, 528
Quarteto Fantástico (série de quadrinhos), 318
Quayle, Dan, 436
Quênia, 399, 413
Quetelet, Adolphe, 87, 131
quimeras genéticas, 249, 252, 256, 365

raça: eugenia e medo de degeneração da, 96; limpeza racial, 98, 151, 155; teoria das múltiplas origens de Agassiz e, 391-2
radiação, 145, 172, 175, 318, 357, 548
rádio, pesquisas de Marie Curie com, 177
raios X, 144-5, 162, 175-6, 178-9, 181, 183, 186, 217-8, 248, 265, 352, 493, 516, 550
Randall, J. T., 176-7, 182
rãs: experimento de inserção de genes com, 274, 277, 282; experimento de reversão de destino de célula por Yamanaka em, 473; experimentos de transferência nuclear com, 465-7, 471, 473
Rasputin, Grigori, 75, 126-7
Rau, Mary, 153
reação em cadeia da polimerase (pcr), 358, 514
"Recent Out of Africa" (roam), modelo, 398
recessivas, características, 69, 332, 577
recombinação de genes, 217-8, 220, 250, 273, 275, 277; *ver também* DNA recombinante
Registro Científico de Doenças Hereditárias e Congênitas Graves (Alemanha), 152
Rei Lear (Shakespeare), 305, 380, 559
Reimer, David, 428-31
Reimers, Niels, 283
reparo de DNA, 221
replicação: de DNA, 217, 280; de genes, 358; de plasmídeos, 252
Repositório de Escolha Germinal (banco de esperma da Califórnia), 326

reprodução seletiva, 53, 85, 94-5, 97
reprodução sexuada, 73, 223, 250
República, A (Platão), 37
resiliência, gene da, 537
resposta imune, 504, 509, 543
retardo mental, 108, 318-9, 533
retinoblastoma, 351-2
retrovírus, 268, 480, 497, 500-1, 578-9
Revolução Industrial, 93
Revolução Russa, 125-6
ribose em RNA, 166*n*
ribossomos, 200-1, 371, 398, 579
Ricardo III (Shakespeare), 540
Ridley, Matt, 390
Riefenstahl, Leni, 151
Riggs, Art, 287-9
rinocerontes, 49
rins, doença policística infantil dos, 322
Riordan, Jack, 344
RNA (ácido ribonucleico): composição química do, 166; experimento de Szostak usando micelas para gerar formas autorreplicantes de, 482; experimentos de Miller com "sopa primordial" para formar, 481; fluxo de informações biológicas com, 480; genes não codificantes e, 371; microRNA, 371; regulação de genes influenciada pelo, 480; RNA mensageiro, 201-2, 371, 577-8; *splicing* de, 264; teoria da informação sobre, 483
RNA Tie Club, 199
Roberts, Richard, 263-4, 363, 376, 498
Roblin, Richard, 276-7
Roe v. Wade, caso, 320-1
Roosevelt, Franklin D., 278
Royal Horticultural Society, 81, 193
Rubin, Gerry, 373-4
Rutherford, Ernest, 172

Sabin, Abraham, 336
Sabin, Jessie, 336
Sabin, Paul, 336
Sabin, Seymour, 336

salto cromossômico, 344, 350
San Francisco Chronicle, 283
Sanger, Frederick, 260-3, 266, 287-8, 349, 358, 367, 373
Sarler, Carol, 436
Satie, Erik, 524
Sayre, Wallace, 402
Scarr, Sandra, 411
Scheller, Richard, 287*n*
Schrödinger, Erwin, 161-3, 167, 172, 174, 179-80, 260
Science (revista), 274, 356, 372-3, 375, 377-9, 444, 448, 547, 551, 557
Second Reform Act (Grã-Bretanha — 1867), 96
Segal, Nancy, 446
seleção natural, 54, 56-8, 81, 85, 94, 132, 134, 136-8, 140, 145, 156, 256, 327, 336, 352, 392, 463, 493
sequenciamento de genoma, 362-79; ambiguidade natural do, 233; Clinton sobre sucesso de, 376; comparações entre genes de humanos, vermes e moscas-das-frutas em, 373; concepção de gene mudada pelo, 349, 372, 379; de mosca-das-frutas, 359, 373-4; de vermes, 359, 370-4; do genoma humano *ver* Projeto Genoma Humano; escolha de organismos simples para uso em pesquisas com, 359; genes não codificantes no, 371; genoma da bactéria *Haemophilus influenzae*, 366-7, 370; máquina de sequenciamento rápido para, 358, 363; para esquizofrenia, 538; primeiras avaliações de viabilidade técnica de, 357-9; propostas de patente de genes para, 364-5, 369; publicação conjunta de artigos sobre, 379; publicação conjunta sobre primeiro levantamento do, 375-6; técnica de fragmentação de gene de Venter em, 364, 365; técnica de sequenciamento "shotgun", 367-9, 373, 377; tendências a doença identificadas por, 569; uma célula com múltiplas funções em *versus* uma função com

múltiplas células em, 371; visão global do genoma humano no, 380-4
sequenciamento de genes: como mudança conceitual, 349; condição potencialmente tratável identificada por, 529; diversidade gênica no câncer e, 353; gabarito do genoma normal necessário no, 353; ímpeto para sequenciamento de todo o genoma humano usando, 350-2; insatisfação com lentidão do ritmo da mudança no, 350; mudança de escala no, 349; na esquizofrenia, 518, 520, 522; Projeto Genoma Humano para, 25; sequenciamento de DNA nova geração, 518
sequenciamento paralelo massivo, 518, 526
Seward, península de, 397
sexo: amniocentese para predizer, 319; crenças dos gregos antigos sobre, 419; determinação do, 119, 421-2, 426, 432; diagnóstico genético pré-implantacional (PGD) para predizer, 533; genes na determinação do, 419, 431; seleção sexual para filhos do sexo masculino e, 533; uso do termo, 419
Sexton, Anne, 524
sexualidade: comportamento sexual, 438-40, 445; orientação sexual, 438-44, 532; recategorização sexual, 428-30
Shakespeare, William, 245, 270, 303, 305, 380, 415, 540
Shannon, James, 327
Shapiro, Lucy, 367
Sharp, Phillip, 263-4, 363
Shaw, George Bernard, 94, 143
Shockley, William, 326, 328
"shotgun" (ténica de sequenciamento do genoma), 366-9, 373-4, 377
Sicília, 38, 270-1, 279, 489
Siemens, Hermann Werner, 158-9
silenciamento gênico, 468
Singer, Maxine, 276-7
Sinsheimer, Robert, 326, 347
Síntese Moderna (conciliação da genética com a evolução), 140

sistema imunológico, 142, 293, 367, 381, 383, 399, 496
skn-1, gene (em vermes), 457*n*
Skolnick, Mark, 331-5
Smith, Gina, 489
Smith, Hamilton, 366
Smith, John Maynard, 466
Snoop Dogg, 389
"sobrevivência dos mais aptos", 54, 95
socialismo, 147, 161
Sociedade Biológica da Universidade Columbia, 146
Sociedade de Ciência Natural de Brno, 72
somatostatina, 287-90, 292, 295, 299
Sontag, Susan, 526
Spark, The (jornal), 147
Spearman, Charles, 406
Spencer, Herbert, 54, 95
splicing gênico, 264, 295, 381
splitting gênico, 349
SRY, gene, 426, 432-4, 446, 560, 581
Stahl, Frank, 216
Steele, Mark, 318-9, 410
Sterling, Jane, 514-5, 529, 530
Stevens, Nettie, 119, 421
Stevens, Wallace, 21, 113, 317
Stoddard, Lothrop, 151-2
Stoppard, Tom, 487
Streptococcus pneumoniae ver pneumococo
Stringer, Christopher, 401
Strong African American Families (SAAF), projeto, 536
Sturtevant, Alfred, 121, 123-4, 146, 220
subnutrição, 313, 409, 416, 462
Sudão, 86
Suíça, 418
Sulston, John, 190, 229-33, 348, 350, 359, 365, 370, 379, 571
Suprema Corte da Virgínia, 104
Suprema Corte dos Estados Unidos, 104-7, 320, 361
Sutton, Walter, 119-20
sv40 (Vírus Símio 40), 246-8, 250-3, 272, 490, 493

Swammerdam, Jan, 41
Swanson, Robert, 284-91, 299
Swift, Jonathan, 362
Swyer, Gerald, 425
Swyer, síndrome de, 425-7, 433
Szilard, Leo, 278-9
Szostak, Jack, 480-2

talassemia, 346
TALEN, enzima, 550*n*
tartarugas, 49-50, 215, 392, 469
Tarzan, o filho das selvas (Burroughs), 106
Tatum, Edward, 196-7, 198, 372
taxonomia, 16, 35, 47, 50, 60, 313-4, 403
Tay-Sachs, doença de, 24, 315, 321, 346, 374, 403, 413, 531, 534-5, 541, 550
telômeros, 383
Temin, Howard, 268
temperamentos humanos, 451
temperatura: concretização de genes desencadeada pela, 315; variações gênicas relacionadas a, 133-6
Tempestade, A (Shakespeare), 303, 457
tentilhões, 50-3, 55, 58-9, 63, 81, 131-2, 392
teorema de Pitágoras, 36
terapia comportamental: na recategorização sexual, 428, 431, 446; na síndrome de hiperatividade, 569
"terapia de choque" na produção agrícola, 156-7, 476
terapia gênica, 540, 569, 570; células não reprodutivas modificadas em, 541; células reprodutivas modificadas em, 542, 545; células T com modificação gênica usadas em, 498-500; células TE e, 491; crítica a abordagem de testes de, 508,-10; descoberta de células-tronco embrionárias (células TE) para, 491; dois tipos de, 542; entrega de genes em células não reprodutivas em, 495-6, 498-9; entusiasmo pelo uso de, 502; eugenia positiva e, 541; fator IX na hemofilia e, 544; genes de vírus inseridos em embriões compostos para, 490;
genomas permanentemente modificados em, 545; inserção de gene corrigido diretamente no corpo em, 504-10, 544; introdução de novas tecnologias para, 542-3; linha germinal, 542-4, 553; para hemofilia, 544; proibição a testes de, 510-1; retorno após introspecção decorrente de morte em teste de, 542; tratamento de deficiência de ornitina transcarbamilase (OTC) usando, 502-10; tratamento para deficiência de ADA usando, 497-501; vetor retroviral de entrega de gene em, 497-8; vírus de entrega de genes em, 542
terapia hormonal em recategorização sexual, 529
"terapias ambientais", 570
terapias gênicas
Terman, Lewis, 406
testes genéticos: aborto terapêutico feito com base em, 320; como testes morais, 512; doenças que se prestam a, 531; genes preditivos de risco e, 522; para esquizofrenia, 522, 525; para sequência do gene *BRCA1*, 514; princípios norteadores do uso de, 534
testosterona, 429, 445
"This Be The Verse" (Larkin), 11
Thomson, James, 545-7
Thurstone, Louis, 407
Tie Club, 199, 200
TIGR *ver* Institute for Genomic Research, The (TIGR)
Time (revista), 356
timina, 166, 189, 202
Tishkoff, Sarah, 400
"Toba Tek Singh" (Manto), 14
Toba, vulcão (Indonésia), 14, 401
Tomkins, Gordon, 237
Topol, Eric, 512, 528
touched with Fire (Jamison), 524
toxicomania, componentes genéticos da, 356
toxodonte, 49
TPA recombinante, 299
tradução de genes, 93, 199-201, 372, 579

transcrição: definição de, 579; fatores de transcrição, 470, 472; geração de uma cópia de RNA usando, 201; regulação gênica com, 219
transcriptase reversa, 268, 295, 579
transferência nuclear, 465-6, 568
transformação: confirmação por Avery de estudo de Grifith sobre, 164, 168; definição de, 141, 579; descoberta da, 141, 193; dificuldades de estudar, 141; DNA na, 168; experimentos de Rutherford com nitrogênio e oxigênio em, 172; troca de informações genéticas durante, 141, 168
transgênicos, animais, 494
transgênicos, humanos, 568
transtorno bipolar: criatividade no, 524; diagnóstico genético do, 526, 529, 538; esquizofrenia e, 18, 517, 519, 522; histórias intergeracionais de, 19; ligações genéticas no, 18, 455, 519, 522, 525, 529, 581; preocupações de famílias com a hereditariedade do, 18
transtorno de estresse pós-traumático, 536, 570
transtorno do déficit de atenção, 453
triagem genética: aborto seletivo após, 321, 325; ações judiciais por orientação médica recebida após, 323; como responsabilidade social, 327; direito de nascer e, 322, 324; direito dos pais de escolher não ter um filho após, 323; neoeugenia (neogenética) e, 325-7; para doença de Gaucher, 346; para fibrose cística, 346; para gene *BRCA1*, 24, 512-4; para síndrome de Down, 24, 321, 325, 328
Tschermak-Seysenegg, Erich von, 79
Tsui, Lap-Chee, 344
tuberculose, 475
Turkheimer, Eric, 409, 566
Turner, síndrome de, 319, 321, 325

Uchoa, Severo, 203
União Soviética, 155, 157, 161
Universidade Columbia, 118, 120, 124, 133, 146, 188, 431, 530

Universidade da Califórnia em Berkeley, 394, 512
Universidade da Califórnia em San Francisco (UCSF), 237, 254, 257, 259, 283-4, 288-9, 291
Universidade da Califórnia em Santa Cruz, 378
Universidade da Pensilvânia, 503, 505, 508, 510
Universidade de Chicago, 179, 481
Universidade de Munique, 154
Universidade de Viena, 33, 66
Universidade de Wisconsin, 546
Universidade John Hopkins, 428
Universidade Rockefeller, 164, 166, 469
Universidade Sun Yat-sen (China), 557
Universidade Yale, 446
uracila, 166, 202
uterino, câncer, 474

Van Gogh, Vincent, 524
Van Oudenaarden, Alexander, 457*n*
Van Wagenen, Bleecker, 98-9
variação: abordagem de Darwin, 53, 59, 62, 76, 217; abordagem de Mendel, 66; criação de modelo matemático de múltiplas permutações gênicas em, 132; diversidade genética baseada na amplitude de, 317, 383; estudada por Dobzhansky, 133, 137-8; fatores ambientais afetando, 138; fenótipo como interações entre hereditariedade, acaso, ambiente e evolução e, 135; gatilhos requeridos na, 523; genética como estudo da, 82, 129, 132, 265; genótipos em populações selvagens com, 135; história evolucionária vista através da, 395; interesse de Wallace na, 56; mapa de parentesco usando, 395; mutações para gerar, 132, 138, 217, 312; seleção natural e, 132; temperatura como fator ambiental na, 133; tentativa de Galton para medir, 86
Variação de animais e plantas domesticados (Darwin), 61-2

Variação do Número de Cópias (CNV), 519n
Varmus, Harold, 352
Vaux, David, 232n
Vavilov, Nicolai, 157
Venezuela, 338, 342-3
Venter, Craig: anúncio conjunto com Projeto Genoma Humano sobre primeiro levantamento, 375-6; formação e especialização de, 362; fundação da Celera por, 369; genoma da *Haenophilus* sequenciado por, 366-7; propostas de patente de gene por, 365, 369, 376; sequenciamento de DNA humano por, 373-4; sequenciamento do genoma da mosca-das-frutas por, 373; ténica da fragmentação gênica em sequenciamento de genoma de, 362-5; The Institute for Genomic Research (TIGR) fundado por, 366
vermes: como sistema modelo para estudo, 311, 359; comparações entre genes de humanos, moscas e, 374; estudo sobre cromossomo sexual usando, 119; estudo sobre determinação de destino de células usando, 228; gatilhos ambientais para concretização de genes em, 315; genes não codificantes em, 371; genes reguladores mestres em, 460; morte de células em, 230-3; Projeto Genoma do Verme, 360, 370; publicação pela *Sciene* do genoma de, 373; sequenciamento do genoma de, 359, 370-4; transmissão de memória através de gerações em, 470
Verschuer, Otmar von, 154, 160
Vetter, David, 496
violência, componentes genéticos da, 356, 538
Virgínia (EUA): Colônia de Epilépticos e Débeis Mentais do Estado da Virgínia (Lynchburg), 100-3, 361; Suprema Corte da, 104
vírus: entrega de genes em terapias genéticas usando, 542; inserção de genes corrigidos diretamente no corpo usando, 504-9, 548; inserção de genes em células usando, 490, 493, 544, 553; preocupação com segurança de, 272; sistema bacteriano de defesa contra invasão por, 548-50
vis essentialis corporis, princípio, 42
vitaminas, distúrbio do metabolismo de, 530
Vitória, rainha da Inglaterra, 125-6
Vogelstein, Bert, 353, 366

Waddington, Conrad, 460-1, 463-5, 467-9, 474
Wade, Henry, 320
Waldeyer-Hartz, Wilhelm von, 119
Wallace, Alfred Russel, 55-6, 72, 78
Walter, Herbert, 84
Washington Post, 276, 370, 508
Waterman, Alan, 278
Waterston, Robert, 369-70
Watson, James, 171; avaliação de sequenciamento de genoma por, 358; decisão de estudar a estrutura do DNA, 178; estudo de Franklin sobre estrutura do DNA e, 182; estudo do DNA por Pauling e, 181, 185-6; estudo sobre síntese de proteína e, 198-9, 202; formação e especialização de, 178; modelo da dupla hélice do DNA por, 24, 183, 187-93, 195, 215, 219, 372, 580; Projeto Genoma Humano chefiado por, 360, 364-6, 540; relação de Crick com, 180; replicação de DNA e, 215; sequenciamento de genoma pela Celera e, 377; sobre lentidão no ritmo das mudanças em genética, 350
Watson, Rufus, 359
Webb, Sidney, 325
Weinberg, Richard, 411
Weiniger, Otto, 432
Weismann, August, 76-7, 98, 463
Welby, Lady, 94
Weldon, Walter, 90-1, 94
Wellcome Trust, 360, 368-9
Wells, H. G., 29, 94-5, 97
Wexler, Alice, 337
Wexler, Leonore, 335, 337, 350
Wexler, Milton, 337-8

665

Wexler, Nancy, 335-6, 338-42, 350
White, Gilbert, 296
White, John, 229
White, Ray, 335, 338
Whitehead, Alfred North, 139
Wieschaus, Eric, 225-6
Wilde, Oscar, 29, 275
Wilkins, Maurice: estrutura tridimensional do DNA e, 24, 175-8, 182, 186-8, 191-3, 195, 372, 580; modelo de dupla hélice do DNA de Watson e Crick e, 184, 191
Williams, Robin, 524
Wilson, Allan, 394, 512
Wilson, Edmund, 422
Wilson, James, 503, 505-6, 509-10
Wilson, James Q. (cientista político), 356

wingless, gene (em mosca-das-frutas), 390
Witkin, Evelyn, 219*n*
Wittgenstein, Ludwig, 68
Wolff, Caspar, 42
Woolf, Virginia, 524

X-Men (série de história em quadrinhos), 318
Xq28 (trecho do cromossomo X), 443-5

Yamanaka, Shinya, 473-4
Yeats, William Butler, 128, 511

ZENK, gene (em aves), 460
ZFY, gene (em humanos), 426
Zinder, Norton, 273, 360, 362, 376
Zuckerkandl, Émile, 394*n*

1ª EDIÇÃO [2016] 6 reimpressões

ESTA OBRA FOI COMPOSTA POR ACOMTE EM MINION E IMPRESSA
PELA GRÁFICA SANTA MARTA EM OFSETE SOBRE PAPEL PÓLEN NATURAL
DA SUZANO S.A. PARA A EDITORA SCHWARCZ EM MARÇO DE 2024

A marca FSC® é a garantia de que a madeira utilizada na fabricação do papel deste livro provém de florestas que foram gerenciadas de maneira ambientalmente correta, socialmente justa e economicamente viável, além de outras fontes de origem controlada.